U0316323

作者简介

　　王社平，工学博士，教授级高级工程师。先后在中国市政工程西北设计研究院、西安市市政设计研究院工作。现任西安市政设计研究院有限公司副总经理，兼任西安建筑科技大学环境与市政工程学院硕士研究生导师、中国工程建设标准化协会城市给水排水专业委员会委员、中国土木工程学会水工业分会排水委员会委员、陕西省土木建筑学会给排水专业委员会副主任委员、西安市城建协会专家组成员等，是享受政府特殊津贴专家、陕西省"三五人才"第二层次人选、陕西省优秀勘察设计师、陕西省建设工程评标专家、西安市跨世纪学术带头人、西安市有突出贡献专家等。

　　主持过多项大中型污水处理工程的设计与科研工作，曾获建设部优秀工程设计奖2项、陕西省优秀工程设计4项；获西安市科技进步奖2项，获中国市政工程协会市政工程科学技术奖2项；主编或参编、翻译的著作有《污水处理厂工艺设计手册》、《城市污水处理及污染防治技术指南》、《污水处理及再生利用技术指南》，在国内外专业学术期刊和论文集上发表学术论文50余篇。

作者简介

　　高俊发，工学博士，教授。全国高等学校给水排水工程专业指导委员会委员，陕西省土木建筑学会给水排水工程委员会副主任委员，陕西省土木建筑学会市政工程委员会委员，陕西省水利学会环境分委员会委员，日本水环境学会会员，陕西省环境保护厅生态咨询专家，西安市市政公用局市政公用监督员，长安大学环境科学与工程学院副院长，长安大学教学名师，陕西省优秀留学回国人员。

　　主要从事给水排水工程、市政工程、环境工程、生态工程等领域的教学、科研及工程咨询。主持科研项目20余项，出版专著5部，公开发表论文70余篇。曾获国家科技进步奖和省部级科技进步奖各一项，论文"高含氮高浓度化纤废水处理改造工程试验研究"2004年获《给水排水》杂志40年优秀论文一等奖。

污水处理厂
工艺设计手册

第二版

王社平　高俊发　主编

W U S H U I

CHULICHANG

GONGYI SHEJI

SHOUCE

化学工业出版社
·北京·

本书主要内容是城市（镇）污水处理厂工艺设计与计算。全书共 8 章，主要介绍了污水处理厂工艺设计时处理水量的计算、污水水质指标及设计进水水质的确定、物理处理单元工艺设计计算、生物处理单元工艺设计计算、污水处理厂物料平衡计算、污水处理厂总平面布置与高程水力计算、消毒设施工艺设计计算、污水处理厂的技术经济分析等内容，同时又附录了大量与污水厂设计有关的资料，各章内容既有基本理论和原理，又有大量的例题和计算实例，具有较强的综合性、系统性和实用性。

本书可供从事给水排水工程和环境工程专业的设计人员、科研人员以及管理人员参考，也可供高等学校相关专业师生参考。

图书在版编目（CIP）数据

污水处理厂工艺设计手册/王社平，高俊发主
编． —2 版． —北京：化学工业出版社，2011.6（2021.2 重印）
ISBN 978-7-122-11052-7

Ⅰ．污… Ⅱ．①王…②高… Ⅲ．污水处理厂-
工艺设计-手册 Ⅳ．X505-62

中国版本图书馆 CIP 数据核字（2011）第 068836 号

责任编辑：刘兴春 陈 丽　　　　　　装帧设计：杨 北
责任校对：周梦华

出版发行：化学工业出版社（北京市东城区青年湖南街 13 号　邮政编码 100011）
印　　装：北京虎彩文化传播有限公司
787mm×1092mm　1/16　印张 29¾　字数 744 千字　2021 年 2 月北京第 2 版第 7 次印刷

购书咨询：010-64518888　　　　　　售后服务：010-64518899
网　　址：http：// www.cip.com.cn
凡购买本书，如有缺损质量问题，本社销售中心负责调换。

定　　价：180.00 元

第二版 前 言

"十一五"期间，我国不断加大对城镇污水处理设施建设的投资力度，积极引入市场机制，城镇污水处理事业进入发展快车道。截至 2010 年年底，全国城市、县及部分重点建制镇累计建成城镇污水处理厂 2832 座，总处理能力达到 1.25 亿立方米/天，分别是"十五"末的 3 倍和 2 倍。目前我国正在建设的城镇污水处理项目 1929 个，可新增污水处理能力约 4900 万立方米/天。我国在建和已建项目处理能力总和预计可达 1.6 亿立方米，基本与美国的处理能力相当，将成为全世界污水处理能力最大的国家之一。"十二五"期间，我国污水处理将扩大到乡镇和农村，污水处理事业发展前景宽广。

正是在此背景下，作者对 2003 年出版的《污水处理厂工艺设计手册》进行了修订和增补。增补内容如下：第 2 章中"2.3.2 某市 B 污水处理厂进水水质预测与确定"重新编写；第 4 章中增加了"4.10.10.6 奥贝尔氧化沟工艺计算实例"、"4.10.11 OCO 工艺"、"4.10.12 分点进水倒置 A^2/O 工艺"和"4.10.13 分段进水 A/O 脱氮工艺"；增加了第 7 章"消毒设施工艺设计计算"；原第 7 章改为第 8 章，并增加了"主要处理单元构筑物造价估算模型"；附录中增加了附录 16"排水工程设计文件编制深度规定"。同时，对参考文献进行了补充。

全书从污水处理厂设计水质与水量确定、常规污水处理工艺的基本原理、工艺特点、设计参数、设计计算方法出发，结合污水厂实际设计经验，通过大量的计算实例具体介绍，以使读者按照例题就可进行工艺设计计算。本书可供从事给水排水工程和环境工程等领域的设计人员、科研人员以及相关管理人员使用，也可作为高等学校相关专业师生的教材或参考书。

全书共 8 章，此次再版，由王社平、高俊发主编，其中第 1、第 3、第 5 章由高俊发、张宝星编写，第 2 章由王社平、高俊发和朱海荣编写，第 4 章由高俊发、王社平和黄宁俊编写，第 6 章由王社平编写，第 7 章由王社平、高荣宁编写，第 8 章由马七一、王社平编写，附录由朱海荣、黄宁俊编写整理，并参加了部分章节插图绘制工作。在本书再版的编写和校对过程中，还得到西安市政设计研究院有限公司张日霞、关江两位同志的帮助，在此表示衷心的感谢！

在本书的编写过程中，参考和选用了国内外学者或工程师的著作和资料，在此谨向他们表示衷心的感谢。限于作者水平和编写时间，书中难免存在不妥和疏漏之处，敬请读者批评指正。

编者

2011 年 4 月

第一版 前 言

按照建设部、科技部、国家环境保护总局对城市污水处理及污染防治技术政策的规定与要求，到 2010 年全国设市城市和建制镇的污水平均处理率不低于 50％，设市城市的污水处理率不低于 60％，重点城市的污水处理率不低于 70％。由此可见，今后几年是污水处理事业大发展的黄金时期，污水处理工程的设计、施工及调试运行任务相当大。因此，迫切需要一部综合、系统和实用的污水处理工艺设计计算工具指南书。本书就是基于这一原则，从处理水量的推求与确定，处理水质的预测与确定，物理处理单元工艺设计计算，生物处理单元工艺设计计算，处理厂物料平衡计算，处理厂平面布置与高程计算以及处理厂的技术经济分析等方面对基本理论、基本原理、工艺设计计算进行了介绍。本书最大特点是通过计算例题的形式，对污水处理单元工艺设计参数的规定、计算公式、方法、内容和步骤进行了详细深入地阐述。

全书由长安大学高俊发、西安市市政设计研究院王社平主编，其中高俊发撰写本书的第 1～5 章，王社平撰写第 6 章，马七一撰写第 7 章，附录由朱海荣、黄宁俊编写、整理，并参加了部分章节插图绘制工作。

本书可供从事给水排水工程、市政工程、环境工程、环境科学、化学工程等专业的工程技术人员、科研人员以及有关管理人员使用，也可作为高等院校本科生、研究生的教材或参考书。

在本书编写中，参考和选用了一些单位和个人的著作和资料，在此谨向他们表示衷心的感谢。由于作者水平有限，书中不妥或错误之处敬请批评指正。

编者

2003.5

目　　录

1 设计污水量计算

1.1 设计人口数的确定

设计人口数的确定是计算设计污水量的基础，因此，必须在排水区域内按设计年限推求常住人口数。预测将来人口数有若干种方法，不同方法有不同的应用条件。

1.1.1 等差数列推算法

人口数的增加，可用等差数列计算。这种方法在多数情况下推算值可能偏低，其适用于人口增加较小的城市，或者发展缓慢的城市以及发达的较大的城市。

$$P_n = P_0 + na \tag{1-1}$$

$$a = \frac{P_0 - P_t}{t} \tag{1-2}$$

式中　P_n——n 年后的人口数，人；

P_0——现在的人口数，人；

n——现在开始到设计年限的年数，年；

a——每年的增加人数，人/年；

P_t——现在开始到 t 年前的人口数，人。

上述是采用 2 个数据推算未来人口数。当统计人口资料较多时，可以采用最小二乘法求定，即

$$y = ax + b \tag{1-3}$$

$$a = \frac{N\sum xy - \sum x \sum y}{N\sum x^2 - \sum x \sum x} \tag{1-4}$$

$$b = \frac{\sum x^2 \sum y - \sum x \sum xy}{N\sum x^2 - \sum x \sum x} \tag{1-5}$$

式中　x——从基准年开始经过的年数；

y——人口；

a、b——常数；

N——人口资料数。

1.1.2 等比数列推算法

该方法适用于在一定时期内人口增长率持续不变的发展中的城市。多数情况下，该种方法推算值可能偏大。

等比数列推算法可用下式表达：

$$P_n = P_0(1+r)^n \tag{1-6}$$

$$r = \left(\frac{P_0}{P_t}\right)^{\frac{1}{t}} - 1 \tag{1-7}$$

式中　r——每年人口增加比率。

对式(1-6) 两边取常用对数，则变为：

$$\lg P_n = n\lg(1+r) + \lg P_0 \tag{1-8}$$

令 $\lg P_n = y$，$\lg(1+r) = a$，$n = x$，$\lg P_0 = b$，则式(1-8) 变为：$y = ax + b$；该形式与式(1-3) 相同，当统计数据较多时，可采用最小二乘法求定常数项 a 和 b，进而预测未来人口数。

1.1.3　幂函数推算法

人口变化可用幂函数表达，即符合式(1-9)。该法适用于大多数城市。

$$P_n = P_0 + An^a \tag{1-9}$$

式中　A、a——常数。

式(1-9) 可变形为：

$$\lg(P_n - P_0) = a\lg n + \lg A$$

令 $\lg(P_n - P_0) = y$，$\lg n = x$，$\lg A = b$，则上式变为：$y = ax + b$；该形式与式(1-3) 相同，可采用最小二乘法推算未来人口数。

1.1.4　罗基斯蒂曲线（S形曲线）推算法

这种曲线变化规律是许多年前人口数为 0，随着时间逐渐增加，中间期增加最大；随着增加率减小，许多年后趋向饱和平稳。罗基斯蒂曲线方法是合理的人口数推算法，也是应用最多的方法。其数学表达式如下：

$$y = \frac{k}{1 + e^{a-bx}} \tag{1-10}$$

式中　k——饱和人口；

　　a、b——由人口资料计算出的常数；

　　e——自然对数的底（$e = 2.7182$）。

1.1.4.1　最小二乘法计算（k 已知，a、b 未知时）

将式(1-10) 变形为：　$bx\lg e - a\lg e = \lg y - \lg(k-y)$

并令：$x\lg e = X$，$a\lg e = C$，$\lg y - \lg(k-y) = Y$，则上式变为：

$Y = bX - C$，采用最小二乘法解之，即

$$a = \frac{C}{\lg e} = \frac{1}{\lg e} \times \frac{\sum X \sum XY - \sum X^2 \sum Y}{N \sum X^2 - \sum X \sum Y}$$

$$b = \frac{N \sum XY - \sum X \sum Y}{N \sum X^2 - \sum X \sum Y}$$

1.1.4.2　二点法计算（k、a、b 未知时）

已知过去的实际人口数（年数为等间隔）为 $y_{(0)}$、$y_{(1)}$、$y_{(2)}$，且满足 $0 < y_{(0)} < y_{(1)} < y_{(2)}$ 和 $y_{(1)}^2 > y_{(0)} y_{(2)}$ 时，可采用如下解法：

令　　$$d_1 = \frac{1}{y_{(0)}} - \frac{1}{y_{(1)}}, \quad d_2 = \frac{1}{y_{(1)}} - \frac{1}{y_{(2)}}$$

则　　$$k = \frac{y_{(0)}(d_1 - d_2)}{d_1(1 - d_1 y_{(0)}) - d_2}, \quad a = \frac{1}{\lg e} \lg \frac{k d_1^2}{d_1 - d_2}$$

$$b = \frac{\lg d_1 - \lg d_2}{\lg e}$$

【例题 1.1】 1999～2003 年人口统计结果见表 1-1，用等差数列法推算 2012 年人口数。

【解】

（1）采用 1999 年和 2003 年两年数据，在式（1-1）中有 $P_0 = 24272$，$P_t = 20483$，$t = 4$，$n = 9$，则

$$a = \frac{24272 - 20483}{4} = 947$$

表 1-1 1999～2003 年人口统计结果表

年　　度	人　口　数	年　　度	人　口　数
1999	20483	2002	23566
2000	22317	2003	24272
2001	22891		

将上述数据代入式（1-1）中，得 2012 年人口数 P_n 为：

$$P_n = 24272 + 9 \times 947 = 32795 （人）$$

（2）采用最小二乘法，将表 1-1 制作成表 1-2。

表 1-2 人口统计结果表

年度	人口 y	x	x^2	xy	备　注
1999	20483	-2	4	-40966	
2000	22317	-1	1	-22317	采用最小二乘法,基准年选
2001	22891	0	0	0	择合适时,$\sum x = 0$,使计算变得
2002	23566	1	1	23566	简单
2003	24272	2	4	48544	
合计	113529	0	10	8827	

由此知，$N = 5$，$\sum x = 0$，$\sum x^2 = 10$，$\sum xy = 8827$，代入式（1-4）和式（1-5），得：

$$a = \frac{5 \times 8827}{5 \times 10} = 883$$

$$b = \frac{10 \times 113529}{5 \times 10} = 22706$$

则有：

$$y = 883x + 22706$$

从 2001 年到 2012 年共有 13 年，即 $x = 11$，则 2012 年推算人口数为：

$$y = 883 \times 11 + 22706 = 32419 （人）$$

【例题 1.2】 将例题 1.1 用等比数列法推算 2012 年人口数。

【解】

（1）采用 1999 年和 2003 年两年数据推算，由式（1-7）得：

$$r = \left(\frac{24272}{20483}\right)^{\frac{1}{4}} - 1 = 0.043$$

则

$$P_n = 24272 \times (1 + 0.043)^9 = 35454 （人）$$

（2）采用最小二乘法，由表 1-1 计算列表 1-3。

表 1-3 人口统计结果表

年度	人口 P_n	$y = \lg P_n$	x	x^2	xy
1999	20483	4.311	-2	4	-8.623
2000	22317	4.349	-1	1	-4.349

年度	人口 P_n	$y=\lg P_n$	x	x^2	xy
2001	22891	4.360	0	0	0
2002	23566	4.372	1	1	4.372
2003	24272	4.385	2	4	8.770
合计		21.777	0	10	0.170

$$a=\lg(1+r)=\frac{5\times0.170}{5\times10}=0.017 \qquad 则 \quad 1+r=1.040$$

$$b=\lg P_0'=\frac{10\times21.777}{5\times10}=4.355 \qquad 则 \quad P_0'=22646$$

P_0' 是以 2001 年为标准的计算人口数，因此，2012 年的人口数（$n=11$）为：

$$P_n=22646\times(1.040)^{11}=34862（人）$$

【例题 1.3】 将例题 1.1 用幂函数法推算 2012 年人口数。

【解】

按最小二乘法要求，计算列表 1-4。

表 1-4 人口统计结果表

年度	n	$x=\lg n$	x^2	P_n	P_n-P_0	$y=\lg(P_n-P_0)$	xy
1999	0			20483	0		
2000	1	0	0	22317	1834	3.26340	0
2001	2	0.30103	0.09062	22891	2408	3.38166	1.01798
2002	3	0.47712	0.22764	23566	3083	3.48897	1.66466
2003	4	0.60206	0.36248	24272	3789	3.57852	2.15448
合计		1.38021	0.68074			13.71255	4.83712

$$a=\frac{4\times4.83712-1.38021\times13.71255}{4\times0.68074-(1.38021)^2}=0.516$$

$$\lg A=b=\frac{0.68074\times13.71255-1.38021\times4.83712}{4\times0.68074-(1.38021)^2}=3.250$$

则 $A=1778$

从 1999 年到 2012 年共 13 年，即 $n=13$，则

$$P_n=20483+1778\times13^{0.516}=27162（人）$$

【例题 1.4】 A 市从 1980 年到 1988 年人口统计数据见表 1-5 所示，试用直线方程和罗基斯蒂曲线（饱和人口 $k=400000$ 人）推算 2003 年、2008 年、2013 年人口数。

表 1-5 A 市人口统计表

年 度	人 口 数	年 度	人 口 数
1980	139279	1985	167024
1981	143710	1986	179054
1982	147789	1987	188836
1983	151713	1988	194816
1984	161205		

【解】

（1）直线方程

按最小二乘法整理数据，为计算简单，取中间的 1984 年为基准年。另外，y 为从基准年开始 x 年后的人口数，x 为基准年开始所经过的年数，N 为人口资料数（本例为 $N=9$），数据统计结果见表 1-6。

表 1-6　统计计算表

年度	人口 y	x	x^2	xy
1980	139279	-4	16	-557116
1981	143710	-3	9	-431130
1982	147789	-2	4	-295578
1983	151713	-1	1	-151713
1984	161205	0	0	0
1985	167024	1	1	167024
1986	179054	2	4	358108
1987	188836	3	9	566508
1988	194816	4	16	779264
合计	1473426	0	60	435367

$$a=\frac{N\sum xy-\sum x\sum y}{N\sum x^2-(\sum x)^2}=\frac{9\times435367-0}{9\times60-0}=7256.1$$

$$b=\frac{\sum x^2\sum y-\sum x\sum xy}{N\sum x^2-(\sum x)^2}=\frac{60\times1473426-0}{9\times60-0}=163714$$

则回归直线方程为：

$$y=ax+b=7256.1x+163714$$

2003 年（$x=19$）推算人口数为：

$$y_{03}=7256.1\times19+163714=301580（人）$$

2008 年（$x=24$）推算人口数为：

$$y_{08}=7256.1\times24+163714=337860（人）$$

2013 年（$x=29$）推算人口数为：

$$y_{13}=7256.1\times29+163714=374141（人）$$

（2）罗基斯蒂曲线

按最小二乘法（k 已知，a、b 未知）整理数据，统计计算结果见表 1-7。

表 1-7　统计计算表

年度	Y	X	$x=X\lg e$	x^2	$y=-\lg(k-Y)+\lg Y$	xy
1980	139279	0	0	0	-0.27	0
1981	143710	1	0.4343	0.1886	-0.2512	-0.1183
1982	147789	2	0.8686	0.7545	-0.2321	-0.2016
1983	151713	3	1.3029	1.6975	-0.2139	-0.2787
1984	161205	4	1.7372	3.0179	-0.1706	-0.2964

年度	Y	X	$x=X\lg e$	x^2	$y=-\lg(k-Y)+\lg Y$	xy
1985	167024	5	2.1715	4.7154	-0.1445	-0.3138
1986	179054	6	2.6058	6.7902	-0.0913	-0.2379
1987	188836	7	3.0401	9.2422	-0.0485	-0.1474
1988	194816	8	3.4744	12.0715	-0.0225	-0.0782
合计			15.6348	38.4778	-1.4469	-1.6723

$$a=\frac{1}{\lg e}\cdot\frac{\sum x\sum xy-\sum x^2\cdot\sum y}{N\sum x^2-(\sum x)^2}$$

$$=\frac{1}{\lg e}\cdot\frac{15.6348\times(-1.6723)-38.4778\times(-1.4469)}{9\times38.4778-(15.6348)^2}=0.668$$

$$b=\frac{9\times(-1.6723)-15.6348\times(-1.4469)}{9\times38.4778-(15.6348)^2}=0.074$$

则罗基斯蒂方程式为（$k=400000$）：

$$Y=\frac{400000}{1+e^{0.668-0.074X}}$$

因此，2003 年、2008 年、2013 年推算人口数，从 1980 年开始经历年数分别为 $X=23$、28、33，代入上式得：

2003 年　　　　　　　　$Y_{03}=\dfrac{400000}{1+e^{0.668-0.074\times23}}=295076$

2008 年　　　　　　　　$Y_{08}=\dfrac{400000}{1+e^{0.668-0.074\times28}}=321127$

2013 年　　　　　　　　$Y_{13}=\dfrac{400000}{1+e^{0.668-0.074\times33}}=341982$

1.2　污水设计流量的确定

1.2.1　污水流量调查及统计分析

废水的流量一般不稳定。在设计废水处理设施前，应仔细调查废水的流量及其变化。设计前须对废水流量进行实地测量；如果不能进行实地测量，则需通过估算来得到流量数据。

1.2.1.1　表示方法

废水流量变化情况可通过时间-流量曲线来表示。图 1-1 是某城市污水处理设施废水进水流量的日变化曲线图。该废水流量为生活污水、工业废水、公共设施废水、地下水和渗滤水的总和，没有显示某一类废水的单独流量。在对废水流量变化做预测时，需对曲线和曲线与时间轴所包含的面积进行分析，以了解每一类废水的流量对废水总流量的贡献。

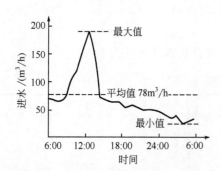

图 1-1　某城市污水处理设施废水
进水流量日变化曲线

（最大值为平均值的 244%，最小值为平均值的 32%）

按图 1-1 所示的曲线可以确定 1 天内的最大时流量（190m³/h）和平均时流量（78 m³/h）。根据废水的不同日流量数据可以得到设计所需的 2 个重要参数，即：（a）日平均最大时流量 $Q_{h,max}$（m³/h），可以根据一些最大时流量的值计算而得；（b）多日平均时流量 $Q_{h,av}$（m³/h）。日平均最大时流量 $Q_{h,max}$ 用于设计污水管道口径或水池体积，平均时流量 $Q_{h,av}$ 或平均日流量 $Q_{d,av}$ 用于计算废水处理设施的运行费用。

1.2.1.2 统计方法

对数年或数月如图 1-1 所示的曲线进行统计分析，可以得到废水流量变化的数据。废水的日流量、日最大时流量、日最大秒流量等数据在 1 个月或 1 年内的变化一般呈正态分布或对数正态分布。废水流量的数据不会保持恒定，而是会随时间呈现一定变化，但若变化过大则可能是测量误差，此时需对数据进行处理。

流量分布图可用于表示废水流量的变化，如图 1-2 所示。在流量测量期间，60%的天数的流量在 30400m³/d 以下，取平均负荷；而 85%的天数的流量在 42500m³/d 以下，取最大负荷。

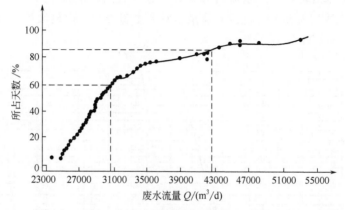

图 1-2　日废水流量变化的流量分布

将测量到的废水流量按时间排列，可发现其变化规律，如流量随时间的跳跃、升降或周期性变化。图 1-3 为某污水处理厂废水进水流量变化。由图 1-3 可以看出，当降雨量大于 4mm/d 时进水流量就会明显下降，同时周六和周日废水进水流量明显减少。

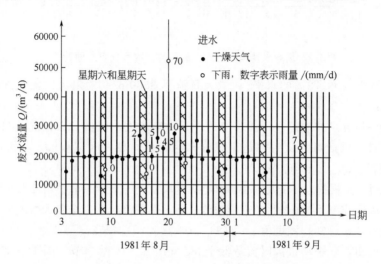

图 1-3　某污水处理厂废水进水流量变化

7

将废水的流量分布数据标绘在对数坐标纸上，可以发现数据是正态分布还是对数正态分布。将数据绘制在半对数坐标纸（x 轴为直角坐标系，y 轴为对数系）上，若数据为正态分布则可得一条直线；将数据绘制在全对数坐标纸（x 轴、y 轴均为对数系）上，若数据为对数分布也可得一条直线。通过绘图，可以找到流量的平均值和变化范围。在对数正态分布中，流量的平均值与 50％天数所对应的流量值不一定相同，需按表 1-8 中的公式进行计算。

表 1-8　在坐标纸上确定废水流量平均值和变化范围

项　目	正态分布（在半对数坐标纸上为一直线）	对数正态分布（在对数坐标纸上为一直线）
平均值	$\overline{X}=f(50\%)$	$\lg\overline{X}=\lg f(50\%)+1.1513s^2$
范　围	$s=f(84\%)-f(50\%)$ 或 $s=f(50\%)-f(16\%)$	$s=\lg f(84\%)-\lg f(50\%)$ 或 $s=\lg f(50\%)-\lg f(16\%)$

注：f 表示流量分布图，$f(50\%)$ 表示 50％天数的流量所低于的数值。

图 1-4 是某废水处理厂的进水流量与天数百分率之间的关系，在全对数坐标纸上绘制。可以看出，平均最大时流量 $Q_{\text{h,max}}$ 或日流量呈对数正态分布，而最大秒流量不存在对数正态分布关系。

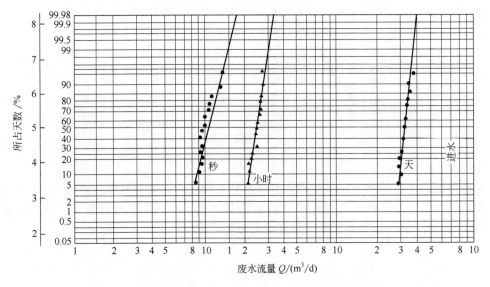

图 1-4　某废水处理厂的进水流量与天数百分率之间的关系

由图 1-4 可得（99.73％的水平）：最大日流量 3800m³/d；最大时流量 320m³/h；最大秒流量 170L/s。

图 1-5 表示某废水处理厂在干燥季节若干天内废水进水流量分布情况。数据点在半对数坐标纸上呈线性，因此可以认为它是正态分布的。平均最大时流量 $Q_{\text{h,max}}$ 可由纵坐标 50％多对应的值而得：$Q_{\text{h,max}}=3175\text{m}^3/\text{h}$。

【例题 1.5】　试根据表 1-1 及图 1-5 确定某废水处理厂干燥季节平均最大时流量的散度值。若平均最大时流量低于 3650m³/h 为干燥季节，问干燥季节天数占全年天数的百分率是多少？

【解】　由表 1-8 可知，散度值 $s=f(84\%)-f(50\%)=3525-3175=350$（m³/h）

由图 1-5 可知，若平均最大时流量低于 3650m³/h 为干燥季节，则干燥季节天数所占全年总天数的百分率是 90％。

1.2.2　污水设计流量的确定

　　城镇污水量包括生活污水量和工业生产废水量；在地下水位较高地区，还应考虑地下水渗入量。污水设计流量与城市规划年限、发展规模有关，是城镇污水管道系统和污水处理厂设计的基本参数。

1.2.2.1　污水量标准

　　（1）居民生活污水量定额

　　生活污水量的大小取决于生活用水量。人们在日常生活中，绝大多数用过的水都成为污水流入污水管道。因此，居民生活污水定额和综合生活污水定额应根据当地采用的用水量定额，结合建筑内部给排水设施水平和排水系统普及程度等因素确定；可按当地用水定额的 80%～90% 采用。

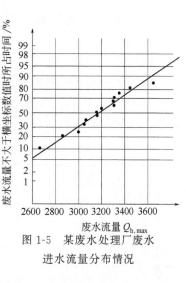

图 1-5　某废水处理厂废水
进水流量分布情况

生活污水定额可分为居民生活污水定额和综合生活污水定额两种，前者是指居民每人每天日常生活中洗涤、冲厕、洗澡等产生的污水量；后者是指居民生活污水和公共设施（包括娱乐场所、宾馆、浴室、商业网点、医院、学校和机关等地方）排出污水两部分的总和。具体数据见表 1-9。

表 1-9　居民生活污水定额和综合生活污水定额　　　单位：L/(cap·d)

分区	城市规模	居民生活污水定额（平均日）			综合生活污水定额（平均日）		
		特大城市	大城市	中、小城市	特大城市	大城市	中、小城市
一		120～180	100～160	85～145	180～290	160～265	145～240
二		95～135	75～120	60～100	125～205	110～180	95～155
三		95～125	75～110	60～95	120～195	100～170	85～145

　　注：cap 表示"人"的计量单位。

　　表 1-9 说明如下。

　　① 特大城市指市区和近郊区非农业人口 100 万及以上的城市；

　　大城市指市区和近郊区非农业人口 50 万及以上，不满 100 万的城市；

　　中、小城市指市区和近郊区非农业人口不满 50 万的城市。

　　② 一区包括贵州、四川、湖北、湖南、江西、浙江、福建、广东、广西、海南、上海、云南、江苏、安徽、重庆；

　　二区包括黑龙江、吉林、辽宁、北京、天津、河北、山西、河南、山东、宁夏、陕西、内蒙古河套以东和甘肃黄河以东的地区；

　　三区包括新疆、青海、西藏、内蒙古河套以西和甘肃黄河以西的地区。

　　③ 国家级经济开发区和特区城市，根据用水实际情况，用水定额可酌情增加。

　　（2）工业企业内生活污水量和淋浴污水量标准

　　一般车间每班每人污水量标准为 25L，淋浴污水量标准为 40L；热车间每班每人污水量为 35L，淋浴污水量标准为 60L。

　　（3）工业生产废水量

　　工业生产废水量按单位产品耗水量或万元产值耗水量计算，或按工艺流程和设备排水量计算，或按实测水量数据计算。若设计区域内无用水大户，可按 $500m^3/(d \cdot km^2)$ 估算工业区废水量。

（4）地下水渗入量

地下水渗入量可按每人每日最大污水量的 10%～20% 计算，或按流域服务面积指标 0.02～0.06L/(s·ha) 计算，或按污水管长度指标 0.0094～0.94m³/[d·km·mm(管径)] 计算；也可参考表1-10计算。法国采用观测现有管道的夜间流量进行估算。

表 1-10　地下水渗入量

计 算 单 位	最小流量	平均流量	最大流量
L/(s·ha)	0.054	0.216	0.540
L/(s·km)	0.136	0.816	5.44
m³/(d·km·mm)	0.0463	0.463	2.315
m³/(d·人)	0.095		0.757
m³/(d·检查井盖数)	0.284	0.378	0.568

（5）**废水体积**

废水体积也可使用水的人口当量（$PE_水$）计算，$PE_水 = 0.2m^3/d$。$PE_水$ 值与每人实际产生的废水体积无关，见例2.6。除 $PE_水$ 外，还有 PE_{BOD}、PE_{SS}、PE_N 等人口当量值，在使用 PE 值时要注意脚注。$1PE_{BOD}$ 相当于 $60gBOD/d$，$1PE_{COD}$ 相当于 $125gCOD/d$，$1PE_N$ 相当于 $13gN/d$，$1PE_P$ 相当于 $2.5gP/d$。

1.2.2.2　污水量变化系数

（1）居住区生活污水量总变化系数

居住区生活污水量总变化系数见表1-11。

表 1-11　生活污水量总变化系数 *Kz* 值

平均日流量/(L/s)	5	15	40	70	100	200	500	≥1000
K_z	2.3	2.0	1.8	1.7	1.6	1.5	1.4	1.3

表1-11中，当污水平均日流量为中间数值时，K_z 用内插法求得；当居民区有实际生活污水量变化资料时，可按实际数据采用，总变化系数 K_z 与平均流量之间的关系式为：

$$K_z = \frac{2.7}{Q^{0.11}} \tag{1-11}$$

式中　Q——平均日平均时污水流量（L/s），当 $Q<5L/s$ 时，$K_z=2.3$；当 $Q>1000L/s$，$K_z=1.3$。

（2）工业废水量变化系数

工业废水量变化系数根据生产工艺过程及生产性质确定。工业废水量的日变化一般较少，其日变化系数为1，时变化系数可实测。一般车间生活污水量时变化系数为3.0，热车间生活污水量时变化系数为2.5。

某些工业废水量的时变化系数大致如下，可供参考使用：

冶金工业	1.0～1.1	食品工业	1.5～2.0
化学工业	1.3～1.5	皮革工业	1.5～2.0
纺织工业	1.5～2.0	造纸工业	1.3～1.8

1.2.3 生活用水量统计分析

（1）居住区

住宅生活用水定额及小时变化系数，根据住宅类别、建筑标准、卫生器具完善程度和地区条件，可按表1-12确定。

表1-12 住宅生活用水定额及小时变化系数

住宅类别	卫生器具设置标准	单位	生活用水定额（最高日）/L	小时变化系数
普通住宅	有大便器、洗涤盆、无沐浴设备	每人每日	85～150	3.0～2.5
	有大便器、洗涤盆和沐浴设备		130～220	2.8～2.3
	有大便器、洗涤盆、沐浴设备和热水供应		170～300	2.5～2.0
高级住宅和别墅	有大便器、洗涤盆、沐浴设备和热水供应		300～400	2.3～1.8

表1-13是我国城市人均生活用水量结构。

表1-13 我国人均城市生活用水量结构　　　　单位：L/（人·d）

城市类别（人口数）	城市生活用水		居民住宅用水		公共市政用水	
	北方	南方	北方	南方	北方	南方
特大城市（>100×10⁴）	177.1	260.8	102.9	160.8	74.2	94.0
大城市（50×10⁴～100×10⁴）	179.2	204.0	98.8	103.0	80.4	101.0
中城市（20×10⁴～50×10⁴）	136.7	208.0	96.8	148.9	39.9	59.1
小城市（<20×10⁴）	138.0	187.6	79.3	148.5	58.7	39.1

注：南、北方大致以淮河、秦岭为界。

表1-14、表1-15分别是我国若干城市居民住宅用水结构以及国外居民住宅用水结构与我国居民住宅用水结构的对比。

表1-14 我国一些城市居民住宅用水结构　　　　单位：%

用水类别	公共水栓	有给水无排水设施	有给排水设施、公厕	有给排水无沐浴设施	有给排水、沐浴设施	有给排水、浴室、集中供热
冲洗卫生间				38	32.6	19.5
洗澡或洗漱	35.7	39.7	24	14.8	27.2	35.8
洗衣	20	15.9	24	14.8	12.8	7.6
烹调、洗碗	35.7	28.4	34.2	18.1	18.1	10.8
饮食	8.5	6.8	4.1	2.5	2.1	1.3
清扫卫生、浇园、洗车			8.2	5.1	4.3	2.6
其他损失		9	5.4	3.3	2.9	5.6
平均日用水量/[L/（人·d）]	78	53	75～90	130～145	140～165	230

表1-15 国内外居民住宅用水结构对比　　　　单位：%

用水类别	英国		美国	挪威	日本	北京市	河北省12个城市
	某地	威尔士					
冲洗卫生间	23.8	31.5	41	17.7	16	34	32
洗澡	20.8	31.5	37	23.8	20	约30	27.2
洗衣	7.7	8.5	4	14.6	24		12.7

用水类别	英国		美国	挪威	日本	北京市	河北省 12 个城市
	某地	威尔士					
洗碗、烹调	6.5	8.5	6	11.5	24		18.1
饮食	4.8	2.9	5	4.6	18		2.1
清扫卫生、浇洒庭院			4		15		4.3
洗车	9.5	5.8	3	4.6	7		
其他							2.9
损失	26.8	11.3					
日用水量/[L/(人·d)]	168	175	195	130	250		138

表 1-16 是日本统计分析观光旅游人员用水组成结构。

表 1-16　旅游人员用水组成结构

项目　　　用水类别	常住人口用水量比例/%	住宿人员用水量比例/%	当日返回人员(不住宿)用水量比例/%
饮料	1	1	2
烹调	4	4	
洗餐具	9	4	2
盆浴	33	温泉浴	温泉浴
洗衣	18	6	
清扫	2	2	1
洗手洗脸	2	2	2
水冲厕所	8	8	4
热冷空调	14	14	
杂用	3	3	2
其他	6	6	2
合计	100	50	15

（2）商业、公共设施

《建筑给水排水设计规范》（GBJ 15—88，1997 年）对集体宿舍、宾馆和公共建筑生活用水量及小时变化系数做出规定，具体定额见表 1-17。

表 1-17　集体宿舍、旅馆和公共建筑生活用水定额及小时变化系数

序号	建筑物名称	单位	生活用水定额(最高日)/L	小时变化系数
1	集体宿舍 　有盥洗室 　有盥洗室和浴室	 每人每日 每人每日	 50～100 100～200	 2.5 2.5
2	旅馆、招待所 　有集中盥洗室 　有盥洗室和浴室 　设有浴盆的客房	 每床每日 每床每日 每床每日	 50～100 100～200 200～300	 2.5～2.0 2.0 2.0

序号	建筑物名称	单位	生活用水定额(最高日)/L	小时变化系数
3	宾馆 客房	每床每日	400～500	2.0
4	医院、疗养院、休养所 有集中盥洗室 有盥洗室和浴室 设有浴盆的病房	每病床每日 每病床每日 每病床每日	50～100 100～200 250～400	2.5～2.0 2.5～2.0 2.0
5	门诊部、诊疗所	每病人每次	15～25	2.5
6	公共浴室 有淋浴器 设有浴池、淋浴器、浴盆及理发室	每顾客每次 每顾客每次	100～150 80～170	2.0～1.5 2.0～1.5
7	理发室	每顾客每次	10～25	2.0～1.5
8	洗衣房	每千克干衣	40～80	1.5～1.0
9	餐饮业 营业餐厅 工业企业、机关、学校食堂	每顾客每次 每顾客每次	15～20 10～15	2.0～1.5 2.5～2.0
10	幼儿园、托儿所 有住宿 无住宿	每儿童每次 每儿童每次	50～100 25～50	2.5～2.0 2.5～2.0
11	商场	每顾客每次	1～3	2.5～2.0
12	菜市场	每平方米每次	2～3	2.5～2.0
13	办公楼	每人每班	30～60	2.5～2.0
14	中小学校(无住宿)	每学生每日	30～50	2.5～2.0
15	高等院校(有住宿)	每学生每日	100～200	2.0～1.5
16	电影院	每观众每场	3～8	2.5～2.0
17	剧院	每观众每场	10～20	2.5～2.0
18	体育场 运动员淋浴 观众	每人每次 每人每次	50 3	2.0 2.0
19	游泳池 游泳池补充水 运动员淋浴 观众	每日占水池容积 每人每场 每人每场	10%～15% 60 3	 2.0 2.0

表 1-17 说明如下。

① 高等学校、幼儿园、托儿所为生活用水综合指标。

② 集体宿舍、旅馆、招待所、医院、疗养院、休养所、办公楼、中小学校生活用水定额均不包括食堂、洗衣房的用水量。医院、疗养院、休养所指病房生活用水。

③ 菜市场用水指地面冲洗用水。

④ 生活用水定额除包括主要用水对象用水外，还包括工作人员用水，其中旅馆、招待所、宾馆生活用水定额包括客房服务用水，不包括其他服务人员用水量。

⑤ 理发室包括洗毛巾用水。

⑥ 生活用水定额除包括冷水用水定额外，还包括热水用水定额和饮水定额。

表 1-18 是我国公共建筑用水量调查结果。

表 1-18　我国公共建筑用水量调查汇总

用　水　部　门		单 位 用 水 量	
		北　方	南　方
机关事业单位/[L/(人·d)]		158.1	226.8
宾馆、旅社/[L/(人·d)]	高档	950	1910
	中档	890	1510
	一般	730	690
医院/[L/(床·d)]		890	1390
大专院校/[L/(人·d)]		264.7	378.7
中小学校/[L/(人·d)]		18.3	36.0

表 1-19 是我国城市生活用水结构的一些情况。表 1-20 为我国部分公共市政用水量的比例。

表 1-19　我国城市生活用水结构　　　　单位：%

城市类别	居民住宅用水量/城市生活用水量		公共市政用水量/城市生活用水量	
	北　方	南　方	北　方	南　方
特大城市	58	62	42	38
大城市	55	50	45	50
中城市	71	72	29	38
小城市	57	79	43	21

表 1-20　部分城市公共市政用水量的比例　　　　单位：%

城　市	公共市政用水量占城市生活 用水量的比例(1987 年)	城　市	公共市政用水量占城市生活 用水量的比例(1987 年)
北京	75.3	太原	41.5
石家庄	42.6	大同	27.1
秦皇岛	65.1	青岛	58.5
沧州	40.2	淄博	25.2

1.2.2.4　工业污水排放量规定

对于已知工业企业类型和企业数量，又难以取得实测数据，可按《污水综合排放标准》（GB 8978—1996）中规定的排放量进行预测。表 1-21 是对 1998 年 1 月 1 日后建设单位部分行业最高允许排放量的规定。

表 1-21 部分行业最高允许排水量

（1998 年 1 月 1 日后建设的单位）

序号	行业类别			最高允许排水量或最低允许水重复利用率		
1	矿山工业	有色金属系统选矿		水重复利用率 75%		
		其他矿山工业		水重复利用率 90%（选煤）		
		脉金选矿	重选	$16.0\text{m}^3/\text{t}$（矿石）		
			浮选	$9.0\text{m}^3/\text{t}$（矿石）		
			氰化	$8.0\text{m}^3/\text{t}$（矿石）		
			碳浆	$8.0\text{m}^3/\text{t}$（矿石）		
2	焦化企业（煤气厂）			$1.2\text{m}^3/\text{t}$（焦炭）		
3	有色金属冶金及金属加工			水重复利用率 50%		
4	石油炼制工业（不包括直排水炼油厂） 加工深度分类： A. 燃料型炼油厂 B. 燃料＋润滑油型炼油厂 C. 燃料＋润滑油型＋炼油化工型炼油厂 （包括加工高含硫原油页岩油和石油添加剂生产基地的炼油厂）		A	$>500×10^4\text{t}$，$1.0\text{m}^3/\text{t}$（原油） $(250～500)×10^4\text{t}$，$1.2\text{m}^3/\text{t}$（原油） $<250×10^4\text{t}$，$1.5\text{m}^3/\text{t}$（原油）		
			B	$>500×10^4\text{t}$，$1.5\text{m}^3/\text{t}$（原油） $(250～500)×10^4\text{t}$，$2.0\text{m}^3/\text{t}$（原油） $<250×10^4\text{t}$，$2.0\text{m}^3/\text{t}$（原油）		
			C	$>500×10^4\text{t}$，$2.0\text{m}^3/\text{t}$（原油） $(250～500)×10^4\text{t}$，$2.5\text{m}^3/\text{t}$（原油） $<250×10^4\text{t}$，$2.5\text{m}^3/\text{t}$（原油）		
5	合成洗涤剂工业	氯化法生产烷基苯		$200.0\text{m}^3/\text{t}$（烷基苯）		
		裂解发生产烷基苯		$70.0\text{m}^3/\text{t}$（烷基苯）		
		烷基苯生产合成洗涤剂		$10.0\text{m}^3/\text{t}$（烷基苯）		
6	合成脂肪酸工业			$200.0\text{m}^3/\text{t}$（产品）		
7	湿法生产纤维板工业			$30.0\text{m}^3/\text{t}$（板）		
8	制糖工业	甘蔗制糖		$10.0\text{m}^3/\text{t}$（甘蔗）		
		甜菜制糖		$4.0\text{m}^3/\text{t}$（甜菜）		
9	皮革工业	猪盐湿皮		$60.0\text{m}^3/\text{t}$（原皮）		
		牛干皮		$100.0\text{m}^3/\text{t}$（原皮）		
		羊干皮		$150.0\text{m}^3/\text{t}$（原皮）		
10	发酵、酿造工业	酒精工业	以玉米为原料	$100.0\text{m}^3/\text{t}$（酒精）		
			以薯类为原料	$80.0\text{m}^3/\text{t}$（酒精）		
			以糖蜜为原料	$70.0\text{m}^3/\text{t}$（酒精）		
		味精工业		$600.0\text{m}^3/\text{t}$（味精）		
		啤酒工业（排水量不包括麦芽水部分）		$16.0\text{m}^3/\text{t}$（啤酒）		
11	铬盐工业			$5.0\text{m}^3/\text{t}$（产品）		
12	硫酸工业（水洗法）			$15.0\text{m}^3/\text{t}$（硫酸）		
13	苎麻脱胶工业			$500\text{m}^3/\text{t}$（原麻） $750\text{m}^3/\text{t}$（精干麻）		

序号	行 业 类 别		最高允许排水量或 最低允许水重复利用率
14	黏胶纤维工业单吨纤维	短纤维（棉型中长纤维、毛型中长纤维）	300.0m³/t（纤维）
		长纤维	800.0m³/t（纤维）
15	化纤浆粕		本色　150m³/t（浆）；漂白　240m³/t（浆）
16	制药工业医药原料药	青霉素	4700m³/t（青霉素）
		链霉素	1450m³/t（链霉素）
		土霉素	1300m³/t（土霉素）
		四环素	1900m³/t（四环素）
		洁霉素	9200m³/t（洁霉素）
		金霉素	3000m³/t（金霉素）
		庆大霉素	20400m³/t（庆大霉素）
		维生素 C	1200m³/t（维生素 C）
		氯霉素	2700m³/t（氯霉素）
		新诺明	2000m³/t（新诺明）
		维生素 B_1	3400m³/t（维生素 B_1）
		安乃近	180m³/t（安乃近）
		非那西汀	750m³/t（非那西汀）
		呋喃唑酮	2400m³/t（呋喃唑酮）
		咖啡因	1200m³/t（咖啡因）
17	有机磷农药工业[①]	乐果[②]	700m³/t（产品）
		甲基对硫磷（水相法）[②]	300m³/t（产品）
		对硫磷（P_2S_5 法）[②]	500m³/t（产品）
		对硫磷（$PSCl_3$ 法）[②]	550m³/t（产品）
		敌敌畏（敌百虫碱解法）	200m³/t（产品）
		敌百虫	40m³/t（产品）（不包括三氯乙醛生产废水）
		马拉硫磷	700m³/t（产品）
18	除草剂工业[①]	除草醚	5m³/t（产品）
		五氯酚钠	2m³/t（产品）
		五氯酚	4m³/t（产品）
		2甲4氯	14m³/t（产品）
		2,4-D	4m³/t（产品）
		丁草胺	4.5m³/t（产品）
		绿麦隆（以 Fe 粉还原）	2m³/t（产品）
		绿麦隆（以 Na_2S 还原）	3m³/t（产品）
19	火力发电工业		3.5m³/(MW·h)
20	铁路货车洗刷		5.0m³/辆
21	电影洗片		5m³/1000m（35mm 胶片）
22	石油沥青工业		冷却池的水循环利用率 95%

① 产品按 100%浓度计。

② 不包括 P_2S_5、$PSCl_3$、PCl_3 原料生产废水。

表 1-22 给出部分工业企业产品的废水比产率及浓度。

表 1-22 工业产品的废水比产率及浓度（1kgBOD$_7$ 相当于 0.85kgBOD$_5$）

工 业	耗水量	比产品废水产率	比污染物产率	废水浓度	说 明
牛奶业					
牛奶	0.7～2.0m³/t	0.7～1.7m³/t	0.4～1.8kgBOD$_7$/t	500～1500gBOD$_7$/t	t 为吨奶,
奶酪	0.7～3.0m³/t	0.7～2.0m³/t	0.7～2.0kgBOD$_7$/t	1000～2000gBOD$_7$/t	废水 pH 值可变
奶制品	0.7～2.5m³/t	0.7～20m³/t	0.7～2.0kgBOD$_7$/t	1000～2000gBOD$_7$/t	
屠宰场					p 为吨产品,
屠宰,屠宰＋肉类加工		3～8m³/tp	7～16kgBOD$_7$/tp	500～2000gBOD$_7$/tp 10～20gTot-P/tp	废水气味强,杂毛多,含消毒剂,水量大
屠宰＋肉类加工		3～12m³/tp	10～25kgBOD$_7$/tp	500～2000gBOD$_7$/tp	
肉类加工		1～15m³/tp	6～15kgBOD$_7$/tp	500～1000gBOD$_7$/tp	
啤酒业					m³ 为产品体积,pH 值高
啤酒＋软饮料	3～7m³/m³	3～7m³/m³	4～15kgBOD$_7$/m³	1000～3000gBOD$_7$/m³	
罐头业					t 为吨原材料,有漂浮物
土豆(干片)	2～4m³/t		3～6kgBOD$_7$/t	1000～3000gBOD$_7$/m³	
土豆(湿片)	4～8m³/t		5～15kgBOD$_7$/t	2000～3000gBOD$_7$/m³	
甜菜根	5～10m³/t		20～40kgBOD$_7$/t	3000～5000gBOD$_7$/m³	
胡萝卜	5～10m³/t		5～15kgBOD$_7$/t	800～1500gBOD$_7$/m³	
豌豆	15～30m³/t		15～30kgBOD$_7$/t	1000～2000gBOD$_7$/m³	tf 为吨产品
蔬菜	20～30m³/tf				
鱼	8～15m³/t	4～8m³/t	10～50kgBOD$_7$/t	5000～10000gBOD$_7$/m³	
纺织业					t 为吨原材料,废水温度高,极端pH 值,含氯气,硫化氢,危险化学品
全行业	100～250m³/t	100～250m³/t		100～1000gBOD$_7$/m³	
棉		100～250m³/t	50～100kgBOD$_7$/t	200～600gBOD$_7$/m³	
羊毛		50～100m³/t	70～120kgBOD$_7$/t	500～1500gBOD$_7$/m³	
合成纤维		150～250m³/t	15～30kgBOD$_7$/t	100～300gBOD$_7$/m³	
制革业					t 为吨原材料,含铬,pH 值变化大,含污泥,杂毛
各种制品	20～70m³/t	20～70m³/t	30～100kgBOD$_7$/t	1000～2000gBOD$_7$/m³	
生皮	20～40m³/t	20～40m³/t	1～4kgCr/t	30～70gBOD$_7$/m³	
毛皮	60～80m³/t	60～80m³/t	0～100kgS²/t 10～20kgTot-N/t	0～100gBOD$_7$/m³ 200～400gBOD$_7$/m³	
洗衣业					t 为洗衣量,使用对流湿洗可节水 70%,但污染物量不变
湿洗	20～60m³/t	20～60m³/t	20～40kgBOD$_7$/t 10～20kgTot-P/t	300～800gBOD$_7$/m³ 10～50gTot-N/m³	
电镀业	20～200L/m²	20～200L/m² <1m³/h max. 10m³/h	3～30ghm/m² 2～20gCN/m²	150ghm/m³ 100gCN/m³ 1～10ghm/m³ 0.1～0.5gCN/m³	m² 为表面积,hm 为重金属 50%的电镀业废水小于 1m³/h,含溶剂,氰化物,重金属,极端 pH 值

工 业	耗水量	比产品废水产率	比污染物产率	废水浓度	说 明
电子线路业	$0.5\sim1.5m^3/m^2$	$0.5\sim1.5m^3/m^2$	$100\sim200gCu/m^2$ $0\sim5gSn/m^2$ $0\sim5gPb/m^2$	$100\sim200gCu/m^3$ $0\sim5gSn/m^3$ $0\sim5gPb/m^3$	m^2 为 m^2 镀层面积
照相业	$0.5\sim1.5m^3/m^2$	$0.5\sim1.5m^3/m^2$	$200\sim400gBOD_7/m^2$	$400\sim700gBOD_7/m^3$ $50\sim100gEDTA/m^3$	m^2 为 m^2 胶片，污染物变化大，对皮肤有毒害作用
印刷业	$30\sim40m^3/d$	$30\sim40m^3/d$	$7kgZn/d$ $0.04kgAg/d$ $0.03kgCr/d$ $0.01kgCd/d$	$170\sim230gZn/m^3$ $1.0\sim1.3gAg/m^3$ $0.8\sim1.0gCr/m^3$ $0.2\sim0.3gCd/m^3$	印刷机平均耗水量为 $30\sim40$ t/d，含溶剂、酸
修车洗车业 轿车 货车	$400L/Lt$ $200L/Ht$ $1200L/Ht$				Lt 为 t 低水压； Ht 为 t 高水压； 含溶剂

1.2.2.5 污水量计算公式

生活污水量和工业废水量计算公式见表1-23。

表 1-23　计算公式

名 称	计 算 公 式	符 号 说 明
居住区生活污水设计流量	$Q_1=\dfrac{nNKz}{86400}(L/s)$	n——生活污水定额，L/(人·d)； N——设计人口数，人； Kz——生活污水量总变化系数
工业企业生活污水及淋浴污水设计最大流量	$Q_2=\dfrac{75N_1+87.5N_2}{3600T}+$ $\dfrac{40N_3+60N_4}{3600}(L/s)$	N_1——一般车间最大班职工人数，人； N_2——热车间最大班职工人数，人； N_3——一般车间最大班使用淋浴的职工人数，人； N_4——热车间或较脏车间最大班使用淋浴的职工人数，人； T——每班工作小时数
工业生产废水设计最大流量	$Q_3=\dfrac{mMKg}{3600T}(L/s)$	m——生产过程中单位产品的废水量定额，L/单位产品； M——产品的平均日产量； Kg——总变化系数； T——每日生产小时数
地下水渗入量(当地下水位较高时发生)	$Q_4=(0.1\sim0.2)Q_1$	Q_1——居住区生活污水最大流量
污水设计最大流量	$Q=Q_1+Q_2+Q_3+Q_4$	

【例题 1.6】 某城镇生活污水、工业生产污水、工厂内生活污水及淋浴污水设计流量的计算及城镇污水总流量综合计算见表1-24～表1-27。

1.2.3　日本《下水道设施计划·设计指针与解说》推荐方法

服务区内污水来自于家庭排出的生活污水、食堂和事务所等排出的营业污水、工厂排出的工业污水、观光游客排出的观光污水、畜产业等排出的其他污水以及地下水的渗入等组成。污水量应以实测法来确定，当不能实测时可用原单位方式确定。

表 1-24　城镇居住区生活污水设计流量计算表

居住区名称	排水流域编号	居住区面积/ha[②]	人口密度/(cap/ha)	居住人数/cap	生活污水定额/[L/(cap·d)]	平均污水量			总变化系数(Kz)	设计流量	
						m³/d	m³/h	L/s		m³/h	L/s
旧城区	Ⅰ	61.49	520	31964	100	3196.4	133.18	37	1.81	241.06	66.97
文教区	Ⅱ	41.19	440	18436	140	2581.04	107.54	29.87	1.86	200.02	55.56
工业区	Ⅲ	52.85	480	25363	120	3044.16	126.84	35.23	1.82	231.08	64.19
合计		155.51		75768		8821.60	367.56	102.10	1.62	595.44[①]	165.40[①]

① 此两项合计数字不是直接统计，而是合计平均流量与相对应的总变化系数的乘积。

② 1ha＝10000m²。

表 1-25　城镇中生产污水设计流量计算表

工厂名称	班数	各班时数/h	单位产品/t	日产量/t	单位产品废水量/(m³/t)	平均流量			总变化系数(Kz)	设计流量	
						m³/d	m³/h	L/s		m³/h	L/s
酿酒厂	3	8	酒	15	18.6	279	11.63	3.23	3	34.89	9.69
肉类加工厂	3	8	牲畜	162	15	2430	101.25	28.13	1.7	172.13	47.82
造纸厂	3	8	白纸	12	150	1800	75	20.83	1.45	108.75	30.20
皮革厂	3	8	皮革	34	75	2550	106.25	29.51	1.4	148.75	41.31
印染厂	3	8	布	36	150	5400	225	62.5	1.42	319.5	88.75
合计						12459	519.13	144.2		784.02	217.77

表 1-26　城镇污水总流量综合表

排水工程对象	平均日污水流量/(m³/d)		最大时污水流量/(m³/h)		设计流量/(L/s)	
	生活污水	进入城镇污水管道的生产污水	生活污水	进入城镇污水管道的生产污水	生活污水	进入城镇污水管道的生产污水
居住区	8821.60		595.44		165.40	
工厂	368.90	12459	87.49	784.02	24.26	217.77
合计	9190.50	12459	682.93	784.02	189.66	217.77
合计	Q_{vd}＝21649.5		Q_{maxh}＝1466.95		Q_{maxs}＝407.43	

注：Q_{vd} 为平均日流量；Q_{maxh} 为最大时流量；Q_{maxs} 为最大平均流量。

1.2.3.1　生活污水量

从家庭排出的生活污水量可由每人每日生活污水量定额乘以常住人口数求得。

生活污水量的确定可以将该服务区域的给水设计每人每日最高给水定额作为每人每日最大生活污水定额（或按90%考虑）。但是，对于设计年限不一致时，不能盲目套用，应对下水道发展趋势进行分析，从而确定下水道的设计值。当一部分水源为自用井水时，在给水实际统计中可能不包括，因此，应该实际调查；也可以参考相关类似地区的每人每日生活污水量定额。

表 1-28 为给水量定额和每人每日最大污水量定额。

表1-27 各工厂生活污水及淋浴污水设计流量计算表

车间名称	班数	每班时数/h	生活污水								淋浴污水						合计		
			职工人数		污水标准量/L	日流量/m³	最大班流量/m³	时变化系数/Kh	最大时流量/m³	最大秒流量/L	使用淋浴的职工人数		污水标准量/L	日流量/m³	最大时流量/m³	最大秒流量/L	日流量/m³	最大时流量/m³	最大秒流量/L
			每日人数/(人/日)	最大班人数/人							每日人数/(人/日)	最大班人数/人							
酿酒厂	3	8	418	156	35	14.63	5.46	2.5	1.71	0.47	292	109	60	17.52	6.54	1.82	32.15	8.25	2.29
			256	108	25	6.40	2.70	3.0	1.01	0.28	89	38	40	3.56	1.52	0.42	9.96	2.53	0.70
肉类加工厂	3	8	520	168	35	18.20	5.88	2.5	1.84	0.51	364	116	60	21.84	6.96	1.93	40.04	8.8	2.49
			234	92	25	5.85	2.33	3.0	0.87	0.24	90	35	40	3.6	1.40	0.39	11.94	2.27	0.63
造纸厂	3	8	440	150	35	15.40	5.25	2.5	1.64	0.46	300	105	60	18.00	6.30	1.75	33.40	7.94	2.21
			422	145	25	10.55	3.63	3.0	1.36	0.38	148	50	40	5.92	2.00	0.56	16.47	3.36	0.94
皮革厂	3	8	792	274	35	27.72	9.50	2.5	2.99	0.83	440	156	60	26.40	9.36	2.6	54.12	12.35	3.43
			864	324	25	21.60	8.10	3.0	3.04	0.84	372	80	40	14.88	3.20	0.89	36.48	6.24	1.64
印染厂	3	8	1330	450	35	46.55	15.75	2.5	4.92	1.37	930	315	60	55.80	18.9	5.25	102.35	23.82	6.62
			1390	470	25	9.75	11.75	3.0	4.41	1.22	556	188	40	22.24	7.52	2.09	31.99	11.93	3.31
合计						176.65	70.44		23.79	6.6				189.76	63.7	17.7	368.9	87.49	24.26

表 1-28　给水量定额与最大污水量定额

类　别	城市名	给水人口/人	每人每日给水量/L			设计处理人口/人	每人每日最大污水量/L
			设计最大给水量	最大给水量	平均给水量		
大城市	东京都（区部）	8086815	574	512	434	10358000	320～680
	横滨市	3250047	486	478	406	4646000	520
	名古屋市	2240477	615	537	411	2298800	350[①]
	大阪市	2603859	852	730	586	2781000	482～636
	神户市	1277480	691	485	410	1646900	431～559
	广岛市	1070817	652	488	403	902100	416～1047
中小城市	纹别市	27045	544	492	423	25800	460
	佐野市	76251	555	498	419	46000	490
	前桥市	285014	618	579	493	184700	330～600
	金市	432100	766	504	412	353300	630
	岐阜市	341751	556	575	442	339800	535～707
	瑞浪市	28775	500	431	358	19900	385
	吹田市	340119	486	508	411	315300	499～600
	姬路市	455309	621	448	388	392100	507～533
	东广岛市	67892	464	379	321	31000	558
	鹿览岛市	492269	491	422	360	470000	451
工业城市	堺市	806056	493	458	383	686700	445～570
	尼崎市	495942	663	557	447	580100	500
观光城市	热海市	46697	1650	1954	1244	30600	945
	伊东市	69194	1852	894	630	33600	1948

① 仅为污水量。

注：1. 本表是以 1991 年《给水统计》和《下水道统计》为依据；

2. 其他污水量均包括生活污水量、营业污水量、工业污水量和观光污水量。

最大日污水量与平均日污水量之比，即日变化系数，可由给水量实际统计资料推求；在无资料时，可采用 1.25～1.43。

最大时污水量与最大日污水量之比，即时变化系数，大中城市（人口在 30 万人以上）可采用 1.3～1.8；小城镇［如人口为（2～5）万人］和旅游地等可采用 1.5～2.0。

另外，设计最大时污水量的确定方法，可以采用巴比特（Babbit）公式。该方法是从小管径支路到大口径干管，按照排水入口相应的最大日污水量乘以巴比特系数 M 得出最大时污水量。

图 1-6 为巴比特 M 曲线。

1.2.3.2　营业污水量

营业污水量是指由事务所、医院、学校、商店等场所排出的污水。营业污水量可参考给水工程设计中的营业用水量。在无资料时，可按用地性质的不同以生活污水量比率系数转换法求定。表 1-29 为不同用地性质的营业用水率。

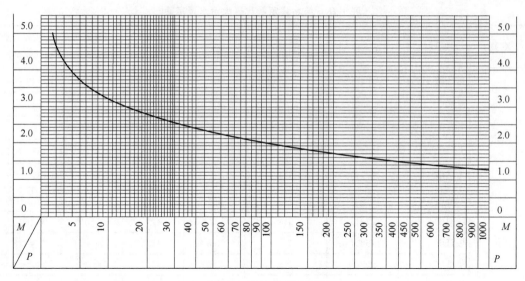

图 1-6　巴比特 M 曲线

$M=5\div P^{\frac{1}{5}}$，当 $P<1.0$（1000 人）时，$M=5$；$P>1000$（100 万人）时，$M=1.25$；P 为 1000 人的单位人口数

表 1-29　不同用地性质的营业用水率（日平均）

用 地 性 质	营业用水率	备　　注
商业地区	0.6～0.8	根据用地性质求得营业用水量与营业用地率关系后,以对于每人生活污水量的比例分组
居住地区	0.3	
准工业地区	0.5	
工业地区	0.2	

注：营业用水率随城市规模多少有变化。

1.2.3.3　工业污水量

排入下水道工厂的污水量应以实测确定；当难以实测时，可按不同行业的单位产值、单位面积排水量或者单位产品用水量及重复利用率进行推算。对于排水大户应逐个进行调查。

对水产加工、印染、造纸等产业发达地区，含有高浓度难分解物质，对这类工厂的水质水量应充分调查分析。

对于使用自来水的中小型工厂，其排水量确定应避免生活污水量与营业污水量的重复计算。

在无资料时，工业污水量的平均日、最大日和最大时的比值可采用 1:1:2。

1.2.3.4　观光污水量

观光污水是由观光旅游人员在游览地所产生的污水。观光者分为住宿者和不住宿者两类，将他们人口分别乘以污水量定额可求得观光污水量。

观光人数按年最大预测，当观光者随季节变化大时，处理构筑物在旅游富余量较大。因此，应充分掌握观光污水量随季节变化的规律。

观光人数应按过去统计人口、宾馆容量以及发展规划等因素综合考虑确定。

观光者每人每日产生的污水量与观光者、观光地的条件和设备状况等因素有关，应以观光人数和实际用水量为基础确定。该污水量定额随观光者增减而变化：观光者多时，该值变小；观光者少时，该值增大。当无用水量资料时，可参考类似观光地或城市中相似情况确定污水量定额，也可参考表 1-15 确定。

1.2.3.5 其他污水量

有些地区会产生温泉排水、畜产排水等。

对温泉水排入下水道应慎重考虑。当温泉水质较差时，会产生硫化氢和强酸性物质。对于硫磺型温泉，在厌氧条件下会产生硫化氢。另外，温泉水排入下水道引起污水量增加，导致处理设施容积增大、稀释了污水、处理不经济等问题。因此，能排入雨水管道的温泉水可进入雨水管道，必须进入污水系统的要确定其流量。

畜产排水无资料时，可参考表 1-30 计算。

表 1-30　家禽排水量及负荷量定额

项　　目	牛	猪	马
水量/[L/(d·头)]	45～135	135	
BOD/[g/(d·头)]	640	200	220
SS/[g/(d·头)]	3000	700	5000
T-N/[g/(d·头)]	378	40	170
T-P/[g/(d·头)]	56	25	40
COD/[g/(d·头)]	530	130	700

注：1. 鸡排泄物可作为肥料，故不考虑其负荷量；

2. 牛、马在野外排泄较多，流出率按 10% 以下考虑。

1.2.3.6 地下水渗入量

地下水渗入量与地下水位、管道接口种类以及施工技术有关。其水量可按旱季进入处理厂总水量减去征收水费水量的差值；也可按生活污水量与营业污水量之和的每人每日最大污水量的 10%～20% 计算。

最大日污水量是处理单元设计的基本参数，是由上述 6 部分之和，即：

设计最大日污水量＝每人每日最大污水量×(1＋营业用水率)×设计人口＋工业排水量＋其他污水量＋(0.1～0.2)×每人每日最大污水量×(1＋营业用水率)×设计人口

1.2.3.7 设计平均日污水量

用于统计污水处理厂年污水量、计算污水处理费用等。设计平均日污水量对于中小规模下水道采用设计最大日污水量的 70%，对于大规模下水道采用设计最大日污水量的 80%。

1.2.3.8 设计最大时污水量

用于确定管径及泵站容积等。污水量逐时变化，对小城市或小区等特殊地域变化较大，最大时污水量可按最大日污水量的 1.5～1.8 倍确定，有时可以达到 2.0 倍。对于大规模下水道，最大时污水量可按最大日污水量的 1.3 倍确定。

1.2.3.9 雨天时设计污水量

对于合流式排水体制，用于确定雨天时从截流井溢流水量以及泵站提升水量。通常，可按设计最大时污水量的 3～5 倍考虑。

表 1-31 列出设计污水量与处理构筑物的关系。

【例题 1.7】　某城市规划排水区域内用地性质面积见表 1-32，基础家庭污水量为 200～250L/(人·d)，试计算出最大日污水量和最大时污水量（不考虑工业污水量和地下水渗入量）。

表 1-31 处理单元所采用的污水量

处理方式	处 理 厂			泵 站	管 道	截流管
	导水管、沉砂池	初沉池、接触池	曝气池、二沉池			
分流式	最大时	最大日	最大日	最大时	最大时	
合流式	3×最大时	3×最大时	最大日	3×最大时	最大时	3×最大时

表 1-32 用地性质面积统计

用 途	面积/ha	比率/%	用 途	面积/ha	比率/%
商业用地	338	26	工业用地	312	24
居住用地	533	41	合计	1300	100
准工业用地	117	9			

【解】 根据城市规划采用的不同用地性质的饱和人口密度见表 1-33。本例计算采用中间值，即商业用地 175 人/ha，居住用地 80 人/ha，准工业用地 35 人/ha，工业用地 10 人/ha。

表 1-33 不同性质用地的饱和人口密度 单位：人/ha

商 业 用 地	150～200
居住用地	
高层住宅地区	100～120
一般住宅地区	60～80
高级住宅地区	40～60
准工业用地	30～40
工业用地	0～20

商业用地人口数：338(ha)×175(人/ha)＝59150 人
居住用地人口数：533(ha)×80(人/ha)＝42640 人
准工业用地人口数：117(ha)×35(人/ha)＝4095 人
工业用地人口数：312(ha)×10(人/ha)＝3120 人
家庭污水量＝基础家庭污水量＋营业污水量
　　　　　＝基础家庭污水量×(1＋营业用水率)
因为不考虑工业污水量和地下水渗入量，则：
设计平均日污水量＝家庭污水量
　　＝[0.20～0.25m³/(人·d)]×(59150×1.7＋42640×1.3＋4095×1.5＋3120×1.2)
　　＝33175～41468m³/d
　　　　　设计最大日污水量＝设计平均日污水量/(0.7～0.8)
　　　　　　　　　　　　　＝(33175～41468)/(0.7～0.8)
　　　　　　　　　　　　　＝47393～59240m³/d
　　　　　设计最大时污水量＝(1.5～1.8)×(设计最大日污水量)/24
　　　　　　　　　　　　　＝(1.5～1.8)×(47393～59240)/24
　　　　　　　　　　　　　＝2962～4443m³/h

【例题 1.8】 按以下所给资料，求定污水管道和处理厂的设计污水量。

① 基础家庭污水量标准为 250L/（人·d）。

② 用地性质人口数与营业用水率

| 居住地区 | 50300 人 | 0.3 | 准工业地区 | 2480 人 | 0.5 |
| 商业地区 | 12300 人 | 0.8 | 工业地区 | 4000 人 | 0.2 |

③ 工业产值预测及万元产值耗水量

食品	12170	0.361	家具	11215	0.212
	（百万日元）	（m^3/百万日元）	造纸	8816	0.152
轻工	1232	0.775	出版	2880	0.084
纺织	4840	0.162	金属	1720	0.102
服装	2410	0.015	电气	4325	0.062

④ 地下水渗入量按每人每日最大污水量的 15% 考虑。

⑤ 变化系数：最大日为 1/0.7，最大时为 1/0.7×1.5。

【解】

（1）最大日污水量

① 家庭污水量（q_1）

$q_1 = 0.25 m^3/（人·d）×（50300×1.3+12300×1.8+2480×1.5+4000×1.2）×1/0.7$

$= 34303 m^3/d$

② 工业污水量（q_2）

$$q_2 = 工业产值×万元产值耗水量$$
$$= 10571 m^3/d$$

③ 地下水渗入量（q_3）

$$q_3 = 34303×0.15 = 5145 m^3/d$$

最大日污水量　　　$Q_1 = q_1 + q_2 + q_3 = 50019 m^3/d$

（2）最大时污水量　　　$Q_2 = 1.5 Q_1 = 75028 m^3/d$

（3）管道及污水处理厂设计污水量

管道及污水处理厂设计污水量如下表所列：

管　道	处　理　厂	
	沉砂池、泵	沉淀池、曝气池、接触池
最大日污水量	最大日污水量	最大日污水量
75028 m^3/d	75028 m^3/d	50019 m^3/d

【例题 1.9】 试计算年洗衣为 15000t 洗衣房最大时废水流量。该洗衣房每年工作 350d，每天工作 8h。

【解】 从表 1-16 和表 1-21 分别查得洗衣房用水定额为 $40\sim80 m^3$/t 和 $20\sim60 m^3$/t，取两者中值的平均值为 $50 m^3$/t，则：

年流量　$Q_y = 15000×50 = 75×10^4 m^3/a$

$$最高日流量 \quad Q_d = 75 \times 10^4 / 350 = 2143 \text{m}^3/\text{d}$$
$$最高时流量 \quad Q_h = 2143 / 8 = 268 \text{m}^3/\text{h}$$

1.2.4　某市 A 污水厂处理量预测（近期 1995 年，远期 2000 年）过程与解析

根据某市（1979～2000 年）排水总体规划 A 污水处理厂所接纳的流域范围是东起曲江池，西到皂河，南起丈八沟东路，北至大环河；共计流域面积 53.47km²。根据规划的人口密度，最终控制人口 59.41 万人。

A 污水处理厂接纳处理的污水包括生活污水和工业废水两部分，其中工业废水中主要包括制药、造纸、皮革、焦化、食品、机械、化工、电子工业、医院、纺织、电影制片等 140 余家生产废水。

1.2.4.1　水量预测方法概述

污水量包括生活污水量与工业污水量，基本计算方法都是采取定额计算法，即按生活排水量定额和人口计算生活污水量，按工业万元产值排水量定额与工业产值计算工业污水量。对于计算的基本参数，如人口、生活用水排水率、工业产值、万元产值用水量、工业排水率等参数，都根据现有调查资料，做时序相关分析，用趋势外推法进行推求，水量预测程序见图 1-7 水量预测程序。

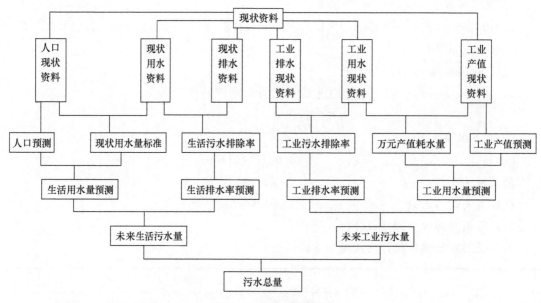

图 1-7　水量预测程序

从图 1-7 可以看出，现状调查资料是整个预测的基础。本研究预测中，对人口、产值、给水量、排水量等进行广泛地调查、收集资料，并与过去有关资料比较核对，以求获得尽量准确的数据。

1.2.4.2　现状资料统计分析

（1）接纳污水的流域面积

根据规划，A 污水厂接纳污水的流域面积统计如表 1-34。

（2）现状人口统计计算

接纳流域范围内人口数量以 1986 年雁塔区及该市人口统计资料为准，采用 1986 年人口

密度，调查统计计算如表 1-35 所列。

表 1-34 接纳污水流域面积表

序 号	地区名称	面　　积	占总面积比例/%
1	西郊药厂区	4.07km² ＝407ha	7.61
2	小寨路地区	6.5km² ＝650ha	12.2
3	大雁塔地区	6.5km² ＝650ha	12.2
4	丈八沟地区 长延堡地区 山门口地区	36.4km² ＝3640ha	67.99
合　　计		53.47km² ＝5347ha	100

注：以雁塔区 1987 年统计资料为准。

表 1-35 流域范围内人口统计表

地区名称	计算面积/km²	非农业人口/人	密度/(人/ha)	备　　注
丈八沟		1447		只计一部分
鱼花寨				不在接纳范围内
山门口		26519		只计一部分
长延堡		37159		计算大部分
曲江				不在接纳范围内
小计	36.4	65125	17.89	
大雁塔	6.5	37415	57.56	计为基本建成区
小寨路	6.5	51839	79.75	计为基本建成区
西郊药厂	4.07	32458	79.75	计为基本建成区
合计	53.47	186839	平均密度 34.94	

注：接纳流域人口 1986 年为 186.839 人；平均密度 34.94 人/ha。

（3）现状排水量与排水定额标准分析

根据本次调查资料和参阅 1979～2000 年该市排水总体规划制定时的原始资料，比较核对，对 1987 年为计算基数，对调查的 149 个单位的污水量综合并归类分析排水量标准。

a. 中小学及大专院校　大专院校共 24 所，人口 84000 人；中小学校共 53 所，人口 35121 人；合计 119121 人。根据调查资料进行综合性分析得出排水量标准：

大专院校　151.5L/(人·d)，包括学校实验室及实习工厂排水；

中学　35.5L/(人·d)；

小学　30.0L/(人·d)。

b. 居民　经统计居民人口总数为 75601 人，人均排水量标准为 52L/(人·d)。

居民与学校总人数为 194722 人，排水总量为 18111.68m³/d，人均排水量为 93.013 L/(人·d)。

c. 医院排水　医院排水按集中流量计，医院共 8 所；排水总量 1750m³/d。

d. 机关、宾馆排水　机关、宾馆排水也按集中流量计。据统计共 13 所，排水总量

$5473m^3/d$。

e. 工厂企业　调查厂家共 51 家，工业废水总量 $62295.194m^3/d$，生活污水总量 $13922.5m^3/d$。

另有，南郊电子城规划区，计划于 1992 年建成，将新增单位 11 个，总人口 12722 人，面积 89.5ha，工业污水量 $4930.8m^3/d$，生活污水量 $4054.6m^3/d$，排除率均按 79% 计。

f. 其他未计入的小单位排水量估算　根据该市自来水公司 1985～2000 年给水量资料反推该流域范围内未调查的小工厂、民办厂、乡镇企业等的排水量，按调查所得的工业生活水量的 8% 计，即工业排出污水量 $4983.62t/d$。

生活污水量：$1113.8t/d$。

g. 流动人口排水量估算　该流域范围内的食堂、摊点、小旅社等流动人口所占比例按该市流动人口占全市总人口的 1.74% 计，即流动人口 3388 人。

流动人口用水量标准，按该市用水量资料定为 120L/（人·d）。污水排除率采用 0.8。

流动人口用水总量：$406.6t/d$。

流动人口排水总量：$325.2t/d$。

h. 现状排水量计算结果　现状总污水量：$107974.99m^3/d$，其中生活污水量 $40696.18m^3/d$，占 37.7%；工业污水量 $67278.81m^3/d$，占 62.3%。

（4）现状用水量

根据调查资料统计，现状用水总量为 $128003.6m^3/d$，其中生活用水量 $52409.4m^3/d$；居民学生人均用水量 120.3L/（人·d）；工业生产用水量 $75594.2m^3/d$。

（5）现状排水率

根据上述调查计算的现状用水量与排水量，计算得生活污水与工业废水排除率为：

生活用水排除率 $\phi=93/120.3=0.773$；

工业用水排除率 $\phi=0.89$。

1.2.4.3 污水量预测计算

（1）生活污水量预测计算

生活污水量预测，采用的方法是先预测出人口，再根据已知的人均用水量，按预测的污水排除率得污水排放定额；然后，计算生活污水量。

a. 人口预测　A 污水厂接纳流域内 1978～1987 年 10 年人口统计数据，见表 1-36。

表 1-36　流域区人口逐年统计表

序　号	年　份	人口/万人	序　号	年　份	人口/万人
1	1978 年	14.74	6	1983 年	16.66
2	1979 年	14.94	7	1984 年	17.23
3	1980 年	15.33	8	1985 年	18.05
4	1981 年	15.88	9	1986 年	18.68
5	1982 年	16.19	10	1987 年	19.47

按表 1-36 中数据绘制人口散点图，见图 1-8 散点分布近似抛物线，但 S 形曲线更符合城市发展规律。所以，用相关分析法，分别推求抛物线方程与 S 曲线方程，得出：

抛物线方程（曲线见图 1-9）　$Y = 14.52 + 0.18X + 0.032X^2$；

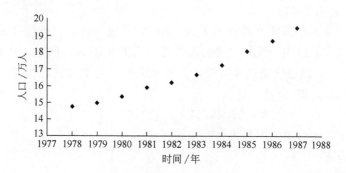

图 1-8　流域区现状人口散点图

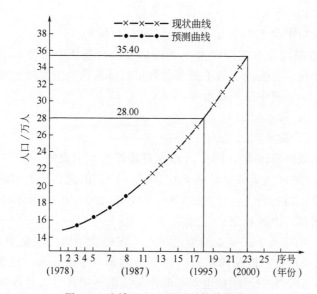

图 1-9　流域区人口预测抛物线曲线图

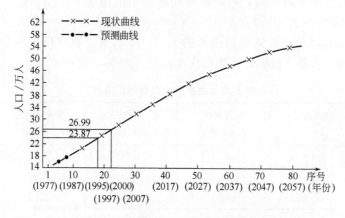

图 1-10　流域区人口预测 S 形曲线图

S 形曲线方程（曲线见图 1-10）　$Y = 59.41/(1 + 3.2275e^{-0.043})$

式中　Y——人口，万人；

X——年（序号）；

e——常数，取 2.718。

对抛物线方程与 S 形曲线方程经用 IBM—PC 计算机计算，并进行分析。上述公式系数的确定，符合曲线发展趋势；同时，抛物线方程均方差大于 S 形曲线。从人口增长情况看，按 1‰ 自然增长率计，抛物线增长速度快，且无极大值，与实际情况不符。故经分析选用 S 形曲线方程预测人口，即

$$Y = 59.41/(1 + 3.2275E^{-0.043x})$$

式中   常数 59.41 为规划饱和人口。

均方差 $E = 8.47 \times 10^{-4}$

按照上述方程预测结果：

近期 1995 年，23.87 万人；

远期 2000 年，2700 万人。

最终饱和控制人口密度 111.1 人/ha，人口 59.41 万人。

b. 生活污水排水率与排水定额   由上述计算得出，现状生活污水的排除率只有 77%，随着城市居民住房条件、卫生设备的不断改善和市政排水设施的发展完善，生活污水的汇集排除率会不断提高。本预测中采用排水率：

1995 年按照 85%，即 $\phi = 0.85$；

2000 年按照 90%，即 $\phi = 0.90$。

根据该市自来水规划及该市 1988～1990 年环境综合整治规划，1995 年该市人均用水量为 150L/（人·d），2000 年人均用水量为 200L/（人·d）。因此，按上述确定的排除率，则生活污水的排水量定额，1995 年为 127.5L/（人·d），而 2000 年为 180L/（人·d），基本上符合《室外排水设计规范》中的规定。

c. 机关、医院、宾馆及工厂企业的生活污水   在现状生活污水量中，有 $2.26 \times 10^{4} \text{m}^3$/d 的污水量是来自机关单位、医院宾馆及工厂企业的集中生活污水。随着人口规模的发展、工厂企业的发展，这部分集中污水量也将不断增加。但是未来污水量预测是按排水量定额计算，其中已经包括某些机关单位与医院等，工厂企业的生活用水相当一部分已经计入按人口与排水定额计算的污水量，所以，在排水量定额适当的情况下，经估算，集中排放污水量 1995 年按 $2.47 \times 10^{4} \text{m}^3$/d，2000 年按 $1.74 \times 10^{4} \text{m}^3$/d。

d. 生活污水量预测值   根据上述预测的人口、排水量定额和机关单位、医院宾馆、工厂企业的集中生活污水量，预测计算生活污水量汇总如表 1-37 所列。

表 1-37   生活污水量预测汇总表

年　份	流域人口 /万人	排水定额 /[L/（人·d）]	生活排水量 /（$\times 10^4 \text{m}^3$/d）	集中污水量 /（$\times 10^4 \text{m}^3$/d）	生活污水总量 /（$\times 10^4 \text{m}^3$/d）
1987 年（现状）	19.47	93.0	1.81	2.26	4.07
1995 年（近期）	23.87	127.5	3.04	2.47	5.51
2000 年（远期）	26.99	180.0	4.86	1.74	6.60

（2）工业废水量预测计算

工业废水量预测，采用的方法是：先预测工业产值；再通过工业产值与用水量的相关分析预测出工业用水量；然后通过工业废水的回收率推求工业用水的排除率；最后计算出工业

废水量。

a. 该市工业产值预测 根据该市历年年鉴、工业产值统计资料，用平滑法建立模拟曲线的数学模型，计算预测年份的工业产值。

将1987年以前的39年工业产值资料逐年输入IBM—PC计算机，计算并比较选择各平滑系数，得出工业产值预测的计算方程（M为预测年，是以1987年为基准的年数）为：

$$F(39+M)=826651.5+80208.05M+3300.32M^2 \quad （万元）$$

按此方程计算得：

1995年工业产值预测值为168亿元；

2000年工业产值预测值为243亿元。

b. A污水厂接纳区域内工业产值 根据该市近几年的统计资料表明，A污水厂接纳区域的工业产值平均占全市工业产值的13.2%。本预测按照该区域的工业发展与全市同步，则该区域1987～2000年的工业产值预测值见表1-38。该区域1995年预测的工业产值为22.33亿元，2000年预测的工业产值为32.29亿元。

表1-38　工业产值预测表

年　份	产值/亿元	年　份	产值/亿元
1987年	11.05	1994年	20.60
1988年	12.09	1995年	22.33
1989年	13.29	1996年	24.13
1990年	14.58	1997年	26.03
1991年	15.95	1998年	28.02
1992年	17.41	1999年	30.09
1993年	18.96	2000年	32.29

c. 工业万元产值耗水量 在工业生产中，万元产值耗水量（指补充新水量）因生产工艺的改进、工业废水的循环使用而变化。该市近几年来万元产值耗水量统计资料见表1-39。

表1-39　某市万元产值耗水量表

年　份	万元产值耗水量	年　份	万元产值耗水量
1981年	396m³/万元	1985年	307m³/万元
1982年	367m³/万元	1986年	303m³/万元
1983年	331m³/万元	1987年	255m³/万元
1984年	328m³/万元		

表1-39中万元产值耗水量逐年下降的速度很快，这除了生产工艺本身的改进外，该市供水不足、给水量的增长赶不上工业产值的增长是一个重要的原因。在供水条件得到改善的情况下，万元产值耗水量逐年减少的速度会变慢，并会逐渐趋于稳定。该市1988～1990年环境综合整治规划中提出的250.7m³/万元耗水量指标可作为最低限值来估算工业用水量。

d. 工业废水排除率 生产用水$Q_总$是由两部分组成，即重复利用水量$Q_重$与补充水量$Q_补$，而$Q_补$则包括生产耗水量$Q_耗$与废水排水量$Q_排$，即：

$$Q_总 = Q_重 + Q_补 = Q_重 + (Q_耗 + Q_排)$$

令 $Q_重/Q_总 = \eta$　　η 为重复利用率

　　$Q_耗/Q_总 = \gamma$　　γ 为耗水率

　　$Q_排/Q_总 = \rho$　　ρ 为排水率

则　　　　　　　　　　　　$\eta + \gamma + \rho = 1$

令 $Q_排/Q_补 = \phi$　　ϕ 为废水排除率

则　　　　　　　$\phi = \rho/(\rho + \gamma) = (1 - \eta - \gamma)/(1 - \eta) = 1 - [\gamma/(1 - \eta)]$

式中，γ 值对于稳定的生产工艺来说是近似不变的，故 ϕ 值与 η 值为双曲线函数关系。根据 1987 年资料，工业污水的重复利用率为 58.5％，排除率为 89％，则计算得 γ 为 0.04565。代入上面的关系式，则

$$\phi = 1 - [0.04565/(1 - \eta)]$$

其函数曲线见图 1-11。

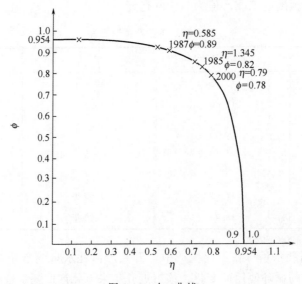

图 1-11　ϕ-η 曲线

根据该市 1988～1990 年环境综合治理规划中的参数，1985 年工业排水的重复利用率 η 值为 53.1％（即排除率 ϕ 为 0.9），1991 年 η 值应增至 71％（即排除率 ϕ 为 0.84）。从 1985 年、1987 年和 1991 年的 η 值看，相当于逐年增长 5％，但是重复利用是有限度的，1991 年以后重复利用率将不可能再大幅度增长，这也与城市供水状况改善有关系。所以按逐年增长 1.2％ 预测以后的 η 值与 ϕ 值。汇总如表 1-40（据资料显示，2002 年该市工业用水重复利用率达到 78％）所列。

表 1-40　工业污水排除率预测表

年　　份	重复利用率 η/%	η 值年增长率/%	废水排除率 ϕ	备　注
1985 年	53.1	5	0.9	资料值
1987 年（现状）	58.5	5	0.89	资料值
1991 年	71.0	5	0.84	资料值
1995 年（近期）	74.5	1.2	0.82	预测值
2000 年（远期）	79.0	1.2	0.78	预测值

e. 工业废水排水预测结果　根据上述预测得出的工业产值、万元产值耗水量、工业废水排除率 ϕ 可以计算得到工业污水量。如表 1-41 所列。

表 1-41　工业废水量预测表

年　份	工业产值/(亿元/年)	万元产值耗水量/(m³/万元)	废水排除率 ϕ	工业废水排放量/(×10⁴m³/d)
1987 年(现状)	11.05	255	0.89	6.87
1995 年(近期)	22.33	250.7	0.82	12.6
2000 年(远期)	32.29	250.7	0.78	17.3

（3）污水总量预测结果和污水厂规模确定

污水总量预测结果见表 1-42。

表 1-42　污水总量预测结果

年　份	生活污水量/(×10⁴m³/d)	工业废水量/(×10⁴m³/d)	污水总量/(×10⁴m³/d)
1987 年(现状)	4.07	6.87	10.94
1995 年(近期)	5.51	12.60	18.11
2000 年(远期)	6.60	17.30	23.90

经对生活污水、工业污水分别预测计算，A 污水厂接纳流域的污水总量到 1995 年将有 $18.11 \times 10^4 m^3/d$，2000 年将有 $23.90 \times 10^4 m^3/d$，这与 1988 年"该市东南、西南郊排水工程污水调整规划"中提出的 A 污水厂规划污水量 $32.8 \times 10^4 m^3/d$（其中生活污水 $12.36 \times 10^4 m^3/d$，集中流量 $20.4710 \times 10^4 m^3/d$）有些差距。其主要原因有下述几点。

① 接纳流域面积计算上两者有误差，"规划"中按面积 $55.12 km^2$，本次预测中计算面积 $53.47 km^2$。

② 在人口计算上两者有差异，主要是居住面积（人口密度一样），计算中对生活公共用地扣除与否的差异，"规划"中计算人口比"预测"中多 9.27 万人。

③ 对西南郊体育中心集中流量的处理上两者有差异，"规划"中计入了该集中流量 $3 \times 10^4 m^3/d$，而"预测"视其为冲击负荷，不经常发生。

A 污水厂的规模应适当考虑"终期"污水量。根据预测结果绘制的"水量预测曲线"见图 1-12；曲线反映出大约在 2004 年，污水量就可增加到 $30 \times 10^4 m^3/d$。经有关部门讨论并经市政局同意，按 2004 年水量即 $30 \times 10^4 m^3/d$ 作为最终规模，分期进行建设，一期规模按 $10 \times 10^4 m^3/d$ 设计建设。

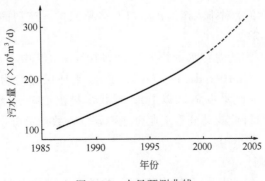

图 1-12　水量预测曲线

1.2.5 某市 B 污水厂处理量预测（近期 2005 年，远期 2020 年）过程与解析

1.2.5.1 污水处理厂服务范围

根据该市总体规划及排水规划，本污水厂将接纳产河东西两岸面积为 2096ha 上的生产废水、生活污水。其中，产河东岸纺织城组团，服务面积为 1174ha、产河西岸西起幸福路，东至产河，南起南三环，北至西临高速公路，服务面积 922ha。

1.2.5.2 污水厂服务范围内排水管网现状

产河东侧纺织城组团现建成区 720ha，因纺织城地形起伏较大，雨水未形成管网系统，一部分的雨水排入了污水管网，另一部分雨水排入了防洪渠流入产河。大部分污水通过管道排入产河。现有污水管道长约 9km，排洪沟渠长约 5km，污水管网普及 40％左右。

产河西岸区域已形成了以东方渠、华山渠、昆仑渠、咸宁路排水管的排水系统，其中咸宁路排水管为雨水管道，其余多为雨污合流管渠。现有污水管（主要为合流管）19.94km，雨水管 3km，排水管网普及率约为 40％。

1.2.5.3 污水厂服务区域功能

产河东岸纺织城保持现有以纺织、印染业为主的格局，并沿产河开发旅游观光等产业。产河西岸维持现有机械加工企业布局，沿产河开发旅游度假、休闲等产业。

1.2.5.4 服务人口

产河东岸：近期 2005 年　12.5 万
　　　　　远期 2020 年　19.6 万

产河西岸：近期 2005 年　16.5 万
　　　　　远期 2020 年　22.4 万

总　　计：近期 2005 年　29.0 万
　　　　　远期 2020 年　42.0 万

1.2.5.5 污水排水量标准

生活污水量标准

近期：195L/(人·d)

远期：250L/(人·d)

综合污水排放标准

近期：0.70L/(s·ha)

远期：0.93L/(s·ha)

1.2.5.6 现状污水量

根据该市环保局 1999 年对排入产河出水口及多年来排入产河的各大中型企业污水量及水质监测资料（见表 1-43）。

目前，经管渠排入产河的总污水量约为 5.42×10^4 t/d（其中工业废水量 2.88×10^4 t/d，占 53％；生活污水量 2.54×10^4 t/d，占 47％）。1985 年环保部门统计资料的排入产河总污水量 9×10^4 t/d（其中工业废水占 80％以上）。现状水量比 1985 年水量减少 3.58×10^4 t/d，主要是因为近些年来纺织行业及部分重工业企业不景气，致使部分生产停产，用水量乃至排水量大幅度下降。

1.2.5.7 远期污水量预测

根据该市总体规划、给水规划及排水规划，并结合西部大开发形势，B 污水厂流域内

雨、污水管网的普及率将有较大的提高，2005年雨、污水管网普及率分别达50％、70％；2020年分别为65％、85％。排水管网的完善将为污水的收集提供基础。

表 1-43　排入产河污染源一览表

入河管渠	编号	污染源名称	废水排放量 /(t/d)	污染行排放情况浓度/(mg/L)[折纯量(kg/d)] COD	SS	油
东方渠	1	东方机械厂	2390.9	100 / 239	23.10 / 55.23	1.64 / 3.94
东方渠	2	陕西钢厂	982.6	211.4 / 207.7	79 / 176.7	7.12 / 7
东方渠	3	秦川机械厂	2615.9	46.5 / 121.7	44.1 / 115.4	3.95 / 10.3
东方渠		合计	5989.4	94.9 / 580		
华山渠	4	华山机械厂	1453.3	117.9 / 171.4	100.0 / 145.3	
华山渠	5	长乐毛纺厂	600	535.9 / 321.5	117 / 24.5	29.59 / 6.18
华山渠		合计	2053.3	240.1 / 492.9		
闫家滩暗管	6	华秦棉织厂	13.3	125.6 / 1.67		
闫家滩暗管	7	红旗印染厂	23.8	827.3 / 19.69	378.2 / 1.90	
闫家滩暗管	8	纺织城印染厂	32.0	75.3 / 2.41	4.17 / 0.13	
闫家滩暗管	9	第一奶牛场	14.7			
闫家滩暗管	10	纺织城个体印刷厂	10.7	345.8 / 3.7		
闫家滩暗管	11	纺织城普通机械厂	10.0	1000 / 10		
闫家滩暗管	12	纺织城个体化工厂	2.0	1650 / 3.3		
闫家滩暗管	13	有色金属加工厂	6.0	330 / 2.0		
闫家滩暗管	14	印刷线路板厂	20.0			
闫家滩暗管	15	红旗水泥制品厂	806	168 / 135	82	6.21
闫家滩暗管	16	延河水泥机械厂	320	37.4 / 11.9	82.5	
闫家滩暗管	17	电力机械厂	800	184.2 / 147.4	52 / 43.9	14.38 / 12.1
闫家滩暗管	18	产河化工厂	800			
闫家滩暗管	19	半坡印染厂	500			
闫家滩暗管	20	省纺织科研所	189	423 / 79.9	522	24.89
闫家滩暗管	21	国棉六厂	3258	115 / 375	69	1.59
闫家滩暗管	22	国棉五厂	3422.7	160 / 547.6	72	7.32

入河管渠	编号	污染源名称	废水排放量/(t/d)	污染行排放情况浓度/(mg/L)[折纯量(kg/d)]		
				COD	SS	油
闫家滩暗管	23	国棉四厂	3545.5	88 / 312	130 / 460	2.9 / 10.6
	24	国棉三厂	1395.5	105 / 146.5	143	2.8
	25	西北第一印染厂	4078.6	1146 / 4673	606	6.97
	26	化工设备厂	53.6	76 / 4.1	8 / 0.4	0.2 / 0.01
	27	生活污水	10000	300 / 3000		
		合计	29301.4	323 / 9475		
昆仑渠	28	昆仑机械厂	1301.3	66.6 / 86.7		
	29	陕西汽车总厂	1066.6	99.4 / 106	24 / 25.6	6.28 / 6.7
	30	昆仑特波里容器有限公司	690.0	80 / 55	40 / 27.6	8.0 / 5.52
	31	光学仪器厂	200.0			
	32	十里铺废水				
		合计	3257.9	76.0 / 247.7		
蒋退渠	33	西北电建器材厂	2.80	39 / 0.11	138.3 / 0.39	17.7 / 0.05
	34	电力树脂厂	1973	77.8 / 153.5	208 / 410.3	48.71 / 96
	35	坝桥热电厂	4000	49.6 / 198.4	26 / 104	0.75 / 3
	36	第四制药厂	140	112 / 15.68	713 / 10.0	5.51 / 0.77
	37	硅酸盐厂	33	5.5 / 0.18	39 / 1.29	7.88
	38	生活污水	5000	300 / 1500		
		合计	11148.8	167.5 / 1867.9		
辛加庙渠	39	胶鞋厂	452.7	39.7 / 18	144 / 65	
	40	油漆二分厂	450			
	41	陕西重型机械厂	450	152 / 68.4	220 / 99	15 / 6.75
	42	重型研究所	85	1450 / 123		
	43	汉斯啤酒厂	990	2089.5 / 2068.6	44.8 / 44.5	11
		合计	2427	939 / 2278		
		总计	54178			

近期 2005 年，主要考虑沿产河两岸旅游业的发展、人口及排水量标准相应增大，生活污水量增加较大，而工业废水量由于快速启动已关停的一些生产线还需一个过程，故工业废水量增大较少。

远期 2020 年，在管网已基本形成的前提下，人口增多，人们生活水平大幅度提高，排水量标准增至 250L/(人·d)，旅游业、各行业均飞速发展，排水量增长较大。

（1）生活污水量预测

近、远期生活污水量按规划人口及排水标准分产河东西两岸两部分分别计算预测，如表1-44、表1-45（近、远期生活污水量预测表）所列。

表 1-44　近期生活污水量预测表

项目 区域	现状水量 /(×10⁴t/d)	近期 2005 年				
		人口 /万人	服务面积 /ha	排水量标准 /[L/(人·d)]	管网普及率 /%	预测污水量 /(×10⁴t/d)
西岸	1.10	16.5	7.54	195	0.75	2.41
东岸（纺织城）	1.44	12.5	720	195	0.70	1.71
合计	2.54	29.0	1474			4.12

表 1-45　远期生活污水量预测表

项目 区域	现状水量 /(×10⁴t/d)	近期 2005 年				
		人口 /万人	服务面积 /ha	排水量标准 /[L/(人·d)]	管网普及率 /%	预测污水量 /(×10⁴t/d)
西岸	1.10	22.4	922	250	85	4.76
东岸（纺织城）	1.44	19.6	1174	250	85	4.17
合计	2.54	42	2096			8.93

（2）工业废水量预测

工业废水量预测按万元产值及万元产值排水量进行预测，预测分产河东、西两岸两部分分别进行，见表1-46（近、远期工业废水量预测表）。

表 1-46　近、远期工业废水量预测表

项目 区域	现状废水量 /(×10⁴t/d)	近期 2005 年			远期 2020 年		
		万元产值 /亿元	废水排除率 /(m³废水/万元产值)	废水量 /(×10⁴t/d)	万元产值 /亿元	废水排出率 /(m³废水/万元产值)	废水量 /(×10⁴t/d)
西岸	1.38	0.033	65	2.1	0.078	42.4	3.31
东岸（纺织城）	1.50	0.045	67	3.0	0.165	42.4	7.00
合计	2.88	0.078		5.1	0.243		10.31

（3）总的污水量预测值

总的污水量预测值如表1-47所列。

表 1-47　污水量预测汇总表

项　目 分　区	现状/($\times 10^4$ t/d)			近期 2005 年/($\times 10^4$ t/d)			远期 2010 年/($\times 10^4$ t/d)		
	生活污水	工业废水	合计	生活污水	工业废水	合计	生活污水	工业废水	合计
西岸	1.10	1.38	2.48	2.41	2.1	4.51	4.76	3.31	8.07
东岸(纺织城)	1.14	1.50	2.94	1.71	3.0	4.71	4.17	7.00	11.17
总计	2.54	2.88	5.42	4.12	5.1	9.22	8.93	10.31	19.24

1.2.5.8　设计采用水量

（1）近期 2005 年

二级生物处理水量为 10×10^4 t/d，其中工业废水占 55.3%；生活污水占 44.7%。深度处理水量为 5×10^4 t/d。

（2）远期 2020 年

二级生物处理水量为 20×10^4 t/d，其中工业废水占 53.6%，生活污水占 46.4%。深度处理水量为 10×10^4 t/d。

2 污水水质指标及设计污水水质的确定

2.1 污水水质指标

污水处理的前提条件是必须正确掌握污水的水质，而污水的组成成分极其复杂，难以用单一指标来表示其性质。因此，在众多的水质指标中，按污水中杂质形态大小分为悬浮物质和溶解性物质两大类，每类按其化学性质又可分为有机性物质和无机性物质；按消耗水中溶解氧的有机污染物综合间接指标又分为生物化学需氧量（BOD）、化学需氧量（COD）等。这些是污水水质应用最多的指标。

通常在生活污水中不含有毒性物质。当工业生产废水排入下水道进入处理厂时，往往含有毒性物质，影响处理效果以及污泥处理，因此必须加强管理和监测。

常用污水水质指标、意义及平均浓度见表 2-1。

表 2-1　常用污水水质指标及意义

水质指标	污水平均浓度/(mg/L)	意义
BOD_5	200	生物化学需氧量(biochemical oxygen demand)的简写,表示在 20℃,5d 微生物氧化分解有机物所消耗水中溶解氧量。第一阶段为碳化(C-BOD),第二阶段为硝化(N-BOD)。BOD 表示:(a)生物能氧化分解的有机物量;(b)反映污水和水体的污染程度;(c)判定处理厂处理效果;(d)用于处理厂设计;(e)污水处理管理指标;(f)排放标准指标;(g)水体水质标准指标
COD_{Mn} COD_{Cr}	100 500	化学需氧量(chemical oxygen demand)的简写,表示氧化剂氧化水中有机物消耗氧化剂中的氧量。其结果随氧化剂的种类、浓度和酸性条件而不同,常用氧化剂有 $KMnO_4$ 和 $K_2Cr_2O_7$。COD 测定简便快速,不受水质限制,可以测定含有对生物有毒的工业废水,是BOD 的代替指标。COD_{Cr} 可近似看作总有机物量,COD_{Cr}－BOD 差值表示污水中难以被生物分解的有机物量,用 BOD/COD_{Cr} 比值表示污水的可生化性,当 $BOD/COD_{Cr}\geqslant0.3$ 时,认为污水的可生化性较好;当 $BOD/COD_{Cr}<0.3$ 时,认为污水的可生化性较差,不宜采用生物处理法
SS	200	悬浮物质(suspended solid)简写。水中悬浮物质测定用 2mm 的筛通过,并且用孔径为 $1\mu m$ 的玻璃纤维滤纸截留的物质为 SS。胶体物质在滤液(溶解性物质)和截留悬浮物质中均含有,但大多数情况认为胶体物质和悬浮物质一样被滤纸截留 悬浮物质 { 无机性 { 沉淀性 / 非沉淀性 } 有机性 { 沉淀性 / 非沉淀性 } } 悬浮物质是常用污染指标,是污水处理的基本对象,与污泥生成量有直接关系
TS	700	蒸发残留物(total solid)简写,水样经蒸发烘干后的残留量。溶解性物质量等于蒸发残留物减去悬浮物质量
灼烧减量(VTS) (VSS)	450 150	蒸发残留物或悬浮物质在 600℃±25℃经 30min 高温挥发的物质,表示有机物量(前者为 VTS,后者为 VSS)。蒸发残留物灼烧减量的差称为灼烧残渣,表示无机物部分

水质指标	污水平均浓度/(mg/L)	意义
总氮 有机氮 氨氮 亚硝酸盐氮 硝酸盐氮	35 15 20 0 0	氮在自然界以各种形态进行着循环转换。有机氮如蛋白质经水解为氨基酸,在微生物作用下分解为氨氮,氨氮在硝化细菌作用下转化为亚硝酸盐氮(NO_2^-)和硝酸盐氮(NO_3^-);另外,NO_2^-和NO_3^-在缺氧条件下由脱氮菌作用下转化为N_2 总氮=有机氮+无机氮 无机氮=氨氮+NO_2^-+NO_3^- 有机氮=蛋白性氮+非蛋白性氮 凯氏氮=有机氮+氨氮 氮是细菌繁殖不可缺少的物质元素,当工业废水中氮量不足时,采用生物处理时需要人为补充氮;相反,氮也是引发水体富营养化污染的元素之一
总磷 有机磷 无机磷	10 3 7	在粪便、洗涤剂、肥料中含有较多的磷,污水中存在磷酸盐和聚磷酸等无机磷酸盐和磷脂等有机磷酸化合物。磷同氮一样,也是污水生物处理所必需的元素,但同时也是引发封闭性水体富营养化污染的元素
pH值	6.5~7.5	生活污水pH值在7左右,强酸或强碱性的工业废水排入会引起pH值变化;异常的pH值或pH值变化很大,会影响生物处理影响。另外,采用物理化学处理时,pH值是重要的操作条件
碱度($CaCO_3$)	100	碱度表示污水中和酸的能力,通常以$CaCO_3$含量表示。污水中多为$Ca(HCO_3)_2$和$Mg(HCO_3)_2$碱度。碱度较高缓冲能力强,可满足污水硝化反应碱度的消耗。在污泥消化中有缓冲超负荷运行引起的酸化作用,有利消化过程稳定

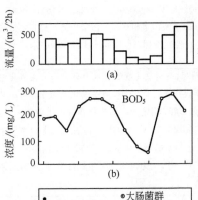

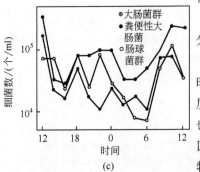

图 2-1 污水厂进水流量、水质及细菌数变化

同污水量的变化一样,污水水质随场所、季节、时间等变化很大,因此要充分掌握污水水质,必须进行多次检测。另外,要确定污染负荷量,在测定水质时要同时测定其流量。图 2-1 为某城镇污水处理厂(服务人口为 25400 人)的进水流量、水质随时间变化曲线图。

【例题 2.1】 试对污水中所含物质进行分类说明。

【解】 污水中含有多种杂质物质,其浓度和颗粒直径变化较大。

图 2-2 表示污水中物质按其存在状态和化学性质的分类。

悬浮物质与溶解性物质并无严格的区分,污水分析时被孔径为 1μm 的玻璃纤维滤纸截留的物质为悬浮性物质,通过滤纸的物质为溶解性物质,因此溶解性物质中也含有微小的胶体物质。另外,有机性与无机性物质的区分是以 600℃ 高温灼烧来确定的;灼烧残留物为无机性物质,灼烧减量(挥发物质)为有机性物质。它们与污水处理的关系是,无机性物质主要在沉砂池和初沉池去除,而有机物质则在生物处理单元去除。

$$\text{污水} \begin{cases} \text{悬浮物质 (200)} \begin{cases} \text{无机物质 (50): 砂、泥、金属片等} \\ \text{有机物质 (150): 食物、固体排泄物、生物尸体等} \end{cases} \\ \text{溶解性物质 (500)} \begin{cases} \text{无机物质 (300): } Na^+ \text{、} Ca^{2+} \text{、} Mg^{2+} \text{、} Cl^- \text{、} NH_4^+ \text{、} NO_3^- \text{ 等} \\ \text{有机物质 (200): 碳水化合物、蛋白质、脂肪、有机酸等} \end{cases} \end{cases}$$

图 2-2 污水中物质分类（单位：mg/L）

【例题 2.2】 试计算乙醇（C_2H_5OH）的理论需氧量 ThOD（总 BOD）及总有机碳 TOC。

【解】 乙醇完全氧化反应方程式如下：

$$C_2H_5OH + 3O_2 \longrightarrow 2CO_2 + 3H_2O$$

即氧化 1mol 乙醇需要 3mol 的氧，则理论需氧量 ThOD 为：

$$\text{ThOD} = \frac{3 \times 32}{46} \times 10^6 = 2.1 \times 10^6 \text{mg/L}$$

对于 TOC 值为：

$$\text{TOC} = \frac{24}{46} \times 10^6 = 5.2 \times 10^5 \ (\text{mg/L})$$

由上述理论计算可得 ThOD，但实际测定总 BOD 值要小于 ThOD。

其差值即为有部分有机物被微生物同化形成细胞物质而没有氧化分解。

【例题 2.3】 已知 2 日 BOD 值为 10mg/L，试以 BOD 与时间关系方程求定 5 日 BOD 值。

【解】 由 BOD 氧化曲线推导出的方程式为：

$$Y_t = \text{BOD}_t = L_0(1 - 10^{-K_1 t}) \tag{2-1}$$

式中　Y_t——t 日 BOD，mg/L；

　　L_0——第一阶段总 BOD，mg/L；

　　K_1——速度常数，$K_1 = 0.05 \sim 0.2$，取 $K_1 = 0.1$ 计算；

　　t——培养时间，d。

由　$10 = L_0(1 - 10^{-0.1 \times 2})$ 得 $L_0 = 27$mg/L

则　$Y_5 = \text{BOD}_5 = 27(1 - 10^{-0.1 \times 5}) = 18.5 \ (\text{mg/L})$

【例题 2.4】 已知 $\text{BOD}_5^{20} = 200$mg/L，试用方程 $L_{0(T)} = L_{0(20)}(0.02T + 0.6)$，求定 BOD_1^{37} 值。

【解】 BOD 与温度之间关系式为：

$$L_{0(T)} = L_{0(20)}(0.02T + 0.6) \tag{2-2}$$

式中　$L_{0(T)}$——T℃时第一阶段 BOD；

　　$L_{0(20)}$——20℃时第一阶段 BOD；

　　T——温度/℃。

因为　$\text{BOD}_5^{20} = 200$mg/L，$T = 37$℃

所以　$\text{BOD}_5^{37} = 200 \times (0.02 \times 37 + 0.6) = 268 \ (\text{mg/L})$

耗氧常数与温度关系式为 $K_{1(T)} = K_{1(20)} \times 1.047^{(T-20)}$，取 $K_{1(20)} = 0.1$，

则　　　　　　　　　　$K_{1(37)} = 0.1 \times 1.047^{(37-20)} = 0.218$

由式（2-1）求定 BOD_1^{37} 值，即

$$\text{BOD}_1^{37} = \text{BOD}_5^{37}(1 - 10^{-K_1 t}) = 268(1 - 10^{-0.218 \times 1}) = 106 \ (\text{mg/L})$$

【例题 2.5】 计算苯（C_6H_6）的理论需氧量（ThOD），并进行分析。

【解】 苯完全氧化方程式为：

$$2C_6H_6 + 15O_2 \longrightarrow 12CO_2 + 6H_2O$$
$$2 \times 78 \qquad 15 \times 32$$

则

$$ThOD = \frac{15 \times 32}{2 \times 78} \times 10^6 = 3.08 \times 10^6 \text{(mg/L)}$$

苯的 BOD_5、COD_{Mn}、COD_{Cr} 测定结果分别为 $BOD_5 = 0\%$，$COD_{Mn} = 0\%$，$COD_{Cr} = 17\%$，分析测定结果数据和氧化程度很低；而在例题 2.2 中乙醇的测定氧化程度为 $BOD_5 = 76\%$，$COD_{Mn} = 11\%$，$COD_{Cr} = 100\%$。上述表明，BOD 和 COD 对某些有机物不能被测定出来，因此环境的污染程度不能仅用 BOD 或 COD 表示。

【例题 2.6】 氨氮性氮为 1mg/L，将其氧化为硝酸盐氮需要多少氧量。

【解】 氨氮发生的硝化过程为：

$$NH_4^+ + \frac{3}{2}O_2 \longrightarrow NO_2^- + 2H^+ + H_2O$$

$$NO_2^- + \frac{1}{2}O_2 \longrightarrow NO_3^-$$

则必须的氧量 $= \frac{2 \times 32}{14} = 4.57$ （mg/L）

【例题 2.7】 某工厂将废水从下水道排入城市污水处理设施，废水流量为 $757m^3/d$。下水道的平均流量为 $7570m^3/d$，污水碱度以 $CaCO_3$ 计为 200mg/L，pH 值为 7.5。如果工业废水 pH 值 3.5，城市污水的温度为 10℃，工业废水温度为 30℃，假定污水中的缓冲作用是由碳酸盐系统产生的，试计算污水与工业废水混合后的 pH 值是多少？

【解】 （1）加权平均法计算混合后污水

$$T = \frac{10 \times 7570 + 30 \times 757}{7570 + 757} = 12 \text{（℃）}$$

（2）由 Loewenthal 和 Marais 公式计算电离常数 K_1 和 K_2 值

$$PK_1 = \frac{17052}{T} + 215.21 \lg T - 0.12675T - 545.56 \qquad (2\text{-}3)$$

$$PK_2 = \frac{2902.39}{T} + 0.02379T - 6.498 \qquad (2\text{-}4)$$

式中　T——绝对温度；

$PK_1 = \lg \frac{1}{K_1}$；

$PK_2 = \lg \frac{1}{K_2}$。

则　$PK_1 = \frac{17052}{285} + 215.21 \lg 285 - 0.12675 \times 285 - 545.56 = 6.46$

得　$K_1 = 10^{-6.5}$

$$PK_2 = \frac{2902.39}{285} + 0.02379 \times 285 - 6.498 = 10.46$$

得　　　　　　　　　　　　　　　　$K_2 = 10^{-10.5}$

（3）将碱度浓度单位换算成克当量/升

$$碱度=\frac{0.2g/L}{CaCO_3\ 克当量}=\frac{0.2}{50}=4\times10^{-3}\ 克当量/升$$

（4）计算 H^+ 浓度

$$[H^+]=10^{-pH}=10^{-7.5}$$

（5）计算 OH^- 浓度

$$[OH^-]=K_w/[H^+]=10^{-14}/10^{-7.5}=10^{-6.5}$$

（6）当酸性废水进入均匀水体的碳酸盐系统时，缓冲强度可由式（2-5）Weber-stumn 公式计算，即

$$\beta=2.3\left\{\frac{\alpha([alk]-[OH^-]+[H^+])\left([H^+]+\frac{K_1K_2}{[H^+]}+4K_2\right)}{K_1(1+2K_2/[H^+])}+[H^+]+[OH^-]\right\} \quad (2\text{-}5)$$

式中

$$\alpha=\frac{K_1}{K_1+[H^+]+\frac{K_1K_2}{[H^+]}}; \quad (2\text{-}6)$$

β——缓冲强度，克当量/升；

$[OH^-]$——OH^- 浓度，mol/L；

$[H^+]$——H^+ 浓度，mol/L；

$[alk]$——总碱度，克当量/升。

则

$$\alpha=\frac{10^{-6.5}}{10^{-6.5}+10^{-7.5}+(10^{-6.5}\times10^{-10.5}/10^{-7.5})}=0.91$$

$$\beta=2.3\left[\frac{(0.9\times4\times10^{-3}-10^{-6.5}+10^{-7.5})(10^{-7.5}+10^{-6.5}\times10^{-10.5}/10^{-7.5}+4\times10^{-10.5})}{10^{-6.5}(1+2\times10^{-10.5}/10^{7.5})}+\right.$$

$$\left. 10^{-7.5}+10^{-6.5}\right]=8.37\times10^{-4}\ 克当量/升$$

$$\beta=8.37\times10^{-4}\times7570\times10^3=6.3\times10^3\ 克当量/日$$

（7）由工业废水加入的氢离子浓度

$$\Delta[H^+]=10^{-3.5}\times757\times10^3=2.4\times10^2\ 克当量/日$$

（8）利用式（2-7）计算预计的 pH 值改变量

$$\beta=\Delta A/\Delta pH=\Delta[H^+]/\Delta pH \quad (2\text{-}7)$$

由上式可求解 ΔpH

$$\Delta pH=\Delta[H^+]/\beta=2.4\times10^2/6.3\times10^3=0.038$$

因此，可得混合污水的最终 pH 值为：

$$pH=7.5-0.038=7.46$$

【例题 2.8】 含有硫酸的酸性废水流量为 $200m^3/d$，pH＝2，试计算采用90％氢氧化钠溶液中和每日需要消耗的量。

【解】 H_2SO_4 与 NaOH 中和反应式为：

$$2NaOH+H_2SO_4\longrightarrow 2H_2O+Na_2SO_4$$

由 $pH=-lg[H^+]$

计算出 pH＝2 时酸性废水中的氢离子浓度为 $[H^+]=10^{-2}mol/L$

因此，中和 pH＝2 的流量为 $200m^3/d$ 酸性废水需要 NaOH 量为：

$$200\times10^3\times10^{-2}=2000mol/d$$

NaOH 相对分子质量为 40，则 2000mol×40g/mol＝80kg

换算为 90％的 NaOH 溶液量为：

$$80kg/d×100/90＝89kg/d$$

【例题 2.9】 试分析 COD 与 BOD 之间的相关函数式

【解】 对于 COD，有：

$$COD＝COD_B＋COD_{NB}$$

式中　COD_B——可生物降解部分的有机物；

COD_{NB}——不可生物降解部分的有机物。

而 $COD_B＝KBOD_5$

则　　　　　　　　　　　$COD＝KBOD_5＋COD_{NB}$　　　　　　　　　(2-8)

或　　　　　　　　　　　$COD＝aBOD_5＋b$　　　　　　　　　(2-9)

对同一种废水，存在着一定的常数 a、b 值，可以通过大量平行测试 COD 和 BOD 数据计算得到。

$$a＝\frac{\sum xy-\dfrac{\sum x \cdot \sum y}{n}}{\sum x^2-\dfrac{(\sum x)^2}{n}} \qquad b＝\frac{\sum y-a\sum x}{n} \qquad (2-10)$$

式中　x——BOD 值；

y——COD 值；

n——平行测试的组数。

部分废水 COD 与 BOD 关系式中常数 a、b 值见表 2-2。

表 2-2　部分废水 COD 与 BOD 关系式中常数值

废 水 种 类	a	b
生活废水	1.64	11.36
家禽废水	1.45	55.7
啤酒废水	2.32	46.2

【例题 2.10】 某废水含 150mg/L 乙二醇、100mg/L 酚、40mg/L 硫化物（S^{2-}）及 125mg/L 乙二胺的水合物（乙二胺为非生物降解物质）。试计算：（1）ThOD 和 TOC 值；（2）BOD_5 值（设 K_1 为 0.2/d）；（3）若处理后废水 BOD_5 为 25mg/L，请估算 COD 值（K_1 为 0.1/d）。

【解】　（1）ThOD 计算

乙二醇　　　　　　　$C_2H_6O_2＋2.5O_2 \longrightarrow 2CO_2＋3H_2O$

$$COD＝\frac{2.5×32}{62}×150＝194 （mg/L）$$

酚　　　　　　　　　$C_6H_6＋7O_2 \longrightarrow 6CO_2＋3H_2O$

$$COD＝\frac{7×32}{94}×100＝238 （mg/L）$$

乙二胺的水合物　$C_2H_{10}N_2O＋2.5O_2 \longrightarrow 2CO_2＋2H_2O＋3NH_3$

$$COD＝\frac{2.5×32}{78}×125＝128 （mg/L）$$

硫化物
$$S^{2-} + 2O_2 \longrightarrow SO_4^{2-}$$

$$COD = \frac{2 \times 32}{32} \times 40 = 80 \ (mg/L)$$

总 COD 为 640mg/L

TOC 计算如下：

乙二醇
$$TOC = \frac{24}{62} \times 150 = 58 \ (mg/L)$$

酚
$$TOC = \frac{72}{94} \times 100 = 77 \ (mg/L)$$

乙二胺的水合物
$$TOC = \frac{24}{78} \times 125 = 39 \ (mg/L)$$

总 TOC 为 174mg/L。

（2）COD 可以测出有机物总量的 92% 以上，由题知乙二胺的水合物为非生物降解物质，S^{2-} 的氧化会消耗溶解氧，因此，有

$$BOD_u = COD = (194 + 238 + 80) \times 0.92 = 471mg/L$$

而
$$\frac{BOD_5}{BOD_u} = 1 - 10^{-K_1 t} = 1 - 10^{-0.2 \times 5} = 0.9$$

所以
$$BOD_5 = 471 \times 0.9 = 424mg/L$$

（3）处理后废水的总 BOD（BOD_u）

$$BOD_u = \frac{BOD_5}{1 - 10^{-K_1 t}} = \frac{25}{1 - 10^{-0.1 \times 5}} = 36mg/L$$

则
$$COD = \frac{BOD_u}{0.92} = \frac{36}{0.92} = 39mg/L$$

2.2 设计污染负荷量与设计原水水质的确定

设计污染负荷量和设计水质同设计污水量流量一样，都是污水处理厂设计的基本参数，应根据设计区域实际情况，尽可能通过实测确定。

影响城镇污水水质的主要因素有：

① 居民的生活水平与生活习惯；

② 排水管网的体制；

③ 污水管网的状态；

④ 季节的变化；

⑤ 所处的地域。

污水按物理性质、化学成分和微生物组分及来源，列于表 2-3。

表 2-3　污水的物理性质、化学成分和微生物组分及来源

特　　性			来　　源
物理性质		颜色	生活废水及工业废水、有机物的天然腐化
		气味	废水分解、工业废水
		固体	生活给水、生活废水及工业废水、土壤的冲刷、进水渗漏
		温度	生活废水及工业废水

特 性			来 源
化学成分	有机物	碳水化合物	生活废水、商业废水及工业废水
		脂肪、油脂、脂类	生活废水、商业废水及工业废水
		农药	农业废水
		酚类	工业废水
		蛋白质	生活废水及商业废水
		表面活性剂	生活废水及工业废水
		其他	有机物天然腐化
	无机物	碱度	生活污水、生活给水、地下水渗漏
		氧化物	生活给水、生活污水、地下水渗漏
		重金属	工业废水
		氮	生活及农业废水
		pH 值	工业废水
		磷	生活废水及工业废水、天然径流
		硫	生活给水、生活废水及工业废水
		有毒化合物	工业废水
	气体	硫化氢	生活污水的分解
		甲烷	生活污水的分解
		氧	生活给水、地表水吸入
生物组分		动物	河道及处理厂
		植物	河道及处理厂
		原生生物	生活污水及处理厂
		病毒	生活污水

2.2.1 设计污染负荷量

设计污染负荷量可分为生活污水、营业污水、工业废水、观光污水以及其他几类。通常，污水处理的基本去除对象是 BOD、SS 和大肠菌群，当接纳水体对水质 COD、N、NH_4^+-N、P 等指标有要求时（如湖泊、海湾等），应考虑其负荷量并选择适合的处理方式。另外，对难生物降解的有机物以及有毒有害物质，应充分调查污染源，采用就地处理，达到符合《污水排入城市下水道水质标准》（CJ 3082—1999）方可排入市政下水道。

2.2.1.1 生活污水污染负荷量

我国《室外排水设计规范》指出，城市污水的设计水质，在无资料时，生活污水 BOD 按 20～35g/（人·d），SS 按 35～55g/（人·d）计算。该数据是基于 1977～1980 年实测汇总分析得出的，可供设计参考。日本下水道设计指南将生活污水污染负荷分为粪便和杂排水分别进行统计分析，每人每日污染负荷量见表 2-4。粪便污染负荷量较稳定，而杂排水污染负荷量每年在增加。

生活污水污染负荷量等于每人每日污染负荷量乘以设计年限时的设计人口数。

表 2-4　每人每日污染负荷量　　　　　　　单位：g/（人·d）

项 目	平均值	标准偏差	数据个数	平均值包括	
				粪便	杂排水
BOD$_5$	57	13	99	18	39
COD	28	6	96	10	18
SS	43	15	99	20	23
TN	12	2	9	9	3
TP	1.2	0.3	8	0.9	0.3

注：杂排水中 TP 逐年减少的原因是广泛使用了无磷洗衣粉。

通常，家庭排出的生活污水水质 BOD 在 150mg/L 左右，SS 在 160mg/L 左右；对使用蔬菜等垃圾粉碎机的家庭 BOD 在 300mg/L 左右。

表 2-5 列出了典型生活污水水质。

表 2-5　典型的生活污水水质

序　号	水　质　指　标			浓　度/(mg/L)		
				高	中常	低
1	总固体（TS）			1200	720	350
2		溶解性总固体		850	500	250
3			非挥发性	525	300	145
4			挥发性	325	200	105
5	悬浮性（SS）			350	220	100
6			非挥发性	75	55	20
7			挥发性	275	165	80
8			可沉降物	20	10	5
9	生化需氧量（BOD_5）			400	200	100
10			溶解性	200	100	50
11			悬浮性	200	100	50
12			总有机碳（TOC）	290	160	80
13	化学需氧量			1000	400	250
14			溶解性	400	150	100
15			悬浮性	600	250	150
16	可生物溶解部分			750	300	200
17			溶解性	375	150	100
18			悬浮性	375	150	100
19	总氮（TN）			85	40	20
20			有机氮	35	15	8
21			游离氨	50	25	12
22			亚硝酸盐	0	0	0
23			硝酸盐	0	0	0
24	总磷（TP）			15	8	4
25			有机磷	5	3	1
26			无机磷	10	5	3
27	氯化物（Cl^-）			200	100	60
28	碱度（$CaCO_3$）			200	100	50
29	油脂			150	100	50

表 2-6 列出了我国南方污水水质数据。

表 2-6　污水水质数据　　　　　　　　　　　　单位：mg/L

项　目	BOD	COD	SS	TN	TP
分流制	150～230	250～400	150～250	20～40	4～8
合流制	60～130	170～250	70～150	15～23	3～5

表 2-7 列出了典型生活污水中的营养物质及浓度。

表 2-7　典型生活污水中的营养成分

项　目	废　水　浓　度/(mg/L)			
	浓	中等	稀	极稀
总氮	80	50	30	20
氨氮①	50	30	18	12
亚硝态氮	0.1	0.1	0.1	0.1
硝态氮	0.5	0.5	0.5	0.5
有机氮	30	20	12	8
K氏氮②	80	50	30	20
总磷	23(14)③	16(10)	10(6)	6(4)
正磷盐酸	14(10)	10(7)	6(4)	4(3)
聚磷盐酸	5(0)	3(0)	2(0)	1(0)
有机磷	5(4)	3(3)	2(2)	1(1)

① $NH_3+NH_4^+$。

② $OrgN+NH_3+NH_4^+$。

③ 集水区域内不使用含磷洗涤剂。

表 2-8 列出了典型生活污水中的金属成分。

表 2-8　典型生活污水中的金属成分

项　目	废　水　浓　度/(mg/L)			
	浓	中等	稀	极稀
铝	1000	650	400	250
砷	5	3	2	1
镉	4	2	2	1
铬	40	25	15	10
钴	2	1	1	0.5
铜	100	70	40	30
铁	1500	1000	600	400
铅	80	65	30	25
锰	150	100	60	40
汞	3	2	1	1
镍	40	25	15	10
银	10	7	4	3
锌	100	200	130	80

表 2-9 列出了生活污水在生物处理前、后水中细菌的浓度。

表 2-9　生活废水处理中的细菌浓度(100ml 中个数)

种　　类	处理前	处理后	种　　类	处理前	处理后
大肠杆菌	10^7	10^4	大肠杆菌噬菌体	10^5	10^3
产气荚膜芽孢杆菌属	10^4	3×10^2	梨形虫属	10^3	20
粪链球菌	10^7	10^4	蛔虫	10	0.1
沙门氏菌属	200	1	肠道病毒	5000	500
弯曲杆菌属	5×10^4	5×10^2	轮状病毒	50	5
李斯特氏菌属	5×10^3	50	悬浮物质(mg/100ml)	30	2

　　废水中不同成分之间的比值对处理工艺的选择和功能会有影响，表 2-10 列出了一些典

型的比值。COD/BOD的比值高说明水中有机物难生物降解，COD/TN的比值高有利于反硝化作用，VSS/SS的比值高说明悬浮固体中有机物的百分率高。

表 2-10　生活废水中不同成分的比值

比　值	低	典　型	高
COD/BOD	1.5～2.0	2.0～2.5	2.5～3.5
COD/TN	6～8	8～12	12～16
COD/TP	20～35	35～45	45～60
BOD/TN	3～4	4～6	6～8
BOD/TP	10～15	15～20	20～30
COD/VSS	1.2～1.4	1.4～1.6	1.6～2.0
VSS/SS	0.4～0.6	0.6～0.8	0.8～0.9
COD/TOC	2～2.5	2.5～3	3～3.5

2.2.1.2　营业污水污染负荷量

该负荷量与业务的种类、职工人员工作形式、建筑物内有无处理等因数有关，应考察确定；当无资料时，营业污水污染负荷量可按同等浓度生活污水负荷量计算，也可参考表2-11计算。

表 2-11　商业地区等营业污水污染负荷量定额

项目\调查单位	单位负荷量						浓度/(mg/L)					备注
	水量/[m³/(ha·d)]	BOD	COD	SS	T-N	T-P	BOD	COD	SS	T-N	T-P	
建设省(1980年)	38.7	6.6	2.9	2.5	0.82	0.39	171	75	64	21	10	桐生市
建设省(1981年)	34.7	6.8	3.1	2.9	0.87	0.32	195	88	84	25	9.3	桐生市
建设省(1981年)	151	20.7	15.4	29.9	4.4	1.6	136	102	197	29	10.7	仙台市
建设省(1981年)	137	27.5	15.5	28.1	4.1	1.5	201	114	205	30	11	仙台市
建设省(1981年)	65.8	8.1	4.5	5.2	2.1	0.17	124	68	79	32	2.6	西宫市
建设省(1981年)	64.2	7.5	4.3	5.3	1.8	0.21	117	67	82	29	3.3	西宫市
土　研(1987年)	136.6	76.3	26.9	33.4	3.96	0.64	506	184	235	29	4.7	神户市
土　研(1987年)	94	39.9	14.2	17.4	3.07	0.35	425	151	186	33	3.8	丰中市

2.2.1.3　工业废水污染负荷量

排入城市下水道的工厂生产废水，对于排污大户，因对水质影响大，应以实测确定。对于实测有困难的工厂、小企业以及新建工厂，可以参考环保部门多年的监测资料确定，或者按单位产值污染负荷量计算，或者参考表1-20和表1-21确定。

工业生产废水应注意其可生化性问题。对排放难生物降解有机物量大的工业废水，应测定其可生化性。

2.2.1.4　观光污水污染负荷量

由观光者生产的污染负荷量与观光者的留宿与否、水利用方式等因数有关，应以实测为宜；当实测困难时，可参考条件类似旅游地确定；当调查和参考例都困难时，可按表2-12确定。

表 2-12　观光者污染负荷量比率

项　目\种　类	常住人口/%	住宿观光者/%	不住宿观光者/%
BOD	100	85	24
COD	100	85	24
SS	100	84	23
TN	100	95	40
TP	100	86	27

2.2.1.5 其他污染负荷量

设计区域内若有养猪场等畜产排水流入下水道时，应计算其负荷量。污染负荷量见表1-30。表2-13为屠宰厂排水污染负荷量。

表2-13 屠宰厂排水污染负荷量

项目	处理前	处理后	项目	处理前	处理后
水量/[L/(d·头)]	1166	1449	TOC/[g/(d·头)]	746	220
BOD/[g/(d·头)]	2186	355	TN/[g/(d·头)]	304	210
COD/[g/(d·头)]	695	216	TP/[g/(d·头)]	5	4
SS/[g/(d·头)]	300	123			

表2-14为单户家庭和多户家庭型处理净化槽排水污染负荷量。

表2-14 单户家庭及多户家庭处理净化槽排水污染负荷量

户型	水量/[L/(d·人)]	BOD	COD	SS	T-N	T-P
多户型	336	16.2	8.9	12.7	6.2	0.75
单户型	40~50	3.8~4.3	4.1~5.1	3.1~3.9	5.6~6.6	0.56~0.70

表2-15为平均降雨水质数据。

表2-15 平均降雨水质

水质指标	单位	浓度	水质指标	单位	浓度
COD	mg/L	3.5	T-P	mg/L	0.032
T-N	mg/L	0.67			

表2-16为地面降雨径流污染负荷量。

表2-16 地面降雨径流污染负荷量　　　单位：kg/(ha·a)

BOD	COD	SS	TN	TP
187	141	986	19.7	2.7

表2-17为农田、山地及森林雨水径流的污染负荷量。

表2-17 农田、山地及森林雨水径流的污染负荷量

项目	N/[kg/(ha·a)]	P/[kg/(ha·a)]	项目	N/[kg/(ha·a)]	P/[kg/(ha·a)]
农业排水	2.25~45	0.28	森林流出水	46~3.36	0.336~0.9
地下水	0.56~11.25	0.0225	山地、森林	3.6	0.3

2.2.2 设计原水水质确定算例

【例题2.11】 某污水处理服务区域内白天和晚上人口分别为11万人和10.5万人。该区域内1年工业总产值为17.5亿元。已知家庭污水、营业污水、工业排水的BOD负荷量分别为57g/(人·d)、30g/(人·d)和8kg/万元。试计算BOD负荷总量（kg/d）。另外，当家庭污水量、营业污水量和工业排水量分别为300L/(人·d)、240L/(人·d)和30m³/万元，试计算平均BOD值（mg/L）。

【解】 家庭污水BOD负荷量=10.5×10⁴人×57g/(人·d)=5985kg/d

营业污水 BOD 负荷量＝(11－10.5)×10⁴ 人×30g/(人・d)＝150kg/d

工业排水 BOD 负荷量＝8kg/万元×17.5×10⁴ 万元/365d＝3836kg/d

所以　BOD 负荷总量＝5985＋150＋3836＝9971kg/d

另外，家庭污水量＝300L/(人・d)×10.5×10⁴ 人＝31500m³/d

家庭污水 BOD 浓度＝5985/31500＝190mg/L

营业污水量＝240L/(人・d)×0.5×10⁴ 人＝1200m³/d

营业污水 BOD 浓度＝150/1200＝125mg/L

工业排水量＝17.5×10⁴×30m³/万元÷365d＝14384m³/d

工业排水 BOD 浓度＝3836/14384＝47084m³/d

因此，平均 BOD 浓度为 9971/47084＝212mg/L

或用加权平均计算平均 BOD 浓度

$$\frac{190×31500＋125×1200＋267×14384}{31500＋1200＋14384}＝212mg/L$$

【例题 2.12】 已知下述条件，试计算设计原水水质。

① 设计人口 69080 人，其中居民人口 50300 人，商业人口 12300 人，准工业人口 2480，工业人口 4000 人；

② 设计采用家庭污水量定额 180L/(人・d)；

③ 污染负荷量定额采用 BOD 为 57g/(人・d)，SS 为 43g/(人・d)；

④ 工业排水污染量 BOD 为 2337kg/d，SS 为 2093kg/d，排水量为 10500m³/d；

⑤ 观光者、住宿者 500 人（按表 1-16 和表 2-12 采用常住人口的 BOD 85％，SS 84％，水量 50％），不住宿者 1000 人（BOD 24％，SS 23％，水量 15％）；

⑥ 地下水量渗入量取最大日污水量的 15％；

⑦ 日变化系数为 K_d＝1.43。

【解】　(1) 计算污染负荷量

① 生活污水污染负荷量（q_1）

营业用水率按表 1-28 采用

q_1＝(50300×1.3＋12300×1.8＋2480×1.5＋4000×1.2)人×0.057(BOD)×

0.043(SS)kg/(人・d)＝5475kg/d(BOD)，4130kg/d(SS)

② 工业排水污染负荷量

$$q_2＝2337kg/d(BOD)，2093kg/d(SS)$$

③ 观光污染负荷量

$$q_3(BOD)＝500×0.057×0.85＋1000×0.057×0.24＝38kg/d$$

$$q_3(SS)＝500×0.043×0.85＋1000×0.043×0.233＝28kg/d$$

④ 总污染负荷量

$$BOD＝5475＋2337＋38＝7850kg/d$$

$$SS＝4130＋2093＋28＝6251kg/d$$

(2) 计算设计原水水质

流入水量为

$$Q = 0.18 \times (50300 \times 1.3 + 12300 \times 1.8 + 2480 \times 1.5 + 4000 \times 1.2) \times 1.15 \times$$
$$1.43 + 10500 + (500 \times 0.18 \times 0.5 + 1000 \times 0.18 \times 0.15) \times 1.43$$
$$= 28431 + 10500 + 103$$
$$= 39034 \text{m}^3/\text{d}$$

$$设计原水水质 = \frac{污染负荷总量(\text{kg/d})}{设计最大日污水量(\text{m}^3/\text{d})} \times 10^3 (\text{mg/L})$$

则

$$\text{BOD} = \frac{7850}{39034} \times 10^3 = 201 \text{mg/L}$$

$$\text{SS} = \frac{6251}{39034} \times 10^3 = 160 \text{mg/L}$$

2.3 污水水质确定实例

2.3.1 某市 A 污水处理厂进水水质预测与确定

某市 A 污水处理厂所接纳的流域范围内厂矿企业、机关单位约 200 余家，工业门类繁多，其生活污水、工业废水成分较为复杂。为了使 A 污水处理厂在设计中尽可能地使设计水质接近实际，有充分的科学依据，故采用水质预测的方法。对接纳水质进行调查测定，在现有充分资料的基础上，使用加权平均方法得出其预测值。

2.3.1.1 现状资料调查

我们对 A 污水处理厂流域范围内的主要厂矿企业单位的水质进行了调查核对，并对其中具有代表性的主要厂矿企业单位的水质进行了实测。据统计调查数据约有 1568 个，实测数据约有 260 多个。

2.3.1.2 水质归类

根据调查的各厂矿水质水量资料，按照生产废水的性质归纳为以下 15 个类别：

① 制药废水 5242.4t/d；

② 钢铁厂生产废水 1931.0t/d；

③ 焦化厂生产废水 1971.4t/d；

④ 食品工业生产废水 511.0t/d；

⑤ 机械工业生产废水 5559.9t/d；

⑥ 化工工业生产废水 29809.0t/d；

⑦ 皮革工业生产废水 130.0t/d；

⑧ 电子仪表工业生产废水 11854.11t/d；

⑨ 医院废水 1930.0t/d；

⑩ 造纸工业废水 5300.0t/d；

⑪ 纺织工业生产废水 2679.0t/d；

⑫ 电影电视工业废水 361.0t/d；

⑬ 宾馆废水 2735.2t/d；

⑭ 学校生活废水 17142.6t/d；

⑮ 机关、居民、工厂生活区生活污水 20818.38t/d。

总计现状污水量 107974.99t/d。

2.3.1.3 水质预测方法

水质预测是将各单位的水质，按类别项目进行加权平均，得出各类别废水水质（见表 2-18）；然后再将各类别废水水质二次加权平均归纳为生活废水水质和工业废水水质；最后再用加权平均值法计算出现状综合水质。在预测水质的过程中，除将收集到的水质项目逐项登记外，对于少量的缺项，则参考国内同类水质进行插补。

具体计算方法：

$$平均水质 \qquad N = \frac{Aq + BQ}{q + Q} \text{（mg/L）}$$

式中 A——生活污水水质单项平行值，mg/L；

$\quad\quad B$——工业废水水质单项平行值，mg/L；

$\quad\quad q$——生活污水量，m^3；

$\quad\quad Q$——工业废水值，m^3。

预测结果见表 2-19。

2.3.1.4 预测结果分析与决策值

由表 2-19 预测结果看，当水量在不同情况下（高峰、低峰）变化时，其水质的变化与平均值比较变化不大。如 BOD_5 值，平均值为 177.9mg/L，其不同水量变化值为 174.88～180.86mg/L，故可以认为无变化。为此，在预测近期、远期水质中以采用平均值预测结果。

从预测结果看，现状水质和近期、远期平均水质相比也无明显的变化。例如，BOD_5 值现状平均值为 177.9mg/L，近期平均值为 174.88mg/L，远期平均值为 173.66mg/L。

例如 COD 值，现状平均值为 426.11mg/L，近期平均值为 434.35mg/L，远期平均值为 437.66mg/L。由上述数值和表 2-19 中的重金属含量变化看，随着工业的发展，BOD_5 值呈下降趋势，而 COD 重金属呈上升趋势。这种现状是正常的，但本次预测是按各工厂排水水质未经处理，未达到排放标准的现状情况预测的，所以各项指标均有所偏高。如果考虑各工厂达标排放，则预测进厂水质可能好些。考虑到 A 污水厂设计应尽量在水质参数的选用上偏安全一些，故取其现状排水水质作为设计参数较为合理，预测值见表 2-20。

A 污水厂水质决策值确定如下：

BOD_5 180mg/L；　　COD 400mg/L；

pH 值 8；　　　　　SS 250mg/L；

NH_4^+-N 32mg/L

2.3.2 某市 B 污水处理厂进水水质预测与确定

2.3.2.1 保证率确定设计进水水质方法

城市污水处理厂进水水质与水量是污水处理厂工程设计的基本参数，关系到处理厂的建设规模和处理工艺的选择，进而影响到整个工程建设投资、占地和运行费用等。因此，在进行城市污水处理厂设计之前，必须对污水流量、水质及其变化规律进行调查，以便掌握水质和水量特点。

表2-18 水质分析汇总表

序号	单位名称	污水水量/(t/d)	pH值	BOD₅/(mg/L)	COD/(mg/L)	SS/(mg/L)	氨氮/(mg/L)	氰化物/(mg/L)	酚/(mg/L)	镉/(mg/L)	铬/(mg/L)	铅/(mg/L)	汞/(mg/L)	砷/(mg/L)	硫化物/(mg/L)	磷/(mg/L)	备注
1	制药厂（东厂）	5242	7.1	100.88	202.37	174	15.40	未检出	2.00	未检出	未检出	未检出	未检出	未检出	未检出		
2	石油化工厂	2680	14	308.00	3660.67	770	11.60	"	未检出	"	"	0.30	"	0.10	0.20		
3	钢铁厂	1931	7.3	52.25	299.58	57	3.36	"	0.54	"	"	0.15	"	未检出	未检出		
4	焦化厂	1971.4	7.0		570.97	1415	未检出	0.029	1.80	"	"	未检出	"	未检出	0.59		
5	锅炉总厂 ①南口 ②北口	418.4	①8.2 ②7.8	①70.13 ②55.88	①138.88 ②178.56	①68 ②223	①7.00 ②2.24	① " ② "	①0.64 ②1.76	① ②	① ②	① ②	① ②	①0.70 ②0.70	①未检出 ②		
6	红星乳品厂	511	7.0	106.78	190.46	135	未检出	"	未检出	"	"	"	"	0.12	未检出		
7	机床电器厂	396.8	7.5	12.45	54.35	50	0.45	"	"	"	"	0.16	"	0.20	"		
8	标准件总厂	516.6	7.1	55.76	198.40	151	9.80	"	2.40	"	"	0.25	"	0.16	"		
9	氮肥厂	5000	10	329.28	387.03	201	329.79	0.029	未检出	"	"	"	"	未检出	"		
10	化学试剂厂	1229	10	72.15	294.60	251	204.40	"	"	"	"	0.25	3.75×10^4	"	"		
11	3511厂	1020	9.8	196.25	463.93	255	3.36	"	"	"	"	"	未检出	0.20	"		
12	造纸厂	5300	7.2	331.25	973.48	720	4.48	"	"	"	"	0.30	未检出	1.06	"		
13	化工厂 ①酸 ②碱 ③电石车间		①1 ②11 ③7.4	①16.40 ②67.78 ③270	①30.83 ②102.11 ③502.20	①9 ②56 ③255	①未检出 ②27.72 ③196	① " ②未检出 ③	①② 未检出 ③0.62	① ② ③未检出	① ②" ③	①0.15 ②未检出 ③0.30	① ② ③	①0.06 ②未检出 ③0.05	①未检出 ②0.59 ③35.36		
14	日用化学工业公司	9	59.01	126.85	23	116.48	未检出	未检出	未检出	未检出	未检出	未检出	未检出	未检出	未检出		
15	新华橡胶厂	6.8	6.55	14.92	20	未检出	"	"	"	"	"	0.15	"	"	"		
16	东风仪表厂	8.1	13.25	54.35	20	3.02	"	"	"	"	0.08	0.30	"	"	"		
17	石油勘探仪器总厂	7.5	13.25	98.20	50	5.94	3.42	"	0.98	未检出	未检出	0.50	2.5×10^{-4}	0.10	"		
18	204研究所		7.0	32.25	100.93	46	0.56	"	未检出	"	"	未检出	未检出	未检出	未检出		
19	邮电部第十研究所		7.0	20.50	54.99	70		"	"	"	0.06	0.25	1×10^3	0.1	"		
20	陕西宾馆		6.9	264.65	479.82	384	22.29	"	"	"	未检出	未检出	未检出	未检出	"		

54

表 2-19　水质分析汇总表

序号	污水分类	污水水量/(t/d)	pH值	BOD₅/(mg/L)	COD/(mg/L)	SS/(mg/L)	氨氮/(mg/L)	氰化物/(mg/L)	酚/(mg/L)	镉/(mg/L)	铬/(mg/L)	铅/(mg/L)	汞/(mg/L)	砷/(mg/L)	硫化物/(mg/L)	油脂/(mg/L)	铜/(mg/L)	备注
1	制药废水	5242.4	7.1	100.9	202.5	174	15.4		2.00									工业废水
2	钢铁厂废水	1931	7.8	52.3	299.6	57	3.36		0.54			0.15		0.1		5.5		"
3	焦化厂废水	1971.4	7.0	171.3	571	1415			1.8						0.59			"
4	食品工业废水	511	7.0	106.8	190.5	135	20							0.12		11.2	0.15	"
5	机械工业废水	5559.4	7.4	40.7	111.5	100.7	5		1.092	0.2311	0.073	0.135	0.00758	0.15	0.0569	18.733		"
6	化工工业废水	29809.4	10.7	232.3	684.5	246.1	58	0.0243	1.12	0.002	0.047	0.292	0.02	0.06	30.02			"
7	皮革工业废水	130	8.0	61.8	103	103.1			0.024	0.043								"
8	电子、仪表工业废水	118541.1	7.3	21.55	76.1	53.4	3.26	1.33	0.0571		0.0573	0.358	0.0006	0.1	0.1			"
9	造纸工业废水	5300	7.2	331.51	973.47	720	4.47		0.4			0.3		1.0				"
10	医院废水	1930	7.2	144.24	356.64	291.43	8.0						0.004					"
11	纺织工业废水	2679	9.1	137.42	311.1	187.03	3.4		0.049									"
12	电影、电视制片厂废水	361	8.1	153.65	307.3	202.7			0.264						0.0061	0.067	0.00224	"
13	宾馆废水	2735.2	7.0	264.65	479.82	384	22.29											生活污水
14	学校生活废水	17142.6	7.0	200	400	220	40									70		生活污水
15	机关、居民、工厂生活废水	20818.38	7.0	200	300	250	30									70		"
16	生活污水（平均水质）	40696.18	7.0	204.34	354.2	246.4	33.7	0.24	0.492	0.02	0.037	0.231	0.0097	0.139	13.31	70		
17	工业污水（平均水质）	67278.81	8.8	161.92	469.6	258.3	30.9									1.74	0.00112	

注：表中“"”指同上。

55

表 2-20　水质分析预测表

序号	污水分类	污水水量/(t/d)	pH值	BOD₅/(mg/L)	COD/(mg/L)	SS/(mg/L)	氨氮/(mg/L)	氰化物/(mg/L)	酚/(mg/L)	镉/(mg/L)	铬/(mg/L)	铅/(mg/L)	汞/(mg/L)	砷/(mg/L)	硫化物/(mg/L)	油脂/(mg/L)	铜/(mg/L)
1	近期比较																
1-1	现状污水（生活平+工业洪）	114702.871	8.2	176.97	428.66	254.08	31.9	0.155	0.552	0.013	0.024	0.149	0.0063	0.0897	8.607	25.958	0.0007
1-2	现状污水（生活洪+工业平）	116114.226	8.0	179.76	421.06	253.30	32.1	0.139	0.496	0.012	0.021	0.134	0.0056	0.0805	7.729	30.449	0.00065
1-3	现状污水（生活平+工业洪）	122842.107	8.1	178.78	423.72	253.57	32.0	0.145	0.516	0.012	0.022	0.139	0.0058	0.0837	8.037	28.877	0.00068
1-4	现状污水（生活洪+工业低）	109386.345	8.0	180.86	418.08	252.99	32.1	0.133	0.474	0.011	0.02	0.128	0.0054	0.0769	7.384	32.215	0.00062
1-5	现状污水（生活低+工业洪）	106563.635	8.3	174.88	434.34	254.66	31.7	0.167	0.592	0.014	0.026	0.16	0.0067	0.097	9.264	22.595	0.00078
2	预测值																
2-1	现状平均污水（工业平+生活平）	107974.99	8.1	177.9	426.11	253.81	31.96	0.15	0.533	0.0124	0.023	0.144	0.0060	0.0867	8.313	27.475	0.0007
2-2	近期平均污水（工业平+生活平）	180346.04	8.3	174.88	434.35	254.67	31.75	0.167	0.595	0.0139	0.026	0.16	0.0067	0.097	9.266	22.588	0.00078
2-3	远期平均污水（工业低+生活平）	238254.63	8.3	173.66	437.66	255.01	31.74	0.174	0.619	0.0145	0.027	0.168	0.007	0.101	9.647	20.636	0.00081

注：生活平——生活污水平均水质；
生活洪——生活污水高峰水质；
生活低——生活污水低峰水质；
工业平——工业废水平均水质；
工业洪——工业废水高峰水质；
工业低——工业废水低峰水质。

我国《室外排水设计规范》(GB 50014—2006) 中规定，城市污水处理厂的设计水质应根据调查资料或参照邻近城镇类似工业区和居住区的水质确定。然而，对有关的调查方法及取得的数据如何处理等则未做详细规定。由于缺乏水质监测数据和有效的数据处理方法，加之污水水质受多种因素的影响，致使目前已建的部分城市污水处理厂实际进水水质与设计水质存在较大差异，严重影响了城市污水处理厂的运行和管理。

按水质浓度出现的频率来确定污水厂设计水质的方法，是概率分析方法在给水排水领域的新应用。根据实测数据按照保证率确定城市污水处理厂设计进水水质，就是对拟建污水处理厂服务区域内各监测点进行实测，获得大量的水量和水质浓度数据，并利用频率统计方法对这些数据进行处理，绘制水质浓度频率曲线并计算出进水中一定积累频率下各项污染物浓度，为拟建污水处理厂提供设计水质浓度参考值。

水质浓度频率曲线的具体绘制方法如下：将实测进水某项水质指标的浓度从小到大排序，按 $P = n/(n_{max} + 1)$ 计算小于等于某一浓度出现的频率 P（其中 n_{max} 为实测数据的总数，n 为某一浓度值的排序号），以水质指标浓度为横坐标，频率为纵坐标，绘制浓度频率曲线。根据曲线，可以将某一频率下的最高浓度值作为设计水质，而这一频率被称为污水处理厂设计进水水质的保证率。

对城市生活污水中几种污染物的数理统计分析结果表明，实际污染物浓度变化基本遵从正态分布规律，或经过适当变换而渐进地遵从正态分布。标准正态分布的分布函数为：

$$P_N(x) = \int_{-\infty}^{x} \frac{1}{\sqrt{2\pi}} e^{\frac{x^2}{2}} \mathrm{d}x \tag{2-11}$$

式中　x ——实数；

$P_N(x)$ ——标准正态分布的分布函数，即随机变量 ξ 不超过实数 x 的概率 $P_N(\xi \leqslant x)$。

如果实测数据遵从正态分布，则经过适当变换，可以转化成为标准正态分布。变换方法为：

$$x^* = \frac{x - \mu}{\sigma} \tag{2-12}$$

$$P_N^*(x) = n/n_{max} \tag{2-13}$$

式中　x ——实测水质指标的数值（或其自然对数的数值）；

x^* ——变换为标准正态分布的实测水质指标（或其自然对数值）的数值；

μ ——实测水质指标数值（或其自然对数值）的平均值；

σ ——实测水质指标数值（或其自然对数值）的标准差；

P_N^* ——利用实测数据累积个数渐进地拟合的标准正态分布的分布函数；

n_{max} ——实测水质指标数值的总计个数；

n ——某一浓度值的累积个数。

在大多数情况下，实测数据经适当变换，能够与标准正态分布曲线和标准对数正态分布曲线符合良好，且二者差别不大。有资料表明，污水处理厂进水水质的实测数值更接近于对数正态分布，即将实测数据取对数后再按照正态分布进行分析。

如果污水处理厂汇流区域的污水由若干排污管渠汇入，则汇流后的水质应以一定保证率的水质与各监测点总平均流量为权重，按照下式计算：

$$C_i = \frac{\sum_{i=1}^{n} C_{ni} Q_n}{\sum_{i=1}^{n} Q_n} \tag{2-14}$$

式中　C_i——污水厂进水某污染物的浓度，mg/L；

　　　C_{ni}——第 n 个监测点污染物的浓度，mg/L；

　　　Q_n——第 n 个监测点的平均流量，m³/d；

按照保证率计算出的进水水质，还应结合当地的工商业、旅游、人口及生活习惯、排水体制等现状和发展趋势，给出合理的设计进水水质。

2.3.2.2　按保证率确定设计水质计算实例

【例题 2.13】某市对拟建的污水处理厂进行了水质和水量实际监测，得到了该污水处理厂主要汇流区域的 1 号排污渠和 2 号排污渠两个监测点的污水平均流量、瞬时流量，目标污染物的平均浓度和瞬时浓度的监测数据。试利用实测数据累积个数渐进拟合正态分布曲线，按照保证率方法确定设计进水水质值。

【解】采用频率统计方法对实际数据进行处理，绘制水质浓度频率曲线并计算出进水中一定积累频率下各项污染物浓度，为拟建污水处理厂提供设计水质浓度参考值。具体确定进水水质步骤如下：

（1）污水水量监测

流量的测定采用流速仪法测定流量，即通过测量过水断面面积，以流速仪测量水流速度，然后通过计算求得对应的污水流量。

（2）污水水量计算方法

瞬时流量 Q_i 按下式计算：

$$Q_i = 86400 \times V_i A_i \tag{2-15}$$

平均流量 Q 按下式计算：

$$Q = 86400 \times \left(\sum_{i=1}^{n} V_i A_i \right) / n \tag{2-16}$$

式中　Q_i、Q——污水瞬时或平均流量，m³/d；

　　　V_i——瞬时平均流速，m/s；

　　　A_i——瞬时过水断面面积，m²；

　　　n——每天测量次数。

（3）水量测定方法

通过监测断面过水断面面积 A 和断面平均流速 V，按式（2-15）和式（2-16）计算获得。

① 过水断面面积　结合排污渠设计图纸和现场实测，复核排污渠的宽度和坡度后（图 2-3），建立过水断面和深度之间的关系，通过污水渠深度的测量，获得实际过水断面积 $A = h^2 + 3.6h$（单位：m²）。深度通过南北两岸两个固定位置深度的读数取其平均值获得，即 $h = \dfrac{h_1 + h_2}{2}$。

② 断面平均流速 V　监测断面流速的测定理论上应该是选择能够代表监测断面平均流速的监测点，本实例现场监测中，为了便于仪器的操作和读数，选择距离南北岸边 40cm 处

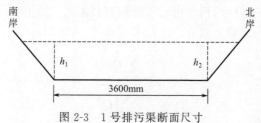

图 2-3　1 号排污渠断面尺寸

作为测量流速的横向位置，选择水深20cm处作为测量流速的纵向位置，两点测定的平均值作为测量流速$V_{测}$。

2号排污渠污水流量测量方法和步骤同上。

（4）水量监测结果与分析

① 1号排污渠瞬时水量与平均流量　图2-4和图2-5分别为1号排污渠瞬时流量历时变化与平均流量变化曲线。

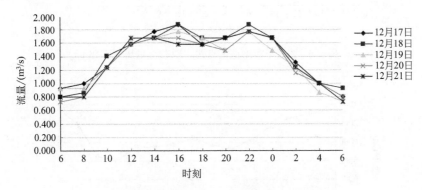

图2-4　1号排污渠监测点污水瞬时流量历时变化

从图2-4可以看出，1号排污渠监测点污水瞬时秒流量变化范围为0.7～1.9m³/s，其中峰值流量出现在16：00和22：00，最小流量出现在凌晨6：00。

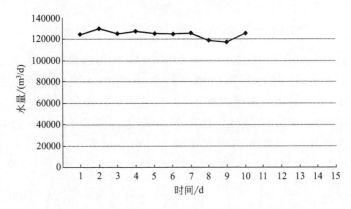

图2-5　1号排污渠监测点污水平均流量历时变化

从图2-5可以看出，1号排污渠监测点污水平均流量变化范围为118467～129367m³/d，日平均流量变化幅度较小。

② 2号排污渠瞬时水量　图2-6和图2-7分别为2号排污渠瞬时流量历时变化与平均流量变化曲线。

从图2-6可以看出2号排污渠监测点污水瞬时秒流量变化范围为0.04～0.18m³/s，日间流量变化较小，流量峰值不明显，最小流量也出现在凌晨6：00。

从图2-7可以看出，2号排污渠监测点污水平均流量变化范围为7870～13364m³/d，日平均流量变化幅度较大。

（5）水质监测结果与分析

① 1号排污渠监测点瞬时水质与平均水质　图2-8和图2-9为1号排污渠监测点连续

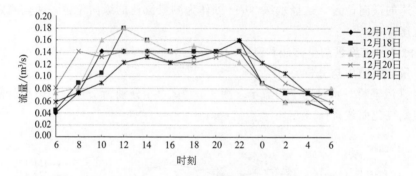

图 2-6　2 号排污渠监测点污水瞬时流量历时变化

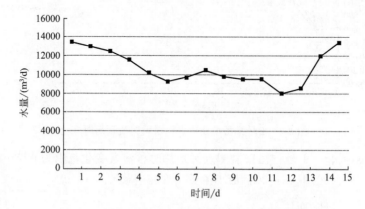

图 2-7　2 号排污渠监测点污水平均流量历时变化

72h（12 月 19 日上午 6：00 至 12 月 22 日上午 6：00）的污水瞬时浓度变化。

从图 2-8 可以看出，1 号排污渠监测点污水中 TCOD 浓度呈周期性变化，且幅度（221.03～667.39mg/L）较大，峰值出现在 16：00 左右，次峰值出现在 0：00～2：00；SCOD 浓度变化范围为 83.69～215.98mg/L，BOD 浓度变化范围为 83.69～215.98mg/L，且变化规律与 TCOD 成正相关；BOD/COD 比值较大，最小值为 0.31。污水中 SS 浓度变化范

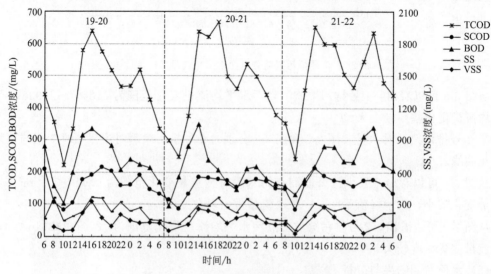

图 2-8　1 号排污渠监测点污水瞬时浓度-1

围为 61～508mg/L，平均为 243mg/L；VSS/SS 均值为 0.64，说明悬浮物的组成以有机物为主。

从图 2-9 可以看出，1 号排污渠监测点 pH 值变化范围为 8.01～8.73；TKN 变化范围为 40.61～91.31mg/L，氨氮变化范围为 31.89～68.41mg/L，变化幅度均较大，日最大值均出现在 14：00，氨氮和总氮的变化规律与 TCOD 的变化规律几乎相同。PO_4^{3-}-P 与 TP 的变化范围分别为 0.19～3.94mg/L 和 3.51～7.94mg/L，变化规律与 COD 的相关性不十分明显。

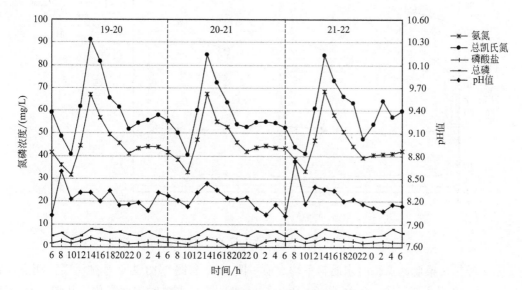

图 2-9　1 号排污渠监测点污水瞬时浓度-2

图 2-10 为 1 号排污渠监测点污水中有机物的平均浓度历时变化。由图可见，日平均 TCOD 变化范围为 314.66～600mg/L，BOD 变化范围 144～283mg/L，两者变化趋势相同。SCOD 变化范围为 109.8～171.67mg/L，变化幅度较小且与前两者相关性差。污水 SS 浓度波动较大，变化范围为 146～410mg/L，平均为 259mg/L；VSS/SS 最小值为 0.44。

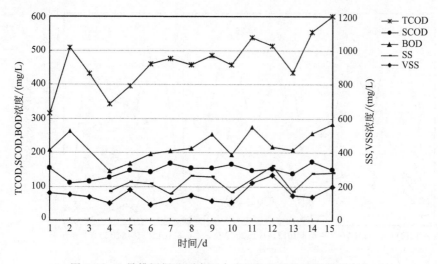

图 2-10　1 号排污渠监测点污水有机物日平均浓度历时变化

图 2-11 为 1 号排污渠监测点污水中氮磷的平均浓度历时变化。由图可见，日平均 TKN 变化范围为 52.88～67.32mg/L，日平均氨氮变化范围 40.61～49.06mg/L，与瞬时水样相比，变化幅度变小；磷的浓度变化幅度也明显减小，PO_4^{3-}-P 与 TP 的范围分别为 1.68～2.62mg/L 和 4.81～7.22mg/L。

总之，与瞬时水样相比，平均水样的浓度变化幅度明显变小。

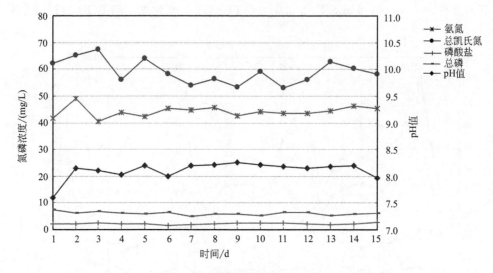

图 2-11　1 号排污渠监测点污水中日平均氮磷浓度历时变化

② 2 号排污渠监测点瞬时水质与平均水质　图 2-12 和图 2-13 为 2 号排污渠监测点连续 72h（12 月 19 日上午 6:00 至 12 月 22 日上午 6:00）的污水瞬时浓度变化。从图 2-12 可以看出，2 号排污渠监测点污水 TCOD 浓度变化幅度（124.46～712.74mg/L）比 1 号排污渠大，这是由于 2 号排污渠监测点汇水面积小，对于城市污水来说，汇水面积越小，水质变化幅度越大，这一规律在本次检测中得到了验证。同时，TCOD 在 1d 内的变化呈典型的周期性，峰值出现在 12:00 左右；SCOD 浓度变化范围为 57.93～267.24mg/L，BOD 浓度变化范围为 61～394mg/L，SCOD、BOD 的变化规律与 TCOD 相同。SS 浓度变化范围为 23～

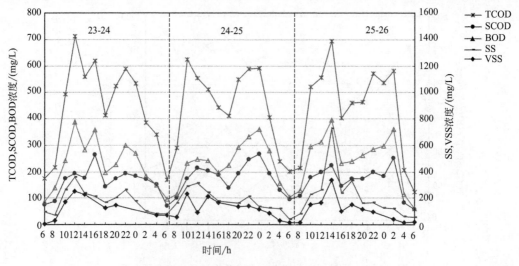

图 2-12　2 号排污渠监测点污水瞬时浓度-1

733mg/L，平均为192mg/L，VSS/SS均值为0.66，说明悬浮物的组成以有机物为主。

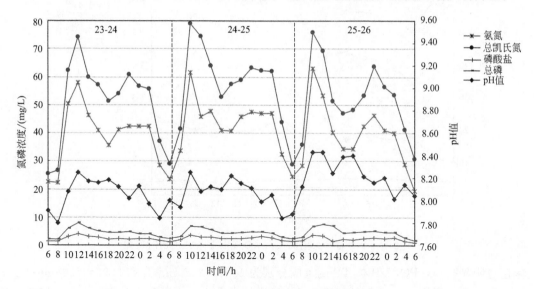

图2-13　2号排污渠监测点污水瞬时浓度-2

从图2-13可以看出，2号排污渠监测点pH值变化范围为7.8～8.43，比1号排污渠监测点污水的pH值稍低；TKN变化范围为25.35～79.04mg/L，也小于618排污渠监测点，同时也呈现周期性变化规律，峰值出现在12：00左右，次峰值稳定出现在22：00；氨氮的变化规律与TKN类似，峰值与TKN对应，次峰值消失，变化范围为19.35～62.96mg/L。正磷酸盐与TP的变化规律也与TKN类似，日最大值出现在12：00左右，PO_4^{3-}-P与TP的变化范围分别为1.00～4.02mg/L和1.67～8.08mg/L。

图2-14为2号排污渠监测点污水中有机物的平均浓度历时变化。由图可见，日平均TCOD变化范围为356～493mg/L，日平均BOD变化范围为129～257mg/L，两者相关性较好。SCOD浓度变化范围较小，SS及VSS浓度波动较大。

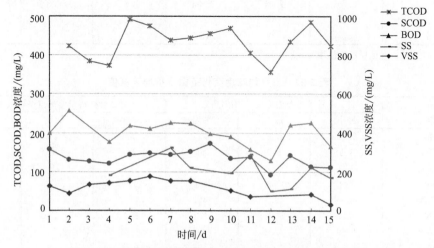

图2-14　2号排污渠监测点污水有机物日平均浓度历时变化

图2-15为2号排污渠监测点污水中氮磷的平均浓度历时变化，由图可见，日平均TKN变化范围为45.24～59.42mg/L，日平均氨氮变化范围为32.98～43.88mg/L；磷的浓度变

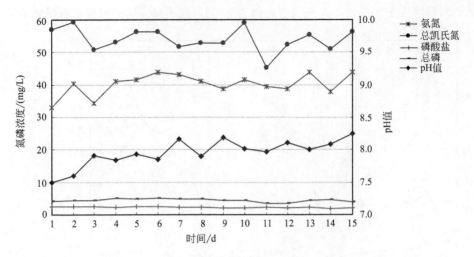

图 2-15　2号排污渠监测点污水氮磷日平均浓度历时变化

化幅度也明显减小，PO_4^{3-}-P 与 TP 的范围分别为 1.91～2.59mg/L 和 3.56～5.08mg/L。

　　由以上数据可见，两个监测点的日平均浓度的变化幅度小于各自对应的瞬时浓度变化幅度；下述表 2-21 和表 2-22 分别为两个排污渠监测点各项水质的瞬时浓度变化范围及平均值变化统计结果。

表 2-21　瞬时浓度变化范围及平均浓度值

水质项目	1号排污渠瞬时浓度			2号排污渠瞬时浓度		
	最小	最大	平均	最小	最大	平均
pH 值	8.01	8.73	8.24	7.80	8.43	8.11
TCOD	221	667	473	125	713	445
SCOD	83.7	216	160	57.9	267	167
BOD$_5$	95	349	221	61	394	234
NH_4^+-N	31.9	68.4	45.7	19.4	63.0	40.1
TKN	40.6	91.3	59.4	25.4	79.0	53.2
PO_4^{3-}-P	0.19	3.94	2.30	1.00	4.02	2.38
TP	3.51	7.94	5.03	1.67	8.08	4.56
SS	62	366	231	38	724	187
VSS	30	329	153	3	339	127

注：除 pH 值外，其他项目单位均为 mg/L。

表 2-22　日平均浓度变化范围及平均浓度值

水质项目	1号排污渠监测点平均浓度			2号排污渠监测点平均浓度		
	最小	最大	平均	最小	最大	平均
pH 值	8.26	7.60	8.11	7.50	8.25	7.95
TCOD	315	600	465	356	493	433
SCOD	110	172	146	91.3	172	135
BOD$_5$	144	283	219	129	257	200
NH_4^+-N	40.6	49.1	44.2	33.0	43.9	40.2
TKN	52.9	67.3	59.1	45.2	59.4	54.0
PO_4^{3-}-P	1.68	2.62	2.21	1.91	2.59	2.27
TP	4.81	7.22	5.98	3.56	5.08	4.43
SS	146	410	259	97	231	159
VSS	93	265	152	31	178	120

注：除 pH 值外，其他项目单位均为 mg/L。

（6）水质监测频率统计

瞬时水质和日平均水质的历时变化直接反映了各项水质的历时变化规律，对于认识未来城市污水处理厂的入流水质变化规律和运行控制具有重要的参考价值和指导意义。依据水质参数的或然性规律，通过概率统计，对相关数据进行处理，才能作为合理的水质设计指标。

① 瞬时浓度 图 2-16 和 2-17 分别给出了 1 号排污渠监测点和 2 号排污渠监测点污水瞬时浓度的频率分布。由图可见，各项水质指标呈现较好的概率分布规律。保证率为 85％ 和 90％ 时对应的各项污染物浓度值见表 2-23。

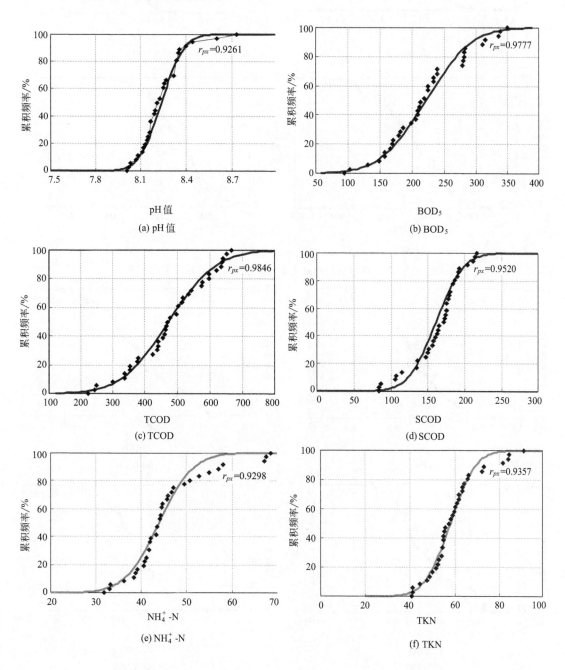

(a) pH 值

(b) BOD$_5$

(c) TCOD

(d) SCOD

(e) NH$_4^+$-N

(f) TKN

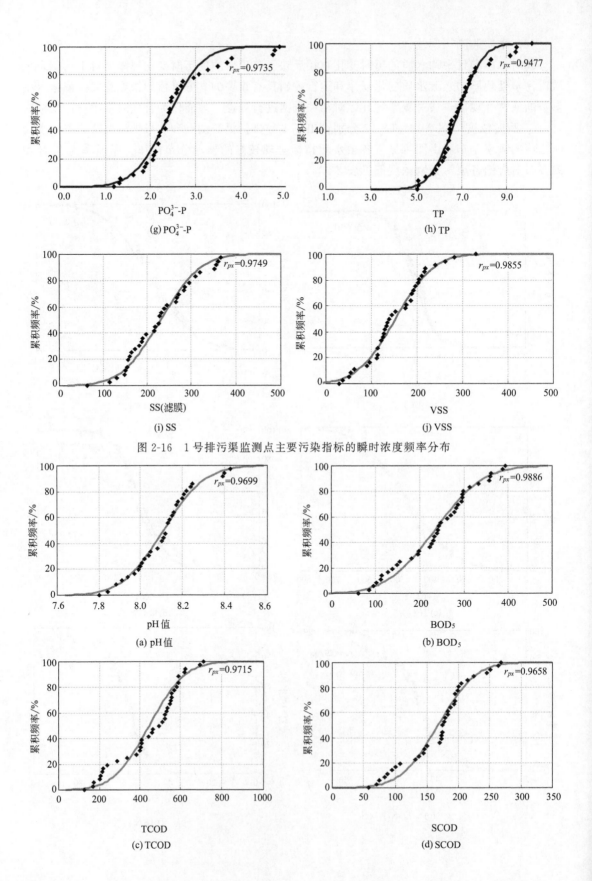

图 2-16　1号排污渠监测点主要污染指标的瞬时浓度频率分布

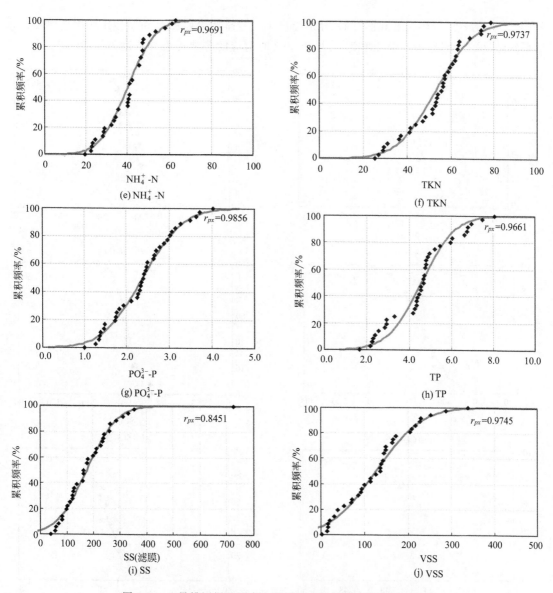

图 2-17　2号排污渠监测点主要污染指标的瞬时浓度频率分布

表 2-23　保证率为 85％和 90％时各项污染指标对应的浓度

累计频率为 85％					累计频率为 90％			
参数	1号渠平均浓度	2号渠平均浓度	1号渠瞬时浓度	2号渠瞬时浓度	参数	1号渠平均浓度	2号渠平均浓度	1号渠瞬时浓度	2号渠瞬时浓度
pH 值	8.23	8.13	8.36	8.27	pH 值	8.25	8.17	8.39	8.31
TCOD	535.07	466.86	594.95	590.35	TCOD	551.69	475.04	623.69	624.22
SCOD	162.12	151.95	190.88	215.84	SCOD	165.91	155.95	198.07	227.22
BOD$_5$	254.07	227.44	279.86	323.02	BOD$_5$	261.63	233.96	293.67	343.98
NH$_4^+$-N	45.79	43.39	50.32	51.14	NH$_4^+$-N	46.16	44.15	51.81	53.74
TKN	63.78	56.91	67.40	67.82	TKN	64.89	57.61	69.61	71.28
PO$_4^{3-}$-P	2.44	2.47	3.08	3.16	PO$_4^{3-}$-P	2.49	2.52	3.26	3.35
TP	6.54	4.88	7.21	5.89	TP	6.67	4.99	7.54	6.20
SS	273.37	248.58	304.40	269.29	SS	287.29	262.75	321.70	291.53
VSS	189.67	156.75	222.42	212.46	VSS	199.02	165.32	238.68	232.51

注：除 pH 值外，其他项目单位均为 mg/L。

② 平均浓度　图 2-18 和图 2-19 分别给出了 1 号排污渠监测点和 2 号排污渠监测点污水日平均浓度的频率分布，保证率为 85％和 90％时对应的各项污染物浓度值见表 2-23。

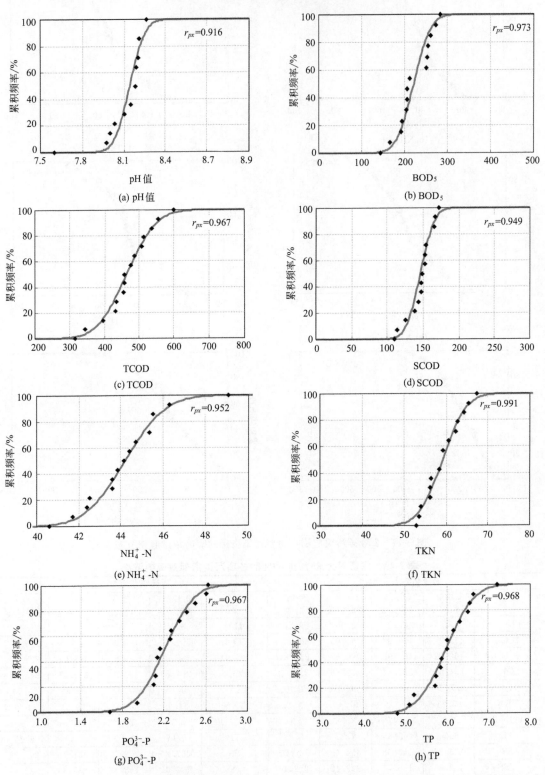

(a) pH 值

(b) BOD₅

(c) TCOD

(d) SCOD

(e) NH₄⁺-N

(f) TKN

(g) PO₄³⁻-P

(h) TP

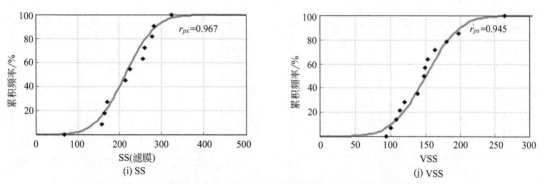

图 2-18　1 号排污渠监测点污水主要污染指标的日平均浓度频率分布

图 2-19 给出了 2 号排污渠监测点污水平均浓度的频率分布，采用 85％保证率和 90％保

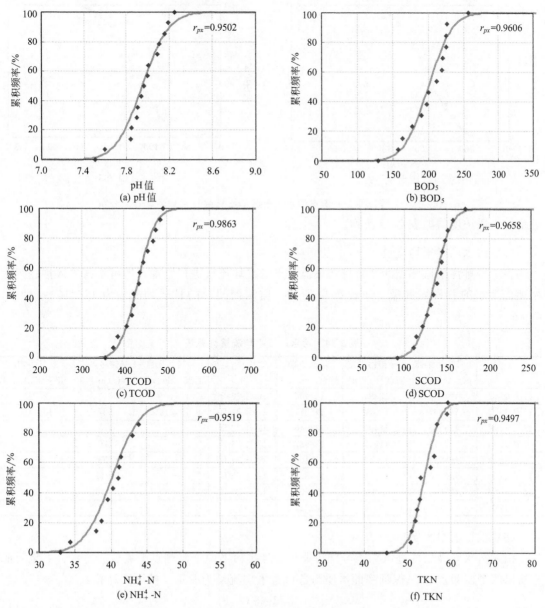

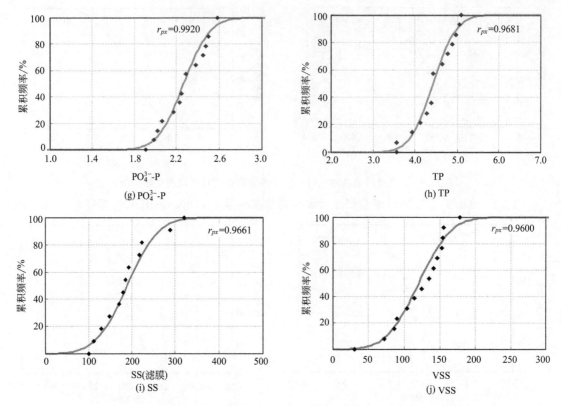

图 2-19　2号排污渠监测点污水主要污染指标的日平均浓度频率分布

证率的水质浓度值如表 2-23 所列。

（7）污水厂日平均流量

将 1 号排污渠监测点和 2 号排污渠监测点日平均流量进行叠加，即可求得进入拟建污水处理厂污水的总日均流量，如表 2-24 所列。监测期间总的日平均流量为 128310～142341 m^3/d。

表 2-24　污水厂日平均流量计算表

日 期	1 号排污渠监测点/(m^3/d)	2 号排污渠监测点/(m^3/d)	总日平均流量/(m^3/d)	日 期	1 号排污渠监测点/(m^3/d)	2 号排污渠监测点/(m^3/d)	总日平均流量/(m^3/d)
12 月 12 日	124041	13364	137405	12 月 20 日	118467	9843	128310
12 月 13 日	129367	12974	142341	12 月 21 日	125213	9527	134740
12 月 14 日	125833	12407	138240	12 月 22 日	—	9475	—
12 月 15 日	127119	11548	138667	12 月 23 日	—	7870	—
12 月 16 日	125034	10152	135186	12 月 24 日	—	8553	—
12 月 17 日	124585	9280	133865	12 月 25 日	—	11911	—
12 月 18 日	125862	9744	135606	12 月 26 日	—	13410	—
12 月 19 日	119270	10445	129715				

（8）设计进水水质

拟建污水处理厂的进水为 1 号排污渠和 2 号排污渠两个监测点汇流后的污水，汇流后的水质以两个监测点 90％保证率的水质与各点总平均流量为权重，按下式计算：

$$C_i = \frac{C_{1i}Q_1 + C_{2i}Q_2}{Q_1 + Q_2}$$（2-17）

式中　C_i——拟建污水厂进水污染物浓度，mg/L；

C_{1i}——1 号排污渠污染物浓度，mg/L；

C_{2i}——2 号排污渠污染物浓度，mg/L；

Q_1——1 号排污渠平均流量，m^3/d；

Q_2——2 号排污渠平均流量，m^3/d。

计算结果见表 2-25。

表 2-25 的数据略低于拟建污水处理厂所在城市近两年的平均进水水质，但高于现有报道的国内大多数城市污水处理厂的设计水质。考虑到该污水处理厂的汇水区域内人口稠密、工商业发展情况，建议的污水厂设计水质如表 2-25 所列。

表 2-25　污水处理厂进水计算水质及设计进水水质

项　目	1号排污渠	2号排污渠	计算污水厂进水值	建议设计值	项　目	1号排污渠	2号排污渠	计算污水厂进水值	建议设计值
pH 值	8.25	8.17	8.24	8.0	TKN	64.89	57.61	64.30	65
TCOD	551.69	475.04	545.50	550	PO_4^{3-}-P	2.49	2.52	2.49	2.5
SCOD	165.91	155.95	165.11	160	TP	6.67	4.99	6.53	6.5
BOD$_5$	261.63	233.96	259.40	260	SS	287.29	262.75	285.31	285
NH_4^+-N	46.16	44.15	46.00	45	VSS	199.02	165.32	196.30	200

2.4　污水的排放标准

自然水体是人类可持续发展的宝贵资源，必须严格保护，免受污染。因此，当污水需要排入受纳水体时，应处理到允许排入受纳水体的排放标准，以降低对受纳水体的不利影响。我国有关部门为此制定了污水综合排放标准，并于 1998 年 1 月开始实施。

目前，广泛使用的是国家《污水综合排放标准（GB 8978—96）》，该标准根据污水中污染物的危害程度把污染物分为两类：第一类污染物，不分行业和污水排放方式，也不分受纳水体的功能类别，一律在车间或车间处理设施排放口采样；第二类污染物，在排污单位总排放口采样。这两种污染物的最高允许排放浓度都应达到国家《污水综合排放标准》的要求。

上面提到的排放标准都是浓度标准。这类标准存在明显的缺陷，它不论污水受纳水体的大小和状况，不论污染源的大小，都采用同一个标准。因此，即使满足排放标准，如果排放总量大大超过接纳水体的环境容量，也会对水体造成不可逆的严重后果。科学的方法是以排污总量控制。

在实际中还要广泛收集各河流、湖泊等水体允许纳污量或浓度要求，以及当地环保部门的规定，因为环保要求是地方标准高于国家或行业标准。

表 2-26 为部分一类污染物最高允许排放浓度（日均值），表 2-27 为基本控制项目最高允许排放浓度（日均值）。

表 2-26　部分一类污染物最高允许排放浓度（日均值）　　　　　　单位：mg/L

序　号	项　目	标准值	序　号	项　目	标准值
1	总汞	0.001	5	六价铬	0.05
2	烷基汞	不得检出	6	总砷	0.1
3	总镉	0.01	7	总铅	0.1
4	总铬	0.1			

表 2-27　基本控制项目最高允许排放浓度（日均值）　　　　　单位：mg/L

序　号	基本控制项目		一级标准		二级标准	三级标准
			A 标准	B 标准		
1	化学需氧量（COD）		50	60	100	120[①]
2	生化需氧量（BOD5）		10	20	30	60[①]
3	悬浮物（SS）		10	20	30	50
4	动植物油		1	3	5	20
5	石油类		1	3	5	15
6	阴离子表面活性剂		0.5	1	2	5
7	总氮（以 N 计）		15	20		
8	氨氮（以 N 计）[②]		5(8)	8(15)	25(30)	
9	总磷（以 P 计）	2005 年 12 月 31 日前建设的	1	1.5	3	5
		2006 年 1 月 1 日起建设的	0.5	1	3	5
10	色度（稀释倍数）		30	30	40	50
11	pH 值		6～9			
12	粪大肠菌群数/（个/L）		10³	10⁴	10⁴	

① 下列情况下按去除率指标执行：当进水 COD 大于 350mg/L 时，去除率应大于 60%；BOD 大于 160mg/L 时，去除率应大于 50%。

② 括号外数值为水温＞12℃时的控制指标，括号内数值为水温≤12℃时的控制指标。

表 2-28 为《污水排入城市下水道水质标准》（CJ3082—1999）。

表 2-28　污水排入城市下水道水质标准（CJ3082—1999）

序号	项目名称	单位	最高允许浓度	序号	项目名称	单位	最高允许浓度
1	pH 值		6～9	19	总铅	ml/L	1
2	悬浮物	ml/(L·15min)	150(400)	20	总铜	ml/L	2
3	易沉固体	ml/L	10	21	总锌	ml/L	5
4	油脂	ml/L	100	22	总镍	ml/L	1
5	矿物油类	ml/L	20	23	总锰	ml/L	2.0(5.0)
6	苯系物	ml/L	2.5	24	总铁	ml/L	10
7	氰化物	ml/L	0.5	25	总锑	ml/L	1
8	硫化物	ml/L	1	26	六价格	ml/L	0.5
9	挥发性酚	ml/L	1	27	总铬	ml/L	1.5
10	温度	℃	35	28	总晒	ml/L	2
11	生化需氧量（BOD5）	ml/L	100(300)	29	总砷	ml/L	0.5
12	化学需氧量（CODCr）	ml/L	150(500)	30	硫酸盐	ml/L	600
13	溶解性固体	ml/L	2000	31	硝基苯类	ml/L	5
14	有机磷	ml/L	0.5	32	阴离子表面活性剂（LAS）	ml/L	10.0(20.0)
15	苯胺	ml/L	5				
16	氟化物	ml/L	20	33	氨氮	ml/L	25.0(35.0)
17	总汞	ml/L	0.05	34	磷酸盐（以 P 计）	ml/L	1.0(8.0)
18	总镉	ml/L	0.1	35	色度	倍	80

注：括号内数值适用于有城市污水处理厂的城市下水道系统。

2.5　污水处理程度的确定

确定废水处理程度是比较复杂的，要考虑的因素很多，主要是受纳水体的功能、水环境质量要求，污染状况与自净能力，以及处理后的废水是否回用等影响因素。如果处理后的废水将回用，就必须使处理水的水质满足用户要求。根据水体自净能力来确定废水处理程度时，既要考虑利用水体的自净容量，又要防止水体的生态平衡遭到破坏；同时，还要全面地考虑水系流域污染物防治规划和区域的总体规划等。工业废水的处理程度也是主要根据它的出路来确定，如回用是以满足用水要求为准；如排入城市或地区排水系统，其处理程度应使处理水质达到"工业废水排入城市下水道系统的水质标准"（见表 2-26）。若需排入自然水体，则要根据 GB 8978—1996 按相应等级选择执行。

2.5.1 根据允许排放的悬浮物浓度计算

2.5.1.1 按水体中悬浮物允许增加量计算排放的悬浮物浓度

可用下式计算污水排放口处允许排放的 SS 浓度：

$$C_e = p\left(\frac{Q}{q} + 1\right) + b \tag{2-18}$$

式中 C_e——污水排放口允许排放的 SS 浓度，mg/L；

p——污水排入水体与河水完全混合后，混合水中 SS 允许增加量，mg/L；

q——排入水体的污水流量，m^3/s；

b——污水排入河流前，河流中原有的 SS 浓度，mg/L；

Q——河流 95% 保证率的月平均最小流量，m^3/s。

2.5.1.2 按《污水综合排放标准》计算排放的悬浮物浓度

根据国家《污水综合排放标准》（GB 8978—96）中新建城镇二级污水处理工程一级排放标准，最高允许排放的悬浮物浓度为 $C_e = 20\text{mg/L}$。

2.5.2 根据允许排放的 BOD_5 浓度计算

2.5.2.1 按水体中溶解氧的最低允许浓度，计算允许排放的 BOD_5 浓度

根据临界点溶解氧浓度不得低于 4mg/L 的要求，在已知条件下，利用式（2-19）和式（2-20）可求得未知数 L_0 和 t_c。由于解联立方程较烦琐，一般用试算法计算，也可应用计算机进行计算。

$$D_c = \frac{K_1}{K_2} L_0 10^{-K_1 t_c} \tag{2-19}$$

$$t_c = \frac{1}{K_2 - K_1} \lg\left\{\frac{K_2}{K_1}\left[1 - \frac{D_0(K_2 - K_1)}{K_1 L_0}\right]\right\} \tag{2-20}$$

式中 K_1——耗氧速率常数；

K_2——复氧速率常数；

L_0——起始点（排放口处）有机物浓度，mg/L；

t_c——临界时间，d；

D_0——在污水排放口处起始点亏氧量，mg/L。

2.5.2.2 按水体中 BOD_5 的最高允许浓度，计算允许排放的 BOD_5 浓度

根据水体和污水的实际温度，并将 K_1 值按温度做必要的调整后，再进行计算。有时为了简化计算，往往假定河水和污水温度皆为 20℃，然后进行粗略计算。这两种算法皆可应用下列公式表示：

$$L_{5e} = \frac{Q}{q}\left(\frac{L_{5ST}}{10^{-K_1 t}} - L_{5R}\right)\frac{L_{5ST}}{10^{-K_1 t}} \tag{2-21}$$

式中　L_{5e}——排放污水中 BOD_5 的允许浓度，mg/L；

　　　L_{5R}——河流中原有的 BOD_5 浓度，mg/L；

　　L_{5ST}——水质标准中河水的 BOD_5 最高允许浓度，mg/L。

$$L_5 = L_0 \times 10^{-K_1 \cdot 5} \tag{2-22}$$

式中　L_5——BOD_5 的允许浓度，mg/L；

　　　L_0——BOD_u 的允许浓度，mg/L；

　　　K_1——好氧速率常数。

计算时往往按水体上某一验算点（水源地、取水口）进行计算，故式（2-21）中的 t 为由污水排放口流到计算断面的流行时间，其计算式为：

$$t = \frac{x}{v}$$

式中　t——流行时间，d；

　　　x——由污水排放口至计算断面的距离，km；

　　　v——河水平均流速，m/s。

2.5.2.3 按《污水综合排放标准》计算允许排放的 BOD_5 浓度

根据国家《污水综合排放标准》（GB 8978—96）中新建城镇二级污水处理工程一级排放标准，最高允许排放的 BOD_5 浓度为 20mg/L。

2.5.3 污水处理程度计算实例

城市污水的水质与水体要求相比，一般至少要高出 1 个数量级，因此，在排放水体之前，都必须进行适当程度的处理，使处理后的污水水质达到允许的排放浓度。

污水的处理程度的计算式为

$$E = \frac{C_i - C_e}{C_i} \times 100\% \tag{2-23}$$

式中　E——污水的处理程度，%；

　　　C_i——未处理污水中某种污染物的平均浓度，mg/L；

　　　C_e——允许排入水体的已处理污水中该种污染物的平均浓度，mg/L。

城市污水处理程度的主要污染物指标一般用 BOD_5 及 SS 表示。有时，当工业废水影响较大时，尚可辅以 COD 作为参考指标。

【例题 2.14】　某城市的城市污水总流量 $q = 5.0 m^3/s$，污水的 $BOD_5 = 450 mg/L$，$SS = 380 mg/L$，污水温度 $T = 20℃$，污水经二级处理后 $DO_{SW} = 1.5 mg/L$。处理后的污水拟排入城市附近的水体，在水体自净的最不利情况下，河水流量 $Q = 19.5 m^3/s$，河水平均流速 $v = 0.6 m/s$，河水温度 $T = 25℃$，河水中原有溶解氧 $DO_R = 6.0 mg/L$，$BOD_5 = 3.0 mg/L$，$SS = 55 mg/L$，SS 允许增加量 $P = 0.75 mg/L$，设河水与污水能很快地完全混合，混合后 20℃ 的 $K_1 = 0.1$，$K_2 = 0.2$。在污水总出水口下游 35km 处为集中取水口的卫生防护区，要求 BOD_5 不得超过 4mg/L。

【解】　（1）求 SS 的处理程度

a. 按水体中 SS 允许增加量计算排放的 SS 浓度

① 计算污水总出水口处 SS 的允许浓度

$$\{C_e\}_{mg/L} = p\left(\frac{Q}{q} + 1\right) + b = 0.75\left(\frac{19.5}{5.0} + 1\right) + 55 = 58.6$$

② 求 SS 的处理程度

$$\{E\}_{\%}=\frac{C_i-C_e}{C_i}\times100\%=\frac{380-58.6}{380}\times100\%=84.6\%$$

b. 按《污水综合排放标准》计算排放的 SS 浓度

① 国家《污水综合排放标准》（GB 8978—96）中规定新建城镇二级污水处理工程的一级排放标准，最高允许排放的 SS 浓度为

$$\{C_e\}_{mg/L}=20$$

② 求 SS 的处理程度

$$\{E\}_{\%}=\frac{C_i-C_e}{C_i}\times100\%=\frac{380-20}{380}\times100\%=94.7\%$$

c. SS 的处理程度

取计算中处理程度高的值，SS 处理程度为

$$E=94.7\%$$

（2）求 BOD_5 的处理程度

a. 按水体中 DO 的最低允许浓度，计算允许排放的 BOD_5 浓度

① 求排放口处 DO 的混合浓度及混合温度

$$\{DO_m\}_{mg/L}=\frac{QC_R+qC_{SW}}{Q+q}=\frac{19.5\times6.0+5.0\times1.5}{19.5+5.0}=5.1$$

$$\{t_m\}\text{℃}=\frac{19.5\times25+5.0\times20}{19.5+5.0}=24.0$$

② 求水温为 24.0℃时的常数 K_1 和 K_2 值

$$K_{1(24)}=K_{1(20)}\times\theta^{(24-20)}=0.1\times1.047^4=0.120$$

$$K_{2(24)}=K_{2(20)}\times1.024^{(24-20)}=0.2\times1.024^4=0.219$$

③ 求起始点的亏氧量 D_0 和临界点的亏氧量 D_c

查表得出 24℃时的饱和溶解氧 $DO_s=8.53mg/L$，则可得

$$\{D_0\}_{mg/L}=8.53-5.1=3.43$$

$$\{D_c\}_{mg/L}=8.53-4.0=4.53$$

④ 用试算法求起始点 L_0 和临界时间 t_c，第一次试算

设临界时间 $t'_c=1.0d$，将此值及其他已知数值代入式(2-12)，即

$$D_c=\frac{K_1}{K_2}L_0 10^{-K_1 t_c}$$

$$\{L_0\}_{mg/L}=D_c\frac{K_2}{K_1}10^{K_1 t_c}=4.53\frac{0.219}{0.120}10^{0.12\times1}=10.87$$

$$L_0=10.87mg/L$$

将 $L_0=10.87mg/L$ 代入式(2-13) 得

$$\{t_c\}_d = \frac{1}{K_2-K_1}\lg\left\{\frac{K_2}{K_1}\left[1-\frac{D_0(K_2-K_1)}{K_1L_0}\right]\right\}$$

$$= \frac{1}{0.219-0.120}\lg\left\{\frac{0.219}{0.120}\left[1-\frac{3.43(0.219-0.120)}{0.120\times10.87}\right]\right\}$$

$$= 1.316d > t'_c = 1.0$$

第二次试算

设临界时间 $t'_c = 1.523d$，代入式(2-12)，得出

$$L_0 = 12.59\text{mg/L}$$

将上值代入式(2-13)，得出

$$t_c = 1.523d = t'_c$$

符合要求 [一般 $|(t_c-t'_c)| \leqslant 0.001$ 即符合要求]。

⑤ 求起点容许的 20℃时 BOD₅

$$\{L_{5m}\}_{\text{mg/L}} = L_0(1-10^{-K_1t}) = 12.59(1-10^{-0.1\times5}) = 8.61$$

⑥ 求污水处理厂允许排放的 20℃时 BOD₅

$$\{L_{5e}\}_{\text{mg/L}} = L_{5m}\left(\frac{Q}{q}+1\right) - \frac{Q}{q}L_{5R} = 8.61\left(\frac{19.5}{5.0}+1\right) - \frac{19.5}{5.0}\times3.0 = 30.5$$

⑦ 求处理程度

$$\{E\}_\% = \frac{450-30.5}{450}\times100\% = 93.2$$

b. 按水体中 BOD₅ 最高允许浓度，计算允许排放的 BOD₅ 浓度

① 计算由污水排放口流到 35km 处时间

$$\{t\}_d = \frac{x}{v} = \frac{1000\times35}{86400\times0.6} = 0.675$$

② 将 20℃时，L_{5R}、L_{5ST} 的数值换算成 24℃时的数值

20℃时的 $L_{5ST} = 4\text{mg/L}$，则

$$4 = L_0(1-10^{-0.1\times5})$$

$$\{L_0\}_{\text{mg/L}} = \frac{4}{0.684} = 5.85$$

计算 24℃时的 L_{5ST}，即

$$\{L_{5ST}\}_{\text{mg/L}} = 5.85(1-10^{0.12\times5}) = 5.85\times0.749 = 4.38$$

又因为 20℃时的 $L_{5R} = 3\text{mg/L}$，则

$$\{L_0\}_{\text{mg/L}} = \frac{3}{0.684} = 4.39$$

计算 24℃时的 L_{5R}，即 $\{L_{5R}\}_{\text{mg/L}} = 4.39\times0.749 = 3.29$

③ 求 24℃时的 L_{5e} 值

$$\{L_{5e}\}_{\text{mg/L}} = \frac{Q}{q}\left(\frac{L_{5ST}}{10^{-K_1t}} - L_{5R}\right) + \frac{L_{5ST}}{10^{-K_1t}}$$

$$= \frac{19.5}{5.0}\left(\frac{4.38}{10^{-0.12\times0.675}} - 3.29\right) + \frac{4.38}{10^{-0.12\times0.675}}$$

$$= 13.5$$

④ 将 24℃时的 L_{5e} 转换成 20℃时的数值

$$\{L_0\}_{mg/L}=\frac{13.5}{0.749}=18.02$$

其 20℃时的 L_{5e} 为

$$\{L_{5e}\}_{mg/L}=18.02\times0.684=12.33$$

⑤ 计算处理程度

$$\{E\}_\%=\frac{450-12.33}{450}\times100\%=97.3$$

c. 按《污水综合排放标准》计算排放的 BOD_5 浓度

① 国家《污水综合排放标准》（GB 8978—96）中规定的新建城镇二级污水处理工程的一级排放标准，最高允许排放的 BOD_5 浓度为

$$L_{5e}=20mg/L$$

② 计算处理程度

$$\{E\}_\%=\frac{450-20}{450}\times100\%=95.5$$

d. BOD_5 的处理程度

取计算中处理程度高的值，BOD_5 处理程度 $E=97.3\%$。

【例题 2.15】 某市污水处理厂处理水排放点 A 上游河流水的 BOD 为 $C_1=1.8mg/L$，河水流量 $Q_1=50\times10^4 m^3/d$，试计算并回答下列问题。

（1）污水处理厂进水流量 $Q_2=3\times10^4 m^3/d$，BOD 浓度为 $C_2=200mg/L$，而排放点 A 下游河流水环境标准为二级（BOD 3mg/L）。为保证其水体环境质量标准，需要污水处理厂排放水质 BOD 最大为多少？并计算 BOD 去除率，选择处理方法。

（2）按照规划，处理厂对岸为工业开发区，其排放点 B 恰好与 A 点相对称，该污水排放量 $Q_3=5\times10^4 m^3/d$，BOD 浓度 $C_3=100mg/L$。而处理厂排放水质不变，试计算下游河水 BOD（C_4）上升到多少？

【解】 （1）设处理厂排放水的 BOD 为 x（mg/L），则

$$\frac{Q_1C_1+Q_2x}{Q_1+Q_2}\leqslant3mg/L$$

所以 $Q_1C_1+Q_2x\leqslant3(Q_1+Q_2)$

$$x\leqslant\frac{3(Q_1+Q_2)-Q_1C_1}{Q_2}=\frac{3\times(50\times10^4+3\times10^4)-50\times10^4\times1.8}{3\times10^4}$$

$$=23mg/L$$

则 BOD 去除率 $=\frac{200-23}{200}\times100\%=88.5\%$

根据 BOD 去除率为 88.5%，宜采用常规负荷或低负荷活性污泥法处理工艺。

（2）$C_4=\dfrac{C_1Q_1+23Q_2+100Q_3}{Q_1+Q_2+Q_3}=\dfrac{1.8\times50\times10^4+23\times3\times10^4+100\times5\times10^4}{50\times10^4+3\times10^4+5\times10^4}$

$$=11.36mg/L$$

2.6 污水处理基本方法及处理厂处理效率

2.6.1 污水处理方法分类

污水处理方法可概括为三大类。

（1）分离处理

通过各种外力的作用，使污染物从废水中分离出来。一般来说，在分离过程中并不改变污染物的化学本性。

（2）转化处理

通过化学的或生物化学的作用，改变污染物的化学本性，使其转化为无害的物质或可分离的物质，后者再经分离予以除去。

（3）稀释处理

通过稀释混合，降低污染物的浓度，达到无害的目的。

污水处理与利用的基本方法见表2-29。

表 2-29 废水处理与利用的基本方法

分 类	处理与利用的工艺		去 除 对 象	作 用
物理法一级处理	调 节		使水质、水量均衡	预处理
	重力分离法	沉淀	可沉物质	预处理
		隔油	颗粒较大的油珠	预处理
		气浮（浮选）	乳状油密度近于水的悬浮物	中间处理
	离心分离法	水力旋流器	密度大的悬浮物，如铁皮、砂等	预处理
		离心机	乳状油、纤维、纸浆、晶体等	中间处理
	过滤	格栅	粗大杂物	预处理
		筛网	较小的杂物	预处理
		砂滤	悬浮物、乳状油	中间或最终处理
		布滤	悬浮物、沉渣脱水	中间或最终处理
		微孔管	极细小悬浮物	最终处理
		反渗透、超滤	某些分子和离子	最终处理
	热处理	蒸发	高浓度酸、碱废液	最终处理
		结晶	可结晶物质、硫酸亚铁、盐	最终处理
	磁 分 离		弱磁性极细颗粒	最终处理
化学法	投药法	混凝	胶体、乳状油	中间处理
		中和	酸、碱	中间或最终处理
		氧化还原 化学沉淀	溶解性有害物质，如 CN^-、Cr、Hg、Cd、S 等	最终处理
	传质法	蒸馏	溶解性挥发物质，如单元酚	中间处理
		吹脱	溶解性气体，如 H_2S、CO_2 等	中间处理
		萃取	溶解性物质，如酚	中间处理
		吸附	溶解性物质，如酚、汞	最终处理
		离子交换	可离解物质、盐类物质等	最终处理
		电渗析	可离解物质、盐类物质等	最终处理

分　类	处理与利用的工艺		去　除　对　象	作　用
生物二级处理法	自然生物处理	土地处理	胶状体和溶解性有机物质	最终处理
		稳定塘	胶状体和溶解性有机物质	最终处理
	人工生物处理	生物膜法	胶状体和溶解性有机物质	最终处理
		活性污泥法	胶状体和溶解性有机物质	最终处理
深度处理	化学处理	混凝沉淀	剩余的悬浮物	最终处理
	物理处理	过滤	胶状体和溶解性有机物质	最终处理

　　注：表中"作用"一栏是不严格的分类，仅作一般的参考。

2.6.2　污泥处理方法分类

　　污泥的性质不同，回收和处置方法也各不相同。但污泥都含有水分，存在污泥脱水处理的任务。另外，有机污染物存在稳定化的处理任务。

　　（1）污泥脱水处理

　　污泥脱水即降低污泥含水率，使之便于贮存、运输和最终处置。

　　a. 浓缩　将污泥含水率降到95%～98%的处理过程，叫做浓缩。

　　b. 脱水　将污泥含水率进一步降到65%～85%的处理过程，叫做脱水。

　　c. 干化　将污泥含水率进一步降到40%～45%以下的处理过程，叫做干化。

　　（2）稳定处理

　　稳定处理是防止有机污泥腐败的措施。

　　a. 化学稳定　投加石灰和氯等化学物质杀灭微生物，暂时使污泥不发生腐败。

　　b. 生物稳定　通过微生物的作用，将有机物分解成无机物和稳定的有机物。

2.6.3　污水处理流程组合原则

　　污水的性质十分复杂，往往需要将几种单元处理操作联合成一个有机的整体，并合理配置其主次关系和前后次序，才能最经济有效地完成处理任务。这种由单元处理设备合理配置的整体，叫做污水处理系统，或叫污水处理流程。

　　污水处理流程组合原则，一般应遵循先易后难，先简后繁的规律，即首先去除大块垃圾和漂浮物质，然后再依次去除悬浮固体、胶体物质及溶解性物质。亦即，首先使用物理法，然后再使用化学法和生物法。

2.6.4　城市污水处理厂的处理效率

　　城市污水处理厂的处理效率，可按表2-30采用。

表 2-30　污水处理厂的处理效率

项　目 资料来源	处理效率/%				备　注
	一级处理		二级处理		
	SS	BOD$_5$	SS	BOD$_5$	
上海某污水厂	50	24	92	93	二级处理:活性污泥法(1982～1984年运行资料)
北京某中试厂	50	20	80	92	二级处理:活性污泥法
北京某污水厂			93	95	二级处理:活性污泥法
日本指针	30～40	25～35	65～80	65～85	二级处理:生物过滤法
			80～90	85～95	二级处理:活性污泥法
我国规范	40～45	20～30	60～90	65～90	二级处理:生物膜法
			70～90	65～95	二级处理:活性污泥法

2.7 污水处理方式的确定

2.7.1 影响处理方式的因素

影响处理方式与处理人口数、处理水量、原水水质、排放标准、建设投资、运行成本、处理效果及稳定性，工程应用状况、维护管理是否简单方便以及能否与深度处理组合等因素有关。具体可从以下几方面来考虑。

① 出水水质稳定、可靠、卫生安全；

② 抗水质、水量变化能力强；

③ 污泥处理与处置简单；

④ 建设费和维护管理费低；

⑤ 维护管理简单方便；

⑥ 必要时可与深度处理工艺进行组合。

2.7.2 污水处理方式的选定

2.7.2.1 处理规模大小的划分

处理规模大小按处理水量划分为大、中、小三种规模处理厂。划分标准见图 2-20。

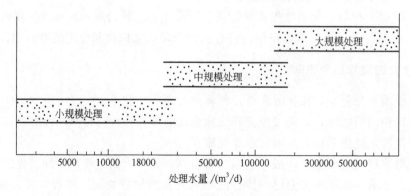

图 2-20 污水处理厂规模划分

2.7.2.2 污水处理方式的比较

污水处理方式的比较以小规模处理单元设施为例，采用列表比较法。具体比较项目和工艺见表 2-31。

2.7.3 污水处理工艺比较实例

① 具有脱氮除磷功能的污水处理工艺优缺点比较。

污水处理工艺比较如表 2-32 所列。

② 某市 A 污水处理厂污水处理工艺技术经济比较。

A 污水厂污水处理方案技术经济优缺点对比如表 2-33 所列。

③ 某市 B 污水处理厂污水处理工艺技术经济比较见表 2-34。

B 污水厂污水处理方案比较如表 2-34 所列。

表 2-31 污水处理方式比较（小规模处理单元设施）

序号	项目	标准活性污泥法	生物转盘法	氧化沟法	延时曝气法	接触曝气法	SBR法
1	初沉池	表面负荷 35m³/（m²·d），HRT 1.5h	表面负荷 35m³/（m²·d），HRT 1.5h	可以不设	可以不设	表面负荷 30m³/（m²·d），HRT 2.0h	可以不设
	生物处理单元	BOD-SS 负荷 0.2～0.4kg/（kg·d），污泥回流比 20%～40%，HRT 3.0h	BOD 面积负荷 8g/（m²·d），水力负荷 65L/（m²·d）	BOD-SS 负荷 0.03～0.05kg/（kg·d），污泥回流比 100%，HRT 24h	BOD-SS 负荷 0.03～0.05kg/（kg·d），污泥回流比 100%，HRT 24h	BOD 容积负荷 0.2kg/（m³·d），HRT 24h	BOD-SS 负荷 0.2kg/（kg·d）
	二沉池	表面负荷 25m³/（m²·d），HRT 3.0h	表面负荷 25m³/（m²·d），HRT 3.0h	表面负荷 15m³/（m²·d），HRT 4.0h	表面负荷 15m³/（m²·d），HRT 4.0h	表面负荷 25m³/（m²·d），HRT 3.0h	无
2	BOD去除率 90%以上（200mg/L→20mg/L）	90%以上 △	85%（污泥沉淀效果差）×	93%以上 ◎	93%以上 ◎	93%以上 ◎	90%以上 △
3	抗负荷变化的能力	抗水质、水量变化能力有限 △	抗水量变化能力差，抗浓度变化能力强 △	抗水量、浓度变化能力强 ○	抗水量变化能力较弱，抗浓度变化能力强 ○	抗水量、水质变化能力强 ○	抗水量变化能力强，抗浓度变化能力差 △
4	有无污泥膨胀发生	有 △	无 ○	有（调整简单）○	有 △	无 ○	有（发生污泥膨胀）但处理困难 ×
5	污泥回流设备	需要 20%的调整 △	不需要 ○	100%泵动力大 △	100%泵动力大 △	不需要 ○	不需要 ○
6	污泥量	多 △	较少 ○	少 ○	少 ○	较少 ○	较多 △
7	气温水温的影响	水温变化影响小 ○	水温变化影响大 ×	水温变化影响小 ○	水温变化影响小 ○	水温变化影响小 ○	水温变化影响小 ○
8	日常操作难易	为调节污泥回流量和空气量，需要每天测定 SV、MLSS、DO等项目，日常操作多 △	几乎没有调整要素，日常操作简单 ○	几乎没有调整要素，日常操作简单 ○	几乎没有调整要素，日常操作简单 ○	接触曝气槽需每月1次反冲洗，其他操作简便 ○	自动化程度高时，日常管理容易；但有浮渣问题。手动运行是不可能的 △
9	设备的可靠性（故障时）	设有备用鼓风机，水中无驱动装置，可靠性高 ○	转盘故障时，高负荷运行，可靠性差 ×	每组设2台曝气机，每台与运行对应 ○	设有备用鼓风机，水中无驱动装置，可靠性高 ○	设有备用鼓风机，接触曝气槽的技术评价不明确 △	污泥膨胀后难以恢复，自动控制时发生故障时，手动运行是复杂的 ×

续表

序号	项目		标准活性污泥法	生物转盘法	氧化沟法	延时曝气法	接触曝气法	SBR法
10	噪声		鼓风机房的隔音处理，污水搅拌声可加盖处理 ○	无噪声问题，无污水搅拌声 ○	有曝气机搅拌污水声音 ○	鼓风机房的隔音处理。无其他机械噪声，搅拌声可加盖处理 ○	无噪声问题，无污水搅拌声音 ○	无噪声问题，有间歇污水搅拌声音，可加盖处理 ○
	卫生以及泡沫臭气的产生		有泡沫飞散和臭气产生，可加盖处理解决 ○	有臭气产生，可加盖处理解决 ○	有臭气产生，可加盖处理解决 ○	有泡沫飞散和臭气产生，可加盖处理解决 ○	有泡沫飞散和臭气产生，可加盖处理解决 ○	有泡沫飞散和臭气产生，可加盖处理解决 ○
	美观		可建成地下式或半地下式、上部空间可综合利用 ○	可建成地下式或半地下式、上部空间可综合利用 ○	可建成地下式或半地下式、上部空间可综合利用 ○	可建成地下式、上部空间可综合利用 ○	可建成地下式或半地下式、上部空间可综合利用 ○	可建成地下式或半地下式、上部空间可综合利用 ○
11	设施面积		可增加水深、减少占地面积 ○	不能增加水深、占地面积大 △	增加水深可减少占地面积，但比其他方法占地要大 △	同氧化沟法差不多 △	占地面积居中 ○	不设调节池、初沉池和二沉池，占地面积小 ◎
12	能耗		一般 ○	少 ◎	较少 ○	大 △	较少 ○	少 ◎
13	脱氮运行		可以实现 ○	容易实现 ○	容易实现且脱氮率高 ◎	容易实现 ○	容易实现 ○	容易实现 ○
14	工程应用实绩		应用广泛 ◎	城市污水处理应用较少 △	应用广泛 ○	多 ○	应用较少 △	应用较少 △
	适用性	Q<1000m³/d	○	◎	◎	◎	◎	◎
		Q<5000m³/d	○	◎	◎	◎	○	○
		Q<10000m³/d	◎	△	○	△	△	△
		Q>10000m³/d	◎	×	○	△	×	×
15	维护管理费		一般 ○	少 ○	较少 ○	较多 △	较少 ○	少 ○
16	建设费		一般 ○	大 ×	较大 △	较大 △	较大 △	较少 ○
17	总合评价		(1)活性污泥的维护管理比较敏感；(2)产泥量多；(3)其他项目居中 ○	(1)工程应用实绩少；(2)冬季季节处理效果差；(3)转盘组数量多，管理复杂；(4)建设费高 ×	(1)占地面积大，建设费较高；(2)其他项目良好，特别是出水BOD稳定在20mg/L以下 ○	(1)占地面积大，建设费高，耗能大；(2)其他指标良好，特别是出水BOD稳定在20mg/L以下 ○	各指标较好，但工程应用不多，技术发展趋势不明确 △	(1)工程应用实绩不多；(2)污泥膨胀时难以恢复；(3)技术发展、运行管理条件不明确 △

注：×为差；△为一般；○为良好；◎为优良。

表 2-32　污水处理工艺比较

	氧 化 沟 法	AB 法	A-A-O 法	SBR 法（序批式活性污泥法）	MSBR（改良型 SBR）	UNTIANK（一体化活性污泥法）
优点	(1)处理流程简单,构筑物少,基建费用较省; (2)处理效果好,有较稳定的脱氮除磷功能; (3)对高浓度工业废水有很大的稀释能力; (4)有抗冲击负荷的能力; (5)能处理不易降解的有机物,污泥生成少; (6)技术先进成熟,管理维护较简单; (7)国内工程实例多,容易获得工程管理经验	(1)曝气池的体积较小,基建费用相应降低; (2)污泥不易膨胀,达到一定的脱氮、除磷效果; (3)抗冲击负荷的能力较强	(1)基建费用低,具有较好的脱氮、除磷功能; (2)具有改善污泥沉降性能,减少污泥排放量; (3)具有提高对难降解生物有机物去除效果,运转效果稳定; (4)技术先进成熟,运行稳妥可靠; (5)管理维护简单,运行费用低; (6)国内工程实例多,工艺成熟,容易获得工程管理经验	(1)其脱氮除磷的厌氧、缺氧和好氧不是由空间划分的,而是用时间控制的; (2)不需要回流污泥和回流混液,不设专门的二沉淀,构筑物少; (3)占地面积少	(1)具有同时进行生物除磷及生物脱氮效果; (2)具有AA/O法生物除磷脱氮功能; (3)具有SBR一体化及控制灵活等优点	(1)同时具有生物除磷脱氮的作用; (2)构筑物少,占地少; (3)运行灵活,水头损失少; (4)投资费用较省
缺点	(1)处理构筑物较多; (2)回流污泥溶解氧较高,对除磷有一定的影响; (3)容积及设备利用率不高	(1)构筑物较多; (2)污泥产生量较多	(1)处理构筑物较多; (2)需增加内回流系统	(1)容积及设备利用率较低(一般小于50%); (2)操作、管理、维护较复杂; (3)自控程度高,对工人素质要求较高; (4)国内工程实例少; (5)脱氮除磷功能一般		缺乏专门的厌氧区,影响厌氧段磷的释放和除磷效果

表 2-33　A 污水厂污水处理方案技术经济优缺点对比表

评比项目		内容含义	污水处理方案	
			吸附/氧化法方案	氧化沟方案
技术可行性	技术适用情况	应用的广泛性,对大水量、各水质的适用程度	欧洲使用经验多,适用于工业废水量大,水质变化适应性强,耐冲击	适用于小水量或中等规模污水厂,适应水质变化力强,用于大型水厂国内外均缺乏
水质目标	出水水质	出水水质满足排放标准的保证程度	出水水质好,COD处理率较高	由于泥龄长,固液分离效果差,氨氮去除好
	对外界条件适应性	气温、水温、营养、水量变化等对出水水质影响程度	出水水质稳定,对外界条件变化适应性好	出水水质较差,但水质稳定;寒冷地区冬季水温下降多
费用指标	基建总投资	包括污水、污泥处理的一次性投资	16650 万元	17080 万元
	污水处理工程投资	不包括污泥处理及附属建筑	4782 万元	计污泥稳定 7978 万元
	运行费用	这里仅指运行电费	1155 万元	1298 万元
	费用总现值	投资与运行费用现值之和	24273.48 万元	25014.68 万元
工程实施	分步实施	分步实施及其出水水质	可分吸附段、氧化段实施、吸附段水质也较好	不可分步实施
	施工难易	施工难易程度与加快建设进度	一般	较难

评 比 项 目		内 容 含 义	污 水 处 理 方 案	
			吸附/氧化法方案	氧化沟方案
环境影响	对周围环境影响	噪声与鼓风量有关	较小	噪声小
	污泥的影响	污泥对环境影响与产泥量	污泥量多,处理后卫生条件好	污泥量较少,处理后污泥卫生条件差
能源关系	耗能情况	这里仅指电耗	少	多
	沼气利用	污泥消化所产生的沼气量	较多	无(不消化)
运行管理条件	运转操作	运转操作	较复杂	较简单
	维修管理	设备维修工作量,难易程度	设备多,维修量多	设备在室外而且无备用,维修要求高

表 2-34 B 污水厂污水处理工艺方案比较

评 比 项 目		内 容 含 义	方案 1 ORBAL 氧化沟工艺	方案 2 CAST 工艺	方案 3 A²/O 工艺
技术可行性	技术适用情况	应用的广泛性 对水质、水量和规模的适应程度 先进、成熟性	先进成熟国内外已广泛应用适于中、小规模抗冲击能力强	先进、成熟、国外应用较多,国内近几年来逐渐推广采用适合中、小规模,抗冲击能力强	成熟、可靠国内外均广泛应用适于各种规模。有一定的耐冲击负荷的能力
水质指标	出水水质对外界条件的适应性	满足排放标准 深度处理的难易程度 气温水温、营养物水量、水质变化对出水水质的影响	出水水质好、稳定易于深度处理,对外界条件变化的适应性较好	出水水质好易于深度处理,出水水质稳定对外界条件变化的适应性较好	出水水质好,较易于深度处理,出水水质稳定,对外界条件变化有一定的适应性
费用指标	基建总投资	污水、污泥处理总投资(万元)	近期 18826(1882.6 元/m³ 水)	远期 15963(1596.3 元/m³ 水)	远期 21048(2104.8 元/m³ 水)
	运行费用	电费/(元/m³ 水)	0.19	0.17	0.2
		药剂费/(元/m³ 水)	0.09	0.09	0.09
		单方水处理经营成本	0.48	0.33	0.50
工程实施	分步实施	分步实施的可能性及出水水质	可分步实施并保证出水水质	可分步实施并保证出水水质	可分步及分级实施分级实施时出水水质难以保证
	施工难易	施工难易程度	施工较难	施工难度不大	施工较难
环境影响	对周围环境的影响	噪声、臭味	噪声小、臭味较小	噪声较大,臭味较小	噪声较大、臭味较小
	污泥情况	污泥产量大小、稳定性	产泥量小且基本稳定	产泥量较小,基本稳定	产泥量较大,未稳定
物能消耗	电耗	电耗仅指动力消耗	较大	较小	较大
	占地	占地生产区占地大小	21ha 较小	17ha 较小	23ha 较大
	能源回收	能源回收可利用的热能、电能	无	无	可回用一部分热能、电能

评比项目		内容含义	方案 1 ORBAL 氧化沟工艺	方案 2 CAST工艺	方案 3 A₂/O工艺
运动管理	运转操作	操作单元多少和方便性	操作单元较少方便	操作单元较少方便	操作单元较多较复杂
	维修管理	维修管理量和难易程度	设备少维修量低	设备较少,维修量较低	设备较多维修量较多
排 序			1	2	3

2.7.4 污泥处理方案技术经济比较实例

某市污水处理厂污泥处理方案技术经济比较见表 2-35。

表 2-35 污泥处理方案技术经济优缺点比较表

评价项目		内容含义	二级(方案1) 中温消化方案	(方案2) 污泥焚烧方案	(方案3) 污泥脱水方案
工程技术可行性	技术适用性	应用的广泛性,对污泥性质的适用程度	应用广泛,对城市污水厂污泥适用性较强	国内城市污水厂尚未应用。对含水率高、无机物多的污泥不适用	适用于小型工业污水厂
	技术先进性	技术水平的先进性,可靠程度	技术成熟,可靠性高	技术先进,可靠性一般	技术成熟,可靠
费用目标	基建投资	工程建设一次性投资	3580	5994	877
	运行费用	电费	183.20	201.72	32.18
工程实施	工程分期	分期建设结合的条件	好	一般	一般
	施工进度	施工难易和进度	容易、施工周期短	较难、设备复杂	容易、施工周期短
环境评价	对外界影响	对大气的污染	污染小	污染大	污染小
	污泥最终处置	污泥最终出路解决的难易程度	困难	较易、彻底	困难
能源利用	耗能	耗电、耗其他燃料	较少	较多	最少
	产能	沼气产生	产沼气	不产沼气	不产沼气
运行管理条件	操作运转	操作运转方便性	较方便	较难	较方便
	维护管理	维修工作量	较少	较多	最少

注:基建投资和运行费用只指污泥部分。

3 物理处理单元工艺设计计算

3.1 格　　栅

格栅用以去除废水中较大的悬浮物、漂浮物、纤维物质和固体颗粒物质，以保证后续处理单元和水泵的正常运行，减轻后续处理单元的处理负荷，防止阻塞排泥管道。

3.1.1 设计参数及其规定

① 水泵前格栅栅条间隙，应根据水泵要求确定。

② 污水处理系统前格栅栅条间隙，应符合：(a)人工清除 25～40mm；(b)机械清除 16～25mm；(c)最大间隙 40mm。

污水处理厂亦可设置粗细两道格栅，粗格栅栅条间隙 50～150mm。

③ 如水泵前格栅间隙不大于 25mm，污水处理系统前可不再设置格栅。

④ 栅渣量与地区的特点、格栅的间隙大小、污水流量以及下水道系统的类型等因素有关。在无当地运行资料时，可采用：(a)格栅间隙 16～25mm，$0.10～0.05m^3/10^3m^3$（栅渣/污水）；(b)格栅间隙 30～50mm，$0.03～0.01m^3/10^3m^3$（栅渣/污水）。

栅渣的含水率一般为 80%，容重约为 $960kg/m^3$。

⑤ 在大型污水处理厂或泵站前的大型格栅（每日栅渣量大于 $0.2m^3$），一般应采用机械清渣。

⑥ 机械格栅不宜少于 2 台，如为 1 台时应设人工清除格栅备用。

⑦ 过栅流速一般采用 0.6～1.0m/s。俄罗斯规范为 0.8～1.0m/s，日本指南为 0.45 m/s，美国手册为 0.6～1.2m/s，法国手册为 0.6～1.0m/s。

⑧ 格栅前渠道内水流速度一般采用 0.4～0.9m/s。

⑨ 格栅倾角一般采用 45°～75°。日本指南为人工清除 45°～60°，机械清除 70°左右；美国手册为人工清除 30°～45°，机械清除 40°～90°；我国国内一般采用 60°～70°。

⑩ 通过格栅水头损失一般采用 0.08～0.15m。

⑪ 格栅间必须设置工作台，台面应高出栅前最高设计水位 0.5m。工作台上应有安全设施和冲洗设施。

⑫ 格栅间工作台两侧过道宽度不应小于 0.7m。工作台正面过道宽度：(a)人工清除不应小于 1.2m；(b)机械清除不应小于 1.5m。

⑬ 机械格栅的动力装置一般宜设在室内，或采取其他保护设备的措施。

⑭ 设置格栅装置的构筑物，必须考虑设有良好的通风设施。

⑮ 格栅间内应安设吊运设备，以进行格栅及其他设备的检修和栅渣的日常清除。

3.1.2 格栅的计算公式

格栅计算尺寸见图 3-1。格栅计算公式见表 3-1。

表 3-1 格栅计算公式

名　称	公　式	符　号　说　明
栅槽宽度 B/m	$B=S(n-1)+bn$ $n=\dfrac{Q_{\max}\sqrt{\sin\alpha}^{①}}{bhv}$	S——栅条宽度，m； b——栅条间隙，m； n——栅条间隙数，个； $Q_{\max}$——最大设计流量，m^3/s； α——格栅倾角，(°)； h——栅前水深，m； v——过栅流速，m/s
通过格栅的水头损失 h_1/m	$h_1=h_0 k$ $h_0=\xi\dfrac{v^2}{2g}\sin\alpha$	h_0——计算水头损失，m； g——重力加速度，m/s^2； k——系数，格栅受污物堵塞时水头损失增大倍数，一般采用 3； ξ——阻力系数，其值与栅条断面形状有关，可按表 3-2 计算
栅后槽总高度 H/m	$H=h+h_1+h_2$	h_2——栅前渠道超高，m，一般采用 0.3m
栅槽总长度 L/m	$L=l_1+l_2+1.0+0.5+\dfrac{H_1}{\tan\alpha}$ $l_1=\dfrac{B-B_1}{2\tan\alpha_1}$ $l_2=\dfrac{l_1}{2}$ $H_1=h+h_2$	l_1——进水渠道渐宽部分的长度，m； B_1——进水渠宽，m； α_1——进水渠道渐宽部分的展开角度，(°)，一般可采用 20°； l_2——栅槽与出水渠道连接处的渐窄部分长度，m； H_1——栅前渠道深，m
每日栅渣量 $W/(\text{m}^3/\text{d})$	$W=\dfrac{86400 Q_{\max} W_1}{1000 K_z}$	W_1——栅渣量，$\text{m}^3/10^3\text{m}^3$（污水），格栅间隙为 16～25mm 时，$W_1=0.10～0.05$；格栅间隙为 30～50mm 时，$W_1=0.03～0.01$； K_z——生活污水流量总变化系数

① $\sqrt{\sin\alpha}$ 为考虑格栅倾角的经验系数。

【**例题 3.1**】 已知某城市污水处理厂的最大设计污水量 $Q_{\max}=0.2\text{m}^3/\text{s}$，总变化系数 $K_Z=1.50$，求格栅各部分尺寸。

【**解**】 格栅计算草图见图 3-1。

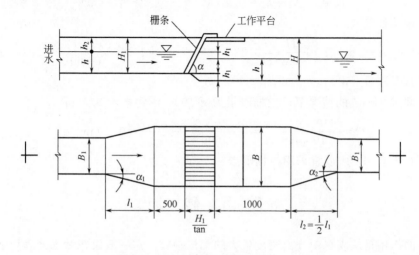

图 3-1　格栅计算尺寸图（单位：mm）

表 3-2　阻力系数 ξ 计算公式

栅条断面形状	公　式	说　明	
锐边矩形	$\xi=\beta\left(\dfrac{S}{b}\right)^{4/3}$	形状系数	$\beta=2.42$
迎水面为半圆形的矩形			$\beta=1.83$
圆形			$\beta=1.79$
迎水、背水面均为半圆形的矩形			$\beta=1.67$
正方形	$\xi=\beta\left(\dfrac{b+S}{\varepsilon b}-1\right)^2$	ε——收缩系数，一般采用 0.64	

(1) 栅条的间隙数（n）

设栅前水深 $h=0.4\mathrm{m}$，过栅流速 $v=0.9\mathrm{m/s}$，栅条间隙宽度 $b=0.021\mathrm{m}$，格栅倾 $\alpha=60°$。

$$n=\frac{Q_{\max}\sqrt{\sin\alpha}}{bhv}=\frac{0.2\sqrt{\sin60°}}{0.021\times0.4\times0.9}\approx26\ (\text{个})$$

(2) 栅槽宽度（B）

设栅条宽度 $S=0.01\mathrm{m}$。

$$B=S(n-1)+bn=0.01(26-1)+0.021\times26=0.8\ (\mathrm{m})$$

(3) 进水渠道渐宽部分的长度

设进水渠宽 $B_1=0.65\mathrm{m}$，其渐宽部分展开角度 $\alpha_1=20°$（进水渠道内的流速为 $0.77\mathrm{m/s}$）。

$$l_1=\frac{B-B_1}{2\tan\alpha_1}=\frac{0.8-0.65}{2\tan20°}\approx0.22\ (\mathrm{m})$$

(4) 栅槽与出水渠道连接处的渐窄部分长度（l_2）

$$l_2=\frac{l_1}{2}=\frac{0.22}{2}=0.11\ (\mathrm{m})$$

(5) 通过格栅的水头损失（h_1）

设栅条断面为锐边矩形断面。

$$h_1=\beta\left(\frac{S}{b}\right)^{4/3}\frac{v^2}{2g}\sin\alpha\cdot k=2.42\left(\frac{0.01}{0.021}\right)^{4/3}\times\frac{0.9^2}{19.6}\sin60°\times3=0.097\ (\mathrm{m})$$

(6) 栅后槽总高度（H）

设栅前渠道超高 $h_2=0.3\mathrm{m}$。

$$H=h+h_1+h_2=0.4+0.097+0.3\approx0.8\ (\mathrm{m})$$

(7) 栅槽总长度（L）

$$L=l_1+l_2+0.5+1.0+\frac{H_1}{\tan\alpha}=0.22+0.11+0.5+1.0+\frac{0.4+0.3}{\tan60°}=2.24\ (\mathrm{m})$$

(8) 每日栅渣量（W）

在格栅间隙 21mm 的情况下，设栅渣量为每 $1000\mathrm{m^3}$ 污水产 $0.07\mathrm{m^3}$。

$$W=\frac{86400Q_{\max}W_1}{1000K_Z}=\frac{86400\times0.2\times0.07}{1000\times1.50}=0.8\ (\mathrm{m^3/d})$$

因 $W>0.2\mathrm{m^3/d}$，所以宜采用机械清渣。

3.2　沉　砂　池

沉砂池的作用是从废水中分离密度较大的无机颗粒。它一般设在污水处理厂前端，保护水泵和管道免受磨损，缩小污泥处理构筑物容积，提高污泥有机组分的含量，提高污泥作为肥料的价值。

沉砂池的类型，按池内水流方向的不同，可以分为平流式沉砂池、竖流式沉砂池、曝气沉砂池、钟式沉砂池和多尔沉砂池。

3.2.1 沉砂池设计计算一般规定

① 城市污水处理厂一般均应设置沉砂池。

② 沉砂池按去除相对密度 2.65、粒径 0.2mm 以上的砂粒设计。

③ 设计流量应按分期建设考虑：(a)当污水为自流进入时，应按每期的最大设计流量计算；(b)当污水为提升进入时，应按每期工作水泵的最大组合流量计算；(c)在合流制处理系统中，应按降雨时的设计流量计算。

④ 沉砂池个数或分格数不应少于 2，并宜按并联系列设计。当污水量较小时，可考虑 1 格工作，1 格备用。

⑤ 城市污水的沉砂量可按 $10^6 m^3$ 污水沉砂 $30m^3$ 计算，其含水率为 60%，容重为 1500kg/m³；合流制污水的沉砂量应根据实际情况确定。

⑥ 砂斗容积应按不大于 2d 的沉砂量计算，斗壁与不平面的倾角不应小于 55°。

⑦ 除砂一般宜采用机械方法，并设置贮砂池或晒砂场。采用人工排砂时，排砂管直径不应小于 200mm。

⑧ 当采用重力排砂时，沉砂池和贮砂池应尽量靠近，以缩短排砂管长度，并设排砂闸门于管的首端，使排砂管畅通和易于养护管理。

⑨ 沉砂池的超高不宜小于 0.3m。

3.2.2 平流式沉砂池

平流式沉砂池是常用的型式，污水在池内沿水平方向流动。平流式沉砂池由入流渠、出流渠、闸板、水流部分及沉砂斗组成，见图 3-2。它具有截留无机颗粒效果较好、工作稳定、构造简单和排沉砂方便等优点。

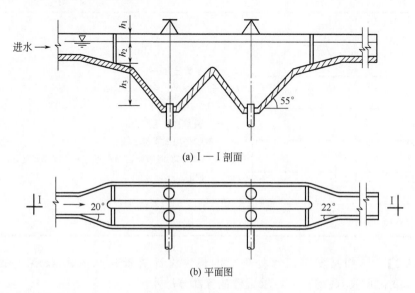

(a) I—I 剖面

(b) 平面图

图 3-2　平流式沉砂池

(1) 设计参数

① 最大流速为 0.3m/s，最小流速为 0.15m/s。

② 最大流量时停留时间不小于 30s，一般采用 30～60s。

③ 有效水深应不大于 1.2m，一般采用 0.25～1m；每格宽度不宜小于 0.6m。

④ 进水头部应采取消能和整流措施。

⑤ 池底坡度一般为 0.01～0.02，当设置除砂设备时，可根据设备要求考虑池底形状。

(2) 计算公式

当无砂粒沉降资料时，可按表 3-3 计算。

表 3-3　计算公式

名　称	公　式	符 号 说 明
长度 L/m	$L=vt$	v——最大设计流量时的流速，m/s； t——最大设计流量时的流行时间，s
水流断面面积 A/m^2	$A=\dfrac{Q_{max}}{v}$	Q_{max}——最大设计流量，m^3/s
池总宽度 B/m	$B=\dfrac{A}{h_2}$	h_2——设计有效水深，m
沉砂室所需容积 V/m^3	$V=\dfrac{Q_{max}XT86400}{K_z\times10^6}$	X——城市污水沉砂量，$m^3/10^6 m^3$（污水），一般采用 $30 m^3/10^6 m^3$； T——清除沉砂的间隔时间，d； K_z——生活污水流量总变化系数
池总高度 H/m	$H=h_1+h_2+h_3$	h_1——超高，m； h_3——沉砂室高度，m
验算最小流速 $V_{min}/(m/s)$	$V_{min}=\dfrac{Q_{min}}{n_1\omega_{min}}$	Q_{min}——最小流量，m^3/s； n_1——最小流量时工作的沉砂池数目，个； ω_{min}——最小流量时沉砂池中的水流断面面积，m^2

当有砂粒沉降资料时，可按表 3-4 计算。

表 3-4　计算公式

名　称	公　式	符 号 说 明
水面面积 F/m^2	$F=\dfrac{Q_{max}}{u}\times1000$ $u=\sqrt{u_0^2-\omega^2}$ $\omega=0.05v$	
水流断面面积 A/m^2	$A=\dfrac{Q_{max}}{v}\times1000$	v——水平流速，m/s； Q_{max}——最大设计流量，m^3/s； n——沉砂池数目，个；
池总宽度 B/m	$B=\dfrac{A}{h_2}$	ω——水流垂直分速度，mm/s；
设计有效水深 h_2/m	$h_2=\dfrac{uL}{v}$	u——砂粒平均沉降速度，mm/s； u_0——水温 15℃时砂粒在静水压力下的沉降速度，mm/s，可按表 3-5
池的长度 L/m	$L=\dfrac{F}{B}$	选用
单个沉砂池宽度 b/m	$b=\dfrac{B}{n}$	

【例题 3.2】　已知某城市污水处理厂的最大设计流量为 0.2m³/s，最小设计流量为 0.1m³/s，总变化系数 $K_Z=1.50$，求沉砂池各部分尺寸。

【解】　见图 3-2。

表 3-5　u_0 值

砂粒径/mm	0.20	0.25	0.30	0.35	0.40	0.50
u_0/(mm/s)	18.7	24.2	29.7	35.1	40.7	51.6

（1）长度（L）　设 $v=0.25\text{m/s}$，$t=30\text{s}$，则

$$L=vt=0.25\times30=7.5\text{（m）}$$

（2）水流断面积（A）

$$A=\frac{Q_{\max}}{v}=\frac{0.2}{0.25}=0.8\text{（m}^2\text{）}$$

（3）池总宽度（B）　设 $n=2$ 格，每格宽 $b=0.6\text{m}$，则

$$B=nb=2\times0.6=1.2\text{（m）}$$

（4）有效水深（h_2）

$$h_2=\frac{A}{B}=\frac{0.8}{1.2}=0.67\text{（m）}$$

（5）沉砂斗所需容积（V）　设 $T=2\text{d}$，则

$$V=\frac{Q_{\max}XT\times86400}{K_Z\times10^6}=\frac{0.2\times30\times2\times86400}{1.50\times10^6}=0.69\text{（m}^3\text{）}$$

（6）每个沉砂斗容积（V_0）　设每一分格有 2 个沉砂斗，则

$$V_0=\frac{0.69}{2\times2}=0.17\text{（m}^3\text{）}$$

（7）沉砂斗各部分尺寸　设斗底宽 $a_1=0.5\text{m}$，斗壁与水平面的倾角为 $55°$，斗高 $h_3'=0.35\text{m}$，沉砂斗上口宽：

$$a=\frac{2h_3'}{\tan55°}+a_1=\frac{2\times0.35}{\tan55°}+0.5=1.0\text{（m）}$$

沉砂斗容积：

$$V_0=\frac{h_3'}{6}(2a^2+2aa_1+2a_1^2)=\frac{0.35}{6}(2\times1^2+2\times1\times0.5+2\times0.5^2)=0.2\text{（m}^3\text{）}$$

（8）沉砂室高度（h_3）　采用重力排砂，设池底坡度为 0.06，坡向砂斗，则

$$h_3=h_3'+0.06l_2=0.35+0.06\times2.65=0.51\text{（m）}$$

（9）池总高度（H）　设超高 $h_1=0.3\text{m}$，则

$$H=h_1+h_2+h_3=0.3+0.67+0.51=1.48\text{（m）}$$

（10）验算最小流速（$v_{\min}$）　在最小流量时，只用 1 格工作（$n_1=1$）

$$v_{\min}=\frac{Q_{\min}}{n_1\omega_{\min}}=\frac{0.1}{1\times0.6\times0.67}=0.25\text{（m/s）}>0.15\text{（m/s）}$$

日本设计指南采用水面积负荷法计算，并规定污水沉砂池为 $75\text{m}^3/(\text{m}^2\cdot\text{h})$，雨水沉砂池为 $150\text{m}^3/(\text{m}^2\cdot\text{h})$。平均流速为 0.3m/s，停留时间为 30～60s。池水深为有效水深与贮砂深之和，与沉砂量，排砂方式及频率有关，一般为有效水深的 10%～30%，但至少要在 30cm 以上。

【例题 3.3】　从理论上推导平流式沉砂池平均流速为 0.3m/s 的根据。

【解】　当流速过小时，比相对密度小的有机物会沉淀；相反，当流速过大时，会超过去除目标砂粒的临界不淤力，使已经沉淀分离的砂粒会再次浮起。

临界不淤力可采用达西（Darcy）流速公式(3-1)计算：

$$V_C = \sqrt{\frac{8\beta}{f} \cdot g(S-1)D} \tag{3-1}$$

式中　V_C——临界流速，m/s；

　　　f——摩擦系数，约为 0.03；

　　　β——常数，约为 0.06；

　　　g——重力加速度，9.8m/s²；

　　　S——颗粒相对密度；

　　　D——颗粒直径，m。

对于颗粒直径为 0.2mm 的砂（相对密度 2.65），根据式（3-1）计算其临界流速，约为 0.23m/s；对于颗粒直径为 0.4mm，临界流速为 0.32m/s。因此，沉砂池的平均流速采用 0.3m/s 左右较为合适。

【例题 3.4】　试计算完全去除 0.2mm 以上砂粒所需要的水面积负荷值为多少（按理想沉淀池考虑）。

【解】　已知砂粒密度为 2650kg/m³，其沉降速度按 Stokes 计算。

$$u = \frac{(\rho_s - \rho_f)g}{18\mu}D^2 = \frac{(2650-1000)\times 9.8}{18\times 10^{-3}}\times(0.2\times10^{-3})^2 = 35.9\times10^{-3}(\text{m/s})$$

雷诺数检验：$Re = \frac{\rho_f Du}{\mu} = \frac{1000\times0.2\times10^{-3}\times35.9\times10^{-3}}{10^{-3}} = 7.18 > 1$

Re 数不在 Stokes 范围，而在艾伦（$1 \leqslant Re \leqslant 500$）范围内，故采用艾伦公式，即

$$u = \left[\frac{4}{225}\frac{(\rho_s-\rho_f)^2 g^2}{\mu\rho_f}\right]^{1/3}D = \left[\frac{4}{225}\frac{(2650-1000)^2\times9.8^2}{1000\times10^{-3}}\right]^{1/3}\times0.2\times10^{-3}$$
$$= 33.4\times10^{-3}(\text{m/s})$$

其雷诺数为：$Re = 10^3\times33.4\times10^{-3}\times0.2\times10^{-3}/10^{-3} = 6.7$（满足条件）

所以　水面积负荷 $\frac{Q}{A} = u = 33.4\times10^{-3}m/s= 2890m/d= 120$m/h

以上计算假设条件为砂粒为圆球形，沉淀条件为理想状态，与实际情况有差异。因此，设计采用水面积负荷为 75m/h。

【例题 3.5】　已知最大时设计污水量为 60000m³/d，试用水面积负荷法计算沉砂池工艺尺寸。

【解】　设计参数取 HRT=60s，水力表面负荷 $q = 75$m³/(m²·h)

则沉砂池容积 V 和表面积 A 为：

$$V = 60000\times\frac{60}{86400} = 41.7 \text{（m}^3\text{）}$$

$$A = \frac{60000}{24\times75} = 33.3 \text{（m}^2\text{）}$$

所以　水深 $H = \frac{41.7}{33.3} = 1.25$ （m）

因此，沉砂池工艺尺寸为：2.5m×6.8m×1.2m(深)×2 池

校核：HRT $= \frac{2.5\times6.8\times1.2\times2\times86400}{60000} = 58.8$ （s）（满足 30～60s）

水面积负荷 $q = \frac{60000}{2.5\times6.8\times2\times24} = 73.5$m/h （接近 75m/h）

平均流速 $V=\dfrac{60000}{2.5\times1.2\times86400}=0.23$（接近 0.3m/s）

【例题 3.6】 已知最大时污水量 $Q=12700\text{m}^3/\text{d}$（$0.147\text{m}^3/\text{s}$），采用平流式重力沉砂池，试进行工艺计算并求出去除率。

【解】

（1）设计条件

最大时污水量 $Q=0.147\text{m}^3/\text{s}$

除砂对象条件：砂颗粒 0.2mm，密度 $2.65\text{t}/\text{m}^3$，去除率 50%

砂沉降速度 0.021m/s［水面积负荷 $75\text{m}^3/(\text{m}^2\cdot\text{h})$］

砂临界流速 $V_C=\sqrt{\dfrac{8\beta}{f}\cdot g(S-1)D}=0.23\text{m/s}$

（2）沉砂池容积

必要的水面积 $A_1=\dfrac{\text{设计污水量}(\text{m}^3/\text{s})}{\text{砂沉降速度}(\text{m/s})}=\dfrac{0.147}{0.021}=7.0\text{m}^2$

必要的断面积 $A_2=\dfrac{\text{设计污水量}(\text{m}^3/\text{s})}{\text{砂临界流速}}=\dfrac{0.147}{0.23}=0.64\text{m}^2$

取池数 $n=2$，有效水深 $H=0.36\text{m}$，则

池宽 $W=\dfrac{\text{必要断面积}(\text{m}^2)}{\text{池数}\times\text{有效水深}(\text{m})}=\dfrac{0.64}{2\times0.36}=0.89\text{m}$，取 0.9m

池长 $L=\dfrac{\text{必要水面积}}{\text{池数}\times\text{池宽}}=\dfrac{7.0}{2\times0.9}=3.9\text{m}$，取 4.0m

所以，沉砂池工艺尺寸为 4.0m（长）×0.9m（宽）×0.36m（深）×2 池

（3）校核

水面积负荷：$q=\dfrac{\text{设计污水量}(\text{m}^3/\text{h})}{\text{水面积}(\text{m}^2)}=\dfrac{529.2}{0.9\times4\times2}=73.5<75$

水面积：池宽×池长×池数 $=0.9\times4\times2=7.2\text{m}^2>7.0\text{m}^2$

断面积：池宽×有效水深×池数 $=0.9\times0.36\times2=0.65\text{m}^2>0.64\text{m}^2$

池内流速：$v=\dfrac{\text{设计污水量}(\text{m}^3/\text{s})}{\text{断面积}}=\dfrac{0.147}{0.9\times0.36\times2}=0.23\text{m/s}$

砂的临界流速也可用 Camp 公式计算，即

$$V=\dfrac{1}{n}R^{1/6}\sqrt{\psi\left(\dfrac{\rho_s-\rho_f}{\rho_f}\right)k} \tag{3-2}$$

式中　n——粗糙系数；

ρ_s——颗粒相对密度；

ρ_f——水的相对密度；

k——颗粒平均粒径，m；

ψ——颗粒形状系数，约为 0.06；

R——水力半径。

本例中（宽 0.9m，水深 0.36m）讨论如下。

$$R^{1/6}=\left(\dfrac{0.9\times0.36}{0.36\times2+0.9}\right)^{1/6}=0.765$$

$n=0.013$，$R=0.0002\text{m}$，代入式(3-2)，得：

$$v = \frac{1}{0.013} \times 0.765 \times \sqrt{0.06 \times (2.65-1) \times 0.0002} = 0.26 (\text{m/s}) (\text{与达西公式计算吻合})$$

（4）砂的去除率

采用 Hozen 去除理论公式

$$去除率 E = 1 - \frac{1}{1+T/t} \tag{3-3}$$

式中 T——停留时间，s；

    t——去除颗粒的沉降时间，$t=H/u$；

    H——有效水深；

    u——颗粒（砂）的沉降速度（相对密度 2.65 砂池 $u=0.021\text{m/s}$）。

$$停留时间 \ T = \frac{池容积（\text{m}^3）}{设计污水量（\text{m}^3/\text{s}）} = \frac{4 \times 0.9 \times 0.36 \times 2}{0.147} = 17.6 \ （\text{s}）$$

$$沉降时间 \ t = \frac{有效水深}{砂沉速} = \frac{0.36}{0.021} = 17.1 \ （\text{s}）$$

$$所以 \quad 去除率 \ E = \left(1 - \frac{1}{1+\frac{17.6}{17.1}}\right) \times 100\% = 51\% > 50\%$$

3.2.3　竖流式沉砂池

竖流式沉砂池是污水由中心管进入池内后自下而上流动，无机物颗粒借重力沉于池底处理效果一般较差。

（1）设计参数

① 最大流速为 0.1m/s，最小流速为 0.02m/s；

② 最大流量时停留时间不小于 20s，一般采用 30～60s；

③ 进水中心管最大流速为 0.3m/s。

（2）计算公式

计算公式见表 3-6。

表 3-6　计算公式

名　称	公　式	符　号　说　明
中心管直径 d/m	$d = \sqrt{\dfrac{4Q_{\max}}{\pi v_1}}$	v_1——污水在中水管内流速，m/s； $Q_{\max}$——最大设计流量，m^3/s
池子直径 D/m	$D = \sqrt{\dfrac{4Q_{\max}(v_1+v_2)}{\pi v_1 v_2}}$	v_2——池内水流上升速度，m/s
水流部分高度 h_2/m	$h_2 = v_2 t$	t——最大流量时的流行时间，s
沉砂部分所需容积 V/m^3	$V = \dfrac{Q_{\max}XT \times 86400}{K_z \times 10^6}$	X——城市污水沉砂量，$\text{m}^3/10^6\text{m}^3$（污水），一般采用 $30\text{m}^3/10^6\text{m}^3$； T——两次清除沉砂相隔的时间，d； K_z——生活污水流量总变化系数
沉砂部分高度 h_4/m	$h_4 = (R-r)\text{tg}\alpha$	R——池子半径，m； r——圆截锥部分下底半径，m； α——截锥部分倾角，(°)
圆截锥部分实际容积 V_1/m^3	$V_1 = \dfrac{\pi h_4}{3}(R^2+Rr+r^2)$	h_4——沉砂池锥底部分高度，m
池总高度 H/m	$H = h_1+h_2+h_3+h_4$	h_1——超高，m； h_3——中心管底至沉砂砂面的距离，m，一般采用 0.25m

3.2.4 曝气沉砂池

普通平流沉砂池的主要缺点是沉砂中含有 15% 的有机物，使沉砂的后续处理难度增加。采用曝气沉砂池可以克服这一缺点。图 3-3 所示为曝气沉砂池断面图。池断面呈矩形，池底一侧设有集砂槽；曝气装置设在集砂槽一侧，使池内水流产生与主流垂直的横向旋流；在旋流产生的离心力作用下，密度较大的无机颗粒被甩向外部沉入集砂槽。另外，由于水的旋流运动，增加了无机颗粒之间的相互碰撞与摩擦的机会，把表面附着的有机物除去，使沉砂中的有机物含量低于 10%。曝气沉砂池的优点是通过调节曝气量，可以控制污水的旋流速度，使除砂效率较稳定，受流量变化的影响较小；同时，还对污水起预曝气作用。

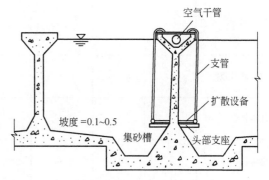

图 3-3　曝气沉砂池

（1）设计参数

① 旋流速度应保持 0.25～0.3m/s；

② 水平流速为 0.06～0.12m/s；

③ 最大流量时停留时间为 1～3min；

④ 有效水深为 2～3m，宽深比一般采用 1～2；

⑤ 长宽比可达 5，当池长比池宽大得多时，应考虑设置横向挡板；

⑥ 1m³ 污水的曝气量为 0.2m³ 空气；

⑦ 空气扩散装置设在池的一侧，距池底约 0.6～0.9m，送气管应设置调节气量的闸门；

⑧ 池子的形状应尽可能不产生偏流或死角，在集砂槽附近可安装纵向挡板；

⑨ 池子的进口和出口布置应防止发生短路，进水方向应与池中旋流方向一致，出水方向应与进水方向垂直，并宜考虑设置挡板；

⑩ 池内应考虑设消泡装置。

曝气沉砂池国内外设计数据见表 3-7。

表 3-7　曝气沉砂池国内外设计数据

资料来源＼设计数据	旋流速度/(m/s)	水平流速/(m/s)	最大流量时停留时间/min	有效水深/m	宽深比	曝气量	进水方向	出水方向
上海某污水厂	0.25～0.3		2	2.1	1	0.07 (m³/m³)	与池中旋流方向一致	与进水方向垂直,淹没式出水口
北京某污水厂	0.3	0.056	2～6	1.5	1	0.115 (m³/m³)	与池中旋流方向一致	与进水方向垂直,淹没式出水口
北京某中试厂	0.25	0.075	3～15 (考虑预曝气)	2	1	0.1(m³/m³)	与池中旋流方向一致	与进水方向垂直,淹没式出水口
天津某污水厂			6	3.6	1	0.2(m³/m³)	淹没孔	溢流堰

设计数据 资料来源	旋流速度 /(m/s)	水平流速 /(m/s)	最大流量时 停留时间/min	有效水 深/m	宽深比	曝气量	进水方向	出水方向
美国污水厂手册			1~3			16.7~44.6 [m³/(m·h)]	使污水在空 气作用下直接 形成旋流	应与进水成直 角,并在靠近出口 处应考虑装设 挡板
前苏联规范	0.08~0.12				1~1.5	3~5 [m³/(m²·h)]	与水在沉砂 池中的旋流方 向一致	淹没式出水口
日本指针			1~2	2~3		1~2 (m³/m³)		
我国规范		0.1	1~3	2~3	1~1.5	0.1~0.2 (m³/m³)	应与池中旋 流方向一致	应与进水方向 垂直,并宜设置 挡板

（2）计算公式

计算公式见表3-8。

表3-8　计算公式

名　　称	公　　式	符　号　说　明
池子总有效容积V/m³	$V = Q_{max} t \times 60$	Q_{max}——最大设计流量,m³/s; t——最大设计流量时的流行时间,min
水流断面积A/m²	$A = \dfrac{Q_{max}}{v_1}$	v_1——最大设计流量时的水平流速,m/s,一般采用0.06~0.12m/s
池总宽度B/m	$B = \dfrac{A}{h_2}$	h_2——设计有效水深,m
池长L/m	$L = \dfrac{V}{A}$	
每小时所需空气量q/(m³/h)	$q = d Q_{max} \times 3600$	d——1m³污水所需空气量,m³/m³,一般采用0.2m³/m³

【例题3.7】　已知某城市污水处理厂的最大设计流量为0.8m³/s,求曝气沉砂池的各部分尺寸。

【解】　（1）池子总有效容积（V）　设$t = 2$min,则

$$V = Q_{max} t \times 60 = 0.8 \times 2 \times 60 = 96 \ (\text{m}^3)$$

（2）水流断面积（A）　设$v_1 = 0.1$m/s,则

$$A = \frac{Q_{max}}{v_1} = \frac{0.8}{0.1} = 8 \ (\text{m}^2)$$

（3）池总宽度（B）　设$h_2 = 2$m,则

$$B = \frac{A}{h_2} = \frac{8}{2} = 4 \ (\text{m})$$

（4）每格池子宽度（b）　设$n = 2$格,则

$$b = \frac{B}{n} = \frac{4}{2} = 2 \ (\text{m})$$

（5）池长（L）

$$L = \frac{V}{A} = \frac{96}{8} = 12 \text{（m）}$$

（6）每小时所需空气量（q）　设 $d = 0.2\text{m}^3/\text{m}^3$，则

$$q = dQ_{\max} \times 3600 = 0.2 \times 0.8 \times 3600 = 576 \text{（m}^3/\text{h）}$$

沉砂室计算同平流式沉砂池。

3.2.5　旋流沉砂池

（1）构造特点

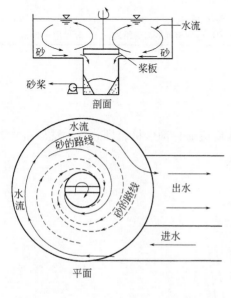

图 3-4　涡流沉砂池水砂流线图

涡流沉砂池利用水力涡流，使泥砂和有机物分开，以达到除砂目的。污水从切线方向进入圆形沉砂池，进水渠道末端设一跌水堰，使可能沉积在渠道底部的砂子向下滑入沉砂池；还设有一个挡板，使水流及砂子进入沉砂池时向池底流行，并加强附壁效应。在沉砂池中间设有可调速的桨板，使池内的水流保持环流。桨板、挡板和进水水流组合在一起，在沉砂池内产生螺旋状环流（见图 3-4），在重力的作用下，使砂子沉下，并向池中心移动，由于越靠中心水流断面越小，水流速度逐渐加快，最后将沉砂落入砂斗；而较轻的有机物，则在沉砂池中间部分与砂子分离。池内的环流在池壁处向下，到池中间则向上，加上桨板的作用，有机物在池中心部位向上升起，并随着出水水流进入后续构筑物。

（2）设计参数

① 最大流速为 0.1m/s，最小流速为 0.02m/s；

② 最大流量时，停留时间不小于 20s，一般采用 30～60s；

③ 进水管最大流速为 0.3m/s。

（3）计算公式

涡流沉砂池计算公式见表 3-9。

表 3-9　涡流沉砂池计算公式

名　称	公　式	符　号　说　明
进水管直径	$d = \sqrt{\dfrac{4Q_{\max}}{\pi v_1}}$	d——进水管直径，m； v_1——污水在中心管内流速，m/s； $Q_{\max}$——最大设计流量，m³/s
沉砂池直径	$D = \sqrt{\dfrac{4Q_{\max}(v_1 + v_2)}{\pi v_1 v_2}}$	D——池子的直径，m； v_2——池内水流上升速度，m/s

名　　称	公　式	符　号　说　明
水流部分高度	$h_2 = v_2 t$	h_2——水流部分高度，m； t——最大流量时的流行时间，s
沉砂部分所需容积	$V = \dfrac{Q_{max} X T 86400}{K_z 10^6}$	V——沉砂部分所需容积，m^3； X——城市污水沉砂量； T——两次清除沉砂相隔的时间，d； K_z——生活污水流量总变化系数
圆截锥部分实际容积	$V_1 = \dfrac{\pi h_4}{3}(R^2 + Rr + r^2)$	V_1——圆锥部分容积，m^3； h_4——沉砂池锥底部分高度，m
池总高度	$H = h_1 + h_2 + h_3 + h_4$	H——池总高度，m； h_1——超高，m； h_3——中心管底至沉砂面的距离，m，一般采用0.25m

3.2.6　多尔沉砂池

3.2.6.1　多尔沉砂池的构造

多尔沉砂池由污水入口和整流器、沉砂池、出水溢流堰、刮砂机、排砂坑、洗砂机、有机物回流机和回流管以及排砂机组成。工艺构造见图3-5。

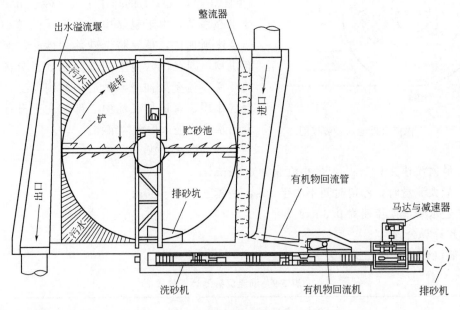

图3-5　多尔沉砂池工艺

沉砂被旋转刮砂机刮至排砂坑，用往复齿耙沿斜面耙上，在此过程中，把附在砂粒上的有机物洗掉，洗下来的有机物经有机物回流机及回流管随污水一起回流至沉砂池，沉砂中的有机物含量低于10%，达到清洁沉砂标准。

3.2.6.2　多尔沉砂池的设计

（1）沉砂池的面积

沉砂池的面积根据要求去除的砂粒直径及污水温度确定，可查图3-6。

（2）沉砂池最大设计流速

最大设计流速为 0.3m/s。

（3）主要设计参数见表 3-10。

表 3-10 多尔沉砂池设计参数表

沉砂池直径/m	3.0	6.0	9.0	12.0
最大流量/(m³/s)				
要求去除砂粒直径为 0.21mm	0.17	0.70	1.58	2.80
要求去除砂粒直径为 0.15mm	0.11	0.45	1.02	1.81
沉砂池深度/m	1.1	1.2	1.4	1.5
最大设计流量时的水深/m	0.5	0.6	0.9	1.1
洗砂机宽度/m	0.4	0.4	0.7	0.7
洗砂机斜面长度/m	8.0	9.0	10.0	12.0

3.2.7 钟式沉砂池

（1）钟式沉砂池的构造

钟式沉砂池是利用机械力控制水流流态与流速，加速砂粒的沉淀并使有机物随水流带走的沉砂装置。沉砂池由流入口、流出口、沉砂区、砂斗及带变速箱的电动机、传动齿轮、压缩空气输送管和砂提升管以及排砂管组成。污水由流入口切线方向流入沉砂区，利用电动机及传动装置带动转盘和斜坡式叶片，由于所受离心力的不同，把砂粒甩向池壁，掉入砂斗，有机物被送回污水中。调整转速，可达到最佳沉砂效果。沉砂用压缩空气经砂提升管，排砂管清洗后排除，清洗水回流至沉砂区，排砂达到清洁砂标准。钟式沉砂池工艺图见图 3-7。

（2）钟式沉砂池的设计

钟式沉砂池的各部分尺寸标于图 3-8。根据设计污水流量的大小，有多种型号供设计选用。钟式沉砂池型号及尺寸见表 3-11。

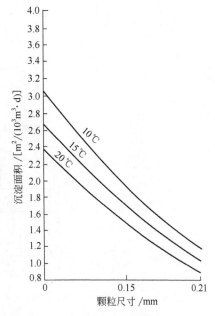

图 3-6　多尔沉砂池求面积图

表 3-11　钟式沉砂池型号及尺寸表　　　　　　　　单位：m

型号	流量/(L/s)	A	B	C	D	E	F	G	H	J	K	L
50	50	1.83	1.0	0.305	0.610	0.30	1.40	0.30	0.30	0.20	0.80	1.10
100	110	2.13	1.0	0.380	0.760	0.30	1.40	0.30	0.30	0.30	0.80	1.10
200	180	2.43	1.0	0.450	0.900	0.30	1.35	0.40	0.30	0.40	0.80	1.15
300	310	3.05	1.0	0.610	1.200	0.30	1.55	0.45	0.30	0.45	0.80	1.35
550	530	3.65	1.5	0.750	1.50	0.40	1.70	0.60	0.51	0.58	0.80	1.45
900	880	4.87	1.5	1.00	2.00	0.40	2.20	1.00	0.51	0.60	0.80	1.85
1300	1320	5.48	1.5	1.10	2.20	0.40	2.20	1.00	0.61	0.63	0.80	1.85
1750	1750	5.80	1.5	1.20	2.40	0.40	2.50	1.30	0.75	0.70	0.80	1.95
2000	2200	6.10	1.5	1.20	2.40	0.40	2.50	1.30	0.89	0.75	0.80	1.95

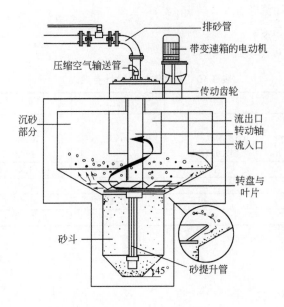

图 3-7　钟式沉砂池工艺

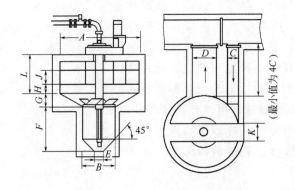

图 3-8　钟式沉砂池各部尺寸

3.3　沉　淀　池

　　密度大于水的悬浮物在重力作用下从水中分离出去的现象称为沉淀。根据水中杂质颗粒本身的性质及其所处外界条件的不同,沉淀可分为如下几种:

　　① 按水流状态,分为静水沉淀与动水沉淀;

　　② 按投加混凝药剂与否,分为自然沉淀与混凝沉淀;

　　③ 按颗粒受力状态及所处水力学等边界条件,分为自由沉淀与拥挤沉淀;

　　④ 按颗粒本身的物理、化学性状分为团聚稳定颗粒沉淀与团聚不稳定颗粒沉淀。

　　用于沉淀的处理构筑物称为沉淀池。沉淀池主要去除悬浮于污水中的可以沉淀的固体悬浮物。按在污水处理流程中的位置,沉淀池主要分为初次沉淀池、二次沉淀池和污泥浓缩池,它们的适用条件及设计要点见表3-12。

表 3-12　沉淀池适用条件及设计要点

池型	适用条件	设计要点
初次沉淀池	对污水中的以无机物为主体的相对密度大的固体悬浮物进行沉淀分离	(1)考虑沉淀污泥发生腐败,设置刮泥、排泥设备,迅速排除沉泥; (2)考虑可浮悬浮物及污泥上浮,设置浮渣去除设备; (3)表面负荷以 25~50m³/(m²·d)为标准,沉淀时间以 1.0~2.0h 为标准; (4)进水端考虑整流措施,采用阻流板、有孔整流壁、圆筒形整流板; (5)采用溢流堰,堰上负荷不大于 250m³/(m²·d); (6)长方形池,最大水平流速为 7mm/s; (7)污泥区容积,静水压排泥不大于 2d 污泥量,机械排泥时考虑 4h 排泥量; (8)排泥静水压大于等于 1.50m
二次沉淀池	对污水中的以微生物为主体的相对密度小的,且因水流作用易发生上浮的固体悬浮物进行沉淀分离	(1)考虑沉淀污泥发生腐败,设置刮泥、排泥设备,迅速排除沉泥; (2)考虑污泥上浮,设置浮渣去除设备; (3)表面负荷为 20~30m³/(m²·d),沉淀时间为 1.5~3.0h; (4)进水端考虑整流措施,采用阻流板、有孔整流壁、圆筒形整流板; (5)采用溢流堰,堰上负荷不大于 150m³/(m²·d); (6)长方形池,最大水平流速为 5mm/s; (7)注意溢流设备的布置,防止污泥上浮出流而使处理水恶化; (8)考虑 SVI 值增高引起的问题; (9)排泥静水压,生物膜法后大于等于 1.20m,曝气池后大于等于 0.9m
污泥浓缩池	对污水中以剩余污泥为主体的,污泥浓度高且间隙中的水分不易排出,易腐败析出气体的剩余污泥进行浓缩沉淀	(1)考虑沉淀污泥发生腐败,设置排泥设备,迅速排除沉泥; (2)考虑污泥易析出气体上浮,设置曝气搅动栅; (3)表面负荷为 3~8m³/(m²·d),沉淀时间为 10~12h; (4)进水端考虑整流措施,采用阻流板、有孔整流壁、圆筒形整流板; (5)采用溢流堰,堰上负荷不大于 100m³/(m²·d); (6)矩形池,最大上升流速为 0.2mm/s; (7)注意溢流设备的布置,防止污泥上浮出流而使处理水恶化; (8)排泥静水压≥2.0m

　　按水流方向分沉淀池,有平流式、辐流式、竖流式、斜流式 4 种形式。每种沉淀池均包含 5 个区,即进水区、沉淀区、缓冲区、污泥区和出水区。沉淀池各种池型的优缺点和适用条件见表 3-13。

表 3-13　各种沉淀池比较

池型	优点	缺点	适用条件
平流式	(1)沉淀效果好; (2)对冲击负荷和温度变化的适应能力较强; (3)施工简易,造价较低	(1)池子配水不易均匀; (2)采用多斗排泥时,每个泥斗需单独设排泥管各自排泥,操作量大,采用链带式刮泥机排泥时,链带的支承件和驱动件都浸于水中,易锈蚀; (3)占地面积较大	(1)适用于地下水位高及地质较差地区; (2)适用于大、中、小型污水处理厂

池型	优　点	缺　点	适　用　条　件
竖流式	(1)排泥方便,管理简单; (2)占地面积较小	(1)池子深度大,施工困难; (2)对冲击负荷和温度变化的适应能力较差; (3)造价较高; (4)池径不宜过大,否则布水不匀	(1)适用于处理水量不大的小型污水处理厂; (2)常用于地下水位较低时
辐流式	(1)多为机械排泥,运行较好,管理较简单; (2)排泥设备已趋定型	机械排泥设备复杂,对施工质量要求高	(1)适用于地下水位较高地区; (2)适用于大、中型污水处理厂
斜流式	(1)沉淀效率高; (2)池容积小占地面积小	(1)斜管(板)耗用材料多,且价格较高; (2)排泥较困难; (3)易滋长藻类	(1)适用于旧沉淀池的改建、扩建和挖潜; (2)用地紧张,需要压缩沉淀池面积时; (3)适用于初沉池,不宜用于二沉池

3.3.1 一般规定

① 设计流量应按分期建设考虑:(a)当污水为自流进入时,应按每期的最大设计流量计算;(b)当污水为提升进入时,应按每期工作水泵的最大组合流量计算;(c)在合流制处理系统中,应按降雨时的设计流量计算,沉淀时间不宜小于 30min。

② 沉淀池的个数或分格数不应小于 2 个,并宜按并联系列考虑。

③ 当无实测资料时,城市污水沉淀池的设计数据可参照表 3-14 选用。

表 3-14　城市污水沉淀池设计数据

类别	沉淀池位置	沉淀时间 /h	表面负荷 /[m³/(m²·h)]	污泥量(干物质) /[g/(人·d)]	污泥含水率 /%	固体负荷 /[kg/(m²·d)]	堰口负荷 /[L/(s·m)]
初次沉淀池	单独沉淀池	1.5~2.0	1.5~2.5	15~17	95~97		≤2.9
	二级处理前	1.0~2.0	1.5~3.0	14~25	95~97		≤2.9
二次沉淀池	活性污泥法后	1.5~2.5	1.0~1.5	10~21	99.2~99.6	≤150	≤1.7
	生物膜法后	1.5~2.5	1.0~2.0	7~19	96~98	≤150	≤1.7

注:工业污水沉淀池的设计数据应按实际水质试验确定,或参照类似工业污水的运转或试验资料采用。

④ 池子的超高至少采用 0.3m。

⑤ 沉淀池的有效水深(H)、沉淀时间(t)与表面负荷(q')的关系见表 3-15。当表面负荷一定时,有效水深与沉淀时间之比亦为定值,即 $H/t = q'$。一般沉淀时间不小于 1.0h;有效水深多采用 2~4m,对辐流沉淀池指池边水深。

⑥ 沉淀池的缓冲层高度,一般采用 0.3~0.5m。

⑦ 污泥斗的斜壁与水平面的倾角,方斗不宜小于 60°,圆斗不宜小于 55°。

⑧ 排泥管直径不应小于 200mm。

表 3-15 有效水深、沉淀时间与表面负荷关系

表面负荷(q') /[m³/(m²·h)]	沉淀时间 t/h				
	$H=2.0$m	$H=2.5$m	$H=3.0$m	$H=3.5$m	$H=4.0$m
3.0			1.0	1.17	1.33
2.5		1.0	1.2	1.4	1.6
2.0	1.0	1.25	1.50	1.75	2.0
1.5	1.33	1.67	2.0	2.33	2.67
1.0	2.0	2.5	3.0	3.5	4.0

⑨ 沉淀池的污泥，采用机械排泥时可连续排泥或间歇排泥。不用机械排泥时应每日排泥，初次沉淀池的静水头不应小于 1.5m；二次沉淀池的静水头，生物膜法后不应小于 1.2m，曝气池后不应小于 0.9m。

⑩ 采用多斗排泥时，每个泥斗均应设单独的闸阀和排泥管。

⑪ 当每组沉淀池有 2 个池以上时，为使每个池的入流量均等，应在入流口设置调节阀门，以调整流量。

⑫ 当采用重力排泥时，污泥斗的排泥管一般采用铸铁管，其下端伸入斗内，顶端敞口，伸出水面，以便于疏通。在水面以下 1.5～2.0m 处，由排泥管接出水平排出管，污泥借静水压力由此排出池外。

⑬ 进水管有压力时，应设置配水井，进水管应由池壁接入，不宜由井底接入，且应将进水管的进口弯头朝向井底。

⑭ 初次沉淀池的污泥区容积，宜按不大于 2d 的污泥量计算。曝气池后的二次沉淀池污泥区容积，宜按不大于 2h 的污泥量计算，并应有连续排泥措施。机械排泥的初次沉淀池和生物膜法处理后的二次沉淀池污泥区容积，宜按 4h 的污泥量计算。

3.3.2 平流式沉淀池

3.3.2.1 设计参数与数据

① 每格长度与宽度之比不小于 4，长度与深度之比采用 8～12。

② 采用机械排泥时，宽度根据排泥设备确定。

③ 池底纵坡一般采用 0.01～0.02；采用多斗时，每斗应设单独排泥管及排泥闸阀，池底横向坡度采用 0.05。

④ 刮泥机的行进速度为 0.3～1.2m/min，一般采用 0.6～0.9m/min。

⑤ 一般按表面负荷计算，按水平流速校核。最大水平流速：初沉池为 7mm/s；二沉池为 5mm/s。

⑥ 进出口处应设置挡板，高出池内水面 0.1～0.15m。挡板淹没深度：进口处视沉淀池深度而定，不小于 0.25m，一般为 0.5～1.0m；出口处一般为 0.3～0.4m。挡板位置：距进水口为 0.5～1.0m；距出水口为 0.25～0.5m。

⑦ 泄空时间不超过 6h，放空管直径 d 可按式(3-4) 计算。

$$d=\sqrt{\frac{0.7BLH^{1/2}}{t}} \text{ (m)} \tag{3-4}$$

式中 B——池宽，m；

L——池长，m；

H——池内平均水深，m；

t——泄空时间，s。

⑧ 池子进水端用穿孔花墙配水时，花墙距进水端池壁的距离应不小于 1～2m，开孔总面积为过水断面积的 6%～20%。

3.3.2.2 计算公式

平流式沉淀池计算过程及公式见表 3-16。

表 3-16 计算公式

名　　称	公　　式	符 号 说 明
池子总表面积	$A=\dfrac{Q_{max}3600}{q'}(\text{m}^2)$	Q_{max}——最大设计流量，m^3/s； q'——表面负荷，$\text{m}^3/(\text{m}^2\cdot\text{h})$
沉淀部分有效水深	$h_2=q't(\text{m})$	t——沉淀时间，h
沉淀部分有效容积	$V'=Q_{max}t3600(\text{m}^3)$ 或 $V'=Ah_2(\text{m}^3)$	
池长	$L=vt3.6(\text{m})$	v——最大设计流量时的水平流速，mm/s
池子总宽度	$B=A/L(\text{m})$	
池子个数（或分格数）	$n=\dfrac{B}{b}(\text{个})$	b——每个池子（或分格）宽度，m
污泥部分所需的容积	$V=\dfrac{SNT}{1000}(\text{m}^3)$ $V=\dfrac{Q_{max}(C_1-C_2)86400T100}{K_z\gamma(100-p_0)}(\text{m}^3)$	S——每人每日污泥量，$\text{L}/(\text{人}\cdot\text{d})$，一般采用 $0.3\sim0.8\text{L}/(\text{人}\cdot\text{d})$； N——设计人口数，人； T——两次清除污泥间隔时间，d； C_1——进水悬浮物浓度，t/m^3； C_2——出水悬浮物浓度，t/m^3； K_z——生活污水量总变化系数； γ——污泥容重，t/m^3，取 $1.0\text{t}/\text{m}^3$； p_0——污泥含水率，%
池子总高度	$H=h_1+h_2+h_3+h_4(\text{m})$	h_1——超高，m； h_3——缓冲层高度，m； h_4——污泥部分高度，m
污泥斗容积	$V_1=\dfrac{1}{3}h''_4(f_1+f_2+\sqrt{f_1f_2})(\text{m}^3)$	f_1——斗上口面积，m^2； f_2——斗下口面积，m^2； h''_4——泥斗高度，m
污泥斗以上梯形部分污泥容积	$V_2=\left(\dfrac{l_1+l_2}{2}\right)h'_4\cdot b(\text{m}^3)$	l_1——梯形上底长，m； l_2——梯形下底长，m； h'_4——梯形的高度，m

【例题 3.8】 某城市污水处理最大设计流量 43200m^3/d，设计人口 250000 人，沉淀时间 1.50h，采用链带式刮泥机，求沉淀池各部分尺寸。

【解】 （1）池子总表面积

设表面负荷 $q'=2.0\text{m}^3/(\text{m}^2\cdot\text{h})$，设计流量 $0.5\text{m}^3/\text{s}$，则

$$A = \frac{Q_{\max} \times 3600}{2} = 900 \ \text{（m}^2\text{）}$$

（2）沉淀部分有效水深

$$h_2 = q' \times 1.5 = 3.0 \ \text{（m）}$$

（3）沉淀部分有效容积

$$V' = Q_{\max} \times t \times 3600 = 2700 \ \text{（m}^3\text{）}$$

（4）池长

设水平流速 $v = 3.70 \text{mm/s}$

$$L = vt \times 3.6 = 3.7 \times 1.5 \times 3.6 = 20 \ \text{（m）}$$

（5）池子总宽度

$$B = A/L = 900/20 = 45 \ \text{（m）}$$

（6）池子个数

设每个池子宽 4.5m

$$n = B/b = 45/4.5 = 10 \ \text{个}$$

（7）校核长宽比

$$L/b = 20/4.5 = 4.4 > 4.0 \ \text{（符合要求）}$$

（8）污泥部分需要的总容积

设 $T = 2.0\text{d}$ 污泥量为 25g/（人·d），污泥含水率为 95%，则

$$S = \frac{25 \times 100}{(100 - 95) \times 1000} = 0.50 \text{L/（人·d）}$$

$$V = SNT/1000 = 0.5 \times 250000 \times 2.0/1000 = 250 \ \text{（m}^3\text{）}$$

（9）每格池污泥所需容积

$$V'' = \frac{V}{n} = 250/10 = 25 \ \text{（m}^3\text{）}$$

（10）污泥斗容积

采用污泥斗见图 3-9。

$$V_1 = \frac{1}{3} \cdot h_4''(f_1 + f_2 + \sqrt{f_1 f_2})$$

$$h_4'' = \frac{4.5 - 0.5}{2} \text{tg} 60° = 3.46 \ \text{（m）}$$

$$V_1 = \frac{1}{3} \times 3.46 \times (4.5 \times 4.5 + 0.5 \times 0.5 + \sqrt{4.5^2 \times 0.5^2}) = 26 \ \text{（m}^3\text{）}$$

（11）污泥斗以上梯形部分污泥容积

$$V_2 = \frac{L_1 + L_2}{2} h_4' \cdot b$$

$$h_4' = (20 + 0.3 - 4.5) \times 0.01 = 0.158 \ \text{（m）}$$

$$l_1 = 20 + 0.3 + 0.5 = 20.80 \ \text{（m）}$$

$$l_2 = 4.50 \text{m}$$

$$V_2 = \frac{(20.80 + 4.50)}{2} \times 0.158 \times 4.5 = 9.0 \ \text{（m}^3\text{）}$$

（12）污泥斗和梯形部分污泥容积

$$V_1 + V_2 = 26 + 9 = 35.00 \text{m}^3 > 25 \text{m}^3$$

（13）池子总高度

设缓冲层高度 $h_3=0.50\text{m}$

$$H=h_1+h_2+h_3+h_4$$
$$h_4=h'_4+h''_4=0.158+3.46=3.62\ \text{（m）}$$
$$H=0.3+3.0+0.5+3.62=7.42\ \text{（m）}$$

计算结果见图 3-9。

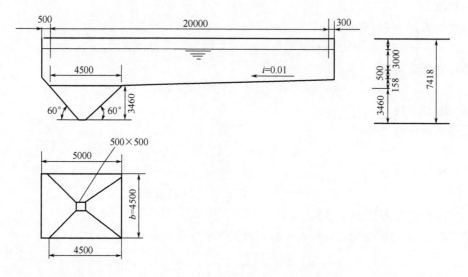

图 3-9　沉淀池及污泥斗工艺计算结果

【例题 3.9】 已知最大日污水量为 $2\times10^4\text{m}^3/\text{d}$，试设计平流式初沉池。

【解】 （1）采用设计参数值为：表面负荷 $40\text{m}^3/(\text{m}^2\cdot\text{d})$，长宽比 4，沉淀时间 1.5h，穿孔花墙开孔率 6%，超高 0.5m，堰口负荷 $200\text{m}^3/(\text{m}\cdot\text{d})$，池数 2。

（2）单池容积

$$V_1=Q_1t=\frac{2\times10^4}{2}\times\frac{1.5}{24}=625\text{m}^3$$

（3）单池表面积

$$A_1=\frac{Q}{q}=\frac{2\times10^4}{2}\times\frac{1}{40}=250\text{m}^2$$

（4）有效水深

$$h_2=\frac{V_1}{A_1}=625/250=2.5\text{m}$$

（5）池宽

$$4B^2=250\ \text{得}\ B=7.9,\ \text{取}\ 8.0\text{m}$$

（6）池长

$$L=4B=32\text{m}$$

（7）单池所需出水堰长

$$l=\frac{2\times10^4}{2}\times\frac{1}{200}=50\text{m}$$

仅池宽 8m 不够，增加 4 根宽 30cm 两侧收水的集水支渠（见图 3-10），则每根支渠长度

为 $l_1=(50-8-0.3\times4)/8=5.1\mathrm{m}$

（8）穿孔花墙孔的总面积

$$8\times2.5\times0.06=1.2\mathrm{m}^2$$

采用直径为 100mm 的孔，则所需孔数为 $1.2/\left(\frac{1}{4}\pi\times0.1^2\right)=152.8$（个）；取 150 个孔，横向 15 个，纵向（深）10 个。

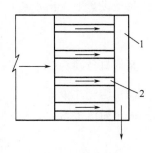

图 3-10　平流式沉淀池
的集水槽形式
1—集水槽；2—集水支渠

【例题 3.10】　已知最大日污水量为 $5\times10^4\mathrm{m}^3/\mathrm{d}$，SS 浓度 200mg/L。试设计计算平流式初沉池。

【解】

（1）设计标准

采用日本设计指针标准进行设计（见表 3-17）。

表 3-17　沉淀池设计规定

分类 参数	初沉池	二沉池	分类 参数	初沉池	二沉池
沉淀时间	1.5h	2.5h	超高	0.5m	0.5m
有效水深	2.5~4.0m	2.5~4.0m	堰口负荷	≤250m³/(m·d)	120~150m³/(m·d)
表面负荷	25~50m³/(m²·d)	20~30m³/(m²·d)	长宽比	3~5	3~5
平均流速	≤0.3m/min	≤0.3m/min	排泥管径	≥150mm	≥150mm

（2）池尺寸计算

所需表面积 $A_1=\dfrac{Q}{\mathrm{OFR}}=\dfrac{5\times10^4}{25\sim50}=2000\sim1000\mathrm{m}^2$

取有效水深 $H=3\mathrm{m}$，沉淀时间 $T=1.5\mathrm{h}$，则所需面积为

$$A_2=\frac{T}{H}\cdot\frac{Q}{24}=\frac{1.5}{3}\times\frac{5\times10^4}{24}=1042\mathrm{m}^2$$

综合考虑并偏于安全，取 $A=1500\mathrm{m}^2$，则表面负荷（OFR）为

$$\mathrm{OFR}=\frac{Q}{A}=\frac{5\times10^4}{1500}=33\mathrm{m}^3/(\mathrm{m}^2\cdot\mathrm{d})$$

池内平均流速为 $V=0.3\mathrm{m/min}$，则池长（L）为

$$L=TV=1.5\times60\times0.3=27\mathrm{m}$$

池总宽度（B）为：$B=A/L=1500/27=55\mathrm{m}$

因此，沉淀池尺寸采用：27m（长）×5m（宽）×3m（深）×12 池

[校核]

表面负荷（OFR）$=\dfrac{5\times10^4}{5\times27\times12}=30.9\mathrm{m}^3/(\mathrm{m}^2\cdot\mathrm{d})$[在 25~50m³/(m²·d) 之间]

沉淀时间（T）$=\dfrac{5\times27\times3\times12\times24}{5\times10^4}=2.3\mathrm{h}$（大于 1.5h，偏于安全）

（3）堰口长度计算

采用堰口负荷为 250m³/(m·d)，则堰口长度为

$$L_2=5\times10^4/250=200\mathrm{m}$$

每池设置 2 个出水堰，则每池所需堰长度为

$$l = 200 \div 12 \div 2 = 8.3\text{m} \quad \text{取 } 10\text{m}$$

则堰口负荷为 $\dfrac{Q}{L} = \dfrac{5 \times 10^4}{10 \times 2 \times 12} = 208\text{m}^3/(\text{m} \cdot \text{d})$

（4）污泥斗设计

采用初沉池 SS 去除率为 40%，则每日产泥量为

$$C_1 = 5 \times 10^4 \times 200 \times 10^{-6} \times 0.4 = 4000\text{kg/d}$$

污泥含水率为 98.5%，则每日排泥量为

$$4000 \times \frac{100}{100 - 98.5} = 267\text{m}^3/\text{d} \left(\text{或} \frac{4000\text{kg/d}}{15\text{kg/m}^3} = 267\text{m}^3/\text{d} \right)$$

每池排泥量为 $267/12 = 22.3\text{m}^3/(\text{d} \cdot \text{池}) = 0.015\text{m}^3/(\text{min} \cdot \text{池})$

每池排泥时间取 10min，1 周期所需时间为

$$T = 10\text{min} \times 12 \text{ 池} = 120\text{min}$$

因此，污泥斗容积（V）为

$$V = 0.015 \times 120 = 1.8\text{m}^3/\text{池}$$

3.3.3 平流式沉淀池穿孔排泥管的计算

3.3.3.1 设计概述

在沉淀池底部设置穿孔管，靠静水头作用垂力排泥，具有排泥不停池、管理方便、结构简单等优点。它适用于原水浑浊度不大的中小型沉淀池，而对大型沉淀池，排泥效果不很理想，主要问题是孔眼易堵塞，排泥作用距离不大。故往往需加设辅助冲洗设备，这样管理较复杂。

穿孔管的布置形式一般分两种：当积泥曲线较陡，大部分泥渣沉积在池前时，常采用纵向布置；当池子较宽，无积泥曲线资料时，可采用横向布置。

根据平流式沉淀池的积泥分布规律（沿水流方向逐渐减少），穿孔管排泥按沿程变流量（非均匀流）配孔。它的计算，主要是确定穿孔管直径、条数、孔数、孔距及水头损失等。穿孔排泥管的计算方法有数种，此处介绍一种计算方法的设计要点。

① 穿孔管沿沉淀池宽度方向布置，一般设置在平流式沉淀池的前半部，即沿池长 1/3～1/2 处设置。积泥按穿孔管长度方向均匀分布计算。

② 穿孔管全长采用同一管径，一般为 150～300mm。为防止穿孔管淤塞，穿孔管管径不得小于 150mm。

③ 穿孔管末端流速一般采用 1.8～2.5m/s。

④ 穿孔管中心间距与孔眼的布置、孔眼作用水头及池底结构形式等因素有关。一般平底池子可采用 1.5～2m，斗底池子可采用 2～3m。

⑤ 穿孔管孔眼直径可采用 20～35mm。孔眼间距与沉泥含水率及孔眼流速有关，一般采用 0.2～0.8m。孔眼多在穿孔管垂线下侧成两行交错排列。平底池子时，两行孔眼可采用 45°或 60°夹角；斗底池子宜用 90°。全管孔眼按同一孔径开孔。

⑥ 孔眼流速一般为 2.5～4m/s。

⑦ 配孔比（即孔眼总面积与穿孔管截面之比）一般采用 0.3～0.8。

⑧ 排泥周期与原水水质、泥渣粒径、排出泥浆的含水率及允许积泥深度有关。当原水浊度低时，一般每日至少排放 1 次，以避免沉泥积实而不易排出。

⑨ 排泥时间一般采用 5～30min，亦可按下式计算：

$$t=\frac{1000V}{60q} \text{（min）} \tag{3-5}$$

式中　V——每根穿孔管在一个排泥周期内的排泥量，m^3；

　　　q——单位时间排泥量，L/s。

⑩ 穿孔管的区段长度 L_y 一般采用 2～4m，首、尾两端的区段长度为 $L_y/2$，即 1～2m。穿孔管的计算段长度为 L_1，L_2，L_3，…，L_n，使其关系为 $L_2=2L_1$，$L_3=3L_1$，…，$L_n=nL_1$（见图 3-11）。

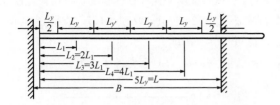

图 3-11　穿孔管计算长度划分示意图

L_y—区段长度；L_1、L_2、L_3、L_4—计算段长度；
B—池宽；L—穿孔管池内长度

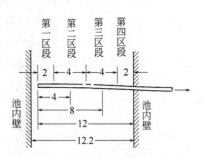

图 3-12　穿孔排泥管计算示意图

3.3.3.2　设计算例

（1）已知条件

沉淀池宽度为 12.2m（见图 3-12）。穿孔排泥管作用水头为 $H_0=4m$（有效水深 3m，积泥槽深大于 1m）。穿孔排泥管沿沉淀池宽度布置，其有效长度 $L=12m$；输泥管长 5m。

（2）设计计算

a. 穿孔管直径 D

$$D=1.68d\sqrt{L} \text{（m）} \tag{3-6}$$

式中　d——孔眼直径，m，此处采用 32mm；

　　　L——穿孔管长度，m，此处为 12m。

$D=1.68\times0.032\sqrt{12}=0.186(m)$，采用 200mm 铸铁管（壁厚 10mm）。

b. 穿孔管上第一个孔眼（起端）处水头损失 H_1

$$H_1=\frac{K_A\rho v_1^2}{\mu^2 \cdot 2g} \text{（mH}_2\text{O）} \tag{3-7}$$

式中　K_A——水头损失修正系数，可采用 1.0～1.1，此处取 1.05；

　　　ρ——泥浆密度，取 1.05kg/L；

　　　v_1——第一孔眼处水流速度，m/s，此处采用 2.5m/s；

　　　μ——流量系数，此处采用 0.62。

$$H_1=\frac{1.05\times1.05\times2.5^2}{0.62^2\times19.62}=0.91 \text{（mH}_2\text{O）}$$

c. 穿孔管末端流速 v_n

$$v_n = \left[\frac{2g(H_0 - H_1 - H')}{K_A \rho K_n \left(2\alpha + K \dfrac{\lambda L}{3D} - \beta \right) + K_A \rho \left(\zeta + \dfrac{\lambda L'}{D} \right)} \right]^{\frac{1}{2}} \tag{3-8}$$

式中　H_0——池内必需的静水头（穿孔管作用水头），mH_2O，此处取 $4mH_2O$；

H'——储备水头，mH_2O，一般采用 $0.3 \sim 0.5mH_2O$，此处取 $0.3mH_2O$；

K_n——水头损失修正系数，当 $D = 150 \sim 300mm$ 时，可采用 $1.05 \sim 1.15$（尚需生产验证），此处取 1.1；

α——计算段末端的流速修正系数，为 1.1；

K——系数，用以计算由于水从诸孔中流入而增加的长度损失；

λ——水管的摩擦系数，可按图 3-13 查得，此处按穿孔管径 $D = 200mm$，糙率系数 $n_0 = 0.013$，查得 $\lambda = 0.037$；

β——系数，用以计算水流入穿孔管中的条件，β 值可根据穿孔管管壁厚度 δ 与孔眼直径 d 之比而定，可按图 3-14 查得；此处据 $\delta/d = 10/32 = 0.31$，取 $\eta_K = 0.7$，查得 $\beta = 0.8$；

L'——池内壁至排泥井出口段管长，m，此处 $L' = 5m$；

ζ——水头损失系数，此处 $\zeta = 0.1 + 0.3 = 0.4$（闸阀、$45°$弯头各 1 个）。

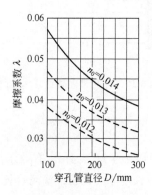

图 3-13　在不同糙率系数 n_0 时，摩擦
系数 λ 与穿孔管径 D 的关系曲线

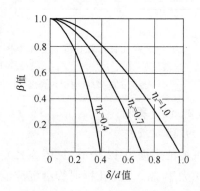

图 3-14　决定系数 β 的曲线（用铰刀铰成的孔眼
采用 $\eta_K = 0.7$ 和 $\eta_K = 1.0$）

$$v_n = \left\{ 2 \times [9.81 \times (4 - 0.91 - 0.3)] / \left[1.05 \times 1.05 \times 1.1 \times \left(2 \times 1.1 + 1.13 \times \frac{0.037 \times 12}{3 \times 0.2} - 0.8 \right) \right. \right.$$
$$\left. \left. + 1.05 \times 1.05 \times \left(0.4 + \frac{0.037 \times 5}{0.2} \right) \right] \right\}^{\frac{1}{2}} = 3.62 \ (m/s)$$

d. 穿孔管末端流量 Q_n

$$Q_n = \omega v_n = \frac{1}{4} \pi D^2 v_n = \frac{1}{4} \times 3.14 \times 0.2^2 \times 3.62 = 0.114 \ (m^3/s)$$

式中　ω——穿孔管截面积，m^2。

e. 比流量 q'

$$q' = \frac{Q_n}{L} = \frac{0.114}{12} = 0.0095 \ [m^3/(s \cdot m)]$$

f. 第一区段孔数及孔距

① 穿孔管第一孔眼流量 q_1

孔眼面积按孔径 $d = 32mm$ 计算，即 $\omega_0 = 0.000804m^2$，则

$$q_1 = v_1\omega_0 = 2.5 \times 0.000804 = 0.00201 \ (\text{m}^3/\text{s})$$

② 第一区段孔数 n_1

该区段长度 $L_y = 2\text{m}$，则孔数

$$n_1 = \frac{q'L_y}{q_1} = \frac{0.0095 \times 2}{0.00201} = 9.45，采用 10 个$$

③ 第一区段孔距 l_1

$$l_1 = \frac{L_y}{n_1} = \frac{2}{10} = 0.2 \ (\text{m})$$

g. 第二区段孔数及孔距

① 第一计算段末端的水流速度 v_{n1}

$$v_{n1} = \frac{1}{3}v_n = \frac{1}{3} \times 3.62 = 1.2 \ (\text{m/s})$$

② 第一计算段穿孔管沿程水头损失 H_n

该计算段的管长 $L = 4\text{m}$

$$H_n = K_A \gamma K_n \left(2\alpha + K \frac{\lambda}{3} \cdot \frac{L}{D} - \beta\right) \frac{v_{n1}^2}{2g}$$

$$= 1.05 \times 1.05 \times 1.1 \left(2 \times 1.1 + 1.13 \frac{0.037 \times 4}{3 \times 0.2} - 0.8\right) \frac{1.2^2}{19.62}$$

$$= 0.14(\text{mH}_2\text{O})$$

③ 第一计算段总水头损失 H

$$H = H_n + H_1 = 0.14 + 0.91 = 1.05 \ (\text{mH}_2\text{O})$$

④ 第一计算段末端第一孔眼流量 q_n

$$q_n = \mu\omega_0\sqrt{2gH} = 0.62 \times 0.000804 \times \sqrt{19.62 \times 1.05} = 0.0023 \ (\text{m}^3/\text{s})$$

⑤ 第二区段孔数 n_2（即第一计算段末端所在区段）

第二区段长度 $L_x = 4\text{m}$，则该段孔数

$$n_2 = \frac{q'L_x}{q_n} = \frac{0.0095 \times 4}{0.0023} = 16.52，取 17 个$$

⑥ 第二区段孔距 L_2

$$L_2 = \frac{L_x}{n_2} = \frac{4}{17} = 0.235 \ (\text{m})$$

h. 第三区段孔数及孔距

① 第二计算段末端的水流速度 v_{n2}

$$v_{n2} = \frac{2}{3}v_n = \frac{2}{3} \times 3.62 = 2.4 \ (\text{m/s})$$

② 第二计算段穿孔管沿程水头损失 H_n

该计算段的管长 $L = 8\text{m}$

$$H_n = K_A \rho K_n \left(2\alpha + K \frac{\lambda}{3}\frac{L}{D} - \beta\right) \frac{v_{n1}^2}{2g}$$

$$= 1.05 \times 1.05 \times 1.1 \times \left(2 \times 1.1 + 1.13 \times \frac{0.037 \times 8}{3 \times 0.2} - 0.8\right) \times \frac{2.4^2}{19.62}$$

$$= 0.69(\text{mH}_2\text{O})$$

③ 第二计算段总水头损失 H

$$H = H_n + H_1 = 0.69 + 0.91 = 1.60 \ (\text{mH}_2\text{O})$$

④ 第二计算段末端第一孔眼流量 q_n

$$q_n = \mu\omega_0\sqrt{2gH} = 0.62 \times 0.000804 \times \sqrt{19.62 \times 1.60} = 0.0028 \ (\text{m}^3/\text{s})$$

⑤ 第三区段孔数 L_x

该区段管长 $L_x = 4\text{m}$

$$n_3 = \frac{q'L_x}{q_n} = \frac{0.0095 \times 4}{0.0028} = 13.57，取 14 个$$

⑥ 第三区段孔距 L_3

$$L_3 = \frac{L_x}{n_3} = \frac{4}{14} = 0.286 \ (\text{m})$$

i. 第四区段孔数及孔距

① 第三计算段末端的水流速度 v_{n3}
$$v_{n3} = v_n = 3.62\text{m/s}$$

② 第三计算段穿孔管沿程水头损失 H_n

该计算段的管长 $L = 12\text{m}$

$$H_n = 1.05 \times 1.05 \times 1.1 \times \left(2 \times 1.1 + 1.13 \times \frac{0.037 \times 12}{3 \times 0.2} - 0.8 \right) \times \frac{3.62^2}{19.62}$$
$$= 1.81 \ (\text{mH}_2\text{O})$$

③ 第三计算段总水头损失 H
$$H = H_n + H_1 = 1.81 + 0.91 = 2.72 \ (\text{mH}_2\text{O})$$

④ 第三计算段末端第一孔眼流量 q_n

$$q_n = \mu\omega_0\sqrt{2gH} = 0.62 \times 0.000804 \times \sqrt{19.62 \times 2.72} = 0.00363 \ (\text{m}^3/\text{s})$$

⑤ 第四区段孔数 n_4

该区段管长 $L_x = 2\text{m}$

$$n_4 = \frac{q'L_x}{q_n} = \frac{0.0095 \times 2}{0.00363} = 5.25，取 6 个$$

⑥ 第四区段孔距 l_4

$$l_4 = \frac{L_x}{n_4} = \frac{2}{6} = 0.33 \ (\text{m})$$

将穿孔排泥管的各区段及各计算管段的一些主要参数，列于表 3-18 和表 3-19 中。

表 3-18　穿孔排泥管各区段参数

数值　　区段 项　目	区　　　　段			
	一	二	三	四
管径 D/mm	200	200	200	200
管长 L_y/m	2	4	4	2
孔径 d/mm	32	32	32	32
孔数 n/个	10	17	14	6
孔距 l/mm	200	235	286	330

表 3-19 穿孔排泥管各计算管段参数

项 目 \ 管段	计 算 管 段		
数 值	一	二	三
管径 D/mm	200	200	200
管长 L_x/m	4	8	12
末端流速 v_n/(m/s)	1.2	2.4	3.62
末端孔眼流量 q_n/(m³/s)	0.0023	0.0028	0.00363
沿程水头损失 H_n/m	0.14	0.69	1.81
第一孔眼处水头损失 H_1/m	0.91	0.91	0.91
总水头损失 H/m	1.05	1.60	2.72

【例题 3.11】 对平流式沉淀的进水穿孔墙与出水三角堰进行水力计算。

【解】 （1）已知条件

设计流量 $q=0.04\text{m}^3/\text{s}$，池宽 $B=2.4\text{m}$，有效水深 $H_0=2.5\text{m}$。

（2）进水穿孔墙计算

a. 单个孔眼面积 A_1

采用砖砌进水穿孔墙，孔眼型式采用矩形的半砖孔洞，其尺寸为 $0.125\times0.063\text{m}$。

$$A_1=0.125\times0.063=0.00788 \text{（m}^2\text{）}$$

b. 孔眼总面积 A_0

孔眼流速采用 $v_1=0.2\text{m/s}$（一般宽口处为 $0.2\sim0.3\text{m/s}$；狭口处为 $0.3\sim0.5\text{m/s}$）

$$A_0=\frac{q}{v_1}=\frac{0.04}{0.2}=0.2 \text{（m}^2\text{）}$$

c. 孔眼总数 n_0

$$n_0=\frac{A_0}{A_1}=\frac{0.2}{0.00788}=25.4 \text{，取 } 24 \text{ 个，则孔眼实际流速为}$$

$$v_1'=\frac{q}{n_0 A_1}=\frac{0.04}{24\times0.00788}=0.212 \text{（m/s）}$$

d. 孔眼布置

① 孔眼布置成 6 排，每排孔眼数为 $24\div6=4$ 个。

② 水平方向孔眼间净距取 500mm（即两砖长），则每排 4 个孔眼时，其所占宽度为

$$4\times63+4\times500=252+2000=2252 \text{（mm）}$$

剩余宽度为 $B-2252=2400-2252=148$ （mm），其均分在各灰缝中。

③ 垂直方向孔眼净距取 252mm（即 6 块砖厚）。最上一排孔眼的淹没水深为 250mm，则孔眼的分布高度为

$$250+6\times125+6\times252=2512\approx2500\text{(mm)}=H_0$$

（3）出水三角堰（90°）

① 堰上水头（即三角堰口底部至上游水面的高度）采取 $H_1=0.1$ （mH$_2$O）

② 每个三角堰的流量 q_1

$$q_1=1.343H_1^{2.47}=1.343\times0.1^{2.47}=0.00455 \text{（m}^3/\text{s）}$$

③ 三角堰个数 n_1

$$n_1=\frac{q}{q_1}=\frac{0.04}{0.00455}=8.8 \text{，取 } 9 \text{ 个}$$

堰口下缘与出水槽水面之距为 $50\sim70\text{mm}$。

④ 三角堰中距 l_1

$$l_1 = \frac{B}{n_1} = \frac{2.4}{9} = 0.267 \ (\text{m})$$

3.3.4 竖流式沉淀池

3.3.4.1 设计数据

① 池子直径（或正方形的一边）与有效水深之比值不大于 3.0。池子直径不宜大于

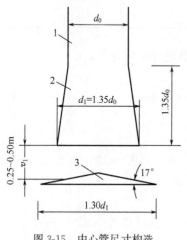

图 3-15 中心管尺寸构造

1—中心管；2—喇叭口；3—反射板

8.0m，一般采用 4.0～7.0m。最大可达 10m 的。

② 中心管内流速不大于 30mm/s。

③ 中心管下口应设有喇叭口和反射板（见图 3-15）：(a)反射板板底距泥面至少 0.3m；(b)喇叭口直径及高度为中心管直径的 1.35 倍；(c)反射板的直径为喇叭口直径的 1.30 倍，反射板表面积与水平面的倾角为 17°；(d)中心管下端至反射板表面之间的缝隙高在 0.25～0.50m 范围内时，缝隙中污水流速在初次沉淀池中不大于 30mm/s，在二次沉淀池中不大于 20mm/s。

④ 当池子直径（或正方形的一边）小于 7.0m 时，澄清污水沿周边流出；当直径 $D \geqslant 7.0$m 时应增设辐射式集水支渠。

⑤ 排泥管下端距池底不大于 0.20m，管上端超出水面不小于 0.40m。

⑥ 浮渣挡板距集水槽 0.25～0.5m，高出水面 0.1～0.15m；淹没深度 0.3～0.40m。

3.3.4.2 计算公式

计算公式见表 3-20。

表 3-20 计算公式

名 称	公 式	符 号 说 明
中心管面积	$f = \dfrac{q_{\max}}{v_0}(\text{m}^2)$	$q_{\max}$——每池最大设计流量，m³/s； v_0——中心管内流速，m/s；
中心管直径	$d_0 = \sqrt{\dfrac{4f}{\pi}}(\text{m})$	v_1——污水由中心管喇叭口与反射板之间的缝隙流出速度，m/s；
中心管喇叭口与反射板之间的缝隙高度	$h_3 = \dfrac{q_{\max}}{v_1 \pi d_1}(\text{m})$	d_1——喇叭口直径，m； v——污水在沉淀池中流速，m/s；
沉淀部分有效断面积	$F = \dfrac{q_{\max}}{v}(\text{m}^2)$	t——沉淀时间，h； S——每人每日污泥量，L/(人·d)，一般采用 0.3～0.8L/(人·d)；
沉淀池直径	$D = \sqrt{\dfrac{4(F+f)}{\pi}}(\text{m})$	N——设计人口数； T——两次清除污泥间隔时间，d；
沉淀部分有效水深	$h_2 = vt3600(\text{m})$	C_1——进水悬浮物浓度，t/m³； C_2——出水悬浮物浓度，t/m³；
沉淀部分所需总容积	$V = \dfrac{SNT}{1000}(\text{m}^3)$ $V = \dfrac{q_{\max}(C_1 - C_2)T86400 \times 100}{K_z r(100 - p_0)}(\text{m}^3)$	K_z——生活污水流量总变化系数； γ——污泥容量，t/m³，约为 1t/m³； p_0——污泥含水率，%；
圆截锥部分容积	$V_1 = \dfrac{\pi h_5}{3}(R^2 + R\gamma + \gamma^2)(\text{m}^3)$	h_1——超高，m； h_4——缓冲层高，m； h_5——污泥室圆截锥部分的高度，m；
沉淀池总高度	$H = h_1 + h_2 + h_3 + h_4 + h_5(\text{m})$	R——圆截锥上部半径，m； r——圆截锥下部半径，m

【例题 3.12】 竖流式沉淀池的计算。已知条件：某城市设计人口 $N=60000$ 人，设计最大污水量 $Q_{max}=0.13\text{m}^3/\text{s}$。

【解】 设计计算见图 3-16。

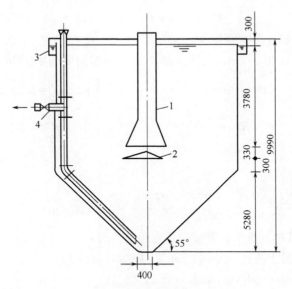

图 3-16　竖流式沉淀池计算草图（单位：mm）

1—中心管；2—反射板；3—集水槽；4—排泥管

（1）设中心管内流速 $v_0=0.03\text{m/s}$，采用池数 $n=4$，则每池最大设计流量

$$q_{max}=\frac{Q_{max}}{n}=\frac{0.13}{4}=0.0325\ (\text{m}^3/\text{s})$$

$$f=\frac{q_{max}}{v_0}=\frac{0.0325}{0.03}=1.08\ (\text{m}^2)$$

（2）沉淀部分有效端面积（A）　设表面负荷 $q'=2.52\text{m}^3/(\text{m}^2\cdot\text{h})$，则上升流速

$$v=v_0=2.52\text{m/h}=0.0007\ (\text{m/s})$$

$$A=\frac{q_{max}}{v}=\frac{0.0325}{0.0007}=46.43\ (\text{m}^2)$$

（3）沉淀池直径（D）

$$D=\sqrt{\frac{4(A+f)}{\pi}}=\sqrt{\frac{4(46.43+1.08)}{\pi}}=7.8(\text{m})(<8\text{m})$$

（4）沉淀池有效水深（h_2）

设沉淀时间 $t=1.5\text{h}$，则

$$h_2=vt\times3600=0.0007\times1.5\times3600=3.78\ (\text{m})$$

（5）校核池径水深比

$$D/h_2=7.8/3.78=2.06<3\ (\text{符合要求})$$

（6）校核集水槽每米出水堰的过水负荷（q_0）

$$q_0=\frac{q_{max}}{\pi D}=\frac{0.0325}{\pi\times7.8}\times1000=1.33(\text{L/s})(<2.9\text{L/s})$$

可见符合要求，可不另设辐射式水槽。

（7）污泥体积（V）

设污泥清除间隔时间 $T=2\mathrm{d}$，每人每日产生的湿污泥量 $S=0.5\mathrm{L}$，则

$$V=\frac{SNT}{1000}=\frac{0.5\times60000\times2}{1000}=60\ (\mathrm{m}^3)$$

（8）每池污泥体积（V_1'）

$$V_1'=V/n=60/4=15\ (\mathrm{m}^3)$$

（9）池子圆截锥部分实有容积（V_1）

设圆锥底部直径 d' 为 $0.4\mathrm{m}$，截锥高度为 h_5，截锥侧壁倾角 $\alpha=55°$，则

$$h_5=(D/2-d'/2)\tan\alpha=\left(\frac{7.8}{2}-\frac{0.4}{2}\right)\tan55°=5.28(\mathrm{m})$$

$$V_1=\frac{\pi h_5}{3}(R^2+r^2+Rr)=\frac{\pi\times5.28}{3}\times(3.9^2+0.2^2+3.9\times0.2)=88.63(\mathrm{m}^3)$$

可见池内足够容纳 2d 污泥量。

（10）中心管直径（d_0）

$$d_0=\sqrt{\frac{4f}{\pi}}=\sqrt{\frac{4\times1.08}{\pi}}=1.17\ (\mathrm{m})$$

（11）中心管喇叭口下缘至反射板的垂直距离（h_3）

设流过该缝隙的污水流速 $v_1=0.02\mathrm{m/s}$，喇叭口直径为

$$d_1=1.35d_0=1.35\times1.17=1.58\ (\mathrm{m})$$

则

$$h_3=\frac{q_{\max}}{v_1\pi d_1}=\frac{0.0325}{0.02\times\pi\times1.58}=0.33\ (\mathrm{m})$$

（12）沉淀池总高度（H）

设池子保护高度 $h_1=0.3\mathrm{m}$，缓冲层高 $h_4=0$（因泥面很低），则

$$H=h_1+h_2+h_3+h_4+h_5=0.3+3.78+0.33+0+5.28\approx10\ (\mathrm{m})$$

3.3.5 辐流式沉淀池

3.3.5.1 设计数据

① 池子直径（或正方形一边）与有效水深的比值，一般采用 6～12。

② 池径不宜小于 16m。

③ 池底坡度一般采用 0.05～0.10。

④ 一般均采用机械刮泥，也可附有空气提升或静水头排泥设施，见图 3-17。

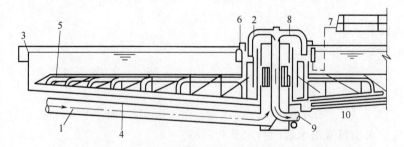

图 3-17 带有中央驱动装置的吸泥型辐射式沉淀池

1—进口；2—挡板；3—堰；4—刮板；5—吸泥管；6—冲洗管的空气升液器；

7—压缩空气入口；8—排泥虹吸管；9—污泥出口；10—放空管

116

⑤ 当池径（或正方形的一边）较小（小于 20m）时，也可采用多斗排泥，见图 3-18。

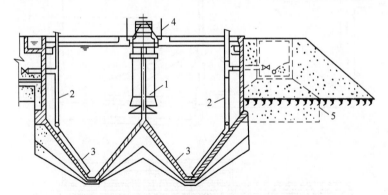

图 3-18　多斗排泥的辐流式沉淀池

1—中心管；2—污泥管；3—污泥斗；4—栏杆；5—砂垫

⑥ 进、出水的布置方式可分为：中心进水周边出水，见图 3-19；周边进水中心出水见图 3-20；周边进水周边出水见图 3-21。

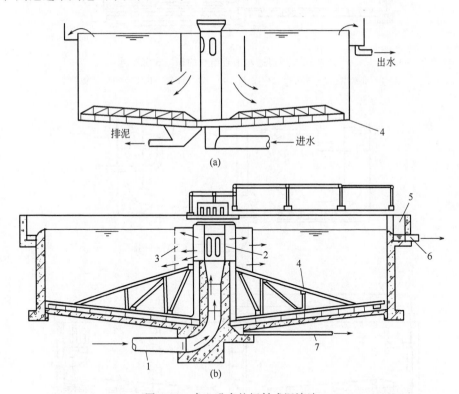

图 3-19　中心进水的辐射式沉淀池

1—进水管；2—中心管；3—穿孔挡板；4—刮泥机；5—出水槽；6—出水管；7—排泥管

⑦ 池径小于 20m，一般采用中心转动的刮泥机，其驱动装置设在池子中心走道板上，见图 3-22；池径大于 20m 时，一般采用周边传动的刮泥机，其驱动装置设在桁架的外缘，见图 3-23。

⑧ 刮泥机的旋转速度一般为 1～3r/h，外周刮泥板的线速不超过 3m/min，一般采用 1.5m/min。

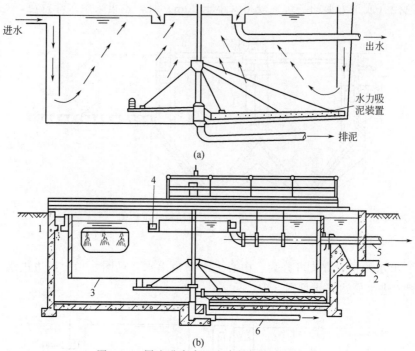

图 3-20 周边进水中心出水的辐流式沉淀池

1—进水槽；2—进水管；3—挡板；4—出水槽；5—出水管；6—排泥管

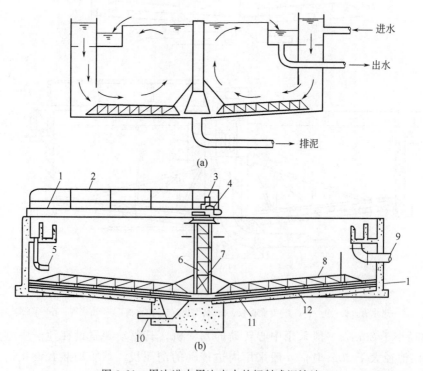

图 3-21 周边进水周边出水的辐射式沉淀池

1—过桥；2—栏杆；3—传动装置；4—转盘；5—进水下降管；6—中心支架；7—传动器罩；8—桁架式耙架；9—出水管；10—排泥管；11—刮泥板；12—可调节的橡皮刮板

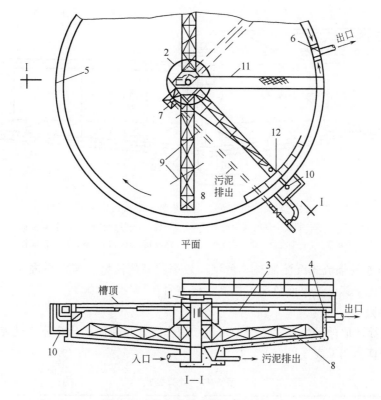

平面

I—I

图 3-22 中央驱动式辐流式沉淀池

1—驱动装置；2—整流筒；3—撇渣挡板；4—堰板；5—周边出水槽；6—出水井；7—污泥斗；
8—刮泥板桁架；9—刮板；10—污泥井；11—固定桥；12—球阀式撇渣机构

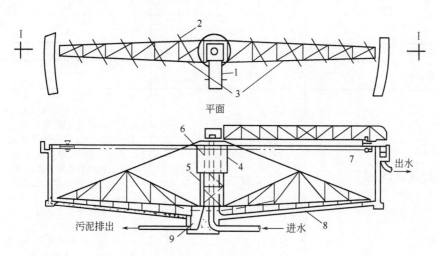

平面

图 3-23 周边驱动式辐流式沉淀池

1—步道；2—弧形刮板；3—刮板旋壁；4—整流筒；5—中心架；
6—钢筋混凝土支承台；7—周边驱动；8—池底；9—污泥斗

⑨ 在进水口的周围应设置整流板，整流板的开口面积为过水断面积的 6%～20%。

⑩ 浮渣用浮渣刮板收集，刮渣板装在刮泥机桁架的一侧，在出水堰前应设置浮渣挡板，见图 3-24。

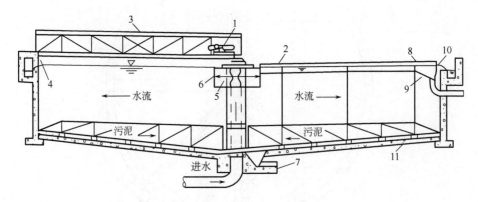

图 3-24　辐流式沉淀池（刮渣板装在刮板机桁架的一侧）

1—驱动；2—装在一侧桁架上的刮渣板；3—桥；4—浮渣挡板；5—转动挡板；

6—转筒；7—排泥管；8—浮渣刮板；9—浮渣箱；10—出水堰；11—刮泥板

⑪ 周边进水的辐流式沉淀池是一种沉淀效率较高的池型，与中心进水、周边出水的辐流式沉淀池相比，其设计表面负荷可提高 1 倍左右。

3.3.5.2　计算公式

辐流式沉淀池取池子半径 1/2 处的水流断面作为计算断面，计算公式见表 3-21。周边进水沉淀池的计算公式见表 3-22。

表 3-21　计算公式

名　称	公　式	符 号 说 明
沉淀部分水面面积 F/m^2	$F = \dfrac{Q_{\max}}{nq'}$	$Q_{\max}$——最大设计流量，m^3/h； n——池数，个； q'——表面负荷，$\mathrm{m}^3/(\mathrm{m}^2 \cdot \mathrm{h})$
池子直径 D/m	$D = \sqrt{\dfrac{4F}{\pi}}$	
沉淀部分有效水深 h_2/m	$h_2 = q't$	t——沉淀时间，h
沉淀部分有效容积 V'/m^3	$V' = \dfrac{Q_{\max}}{n}t$ 或 $V' = Fh_2$	
污泥部分所需的容积 V/m^3	$V = \dfrac{SNT}{1000n}$ $V = \dfrac{Q_{\max}(c_1 - c_2) \times 24 \times 100T}{K_z \gamma (100 - \rho_0)n}$ $V = \dfrac{4(1+R)QX}{X + X_R}$	S——每人每日污泥量，$\mathrm{L}/(人 \cdot \mathrm{d})$，一般采用 $0.3 \sim 0.8 \mathrm{L}/(人 \cdot \mathrm{d})$； N——设计人口数，人； T——两次清除污泥间隔时间，d； c_1——进水悬浮物浓度，t/m^2； c_2——出水悬浮物浓度，t/m^2； K_z——生活污水量总变化系数； γ——污泥容重，t/m^2，取 $1.0\mathrm{t}/\mathrm{m}^3$； ρ_0——污泥含水率，%； R——污泥回流比； X——混合液污泥浓度，$\mathrm{mg/L}$； X_R——回流污泥浓度，$\mathrm{mg/L}$
污泥斗容积 V_1/m^3	$V_1 = \dfrac{\pi h_5}{3}(r_1^2 + r_1 r_2 + r_2^2)$	h_5——污泥斗高度，m； r_1——污泥斗上部半径，m； r_2——污泥斗下部半径，m
污泥斗以上圆锥体部分污泥容积 V_1'/m^3	$V_1' = \dfrac{\pi h_4}{3}(R^2 + Rr_1 + r_1^2)$	h_4——圆锥体高度，m； R——池子半径，m
沉淀池总高度 H/m	$H = h_1 + h_2 + h_3 + h_4 + h_5$	h_1——超高，m； h_3——缓冲层高度，m

表 3-22　周边进水沉淀池的计算公式

名　称	公　式	符　号　说　明
沉淀部分水面面积 F/m^2	$F=\dfrac{Q}{nq'}$	Q——最大设计流量，m^3/h； n——池数，个； q'——表面负荷，$m^3/(m^2\cdot h)$，一般$\leqslant 2.5m^3/(m^2\cdot h)$
池子直径 D/m	$D=\sqrt{\dfrac{4F}{\pi}}$	
校核堰口负荷 $q_1'/[L/(s\cdot m)]$	$q_1'=\dfrac{Q_0}{3.6\pi D}$	Q_0——单池设计流量，m^3/h，$Q_0=Q/n$，一般 $q_1'\leqslant 4.34$
校核固体负荷 $q_2'/[kg/(m^2\cdot d)]$	$q_2'=\dfrac{(1+R)Q_0N_w\times 24}{F}$	N_w——混合液悬浮物浓度（MLSS），kg/m^3； R——污泥回流比； q_2'——一般可达 $150kg/(m^2\cdot d)$ 左右
澄清区高度 h_2'/m	$h_2'=\dfrac{Q_0t}{F}$	t——沉淀时间，h，一般采用 $1\sim 1.5h$
污泥区高度	$h_2''=\dfrac{(1+R)Q_0N_wt'}{0.5(N_w+C_u)F}$	t'——污泥停留时间，h； C_u——底流浓度，kg/m^3
池边水深 h_2/m	$h_2=h_2'+h_2''+0.3$	0.3——缓冲层高度，m
沉淀池总高度 H/m	$H=h_1+h_2+h_3+h_4$	h_1——池子超高，m，一般采用 $0.3m$； h_3——池中心与池边落差，m； h_4——污泥斗高度，m

【例题 3.13】　某污水处理厂的设计流量 $Q=4000m^3/h$，曝气池混合液悬浮浓度 $N_w=2kg/m^3$，回流污泥浓度 $C_u=6kg/m^3$，污泥回流比 $R=0.5$，试求周边进水二次沉淀池的各部分尺寸。

【解】　计算草图见图 3-25。

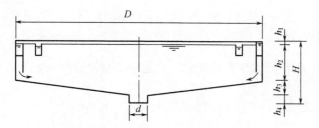

图 3-25　周边进水二次沉淀池计算示意

（1）沉淀部分水面面积（F）

设池数 $n=2$ 个，表面负荷 $q'=2m^3/(m^2\cdot h)$，

$$F=\frac{Q}{nq'}=\frac{4000}{2\times 2}=1000\ （m^2）$$

（2）池子直径（D）

$$D=\sqrt{\frac{4F}{\pi}}=\sqrt{\frac{4\times 1000}{\pi}}=35.7（m）（取\ D=37m）$$

（3）实际水面面积（F）

$$F=\frac{\pi D^2}{4}=\frac{\pi\times 37^2}{4}=1075\ （m^2）$$

（4）实际表面负荷（q'）

$$q' = \frac{Q}{nF} = \frac{4000}{2 \times 1075} = 1.86 \ [\text{m}^3/(\text{m}^2 \cdot \text{h})]$$

（5）单池设计流量（Q_0）

$$Q_0 = Q/n = 4000/2 = 2000 \ (\text{m}^3/\text{h})$$

（6）校核堰口负荷（q'_1）

$$q'_1 = \frac{Q_0}{2 \times 3.6\pi D} = \frac{2000}{2 \times 3.6 \times \pi \times 37} = 2.39\text{L}/(\text{s} \cdot \text{m}) < 4.34\text{L}/(\text{s} \cdot \text{m})$$

（7）校核固体负荷（q'_2）

$$q'_2 = \frac{(1+R)Q_0 N_w \times 24}{F} = \frac{(1+0.5) \times 2000 \times 2 \times 24}{1075} = 134\text{kg}/(\text{m}^2 \cdot \text{d}) < 150\text{kg}/(\text{m}^2 \cdot \text{d}), 符合要求$$

（8）澄清区高度（h'_2）设 $t=1$h，

$$h'_2 = \frac{Q_0 t}{F} = \frac{2000 \times 1}{1075} = 1.86 \ (\text{m})$$

按在澄清区最小允许深度1.5m考虑，取 $h'_2 = 1.5$m。

（9）污泥区高度（h''_2

设 $t' = 1.5$h，

$$h''_2 = \frac{(1+R)Q_0 N_w t'}{0.5(N_w + C_u)F} = \frac{(1+0.5) \times 2000 \times 2 \times 1.5}{0.5(2+6) \times 1075} = 2.09(\text{m})$$

（10）池边深度（h_2）

$$h_2 = h'_2 + h''_2 + 0.3 = 1.5 + 2.09 + 0.3 = 3.89 \ (\text{m}), \ 取 \ h_2 = 4 \ (\text{m})$$

（11）沉淀池高度（H）

设池底坡度为0.06，污泥斗直径 $d=2$m，池中心与池边落差 $h_3 = 0.06 \times \frac{D-d}{2} = 0.06 \times \frac{37-2}{2} = 1.05 \ (\text{m})$，超高 $h_1 = 0.3$m，污泥斗高度 $h_4 = 1.0$m，

$$H = h_1 + h_2 + h_3 + h_4 = 0.3 + 4.0 + 1.05 + 1.0 = 6.35 \ (\text{m})$$

3.3.6 斜流式沉淀池

斜流式沉淀池是根据"浅层沉淀"理论，在沉淀池中加设斜板或蜂窝斜管以提高沉淀效率的一种新型沉淀池。它具有沉淀效率高、停留时间短、占地少等优点。斜板（管）沉淀池应用于城市污水的初次沉淀池中，其处理效果稳定，维护工作量也不大；斜板（管）沉淀池应用于城市污水的二次沉淀池中，当固体负荷过大时其处理效果不太稳定，耐冲击负荷的能力较差。斜板（管）设备在一定条件下，有滋长藻类等问题，给维护管理工作带来一定困难。

按水流与污泥的相对运动方向，斜板（管）沉淀池可分为异向流、同向流和侧向流3种形式。在城市污水处理中主要采用升流式异向流斜板（管）沉淀池。

3.3.6.1 设计数据

① 在需要挖掘原有沉淀池潜力，或需要压缩沉淀池占地等技术经济要求下，可采用斜板（管）沉淀池。

② 升流式异向流斜板（管）沉淀池的表面负荷，一般可比普通沉淀池的设计表面负荷提高 1 倍左右。对于二次沉淀池，应以固体负荷核算。

③ 斜板垂直净距一般采用 $80\sim120\text{m}$，斜管孔径一般采用 $50\sim80\text{mm}$。

④ 斜板（管）斜长一般采用 $1.0\sim1.2\text{m}$。

⑤ 斜板（管）倾角一般采用 $60°$。

⑥ 斜板（管）区底部缓冲层高度，一般采用 $0.5\sim1.0\text{m}$。

⑦ 斜板（管）区上部水深，一般采用 $0.5\sim1.0\text{m}$。

⑧ 在池壁与斜板的间隙处应装设阻流板，以防止水流短路。斜板上缘宜向池子进水端倾斜安装，如图 3-26 所示。

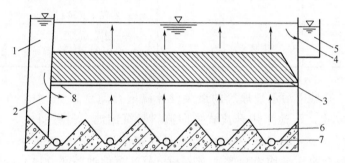

图 3-26　斜板（管）沉淀池

1—配水槽；2—穿孔墙；3—斜板或斜管；4—淹没孔口；5—集水槽；6—集泥斗；7—排泥管；8—阻流板

⑨ 进水方式一般采用穿孔墙整流布水，出水方式一般采用多槽出水，在池面上增设几条平行的出水堰和集水槽，以改善出水水质，加大出水量。

⑩ 斜板（管）沉淀池一般采用重力排泥。每日排泥次数至少 $1\sim2$ 次，或连续排泥。

⑪ 池内停留时间：初次沉淀池不超过 30min，二次沉淀池不超过 60min。

⑫ 斜板（管）沉淀池应设斜板（管）冲洗设施。

3.3.6.2 计算公式

计算公式见表 3-23。

表 3-23　计算公式

名　　称	公　　式	符　号　说　明
池子水面面积 F/m^2	$F=\dfrac{Q_{\max}}{nq'\times0.91}$	$Q_{\max}$——最大设计流量，m^3/h； n——池数，个； q'——表面负荷，$\text{m}^3/(\text{m}^2\cdot\text{h})$； 0.91——斜板区面积利用系数
池子平面尺寸 $D(a)/\text{m}$	原形池直径：$D=\sqrt{\dfrac{4F}{\pi}}$ 方形池边长：$a=\sqrt{F}$	
池内停留时间 t/min	$t=\dfrac{(h_2+h_3)60}{q'}$	h_2——斜板（管）区上部水深，m； h_3——斜板（管）高度，m

名　称	公　式	符 号 说 明
污泥部分所需的容积 V/m^3	$V=\dfrac{SNT}{1000}$ $V=\dfrac{Q_{\max}(c_1-c_2)\times 24T\times 100}{K_z\gamma(100-\rho_0)n}$	S——每人每日污泥量,$\text{L}/(\text{人}\cdot\text{d})$,一般采用 $0.3\sim$ $\quad 0.8\text{L}/(\text{人}\cdot\text{d})$; N——设计人口数,人; T——污泥室储泥周期,d; c_1——进水悬浮物浓度,t/m^3; c_2——出水悬浮物浓度,t/m^3; K_z——生活污水量总变化系数; γ——污泥容重,t/m^3,约为 $1.0\text{t}/\text{m}^3$; ρ_0——污泥含水率,%
污泥斗容积 V_1/m^3	$V_1=\dfrac{\pi h_5}{3}(R^2+Rr+r^2)$	h_5——污泥斗高度,m; R——污泥斗上部半径,m; r——污泥斗下部半径,m
沉淀池总高度 H/m	$H=h_1+h_2+h_3+h_4+h_5$	h_1——超高,m; h_4——斜板(管)区底部缓冲层高度,m

注：当斜板（管）沉淀池为矩形池时，其计算方法与方形池类同。

【例题 3.14】 某城市污水处理厂的最大设计流量 $Q_{\max}=710\text{m}^3/\text{h}$，生活污水量总变化系数 $K_z=1.50$，初次沉淀池采用升流式异向流斜管沉淀池，斜管斜长为 1m，斜管倾角为 $60°$，设计表面负荷 $q'=4\text{m}^3/(\text{m}^2\cdot\text{h})$，进水悬浮物浓度 $c_1=250\text{mg/L}$，出水悬浮物浓度 $c_2=125\text{mg/L}$，污泥含水率平均为 96%，求斜板（管）沉淀池各部分尺寸。

【解】 计算草图见图 3-27

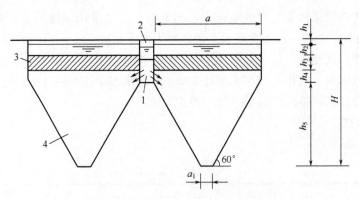

图 3-27　斜管沉淀池计算示意

1—进水槽；2—出水槽；3—斜管；4—污泥斗

（1）池子水面面积（F）

设 $n=4$ 个，

$$F=\frac{Q_{\max}}{nq'\times 0.91}=\frac{710}{4\times 4\times 0.91}=49 \ (\text{m}^2)$$

（2）池子边长（a）

$$a=\sqrt{F}=\sqrt{49}=7.0 \ (\text{m})$$

（3）池内停留时间（t） 设 $h_2=0.70\text{m}$，$h_3=1\text{m}\times\sin 60°=0.866 \ (\text{m})$

$$t=\frac{(h_3+h_2)\times60}{q'}=\frac{(0.7+0.866)\times60}{4}=23.50\ (\text{min})$$

（4）污泥部分所需的容积（V）

设 $T=2.0$d

$$V=\frac{Q_{\max}(c_1-c_2)\times24\times100\times T}{K_z\gamma(100-\rho_0)n}=\frac{710\times(0.00025-0.000125)\times24\times100\times2}{1.50\times1\times(100-96)\times4}=17.70\ (\text{m}^3)$$

（5）污泥斗容积（V_1）

设 $a_1=0.80$m，$h_5=\left(\frac{a}{2}-\frac{a_1}{2}\right)\tan60°=\left(\frac{7}{2}-\frac{0.8}{2}\right)\tan60°=5.37\ (\text{m})$

$$V_1=\frac{h_5}{6}(2a^2+2aa_1+2a_1^2)=\frac{5.37}{6}(2\times7^2+2\times7\times0.8+2\times0.8^2)=98.30(\text{m}^3)(>17.70\text{m}^3)$$

（6）沉淀池总高度（H）

设 $h_1=0.30$m，$h_4=0.764$m

$$H=h_1+h_2+h_3+h_4+h_5=0.30+0.70+0.866+0.764+5.37=8.0\ (\text{m})$$

3.3.7 污泥浓缩与方法

3.3.7.1 浓缩去除对象

污泥中含有大量的水分，所含水分大致分为四类：颗粒间的空隙水，约占总水分的70%；毛细水，即颗粒间毛细管内的水，约占20%；污泥颗粒吸附水和颗粒内部水，约占10%。如图3-28所示。

降低污泥中的含水率，可以采用污泥浓缩的方法来降低污泥中的空隙水，通过降低污泥的含水率，减少污泥体积，能够减小池容积和处理所需的投药量，缩小用于输送污泥的管道和泵类的尺寸。具有一定规模的污水处理工程中常用的污泥浓缩方法主要有重力浓缩、溶气气浮浓缩和离心浓缩。

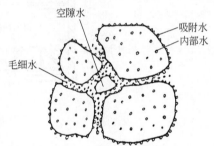

图 3-28　污泥水分示意

3.3.7.2 重力浓缩池

重力浓缩池按其运转方式分为连续式和间歇式两种，前者主要用于大、中型污水处理厂；后者主要用于小型污水处理厂或工业企业的污水处理厂。

（1）构造与特点

间歇式重力浓缩池是间歇进泥，因此，在投入污泥前必须先排除浓缩池已澄清的上清液，腾空池容，故在浓缩池不同高度上应设多个上清液排出管。间歇式操作管理麻烦，且单位处理污泥所需的池体积比连续式的大。图3-29所示为间歇式重力浓缩池示意。

连续式重力浓缩池可采用竖流式、辐流式沉淀池的型式，一般都是直径5～20m圆形或矩形钢筋混凝土构筑物；可分为有刮泥机与污泥搅动装置的浓缩池、不带刮泥机的浓缩池，以及多层浓缩池等3种。

有刮泥机与搅拌装置的连续式浓缩池见图3-30。池底面倾斜度很小，为圆锥形沉淀池，池底坡度为1%～10%。进泥口设在池中心，周围有溢流堰。为提高浓缩效果和浓缩时间，可在刮泥机上安装搅拌装置，刮泥机与搅拌装置的旋转速度应很慢，不至于使污泥受到搅动，其旋转周速度一般为0.02～0.20m/s。搅拌作用可使浓缩时间缩短4～5h。带刮泥机及

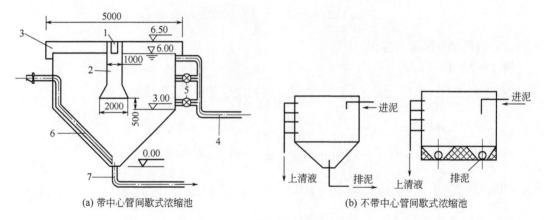

(a) 带中心管间歇式浓缩池　　　　　(b) 不带中心管间歇式浓缩池

图 3-29　间歇式重力浓缩池

1—污泥入流槽；2—中心筒；3—出流堰；4—上清液排出管；5—闸门；6—吸泥管；7—排泥管

搅拌栅的连续式浓缩池见图 3-31。

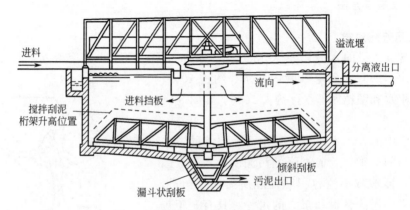

图 3-30　连续式重力浓缩池构造示例

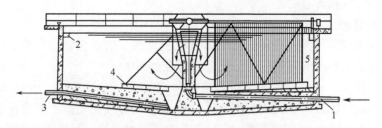

图 3-31　有刮泥机及搅动栅的连续式重力浓缩池

1—中心进泥管；2—上清液溢流堰；3—排泥管；4—刮泥机；5—搅动栅

　　刮泥机上设置的垂直搅拌栅随刮泥机转动的线速度为 1m/min，每条栅条后面可形成微小涡流，造成颗粒絮凝变大，并可造成空穴，使颗粒间的间隙水与气泡逸出，浓缩效果可提高 20% 以上。

　　对于土地紧缺的地区，可考虑采用多层辐射式浓缩池，如图 3-32 所示。

　　如不用刮泥机，可采用多斗连续式浓缩池（见图 3-33），采用重力排泥，污泥斗锥角大于 55°，并设置可根据上清液液面位置任意调动的上清液排除管，排泥管从污泥斗底排除。

通常，重力浓缩池进泥可用离心泵，排泥则需要用活塞式隔膜泵、柱塞泵等压力较高的泥浆泵。

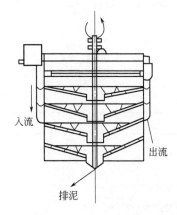

图 3-32　多层辐射式浓缩池

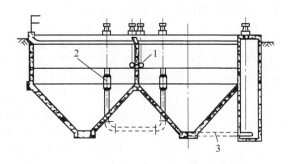

图 3-33　多斗连续式浓缩池

1—进口；2—可升降的上清液排除管；3—排泥管

重力浓缩法操作简便，维修、管理及动力费用低，但占地面积较大。

（2）设计参数

a. 进泥含水率　当为初次污泥时，其含水率一般为 95%～97%；当为剩余活性污泥时，其含水率一般为 99.2%～99.6%；当为混合污泥时，其含水率一般为 98%～99.5%。

b. 污泥固体负荷　当为初次污泥时，污泥固体负荷宜采用 80～120kg/(m² · d)；当为剩余活性污泥时，污泥固体负荷宜采用 30～60kg/(m² · d)；当为混合污泥时，污泥固体负荷宜采用 25～80kg/(m² · d)。

c. 浓缩后污泥含水率　由曝气池后二次沉淀池进入污泥浓缩池的污泥含水率，当采用 99.2%～99.6% 时，浓缩后污泥含水率宜为 97%～98%。

d. 浓缩停留时间　浓缩时间不宜小于 12h，但也不要超过 24h，以防止污泥厌氧腐化。

e. 有效水深　一般为 4m，最低不小于 3m。

f. 污泥室容积和排泥时间　应根据排泥方法和二次排泥间隔时间而定，当采用定期排泥时，两次排泥间隔一般可采用 8h。

g. 集泥设施　辐流式污泥浓缩池的集泥装置，当采用吸泥机时，池底坡度可采用 0.003；当采用刮泥机时，不宜小于 0.01。不设刮泥设备时，池底一般设有污泥斗，其污泥斗与水平面的倾角应不小于 55°。刮泥机的回转速度为 0.75～4r/h，吸泥机的回转速度为 1r/h，其外缘线速度一般宜为 1～2m/min。同时，在刮泥机上可安设栅条，以便提高浓缩效果，在水面设除浮渣装置。

h. 构造　浓缩池采用水密性钢筋混凝土建造。设污泥投入管、排泥管、排上清液管、排泥管等管道，最小管径采用 150mm，一般采用铸铁管。

i. 竖流式浓缩池　当浓缩池较小时，可采用竖流式浓缩池，一般不设刮泥机；污泥室的截锥体斜壁与水平面所形成的角度应不小于 55°，中心管按污泥流量计算。沉淀区按浓缩分离出来的污水流量进行设计。

j. 上清液　浓缩池的上清液，应重新回流到初沉池前进行处理；其数量和有机物含量应参与全厂的物料平衡计算。

k. 二次污染　污泥浓缩池一般均散发臭气，必要时应考虑防臭或脱臭措施。臭气控制可以从以下三个方面着手，即封闭、吸收和掩蔽。所谓封闭，是指用盖子或其他设备封住臭气发生源或用引风机将臭气送入曝气池内吸收氧化；所谓吸收，是指用化学药剂来氧化或净化臭气；所谓掩蔽，是指采用掩蔽剂使臭气暂时不向外扩散。

（3）计算公式

重力浓缩池的计算公式如表3-24所列。

表3-24　重力浓缩池计算公式

名　称	公　式	符　号　说　明
浓缩池总面积	$A = \dfrac{QC}{M}$	A——浓缩池总面积，m^2； Q——污泥量，m^3/d； C——污泥固体浓度，g/L； M——浓缩池污泥固体通量，$kg/(m^2 \cdot d)$
单池面积	$A_1 = \dfrac{A}{n}$	A_1——单池面积，m^2； n——浓缩池数量，个
池缩池直径	$D = \left(\dfrac{4A_1}{\pi}\right)^{0.5}$	D——浓缩池直径，m
浓缩池工作部分高度	$h_1 = \dfrac{TQ}{24A}$	h_1——浓缩池工作部分高度，m； T——设计浓缩时间，h
浓缩池总高度	$H = h_1 + h_2 + h_3$	H——浓缩池总高，m； h_2——超高，m； h_3——缓冲层高度，m
浓缩后污泥体积	$V_2 = \dfrac{Q(1 - P_1)}{(1 - P_2)}$	V_2——浓缩后污泥体积，m^3； P_1——进泥浓度； P_2——出泥浓度

【例题 3.15】　某污水处理厂剩余活性污泥量 $Q = 1700 m^3/d$，含水率 $p_1 = 99.4\%$，污泥浓度 $6g/L$，浓缩后污泥浓度为 $30g/L$，含水率 $p_2 = 97\%$。试对浓缩池进行工艺计算。

【解】　设计计算

（1）浓缩池直径

采用带有竖向栅条污泥浓缩机的辐流式重力沉淀池，浓缩污泥固体通量 M 取 $27kg/(m^2 \cdot d)$。

浓缩池面积

$$A = \frac{QC}{M}$$

式中　Q——污泥量，m^3/d；

　　　C——污泥固体浓度，g/L；

　　　M——浓缩池污泥固体通量，$kg/(m^2 \cdot d)$。

由已知条件得：

$$A = \frac{1700 \times 6}{27} = 377.8 \text{m}^2$$

采用 2 个污泥浓缩池，每个池面积为 $A/2 = 188.9 \text{m}^2$，则浓缩池直径

$$D = \sqrt{\frac{4 \times 188.9}{3.14}} = 15.5 \text{m}$$

（2）浓缩池工作部分高度 h_1

取污泥浓缩时间 $T = 16\text{h}$，则

$$h_1 = \frac{TQ}{24A} = \frac{16 \times 1700}{24 \times 377.8} = 3.0 \text{m}$$

（3）超高 h_2

h_2 取 0.3m。

（4）缓冲层高 h_3

h_3 取 0.3m。

（5）浓缩池总高度 H

$$H = h_1 + h_2 + h_3 = 3.0 + 0.3 + 0.3 = 3.6 \text{m}$$

（6）浓缩后污泥体积

$$V_2 = \frac{Q(1-P_1)}{(1-P_2)} = \frac{1700 \times (1-0.994)}{(1-0.97)} = 340 \text{m}^3/\text{d}$$

辐流式浓缩池计算简图如图 3-34 所示。

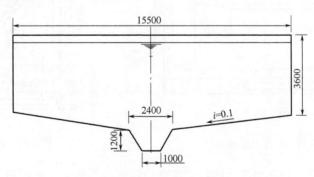

图 3-34　辐流式浓缩池计算简图

3.3.7.3　气浮浓缩池

气浮浓缩池是在一定温度下，空气在液体中的溶解度与空气受到的压力成正比，即服从亨利定理。当压力恢复到常压后，所溶空气即变成微细气泡从液体中释放出，若液体中有细小颗粒，这些大量的微细气泡附着在颗粒的周围，可使颗粒相对密度减少而被强制上浮，达到气浮浓缩的目的。

污泥气浮浓缩主要是采用溶气气浮法。按气浮原理，污水中的絮凝体由于吸附了大量的微气泡，使絮凝体的浮力加大，一起随气泡上浮，上浮后的污泥絮凝体被设备刮除，澄清水从浓缩池底部排除。气浮浓缩适用于粒子易于上浮的疏水性污泥，或悬浮液很难沉降且易于凝聚的场合。例如，好氧消化污泥、接触稳定污泥、不经初次沉淀的延时曝气污泥和一些工业的废油脂及废油适于气浮浓缩。气浮浓缩的工艺流程如图 3-35 所示。

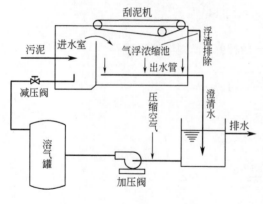

图 3-35 气浮浓缩工艺流程

（1）构造特点

气浮浓缩池的形状有矩形和圆形两种，如图 3-36 和图 3-37 所示。

（2）设计参数

a. 系统的进泥量 当为活性污泥时，其进泥浓度不应超过 5g/L，即含水率为 99.5%（包括气浮池的回流）。

b. 气浮浓缩池所需的面积 当不投加化学混凝剂时，设计水力负荷范围为 $1\sim3.6m^3/(m^2 \cdot h)$，一般采用的水力负荷为 $1.8m^3/(m^2 \cdot h)$，固体负荷为 $1.8\sim5.0kg/(m^2 \cdot h)$。当活性污泥指数 SVI 为 100 左右时，固体负荷采用 $5.0kg/(m^2 \cdot h)$，气浮后污泥含水率一般为 95%~97%。当投加化学混凝剂时，其负荷一般可提高 50%~100%，浮渣浓度也可提高 1% 左右；投加聚合电解质或无机混凝剂时，其投加量一般为 2%~3%（干污泥重）。混凝剂的反应时间一般不小于 5~10min。助凝剂的投加点一般在回流与进泥的混合点处。池子的容积应按停留 2h 进行核算，当投加化学混凝剂时，应计入混凝剂的反应时间。

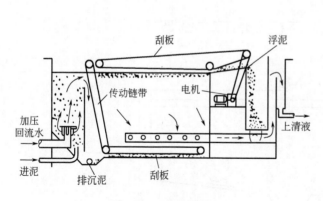

图 3-36 矩形气浮池

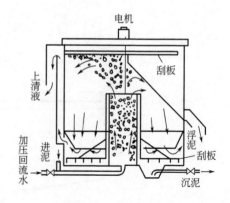

图 3-37 圆形气浮池

c. 刮渣刮泥设备 污泥颗粒上浮形成水面的浮渣层厚度，一般控制为 0.15~0.3m，利用出水设置的堰板进行调节。刮渣机的刮板移动速度，一般采用 0.5m/min，并应有调节的可能，使其速度有减少或增加 1 倍的幅度。下沉污泥颗粒的泥量，一般可按进泥量的 1/3 计算，池底刮泥机的设计数据参见沉淀池刮泥机的有关参数。刮出的浮渣，即气浮后的污泥，由于含有空气，其起始相对密度一般为 0.7，需贮存几小时后才恢复正常；若立即抽送时，应选用合适的泵型。

d. 加压溶气装置 加压溶气的气固化，一般采用 0.03~0.04（质量比），溶气效率通常取 50%。溶气罐的容积，一般按加压水停留 1~3min 计算，其绝对压力一般采用 $(2.94\sim4.90)\times10^5Pa$；罐体高与直径之比，常用 2~4。加压泵的出水管压力，不应低于溶气罐的压力，一般采用 $(2.94\sim4.90)\times10^5Pa$。

（3）计算公式

气浮浓缩池的计算公式如表 3-25 所列。

表 3-25　气浮浓缩池计算公式

名　称	公　式	符　号　说　明
加压水回流量	$Q_r = \dfrac{QC_0\left(\dfrac{A}{S}\right)1000}{\gamma C_s\left(\eta\dfrac{P}{9.81\times10^4}-1\right)}$	Q_r——加压水回流量，m^3/d； Q——气浮处理的污泥量，m^3/d； C_0——气浮污泥浓度，kg/m^3； P——溶气罐中绝对压力，Pa； η——溶气效率； C_s——在一定温度、标准大气压下的空气溶解度，ml/L； A——标准大气压时释放的空气量，kg/d； S——污泥干重，kg/d； $\dfrac{A}{S}$——气固比； γ——空气密度，g/L
回流比	$R = \dfrac{Q_r}{Q}$	R——回流比
总流量	$Q_T = Q(1+R)$	Q_T——总流量，m^3/h
气浮池表面积	$A = \dfrac{QC_0}{M}$	A——气浮池表面积，m^2； M——固体通量，$kg/(m^2 \cdot d)$
过水断面积	$W = \dfrac{Q_T}{v}$	W——过水断面积，m^2； v——水平流速，m/h
气浮池高度	$H = h_1 + h_2 + h_3$	H——气浮池总高度，m； h_1——分离区高度，由过水断面面积 ω 计算，m； h_2——浓缩区高度，m，一般采用 $1.2m$ 或池宽的 $3/10$； h_3——死水区高度，m，一般采用 $0.1m$
水力负荷（校核）	$q = \dfrac{Q_T}{A}$	q——水力负荷，$m^3/(m^2 \cdot d)$
停留时间（校核）	$T = \dfrac{AH}{Q_T}$	T——停留时间，h
溶气罐容积	$V = \dfrac{tQ_r}{60}$	V——溶气罐容积，m^3； t——停留时间，min
溶气罐高度	$H = \dfrac{4V}{\pi D^2}$	H——溶气罐高度，m

【例题 3.16】　某污水处理厂剩余活性污泥量为 $1650m^3/d$，污泥浓度 C_0 为 $5kg/m^3$，即含水率为数 95%。根据气浮试验确定在不投加混凝剂的条件下气固比 $A/S=0.005$，污泥温度为 20℃，要求将剩余活性污泥浓缩到含水率为 97%，加压溶气的绝对压力为 49.0 $\times10^4Pa$。

【解】　设计计算

采用出水部分回流加压气浮流程。

（1）回流比 R

设计 2 座气浮池，每座气浮池流量 $Q=1650/2=825$（m^3/d）$=34.4m^3/h<100m^3/h$，所以采用矩形沉淀池；以下均按单个气浮池计算。查空气在水中溶解度表知，当污泥温度为 20℃时，空气溶解度 $C_s=18.7ml/L$，空气容重 $\gamma=1.164g/L$，溶气效率 $\eta=0.5$。

加压水回流量

$$Q_r=\frac{QC_0\left(\frac{A}{S}\right)1000}{\gamma C_s\left(\eta\frac{p}{9.81\times10^4}-1\right)}$$

$$=\frac{825\times5\times0.005\times1000}{1.164\times18.7\times\left(0.5\times\frac{49.0\times10^4}{9.81\times10^4}-1\right)}$$

$$=632.7(m^3/d)=26.4(m^3/h)$$

回流比

$$R=\frac{Q_r}{Q}=\frac{632.7}{825}=0.77$$

总流量

$$Q_T=Q(1+R)=825\times(1+0.77)=1460.3m^3/d=60.85m^3/h$$

（2）所需理论空气量

$$A=\gamma C_s\left(\eta\frac{P}{9.81\times10^4}-1\right)\frac{Q_r}{1000}$$

$$=1.164\times18.7\times\left(0.5\frac{49.0\times10^4}{9.81\times10^4}-1\right)\frac{632.7}{1000}=20.6kg/d$$

当温度为 20℃时，1 个大气压下空气的容重为 $1.164kg/m^3$，所需空气体积 $V=20.6/1.164=17.7m^3/d$。实际空气需要量为理论值的 2 倍，即实际空气需要量为 $17.7\times2=35.4m^3/d$。

（3）气浮浓缩池表面积

固体通量按不加混凝剂考虑，$M=1000kg/(m^2\cdot d)$。

污泥干重

$$W=QC_0=825\times5=4125kg/d$$

气浮浓缩池表面积

$$A=\frac{W}{M}=\frac{4125}{1000}=41.25m^2$$

设气浮池长宽比 $L/B=4$，则

$$B=\sqrt{\frac{A}{4}}=\sqrt{\frac{41.25}{4}}=3.21m$$

$$L=4B=4\times3.21=12.85m$$

（4）气浮池高度

$$H=h_1+h_2+h_3$$

取水平流速度 $v=4mm/s=14.4m/h$

过水断面面积

$$\omega=\frac{Q_T}{v}=\frac{60.85}{14.4}=4.23m$$

$$h_1 = \frac{\omega}{B} = \frac{4.23}{3.21} = 1.32\text{m}$$

取 $h_2 = 1.6\text{m}$，$h_3 = 0.1\text{m}$，则

$$H = 1.32 + 1.6 + 0.1 = 3.02\text{m}$$

按水力负荷进行核算：

$$q = \frac{Q_T}{A} = \frac{60.85}{41.25} = 1.48\text{m}^3/(\text{m}^2 \cdot \text{h})（符合设计规定）$$

按停留时间进行核算：

$$T = \frac{AH}{Q_T} = \frac{41.25 \times 3.02}{60.85} = 2.05\text{h}（符合设计规定）$$

（5）溶气罐容积

按停留时间 3min 计算，则

$$V = \frac{Q_r \times 3}{60} = \frac{26.4 \times 3}{60} = 1.32\text{m}^3$$

取罐直径 $D = 0.9\text{m}$，罐高为

$$H = \frac{4V}{\pi D^2} = \frac{4 \times 1.32}{3.14 \times 0.9^2} = 2.08\text{m}$$

罐高与直径比

$$\frac{H}{D} = \frac{2.08}{0.9} = 2.31（符合设计规定）$$

【例题 3.17】 某污水处理厂最大日污水量 $Q = 5 \times 10^4\text{m}^3/\text{d}$，进水 SS 浓度 200mg/L，初沉池 SS 去除率 40%，SS 总去除率 90%，初沉污泥含水率 98.5%，二沉池剩余污泥含水率 99.5%，浓缩污泥含水率 97%。若采用对初沉污泥进行重力浓缩，剩余污泥用常压气浮浓缩，试计算其浓缩池尺寸。若脱水工作时间为 6h/d，则浓缩与脱水匹配所需的污泥池容量为多少？

【解】

（1）重力浓缩池

日本设计指针规定固体负荷率为 60~90kg/(m² · d)，固体负荷、有效水深与污泥停留时间关系见表 3-26。

表 3-26　固体负荷与有效水深和停留时间关系

固体负荷 ＼ 有效水深	3.0m	3.5m	4.0m	4.5m
60kg/(m² · d)	18.1h	21.1h	24.1h	27.1h
70kg/(m² · d)	15.4h	17.9h	20.5h	23.1h
80kg/(m² · d)	13.5h	15.7h	18.0h	20.2h
90kg/(m² · d)	11.9h	13.8h	15.8h	17.8h

本例采用固体负荷 $C_W = 60\text{kg}/(\text{m}^2 \cdot \text{d})$，有效水深 4m，则所需面积为

$$A = \frac{C_1 (\text{kg/d})}{C_W [\text{kg}/(\text{m}^2 \cdot \text{d})]} \quad (\text{m}^2)$$

投加的固体物质量（C_1）为

$$C_1 = 5 \times 10^4 \times 200 \times 10^{-6} \times 0.4 = 4000 \text{kg/d}$$

所需表面积：$A = \dfrac{4000}{60} = 67 \text{m}^2$

采用 2 个圆形浓缩池，尺寸为 $\phi 6.5 \text{m} \times 4.0 \text{m}$（深）$\times 2$ 池

校核

固体负荷：$\dfrac{4000}{\pi/4 \times 6.5^2 \times 2} = 60.3 \text{kg/(m}^2 \cdot \text{d)}$

停留时间：$\dfrac{\pi/4 \times 6.5^2 \times 4 \times 2}{267} \times 24 = 23.8 \text{h}$

排放污泥量：$4000 \times \dfrac{100}{100 - 98.5} \times 10^{-3} = 267 \text{t/d}$

浓缩污泥量：$4000 \times \dfrac{100}{100 - 97} \times 10^{-3} = 133 \text{t/d}$

上清液排除量：$267 - 133 = 134 \text{m}^3/\text{d}$

（2）气浮浓缩池

每日排放剩余活性污泥固体量（C_2）为

$$C_2 = 5 \times 10^4 \times 200 \times 10^{-6} \times (0.9 - 0.4) = 5000 \text{kg/d}$$

剩余污泥量：$5000 \times \dfrac{100}{100 - 99.5} \times 10^{-3} = 1000 \text{t/d}$

浓缩后污泥量：$5000 \times \dfrac{100}{100 - 97} \times 10^{-3} = 167 \text{t/d}$

上清液排除量：$1000 - 167 = 833 \text{m}^3/\text{d}$

选用气浮浓缩机的固体负荷为 $25 \text{kg/(m}^2 \cdot \text{d)}$，每日工作 20h，则所需面积为

$$A = \dfrac{5000}{25 \times 20} = 10 \text{m}^2$$

若每台浓缩机面积为 2.5m^2，则需 4 台浓缩机。

混凝剂投加量为 0.2%，发泡剂投加量为 0.05%。

（3）贮泥池

浓缩污泥量为：$133 + 167 = 300 \text{t/d}$

贮泥时间：18h

则贮泥池容积（V）为：

$$V = \dfrac{\text{浓缩污泥量} \times \text{贮泥时间}}{24} = 300 \times \dfrac{18}{24} = 225 \text{m}^3$$

3.3.7.4 离心浓缩法

离心浓缩法主要用于场地狭小的场合，适于污泥浓缩的离心机主要是连续式卧式圆锥型和圆筒型离心机、间歇式离心机，其次是盘式和篮式离心机；后者主要是为胶体颗粒等物料研制的，并不太适用于污泥的浓缩。卧式圆锥型离心机和圆筒型离心机的工作原理相同，前者在结构上除了没有圆筒型离心机的转筒以外，其他方面完全一致。卧式圆锥型离心机分离室为圆锥形，在分离室内，液体越接近澄清液排出口，离心力越大，浓缩脱水效果就越好。间歇式离心机主要用于少量污泥和回收物料的浓缩。

离心浓缩的最大不足是能耗高，一般达到同样的浓缩效果，其电耗为气浮法的10倍。

离心浓缩的主要参数有入流污泥浓度、排出污泥含固量、固体回收率、高分子聚合物的投加量等。离心浓缩的设计工作很困难，通常参考相似工程实例。表 3-27 列出了离心机的运行参数，可供参考。

表 3-27 用于污泥浓缩的离心机运行参数

污 泥 种 类	入流污泥含固量/%	排泥含固量/%	高分子聚合物投加量/[g·(kg 干污泥)⁻¹]	固体物质回收率/%	离心机类型
剩余活性污泥	0.5～1.5	8～10	0;0.5～1.5	85～90;90～95	
厌氧消化污泥	1～3	8～10	0;0.5～1.5	80～90;90～95	
普通生物滤池污泥	2～3	9～10	0;0.75～1.5	90～95;95～97	轴筒式
厌氧消化的初沉污泥		8～9	0	84～97	
与生物滤池的混合污泥	2～3	7～9	0.75～1.5	94～97	
剩余活性污泥	0.75～1.0	5.0～5.5	0	90	
剩余活性污泥		4.0	0	80	
剩余活性污泥(经粗滤以后)	0.7	5.0～7.0	0	93～87	转盘式
剩余活性污泥	0.7	9～10	0	90～70	篮式

注：离心机型号规格可参考有关手册和产品说明书。

3.3.8 二次沉淀池工艺设计计算

前面有关沉淀池的规定，一般也都适用于二次沉淀池。本节根据二沉池特点，再做若干补充。

3.3.8.1 二次沉淀池的特点

二次沉淀池有别于其他沉淀池，首先在作用上有其特点。它除了进行泥水分离外，还进行污泥浓缩；并由于水量、水质的变化，还要暂时贮存污泥。由于二次沉淀池需要完成污泥浓缩的作用，所需要的池面积大于只进行泥水分离所需要的池面积。

其次，进入二次沉淀池的活性污泥混合液在性质上也有其特点。活性污泥混合液的浓度高（2000～4000mg/L），具有絮凝性能，属于成层沉淀。沉淀时泥水之间有清晰的界面，絮凝体结成整体共同下沉，初期泥水界面的沉速固定不变，仅与初始浓度 C 有关 $[u=f(C)]$。

活性污泥的另一特点是质轻，易被出水带走，并容易产生二次流和异重流现象，使实际的过水断面远远小于设计的过水断面。因此，设计平流式二次沉淀池时，最大允许的水平流速要比初次沉淀池的小一半；池的出流堰常设在离池末端一定距离的范围内；辐流式二次沉淀池可采用周边进水的方式以提高沉淀效果；此外，出流堰的长度也要相对增加，使单位堰长的出流量不超过 5～8m³/(m·h)。

由于进入二次沉淀池的混合液是泥、水、气三相混合体，因此在中心管中的下降流速不应超过 0.03m/s，以利气、水分离，提高澄清区的分离效果。曝气沉淀池的导流区，其下降流速还要小些（0.015m/s 左右），这是因为其气、水分离的任务更重的缘故。

由于活性污泥质轻，易腐变质等，采用静水压力排泥的二次沉淀池，其静水头可降至0.9m；污泥斗底坡与水平夹角不应小于 50°，以利污泥顺利滑下和排泥通畅。

3.3.8.2 二次沉淀池的计算与设计

二次沉淀池计算公式见表 3-28。

表 3-28　二次沉淀池计算公式

项　目	公　式	符　号　说　明
池表面积	$A=\dfrac{Q}{q}=\dfrac{Q}{3.6un}$ 或 $A=\dfrac{(1+R)QX}{q_sn}$	A——池表面积，m^2； Q——最大时污水量，m^3/h； q——水力表面负荷，$m^3/(m^2 \cdot h)$，一般为 $0.5\sim1.5m^3/(m^2 \cdot h)$； u——正常活性污泥成层沉淀的沉速，mm/s，一般为 $0.2\sim0.5mm/s$； R——污泥回流比，$\%$； X——混合液污泥浓度，kg/m^3； q_s——固体负荷率，$kg/(m^2 \cdot h)$，一般为 $120\sim150kg/(m^2 \cdot h)$； n——池个数；
池直径	$D=\sqrt{\dfrac{4A}{\pi}}$	D——池直径，m
沉淀部分有效水深	$H=Qt/A=qt$	H——池边有效水深，m，一般为 $2.5\sim4m$； t——水力停留时间，h，一般为 $1.5\sim2.5h$
污泥区容积	$V=\dfrac{4(1+R)QX}{X+X_R}$	X_R——回流污泥浓度，mg/L； $\dfrac{1}{2}(X+X_R)$——污泥斗中平均污泥浓度，mg/L
校核	出水堰最大负荷不宜大于 $1.7L/(s \cdot m)$	

3.3.8.3　德国二次沉淀池计算方法及算例

1991 年 2 月，德国污水技术联合会（简称 ATV）颁布了"五千当量人口以上一级活性污泥法设施计算方法"（ABI），这是目前德国污水处理厂设计的主要依据之一。

二次沉淀池的效果首先是用固体物的截留率来评价的。二次沉淀池出水悬浮物的含量在德国曾经为 $TSe\leqslant30mg/L$，而目前所执行的悬浮物出水标准为 $TSe\leqslant20mg/L$。但德国许多污水厂的实际出水悬浮含量小于 $20mg/L$。降低二次沉淀池出水悬浮物含量的意义是很大的，其主要表现在其他污染物含量的同时降低。据检测，在 $1mg/L$ 出水悬浮物（TSe）中含有：

$0.3\sim1.0mg/L$ 的 BOD_5；

$0.8\sim1.6mg/L$ 的 COD；

$0.08\sim1.0mg/L$ 的总氮 $N_{总}$；

$0.02\sim0.04mg/L$ 的总磷 $P_{总}$。

从以上数据可以看出，当出水中 $TSe=20mg/L$ 时，相应所包含在悬浮物中的其他污染物浓度为：

$BOD_5=6.0\sim20.0mg/L$；

$COD=16.0\sim32.0mg/L$；

$N_{总}=1.6\sim2.0mg/L$；

$P_{总}=0.4\sim0.8mg/L$。

这一组数据表明，二次沉淀池出水悬浮物含量对出水 BOD_5 的含量影响是极大的。

（1）计算的边界条件

矩形池长度应 $\leqslant60m$，圆形池直径应 $\leqslant50m$；

污泥指数 $SVI\leqslant180ml/g$；

比污泥体积 $VSV\leqslant600ml/L$；

回流污泥比 R，对于辐流池、平流池 $R\leqslant75\%$；对于竖流池 $R\leqslant100\%$。

（2）污泥指数 SVI

污泥指数是衡量污泥沉淀和浓缩的重要参数。对于活性污泥，当污泥指数 $SVI\leqslant100ml/g$ 时，则活性污泥有较好的沉淀浓缩性能；当污泥指数 $SVI>200ml/g$ 时，则活性污泥的沉淀浓缩性能是很差的。正确选取污泥指数对于二次沉淀池的计算是有重要意义的，但是污泥指数是与污泥成分和曝气池 BOD_5 污泥负荷 B_{TS} 有关系的。一般而言，应结合实际情况来选取，当没有实际运行经验时，可按表 3-29 选取。

表 3-29　污泥指数与污水类型及 BOD_5 污泥负荷(B_{TS})的关系

污水类型	污泥指数 SVI/(ml/g)	
	$B_{TS}>0.5$	$B_{TS}\leqslant0.05$
含有少量有机工业废水	100～150	75～100
含有较多有机工业废水	150～180	100～150

（3）设计进水量 Q_m

设计进水量 Q_m 为雨季的最大进水量。对于德国多数的合流制系统而言，Q_m 是 2 倍的旱季污水量，即 $Q_m=2Q_t$。

（4）二次沉淀池的表面积 A

二次沉淀池表面积 A 可以用最大进水量 Q_m 和允许表面负荷 q_A 进行计算，见式(3-9)：

$$A=\frac{Q_m}{q_A}\ (m^2)\qquad(3-9)$$

允许表面负荷 q_A [$m^3/(m^2 \cdot h)$] 是和池表面污泥体积负荷 q_{s1} [$L/(m^2 \cdot h)$] 及比污泥体积 VSV（ml/L）有明确关系的，见式(3-10)：

$$q_A=\frac{q_{s1}}{VSV}[m^3/(m^2 \cdot h)]\qquad(3-10)$$

为保证二沉池出水中 $TS_e\leqslant20mg/L$，辐流池、平流池要求 $q_{SV}\leqslant450L/(m^2 \cdot h)$；竖流池要求 $q_{SV}\leqslant600L/(m^2 \cdot h)$。

比污泥体积 VSV 在理论上是曝气池混合液浓度 TS_{BB} 和污泥指数 SVI 的乘积，这样式(3-10) 也可写为：

$$q_A=\frac{q_{SV}}{TS_{BB} \cdot SVI}\qquad(3-11)$$

按照这一报告的要求，比污泥体积 VSV$\leqslant$600ml/L。

另外需要注意的是，表面负荷 q_A 对于不同的池型有不同要求。对于辐流池、平流池，要求 $q_A\leqslant1.6m^3/(m^2 \cdot h)$；对于竖流池要求 $q_A\leqslant2.0m^3/(m^2 \cdot h)$。

对于辐流池、平流池而言，计算池表面积 A 就是池水面面积；对于竖流池而言，计算池表面积是进水口到池水面距离一半处的水平面面积。如果圆形池直径小于 20m，则应按竖流池计算和建造。

（5）回流污泥量 Q_{RS} 和回流比 R

曝气池、二次沉淀池的运行是通过曝气池混合液浓度 TS_{BB}、回流污泥浓度 TS_{RS} 及回流比 R 来互相影响的。其三者间平衡关系见式(3-12)：

$$R=\frac{TS_{BB}}{TS_{RS}-TS_{BB}}\qquad(3-12)$$

根据式(3-12)，在报告 A131 中给出了其三者间的关系曲线，如图 3-38 所示。报告 A131 对回流污泥比提出了限制，目的是防止因回流比过大，在二次沉淀池中产生涡流现象而影响出水水质。

（6）污泥浓缩时间 t_E

回流污泥可以达到的污泥浓度实质上取决于活性污泥的浓缩性能、二次沉淀池的浓缩条件及二次沉淀池刮排泥系统的性能。活性污泥的浓缩性能是用污泥指数 SVI 来衡量的，而

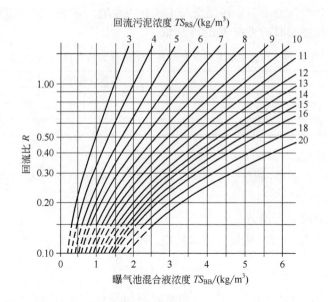

图 3-38 所要求的回流比与曝气池混合液浓度 TS_{BB}、与回流污泥浓度 TS_{RS} 关系图

活性污泥在二次沉淀池中的浓缩条件是受到污泥浓缩层的厚度、污泥在这一污泥层中的停留时间 t_E 影响的。

二次沉淀池中的活性污泥层越厚、污泥的浓缩时间越长,污泥浓缩的也就越好。但是,为了避免污染物在二次沉淀池中的再释放溶解产生污泥上浮现象和脱氮反应的发生,希望沉淀污泥的浓缩时间尽可能的短。最佳污泥浓缩时间在德国目前仍是一个重要的研究课题。但是鉴于正确选择污泥的浓缩时间 t_E 有着特别的意义,因而 ATV 协会又补充了污泥浓缩时间的推荐值(见表 3-30)。表中的污泥浓缩时间是根据污水不同的净化程度来确定的。

表 3-30 污泥浓缩 t_E 推荐值

污水净化方式	污泥浓缩时间 t_E/h	污水净化方式	污泥浓缩时间 t_E/h
无硝化(仅去除 BOD₅)	1.5~2.0	有脱氮(去除 BOD₅ 和氮)	2.0~2.5
有硝化(无脱氮措施)	1.0~1.5	有生物除磷措施	1.0~1.5

(7) 二次沉淀池池底污泥浓度 TS_{BS} 和回流污泥浓度 TS_{RS}

在二次沉淀池池底所能达到的污泥浓度 TS_{BS} 可以按与污泥指数 SVI 及浓缩时间有关的经验公式(见式 3-13)进行计算。

$$TS_{BS} = \frac{1000}{SVI} \cdot \sqrt[3]{t_E} \quad (kg/m^3) \tag{3-13}$$

其间的关系曲线如图 3-39 所示。

由于排泥体积流的影响,回流污泥浓度 TS_{RS} 是小于池底污泥浓度 TS_{BS} 的。回流污泥浓度的计算目前还没有准确的方法。在报告 A131 中给出了按不同刮排泥方式回流污泥浓度的近似计算方法:

刮板式刮泥机 $TS_{RS} = 0.7 TS_{BS}$

吸泥机 $TS_{RS} = 0.5 \sim 0.7 TS_{BS}$

污泥斗排泥 $TS_{RS} = TS_{BS}$

（8）二次沉淀池池深

基于二次沉淀池不同的任务要求、二次沉淀池需要有足够的运行容积空间。图 3-40、图 3-41 是不同池型二次沉淀池的功能区域和池深情况。

图 3-40～图 3-42 是一种计算模式图。区域划分的目的是为了清楚地表示在不同区域所进行的不同过程。实际上这种水平层的界限是难以划分清楚的，仅仅是在絮凝体区的表面产生一水平的污泥和清水的分界线。

清水区是一安全区，其最小深度为：

$$h_1 = 0.5 \text{m}$$

在这一区域的出水堰要注意减轻风的影响，要注意减轻密度流及不均匀的表面负荷的影响。

分离区的计算原则是：进水包括回流污泥（其中净水成分部分）总量在这一区域停留 0.5h 所需的容积。其深度 h_2 计算见式（3-14）：

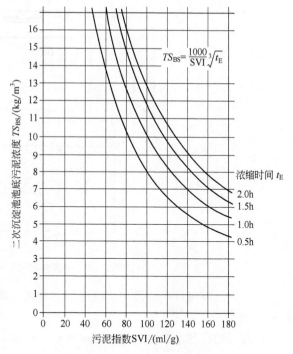

图 3-39 二次沉淀池池底污泥浓度 TS_{BS} 与污泥指数 SVI 及与浓缩时间的关系

$$h_2 = \frac{0.5 q_A (1+R)}{1-(\text{VSV}/1000)} (\text{m}) \tag{3-14}$$

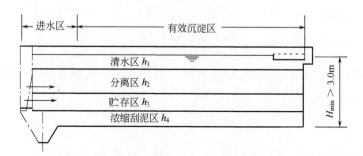

图 3-40 平流式沉淀池分区及池深示意

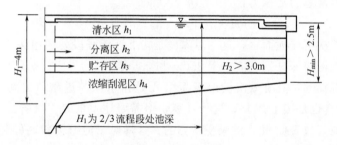

图 3-41 辐流式沉淀池分区及池深示意

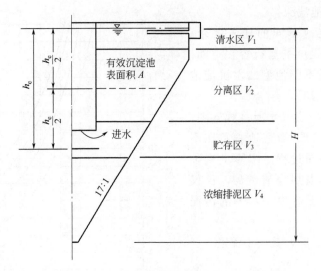

图 3-42　竖流式沉淀池分区及池深示意

在这一区域进行的是泥与水混合液的分离，同时也进行着絮凝过程，这对于污泥的沉淀是有利的。

贮存区的任务是贮存在最大进水流量（雨季）Q_m 时从曝气池排挤出的活性污泥。贮存区也是分离区的扩大，同时它也和分离区共同构成了一个整体。贮存区应该按曝气池中混合液浓度变化 $\Delta TS_{BB}=0.3TS_{BB}$ 考虑。贮存区的计算原则是：该贮存区应能将从曝气池额外排出的体积浓度为 $500L/m^3$ 的污泥贮存 1.5h。其深度计算见式(3-15)：

$$h_3=\frac{0.3TS_{BB}\cdot SVI\cdot 1.5q_A(1+R)}{500}\ (m)\tag{3-15}$$

由式(3-11) 可知，$q_{SV}=TS_{BB}\cdot SVI\cdot q_A$，则式(3-15) 可改写为式(3-16)：

$$h_3=\frac{0.45q_{SV}\cdot(1+R)}{500}\ (m)\tag{3-16}$$

在浓缩刮泥区进行的是污泥的浓缩和污泥的收集。浓缩区的高度是与浓缩时间有关的，其深度的计算见式(3-17)：

$$h_4=\frac{q_{SV}\cdot(1+R)\cdot t_E}{C}\ (m)\tag{3-17}$$

式中的浓缩区的污泥体积浓度 C 是一经验参数，可按式(3-18) 计算：

$$C=300t_E+500\ (L/m^3)\tag{3-18}$$

这样二次沉淀池总的池深为：

$$H=h_1+h_2+h_3+h_4\ (m)\tag{3-19}$$

对于辐流式二次沉淀池而言，这一总深度是指 2/3 流程段处的池深。对于平流式沉淀池及辐流式沉淀池其池边深分别不应小于 3.0m 和 2.5m。

对于竖流式沉淀池，其有效沉淀池表面积 A 是指水面与进水口之间一半处的面积。其池深 $h_2\sim h_4$ 的计算也是按上述公式进行计算，但需要注意的是，其各区的容积（$V_2\sim V_4$）是按计算池深与池有效表面积 A 的乘积计算的。这样对于池壁为斜墙的竖流式沉淀池而言，实际的池深是大于计算池深的。

（9）二次沉淀池计算举例

报告 A131 详细给出了二次沉淀池的计算方法，现给出一组例子，其计算结果见表 3-31。

表 3-31 二次沉淀池计算举例

计 算 内 容	辐流式沉淀池和平流式沉淀池						竖流式沉淀池					
							污泥斗				刮泥机	
计算例子	1	2	3	4	5	6	7	8	9	10	11	12
池表面污泥体积负荷 q_{SV}/[L/(m²·h)]	300	300	450	450	450	600	600	600	600	600	600	600
水力表面负荷 q_A/[m³/(m²·h)]	1.00	0.75	1.20	1.50	1.50	1.40	1.11	1.33	1.50	1.33	1.67	2.00
曝气池混合液浓度 TS_{BB}/(kg/m³)	3.0	4.0	2.5	3.0	3.0	4.0	3.6	3.0	4.0	4.5	3.0	3.5
污泥指数 SVI/(ml/g)	100	100	150	100	100	80	150	150	100	100	120	85
回流污泥比 R/%	0.75	1.00	0.75	0.50	0.75	0.75	0.75	0.75	0.75	0.75	0.75	0.50
回流污泥浓度 TS_{RS}/(kg/m²)	7.0	8.0	5.8	9.0	7.0	9.5	8.5	7.0	9.5	10.5	7.0	10.5
二次沉淀池池底污泥浓度 TS_{BS}/(kg/m³)	10.0	11.4	8.3	12.9	10.0	13.6	8.5	7.0	9.5	10.5	10.0	15.0
满足 TS_{BS} 所需求的浓缩时间 t_E/h	1	1.5	2.0	2.0	1.0	2.0	1	1.5	1	1.5	2.0	2.0
$h_1 = 0.5$m	0.5	0.5	0.5	0.5	0.5	0.5	0.5	0.5	0.5	0.5	0.5	0.5
$h_2 = \dfrac{0.5q_A(1+R)}{1-\mathrm{VSV}/1000}$(m)	1.25	1.25	1.68	1.61	1.88	1.80	2.11	2.12	2.19	2.12	2.28	2.14
$h_3 = \dfrac{0.45q_{SV}(1-R)}{500}$(m)	0.47	0.54	0.71	0.61	0.71	0.95	0.95	0.95	0.95	0.95	0.95	0.81
$h_4 = \dfrac{q_{S1}(1-R)t_E}{C}$(m)	0.66	0.95	1.43	1.22	0.98	1.24	1.91	1.66	1.31	1.66	1.91	1.63
$H = h_1 + h_2 + h_3 + h_4$(m)	2.88	3.24	4.32	3.94	4.07	4.25	5.47①	523①	4.95①	5.23①	5.65	5.08
选择池深/m	3.00	3.30	4.30	4.00	4.40	4.30					5.70	5.10

① 其实际池深应按计算容积再进行核算。

【例题 3.18】

对中心进水辐流式二沉池进行工艺设计。

已知条件：设计流量 $Q = 2700\text{m}^3/\text{h}$；$K_z = 1.3$；水力表面负荷 $q' = 1.0 \sim 1.5\text{m}^3/(\text{m}^2 \cdot \text{h})$，出水堰负荷设计规范规定为 $\leqslant 1.7\text{L}/(\text{s} \cdot \text{m})[146.88\text{m}^3/(\text{m} \cdot \text{d})]$；沉淀池个数 $n = 2$；沉淀时间 $T = 3\text{h}$，设计计算二沉池主要尺寸。

【解】 （1）主要尺寸计算

① 池表面积

$$A = \frac{Q}{q'} = \frac{2700}{1.1} = 2454.55\text{m}^2$$

② 单池面积

$$A_{单池} = \frac{A}{n} = \frac{2454.55}{2} = 1227.27\text{m}^2$$

③ 池直径

$$D = \sqrt{\frac{4A_{单池}}{\pi}} = 39.54\text{m （设计取 } D = 40\text{m）}$$

④ 沉淀部分有效水深

$$h_2 = q' \times T = 1.1 \times 3 = 3.3\text{m}$$

⑤ 沉淀部分有效容积

$$V=\frac{\pi D^2}{4}\times h_2=\frac{3.14\times 40^2}{4}\times 3.3=4144.8\text{m}^3$$

⑥ 沉淀池底坡落差

取池底坡度

则

$$i=0.05$$

$$h_4=i\times\left(\frac{D}{2}-2\right)=0.05\times\left(\frac{40}{2}-2\right)=0.9\text{m}$$

⑦ 沉淀池周边（有效）水深

$$H_0=h_2+h_3+h_5=3.3+0.5+0.5=4.3\text{m}>4\text{m}$$

（$D/H_0=9.3$，规范规定辐流式二沉池 $D/H_0=6\sim12$）

式中　h_3——缓冲层高度，取 0.5m；

h_5——刮泥板高度，取 0.5m。

⑧ 沉淀池总高度

$$H=H_0+h_4+h_1=4.3+0.9+0.3=5.5\text{m}$$

式中　h_1——沉淀池超高，取 0.3m。

辐流式沉淀池的计算图如图 3-43 所示。泥斗计算略。

（2）进水系统计算

a. 进水管的计算

单池设计污水流量

$$Q_单=\frac{Q}{2}=\frac{2700}{2}=1350\text{m}^3/\text{h}=0.375\text{m}^3/\text{s}$$

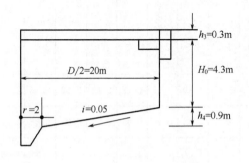

图 3-43　辐流式沉淀池的计算图

进水管设计流量

$$Q_进=Q_单\times(1+R)=1350\times(1+0.5)=2025\text{m}^3/\text{h}=0.5625\text{m}^3/\text{s}$$

管径 $D_1=800\text{mm}$；$v_1=1.12\text{m/s}$；$1000i=1.83$

b. 进水竖井

进水井径采用 $D_2=1.5\text{m}$，

出水口尺寸 $0.45\times1.5\text{m}^2$，共 6 个沿井壁均匀分布

出水口流速

$$v_2=\frac{0.563}{0.45\times1.5\times6}=0.139\text{m/s}\ (\leqslant 0.15\sim0.2\text{m/s})$$

c. 稳流筒计算

筒中流速

$$v_3=0.03\sim0.02\text{m/s}\ (取 0.03\text{m/s})$$

稳流筒过流面积

$$f=\frac{Q_进}{v_3}=\frac{0.563}{0.03}=18.75\text{m}^2$$

稳流筒直径

$$D_3=\sqrt{\frac{4f}{\pi}+D_2^2}=\sqrt{\frac{4\times18.75}{3.14}+1.5^2}=5.1\text{m}$$

（3）出水部分设计

142

a. 单池设计流量

$$Q_单=\frac{Q_设}{2}=\frac{2700}{2}=1350\text{m}^3/\text{h}=0.375\text{m}^3/\text{s}$$

b. 环形集水槽内流量

$$q_集=\frac{Q_单}{2}=\frac{0.375}{2}=0.188\text{m}^3/\text{s}$$

c. 环形集水槽设计

① 采用周边集水槽，单侧集水，每池只有 1 个总出水口。

集水槽宽度为

$$b=0.9(kq_集)^{0.4}=0.9\times(1.2\times0.188)^{0.4}=0.496\text{m}（取 b=0.5\text{m}）$$

式中，k 为安全系数，采用 $1.5\sim1.2$。

集水槽起点水深为

$$h_起=0.75b=0.75\times0.5=0.375\text{m}$$

集水槽终点水深为

$$h_终=1.25b=1.25\times0.5=0.625\text{m}$$

槽深均取 0.8m。

② 采用双侧集水环形集水槽计算。取槽宽 $b=1.0$m；槽中流速 $v=0.6$m/s

槽内终点水深：

$$h_4=\frac{q}{vb}=\frac{0.375/2}{0.6\times1.0}=0.313\text{m}$$

槽内起点水深：

$$h_3=\sqrt[3]{\frac{2h_k^3}{h_4}+h_4^2}$$

$$h_k=\sqrt[3]{\frac{aq^2}{gb^2}}=\sqrt[3]{\frac{1.0\times\left(\frac{0.375}{2}\right)^2}{g\times1.0^2}}=0.153\text{m}$$

$$h_3=\sqrt[3]{\frac{2h_k^3}{h_4}+h_4^2}=\sqrt[3]{\frac{2\times0.153^3}{0.313}+0.313^2}=0.495\text{m}$$

③ 校核

当水流增加 1 倍时，$q=0.375$m^3/s；$v'=0.8$m/s

$$h_4=\frac{q}{vb}=\frac{0.375}{0.8\times1.0}=0.47\text{m}$$

$$h_k=\sqrt[3]{\frac{aq^2}{gb^2}}=\sqrt[3]{\frac{1.0\times0.375^2}{g\times1.0^2}}=0.243\text{m}$$

$$h_3=\sqrt[3]{\frac{2h_k^3}{h_4}+h_4^2}=\sqrt[3]{\frac{2\times0.243^3}{0.47}+0.47^2}=0.66\text{m}$$

设计取环形槽内水深为 0.6m，集水槽总高为 0.6+0.3（超高）=0.9m，采用 90°三角堰（见图 3-44），计算如下。

d. 出水溢流堰的设计

采用出水三角堰（90°）

① 堰上水头（即三角口底部至上游水面的高度）

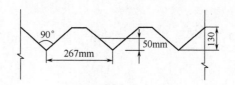

图 3-44　出水 90°三角堰

$$H_1 = 0.05\text{m}（\text{H}_2\text{O}）$$

② 每个三角堰的流量 q_1

$$q_1 = 1.343H_1^{2.47} = 1.343 \times 0.05^{2.47} = 0.0008213（\text{m}^3/\text{s}）$$

③ 三角堰个数 n_1

$$n_1 = \frac{Q_{单}}{q_1} = \frac{0.375}{0.0008213} = 456.59（\text{个}）（\text{设计取 } 457 \text{ 个}）$$

④ 三角堰中心距（单侧出水）

$$L_1 = \frac{L}{n_1} = \frac{\pi(D-2b)}{n_1} = \frac{3.14 \times (40-2 \times 0.5)}{457} = 0.267\text{m}$$

（双侧出水三角堰中心距计算略）

（4）排泥部分设计

a. 单池污泥量

总污泥量为回流污泥量加剩余污泥量。

回流污泥量　　　　$Q_R = Q_{设} \times R = 2700 \times 0.5 = 1350\text{m}^3/\text{h}$

剩余污泥量　　　　$Q_s = \dfrac{\Delta X}{f \cdot X_r} = \dfrac{Y(S_0-S_e)Q - K_d VX_v}{f \cdot X_r}$

式中　Y——污泥产率系数，生活污水一般为 0.5～0.65，城市污水 0.4～0.5（取 0.5）；

　　　K_d——污泥自身氧化率，生活污水一般为 0.05～0.1，城市污水 0.07 左右（取 0.065）

$$X_v = f \cdot X = 0.75 \times 3300 = 2475 \approx 2500\text{mg/L} = 2.5\text{kg/m}^3$$

$$X_r = r \cdot \frac{10^6}{\text{SVI}} = 1.2 \times \frac{10^6}{120} = 10000\text{mg/L} = 10\text{kg/m}^3$$

$$Q_S = \frac{\Delta X}{f \cdot X_r} = \frac{Y(S_0-S_e)Q - K_d VX_v}{f \cdot X_r}$$

$$= \frac{0.5 \times 0.18 \times 2700 \times 24 - 0.065 \times 13091 \times 2.5}{1.3 \times 0.75 \times 10}$$

$$= 380\text{m}^3/\text{d} = 16\text{m}^3/\text{h}$$

$$Q_{泥总} = Q_R + Q_S = 1350 + 16 = 1366\text{m}^3/\text{h}$$

$$Q_{单} = \frac{Q_{泥总}}{2} = 683\text{m}^3/\text{h}$$

b. 集泥槽沿整个池径为两边集泥，故其设计泥量为

$$q = \frac{Q_{单}}{2} = \frac{683}{2} = 341.5\text{m}^3/\text{h} = 0.095\text{m}^3/\text{s}$$

集泥槽宽

$$b = 0.9q^{0.4} = 0.9 \times 0.095^{0.4} = 0.351\text{m}（\text{取 } b = 0.4\text{m}）$$

起点泥深

$$h_1 = 0.75b = 0.75 \times 0.4 = 0.3\text{m}（\text{取 } h_1 = 0.4\text{m}）$$

终点泥深
$$h_2=1.25b=1.25\times0.4=0.5\mathrm{m}\text{（取 }h_2=0.6\mathrm{m}\text{）}$$

集泥槽深均取 0.8m（超高 0.2m）。

【例题3.19】 对周边进水周边出水辐流式二沉池进行工艺设计

已知条件：设计流量 $Q=2700\mathrm{m}^3/\mathrm{h}$，水力表面负荷 $q'=1.0\sim1.5\mathrm{m}^3/(\mathrm{m}^2\cdot\mathrm{h})$，出水堰负荷设计规范规定 $\leqslant1.7\mathrm{L}/(\mathrm{s}\cdot\mathrm{m})\ [146.88\mathrm{m}^3/(\mathrm{m}\cdot\mathrm{d})]$；沉淀池个数 $n=2$，沉淀时间 $T=3\mathrm{h}$。

【解】 （1）二沉池主要尺寸

① 池表面积
$$A=\frac{Q_{设}}{q_{水}}=\frac{2700}{1.1}=2454.55\mathrm{m}^2$$

② 单池面积
$$A_{单池}=\frac{A}{n}=\frac{2454.55}{2}=1227.27\mathrm{m}^2$$

③ 池直径
$$D=\sqrt{\frac{4A_{单池}}{\pi}}=39.54\mathrm{m}\text{（设计取 }D=40\mathrm{m}\text{）}$$

④ 沉淀部分有效水深
$$h_2=q_{水}\times T=1.1\times3=3.3\mathrm{m}$$

⑤ 沉淀部分有效容积
$$V=\frac{\pi D^2}{4}\times h_2=\frac{3.14\times40^2}{4}\times3.3=4144.8\mathrm{m}^3$$

⑥ 沉淀池底坡落差

取池底坡度 $i=0.05$，则
$$h_4=i\times\left(\frac{D}{2}-2\right)=0.05\times(40/2-2)=0.9\mathrm{m}$$

⑦ 沉淀池周边（有效）水深
$$H_0=h_2+h_3+h_5=3.3+0.5+0.5=4.3\mathrm{m}>4\mathrm{m}$$

（$D/H_0=40/4.3$，规范规定辐流式二沉池 $D/H_0=6\sim12$，符合规定）

式中　h_3——缓冲层高度取 0.5m；

　　　h_5——刮泥板高度取 0.5m。

⑧ 沉淀池总高度
$$H=H_0+h_4+h_1=4.3+0.9+0.3=5.5\mathrm{m}$$

式中　h_1——沉淀池超高，0.3m。

（2）进水系统计算

① 进水配水槽的计算

单池设计污水流量
$$Q_{单}=\frac{Q_{设}(1+R)}{2}=\frac{2700(1+0.5)}{2}=2025\mathrm{m}^3/\mathrm{h}=0.563\mathrm{m}^3/\mathrm{s}$$

出水端槽宽
$$B_1=0.9\left(\frac{Q}{2}\right)^{0.4}=0.9\left(\frac{0.563}{2}\right)^{0.4}=0.54\mathrm{m}\text{（取 }0.6\mathrm{m}\text{）}$$

槽中流速取 0.6m/s。

进水端水深

$$H_1 = \frac{Q}{vB_1} = \frac{\left(\dfrac{0.563}{2}\right)}{0.6 \times 0.6} = 0.78\text{m}$$

出水端水深

$$H_2 = \sqrt{H_1^2 + \frac{Q^2}{2gB_1^2 H_1}} = \sqrt{0.78^2 + \frac{\left(\dfrac{0.563}{2}\right)^2}{2g \times 0.6^2 \times 0.78}} = 0.79\text{m}$$

② 校核

当水流增加 1 倍时 $Q = 0.563\text{m}^3/\text{s}$，$v = 0.8\text{m/s}$。

槽宽 B_1

$$B_1 = 0.9 \times (0.563)^{0.4} = 0.72\text{m}（取 0.8\text{m}）$$

$$H_1 = \frac{Q}{vB_1} = \frac{0.563}{0.8 \times 0.8} = 0.88\text{m}$$

$$H_2 = \sqrt{H_1^2 + \frac{Q^2}{2gB_1^2 H_1}} = \sqrt{0.88^2 + \frac{0.563^2}{2g \times 0.8^2 \times 0.88}} = 0.9\text{m}$$

取槽宽 $B = 0.8\text{m}$；槽深 $H = 1.1\text{m}$。

（3）出水部分计算

环形集水槽计算同上。

（4）固体通量计算法

【例题 3.20】 固体通量计算法算例

已知处理水量 $0.25\text{m}^3/\text{s}$，一级出水 BOD 250mg/L，采用完全混合式活性污泥法处理，处理水质 BOD_5 20mg/L，SS 20mg/L，水温 20℃，回流污泥浓度 MLSS 10000mg/L，MLVSS 3500mg/L，泥龄 10d，最大时流量为平均流量的 2.5 倍。试验得出 MLSS 沉淀数据如下表所列：

MLSS/(mg/L)	1600	2500	2600	4000	5000	8000
等速沉淀速度/(m/h)	3.35	2.44	1.52	0.61	0.30	0.09

试采用固体通量法计算二沉池。

【解】

（1）由沉淀试验数据作出重力固体通量曲线

① 在坐标纸上绘出沉淀试验曲线（见图 3-45）

② 以图 3-45 为依据，得到以下数据：

固体浓度/(mg/L)	1000	1500	2000	2500	3000	4000	5000	6000	7000	8000	9000
等速沉速/(m/h)	4.02	3.15	2.80	1.74	1.23	0.55	0.30	0.20	0.13	0.09	0.07
固体通量/[kg/(m²·h)]	4.02	4.73	5.60	4.35	3.69	2.20	1.50	1.20	0.91	0.72	0.63

③ 以上表为依据，作出污泥浓度与固体通量关系图（见图 3-46）。

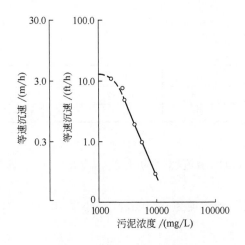

图 3-45　污泥浓度与沉速关系　　　　图 3-46　污泥浓度与固体通量关系

（2）二沉池底流浓度在 8000mg/L～12000mg/L 范围内，从图 3-46 由底流浓度作切线相交于纵坐标，得出各对应的固体通量数值，见下表所列：

底流浓度/(mg/L)	8000	9000	10000	11000	12000
极限固体通量/[kg/(m²·d)]	101.2	82.36	68.24	60.00	50.59

（3）MLSS 浓度为 4375mg/L（3500/0.8）所对应的回流比确定

① 由物料平衡方程知

$$QX_0 + RQX_u = (1+R)Q \times 4375$$

式中　Q——污水流量（m^3/d）；

　　　X_0——进水 VSS 浓度，mg/L，约为 0；

　　　X_u——底流浓度，mg/L。

因此，

$$R = \frac{4375}{X_u - 4375}$$

② 与底流浓度对应的回流比计算见下表：

X_u/(mg/L)	8000	9000	10000	11000	12000
X_u-4375/(mg/L)	3625	4642	5625	6625	7525
R	1.21	0.95	0.78	0.66	0.57

（4）用下式计算沉淀池面积

$$G_L = \frac{(1+R)QX}{24A}$$

式中　G_L——极限固体通量，kg/(m²·h)；

　　　X——MLSS 浓度，mg/L；

　　　A——沉淀面积，m²。

计算结果见下表：

X_u/(mg/L)	8000	9000	10000	11000	12000
G_L/[kg/(m²·h)]	101.2	82.36	68.24	60.00	50.59
R	1.21	0.95	0.78	0.66	0.57
A/m²	2072	2258	2492	2611	2945

147

（5）溢流速度（表面负荷）计算

按 $u=q=\dfrac{Q}{A}$ 计算溢流速度，计算结果见下表：

$X_u/(mg/L)$	8000	9000	10000	11000	12000
固体负荷/[kg/(m²·h)]	101.2	82.36	68.24	60.00	50.59
溢流速度/[m³/(m²·d)]	10.43	9.57	8.76	8.27	7.33

（6）底流浓度 10000mg/L 时沉淀安全性校核

① 由上步表中可知，底流浓度 10000mg/L 对应的溢流速度为 $8.76m^3/(m^2 \cdot d)$，即沉淀速度为 0.37m/h。

② 由沉淀曲线求得沉淀速度为 0.37m/h 时的污泥浓度为 4700mg/L，小于 10000mg/L。证明安全性良好。

（7）污泥浓缩所需的深度确定

沉淀池沉淀区最小水深 $h_1=1.5m$。

① 正常情况下，二沉池中污泥量约占曝气池中污泥量的 30%。污泥区的平均浓度为 7000mg/L [（4000＋10000)/2mg/L]。

② 曝气池中污泥量计算

$$曝气池中污泥量 = VX = 4698 \times 4375/1000 = 20554kg$$

③ 沉淀池中污泥量＝0.3×20554＝6166kg

④ 沉淀池污泥区深度 h_1 可由下列物料平衡方程确定

$$A(m^2) \times h_2(m) \times 7kg/m^3 = 6166kg$$

得
$$h_2 = \frac{6166}{7 \times 2492} = 0.35m$$

⑤ 设定高峰流量时多出污泥必须在二沉池内贮存，因此，要考虑沉淀区的调节容量。假设高峰流量按平均流量的 2 倍，且贮存 2d 以及 BOD 负荷增加 1.5 倍来设计。

高峰时污泥量 P_x 为

$$P_x = Y_0 Q (S_0 - S_e)$$

式中，$Y_0 = 0.3215$，$Q = 2.5 \times 21600 = 54000m^3/d$，$S_0 = 1.5 \times 250 = 375mg/L$，$S_e = 1.5 \times 20 = 30mg/L$。

则 $P_x = 0.3215 \times 54000 \times (375 - 30) = 5990kg$

高峰流量持续 2d，则 2d 总污泥量为 2×5990＝11980kg

因而知沉淀池在高峰时总污泥量为 11980×6166＝18146kg

所以高峰时贮泥深度 h_2 为

$$h_2 = \frac{18146kg}{7kg/m^3 \times 2611m^2} = 1.0m$$

⑥ 沉淀池总深 $H = h_1 + h_2 + h_3 = 1.5 + 0.35 + 1.0 = 2.85m$

（8）高峰流量期表面负荷校核

① 高峰流量 $Q_P = 2.5 \times 21600 = 54000m^3/d$

② 高峰期表面负荷 $q=\dfrac{54000}{2492}=21.7\text{m}^3/(\text{m}^2 \cdot \text{d})=0.9\text{m}^3/(\text{m}^2 \cdot \text{h})<1.5\text{m}^3/(\text{m}^2 \cdot \text{h})$

（9）沉淀池直径确定

取沉淀面积 $A=2611\text{m}^2$，池数 $n=2$，则每池直径 D

$$D=\sqrt{\frac{4A}{2\pi}}=\sqrt{\frac{2\times 2611}{3.14}}=40.78\text{m}，\text{取 } 40\text{m}$$

4 生物处理单元工艺设计计算

污水生物处理的基本目的是去除有机物、悬浮物和氮、磷营养物质。为达到这些目的，近年来城市污水处理新工艺、新技术得到了广泛的应用，并取得了良好的效果。本章以这些新工艺、新技术为中心，重点介绍其工艺设计计算。

4.1 普通活性污泥法

4.1.1 工艺流程

活性污泥系统主要由曝气池、曝气系统、二沉池、污泥回流系统和剩余污泥排放系统组成。其工艺流程如图 4-1 所示。

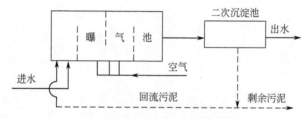

图 4-1 普通活性污泥法处理流程

4.1.2 运行方式、设计参数及规定

活性污泥法有多种运行方式，各种运行方式及设计参数见表 4-1。

表 4-1 曝气池主要设计数据

类 别	污泥负荷 /[kg/(kg·d)]	污泥浓度 /(g/L)	容积负荷 /[kg/(m³·d)]	污泥回流比/%	总处理效率/%
普通曝气	0.2~0.4	1.5~2.5	0.4~0.9	25~75	90~95
阶段曝气	0.2~0.4	1.5~3.0	0.4~1.2	25~75	85~95
吸附再生曝气	0.2~0.4	2.5~6.0	0.9~1.8	50~100	80~90
合建式完全混合曝气	0.25~0.5	2.0~4.0	0.5~1.8	100~400	80~90
延时曝气(包括氧化沟)	0.05~0.1	2.5~5.0	0.15~0.3	60~200	95 以上
高负荷曝气	1.5~3.0	0.5~1.5	1.5~3	10~30	65~75

4.1.3 污泥龄（θ_c）、水温与出水 BOD 浓度（S_e）的相关关系式

根据多个污水处理厂运行数据，采用曲线拟合法得出它们之间的相关关系方程为：

温度大于 25℃时，有 $S_e = 11.54\theta_c^{-0.744}$　（相关系数 $r = 0.74$）

温度为 20~25℃时，$S_e = 9.75\theta_c^{-0.674}$　（$r = 0.60$）

温度为 15~20℃时，$S_e = 10.42\theta_c^{-0.519}$　（$r = 0.55$）

温度小于 15℃时，$S_e = 13.73\theta_c^{-0.554}$　（$r = 0.64$）

4.1.4　计算公式

活性污泥基本计算公式见表 4-2。

表 4-2　活性污泥法基本计算公式

项　目	公　式	符　号　说　明
处理效率	$\eta = \dfrac{S_a - S_e}{S_a} \times 100\%$	η——BOD 去除效率，%； S_a——进水 BOD 浓度，kg/m³； S_e——出水 BOD 浓度，kg/m³
曝气池容积 混合液污泥浓度	$V = \dfrac{QS_a}{N_s X}(\text{m}^3)$ $X = \dfrac{R}{1+R} \cdot X_r$	Q——污水设计流量，m³/d； N_s——BOD-污泥负荷，kgBOD₅/(kgMLSS·d)； X——污泥浓度 MLSS，kg/m³ R——污泥回流比 X_r——回流污泥浓度，mg/L
水力停留时间	$T = \dfrac{V}{Q}(\text{h})$	T——水力停留时间，h
污泥产量	干泥量 $\Delta X_V = aQS_r - bVX_V(\text{kg/d})$ 湿泥量 $Q_s = \dfrac{\Delta X_V}{f X_r}(\text{m}^3/\text{d})$ $X_r = \dfrac{10^6}{\text{SVI}} \cdot r(\text{mg/L})$	ΔX_V——系统每日排除剩余污泥量，kg/d； S_r——去除 BOD 浓度，kg/m³； a——污泥增值系数，0.5～0.7； b——污泥自身氧化率，0.04～0.1； X_V——挥发性悬浮固体浓度 MLVSS，kg/m³；且满足 $X_V = fX = 0.75X$； X_r——回流污泥浓度，mg/L； SVI——污泥指数
泥龄	$\theta_c = \dfrac{X_V V}{\Delta X_V}(\text{d})$	θ_c——泥龄，生物固体平均停留时间，d
曝气池需氧量	$O_2 = a'QS_r + b'VX_V$	O_2——混合液每日需氧量，kgO₂/d； a'——氧化每千克 BOD 需氧千克数，kgO₂/kgBOD，一般取 0.42～0.53kgO₂/kgBOD； b'——污泥自身氧化需氧率，kgO₂/(kgMLVSS·d)，一般取 0.188～0.11kgO₂/(kgMLVSS·d)

4.1.5　设计计算例

某城市日排污水量 30000m³，时变化系数 1.4，原污水 BOD₅ 值 225mg/L，要求处理后水 BOD₅ 值为 25mg/L，拟采用活性污泥系统处理。

① 计算、确定曝气池主要部位尺寸；

② 计算、设计鼓风曝气系统。

4.1.5.1　污水处理程度的计算及曝气池的运行方式

（1）污水处理程度的计算

原污水的 BOD 值（S_0）为 225mg/L，经初次沉淀池处理，BOD₅ 按降低 25% 考虑，则进入曝气池的污水，其 BOD₅ 值（S_a）为：

$$S_a = 225(1 - 25\%) = 168.75\text{mg/L}$$

计算去除率，对此，首先按下式计算处理水中非溶解性 BOD₅ 值：

$$\text{BOD}_5 = 7.1bX_a C_e$$

式中　C_e——处理水中悬浮固体浓度，mg/L，取值为 25mg/L；

　　　b——微生物自身氧化率，一般介于 0.05～0.1 之间，取值 0.09；

　　　X_a——活性微生物在处理水中所占比例，取值 0.4。

代入各值，得：

$$BOD_5 = 7.1 \times 0.09 \times 0.4 \times 25 = 6.39 \approx 6.4 mg/L$$

处理水中溶解性 BOD_5 值为：

$$25 - 6.4 = 18.6 mg/L$$

去除率

$$\eta = \frac{168.75 - 18.6}{168.75} = \frac{150.15}{168.75} = 0.889 \approx 0.90$$

（2）曝气池的运行方式

在本设计中应考虑曝气池运行方式的灵活性和多样化，即以传统活性污泥法系统作为基础，又可按阶段曝气系统和再生-曝气系统运行。

4.1.5.2 曝气池的计算与各部位尺寸的确定

曝气池按 BOD-污泥负荷法计算。

（1）BOD-污泥负荷率的确定

拟定采用的 BOD-污泥负荷率为 $0.3 kgBOD_5/(kgMLSS \cdot d)$。但为稳妥需加以校核。

$$N_s = \frac{K_2 S_e f}{\eta}$$

K_2 值取 0.0185 $S_e = 18.6 mg/L$

$$\eta = 0.90 \quad f = \frac{MLVSS}{MLSS} = 0.75$$

代入各值，得：

$$N_s = \frac{0.0185 \times 18.6 \times 0.75}{0.90} = 0.29 kgBOD_5/(kgMLSS \cdot d)$$

计算结果确定，N_s 值取 0.3 是适宜的。

（2）确定混合液污泥浓度（X）

根据已确定的 N_s 值，查相关资料得 SVI 值为 $100 \sim 120$，取值 120。

计算确定混合液污泥浓度值 X，对此 $r = 1.2$，$R = 50\%$，代入各值，得：

$$X = \frac{R \times r \times 10^6}{(1+R) SVI} = \frac{0.5 \times 1.2}{1+0.5} \times \frac{10^6}{120} = 3333 mg/L \approx 3300 mg/L$$

（3）确定曝气池容积计算

曝气池容积按下式计算：

$$V = \frac{Q S_a}{N_s X}$$

式中，$S_a = 168.75 mg/L$，近似取值 $169.0 mg/L$。

代入各值，得：

$$V = \frac{30000 \times 169}{0.3 \times 3300} = \frac{5070000}{990} = 5121 m^3$$

（4）确定曝气池各部位尺寸

设 2 组曝气池，每组容积为

$$\frac{5121}{2} = 2560 m^3$$

池深取 4.2m，则每组曝气池的面积为

$$F=\frac{2560}{4.2}=609.6\text{m}^2$$

池宽取 4.5m，$\frac{B}{H}=\frac{4.5}{4.2}=1.07$，介于 1～2 之间，符合规定。

池长：

$$\frac{F}{B}=\frac{609.6}{4.5}=135.5$$

$$\frac{L}{B}=\frac{135.5}{4.5}=30>10，符合规定。$$

设五廊道式曝气池，廊道长：

$$L_1=\frac{L}{5}=\frac{135.5}{5}=27.1\text{m}\approx27\text{m}$$

取超高 0.5m，则池总高度为

$$4.2+0.5=4.7\text{m}$$

在曝气池面对初次沉淀池和二次沉淀池的一侧各设横向配水渠道，并在池中部设纵向中间配水渠道与横向配水渠道相连接。在两侧横向配水渠道上设进水口，每组曝气池共有 5 个进水口（见图 4-2）。

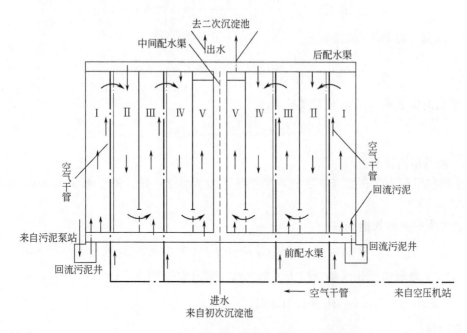

图 4-2　曝气池平面图

在面对初次沉淀池的一侧（前侧），在每组曝气池的一端，廊道Ⅰ进水口处设回流污泥井，井内设污泥空气提升器，回流污泥由污泥泵站送入井内，由此通过空气提升器回流至曝气池。

按图 4-2 所示的平面布置，该曝气池可有多种运行方式：(a)按传统活性污泥法系统运行，污水及回流污泥同步从廊道Ⅰ的前侧进水口进入；(b)按阶段曝气系统运行，回流污泥从廊道Ⅰ的前侧进入，而污水则分别从两侧配水渠道的 5 个进水口均量地进入；(c)按再生-曝气系统运行，回流污泥从廊道Ⅰ的前侧进入，以廊道Ⅰ作为污泥再生池，污水则从廊道Ⅱ的后侧进水口进入，在这种情况下，再生池为全部曝气池的 20%，或者以廊道Ⅰ及廊道Ⅱ

作为再生池，污水则从廊道Ⅲ的前侧进水口进入，此时，再生池为40%。

还可能有其他的运行方式，可灵活运用。

4.1.5.3 曝气系统的计算与设计（本设计采用鼓风曝气系统）

① 平均时需氧量的计算

由公式
$$O_2 = a'QS_r + b'VX_V$$

取 $a' = 0.5$，$b' = 0.15$，$X_V = fX = 0.75 \times 3300 = 2475 \approx 2500 \text{mg/L}$，代入各值，得：

$$O_2 = 0.5 \times 30000 \left(\frac{169-25}{1000} \right) + 0.15 \times 5121 \times \frac{2500}{1000}$$
$$= 4080.4 \text{kg/d} = 170 \text{kg/h}$$

② 最大时需氧量的计算

根据原始数据 $K = 1.4$

代入各值，得：

$$O_{2(max)} = 0.5 \times 30000 \times 1.4 \left(\frac{169-25}{1000} \right) + 0.15 \times 5121 \times \frac{2500}{1000}$$
$$= 4944.4 \text{kg/d} \div 24 = 206.0 \text{kg/h}$$

③ 每日去除的 BOD_5 值

$$BOD_5 = \frac{30000 \times (169-25)}{1000} = 4320 \text{kg/d}$$

④ 去除每千克 BOD 的需氧量

$$\Delta O_2 = \frac{4080.4}{4320} = 0.945 \approx 0.95 \text{kgO}_2/\text{kgBOD}$$

⑤ 最大时需氧量与平均时需氧量之比

$$\frac{O_{2(max)}}{O_2} = \frac{206.0}{170.0} = 1.2$$

4.1.5.4 供气量的计算

采用网状膜型中微孔空气扩散器，敷设于距池底 0.2m 处，淹没水深 4.0m，计算温度定为30℃。

查表得水中溶解氧饱和度：

$$C_{s(20)} = 9.17 \text{mg/L}; C_{s(30)} = 7.63 \text{mg/L}$$

① 空气扩散器出口处的绝对压力（P_b）按下式计算，即：

$$P_b = 1.013 \times 10^5 + 9.8 \times 10^3 H (\text{Pa})$$

代入各值，得

$$P_b = 1.013 \times 10^5 + 9.8 \times 4.0 \times 10^3 = 1.405 \times 10^5 \text{Pa}$$

② 空气离开曝气池面时，氧的百分比按下式计算，即：

$$O_t = \frac{21(1-E_A)}{79+21(1-E_A)} \times 100\%$$

式中 E_A——空气扩散器的氧转移效率，对网状膜型中微孔空气扩散器，取值12%。

代入 E_A 值，得：

$$O_t = \frac{21(1-0.12)}{79+21(1-0.12)} \times 100\% = 18.96\%$$

③ 曝气池混合液中平均氧饱和度（按最不利的温度条件考虑）按下式计算，即：

$$C_{sb(T)} = C_s \left(\frac{P_b}{2.026 \times 10^5} + \frac{O_t}{42} \right)$$

最不利温度条件，按 30℃ 考虑，代入各值，得：

$$C_{sb(30)} = 7.63 \left(\frac{1.405 \times 10^5}{2.026 \times 10^5} + \frac{18.96}{42} \right)$$
$$= 8.74 \text{mg/L}$$

④ 换算为在 20℃ 条件下，脱氧清水的充氧量，按下式计算，即：

$$R_0 = \frac{RC_{s(20)}}{\alpha [\beta \rho C_{sb(T)} - C] \times 1.024^{T-20}}$$

取值 $\alpha = 0.82$；$\beta = 0.95$；$C = 2.0$；$\rho = 1.0$

代入各值，得：

$$R_0 = \frac{170 \times 9.17}{0.82 [0.95 \times 1.0 \times 8.74 - 2.0] \times 1.024^{(30-20)}}$$
$$= 238 \text{kg/h}, \text{取} 250 \text{kg/h}$$

相应的最大时需氧量为：

$$R_{0(max)} = \frac{206 \times 9.17}{0.82 [0.95 \times 1.0 \times 8.74 - 2.0] \times 1.024^{(30-20)}}$$
$$= 288 \text{kg/h}, \text{取} 300 \text{kg/h}$$

⑤ 曝气池平均时供气量，按下式计算，即：

$$G_s = \frac{R_0}{0.3 E_A} \times 100$$

代入各值，得

$$G_s = \frac{250}{0.3 \times 0.12} \times 100 = 6946 \text{m}^3/\text{h}$$

⑥ 曝气池最大时供气量

$$G_{s(max)} = \frac{300}{0.3 \times 0.12} \times 100 = 8333 \text{m}^3/\text{h}$$

⑦ 去除每 kgBOD$_5$ 的平均供气量：

$$\frac{6946}{4320} \times 24 = 38.60 \text{m}^3 \text{ 空气/kgBOD}$$

⑧ 每立方米污水的平均供气量：

$$\frac{6946}{30000} \times 24 = 5.56 \text{m}^3 \text{ 空气/m}^3 \text{ 污水}$$

⑨ 本系统的空气总用量　除采用鼓风曝气外，本系统还采用空气在回流污泥井提升污泥，空气量按回流污泥量的 8 倍考虑，污泥回流比 R 取值 60%，这样，提升回流污泥所需空气量为：

$$\frac{8 \times 0.6 \times 30000}{24} = 6000 \text{m}^3/\text{h}$$

总需气量：

$$8333 + 6000 = 14333 \text{m}^3/\text{h}$$

4.1.5.5　空气管系统计算

按图 4-3（a）所示的曝气池平面图布置空气管道，在相邻的 2 个廊道的隔墙上设 1 根干管，共 5 根干管。在每根干管上设 5 对配气竖管，共 10 条配气竖管。全曝气池共设 50 条配气竖管。每根竖管的供气量为：

$$\frac{8333}{50}=167\text{m}^3/\text{h}$$

曝气池平面面积为：

$$27\times45=1215\text{m}^2$$

每个空气扩散器的服务面积按 0.49m² 计，则所需空气扩散器的总数为

$$\frac{1215}{0.49}=2479 \text{ 个}$$

为安全起见，本设计采用 2500 个空气扩散器，每个竖管上安设的空气扩散器的数目为：

$$\frac{2500}{50}=50 \text{ 个}$$

每个空气扩散器的配气量为

$$\frac{8333}{2500}=3.33\text{m}^3/\text{h}$$

将已布置的空气管路及布设的空气扩散器绘制成空气管路计算图（见图 4-3），用以进行计算。

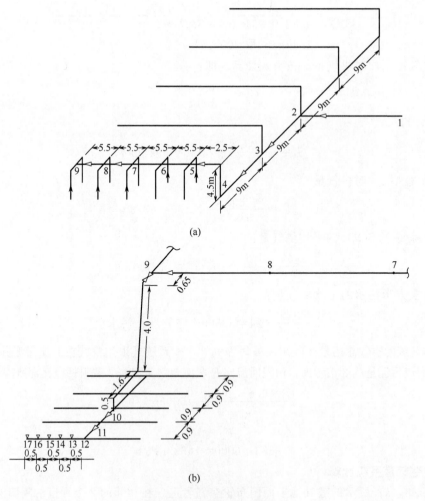

图 4-3　空气管路计算图

选择1条从鼓风机房开始的最远最长的管路作为计算管路,在空气流量变化处设计算节点,统一编号后列表进行空气管道计算。

空气干管和支管以及配气竖管的管径,根据通过的空气量和相应的流速查表加以确定。计算结果列入表4-3中第6项。

空气管路的局部阻力损失,根据配件的类型按折算成当量长度损失l_0,并计算出管道的计算长度$l+l_0$(m),(l为管段长度)计算结果列入表4-3中的第8、9两项。

空气管道的沿程阻力损失,根据空气管的管径(D)mm、空气量m^3/min、计算温度℃和曝气池水深,查表求得,结果列入表4-3的第10项。

第9项与第10项相乘,得压力损失h_1+h_2,结果列入表4-3第11项。

表4-3 空气管路计算表

管段编号	管段长度 L/m	空气流量 $/(m^3/h)$	空气流量 $/(m^3/min)$	空气流速 $v/$ (m/s)	管径 D/mm	配件	管段当量长度 L_0/m	管段计算长度 L_0+L/m	压力损失 h_1+h_2 9.8/ (Pa/m)	压力损失 h_1+h_2 9.8/Pa
1	2	3	4	5	6	7	8	9	10	11
17~16	0.5	3.37	0.06		32	弯头1个	0.62	1.12	0.18	0.2
16~15	0.5	6.74	0.11		32	三通1个	1.18	1.68	0.32	0.54
15~14	0.5	10.11	0.17		32	三通1个	1.18	1.68	0.65	1.09
14~13	0.5	13.48	0.22		32	三通1个	1.18	1.68	0.90	1.51
13~12	0.25	16.85	0.28		32	三通1个 异形管1个	1.27	1.52	1.25 0.38	1.90
12~11	0.9	33.70	0.56	4.5	50	三通1个 异形管1个	2.18	3.08	0.50	1.54
11~10	0.9	67.40	1.12	3.2	80	四通1个 异形管1个	3.83	4.73	0.38	1.80
10~9	6.75	168.50	2.81	5.0	100	闸门1个 弯头3个 三通1个	11.30	18.05	0.70	12.33
9~8	5.5	337.0	5.62	12.5	100	四通1个 异形管1个	6.41	11.91	2.50	29.78
8~7	5.5	674.0	11.23	11.5	150	四通1个 异形管1个	10.25	15.75	0.90	14.18
7~6	5.5	1011.0	16.85	9.5	200	四通1个 异形管1个	14.48	20.00	0.45	9.00
6~5	5.5	1348.0	22.47	12.0	200	四通1个 异形管1个	14.48	19.98	0.80	16.00
5~4	7.0	1685.0	28.08	13.0	200	四通1个 弯头2个 异形管1个	20.92	27.92	1.25	37.40
4~3	9.0	4685.0	78.10	11.0	400	三通1个 异形管1个	33.27	42.27	0.28	11.28
3~2	9.0	6370.0	106.16	14.0	400	三通1个 异形管1个	33.27	42.27	0.70	29.59
2~1	30	14333	238.9	15.0	600	四通1个 异形管1个	54.12	84.12	0.40	33.65
合 计										201.99

将表4-3中11项各值累加,得空气管道系统的总压力损失为:
$$\sum(h_1+h_2)=201.99\times9.8=1.979kPa$$
网状膜空气扩散器的压力损失为5.88kPa,则总压力损失为
$$5.88+1.979=7.859kPa$$

为安全起见,设计取值9.8kPa。

4.1.5.6 空压机的选定

空气扩散装置安装在距曝气池池底0.2m处,因此,空压机所需压力为:
$$P=(4.2-0.2+1.0)\times9.8=49kPa$$

空压机供气量

最大时:
$$8333+6000=14333m^3/h=238.9m^3/min$$

平均时:
$$6946+6000=12946m^3/h=215.76m^3/min$$

根据所需压力及空气量，决定采用 LG60 型空压机 5 台。该型空压机风压 50kPa，风量 60m³/min。

正常条件下，3 台工作，2 台备用；高负荷时 4 台工作，1 台备用。

4.2 阶段曝气活性污泥法

4.2.1 工艺流程

阶段曝气活性污泥法也称为分段（多点）进水曝气活性污泥法，其工艺流程见图 4-4。

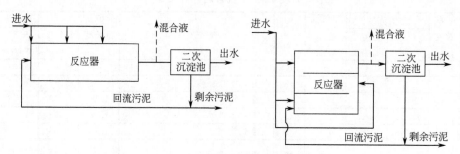

图 4-4　多点进水法流程

4.2.2 设计反应器模型及假设条件

现以三点进水为例分析基质的降解与微生物增长的关系。用完全混合反应器模拟三点进水曝气的流程如图 4-5 所示。

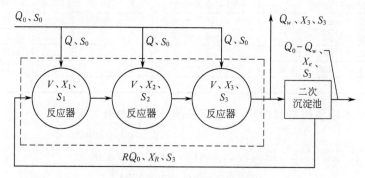

图 4-5　用完全混合反应器模拟多点进水曝气

Q—流量，m³/d；S—有机物浓度，mg/L；X—反应器混合液浓度，mg/L；

R—污泥回流比；X_R—回流污泥浓度，mg/L

分析时，做以下 3 点假设：

① 进水 Q_0 均匀分配在 3 个反应器内；

② 3 个反应器容积相等；

③ 计算时，采用系统中的平均污泥浓度 X_a，即 $X_1 \approx X_a$，

$X_2 \approx X_a$，$X_3 \approx X_a$，这里 $X_a = \dfrac{X_1 + X_2 + X_3}{3}$，这样做误差不大。

4.2.3 阶段法计算公式

阶段法计算公式见表 4-4（以三点进水为例）。

表 4-4 阶段法计算公式

名　称	公　式	符　号　说　明
反应器容积	$V=\dfrac{YQ(S_0-S_e)}{3X_a\left(\dfrac{1}{\theta_c}+K_d\right)}$	V——反应器容积，m^3； Y——产率系数，kg/kg； Q——处理总水量，m^3/d； S_0——进反应器 BOD_5 值，mg/L； S_e——出水 BOD_5 值，mg/L； X_a——反应器平均污泥浓度，mg/L； θ_c——泥龄，d； K_d——衰减系数，d^{-1}
表观产率系数	$Y_0=\dfrac{Y}{1+K_d\theta_c}$	Y_0——表观产率系数
回流污泥浓度	$X_R=\dfrac{10^6}{SVI}\times m$	X_R——回流污泥浓度，mg/L； SVI——污泥体积指数； m——沉淀影响因子，一般为 0.7~1.2
回流比	$R=\dfrac{Y_0(S_0-S_e)-X_a}{X_a-X_R}$	R——污泥回流比
第一反应器平均 BOD_5 浓度	$S_1=\dfrac{QS_0+RQS_e}{KX_aV+Q\left(\dfrac{1}{3}+R\right)}$	K——速度常数，L/(mg·d)
第二反应器平均 BOD_5 浓度	$S_2=\dfrac{QS_0+Q\left(\dfrac{1}{3}+R\right)S_1}{KX_aV+Q\left(\dfrac{2}{3}+R\right)}$	

【**例题 4.1**】　设 $Q_0=38000m^3$/d，进水 $BOD_5=S_0=269mg/L$，出水 $BOD_5=S_e=8mg/L$，$X_a=2200mg/L$，$m=0.78$，SVI=98，MLVSS=0.78MLSS，$Y=0.5$，$K_d=0.05d^{-1}$，$K=0.032L/(mg·d)$，设计三点进水反应器，用图 4-6 进行分析和计算。

【**解**】

（1）计算 V

$$V=\dfrac{Y[Q_0(S_0-S_e)]}{3X_a\left(\dfrac{1}{\theta_c}+K_d\right)}$$

如 $\theta_c=6d$，则

$$V=\dfrac{0.5\,[38000\times(269-8)]}{3\times2200\left[\dfrac{1}{6}+0.05\right]}=3468m^3$$

（2）计算 Y_0

$$Y_0=\dfrac{0.5}{1+0.05\times6}=0.39$$

（3）计算 R

$$X_R=\dfrac{10^6}{SVI}\times0.78=\dfrac{10^6}{98}\times0.78=7959mg/L\,(VSS)$$

$$R=\dfrac{0.39(269-8)-2200}{2200-7959}=0.37$$

(4) 计算 S_1

$$S_1 = \frac{\dfrac{38000}{3} \times 269 + 0.37 \times 38000 \times 8}{0.032 \times 2200 \times 3468 + 38000\left(\dfrac{1}{3} + 0.37\right)}$$

$$= 13\text{mg/L}$$

(5) 计算 S_2

$$S_2 = \frac{\dfrac{38000}{3} \times 269 + 38000\left(\dfrac{1}{3} + 0.37\right) \times 13}{0.032 \times 2200 \times 3468 + 38000\left(\dfrac{2}{3} + 0.37\right)}$$

$$= 13.5\text{mg/L}$$

(6) 计算 v（最后一级所需的比基质利用速度）

$$v = KS_3 = 0.032 \times 8 = 0.26\text{d}^{-1}$$

(7) 计算最后一级进水、进泥刚完全混合时的基质浓度 S_0'

$$S_0' = \frac{Q_0\left(\dfrac{2}{3} + R\right)S_2 + \dfrac{Q_0}{3} \times S_0}{Q_0\left(\dfrac{2}{3} + R\right) + \dfrac{Q_0}{3}}$$

$$= \frac{\left(\dfrac{2}{3} + 0.37\right) \times 13.5 + \dfrac{1}{3} \times 269}{\left(\dfrac{2}{3} + 0.37\right) + \dfrac{1}{3}}$$

$$= 76.7\text{mg/L}$$

(8) 计算最后一级实际的比基质利用率 v

$$v = \frac{(1+R)Q_0(S_0' - S_3)}{X_a V}$$

$$= \frac{(1+0.37) \times 38000 \times (76.7 - 8)}{2200 \times 3468}$$

$$= 0.47\text{d}^{-1}$$

【例题 4.2】 已知条件：设计人口 $N = 160000$ 人

　　　　　　　 污水定额　 每人每日最大污水量 400L/（人·d）

　　　　　　　　　　　　 每人每日最大时污水量 720L/（人·d）（400×1.8）

　　　　　　　　　　　　 地下水量 80L（400×0.20）

　　　　　　　 工业排水量　 3200m³/d

　　　　　　　 原水水质　 BOD　 200mg/L

　　　　　　　　　　　　 SS　 250mg/L

　　　　　　　 排水标准　 BOD　 20mg/L

　　　　　　　　　　　　 SS　 70mg/L

试设计普通活性污泥法工艺，并可实现阶段法运行。

【解】

(1) 设计水量

最大日污水量＝（0.4＋0.08）×160000＋3200＝80000m³/d

160

最大时污水量＝(0.72＋0.08)×160000＋3200＝131200m³/d

（2）设计污泥量

设 SS 去除率，初沉池为 40%（含水率 98%）；二沉池为 80%（含水率 99.2%），则

初沉池污泥量＝80000m³/d×250mg/L×10⁻⁶×0.4＝8.0t/d

$$污泥体积＝8.0t/d×\frac{100}{100-98}＝400m³/d$$

二沉池污泥量＝80000m³/d×150mg/L×0.8×10⁻⁶＝9.6t/d

$$污泥体积＝9.6t/d×\frac{100}{100-99.2}＝1200m³/d$$

（3）沉砂池容积计算

沉砂池除砂对象为砂，相对密度 2.65、粒径 0.2mm、沉速 21mm/s 以上的砂。

水表面负荷＝0.021m/s×86400＝1800m/d

$$沉砂池表面积（A）＝\frac{131200}{1800}＝72.9m²$$

取池内平均流速 0.3m/s，有效水深 1.0m，则池宽 B 为

$$B＝\frac{131200}{86400}×\frac{1}{1.0×0.3}＝5.1m$$

分 2 格，每格宽为 2.5m，则池长 L 为

$$L＝\frac{A}{B}＝\frac{72.9}{2.5×2}＝14.6m \quad 取 15m$$

取砂斗深 h＝0.5m。

沉砂池尺寸为：2.5m(宽)×15m(长)×1.0m(有效水深)×2 格

沉砂池平均流速 $V＝\frac{131200}{86400}×\frac{1}{2.5×2×1.0}＝0.31m/s$

停留时间 $T＝\frac{L}{V}＝\frac{15m}{0.31m/s}＝50s$

去除对象砂粒从水表面沉淀到池底所需时间 t 为

$$t＝\frac{H}{V}＝\frac{1.0m}{0.021m/s}＝47.6s$$

去除率为 $T_2＝1-\frac{1}{1+\dfrac{T}{t}}＝1-\frac{1}{1+\dfrac{50}{47.6}}＝51\%$

（4）初沉池容积计算

从污泥处理设施返回污水量按入流水的 5%选定，则初沉池设计污水量为

$$Q＝80000×(1＋0.05)＝84000m³/d$$

表面负荷取 30m³/(m²·d)，则沉淀面积 A 为

$$A＝\frac{Q}{q}＝\frac{84000}{30}＝2800m²$$

采用 16 个矩形平流式沉淀池，有效水深 3.0m，宽 4.0m（与刮泥机匹配）

则池长 L 为：$L＝\frac{2800}{4×16}＝43.75m$，取 44m

校核：沉淀面积 4×44×16＝2816＞2800m²

表面负荷 $q＝\frac{Q}{A}＝\frac{84000}{2816}＝29.8m³/(m²·d)$

沉淀时间 $T=2816\text{m}^2\times3.0\text{m}\times\dfrac{24}{84000}=2.4\text{h}$

堰口负荷取 $180\text{m}^3/(\text{m}\cdot\text{d})$，则需出水堰长为

$$L=\frac{84000}{180}=467\text{m}$$

集水槽采用池两边设置的三角堰，每侧长 15m，则出水堰总长 L 为：$L=15\text{m}\times2\times16=480\text{m}>467\text{m}$

每池污泥量：$400\text{m}^3/\text{d}\times\dfrac{1}{16}=25.0\text{m}^3/\text{d}$

污泥按 10min 排出，则每池污泥斗容积为

$$10\text{min}\times25\text{m}^3/\text{d}\times\frac{1}{24\times60}=0.17\text{m}^3$$

（5）曝气池容积计算

最大日污水量 $84000-400=83600\text{m}^3/\text{d}$

初沉淀 BOD 去除率为 30%，SS 去除率为 40%，则

进入曝气池 BOD 浓度 $=200\times(1-0.3)=140\text{mg/L}$

进入曝气池 SS 浓度 $=250\times(1-0.4)=150\text{mg/L}$

回流污泥浓度 $X_R=8000\text{mg/L}$，回流比 $R=25\%$

曝气池内 MLSS 浓度为

$$X=\frac{X_0+RX_R}{1+R}=\frac{150+0.25\times8000}{1+0.25}=1720\text{mg/L}$$

式中　X_0——进水 SS 浓度。

BOD-SS 负荷 L_s 取 $0.20\text{kg}/(\text{SSkg}\cdot\text{d})$，则曝气池容积为

$$V=\frac{QLa}{LsX}=\frac{83600\times140}{1720\times0.2}=34023\text{m}^3$$

每日去除 BOD 量 $=(140-20)\times83600\times10^{-3}=10032\text{kg/d}$

采用扩散板曝气头，去除 1kgBOD 需要 $40\sim70\text{m}^3$ 空气，则

所需空气量为：$55\times10032=551760\text{m}^3$

气水比为　$551760/83600=6.6$

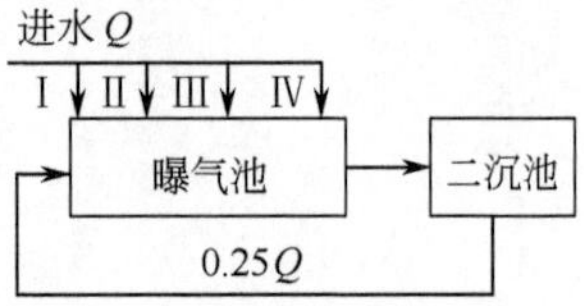

图 4-6　阶段法运行方式

（6）按阶段法运行的计算

按图 4-6 的 4 点进水考虑。

断面 I 的 MLSS 浓度 $X_1=\dfrac{\frac{1}{4}X_0+RX_R}{\frac{1}{4}+R}=\dfrac{\frac{1}{4}\times150+0.25\times8000}{\frac{1}{4}+0.25}=4075\text{mg/L}$

断面 II 的 MLSS 浓度 $X_2=\dfrac{\frac{2}{4}X_0+RX_R}{\frac{2}{4}+R}=2767\text{mg/L}$

断面 III 的 MLSS 浓度 $X_3=\dfrac{\frac{3}{4}X_0+RX_R}{\frac{3}{4}+R}=2113\text{mg/L}$

断面Ⅳ的 MLSS 浓度 $X_4=\dfrac{\frac{4}{4}X_0+RX_R}{\frac{4}{4}+R}=1720\text{mg/L}$

曝气池平均 MLSS 浓度 $=\dfrac{X_1+X_2+X_3+X_4}{4}=2669\text{mg/L}$

因此，所需容积 $V_S=\dfrac{QLa}{XLs}=\dfrac{83600\times140}{2669\times0.2}=21924\text{m}^3$

与普通法相比较，阶段法所需容积是普通法的 $\dfrac{21924}{34023}=64\%$，容积减少 36%。在相同负荷条件下，处理水量可以达到 $Q=\dfrac{0.20\times2669\times34023}{140}=129725\text{m}^3/\text{d}$，是原处理水量的 1.55 倍。

（7）二沉池容积计算

二沉池进水最大日污水量 $=83600-1200=82400\text{m}^3/\text{d}$，采用表面负荷 $q=22\text{m}^3/(\text{m}^2\cdot\text{d})$，则沉淀面积 A 为

$$A=\frac{Q}{q}=\frac{82400}{22}=3745\text{m}^2$$

采用矩形平流式沉淀池,尺寸为:4.0m(宽)×59.0m(长)×3.0m(有效水深)×16 池

（8）接触消毒池容积计算

采用接触时间 15min，则所需容积为

$$V=QT=\frac{82400}{24\times60}\times15=858.3\text{m}^3$$

工艺尺寸为：2.0m(宽)×30.0m(长)×1.0(深)×16 格

4.3 生物吸附（吸附再生或接触稳定）法

4.3.1 工艺流程

该方法适宜于处理悬浮和胶体性有机物含量较高的污水。其工艺流程如图 4-7 所示。

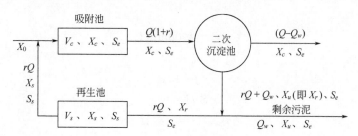

图 4-7 生物吸附法基本流程（在图中假定吸附池和再生池都采用完全混合的运行方式）

4.3.2 设计参数及规定

设计参数及规定如下：

BOD 负荷 0.2~0.6kg/(kg·d)

容积负荷 $1.0 \sim 1.2 \mathrm{kg}/(\mathrm{m}^3 \cdot \mathrm{d})$

污泥龄 $5 \sim 15\mathrm{d}$

MLSS 浓度 吸附池 $1000 \sim 3000\mathrm{mg/L}$

再生池 $4000 \sim 6000\mathrm{mg/L}$

反应停留时间 吸附池 $0.5 \sim 1.0\mathrm{h}$

再生池 $3 \sim 6\mathrm{h}$

污泥回流比 $25\% \sim 100\%$

BOD 去除率 $80\% \sim 90\%$

4.3.3 计算公式

吸附再生法计算公式见表 4-5。

表 4-5 吸附再生法计算公式

项　目	公　式	符　号　说　明
吸附池容积	$V_c = t_c Q$	V_c——吸附池容积，m^3； Q——设计流量，m^3/h； t_c——最佳吸附时间，h，可通过实验求得，也可取 $0.5 \sim 1.0\mathrm{h}$
表观产率系数	$Y_0 = \dfrac{Y}{1 + K_d \theta_c}$	Y——系数，$\mathrm{kg/kg}$； Y_0——表观产率系数，$\mathrm{kg/kg}$； K_d——衰减系数，d^{-1}； θ_c——污泥龄，d
污泥量	$\Delta X = Y_0 Q(S_0 - S_e)$	S_0——进水 BOD_5 浓度，$\mathrm{mg/L}$； S_e——出水 BOD_5 浓度，$\mathrm{mg/L}$
再生池污泥浓度	$X_s = X_r + \Delta X$ $= \dfrac{10^6}{SVI} \times 0.8 + \Delta X$	X_r——回流污泥浓度，$\mathrm{mg/L}$； SVI——污泥体积指数
污泥回流比	$R = \dfrac{X_c}{X_s - X_c}$	X_c——吸附池污泥浓度，$\mathrm{mg/L}$； X_s——再生池污泥浓度，$\mathrm{mg/L}$
再生池容积	$V_s = \dfrac{rQ(X_r - X_s + YS_e) + YQfS_0}{K_d X_s}$	f——进水中不溶性 BOD_5 比值

【例题 4.3】 某城市废水的 BOD_5 为 $150\mathrm{mg/L}$。实验表明，与活性污泥（$2000\mathrm{mg/L}$ MLVSS）混合 $45\mathrm{min}$ 后，BOD_5 降至 $15\mathrm{mg/L}$。根据下列设计数据，确定吸附和再生两个池子的容积：

$$X_c = 2000\mathrm{mg/L}$$
$$\theta_c = 8\mathrm{d}$$
$$f = 0.8$$
$$SVI = 110$$
$$MLVSS = 0.8MLSS$$
$$S_e = 15\mathrm{mg/L}$$
$$Q = 7600\mathrm{m}^3/\mathrm{d}$$
$$Y = 0.5$$
$$K_d = 0.1\mathrm{d}^{-1}$$

【解】

（1）计算吸附池容积

$$V_c = t_c Q = 45 \times \frac{1}{60 \times 24} \times 7600 = 237.5 \text{m}^3$$

（2）计算 Y_0

$$Y_0 = \frac{Y}{1 + K_d \theta_c} = \frac{0.5}{1 + 0.1 \times 8} = 0.28$$

（3）计算生物增长量

$$\begin{aligned}
\Delta X &= Q \times Y_0 (S_0 - S_e) \\
&= 7600 \times 1000 \times 0.28 \ (150 - 15) \\
&= 287280000 \text{mg/d} = 287.28 \text{kg/d}
\end{aligned}$$

（4）计算 X_s

假定微生物的合成全部在再生池内完成

$$X_s = X_r + \Delta X = \frac{10^6}{\text{SVI}} \times 0.8 + \Delta X = \frac{10^6}{110} \times 0.8 + \frac{287280000}{7600 \times 1000 \times r}$$

$$= 7273 + \frac{38}{r}$$

而

$$r = \frac{X_c}{X_s - X_c} = \frac{2000}{\left(7273 + \dfrac{38}{r}\right) - 2000} = 0.37$$

所以

$$X_s = 7273 + \frac{38}{0.37} = 7376 \text{mg/L}$$

（5）计算再生池容积

$$V_s = \frac{rQ(X_r - X_s + YS_e) + YQfS_0}{K_d X_s}$$

$$= \frac{0.37 \times 7600 \left(\dfrac{10^6}{110} \times 0.8 - 7376 + 0.5 \times 15\right) + 0.5 \times 7600 \times 0.8 \times 150}{0.1 \times 7376}$$

$$= 254 \text{m}^3$$

4.4 完全混合活性污泥法

4.4.1 工艺流程及特点

完全混合式曝气池是废水进入曝气池后与池中原有的混合液充分混合，因此池内混合液的组成、F/M 值、微生物群的量和质是完全均匀一致的。整个过程在污泥增长曲线上的位置仅是一个点，这意味着在曝气池中所有部位的生物反应都是同样的，氧吸收率都是相同的。工艺流程如图 4-8 所示。

完全混合式曝气池的特点是：(a)承受冲击负荷的能力强，池内混合液能对废水起稀释作用，对高峰负荷起削弱作用；(b)由于全池需氧要求相同，能节省动力；(c)曝气池和沉淀池可合建，不需要单独设置污泥回流系统，便于运行管理。

完全混合式曝气池的缺点是：连续进水、出水可能造成短路；易引起污泥膨胀。

本工艺适于处理工业废水，特别是高浓度的有机废水；也可以处理城市污水。

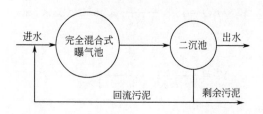

图 4-8　完全混合活性污泥法工艺流程

4.4.2　设计参数及规定

用于处理城市污水，完全混合曝气池各项设计参数见表 4-6。

表 4-6　完全混合曝气池设计参数

项　　目	数　　值
BOD 负荷(N_s)/[kgBOD$_5$/(kgMLSS·d)]	0.2～0.6
容积负荷(N_V)/[kgBOD$_5$/(m^3·d)]	0.8～2.0
污泥龄(生物固体平均停留时间)(θ_c)/d	5～15
混合液悬浮固体浓度(MLSS)/(mg/L)	3000～6000
混合液挥发性悬浮固体浓度(MLVSS)/(mg/L)	2400～4800
污泥回流比(R)/%	25～100
曝气时间(t)/h	3～5
BOD$_5$ 去除率/%	85～90

4.4.3　计算公式

完全混合式活性污泥法设计计算公式见表 4-7。

表 4-7　完全混合式活性污泥法设计

项　　目	公　　式	符　号　说　明
出水中溶解性 BOD$_5$ 浓度	$S_{eNS}=0.69C_e$ $S_{es}=C_e-S_{eNS}$	S_{eNS}——出水中 SS 性有机物浓度,mg/L; C_e——出水 SS 浓度,mg/L; S_{es}——出水溶解性 BOD$_5$ 浓度,mg/L
BOD$_5$ 去除率	$E=\dfrac{S_0-S_{es}}{S_0}\times100\%$	S_0——进水 BOD$_5$ 浓度,mg/L
曝气池容积	$V=\dfrac{\theta_c QY(S_0-S_{es})}{X(1+K_d\theta_c)}$	θ_c——污泥龄,d; Q——设计水量,m^3/d; Y——合成系数,kg/kg; X——混合液浓度,mg/L; K_d——衰减系数,d^{-1}; V——曝气池容积,m^3
剩余活性污泥量	$Y_0=\dfrac{Y}{1+K_d\theta_c}$ $\Delta X_V=Y_0 Q(S_0-S_{es})$ $\Delta X=\dfrac{\Delta X_V}{f}$ 每日剩余污泥量$=\Delta X-$出水流失 SS 量	Y_0——表观产率系数,kg/kg; $f=\dfrac{\text{MLVSS}}{\text{MLSS}}$,一般为 0.7～0.8; ΔX_V——MLVSS 每日增长量,kg/d; ΔX——MLSS 每日增长量,kg/d
每日排出污泥体积	$Q_w=\dfrac{VX-QX_e\theta_c}{\theta_c X}$	X_e——出水中 VSS 含量,一般为 SS 的 80% 左右; Q_w——排出污泥体积,m^3/d
污泥回流比	$R=\dfrac{X}{X_R-X}$	X_R——回流污泥浓度,mg/L

项　目	公　式	符　号　说　明
曝气池水力停留时间	$t=\dfrac{V}{Q}$	t——停留时间（HRT），h
计算污泥负荷	$F/M=\dfrac{S_0}{tX}$	F/M——污泥负荷，kg/(kg·d)
计算容积负荷	$N_V=\dfrac{S_0Q}{V}$	N_V——容积负荷，kgBOD/(m³·d)
需氧量计算	$O_2=a'Q(S_0-S_{es})+b'VX$ $-1.42\Delta X$	a'——活性污泥微生物每代谢1kgBOD的需氧量，kgO₂/kgBOD；b'——每千克污泥自身氧化需氧量，kgO₂/kgMLVSS
供风量	$G_s=\dfrac{KO_2}{0.28E_A}$	G_s——供风量，m³/h；E_A——氧转移效率，%；K——安全系数，一般为1.5～2.5

【例题 4.4】 试对［例题 3.19］的完全混合曝气池进行设计。

【解】（1）出水中溶解性 BOD_5 浓度

$$S_{eNS}=0.69C_e=0.69\times20=13.8\text{mg/L}$$

$$S_{es}=C_e-S_{eNS}=20-13.8=6.2\text{mg/L}$$

（2）BOD_5 去除率计算

① 溶解性 BOD_5 去除率

$$E_S=\frac{250-6.2}{250}=97.5\%$$

② BOD_5 去除率

$$E=\frac{250-20}{250}=92\%$$

（3）曝气池容积计算

取 $\theta_c=10$d，$Y=0.5$kg/kg，$X=3500$mg/L，$K_d=0.06\text{d}^{-1}$，

则

$$V=\frac{\theta_cQY(S_0-S_{es})}{X(1+K_d\theta_c)}=\frac{10\times21600\times0.5\times(250-6.2)}{3500\times(1+0.06\times10)}$$

$$=4702\text{m}^3$$

（4）每日剩余活性污泥量计算

① $Y_0=\dfrac{Y}{1+K_d\theta_c}=\dfrac{0.5}{1+0.06\times10}=0.3125$

② $\Delta X_V=Y_0Q(S_0-S_{es})=0.3125\times21600\times(250-6.2)/1000$

　　$=1646$kg/d

③ $\Delta X=\dfrac{\Delta X_V}{f}=1646/0.8=2057$kg/d

④ 剩余污泥量$=2057-21600\times20\times10^{-3}=1625$kg/d

（5）剩余污泥体积

$$Q_W=\frac{VX-QX_e\theta_c}{\theta_cX}=\frac{4702\times3.5-21600\times20\times0.8\times10^{-3}\times10}{10\times3.5}$$

$$=371\text{m}^3/\text{d}$$

（6）污泥回流比 R

$$R=\frac{X}{X_R-X}=\frac{3500}{8000-3500}=78\%$$

（7）HRT 计算

$$t=\frac{V}{Q}=\frac{4702}{900}=5.2\text{h}$$

（8）F/M 计算

$$F/M=\frac{S_0}{tX}=\frac{250}{5.2\times3500}=0.0137\text{kg}/(\text{kg}\cdot\text{h})$$

（9）容积负荷计算

$$W_V=\frac{S_0Q}{V}=\frac{250\times10^{-3}\times21600}{4702}=1.15\text{kg}/(\text{m}^3\cdot\text{d})$$

（10）需氧量计算（略）。

4.5 缺氧(厌氧)/好氧活性污泥生物脱氮工艺(A_1/O 工艺)

4.5.1 绝氧、厌氧、缺氧及好氧定义

生物脱氮与除磷都利用厌氧状态，但就生化反应的过程有着本质差别，工程上也有着悬殊的技术经济效果。因此，对不同的厌氧状态应予明确的定义。

厌氧与好氧是指在生化反应池中溶解氧的浓度变化，混合液中溶解氧浓度趋近于零即厌氧状态，有充足的溶解氧即好氧状态，而介于二者之间如溶解氧浓度低于 0.5mg/L 为缺氧状态。绝氧是指混合液中游离溶解氧趋于零，硝酸态氧也趋于零的绝对厌氧状况。

4.5.2 生物脱氮原理

典型的城市污水中，TN 的含量为 20～85mg/L，平均值为 40mg/L，一般城市污水 TN 的含量在 20～50mg/L 之间。

城市污水中的氮主要以有机氮、氨氮两种形式存在，硝态氮含量很低，其中，有机氮为 30%～40%，氨氮为 60%～70%，亚硝酸盐氮和硝酸盐氮仅为 0～5%。水环境污染和水体富营养化问题的尖锐化迫使越来越多的国家和地区制定严格的污水排放标准。

在自然界中存在着氮循环的自然现象，当采取适当的运行条件后，城市污水中的氮会发生氨化反应、硝化反应和反硝化反应。

（1）氨化反应

在氨化菌的作用下，有机氮化合物分解、转化为氨态氮，以氨基酸为例，其反应式为

$$RCHNH_2COOH+O_2\xrightarrow{\text{氨化菌}}RCOOH+CO_2+NH_3$$

（2）硝化反应

在硝化菌的作用下，氨态氮分两个阶段进一步分解、氧化，首先在亚硝化菌的作用下，氨（NH_4^+）转化为亚硝酸氮，其反应式为

$$NH_4^++\frac{3}{2}O_2\xrightarrow{\text{亚硝化菌}}NO_2^-+H_2O+2H^+-\Delta F$$

$$(\Delta F=278.42\text{kJ})$$

继之，亚硝酸氮（NO_2-N）在硝化菌的作用下，进一步转化为硝酸氮，其反应式为

$$NO_2^-+\frac{1}{2}O_2\xrightarrow{\text{硝化菌}}NO_3^--\Delta F$$

$$（\Delta F=72.27kJ）$$

硝化的总反应式为

$$NH_4^+ + 2O_2 \longrightarrow NO_3^- + H_2O + 2H^+ - \Delta F$$

$$（\Delta F=351kJ）$$

（3）反硝化反应

在反硝化菌的代谢活动下，NO_3-N 有两个转化途径，即同化反硝化（合成），最终产物为有机氮化合物，成为菌体的组成部分；异化反硝化（分解），最终产物为气态氮，其反应式见图 4-9。

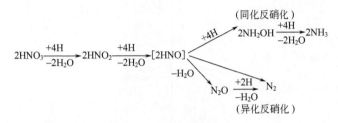

图 4-9　反硝化反应过程

4.5.3　A$_1$/O 工艺流程

A$_1$/O 法脱氮是于 20 世纪 80 年代初期开创的工艺流程，又称为"前置式反硝化生物脱氮系统"，这是目前采用较为广泛的一种脱氮工艺（见图 4-10）。

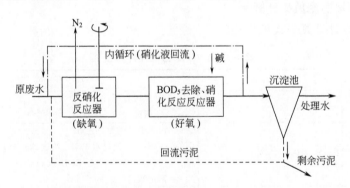

图 4-10　缺氧-好氧活性污泥法脱氮系统

A$_1$/O 法脱氮工艺流程的反硝化反应器在前，BOD 去除、硝化两项反应的综合反应器在后。反硝化反应是以原污水中的有机物为碳源的。在硝化反应器内的含有大量硝酸盐的硝化液回流到反硝化反应器，进行反硝化脱氮反应。

4.5.4　结构特点

A$_1$/O 工艺由缺氧段与好氧段两部分组成，两段可分建，也可合建于一个反应器中，但中间用隔板隔开，其中，缺氧段的水力停留时间为 0.5～1h，溶解氧小于 0.5mg/L。同时，为加强搅拌混合作用，防止污泥沉积，应设置搅拌器或水下推流器，功率一般为 10W/m^3。而好氧段的结构同普通活性污泥法相同，水力停留时间为 2.5～6h，溶解氧为 1～2mg/L。

另外，缺氧段与好氧段可建成生物膜处理构筑物组成生物膜 A/O 脱氮系统。在生物膜脱氮系统中，应进行混合液回流以提供缺氧反应器所需的 $NO_3^- \text{-N}$，但污泥不需要回流。

4.5.5 设计参数

A_1/O 工艺设计参数见表 4-8。

表 4-8 A_1/O 工艺设计参数

名　　　称	数　　　值
水力停留时间 HRT/h	A 段 0.5～1.0(≤2)，O 段 2.5～6 A：O＝1：(2～4)
溶解氧/(mg/L)	O 段 1～2，A 段趋近于 0
pH 值	A 段 8.0～8.4；O 段 6.5～8.0
温度/℃	20～30
污泥龄 θ_c/d	＞10
污泥负荷 N_s/[kgBOD$_5$/(kgMLSS・d)]	≤0.18
污泥浓度 X/(mg/L)	3000～5000(≥3000)
总氮负荷/[kgTN/(kgMLSS・d)]	≤0.05
混合液回流比 R_N/%	200～500
污泥回流比 R/%	50～100
BOD$_5$/TKN	≥3
反硝化池 S-BOD$_5$/NO$_x^-$-N	≥4

注：括号中数值供参考。

4.5.6 计算方法及公式

4.5.6.1 按 BOD$_5$ 污泥负荷计算

A_1/O 工艺设计计算公式见表 4-9。

表 4-9 A_1/O 工艺设计计算公式

名　　　称	公　　　式	符　号　说　明
生化反应池容积比	$\dfrac{V_1}{V_2}=2\sim4$	V_1——好氧段容积，m^3； V_2——缺氧段容积，m^3
生化反应池总容积	$V=V_1+V_2=\dfrac{24QL_0}{N_sX}$	Q——污水设计流量，m^3/h； L_0——生物反应池进水 BOD$_5$ 浓度，kg/m^3； N_s——BOD 污泥负荷，kgBOD$_5$/(kgMLSS・d)； X——污泥浓度，kg/m^3
水力停留时间	$t=\dfrac{V}{Q}$	t——水力停留时间，h
剩余污泥量	$W=aQ_{平}L_r-bVX_v+$ $\qquad S_rQ_{平}\times50\%$ $X_v=f \cdot X$	W——剩余污泥量，kg/d； a——污泥产率系数，kg/kgBOD$_5$，一般为 0.5～0.7kg/kgBOD$_5$； b——污泥自身氧化速率，d^{-1}，一般为 0.05d^-； L_r——生物反应池去除 BOD$_5$ 浓度，kg/m^3； $Q_{平}$——平均日污水流量，m^3/d； X_v——挥发性悬浮固体浓度，kg/m^3； S_r——反应器去除的 SS 浓度，kg/m^3，且满足 $S_r=S_0-S_e$； S_0，S_e——生化反应池进出水的 SS 浓度，kg/m^3； 50%——不可降解和惰性悬浮物量(NVSS)占总悬浮物量(TSS) 　　　　的百分数； f——系数，取 0.75
剩余活性污泥量	$X_W=aQ_{平}L_r-bVX_v$	X_W——剩余活性污泥量，kg/d

名　称	公　式	符　号　说　明
湿污泥量	$Q_S = \dfrac{W}{1000(1-P)}$	Q_S——湿污泥量，m^3/d； P——污泥含水率，%
污泥龄	$\theta_c = \dfrac{VX_v}{X_w}$	θ_c——污泥龄，d，泥龄与水温关系（硝化率大于80%）为 $\theta_c=20.65e \times P(-0.0639t)t$ 为水温，℃
最大需氧量	$O_2 = a'QL_r + b'N_r - b'N_D - c'X_w$	a'、b'、c'——分别为1、4.6、1.42； N_r——氨氮去除量，kg/m^3； N_D——硝态氮去除量，kg/m^3； X_w——剩余活性污泥量，kg/d
回流污泥浓度	$X_r = \dfrac{10^6}{SVI} \cdot r$	X_r——回流污泥浓度，kg/d； r——与停留时间、池身、污泥浓度有关的系数，一般 $r=1.2$
曝气池混合液浓度	$X = \dfrac{R}{1+R} \cdot X_r$	R——污泥回流比，%
内回流比	$R_N = \dfrac{\eta_{TN}}{1-\eta_{TN}} \times 100\%$	R_N——内回流比，%； η_{TN}——总氮去除率，%

4.5.6.2　按活性污泥法反应动力学模式计算

A_1/O 工艺动力学模式设计计算公式见表4-10。动力学常数值 Y、K_d 的参数值如表4-11所列。

表 4-10　A_1/O 工艺动力学模式设计计算公式

名　称	公　式	符　号　说　明
污泥龄	$\theta_c \approx f(t℃)$	θ_c——硝化菌最小世代时间，由图4-11确定
硝化区容积	$V = \dfrac{YQ(L_0-L_e)\theta_c}{X(1+K_d\theta_c)}$ 或 $V = \dfrac{Y_0Q(L_0-L_e)\theta_c}{X}$	V——硝化区容积，m^3； K_d——内源呼吸系数，d^{-1}； Y——污泥产率系数，$kgVSS/kgBOD_5$； Y'——净污泥产率系数（或表观污泥产率系数），$kgVSS/kgBOD_5$； Q——废水流量，m^3/d； L_0——原废水 BOD_5 浓度，mg/L； L_e——处理水 BOD_5 浓度，mg/L； θ_c——生物固体平均停留时间，d； Y 与 K_d 由表4-9确定 $Y_0 = \dfrac{Y}{1+K_d\theta_c}$
反硝化区容积	$V_D = \dfrac{N_T \times 1000}{DNR \cdot X}$	V_D——反硝化区（池）所需容积，m^3； X——混合液悬浮固体浓度，mg/L； DNR——反硝化速率，$kgN/(kgMLSS \cdot d)$，反硝化速率与温度关系密切，其关系见图4-12； N_T——需要去除的硝酸氮量，$kg(NO_3\text{-}N)/d$； $N_T = N_0 - N_w - N_e$； N_0——原废水中的含氮量，kg/d； N_w——随剩余污泥排放而去除的氮量，kg/d，（细菌细胞含氮量为12.4%）； N_e——随处理水排放挟走的氮量，kg/d

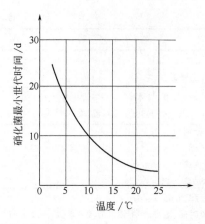

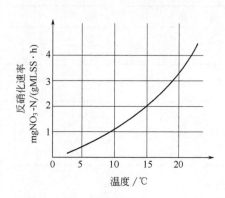

图 4-11　硝化菌最小世代时间与温度的关系　　　　图 4-12　反硝化速率与温度之间关系

表 4-11　动力学常数值 Y、K_d 的参考值

动力学常数	脱脂牛奶废水	合成废水	造纸与制浆废水	生活污水	城市废水
$Y/(\mathrm{kgVSS/kgBOD_5})$	0.48	0.65	0.47	0.5~0.67	0.35~0.45
$K_d/\mathrm{d^{-1}}$	0.045	0.18	0.20	0.048~0.06	0.05~0.10

4.5.6.3　按污泥龄和硝化速率法计算

A_1/O 工艺硝化速率法计算公式见表 4-12。

表 4-12　A_1/O 工艺硝化速率法计算公式

名　称	公　式	符　号　说　明
硝化菌最大比增长速率	$\mu_{\mathrm{N,max}}=0.47\exp[0.098(T-15)]$	$\mu_{\mathrm{N,max}}$——硝化菌最大比增长速率，$\mathrm{d^{-1}}$； T——水温度，℃
硝化菌比增长速率	$\mu_{\mathrm{N}}=\mu_{\mathrm{N,max}}\cdot\dfrac{N}{K_{\mathrm{N}}+N}$	μ_{N}——硝化菌比增长速率，$\mathrm{d^{-1}}$； K_{N}——硝化菌氧化氨氮饱和常数，$\mathrm{mg/L}$，一般为 $1.0\mathrm{mg/L}$； N——硝化出水 $\mathrm{NH_4^+}$-N 浓度，$\mathrm{mg/L}$
最小泥龄	$\theta_c^m=1/\mu_{\mathrm{N,max}}$	θ_c^m——最小污泥龄，d
设计污泥龄	$\theta_c^d=S_F P_F \theta_c^m=D_F\cdot\theta_c^m$	S_F——安全系数； P_F——峰值系数； D_F——设计因数，$D_F=S_F\cdot P_F$，一般为 1.5~3.0
表观产率系数	$Y_0=\dfrac{Y}{1+K_d\theta_c^d}$	Y——合成系数，一般 0.5~0.7 K_d——衰减系数，$\mathrm{d^{-1}}$，一般为 $0.06~0.24\mathrm{d^{-1}}$
含碳有机物去除速率	$q_{\mathrm{OBS}}=\dfrac{1}{\theta_c^d Y_0}$	q_{OBS}——含碳有机物去除速率，$\mathrm{kg/(kg\cdot d)}$
好氧池水力停留时间	$t=\dfrac{S_0-S_e}{q_c X}$	S_0——进水有机物浓度，$\mathrm{mg/L}$； S_e——出水有机物浓度，$\mathrm{mg/L}$； X——混合液污泥浓度，$\mathrm{mg/L}$
好氧池容积	$V=QT$	V——好氧池容积，$\mathrm{m^3}$

名　　称	公　　式	符　号　说　明
硝态氮去除量	$m=Q(NO_0-NO_e)$	m——脱氮量,kg/d; Q——设计流量,m³/d; NO_0——硝化产生 NO_3-N 量,mg/L; NO_e——出水中 NO_3-N 含量,mg/L
反硝化速率	$q_{DNR}=0.3(F/M)+0.029$	q_{DNR}——反硝化速率,kgNO₃-N/(kgVSS·d),一般为 　　0.05～0.15; F/M——污泥负荷,kg/(kg·d)
温度 T℃时反硝化速率	$q_{D,T}=q_{D,20}\cdot\theta^{T-20}$	$q_{D,T}$——温度 T℃时反硝化速率,kg/(kg·d); $q_{D,20}$——20℃时反硝化速率,kg/(kg·d); θ——温度系数,一般为 1.09～1.15; T——水温,℃
缺氧池 MLSS 总质量	$W=\dfrac{mP_F}{q_{D,T}}$	W——MLVSS 总质量,kgVSS
缺氧池容积	$V_{AN}=\dfrac{W}{Xf}$	$f=\dfrac{MLVSS}{MLSS}=0.6\sim0.8$
污泥回流比	$R=\dfrac{X}{X_R-X}$	X_R——回流污泥浓度,mg/L
内循环比 I	$\eta_N=\dfrac{R+I}{1+R+I}$	η_N——反硝化脱氮率,%; I——内循环比
需氧量	$O_2=D_1+D_2-D_3$	D_1——含碳有机物氧化需氧量,kg/d; D_2——硝化需氧量,kg/d; D_3——反硝化减少需氧量,kg/d

【例题 4.5】　某城市污水平均日流量 $15\times10^4\,m^3/d$,日变化系数为 1.3。一次沉淀池出水水质为 BOD₅=150mg/L,SS=120mg/L,TKN₂=25mg/L。要求二级出水水质为 BOD₅=20mg/L,SS=30mg/L,NH₄⁺-N≈0,NO_T-N<5mg/L,试设计 A₁/O 脱氮曝气池。

【解】

(1) 设计参数计算

① BOD 污泥负荷：$N_s=0.13kgBOD_5/(kgMLSS\cdot d)$

[$N_s\leqslant0.18kgBOD_5/(kgMLSS\cdot d)$,以利于硝化反应顺利进行]

② 污泥指数：SVI=150

③ 回流污泥浓度

$$X_r=\frac{10^6}{SVI}\cdot r\ (r=1)$$

$$X_r=\frac{10^6}{150}\times1\approx6600mg/L$$

④ 污泥回流比：R=100%。

⑤ 曝气池内混合液污泥浓度

$$X=\frac{R}{1+R}\cdot X_r=\frac{1}{1+1}\times6600=3300mg/L$$

⑥ TN 去除率

$$\eta_N=\frac{TN_0-TN_e}{TN_0}=\frac{25-5}{25}\times100=80\%$$

⑦ 内回流比

$$R_{内} = \frac{\eta_{TN}}{1 - \eta_{TN}} = \frac{0.8}{1 - 0.8} \times 100\% = 400\%$$

（2）A_1/O 池主要尺寸计算

① 有效容积

$$V = \frac{QL_0}{N_S X} = \frac{15 \times 10^4 \times 1.3 \times 150}{0.13 \times 3300} = 68182 \ (m^3)$$

② 有效水深　$H_1 = 4.5m$

③ 曝气池总面积　$A = \frac{V}{H_1} = 15152 m^2$

④ 分三组，每组面积　$A_1 = \frac{A}{3} = 5050 m^2$

⑤ 设 5 廊道式曝气池，廊道宽 $b = 10m$，则每组曝气池长度

$$L_1 = \frac{A_1}{5b} = \frac{5050}{5 \times 10} = 101m$$

⑥ 污水停留时间

$$t = \frac{V}{Q} = \frac{68182}{6250 \times 1.3} = 8.40h$$

⑦ 采用 $A_1 : 0 = 1 : 4$，则 A_1 段停留时间为 $t_1 = 1.68h$，O 段停留时间为 $t_2 = 6.72h$。

（3）剩余污泥量

$$W = aQ_平 L_r - bVX_V + 0.5Q_平 S_r$$

① 降解 BOD 生成污泥量

$$W_1 = aQ_平 L_r = 0.55 \times 15 \times 10^4 \times (0.15 - 0.02) = 10725 kg/d$$

② 内源呼吸分解泥量

$$X_V = fX = 0.75 \times 3300 = 2475 mg/L$$

$$W_2 = bVX_V = 0.05 \times 68182 \times 2.475 = 8438 kg/d$$

③ 不可生物降解和惰性悬浮物量（NVSS）

该部分占总 TSS 约 50%，则

$$W_3 = 0.5Q_平 S_r = 0.5 \times 15 \times 10^4 \times (0.12 - 0.03) = 6750 kg/d$$

④ 剩余污泥量为

$$W = W_1 - W_2 + W_3 = 10725 - 8438 + 6750 = 9037 \ kg/d$$

每日生成活性污泥量

$$X_w = W_1 - W_2 = 10725 - 8438 = 2287 \ kg/d$$

⑤ 湿污泥体积

污泥含水率 $P = 99.2\%$，则

$$Q_s = \frac{W}{1000(1 - P)} = \frac{9037}{1000(1 - 0.992)} = 1130 m^3/d$$

⑥ 污泥龄

$$\theta_c = \frac{VX_V}{X_w} = \frac{68182 \times 2.475}{2287} = 73.8d > 10d$$

（4）最大需氧量

$$O_2 = a'QL_r + b'N_r - b'N_D - c'X_w$$

$$= a'Q(L_0 - L_e) + b'[Q(N_{k_0} - N_{k_e}) - 0.12X_w] - b'[Q(N_{k_0} - N_{k_e} - NO_e) -$$

174

$$0.12X_W] \times 0.56 - c'X_W$$

式中 NO_e——出水硝酸盐（NO_T-N）浓度，mg/L；

N_{k_0}，N_{k_e}——进、出水凯氏氮浓度，mg/L。

$$O_2 = 1 \times 15 \times 10^4 \times 1.3 \times (0.15 - 0.02) + 4.6[15 \times 10^4 \times 1.3(0.025 - 0) - 0.12 \times 2287] - 4.6 \times$$

$$[15 \times 10^4 \times 1.3 \times (0.025 - 0 - 0.005) - 0.12 \times 2287] \times 0.56 - 1.42 \times 2287$$

$$= 33926 \text{kg/d}$$

【例题 4.6】 城市污水平均旱天流量19000m³/d。初沉池出水及二级生化处理出水水质列于表 4-13。要求经生物脱氮处理后 NH_4^+-N 浓度不大于2mg/L，TN 浓度不大于10mg/L；设计按 NH_4^+-N1mg/L，TN8mg/L 考虑。生物处理出水中生物不可降解溶解性有机氮和出水 VSS 中含有有机氮总量为2mg/L，NO_3-N 为5mg/L。

表 4-13 水质资料

水质指标	初沉池出水 /(mg/L)	生化处理出水 /(mg/L)	水质指标	初沉池出水 /(mg/L)	生化处理出水 /(mg/L)
VSS	60	10	SCOD	110	20
SS	85	15	TN	29.5	26.5
BOD$_5$	100	4	碱度(以 CaCO$_3$ 计)	125	
COD	190	35			

设计条件如下：

水温	15（℃）	MLVSS/MLSS	0.63
MLSS	3000（mg/L）	pH 值	7.0～7.6

好氧池溶解氧最低浓度 2（mg/L）。

【解】 根据本例中处理出水水质要求，系统应完全硝化 TN 去除率为：$(29.5 - 8)/29.5 = 73\%$。采用 A_1/O 工艺。

假定污水 TKN 由于同化去除百分数为10%，则由于微生物同化从剩余污泥排除去除 TN 为 $29.5 \times 10\% = 3$mg/L，系统的负荷为：

① BOD$_5$ 去除量 $= 19000 \times (100 - 4)/1000 = 1824$kg/d

② TN 去除量 $= 19000 \times (29.5 - 8)/1000 = 409$kg/d

③ 同化 TN 去除量 $= 19000 \times 3/1000 = 57$kg/d

④ 硝化/反硝化 TN 去除量 $= 409 - 57 = 352$kg/d。

A_1/O 工艺设计计算步骤如下。

(1) 好氧区容积计算

按式(4-1) 计算硝化菌最大比增长速率

$$\mu_{N,max} = 0.47e^{0.098(T-15)} \tag{4-1}$$

$T = 15℃$ 时，$\mu_{N,max} = 0.47$d^{-1}

按式(4-2) 计算稳定运行状态下硝化菌的比增长速率：

$$\mu_N = \mu_{N,max} \frac{N_1}{K_N + N_1} \tag{4-2}$$

$N_1 = 1.0$mg/L，$K_N = 1.0$mg/L 时，

$$\mu_N = 0.23\text{d}^{-1}$$

计算最小泥龄 θ_c^m

$\theta_c^m = 1/\mu_N = 1/0.23 = 4.35d$

计算设计泥龄，假定峰值系数 $P_F = 1.20$，安全系数 $S_F = 1.65$：

$$\theta_c^d = S_F P_F \quad \theta_c^m = 1.65 \times 1.20 \times 4.35 = 8.5d$$

按式(4-3)计算含碳有机物去除速率，$\theta_c^d = 8.5d$，取 $Y_{NET} = 0.24$

$$q_{OBS} = \frac{1}{\theta_c^d Y_{NET}} \tag{4-3}$$

$$q_{OBS} = 0.49gCOD/(gMLVSS \cdot d)$$

按式(4-4)计算好氧池水力停留时间 t

$$t = \frac{S_0 - S_1}{q_{OBS} X} \tag{4-4}$$

$$t = \frac{190 - 20}{0.49 \times 3000 \times 0.63} = 0.18d = 4.3h$$

好氧池容积 $V_N = Qt = 19000 \times 0.18 = 3420m^3$

峰值流量时水力停留时间 $t = 4.3/1.63 = 2.6h$

计算 F/M：

$$F/M = \frac{19000 \times 100}{3420 \times 3000 \times 0.63} = 0.29gBOD/(gMLVSS \cdot d)$$

计算好氧池生物硝化产生 NO_3-N 总量 TKN_{OX}：

$$TKN_{OX} = 29.5 - 3 - 2.0 - 1.0 = 23.5mg/L$$

好氧池平均硝化速率 SNR 为：

$$SNR = \frac{19000 \times 23.5}{3420 \times 3000 \times 0.63} = 0.069gNH_4^+\text{-}N/(gMLVSS \cdot d)$$

负荷峰值时最大硝化速率 SNR 为：

$$SNR = 0.069 \times 1.20 = 0.083gNH_4^+\text{-}N/(gMLVSS \cdot d)$$

本例中 $\theta_c^d = 8.5d$，COD/TKN = 6.3，BOD/TKN = 3.4，当无硝化速率导试结果时上述设计所得的好氧池硝化速率 SNR 与文献中类似的结果相比较，如果比导试结果和文献值偏高，应调整设计因数，重新计算设计泥龄和好氧池容积。

(2) 缺氧池容积计算

硝化产生 NO_3-N 为 23.5mg/L，出水 NO_3-N 为 5mg/L，反硝化去除 NO_3-N 为 23.5 - 5 = 18.5mg/L，去除 NO_3-N 量为 352kg/d。

反硝化速率可以根据导试结果或文献报道值确定，也可按式(4-5)计算：

$$S_{DNR1} = 0.3F/M_1 + 0.029 \tag{4-5}$$

负荷 F/M 取 $0.20gBOD_5/(g\ MLVSS \cdot d)$，20℃时反硝化速率为：$0.09gNO_3$-N/$(gMLVSS \cdot d)$，按式(4-6)计算15℃时反硝化速率 $q_{D,T}(S_{DNR15})$：

$$q_{D,T} = q_{D,20}\theta^{(T-20)} \tag{4-6}$$

取温度系数 $\theta = 1.05$，

$$S_{DNR15} = 0.09 \times 1.05^{15-20} = 0.071gNO_3\text{-}N/(gMLVSS \cdot d)$$

高峰负荷时缺氧池 MLVSS 总量为：$352 \times 1.2 \div 0.071 = 5950$（kg VSS）

缺氧池容积为：

$$V_{AN} = (5950 \times 1000) \div (3000 \times 0.63) = 3148m^3$$

缺氧池水力停留时间：

平均流量时 $t=3148\div19000=0.166d=4.0h$

高峰流量时 $t=4.0\div1.2=3.5h$

系统总设计泥龄＝好氧池泥龄＋缺氧池泥龄＝8.5＋8.5×3148÷3420＝16.3d

（3）计算污泥回流比

设二沉池回流污泥浓度 $X_R=7000mg/L$，按式（4-7）计算污泥回流比 R：

$$X=\frac{R}{1+R}X_R \tag{4-7}$$

$$R=0.75$$

（4）计算好氧池混合液回流比（内回流比）I

根据前述计算结果，好氧池产生 NO_3-N 量为 23.5mg/L，最终出水 NO_3-N 为 5mg/L，反硝化率 f_{NO_3} 为：

$$f_{NO_3}=78.7\%$$

由式（4-8）

$$f_{NO_3}=\frac{R+I}{R+I+1} \tag{4-8}$$

$$I=2.95=295\%$$

（5）计算好氧池补充碱度投加量

硝化消耗碱度＝7.14×23.5＝168mg/L

反硝化产生碱度＝1/2×7.14×（23.5－5）＝66mg/L

当处理出水剩余碱度为 50mg/L（以 $CaCO_3$ 计时）需要补充碱度＝168＋50－125－66＝27mg/L。

（6）缺氧池搅拌功率

设缺氧池单位容积搅拌功率为 $10W/m^3$，搅拌机输入功率 31.5kW。

（7）计算剩余污泥排放速率

根据式（4-9）计算每日从系统中排出 VSS 质量 S：

$$\theta_c^d=\frac{IA}{S} \tag{4-9}$$

$$S=\frac{IA}{\theta_c^d}=\frac{3000\times0.63\times(3420+3148)}{1000\times16.3}=760kgVSS/d$$

出水 VSS＝10mg/L，每日从二沉池剩余污泥排出 VSS 质量为 570kgVSS，MLVSS/MLSS＝0.63，剩余污泥排放速率为 905kgVSS/d。

（8）计算需氧量

平均流量时 BOD_5 去除量＝19000×（100－4）÷1000＝1824kg/d

NH_4^+-N 氧化量＝19000×23.5÷1000＝446kg/d

生物硝化系统，含碳有机物氧化需氧量与泥龄和水温有关，每去除 $1kgBOD_5$ 需氧 1.0～1.3kg。本例中设氧化 $1kgBOD_5$ 需氧 1.1kg，则碳氧化硝化需氧量＝1.1×1824＋4.6×446＝4058kgO_2/d。

每还原 $1gNO_3$-N 需 $2.9gBOD_5$，由于利用污水中 BOD_5 作碳源反硝化减少氧需量＝2.9×（23.5－5）×19000÷1000＝1019kg/d。

实际需氧量＝4058－1019＝3039kg/d

负荷峰值时需氧量计算从略。

4.6 厌氧(绝氧)/好氧活性污泥生物除磷工艺(A₂/O工艺)

4.6.1 污水中磷的存在形式及含量

城市污水中总磷含量在 4~15kg/L 之间，其中有机磷为 35％左右，无机磷为 65％左右，通常都是以有机磷、磷酸盐或聚磷酸盐的形式存在于污水中。我国城市污水中总磷浓度含量为 3~8mg/L 左右。应该注意的是，由于推广应用无磷洗涤粉（剂），废水中含磷浓度有减少趋势。

4.6.2 A₂/O工艺流程

A₂/O工艺由前段厌氧池和后段好氧池串联组成，如图 4-13 所示。

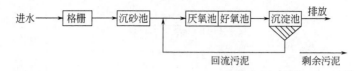

图 4-13 A₂/O除磷工艺流程

在 A₂/O工艺系统中，微生物在厌氧条件下将细胞中的磷释放，然后进入好氧状态，并在好氧条件下能够摄取比在厌氧条件下所释放的更多的磷，即利用其对磷的过量摄取能力将含磷污泥以剩余污泥的方式排出处理系统之外，从而降低处理出水中磷的含量；尤其对于进水中磷与 BOD 比值很低的情况下能取得很好的处理效果。但在磷与 BOD 比值较高的情况下，由于 BOD 负荷较低，剩余污泥量较少，因而，比较难以达到稳定的运行效果。

4.6.3 生物除磷原理

生物除磷是依靠回流污泥中聚磷菌的活动进行的，聚磷菌是活性污泥在厌氧、好氧交替过程中大量繁殖的一种好氧菌，虽竞争能力很差，却能在细胞内贮存聚 β 羟基丁酸（PHB）和聚磷酸盐（Poly-p）。在厌氧-好氧过程中，聚磷菌在厌氧池中为优势菌种，构成了活性污泥絮体的主体，它吸收分子的有机物；同时，将贮存在细胞中聚磷酸盐（Poly-p）中的磷通过水解而释放出来，并提供必需的能量。而在随后的好氧池中，聚磷菌所吸收的有机物将被氧化分解并提供能量，同时能从污水中摄取比厌氧条件所释放的更多的磷，在数量上远远超过其细胞合成所需磷量，将磷以聚磷酸盐的形式贮藏在菌体内而形成高磷污泥，通过剩余污泥系统排出，因而可获得相当好的除磷效果。

由于生物除磷系统的除磷效果与排放的剩余污泥量直接相关，剩余污泥量又取决于系统的泥龄。据有关数据显示，当泥龄为 30d 时，除磷率为 40％；泥龄为 17d 时，除磷率为 50％；泥龄降至 5d 时，除磷率可提高到 87％，所以，一般认为泥龄在 5~10d 时，除磷效果是比较好的。另外，将生物除磷与化学除磷相结合的 phosenp 工艺也有很高的除磷效果。

4.6.4 结构特点

A₂/O工艺由厌氧段和好氧段组成，两段可分建，也可合建，合建时两段应以隔板隔开。厌氧池中必须严格控制厌氧条件，使其既无分子态氧，也无 NO_3^- 等化合态氧，厌氧段水力停留时间为 $1\sim2h$。好氧段结构型式与普通活性污泥法相同，且要保证溶解氧不低于 $2mg/L$，水力停留时间 $2\sim4h$。

4.6.5　设计参数及规定

A_2/O 法设计参数及规定见表 4-14。

表 4-14　A_2/O 法设计参数表

名　　　称	数　　值
污泥负荷率 N_s/[kgBOD$_5$·(kgMLSS·d)$^{-1}$]	$\geqslant0.1(0.2\sim0.7)$
TN 污泥负荷/[TN·(kgMLSS·d)$^{-1}$]	0.05
水力停留时间/h	$3\sim6$(A 段 $1\sim2$；O 段 $2\sim4$)
	A：O＝1：($2\sim3$)
污泥龄/d	$3.5\sim7.0(5\sim10)$
污泥指数 SVI	$\leqslant100$
污泥回流比 R/%	$40\sim100$
混合液浓度 MLSS/(mg·L^{-1})	$2000\sim4000$
溶解氧 DO/(mg·L^{-1})	A_2 段≈0、O 段$=2$
温度/℃	$5\sim30(\geqslant13)$
pH 值	$6\sim8$
BOD$_5$/TP	$20\sim30$
COD/TN	$\geqslant10$
进水中易降解有机物浓度/(mg/L)	$\geqslant60$

注：括号内数据供参考。

4.6.6　计算方法与公式

计算方法分为污泥负荷法和劳-麦模式方程法。计算公式分别见表 4-15 和表 4-16。

4.6.6.1　按 BOD$_5$ 污泥负荷计算

A_2/O 工艺设计计算公式见表 4-15。

表 4-15　A_2/O 工艺设计计算公式

名　　称	公　　式	符　号　说　明
生化反应容积比	$\dfrac{V_1}{V_2}=2.5\sim3$	V_1——好氧段容积，m^3； V_2——厌氧段容积，m^3
生化反应池总容积	$V=V_1+V_2=\dfrac{24QL_0}{N_sX}$	V——生化反应总容积，m^3； Q——污水设计流量，m^3/h； L_0——生化反应池进水 BOD$_5$ 浓度，kg/m^3； X——污泥浓度，kg/m^3 N_s——BOD 污泥负荷，kgBOD$_5$/(kgMLSS·d)
水力停留时间	$t=\dfrac{V}{Q}$	t——水力停留时间，h
剩余污泥量	$W=aQ_平 L_r-bVX_v+$ $S_rQ_平\times50\%$	a——污泥产率系数，kg/kgBOD$_5$，一般为 $0.5\sim0.7$kg/kgBOD$_5$； b——污泥自身氧化系数，d^{-1}，一般为 0.05d^{-1}； W——剩余污泥量，kg/d； L_r——生化反应池去除 BOD$_5$ 浓度，kg/m^3； $Q_平$——平均日污水流量，m^3/d； S_r——反应器去除的 SS 浓度，kg/m^3； X_v——挥发性悬浮固体浓度，kg/m^3； $X_v=0.75X$

名 称	公 式	符 号 说 明
剩余活性污泥量	$X_W = aQ_{\#} L_r - bVX_v$	X_W——剩余活性污泥量,kg/d
湿污泥量	$Q_s = \dfrac{W}{1000(1-P)}$	Q_s——湿污泥量,m³/d; P——污泥含水率,%
污泥龄	$\theta_c = \dfrac{VX_v}{X_W}$	θ_c——污泥龄,d
最大需氧量	$O_2 = a'QL_r - b'X_W$	a'、b'——分别为 1.4、1.42
回流污泥浓度	$X_r = \dfrac{10^6}{\mathrm{SVI} \cdot r}$	X_r——回流污泥浓度,mg/L
混合液回流污泥浓度	$X = \dfrac{R}{1+R} X_r$	R——污泥回流比,%

4.6.6.2 采用劳-麦式方程计算

A_2/O 工艺设计计算公式见表 4-16。

表 4-16 A_2/O 工艺设计计算公式

名 称	公 式	符 号 说 明
污泥龄	$\dfrac{1}{\theta_c} = YN_s - K_d$ $\dfrac{1}{\theta_c} = \dfrac{Q}{V}\left(1 + R - R\dfrac{X_r}{X_v}\right)$	θ_c——污泥龄,d; Y——污泥产率系数,kgVSS/kgBOD₅; N_s——污泥负荷,kgBOD₅/(kgMLSS·d); K_d——内源呼吸系数,d⁻¹; Q——污水设计流量,m³/d; V——反应器容积,m³; R——回流比,%
曝气池内污泥浓度	$X = \dfrac{\theta_c}{t} \times \dfrac{Y(L_0 - L_e)}{(1 + K_d\theta_c)}$	X——曝气池内活性污泥浓度,kg/m³; t——水力停留时间,h; L_0——原废水 BOD₅ 浓度,mg/L; L_e——处理水 BOD₅ 浓度,mg/L
最大回流污泥浓度	$X_{\max} = \dfrac{10^6}{\mathrm{SVI} \cdot r}$	$X_{\max}$——最大回流污泥浓度,mg/L
最大回流挥发性悬浮固体浓度	$x_r = fX_{\max}$	x_r——最大回流挥发性悬浮固体浓度,mg/L; f——系数,一般为 0.75

【例题 4.7】 城市污水设计流量 $5400\mathrm{m}^3/\mathrm{h}$,一级出水 COD$=265\mathrm{mg/L}$,BOD₅ $=180\mathrm{mg/L}$,SS$=130\mathrm{mg/L}$,TN$=25\mathrm{mg/L}$,TP$=5\mathrm{mg/L}$,要求二级出水达到 BOD₅ $=20\mathrm{mg/L}$,SS$=30\mathrm{mg/L}$,NH₄⁺-N$=0$,TP$\leqslant 1\mathrm{mg/L}$ 的情况下,设计 A_2/O 除磷曝气池。

【解】 首先判断水质是否可采用 A_2/O 法:COD/TN$=265/25=10.6>10$;BOD₅/TP$=180/5=36>20$,可采用 A_2/O 法。

按劳-麦氏方程式计算

(1) 设计参数

产率系数:$Y=0.5$,$K_d=0.05$,SVI$=70$,MLVSS$=0.75$MLSS,泥龄 $\theta_c=7\mathrm{d}$

① 计算系统污泥负荷

取 $\theta_c=7\mathrm{d}$

$$\frac{1}{\theta_c} = YN_s - K_d \quad (\text{取 } Y=0.5,\ K_d=0.05)$$

得

$$N_s = 0.38\mathrm{kgBOD}_5/(\mathrm{kgMLSS} \cdot \mathrm{d})$$

② 计算曝气池内活性污泥浓度 X_a

$$X_a = \frac{\theta_c}{t} \times \frac{Y(S_0 - S_e)}{(1 + K_d \theta_c)}$$

$$X_a \times V = \theta_c \times Q \times \frac{Y(S_0 - S_e)}{(1 + K_d \theta_c)} = 7 \times 5400 \times 24 \times \frac{0.5(0.18 - 0.02)}{(1 + 0.05 \times 7)} = 53760$$

$$X_a = \frac{53760}{V}$$

③ 根据已定 SVI 值，估算可能达到的最大回流污泥浓度

$$X_{r(\max)} = \frac{10^6}{SVI} \cdot r = \frac{10^6}{70} \times 1 = 14285.0 \, \text{mg/L}$$

$$X_r = 0.75 \times 14285 = 10714 \, \text{mg/L} = 10.71 \, \text{kg/m}^3$$

④ 计算回流比（试算法）

由 $\dfrac{1}{\theta_c} = \dfrac{Q}{V}\left(1 + R - R\dfrac{X_r}{X_a}\right)$ 得

$$\frac{1}{7} = \frac{5400 \times 24}{V}\left(1 + R - \frac{10.71}{53760}RV\right)$$

得

$$V = \frac{129600(1 + R)}{\frac{1}{7} + 24.11R} = \frac{129600(1 + R)}{0.14 + 24.11R}$$

设 $R = 0.4$，得 $V = 18545 \, \text{m}^3$。

⑤ 计算 X_a 及停留时间 t。

$$X_a = \frac{53760}{V} = \frac{53760}{18545} = 2.9 \, \text{kg/m}^3 = 2900 \, \text{mg/L}$$

$$t = \frac{V}{Q} = \frac{18545}{5400} = 3.43 \, \text{h}$$

⑥ 取 $R = 0.5$、0.6、1.0，重复④、⑤两步的计算。

计算结果见下表：

R	V/m^3	$X_a/(\text{kg/m}^3)$	t/h
0.4	18545	2.9	3.43
0.5	15941	3.4	2.95
0.6	14197	3.8	2.63
1.0	10689	5.0	2.0

（2）确定曝气池容积

① 曝气池有效容积从上表得出，随 R 的提高，曝气池内混合液浓度也增高，而曝气池容积下降，根据 HRT 的要求，选 $R = 0.4$，则

$$V = 18545 \, \text{m}^3$$

$$t = 3.43 \, \text{h}$$

② 曝气池有效水深 $H_1 = 4.2\text{m}$。

③ 曝气池总有效面积

$$S_{总} = \frac{V}{H_1} = \frac{18545}{4.2} = 4416\text{m}^2$$

④ 曝气池分两组，每组有效面积

$$S = \frac{S_{总}}{2} = 2208\text{m}^2$$

⑤ 设 5 廊道式曝气池廊道宽为 $b = 8\text{m}$，则单组曝气池池长

$$L_1 = \frac{S}{5 \times b} = \frac{2208}{40} = 56\text{m}$$

曝气池总长 $L = 5 \times L_1 = 280\text{m}$，则 $L \geqslant (5 \sim 10)\ b$，符合要求。

$b = (1 \sim 2)\ H$，$b/H = 8/4 = 2$，符合要求。

⑥ $A_2 : O$ 为 $1 : 2.5$，则 A_2 段停留时间：

$$t_1 = 0.98\text{h}$$
$$t_2 = 2.46\text{h}$$

(3) 剩余污泥量

$$W = a(L_0 - L_e)Q - bVX_v + S_rQ \times 50\%$$

① 降解 BOD 生成污泥量为

$$W_1 = a(L_0 - L_e)Q = 0.55 \times \frac{180 - 20}{1000} \times \frac{5400 \times 24}{1.3} = 8772.9\text{kg/d}$$

② 内源呼吸分解泥量

$$X_v = Xf = 2200 \times 0.75 = 1650\text{mg/L} = 1.65\text{kg/m}^3$$

$$W_2 = bVX_v = 0.05 \times 18545 \times 1.65 = 1530\text{kg/d}$$

③ 不可生物降解和惰性悬浮物量（NVSS）。该部分占总 TSS 的约 50%

$$W_3 = Q(S_0 - S_e) \times 50\% = \frac{5400 \times 24}{1.3} \times \frac{130 - 30}{1000} \times 0.5$$
$$= 99692.3 \times 0.1 \times 0.5$$
$$= 4984.62\text{kg/d}$$

④ 剩余污泥量

$$W = W_1 - W_2 + W_3 = 8772.9 - 1530 + 4984.62 = 12227.52\text{kg/d}$$

每日生成活性污泥量

$$X_W = W_1 - W_2 = 8772.9 - 1530 = 7242.9\text{kg/d}$$

⑤ 湿污泥量（剩余污泥含水率 $P = 99.2\%$）

$$Q_s = \frac{W}{(1 - P) \times 1000} = \frac{12227.52}{(1 - 0.992) \times 1000} = 1528.4\text{m}^3/\text{d}$$

【例题 4.8】 某一 A_1/O 污水处理厂的设计条件及设计参数值分别见表 4-17、表 4-18。

	表 4-17 设计条件		
水质项目	反应器进水水质	排放标准
BOD/(mg/L)	110(其中溶解性 BOD 为 77)	11
SS/(mg/L)	55	
TP/(mg/L)	2.6	0.5
溶解性 T-P/(mg/L)	2.0	
PO_4^{3-}-P/(mg/L)	1.7	

表 4-18 设计参数值

项 目	设计值
回流污泥浓度/(mg/L)	6000
污泥回流比/%	43
MLSS 浓度/(mg/L)	1800
HRT/h	6.5
缺氧池 HRT/h	1.5
好氧池 HRT/h	5.0
污泥龄/d	4.5

4.7 生物法脱氮除磷工艺

4.7.1 生物脱氮除磷原理

生物脱氮除磷是将生物脱氮和除磷组合在一个流程中同步被去除。其工艺流程方法较多，但它们的共性是都具有厌氧、缺氧和好氧池（区）；最先研究是以生物除磷为目的，后来改良成生物脱氮除磷于一体。

在生物脱氮除磷工艺流程中，厌氧池的主要功能为释放磷，使污水中磷的浓度升高，溶解性有机物被微生物细胞吸收而使污水中 BOD 浓度下降；另外，NH_4^+-N 因细胞的合成而被去除一部分，使污水中 NH_4^+-N 浓度下降，但 NO_3^--N 含量没有变化。

在缺氧池中，反硝化菌利用污水中的有机物作碳源，将回流混合液中带入的大量 NO_3^--N 和 NO_2^--N 还原为 N_2 释放至空气中，因此，BOD_5 浓度下降，NO_3^--N 浓度大幅度下降，而磷的变化很小。

在好氧池中，有机物被微生物生化降解，而继续下降；有机氮被氨化继而被硝化，使 NO_3^--N 浓度显著下降，但随着硝化过程，NO_3^--N 的浓度却增加，磷随着聚磷菌的过量摄取也以比较快的速度下降。所以，A^2/O 等工艺可以同时完成有机物的去除、硝化脱氮、磷的过量摄取而被去除等功能，脱氮的前提是 NO_3^--N 应完全硝化，好氧池能完成这一功能，缺氧池则完成脱氮功能。厌氧池和好氧池联合完成除磷功能。

4.7.2 脱氮除磷基本工艺流程

脱氮除磷基本工艺流程如下：
① A^2/O 法；
② Bardenpho 工艺；
③ phoredox 工艺；
④ UCT 工艺；
⑤ VIP 工艺；
⑥ 氧化沟法；
⑦ SBR 法等。
图 4-14 为各种脱氮除磷工艺流程。

4.7.2.1 A^2/O 工艺

A^2/O 是 A/O 的变形，为脱氮而增设了缺氧池，见图 4-14（a）、图 4-14（g）。缺氧池

HRT 为 1.0h，DO 浓度为 0。好氧池内富硝基（NO$_3^-$ 和 NO$_2^-$）液回流到缺氧池实现脱氮。出水磷浓度小于 2mg/L，经过滤后出水磷浓度小于 1.5mg/L。

4.7.2.2 Bardenpho 工艺（5 段）

该工艺反应器配置和混合液回流方法与 A^2/O 不同，见图 4-14（b）。第二个缺氧池是为脱氮而设置的，并以 NO$_3^-$ 为电子受体，有机磷为电子供体；最终好氧池用于吹脱溶液中残留的 N$_2$，并防止二沉池磷的释放。5 段 Bardenpho 工艺污泥龄比 A$_2$/O 工艺要长（见表 4-19），有利于有机碳的氧化。

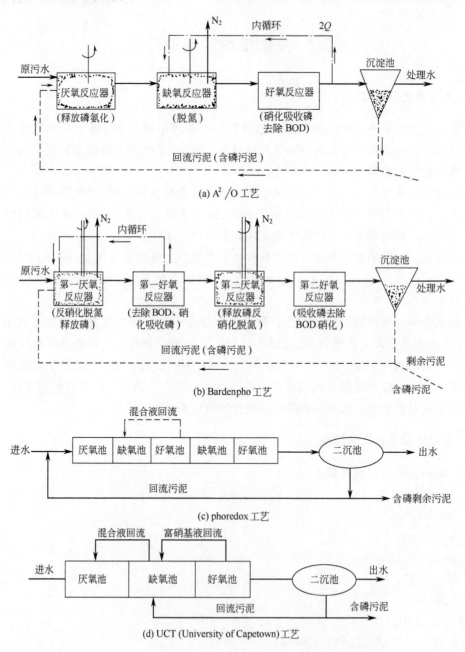

(a) A^2/O 工艺

(b) Bardenpho 工艺

(c) phoredox 工艺

(d) UCT (University of Capetown) 工艺

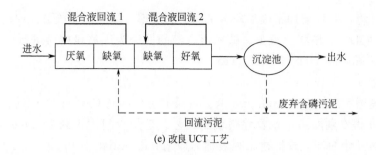

(e) 改良 UCT 工艺

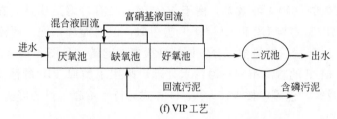

(f) VIP 工艺

(g) 改良 A^2/O 工艺

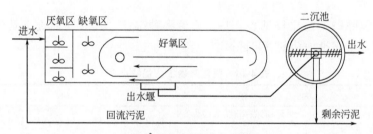

(h) A^2/O 与氧化沟结合工艺

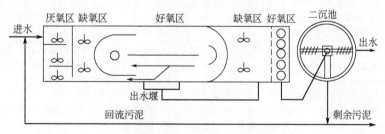

(i) 五段 Carrousel Bardenpho 工艺

图 4-14　各种脱氮除磷工艺流程

4.7.2.3　UCT 工艺

UCT 工艺是由开普敦大学开发的一种类似于 A^2/O 工艺的除磷脱氮技术，它与 A^2/O 有两点不同。该工艺的回流污泥是回流到缺氧池而不是厌氧池，再把缺氧池的混合液回流到厌氧池。把活性污泥回流到缺氧池，消除了硝酸盐对厌氧池厌氧环境的影响，这样就改善了厌氧池磷释放的环境，并且增加了厌氧段有机物的利用率。缺氧池向厌氧池回流的混合液含有较多的溶解性 BOD，而硝酸盐很少。缺氧混合液的回流为厌氧段内所进行的发酵等提供了最优的条件，见图 4-14 (d)、图 4-14 (e)。

4.7.2.4 VIP 工艺

VIP 工艺是美国 Virginia 州 Hampton Roads 公共卫生区与 CH2M HILL 公司于 20 世纪 80 年代末开发并获得专利的污水生物除磷脱氮工艺。它是专门为该区 Lamberts Point 污水处理厂的改扩建而设计的，该改扩建工程被称为 Virginia Initiative Plant（VIP），目的是采用生物处理取得经济有效的氮磷去除效果。由于 VIP 工艺具有普遍适用性，在其他污水处理厂也得到了应用。VIP 工艺与 UCT、A^2/O 工艺相似，但内循环不同。回流污泥和好氧池硝化液一并进入缺氧池起端，缺氧池混合液回流到厌氧池起端，见图 4-14 (f)。

建设规模为 80000m³/d 的青岛市李村河污水处理厂采用了类似 VIP 的池型构造，主导运行方式为 A/O 生物脱氮，也可以按 VIP、A^2/O 方式运行。不曝气段的停留时间为 5.2h，好氧段停留时间为 10.2h。

4.7.2.5 改良 A/A/O 工艺

改良 A/A/O 工艺的提出起源于泰安市污水处理厂工程的设计和建设，为了合理地确定泰安市污水处理厂的工艺流程和设计参数，中国市政工程华北设计研究院在泰安市进行了现场试验。针对泰安城市污水的水质水量特征，通过综合 A^2/O 工艺和改良 UCT 的优点，提出了如图 4-14 (g) 所示的改良 A/A/O 工艺。

4.7.3 生物脱氮除磷工艺的比较

各种生物脱氮除磷工艺比较见表 4-19。不论哪种工艺，其共同的优点是产泥量与标准活性污泥法相当，不需投加药剂就可除磷。

表 4-19 脱氮除磷工艺优缺点

工 艺	优 点	缺 点
A^2/O	剩余污泥含磷量 3%～5%，肥效高；脱氮能力高于 A_2/O 法	低温时性能不稳定，比 A_2/O 法复杂
Bardenpho	是生物除磷法中产泥量最少的工艺，剩余污泥中磷浓度较高，有肥料价值；出水 TN 含量比其他工艺低；补充碱度用药量少或无需使用药剂。该工艺在南非使用广泛，运行经验多	内循环量大，耗电多，维护管理复杂。美国应用不多。投药量不确定。反应器容积比 A^2/O 大，设置初沉池降低了 N、P 去除能力，需要较高的 BOD/P 比，处理效率受温度影响
UCT	厌氧池良好的厌氧条件，保证磷的充分释放和好氧池的过量吸收。UCT 法与 Bardenpho 法相比反应池容积较小	美国应用实例较少。内循环量大，泵耗电多，维护管理复杂。投药量不确定，需要较高的 BOD/P 比，温度对处理效率的影响不明显
VIP	富硝基液回流到缺氧池减少了氧量和碱度的消耗。缺氧池回流到厌氧池减少了好氧池硝酸盐负荷对厌氧条件的影响。氮磷去除与季节水温成正比	内循环量大，泵耗电多，维护管理复杂。美国应用实例较少。低温时，脱氮效果降低

4.7.4 工艺参数及规定

4.7.4.1 污水的特性指标

① $BOD_5/COD > 0.35$，表明污水可生化性较好。

② $BOD_5/TN > 3.0$，$COD/TN > 7$，满足反硝化需求；若 $BOD_5/TN > 5$，氮去除率大于 60%。

③ $BOD_5/TP>20$，$COD/TP>30$，表明生物除磷效果较好。

4.7.4.2 生物脱氮除磷工艺设计参数及规定

生物脱氮除磷工艺设计参数及规定见表4-20。

表4-20 生物脱氮除磷工艺设计参数及规定

项 目	F/M/[kgBOD/(kgMLVSS·d)]	SRT/d	MLSS/(mg/L)	HRT/h					污泥回流比/%	混合比/%
				厌氧区	缺氧区1	好氧区1	缺氧区2	好氧区2		
A_2/O	0.15~0.7 (0.15~0.25)	4~27 (5~10)	3000~5000	0.5~1.5	0.5~1.0	3.0~6.0			40~100	100~300
Phoredox	0.1~0.2	10~40	2000~4000	1~2	2~4	4~12	2~4	0.5~1	50~100	400
UCT	0.1~0.2	10~30	2000~4000	1~2	2~4	4~12	2~4		50~100	100~600
VIP	0.1~0.2	5~10	1500~3000	1~2	1~2	2~4			50~100	200~400

注：括号内为推荐数据。

4.7.5 A^2/O工艺设计参数及过程

表4-21为A^2/O工艺设计参数及规定。

表4-21 A^2/O工艺设计参数及规定

名 称	数 值
BOD污泥负荷 N_s/[kgBOD$_5$·(kgMLSS·d)$^{-1}$]	0.15~0.2(0.15~0.7)
TN负荷/[kgTN·(kgMLSS·d)$^{-1}$]	<0.05
TP负荷/[kgTP·(kgMLSS·d)$^{-1}$]	0.003~0.006
污泥浓度/(mg·L^{-1})	2000~4000(3000~5000)
水力停留时间/h	6~8;厌氧：缺氧：好氧=1:1:(3~4)
污泥回流比/%	25~100
混合液回流比/%	≥200(100~300)
泥龄 θ_c/d	15~20(20~30)
溶解氧浓度/(mg·L^{-1})	好氧段 DO=2
	缺氧段 DO≤0.5
	厌氧段 DO<0.2
TP/BOD$_5$	<0.06
COD/TN	>8
反硝化 BOD$_5$/NO$_3^-$	>4
温度/℃	13~18(≤30)

注：括号内数据供参考。

A^2/O计算过程如下：

① 确定进水性质和出水水质要求；

② 保证进水 pH 值（碱度>100mg/L）和营养物（C：N：P=100：16：1）水平；

③ 计算在硝化时消耗的碱度和脱氮时产生的碱度，反应器中能保持 100mg/L 碱度，便可维持适于硝化的 pH 值；

④ 计算硝化的反应器体积和水力停留时间；

⑤ 选择反硝化速率，根据前面所给出的反硝化区容积计算公式确定所需的缺氧反应器体积；

⑥ 根据选定的停留时间计算厌氧区体积；

⑦ 计算需氧量。

4.7.6 设备与装置

脱氮除磷工艺需要大量的设备和装置来保证微生物生长的适宜环境。除了曝气装置外，主要是一些搅拌和混合设备来保证反应器的厌氧和缺氧状态。

（1）搅拌器

一般竖直轴多用于完全混合式反应器中。设计时搅拌功率一般为 $10W/m^3$。

（2）水下推流器

水下电机通过减速机传动，带动螺旋桨转动，产生大面积的推流作用，提高池内（底）的水流速度，加强搅拌混合作用，防止污泥沉积。

设计时选用的个数和安装距离应根据保证污泥不沉积和所需的厌（缺）氧状态为原则。

4.7.7 脱氮除磷技术应用实例

4.7.7.1 泰安污水处理厂

泰安污水处理厂处理能力为 50000t/d，总体采用 AB 法，B 段采用 A^2/O 工艺进行除磷脱氮。A^2/O 工艺设计参数和出水水质如表 4-22 和表 4-23 所列。

表 4-22 A^2/O 工艺设计参数

HRT/h				污泥回流比/%	混合液回流比/%	SRT/d	MLSS/(mg/L)	污泥负荷/[kgBOD/(kgMLSS·d)]
厌氧区	缺氧区	好氧区	沉淀池					
0.76	2.37	3.0	5.0	100	300	15~23	3000~4000	0.1

表 4-23 出水水质　　　　　　　　　　　　　　单位：mg/L

BOD	COD	SS	NH_4^+-N	TN	TP
≤20	≤80	≤20	≤5	≤10	≤1

4.7.7.2 广州大坦沙污水处理厂

该厂采用 A^2/O 工艺，设计流量 $150000m^3/d$。工艺设计参数和进、出水水质如表 4-24 和表 4-25 所列。

表 4-24 A^2/O 工艺设计参数

HRT/h			污泥回比/%	混合液回流比/%
厌氧区	缺氧区	好氧区		
1	2	3	25~100	100~200

表 4-25 进、出水水质　　　　　　　　　　　　单位：mg/L

监测项目	BOD_5	SS	TN	TP
进水	200	250	40	5
出水	<20	<30	<15	<12

【例题 4.9】 设城市污水设计流量为 $6300m^3/h$，$K_z=1.3$，COD＝280mg/L，$BOD_5＝$

180mg/L；SS＝150mg/L，TN＝25mg/L，TP＝5mg/L，水温 10～25℃。要求处理后二级出水 BOD$_5$＝20mg/L，SS＝30mg/L，TN＜5mg/L，TP≤1mg/L。

试根据以上水质情况设计 A^2/O 处理工艺流程。

【解】 首先判断是否可采用 A^2/O 法。

$$COD/TN＝280/25＝11.2＞8$$

$$TP/BOD_5＝5/180＝0.028＜0.06，符合条件。$$

（1）设计参数计算

① 水力停留时间 HRT 为 $t＝8h$。

② BOD 污泥负荷为 $N_s＝0.18kgBOD_5/(kgMLSS \cdot d)$。

③ 回流污泥浓度为 $X_r＝10000mg/L$。

④ 污泥回流比为 50%。

⑤ 曝气池混合液浓度

$$X＝\frac{R}{R＋1}×X_r＝\frac{0.5}{1＋0.5}×10000＝3333mg/L≈3.3kg/m^3$$

（2）求内回流比 R_N

TN 去除率为

$$\eta_{TN}＝\frac{TN_0－TN_e}{TN_0}＝\frac{25－5}{25}×100\%＝80\%$$

$$R_N＝\frac{\eta_{TN}}{1－\eta_{TN}}＝\frac{0.8}{1－0.8}×100\%＝400\%$$

（3）A^2/O 曝气池容积计算

① 有效容积

$$V＝Qt＝6300×8＝50400m^3$$

② 池有效深度

$$H_1＝4.5m$$

③ 曝气池有效面积

$$S_{总}＝\frac{V}{H_1}＝\frac{50400}{4.5}＝11200m^2$$

④ 分两组，每组有效面积

$$S＝\frac{S_{总}}{2}＝5600m^2$$

⑤ 设 5 廊道曝气池，廊道宽 8m。

单组曝气池长度

$$L_1＝\frac{S}{5×b}＝\frac{5600}{40}＝140m$$

⑥ 各段停留时间

$$A_1：A_2：O＝1：1：4$$

则厌氧池停留时间为 $t_1＝1.33h$；缺氧池停留时间为 $t_2＝1.33h$；好氧池停留时间为 $t_3＝5.34h$。

（4）剩余污泥量 W

$$W＝aQ_平L_r－bVX_v＋S_rQ_平×50\%$$

① 降解 BOD 产生的污泥量为

$$W_1 = aQ_平 L_r = 0.55 \times \frac{6300 \times 24}{1.3} \times (0.18 - 0.02) = 10235.0\text{kg/d}$$

② 内源呼吸分解泥量

$$X_V = fx = 0.75 \times 3300 = 2475 = 2.48\text{kg/m}^3$$

$$W_2 = bVX_V = 0.05 \times 50400 \times 2.48 = 6237.0\text{kg/d}$$

③ 不可生物降解和惰性悬浮物（NVSS）

该部分占 TSS 约 50%，则

$$W_3 = S_r Q_平 \times 50\% = (0.15 - 0.03) \times \frac{6300 \times 24}{1.3} \times 50\% = 6978.5\text{kg/d}$$

④ 剩余污泥量

$$W = W_1 - W_2 + W_3 = 10235.0 - 6237.0 + 6978.5 = 10976.5\text{kg/d}$$

【例题 4.10】 城市污水平均旱季流量 $Q = 19000\text{m}^3/\text{d}$，初沉池出水及二级生化处理出水水质见表 4-26。要求经生化脱氮处理后 NH_4^+-N 浓度不大于 1mg/L。TN 浓度不大于 5mg/L，设计时按出水过滤前 TN 不大于 4.5mg/L 考虑。生物处理出水中生物不可降解溶解性氮和出水 VSS 中含有有机氮总量为 2mg/L，NH_4^+-N 为 1.0mg/L，NO_3-N 为 1.5mg/L。设计条件如下：水温 15℃；MLSS＝3000mg/L；MLVSS/MLSS＝0.63；pH＝7.0～7.6；好氧池最低溶解氧浓度 2mg/L。

本例中对最终出水 SS 有严格要求，工艺流程中考虑出水过滤。

表 4-26　出水水质表

水质指标/(mg/L) 采水点	VSS	SS	BOD₅	COD	S-COD	TN	碱度(以 CaCO₃ 计)
初沉池出水	60	85	100	190	110	29.5	125
生化处理出水	10	15	4	35	20	4.5	

【解】 根据本例中对处理出水水质要求，采用双缺氧池的单级活性污泥系统。

第一缺氧池利用污水中碳源有机物进行反硝化，第二缺氧池利用内源碳进行反硝化，系统中设置两个好氧池，此即四阶段 Bardenpho 生物脱氮工艺。

BOD₅ 去除量＝19000×(100－4)/1000＝1824kg/d

TN 去除量＝19000×(29.5－4.5)/1000＝475kg/d

假定污水 TKN 由于同化去除百分数为 10%，则由于微生物同化从剩余污泥排除去除 TN 量为 29.5×10%＝3mg/L，则同化每日去除 TN 总量 57kg/d。

硝化/反硝化 TN 去除量＝475－57＝418kg/d

工艺设计计算步骤如下。

（1）第一好氧池容积计算

① 计算硝化菌最大比增长速率

由公式 $\mu_{N,max} = 0.47e^{0.098(T-15)}$ 知，当 $T = 15$℃ 时 $\mu_{N,max} = 0.47\text{d}^{-1}$

② 由公式 $\mu_N = \mu_{N,max} \dfrac{N}{K_N + N}$ 计算稳定运行条件下硝化菌比增长速率：

本例中 N 为出水 NH_4^+-N 浓度，其值为 1mg/L，饱和常数 $K_N = 1.0$mg/L

则　$\mu_N = 0.23\text{d}^{-1}$

③ 计算最小污泥龄 $\theta_c^m = 1/\mu_N = \dfrac{1}{0.23} = 4.35\mathrm{d}$

④ 计算设计泥龄

假定峰值系数 $P_F = 1.20$，安全系数 $S_F = 1.65$，则设计泥龄为：

$$\theta_c^d = S_F P_F \theta_c^m = 1.65 \times 1.2 \times 4.35 = 8.5\mathrm{d}$$

⑤ 计算含碳有机物去除速率，$\theta_c^d = 8.5\mathrm{d}$，取 $Y_0 = 0.24$，则

$$q_{OBS} = \dfrac{1}{\theta_c^d Y_0} = \dfrac{1}{8.5 \times 0.24} = 0.49\mathrm{kgCOD/(kgMLVSS \cdot d)}$$

⑥ 计算好氧池水力停留时间 (t)

$$t = \dfrac{S_0 - S_1}{q_{OBS}X} = \dfrac{190 - 20}{0.49 \times 3000 \times 0.63} = 0.18\mathrm{d} = 4.3\mathrm{h}$$

⑦ 第一好氧池容积 $V_{N1} = Qt = 19000 \times 0.18 = 3420\mathrm{m}^3$

⑧ 峰值流量时水力停留时间 $t = 4.3/1.2 = 3.58\mathrm{h}$

⑨ 计算 BOD 污泥负荷 F/M

$$F/M = \dfrac{19000 \times 100}{3420 \times 3000 \times 0.63} = 0.29\mathrm{kgBOD/(kgMLVSS \cdot d)}$$

⑩ 计算好氧池生物硝化产生 $NO_3\text{-}N$ 总量 TKN_{OX}

$$TKN_{OX} = 29.5 - 3 - 2.0 - 1.0 = 23.5\mathrm{mg/L}$$

⑪ 第一好氧池平均硝化速率 SNR

$$SNR = \dfrac{19000 \times 23.5}{3420 \times 3000 \times 0.63} = 0.069\mathrm{kgNH_4\text{-}N/(kgMLVSS \cdot d)}$$

负荷峰值时最大硝化速率 SNR 为

$$SNR_{max} = 0.069 \times 1.2 = 0.083\mathrm{kgNH_4\text{-}N/(kgMLVSS \cdot d)}$$

本例中 $\theta_c^d = 8.5\mathrm{d}$，COD/TKN $= 6.3$，BOD/TKN $= 3.4$。上述设计结果 SNR 应与文献类似结果相吻合，若偏高于文献值，应调整设计因数（$D_F = P_F S_F$），重新计算泥龄和好氧池容积。

（2）第一缺氧池

第一好氧池硝化产生 $NO_3\text{-}N$ 为 23.5mg/L，最终出水 $NO_3\text{-}N$ 为 1.5mg/L，则两个缺氧池反硝化去除 $NO_3\text{-}N$ 量为 $23.5 - 1.5 = 22\mathrm{mg/L}$，或 418kg/d。

第一好氧池混合液回流进入第一缺氧池浓度为 23.5mg/L，第一缺氧池反硝化去除 $NO_3\text{-}N$ 量由内回流比大小决定。对于串联两级缺氧池 Bardenph 工艺，由于第二缺氧池内源碳反硝化，回流污泥进入第一缺氧池的 $NO_3\text{-}N$ 很小，可以略去不计。

第一缺氧池 $NO_3\text{-}N$ 去除率 $= \dfrac{r}{1+r+R}$

式中　r——内循环回流比，%；

　　　R——污泥回流比，%。

设二沉池回流污泥浓度 $X_R = 7000\mathrm{mg/L}$，则按公式 $X = \dfrac{R}{1+R}X_R$ 得 $R = 0.75$。

设内循环回流比 $r = 450\%$，则第一缺氧池 $NO_3\text{-}N$ 去除率为 72%。第一缺氧池 $NO_3\text{-}N$ 去除量为 $23.5 \times 0.72 = 16.9\mathrm{mg/L}$，或 321kg/d。

20℃时第一缺氧池反硝化速率为

$$S_{DNR1} = 0.3F/M_1 + 0.029$$

负荷 F/M_1 取 0.2kgBOD/(kgMLVSS·d)，则 20℃反硝化速率为 0.09kgNO$_3$-N/(kgMLVSS·d)（一般 S_{DNR1}=0.05～0.15kgNO$_3$-N/kgVSS·d）。则 15℃时反硝化速率 $q_{D,T}$ 为

$$q_{D,T}=q_{D,20}1.05^{(T-20)}=0.09\times1.05^{(15-20)}=0.071\text{kgNO}_3\text{-N/(kgMLVSS}\cdot\text{d)}$$

负荷峰值时第一缺氧池 MLVSS 总量为 $321\times1.2/0.071=5425$kg。

则第一缺氧池容积 V_{AN1} 为

$$V_{AN1}=5425\times1000/(3000\times0.63)=2870\text{m}^3$$

第一缺氧池 HRT：

平均流量时 $t=2870/19000=0.15$d=3.6h

高峰流量时 $t=3.6/1.2=3$h

（3）第二缺氧池容积计算

第二缺氧池利用内源代谢物质作为碳源，反硝化速率约为 S_{DNR1} 的 20%～50%，并与活性污泥的污龄有关。

$$S_{DNR2}=0.12\theta_c^{-0.706}$$

式中 S_{DNR2}——20℃时第二缺氧池中反硝化速率，kgNO$_3$-N/(kgVSS·d)。

通过反复试算估算，系统泥龄 $\theta_c=25$d，则

$$S_{DNR2}=0.12\times25^{-0.706}=0.0124\text{kgNO}_3\text{-N/(kgMLVSS}\cdot\text{d)}$$

在 $T=15$℃时第二缺氧池反硝化速率为

$$S_{DNR2,T}=S_{DNR2,20}\theta^{T-20}$$

式中 $S_{DNR2,T}$——温度 T℃时反硝化速率，kgNO$_3$-N/(kgVSS·d)；

$S_{DNR2,20}$——20℃时反硝化速率，kgNO$_3$-N/(kgVSS·d)；

θ——温度系数，一般为 1.03～1.15。

这里，取 $\theta=1.03$，则

$$S_{DNR2,15}=0.0124\times1.03^{15-20}=0.011\text{kgNO}_3\text{-N/(kgMLVSS}\cdot\text{d)}$$

第二缺氧池 NO$_3$-N 去除量 $=418-321=97$kg/d

第二缺氧池 MLVSS 总量 $=97/0.011=8818$kg

第二缺氧池容积 $V_{AN2}=8818\times1.2\times1000/(3000\times0.63)=5599\text{m}^3$

（4）计算第一好氧池补充碱度投加量

硝化消耗碱度 $=7.14\times23.5=168$mg/L；

反硝化产生碱度 $=\dfrac{1}{2}\times7.14\times16.9=60$mg/L。

当第一好氧池出水剩余碱度为 50mg/L 时，需要补充碱度为

$$168+50-125-60=33\text{mg/L}$$

（5）缺氧池所需搅拌功率

设缺氧池单位容积搅拌功率为 10W/m^3，则两缺氧池所需搅拌功率为：

第一缺氧池所需搅拌功率 $=10\times2870/1000=28.7$kW

第二缺氧池所需搅拌功率 $=10\times5599/1000=56$kW

（6）第二好氧池容积计算

设第二好氧池流量峰值时 HRT 为 0.5h，则

$$V_{N2}=19000\times1.2\times0.5/24=475\text{m}^3$$

（7）计算剩余污泥每日排放量（ΔX）

人为排泥量：$\Delta X = \dfrac{XV}{\theta_c^d} = \dfrac{3 \times (3420 + 2870 + 5599 + 475)}{25} = 1484 \text{kg/d}$

排泥体积为：$Q_S = \dfrac{\Delta X}{X_R} = \dfrac{1484}{7} = 212 \text{m}^3/\text{d}$

（8）计算需氧量

① 平均日需氧量计算

碳氧化和氨氮硝化需氧量 $= 1.2 \times 19000 \times (100 - 4)/1000 + 4.57 \times 19000 \times 23.5/1000 = 4229 \text{kgO}_2/\text{d}$

每还原 1kgNO$_3$-N 需要 2.86/kgBOD，由于利用污水中 BOD 作碳源反硝化减少氧需要量为：$2.86 \times (23.5 - 1.5) \times 19000/1000 = 1195 \text{kgO}_2/\text{d}$

故实际需氧量 $= 4229 - 1195 = 3034 \text{kgO}_2/\text{d}$

② 负荷峰值时需氧量计算从略。

【例题 4.11】 已知设计条件：平均日污水量 $Q_{in} = 389000 \text{m}^3/\text{d}$，$K_z = 1.5$

初沉池出水水质：BOD=130mg/L，其中溶解性 BOD=88mg/L，COD=65mg/L

$\qquad\qquad\qquad$ SS=150mg/L，TN=30mg/L，TP=4.3mg/L

排放出水水质：BOD≤8mg/L，SS≤12mg/L，TN≤10mg/L，TP≤0.5mg/L

设计水温为 13℃。处理方式采用 A^2/O 法，试对其工艺进行设计计算。

【解】 （1）污泥回流比的确定

取反应器内 MLSS 浓度 $X = 3000 \text{mg/L}$，回流污泥浓度 $X_R = 9000 \text{mg/L}$，

则 $\qquad\qquad\qquad R = \dfrac{X}{X_R - X} = \dfrac{3000}{9000 - 3000} = 0.5$

（2）内循环比（r）的确定

$$r = \dfrac{\alpha \cdot C_{\text{TN} \cdot \text{in}}}{C_{\text{NO}_x \cdot \text{A}}} - 1$$

式中 α——总氮发生硝化所占的比例，一般为 0.7～0.8；

$C_{\text{TN} \cdot \text{in}}$——生物反应器进水的 T-N 浓度，本例为 30mg/L；

$C_{\text{NO}_x \cdot \text{A}}$——二沉池出水 NO$_T$-N 浓度，本例为 10mg/L。

因此，$r = \dfrac{0.8 \times 30}{10} - 1 = 1.4$

（3）污泥龄（θ_c）

$$\theta_c = K_z \cdot 20.6 \text{e}^{(-0.0627T)}$$
$$= 1.5 \times 20.6 \times \text{e}^{(-0.0627 \times 13)} = 14 \text{d}$$

（4）好氧池容积（V_A）

$$V_A = Q_{in} t_A = Q_{in} \cdot \dfrac{\theta_c(a \cdot C_{\text{S-BOD,in}} + b C_{\text{SS,in}})}{(1 + c\theta_c)X}$$

式中 Q_{in}——污水流量，m^3/d；

$\qquad t_A$——好氧池 HRT，d；

$C_{\text{S-BOD,in}}$——反应器进水中溶解性 BOD 浓度，mg/L；

$\quad C_{\text{SS,in}}$——反应器进水中 SS 浓度，mg/L；

$\qquad a$——溶解性 BOD 的污泥产率系数，kgMLSS/kgS-BOD，一般为 0.5～0.6kgMLSS/kgS·BOD；

b——SS 的污泥转化系数，kgMLSS/kgSS，一般为 0.9～1.0kgMLSS/kgSS；

c——污泥自身分解系数，d^{-1}，一般为 0.025～0.035d^{-1}。

因此　　　　　　$V_A = 389000 \times \dfrac{14 \times (0.55 \times 88 + 0.95 \times 150)}{(1 + 0.03 \times 14) \times 3000} = 244000m^3$

（5）厌氧池容积（V_{AN}）

厌氧池中 HRT 取 1～2h，本例取 2h，则

$$V_{AN} = \frac{389000 \times 2}{24} = 32400m^3$$

（6）缺氧池容积（V_{DN}）

反应器容积　　$V = V_A + V_{DN} = \dfrac{C_{BOD,in} \cdot Q_{in}}{N_S \cdot X}$

式中　$C_{BOD,in}$——反应器进水 BOD 浓度，mg/L；

　　　　N_S——BOD-SS 负荷，kgBOD/(kgMLSS·d)，一般为 0.05～0.07kgBOD/(kgMLSS·d)。

因此，$V_{DN} = V - V_A = \dfrac{130 \times 389000}{0.05 \times 3000} - 244000 = 93100m^3$

（7）脱氮速度常数 K_{DN}

$$K_{DN} = \frac{L_{NO_x,DN} \times 10^3}{24 \cdot V_{DN} \cdot X}$$

式中　$L_{NO_x,DN}$——回流 NO_T-N 负荷量，kg/d。

$$C_{NO_x,A} = a \cdot C_{TN,in} \cdot \frac{1}{Hr} = 0.8 \times 30 \times \frac{1}{1 + 1.4} = 10mg/L$$

$L_{NO_x,DN} = C_{NO_x,A} \cdot rQ \times 10^{-3} = 10 \times 389000 \times 1.4 \times 10^{-3} = 5446kg/d$。

因此，　　　　　　$K_{DN} = \dfrac{5446 \times 10^3}{24 \times 93100 \times 3} = 0.81mgN/(gMLSS \cdot h)$

（8）生物反应器总容积与停留时间

生物反应器总容积　$V = V_{AN} + V_{DN} + V_A = 32400 + 93100 + 244000$
　　　　　　　　　　　　$= 369500m^3$

停留时间 $t_A = \dfrac{24V}{K_Z Q_{in}} = \dfrac{24 \times 369500}{1.5 \times 389000} = 15.2h$ 取 15.5h

槽容积为：$583500 \times \dfrac{15.5}{24} = 376844m^3$

工艺尺寸：9m(宽)×88m(长)×10m(深)×2组

池数：24 个

容积为：$9.0 \times 88 \times 10.0 \times 2 \times 24 = 380160m^3$

（9）必要空气量计算

① BOD 氧化需氧量（D_B）计算

$D_B = [(C_{BOD,in} - C_{BOD,eff}) \cdot Q_{in} \times 10^{-3} - (L_{NO_x,DN} - L_{NO_x,A}) \times 2.0] \times 0.45$

式中　$C_{BOD,in}$——反应器进水 BOD 浓度，mg/L，取值 130；

　　　$C_{BOD,eff}$——反应器出水 BOD 浓度，mg/L，取值 8；

　　　$L_{NO_x,DN}$——缺氧池 NO_T-N 负荷量，kg/d，取值 5446；

　　　$L_{NO_x,A}$——缺氧池 NO_T-N 流出量，kg/d，取值 0；

2.0——单位 $NO_T\text{-}N$ 脱氮所需的 BOD 量，$kgBOD/kgNO_T\text{-}N$；

　　0.45——去除单位 BOD 需氧量。

所以　$D_B = \left[(130-8)\times389000\times10^{-3} - 5446\times2.0\right]\times0.45$

$\qquad\quad = 16455kgO_2/d$

② 硝化需氧量（D_N）

$$D_N = \alpha \cdot C_{TN,in} \cdot \theta_{in} \times 10^{-3}\times 4.57$$

$$= 0.8\times30\times389000\times10^{-3}\times4.57 = 42666kgO_2/d$$

③ 污泥内源呼吸需氧量（D_E）

$$D_E = 0.12\times V_A = 0.12\times3.0\times244000 = 87840kgO_2/d$$

④ 维持溶解氧浓度所需要的供氧量（D_o）

$$D_o = C_{o,A} \cdot (Q_{in}+RQ_{in}+rQ_{in})\times10^{-3}$$

式中　$C_{o,A}$——好氧池出口处溶解氧浓度，mg/L，取 1.5。

$$D_o = 1.5\times(389000+0.5\times389000+1.4\times389000)\times10^{-3}$$

$$= 1692kgO_2/d$$

因此，必要氧量为

$$\Sigma D = D_B+D_N+D_E+D_o = 16455+42666+87840+1692$$

$$= 148653kgO_2/d$$

（10）供风量（N）计算

$$N = \frac{需氧量(kgO_2/d)}{E_A(\%)\times10^{-2}\times P\times O_w} \quad (m^3/d)$$

式中　E_A——氧转移效率，取 7.5%；

　　　P——空气密度，kg 空气/m^3，为 1.293；

　　　O_w——空气含氧量，kgO_2/kg 空气，为 0.233。

因此，$N = \dfrac{148653}{7.5\times10^{-2}\times1.293\times0.233\times24\times60} = 4569m^3/min$

选用 14 台风机，其中 2 台备用，则每台鼓风机风量为

$$4569/12 = 381m^3/(min\cdot台)$$

4.8　AB 法工艺

4.8.1　AB 法处理原理

　　AB 工艺是在传统两段活性污泥法和高负荷活性污泥法的基础上开发的新工艺，是吸附生物降解工艺的简称。是由 A 段曝气池、中间沉淀池、B 段曝气池和二次沉淀池组成，两段污泥各自回流。AB 法不设初沉池，但其 A 段 SS 及 BOD_5 的去除率大大高于初沉池，原因是进入 AB 工艺 A 段的污水是直接由排水管网来的，其中含有大量且活性很强的细菌及微生物群落。AB 工艺是根据微生物生长繁殖及其基质代谢的关系而确立的，并充分考虑了污水收集、输送系统中高活性微生物的作用，通常维持 A 段在极高负荷下，使微生物处于快速增长期以发挥其对有机物的快速吸附作用；维持 B 段在很低的负荷下运行，利用长世代期微生物的作用，保证出水水质。AB 法与传统生物处理方法相比，在处理效率、运行稳

定性、工程的投资和运行费用等方面均有明显优势。

4.8.2　AB法工艺流程

AB法工艺流程如图4-15所示。

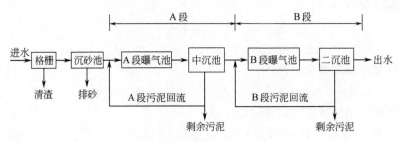

图4-15　AB法的工艺流程

在处理过程中，A段通常在缺氧环境中运行，A段对于水质、水量、pH值和有毒物质等的冲击负荷有巨大的缓冲作用，能为其后面的B段创造一个良好的进水条件。AB两段的 BOD_5 去除率为 $90\% \sim 95\%$，COD去除率为 $80\% \sim 90\%$，TP去除率可达 $50\% \sim 70\%$，TN的去除率为 $30\% \sim 40\%$。若想提高AB工艺脱氮除磷效果，可将B段设计为脱氮、除磷工艺，如按 A_1/O、A_2/O 工艺进行设计。

4.8.3　构造特点

AB法为两段活性污泥法，即分为A段和B段，两段污泥各自回流。A段曝气池可与曝气沉砂池合建，也可分建。A段具有很高的有机负荷，在缺氧（兼性）环境下工作，溶解氧一般为 $0.3 \sim 0.7$mg/L，水力停留时间通常只有 $30 \sim 40$min；B段属传统活性污泥法，溶解氧一般为 $2 \sim 3$mg/L，水力停留时间 $2 \sim 4$h；AB工艺的中沉池HRT可以取 $1 \sim 1.5$h，终沉池可取HRT为1.5h，均低于传统一段法工艺。

4.8.4　AB工艺设计参数

AB工艺设计参数见表4-27。

表4-27　AB工艺设计参数

名　称	A　段	B　段
污泥负荷 N_s/[kgBOD$_5$・(kgMLSS・d)$^{-1}$]	3～4(2～6)	0.15～0.3(<01.5)
容积负荷 N_v/[kgBOD$_5$・(m^3・d)$^{-1}$]	6～10(4～12)	≤0.9
污泥浓度 MLSS/(mg・L^{-1})	2000～3000(1500～2000)	2000～4000(3000～4000)
污泥龄 SRT/d	0.4～0.7(0.3～0.5)	15～20(10～25)
水力停留时间 HRT/h	0.5～0.75	2.0～6.0
污泥回流比/%	<70(20～50)	50～100
溶解氧 DO/(mg・L^{-1})	0.3～0.7(0.2～1.5)	2～3(1～2)
气水比	(3～4):1	(7～10):1
SVI/(ml・g^{-1})	60～90	70～100
沉淀池沉淀时间/h	1～2	2～4
沉淀池表面负荷 q'/[m^3・(m^2・h)$^{-1}$]	1～2	0.5～1.0
需氧量系数 a'/[kgO$_2$・(kgBOD$_5$)$^{-1}$]	0.4～0.6	1.23
NH$_3$-N硝化需氧量系数 b'/[kgO$_2$・(kgNH$_3$-N)$^{-1}$]		4.57
污泥增殖系数 a/[kg/(kgBOD$_5$)$^{-1}$]	0.3～0.5	0.5～0.65
污泥含水率	98%～98.7%	99.2%～99.6%

注：括号内数据供参考。

4.8.5 计算公式

AB 法工艺设计公式见表 4-28。

表 4-28 AB 法工艺设计公式

项　　目	公式 A	公式 B	符 号 说 明
曝气池容积	$V=\dfrac{24L_rQ}{N_sX_V}$	$V=\dfrac{24L_rQ}{N_sX_V}$	V——曝气池容积，m^3； Q——设计流量，m^3/h； L_r——去除 BOD_5 浓度，kg/m^3； N_s——BOD_5 污泥负荷率，$kgBOD_5/(kgMLSS\cdot d)$； X_V——MLVSS 浓度，kg/m^3
水力停留时间	$t=\dfrac{V}{Q}$	$t=\dfrac{V}{Q}$	t——水力停留时间，h
最大总需氧量 $O_2=O_A+O_B$	$O_A=a'QL_r$	$O_B=a'QL_r+b'QN_r$ $L_r=L_a-L_t$	O_2——最大需氧量，kg/h； a'——需氧量系数，$kgO_2/kgBOD_5$； L_r、L_a、L_t——各段曝气池去除 BOD_5 浓度，$kgBOD_5/m^3$； b'——NH_3-N 去除需氧量系数，$kgO_2/(kgNH_3$-$N)$； N_r——需要硝化的氮量，kg/m^3
沉淀池面积	$A=\dfrac{Q}{q'}$	$A=\dfrac{Q}{q'}$	A——沉淀池面积，m^2； q'——沉淀池表面负荷率，$m^3/(m^2\cdot h)$
沉淀池高度设计	$H=h_1+h_2+h_3+h_4+h_5$		h_1——超高，m； h_2——有效水深，为 2～4m； h_3——缓冲层高度，m； h_4——圆锥体高度，m； h_5——污泥斗高度，m
剩余污泥量	$W_A=Q_\mathbb{平}\,S_r+\alpha QL_r$ $S_r=S_a-S_t$	$W_B=\alpha Q_\mathbb{平}\,L_r$	$Q_\mathbb{平}$——平均流量，m^3/d； W_A——剩余污泥量，kg/d； S_r——A 段 SS 的去除浓度，kg/m^3，A 段 SS 的去除率为 70%～80%； α——污泥增长系数
污泥龄 θ_c	$\theta_{cA}=\dfrac{1}{\alpha_A\times N_{sA}}$	$\theta_{cB}=\dfrac{1}{\alpha_B\times N_{sB}}$	θ_c——污泥龄，d； N_{sA}——A 段污泥负荷，$kgBOD_5/(kgMLSS\cdot d)$； N_{sB}——B 段污泥负荷； α_A、α_B——A、B 段污泥增长系数
干污泥换算湿污泥	$Q_{sA}=\dfrac{W_A}{(1-P_A)\times10^3}$	$Q_{sB}=\dfrac{W_B}{(1-P_B)\times10^3}$	Q_{sA}——湿污泥体积，m^3/d； P——污泥含水率，%
回流污泥浓度	$X_R=\dfrac{10^6}{SVI\cdot r}$		$r=1.0～1.2$

【**例题 4.12**】　某城市污水设计水量 $\theta=6\times10^4\,m^3/d$，原水 $BOD_5=250mg/L$，$COD=400mg/L$，$SS=220mg/L$，NH_3-N$=30mg/L$，$TN=40mg/L$。要求处理后二级出水 $BOD_5\leqslant15mg/L$，$COD\leqslant50mg/L$，$SS\leqslant15mg/L$，NH_3-N$\leqslant10mg/L$。试设计 AB 法处理工艺。

【**解**】　（1）设计参数确定

A 段污泥负荷：$N_{SA} = 3\text{kgBOD}_5/(\text{kgMLSS} \cdot \text{d})$

混合液污泥浓度：$X_A = 2000\text{mg/L}$

污泥回流比：$R_A = 50\%$

B 段污泥负荷：$N_{SB} = 0.15\text{kgBOD}_5/(\text{kgMLSS} \cdot \text{d})$

混合液污泥浓度：$X_B = 3500\text{mg/L}$

污泥回流比：$R_B = 100\%$

（2）处理程度计算

BOD_5 总去除率：$E = \dfrac{L_a - L_t}{L_a} = \dfrac{250 - 15}{250} = 94\%$

A 段去除率 E_A 取 60%，则 A 段出水 BOD_5 为 $L_{tA} = 100\text{mg/L}$

B 段去除率：$E_B = \dfrac{L_{tA} - L_t}{L_{tA}} = \dfrac{100 - 15}{100} = 85\%$

（3）曝气池容积计算

A 段曝气池容积：$V_A = \dfrac{QL_r}{N_{SA}X_A} = \dfrac{6 \times 10^4 \times (250 - 100)}{3 \times 2000}$

$$= 1500\text{m}^3$$

B 段曝气池容积：$V_B = \dfrac{QL_r}{N_{SB}X_B} = \dfrac{6 \times 10^4 \times (100 - 15)}{0.15 \times 3500}$

$$= 9714\text{m}^3$$

（4）曝气时间计算

A 段曝气时间：$T_A = \dfrac{V_A}{Q} = \dfrac{1500}{2500} = 0.6\text{h}$（符合要求）

B 段曝气时间：$T_B = \dfrac{V_B}{Q} = \dfrac{9714}{2500} = 3.88\text{h}$（符合要求）

（5）剩余污泥量计算

① A 段剩余污泥量计算

设 A 段 SS 去除率为 75%，污泥产率系数 $a = 0.5\text{kgSS/kgBOD}_5$，则

$$W_A = QS_r + aQL_r$$
$$= 6 \times 10^4 \times 0.22 \times 0.75 + 0.5 \times 6 \times 10^4 \times (0.250 - 0.10)$$
$$= 14400\text{kg/d}$$

湿污泥体积（污泥含水率为 98.5%）为

$$Q_{SA} = \dfrac{W_A}{1000 \times (1 - P_A)} = \dfrac{14400}{1000 \times (1 - 0.985)} = 960\text{m}^3/\text{d}$$

② B 段剩余污泥量计算

干污泥质量为

$$W_B = aQL_{rB} = 0.5 \times 6 \times 10^4 \times (100 - 15)/1000$$
$$= 2550\text{kg/d}$$

湿污泥体积（污泥含水率为 99.2%）为

$$Q_{SB} = \dfrac{W_B}{1000 \times (1 - P_B)} = \dfrac{2550}{1000 \times (1 - 0.992)} = 318.75\text{m}^3/\text{d}$$

③ 总污量为

$$Q_S = Q_{SA} + Q_{SB} = 960 + 318.75 = 1278.75\text{m}^3/\text{d}$$

（6）污泥龄 θ_c 计算

A 段污泥龄

$$\theta_{cA} = \frac{1}{a_A N_{SA}} = \frac{1}{0.5 \times 3} = 0.67d$$

B 段污泥龄

$$\theta_{cB} = \frac{1}{a_B N_{SB}} = \frac{1}{0.5 \times 0.15} = 13.33d$$

（7）最大需氧量计算

A 段最大需氧量

$$O_A = a'QL_r = 0.6 \times 6 \times 10^4 \times (250-100)/1000 = 5400kg/d$$

B 段最大需氧量

$$O_B = a'OL_r + b'ON_r = 1.23 \times 6 \times 10^4 \times (0.10-0.015) + 4.57 \times 6 \times 10^4 \times (0.03-0.01)$$
$$= 11757kg/d$$

二段总需氧量为

$$O_2 = Q_A + Q_B = 5400 + 11757 = 17157kg/d$$

4.8.6 设计实例简介

山东省淄博市张店污水处理厂采用 AB 法处理工艺，工艺设计简介如下。

4.8.6.1 工程概况

（1）污水厂设计规模

设计流量 $14 \times 10^4 m^3/d$，最大流量 $7233 m^3/h$，平均流量 $5833 m^3/h$。

（2）进、出水水质

进、出水水质如表 4-29 所列。

表 4-29　进、出水水质　　　　　　　　　　　　　　　　单位：mg/L

项　　目	进　　水	出　水
COD_{Cr}	500～600	50
BOD_5	200～225(其中可沉降 75,可溶解 112.5,不可沉降 37.5)	15
SS	250～280(其中可沉降 225,不可沉降 55)	15
NH_3-N		15
TKN	60(其中 NH_3-N 50,有机氮 10)	

（3）曝气池的设计参数

a. A 段曝气池　污泥负荷 4.5kgBOD/(kgMLSS·d)；容积负荷 10kgBOD/(m³·d)；停留时间 36min（平均流量时），29min（高峰流量时）；混合液浓度 1.5～2.0kg/m³；溶解氧约 0.3～0.5mg/L；污泥龄约 4～5.5h；污泥回流比 50%～75%；污泥指数约 60mL/g；BOD 去除率约 50%（其中吸附絮凝约 85%，生物降解 15%）；O_2/C 负荷 0.4kgO₂/kg-BOD₅去除；污泥中生物相主要由好氧细菌和兼性细菌组成。

b. B 段曝气池　污泥负荷 0.125kgBOD/(kgMLSS·d)；容积负荷 0.525kgBOD/(m³·d)；停留时间 6.26h（平均流量时），5.05h（高峰流量时）；混合液浓度 3.45kg/m³；溶解氧约 0.7～2.0mg/L；污泥龄约 21d；污泥回流比 100%；污泥指数约 150mL/g；O_2/C 负荷 1.23kgO₂/kgBOD₅去除；去除氮负荷 4.40kgO₂/kgNH₃-N去除；污泥中生物相主要由专性好

氧微生物及原生动物组成。

（4）其他构筑物的设计参数

曝气沉砂池为平流式；停留时间 10min（平均流量时），8min（高峰流量时）；空气量 1～1.24m³/（m³ 池容·h）。

中间沉淀池为圆形辐流式，机械刮泥；水力负荷 1.49～1.84m³/（m²·h）；停留时间 1.9～2.4h；出水堰负荷 30～60m³/（m·h）。

最终沉淀池为圆形辐流式，机械刮泥；水力负荷 0.74～0.92m³/（m²·h）；停留时间 4.7～3.8h；出水堰负荷 10m³/（m·h）。

污泥浓缩池表面负荷 49.2kgDS/（m²·d）；停留时间预浓缩 9.9h，后浓缩 3.4d。

污泥消化池停留时间 20d；温度 33～35℃；有机负荷 1.25～3.0kgVSS/（m³·d）；池内沼气搅拌 0.0933m³/（m³ 池容·h）；产沼气量 0.4m³/kgVSS（合 10m³/m³ 泥）。

4.8.6.2 设计特点

① 污水厂承担处理淄博市张店区以工业废水为主的城市污水，进厂污水水质浓，变化幅度大，处理难度高，一般活性污泥法不能达到国家排放标准。经各方面研究后采用 AB 法新工艺，污泥采用中温消化，沼气综合利用。该厂是目前国内最大的采用 AB 法的城市污水处理厂。

② 采用 AB 法，曝气池容积比传统方法可减少 30% 左右，全厂占地面积节省 20% 左右，每吨污水电耗可节省 20%～30%（一般情况鼓风机房可节能 30% 左右）。

③ 污水厂厂址地质较差，与土建合作在工艺上采用了一些新的技术措施（如 DN 1800mm 橡胶接头），使地基处理节约 200 余万元。

④ 污水厂总平面布置及竖向布置在总结以往经验的基础上，采取了一些新措施，改善了操作条件。

⑤ 该污水厂自然地面以下 8m 左右含有大量有机质淤泥质土，该层土层流塑、高压缩性、沉降大，承载力低，而该厂储气柜高 20m，要求沉降小，沉降偏差 0.02% 左右；消化池高 23m，荷重大；B 段曝气池平面尺寸 80m×80m，高 8.5m，埋入地下又很深，使该层土承载力、构筑物抗浮和沉降均不能满足设计要求。因此，地基处理采用了钢筋混凝土夯扩大头桩，将钢筋放到底；该桩既能抗压又能抗拔。采用夯扩桩与钢筋混凝土预制桩或灌注桩相比节约造价 50 余万元。

⑥ 淄博气候干燥，季节变化明显，最低温度 -23℃，最高温度 40℃，φ50m 直径的圆形沉淀池（6 座）高 4～5m，入土很浅，如按整体设计，池壁内钢筋用量很大，根本放不下，故在池壁及底板设置引发缝。这种释放温度应力的新设计，既保证了工程质量又使每池节约 10t 钢材，总共节约了 100t 钢材。

⑦ 在 B 段曝气池纵向横向中间设沉降缝，其余设引发缝，止水带采用十字接头，池壁采用角式挡土墙，结构先进合理。

⑧ 消化池高 23m，内径 φ28m，池内常温 35℃ 以上，冬季池外最低温度 -23℃，如按常规采用整体现浇钢筋混凝土结构，池壁厚达 1.2m 且容易出现裂缝，工程质量得不到保证，故采用预应力结构，池壁薄，节省了 750m³ 混凝土和 25t 钢筋。

4.8.6.3 设计说明

几年来的运行情况说明，AB 法处理这类高浓度城市污水效果较好，利用沼气于污泥加热及驱动鼓风机，能耗可节省 20%～30% 以上。目前总的能耗约为 0.4kW·h/m³，夏、秋季用沼气发电带动鼓风机，能耗降为 0.25～0.3kW·h/m³，折合成 BOD 的能耗为 1.6kW·h/kgBOD 及 1～1.2kW·h/kgBOD。

4.9 SBR及其改良间歇式活性污泥法工艺

4.9.1 处理原理及工艺特征

SBR法是污水生物处理方法的最初模式。由于进、出水切换复杂，变水位出水、供气系统易堵塞及设备等方面的原因，限制了其应用和发展。当今，随着计算机和自动控制技术及相关设备的发展和使用，SBR法在城市污水和各种有机工业废水处理中越来越得到广泛的应用。SBR法基本工艺流程为：预处理→SBR→出水，其操作程序是在一个反应器内的一个处理周期内依次完成进水、生化反应、泥水沉淀分离、排放上清液和闲置等5个基本过程组成（见图4-16）。这种操作周期周而复始进行以达到不断进行污水处理的目的。

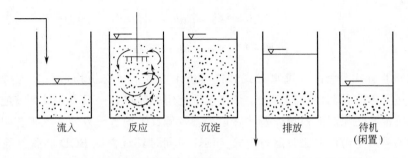

| 流入 | 反应 | 沉淀 | 排放 | 待机(闲置) |

图 4-16　间歇式活性污泥法曝气池运行操作 5 个工序示意图

SBR法的工艺设备是由曝气装置、上清液排出装置（滗水器），以及其他附属设备组成的反应器。SBR对有机物的去除机理为：在反应器内预先培养驯化一定量的活性微生物（活性污泥），当废水进入反应器与活性污泥混合接触并有氧存在时，微生物利用废水中的有机物进行新陈代谢，将有机污染物转化为 CO_2、H_2O 等无机物；同时，微生物细胞增殖，最后将微生物细胞物质（活性污泥）与水沉淀分离，废水得到处理。

SBR法不同于传统活性污泥法，在流态及有机物降解上是空间推流的特点。该法在流态上属完全混合型，而在有机物降解方面，有机基质含量是随时间的进展而降解的。

SBR法具有以下几个特征。

① 可省去初次沉淀池、二次沉淀池和污泥回流设备等，与标准活性污泥法比较，设备构成简单，布置紧凑，基建和运行费用低，维护管理方便。

② 大多数情况下，不需要设置流量调节池。

③ 泥水分离沉淀是在静止状态或在接近静止状态下进行的，故固液分离稳定。

④ 不易产生污泥膨胀。特别是在污水进入生化处理装置期间，维持在厌氧状态下，使得 SVI 降低，而且还能节减曝气的动力费用。

⑤ 在反应器的一个运行周期中，能够设立厌氧、好氧条件，实现生物脱氮、除磷的目的；即使在没有设立厌氧段的情况下，在沉淀和排出工序中，由于溶解氧浓度低，也会产生一定的脱氮作用。

⑥ 加深池深时，与同样的 BOD-SS 负荷的其他方式相比较，占地面积较小。

⑦ 耐冲击负荷，处理有毒或高浓度有机废水的能力强。

⑧ 理想的推流过程使生化反应推力大、效率高。

⑨ SBR法中微生物的RNA含量是标准污泥法中的3～4倍，故SBR法处理有机物效率高。

⑩ SBR法系统本身适用于组件式构造方法，有利于废水处理厂的扩建与改造。

综上所述，SBR法的工艺特征顺应了当代污水处理所要求的简易、高效、节能、灵活、多功能的发展趋势，也符合"三低一少"技术要求，即低建设费用、低运行费用、低操作管理需求，二次污染物排放少的污水处理技术。

4.9.2 工艺流程

SBR法的一般流程如图4-17所示。

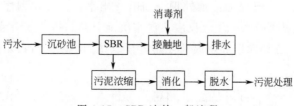

图4-17 SBR法的一般流程

SBR按进水方式分为间歇进水方式和连续进水方式；按有机物负荷分为高负荷运行方式、低负荷运行方式及其他运行方式。该工艺系统组成简单，一般不需设调节池，可省去初沉池，无二沉池和污泥回流系统，基建费运行费较低且维护管理方便。该工艺耐冲击负荷能力强，一般不会产生污泥膨胀且运行方式灵活，可同时具有去除BOD和脱氮除磷功能。近年来，各种新型工艺如ICEAS工艺、CASS工艺、IDEA工艺等陆续得到了开发和应用。

4.9.3 构造特点

SBR工艺的主要设备如下。

（1）鼓风设备

SBR工艺多采用鼓风曝气系统提供微生物生长所需空气。

（2）曝气装置

SBR工艺常用的曝气设备为微孔曝气器，微孔曝气器可分为固定式和提升式两大类。

（3）滗水器

SBR工艺最根本的特点是单个反应器的排水形式均采用静止沉淀、集中排水的方式运行；为了保证排水时不会扰动池中各水层，使排出的上清液始终位于最上层，这就要求使用一种能随水位变化而可调节的出水堰，又叫滗水器或撇水器。

滗水器有多种类型，其组成为收水装置、排水装置及传动装置。

（4）水下推进器

水下推进器的作用是搅拌和推流，一方面使混合液搅拌均匀；另一方面，在曝气供氧停止，系统转至兼氧状态下运行时，能使池中活性污泥处于悬浮状态。

（5）自动控制系统

SBR采用自动控制技术，把用人工操作难以实现的控制通过计算机、软件、仪器设备的有机结合自动完成，并创造满足微生物生存的最佳环境。

（6）SBR反应池可建成长方形、圆形和椭圆形。排水后池内水深3～4m，最高水位时池内水深4.3～5.5m，超高1m。

4.9.4 设计概要及设计参数

① 设计污水量采用最大日污水量计算；

② 污水进水量的逐时变化应调查并讨论研究；

③ 设计进水水质应按设计规划年内污染物负荷量，并参考其原单位量来决定，并考虑负荷的变动；对于分流制下水道的生活污水，其原水水质典型值为 BOD_5、SS 为 200mg/L；总氮为 30～40mg/L；磷为 4～6mg/L。

④ 原则上可不设置流量调节池。

⑤ 反应池数原则上不少于 2 个。

⑥ 水深为 4～6m，池宽与池长之比为（1:1）～（1:2）。

⑦ 设计参数典型值见表 4-30。

表 4-30　SBR 工艺设计参数表

名　　称		高负荷运行	低负荷运行
		间歇进水	间歇进水或连续进水
BOD-污泥负荷/[kgBOD·(kgMLSS·d)$^{-1}$]		0.1～0.4	0.03～0.1
MLSS/(mg·L^{-1})			1500～5000
周期数		3～4	2～3
排除比(每一周期的排水量与反应池容积之比)		1/4～1/2	1/6～1/3
安全高度/cm(活性污泥界面以上最小水深)			50 以上
需氧量/[(kgO$_2$·kgBOD)$^{-1}$]		0.5～1.5	1.5～2.5
污泥产量/[kgMLSS·(kgSS)$^{-1}$]		约 1	约 0.75
溶解氧/(mg·L^{-1})	好氧工序		≥2.5
	缺氧工序　进水		0.3～0.5
	沉淀、排水		<0.7
反应池数/个			≥2($Q<500m^3$/d 时可取 1)

⑧ 上清液排出方式可采用重力式或水泵排出，但活性污泥不能发生上浮，并应设置挡浮渣装置。

4.9.5 设计计算方法、公式及实例

4.9.5.1 污泥负荷计算法

（1）设计条件

SBR 工艺 1 个周期的运行，如图 4-18 所示。由进水、曝气、沉淀及排出等工序组成。1 个周期所需要的时间就是由这些工序所要时间的合计。

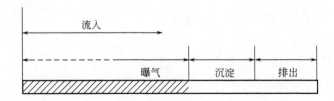

图 4-18　1 个周期内的各工序

对于 1 个系列 N 个反应池，连续依次地进入污水进行处理，并设定在进水期中不进行沉淀和排水工序，则各工序所需要的时间必须满足下列条件：

$$T_C \geqslant T_A + T_S + T_D \qquad (4\text{-}10)$$

$$T_F = T_C / N \qquad (4\text{-}11)$$

$$T_S + T_D \leqslant T_C - T_F \qquad (4\text{-}12)$$

式中 T_C——1 个周期所需时间，h；

       T_A——曝气时间，h；

       T_S——沉淀时间，h；

       T_D——排水时间，h；

       T_F——进水时间，h；

      N——1 个系列反应池数量。

（2）各工序所需时间的计算

a. 曝气时间   SBR 反应器污泥负荷计算公式为：

$$L_S = \frac{QS_0}{eXV} [\mathrm{kg/(kg \cdot d)}] \qquad (4\text{-}13)$$

式中 Q——处理污水量，$\mathrm{m^3/d}$；

      S_0——进水平均 $\mathrm{BOD_5}$，mg/L；

      X——反应器内混合液平均 MLSS 浓度，mg/L；

      V——反应器容积，$\mathrm{m^3}$；

      e——曝气时间比，$e = nT_A/24$

      n——周期数；

      T_A——1 个周期内的曝气时间。

将 $Q = V \cdot \dfrac{1}{m} \cdot n$ 代入式(4-13) 可得到（其中 $\dfrac{1}{m}$ 为排水比）：

$$L_S = \frac{nS_0}{emX} \qquad (4\text{-}14)$$

将 $e = nT_A/24$ 代入式(4-13)，并整理可得式(4-15)：

$$T_A = \frac{24S_0}{L_S mX} \qquad (4\text{-}15)$$

   b. 沉淀时间   活性污泥界面的沉降速度与 MLSS 浓度、水温的关系，可以用式(4-16)、式(4-17) 计算。

$$V_{\max} = 7.4 \times 10^4 \times t \times X_0^{-1.7} \quad (\mathrm{MLSS} \leqslant 3000\mathrm{mg/L}) \qquad (4\text{-}16)$$

$$V_{\max} = 4.6 \times 10^4 \times X_0^{-1.26} \quad (\mathrm{MLSS} > 3000\mathrm{mg/L}) \qquad (4\text{-}17)$$

式中 $V_{\max}$——活性污泥界面的初始沉降速度；

       t——水温，℃；

      X_0——沉降开始时的 MLSS 浓度，mg/L。

必要的沉淀时间（T_S）可用式(4-18)求得。

$$T_S = \frac{H \times (1/m) + \varepsilon}{V_{\max}} \qquad (4\text{-}18)$$

式中 H——反应器的水深，m；

    $1/m$——排水比；

ε——活性污泥界面上的最小水深；

V_{max}——活性污泥界面的初始沉降速度，m/h。

c. 排水时间　在排水期间，就单次必须排出的处理水量来说，每一周期的排水时间可以通过增加排水装置的台数或扩大溢流负荷来缩短。另一方面，为了减少排水装置的台数和加氯混合池或排放槽的容量，必须将排水时间尽可能延长。实际工程设计时，具体情况具体分析，一般排水时间可取 0.5～3.0h。

（3）反应器容积的计算

设每个系列的处理污水量为 q，则在各个周期内进入各反应器的污水量为 $q/(n \cdot N)$，各反应器容积可按式(4-19)求得。

$$V = \frac{m}{nN} \cdot q \tag{4-19}$$

式中　V——各反应器容积，m³；

$1/m$——排水比；

n——周期数；

N——每 1 系列的反应器数量；

q——每 1 系列的污水处理量（最大日污水量）。

由于 1 个周期的最小所需时间按 $T_A + T_S + T_D$ 计算，故周期数 n 可按式(4-20)进行设定：

$$n = \frac{24}{T_A + T_S + T_D} \tag{4-20}$$

式中，周期数 n 最好采用如 1、2、3、4 整数值。

（4）对进水流量的讨论

从已求得的 1 个周期所需时间和反应器数量可求得进水时间。由流入污水量变化资料可计算出，在最小进水时间下各周期的进水量的变化情况，即在 1 个周期中最大流量的变化系数 r，r 值一般可取 1.2～1.5。

这里所说的最大流量变化系数是在 1 个周期的最大污水量与平流污水量的比值。

由于存在最大流量的变化这一原因，故应在式(4-19)计算反应器容积（V）的基础上再增加 Δq 这一安全调节容积。其计算式为：

$$\frac{\Delta q}{V} = \frac{r-1}{m} \tag{4-21}$$

式中　Δq——超出反应器容量的污水进水量；

r——1 个周期内最大流量变化系数。

以式(4-21)为依据，绘成图 4-19 所示。

对于最大流量的变化，如果其他的反应器在沉淀和排水工序中能接纳，则公式(4-19)所求定的容积是充足的；反之，如果其他的反应器在沉淀和排水工序中不能接纳时，就必须要增加安全容积了。其计算公式为式(4-22)、式(4-23)，反应器的修正容量计算可采用式(4-24)。需要说明的是，反应器的安全容量可以留在高度方向和水平方向两种，如果沉降时间没有问题的话，选择占地面积小，把安全容量留在高度方向是比较经济的。

$$\Delta V = \Delta q - \Delta q' \quad (安全量留在高度方向时) \tag{4-22}$$

$$\Delta V = m(\Delta q - \Delta q') \quad (安全量留在水平方向时) \tag{4-23}$$

$$V' = V + \Delta V \tag{4-24}$$

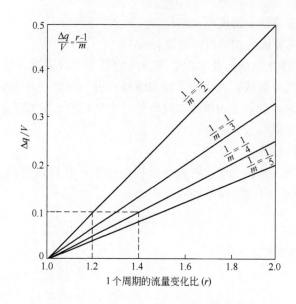

图 4-19　周期变化比与超流量水位关系

式中　V'——各反应器修正后的容积，m^3；

　　　ΔV——反应器必要的安全容积，m^3；

　　　$\Delta q'$——在沉淀、排水期可能接纳的容积，m^3。

反应器水位概念如图 4-20 所示。

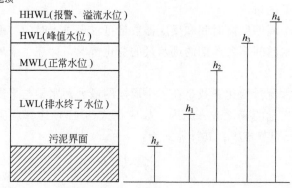

图 4-20　反应器水位概念图

注：LWL——排水结束后的水位；MWL——1 个周期的平均进水量（最大日污水量的日平均量）

　　进水结束后的水位；HWL——1 个周期的最大污水量进水结束后的水位；

　　HHWL——超过 1 个周期最大污水量的报警、溢流水位；

　　安全高度 ε（活性污泥沉淀后界面上的水深）$= h_1 - h_s$；

　　排水比 $1/m = \dfrac{h_2 - h_1}{h_2}$；高度方向上的安全量 $= h_3 - h_2$。

（5）需氧量、供氧量及供气量

生化需氧量与 BOD_5 去除量、反应器内生物量和硝化量成正比，而与生化脱氮量成反比，SBR 需氧量（O_D）可按公式（4-25）计算：

$$O_D = a \times L_r + b \sum MLVSS \times T_A + 4.57 N_o - 2.86 N_D \qquad (4\text{-}25)$$

式中　　O_D——每周期需氧量，kgO_2/周期；

L_r——BOD 去除量，kgBOD/周期；

$\sum MLVSS$——反应器内的生物量，kg；

T_A——曝气时间，h/周期；

N_o——硝化量，kgN/周期；

N_D——脱氮量，kgN/周期；

a——系数，kgO_2/$kgBOD_5$；

b——污泥自身氧化需氧率，kgO_2/(kgMLVSS·h)。

曝气装置的供氧能力（SOR）可按公式(4-26)式计算：

$$SOR = \frac{(O_D)C_{S(20)}}{1.024^{T-20}\alpha(\beta r C_{S(T)} - C_L)} \times \frac{760}{P} \times \frac{1}{t}\ (kgO_2/h) \tag{4-26}$$

式中　$C_{S(20)}$——清水中 20℃饱和溶解氧浓度，mg/L；

$C_{S(T)}$——清水中 T℃饱和溶解氧浓度，mg/L；

T——混合液的水温（7～8月的平均水温），℃；

C_L——混合液的溶解氧浓度，mg/L；

α——K_{La} 的修正系数，高负荷法取 0.83，低负荷法取 0.93；

β——饱和溶解氧修正系数，高负荷法取 0.95，低负荷法取 0.97；

P——处理厂位置的大气压，mmHg；

t——1d 的曝气时间；

r——曝气头水深的修正，且满足 $r = \frac{1}{2} \times \left(\frac{10.33 + H_A}{10.33} + 1\right)$，式中 H_A 为曝气头

水深，m。

鼓风机的供风量可按公式(4-23)计算：

$$G_S = \frac{SOR}{0.28E_A} \times 100 \times \frac{293}{273} \times \frac{1}{60}\ (m^3/min) \tag{4-27}$$

式中　E_A——氧利用率，%。

（6）污泥量计算

污泥量的计算可采用以下两种方法计算。

a. 第一种方法　采用进水 SS 量为基础来计算，计算公式见式(4-28)。

污泥干固体量(kg/d)＝设计流水量$(m^3/d)\times$

进水 SS 浓度(mg/L)×污泥干固体产率系数/1000 （4-28）

各工艺的污泥干固体产率系数为：标准活性污泥法 0.85；延时曝气法 0.75；纯氧曝气法 0.85；氧化沟法 0.75；高负荷 SBR 1.0；低负荷 SBR 0.75；生物转盘 0.85。

b. 第二种方法　污泥合成系数法，计算公式为式(4-29)、式(4-30)：

$$S = C + \Delta X \tag{4-29}$$

$$\Delta X = aL_r - bX_A \tag{4-30}$$

式中　S——剩余污泥干固体量，kg/d；

C——非分解性悬浮物质量，kg/d；

ΔX——生物污泥积累量，kgVSS/d；

a——污泥产率系数，kgVSS/kgBOD；

L_r——去除 BOD 量，kgBOD/d；

b——污泥衰减系数，1/d；

X_A——反应器内 MLVSS 量，kgMLVSS。

（7）设计计算顺序

SBR 反应器容积的求定顺序如图 4-21 所示。

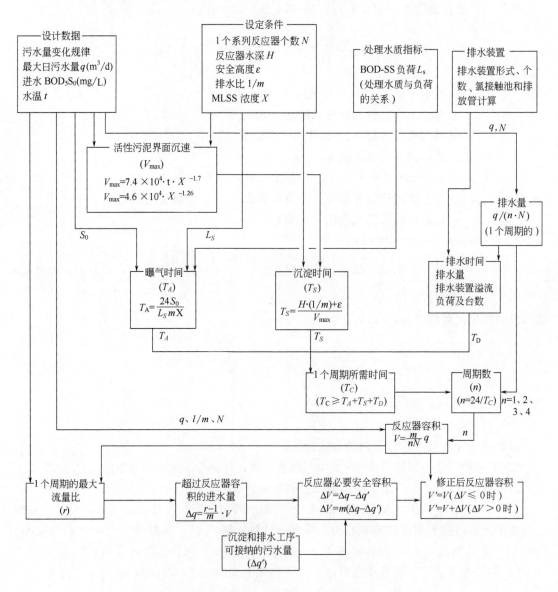

图 4-21　SBR 反应器容积计算流程

（8）SBR 工艺设计计算公式汇总

SBR 工艺设计计算公式汇总见表 4-31。

表 4-31　**SBR 工艺设计计算公式汇总表**

名　称	公　式	符　号　说　明
BOD-污泥负荷	$L_s=\dfrac{QS_0}{eXV}$	L_s——BOD-污泥负荷,kgBOD/(kgMLSS·d); Q——污水进水量,m^3/d; S_0——进水的平均 BOD_5,mg/L; X——曝气池内 MLSS 浓度,mg/L; V——曝气池容积,m^3; e——曝气时间比,$e=n·T_A/24$;
曝气时间	$T_A=\dfrac{24S_0}{L_s mX}$	T_A——1 个周期的曝气时间,h; $1/m$——排出比
沉淀时间	$T_S=\dfrac{H·(1/m)+\varepsilon}{V_{max}}$	T_S——沉淀时间,h; H——反应池内水深,m; ε——安全高度,m; V_{max}——活性污泥界面的初期沉降速度,m/h; V_{max}——$7.4\times10^4\times t\times C_A^{-1.7}$,MLSS≤3000mg/L; V_{max}——$4.6\times10^4\times C_A^{-1.26}$,MLSS>3000mg/L; t——水温,℃
1 个周期所需时间	$T_c≥T_A+T_S+T_D$	T_c——1 个周期所需时间,h; T_D——排水时间,h
周期数	$n=24/T_c$	
曝气池容积	$V=\dfrac{m}{nN}·Q$	N——池的个数,个 n——周期,d
超过曝气池容量的污水进水量	$\Delta q=\dfrac{r-1}{m}·V$	Δq——超过曝气池容量的污水进水量,m^3; r——1 个周期的最大进水量变化比,一般采用 1.2~1.8
曝气池的必需安全容量	$\Delta V=\Delta q-\Delta q'$ 或 $\Delta V=m(\Delta q-\Delta q')$	ΔV——曝气池的必需安全容量,m^3; $\Delta q'$——在沉淀和排水期中可接纳的污水量,m^3
修正后的曝气池容量	$V'=V(\Delta V≤0$ 时) $V'=V+\Delta V(\Delta V>0$ 时)	V'——修正后的曝气池容量,m^3
曝气装置的供氧能力	$R_0=\dfrac{O_D·C_{S(20)}}{1.024^{(T-20)}·\alpha(\beta r'C_{S(T)}-C_L)}\times$ $\dfrac{760}{P}·\dfrac{1}{t}$	O_D——每小时需氧量,kg/h; $C_{S(20)}$——清水 20(℃)的氧饱和浓度,mg/L; $C_{S(T)}$——清水 T_2(℃)的氧饱和浓度,mg/L; r'——曝气装置水深修正系数; T——混合液的水温,℃; C_L——混合液的 DO,mg/L; R_0——曝气装置的供氧能力,kg/h; α——K_{La} 的修正系数,高负荷法为 0.83,低负荷法为 0.93; β——氧饱和温度的修正系数,高负荷法为 0.95,低负荷法为 0.97; P——处理厂的大气压,mmHg

（9）算例 1（高负荷 SBR 列表计算法）

项　目	结　果	计　算
(1)设计条件		(1)曝气时间 T_A
设计最大日污水量	2500m^3/d	$T_A=\dfrac{24S_0}{L_s mX}=\dfrac{24\times200}{0.25\times2.5\times2000}=3.8h$
进水 BOD	200mg/L	(2)沉淀时间　T_S
进水 SS	160mg/L	水温 10℃时　$V_{max}=7.4\times10^4\times t\times C_A^{-1.7}$
出水 BOD	20mg/L	$\qquad=7.4\times10^4\times10\times2000^{-1.7}$
出水 SS	20mg/L	$\qquad=1.8m/h$

项　目	结　果	计　算
(2)反应器设计计算 进水流量 进水水质 BOD-SS 负荷 MLSS 反应器内污泥总量 沉淀污泥浓度 反应器个数 反应器水深 安全高度 排水比	最大日 2500m³/d(q_1) 最大时 3500m³/d(q_2) BOD　200mg/L(S_0) SS　160mg/L 0.25kg/(kg·d)(L_S) 2000mg/L(X) H.W.L 时 MLSS2000mg/ L,污泥量 2500kg 沉淀时污泥平均浓度4000～ 8000mg/L 2 池(N) 5.0m(H) 0.5m(ε) 1/2.5(1/m)	水温 20℃时　$V_{max}=7.4\times10^4\times20\times2000^{-1.7}=3.6$m/h $T_S=\dfrac{H\times(1/m)+\varepsilon}{V_{max}}$ $T_{S(10)}=\dfrac{5\times1/2.5+0.5}{1.8}=1.4$h $T_{S(20)}=\dfrac{5\times1/2.5+0.5}{3.6}=0.7$h 　取 1.4h (3)周期数的确定($n$) 1 个周期所需时间 $T_C\geqslant T_A+T_S+T_D$ $=3.8+1.4+2.0=7.2$h $n=\dfrac{24}{T_C}=\dfrac{24}{7.2}=3.3$,取 3 次 则 1 个周期为 8h (4)进水时间　T_F $T_F=\dfrac{T_C}{N}=\dfrac{8}{2}=4$h
(3)计算结果 曝气时间 T_A 沉淀时间 T_S 排水时间 T_D 周期数 n 进水时间 T_F 容积及有效水深 需氧量	4h 2.0h 2.0h 3 次/d,1 周期 8h 4h 1250m³/池 208m²×6.0m(高) 尺寸:8.0m×26.5m× 6.0m 450kgO₂/d	(5)反应器容积 V $V=\dfrac{m}{nN}\cdot q_1=\dfrac{2.5}{3\times2}\times2500$ $=1042(208$m²$\times5.0$m 高) 　根据实测资料知,高峰流量时的安全容积为时最大流量 乘以 4h,即 $\Delta V_{max}=q_2\times4/24=3500\times4/24=583.3$m³ 峰值水平为 $H_{max}=\dfrac{\Delta V_{max}}{q_1\times4/24}\times H\times\dfrac{1}{m}+H\left(1-\dfrac{1}{m}\right)$ $=\dfrac{583.3}{2500\times4/24}\times5.0\times\dfrac{1}{2.5}+5.0\left(1-\dfrac{1}{2.5}\right)$ $=5.8$m　取 6.0m (6)需氧量　AOR 按去除 1kgBOD 需要 1kgO₂ 计算 AOR$=2500\times(200-20)\times10^{-3}\times1.0$ $=450$kgO₂/d
供氧量	① 490kgO₂/d (20.4kgO₂/h)	(7)供氧量 $SOR=\dfrac{AOR\cdot C_{S(20)}}{1.024^{(T-20)}\cdot\alpha(\beta rC_{S(T)}-C_L)}$ $=\dfrac{450\times9.17}{1.024^{(20-20)}\times0.9\times(0.95\times1.19\times9.17-1.0)}$ $=490$kgO₂/d$=20.4$kgO₂/h 取计算温度 20℃、$C_L=1.0$mg/L、$\alpha=0.9$、$\beta=0.95$、E_A $=10\%$ 　设曝气头距池底 0.2m,则淹没水深为 4.8m,空气离开反 应器时氧的百分浓度为 $O_t=\dfrac{21(1-E_A)}{79+21(1-E_A)}\times100\%=\dfrac{21(1-0.1)}{79+21(1-0.1)}\times100\%$ $=19.3\%$

项　目	结　果	计　算
供风量	② 曝气阶段时 20.4kgO$_2$/(h·池) 13.0m^3/min	$r=\dfrac{1}{2}\left(\dfrac{10.33+4.8}{10.33}+\dfrac{19.3}{21}\right)$ $\quad=1.19$ 每池供氧量：$SOR=\dfrac{490}{2}=245kgO_2/d=10.21kgO_2/h$ 曝气阶段应该供给的氧量为： $\quad SOR\times\dfrac{1}{T_A/T_C}=10.21\times\dfrac{1}{12/24}=20.4kgO_2/(h·池)$ (8)供风量 $G_S=\dfrac{SOR}{0.28E_A}\times100\times\dfrac{293}{273}\times\dfrac{1}{60}$ $\quad=\dfrac{20.4}{0.28\times10}\times100\times\dfrac{293}{273}\times\dfrac{1}{60}$ $\quad=13.0m^3/min$

(10) 设计算例 2（低负荷 SBR 工艺）

a. 设计条件

最大日污水量：1000m^3/d

进水 BOD$_5$：200mg/L

水温：10～20℃

b. 计算条件

反应器个数：2 池

水深：5m

污泥界面上最小水深：0.5m

排水比：1/4

MLSS 浓度：4000mg/L

c. 处理水质标准

BOD≤20mg/L；BOD-SS 负荷 $L_S=0.08$kg/(kg·d)（脱氮率 70%）

① 曝气时间

$$T_A=\frac{24S_o}{L_S mX}=\frac{24\times200}{0.08\times4\times4000}=3.8h$$

② 沉淀时间

$$V_{max}=4.6\times10^4\times C_A^{-1.7}=4.6\times10^4\times4000^{-1.7}=1.3m/h$$

沉淀时间 $T_S=\dfrac{H\times(1/m)+\varepsilon}{V_{max}}=\dfrac{5\times(1/4)+0.5}{1.3}$

$\quad\quad\quad\quad=1.3h$

③ 排水时间 $T_D=2.0h$

④ 1 个周期所需时间 $T\geqslant T_A+T_S+T_D=7.1h$

周期次数为 $n=\dfrac{24}{T}=\dfrac{24}{7.1}=3.4$ 个

取 $n=3$，则每 1 周期为 8h。

⑤ 进水时间 $T_F = \dfrac{8}{2} = 4h$

⑥ 反应器容积

$$V = \frac{m}{nN} \cdot q = \frac{4}{3 \times 2} \times 1000 = 667 m^3$$

⑦ 进水变动的讨论

根据进水时间为 4h 和进水流量变化规律，求出 1 个周期最大流量变化比 $r = 1.5$，由公式

$$\frac{\Delta q}{V} = \frac{r-1}{m} = \frac{1.5-1}{4} = 0.125$$

考虑到流量的变动，反应器修正的容积 V' 为

$$V' = V\left(1 + \frac{\Delta q}{V}\right) = 667 \times 1.125 = 750 m^3$$

以反应器水深为 5m，则所需水面积为：

$$750 \div 5 = 150 m^2$$

反应器的运行水位计算如下：

$$h_1 = 5 \times \frac{1}{1.125} \times \frac{4-1}{4} = 3.33 m$$

$$h_2 = 5 \times \frac{1}{1.125} = 4.44 m$$

$$h_3 = 5.0 m$$

$$h_4 = 5.0 + 0.5 = 5.5 m$$

$$h_s = h_1 - 0.5 = 3.33 - 0.5 = 2.83 m$$

⑧ 需氧量

按去除 1kgBOD$_5$ 需氧 2kg 计算，则

$$O_D = 1000 \times 200 \times 10^{-3} \times 2.0 = 400 kgO_2/d$$

周期数 $n = 3$，反应器个数为 2 池，则单个 SBR 1 个周期的需氧量为：$O_D = \dfrac{400}{3 \times 2} = 67 kgO_2/$周期

曝气时间 $T_A = 4h$，则每小时需氧量为：

$$O_D = \frac{67}{4} = 16.7 kgO_2/h$$

⑨ 供氧量

设计算水温为 20℃，混合液浓度为 1.5mg/L，池水深 5m，曝气头距池底 0.2m，则淹没水深为 4.8m，$E_A = 15\%$，空气离开反应器时氧的百分浓度为：

$$O_t = \frac{21(1-E_A)}{79 + 21(1-E_A)} \times 100\% = \frac{21(1-0.15)}{79 + 21(1-0.15)} \times 100\% = 18.4\%$$

则曝气装置水深修正系数 $r' = \dfrac{1}{2}\left(\dfrac{10.33 + 4.8}{10.33} + \dfrac{18.4}{21}\right) = \dfrac{1}{2}(1.46 + 0.88)$

$$= 1.17$$

供氧能力 $SOR = \dfrac{16.7 \times 9.17}{1.024^{20-20} \times 0.93 \times (0.97 \times 1.17 \times 9.17 - 1.5)}$

$$= 18.5 kgO_2/h$$

⑩ 供风量

根据供氧能力，求得鼓风空气量 G_S 为

$$G_S = \frac{SOR}{0.28E_A} \times \frac{293}{273} \times \frac{1}{60} = \frac{18.5}{0.28 \times 0.15} \times \frac{293}{273} \times \frac{1}{60}$$

$$= 7.9 \text{m}^3/\text{min}$$

⑪ 上清液排出装置

日处理污水量 $Q = 1000\text{m}^3/\text{d}$，池数 $N = 2$，周期数 $n = 3$，排水时间 $T_D = 2\text{h}$，则每池的排水负荷为：

$$Q_D = \frac{Q}{NnT_D} = \frac{1000}{2 \times 3 \times 2} \times \frac{1}{60} = 1.4 \text{m}^3/\text{min}$$

每池设置 1 台滗水器，则排水负荷为 $1.4\text{m}^3/\text{min}$，考虑到流量的变化 $r = 1.5$，则滗水器最大排水负荷为：$1.4 \times 1.5 = 2.1\text{m}^3/\text{min}$

⑫ 氯接触池

氯接触时间按 15min 计算，则池容积为

$$V = 1.4 \times 15 = 21\text{m}^3$$

4.9.5.2 容积负荷计算法

（1）反应池有效容积

$$V = \frac{nQ_0C}{L_v} \cdot \frac{T_c}{T_a} \tag{4-31}$$

式中　n——1d 之内的周期数，周期/d；

　　　Q_0——周期内的进水量，m^3/周期；

　　　C——平均进水水质，kgBOD/m^3；

　　　L_v——BOD 容积负荷，$\text{kgBOD/(m}^3 \cdot \text{d)}$，取值范围在 $0.1 \sim 1.3\text{kgBOD/(m}^3 \cdot \text{d)}$ 之间，多用 $0.5\text{kgBOD/(m}^3 \cdot \text{d)}$ 左右来设计；

　　　T_c——1 个处理周期的时间，h；

　　　T_a——1 个处理周期内反应的有效时间，h。

当 $L_v = 0.5\text{kgBOD/(m}^3 \cdot \text{d)}$、$n = 1$ 时，反应池容积可用下式计算：

$$V = 2Q_0 \quad (C < 1.0\text{kg/m}^3) \tag{4-32}$$

$$V = 2Q_0C \quad (C > 1.0\text{kg/m}^3) \tag{4-33}$$

（2）反应池内最小水量计算

SBR 反应池的最大水量为反应池的有效容积 V，而池内最小水量 V_{min} 即为有效容积 V 与周期进水量 Q_0 之差

$$V_{min} = V - Q_0 \tag{4-34}$$

SBR 反应池也是终沉池。在沉淀工序中，活性污泥在最大水量下静止沉淀。沉淀结束后，若污泥界面高于最小水量对应的水位时，污泥的一部分就随上清液流失。最小水量和周期进水量要考虑活性污泥的沉降性能，通过计算决定。最小水量计算公式为：

$$V_{min} > \frac{SVI \cdot MLSS}{10^6} \cdot V \tag{4-35}$$

周期进水量计算公式为：

$$Q_0 < \left(1 - \frac{SVI \cdot MLSS}{10^6}\right) \cdot V \tag{4-36}$$

式中 SVI——污泥体积指数，是活性污泥混合液经 30min 静沉后，1g 干污泥所占的容积，ml。

（3）设计算例 3

设计条件与参数

$Q=5000\mathrm{m}^3/\mathrm{d}$，$\mathrm{BOD}_5=170\mathrm{mg/L}$，$L_V=0.5\mathrm{kgBOD/(m^3 \cdot d)}$；$\mathrm{SVI}=90$，周期 $T_c=6\mathrm{h}$，1d 内周期数 $n=\dfrac{24}{6}=4$（周期/d）；池数 $N=3$；进水时间 $T_F=\dfrac{T_c}{N}=\dfrac{6}{3}=2\mathrm{h}$；曝气（进水 1h 后开始）时间 3.0h；沉淀时间 1.0h；排水时间 0.5h；待机时间 0.5h。

周期进水量 $Q_o=5000\times\dfrac{1}{3}\times\dfrac{1}{4}=417\mathrm{m}^3/$周期

混合液 $\mathrm{MLSS}=3000\mathrm{mg/L}$

反应池有效容积 V

$$V=\frac{nQ_oC}{L_V}\cdot\frac{T_c}{T_a}=\frac{4\times417\times170}{0.5\times1000}\times\frac{6}{3}$$
$$=1134\mathrm{m}^3$$

反应池内最小水量

$$V_{\min}=\frac{\mathrm{SVI}\cdot\mathrm{MLSS}}{10^6}\times V=\frac{90\times3000}{10^6}\times1134$$
$$=306\mathrm{m}^3$$

校核周期进水量

$$Q_o<\left(1-\frac{\mathrm{SVI}\cdot\mathrm{MLSS}}{10^6}\right)V=(1-0.27)\times1134=828\mathrm{m}^3$$

满足要求。

反应池有效容积应为最小水量与周期进水量之和

$$V=Q_o+V_{\min}=828+306=1134/\mathrm{m}^3$$

满足条件。

4.9.5.3 静态动力学设计法（适用于脱氮除磷的 SBR 设计）

（1）污泥龄和剩余污泥量的确定

为使系统具有硝化功能，必须保证一定的好氧污泥龄以使硝化细菌能在系统中生存下来。硝化所需最低好氧污泥龄的计算公式为

$$\theta_{S\cdot N}=(1/\mu)\times1.103^{(15-T)}\times f_s \tag{4-37}$$

式中 $\theta_{S\cdot N}$——硝化所需最低好氧污泥龄，d；

μ——硝化菌比生长速率，d^{-1}，当 $T=15℃$ 时，$\mu=0.47\mathrm{d}^{-1}$；

f_s——安全系数，为保证出水氨氮浓度小于 5mg/L，f_s 取值范围为 $2.3\sim3.0$；

T——污水温度，℃。

缺氧阶段，即反硝化阶段所经历的时间取决于系统的进水水质、系统的进水方式、脱氮要求以及系统中活性污泥的耗氧能力。活性污泥在溶解氧存在时，将优先利用溶解氧作为最终电子受体；而当在缺氧条件下（只有硝态氮存在而无自由溶解氧存在）时，则将利用硝态氮中的氧作为最终电子受体。一般认为约有 75% 的异养型微生物有能力利用硝态氮中的氧进行呼吸。为安全考虑，一般也假定活性污泥在缺氧阶段的呼吸率将有所下降，其值约为好氧呼吸的 80%。据此可求得活性污泥利用硝态氮中的氧的能力（即反硝化能力）。

$$\frac{\mathrm{NO_3^- \text{-}N}_D}{\mathrm{BOD}_5}=0.8\times\frac{0.75\times OC}{2.9}\times\frac{t_{\mathrm{anox}}}{t_a+t_{\mathrm{anox}}}\times a \tag{4-38}$$

$$OC = \frac{0.144 \times \theta_{S \cdot R} \times 1.072^{(T-15)}}{1 + \theta_{S \cdot R} \times 0.08 \times 1.072^{(T-15)}} + 0.5 \tag{4-39}$$

式中　OC——活性污泥在好氧条件下每去除 1kgBOD$_5$ 所耗氧量，kg，OC 的设计最大值为 1.6kg；

$\theta_{S \cdot R}$——包括硝化和反硝化阶段的有效污泥泥龄，d，且满足

$$\theta_{S \cdot R} = \theta_{S \cdot N} \times (t_{anox} + t_a) / t_a \tag{4-40}$$

t_a——曝气阶段所用时间，h；

t_{anox}——缺氧阶段所用时间，h；

a——修正系数，当池子交替连续进水时，$a = 1.0$；当系统在反硝化阶段开始前快速进水时，由于基质浓度提高，故活性污泥耗氧能力提高，需进行修正；其值为

$$a = 2.95 \times [100 \times t_{anox} / (t_{anox} + t_a)]^{-0.235} \tag{4-41}$$

$\dfrac{NO_3^- - N_D}{BOD_5}$——反硝化能力，即每利用 1kgBOD$_5$ 所能反硝化的氮量，kg；

其他符号同上。

系统所需反硝化的氮量可根据氮量平衡求得：

$$NO_3^- - N_D = TN_o - TN_e - BOD_5 \times 0.04 \tag{4-42}$$

式中　$BOD_5 \times 0.04$——微生物增殖过程中结合到体内的氮量，随剩余污泥排出系统，mg/L；

TN_o——进水总氮浓度，mg/L；

TN_e——出水总氮浓度，mg/L。

根据式(4-38)～式(4-42)即可求得硝化和反硝化时间的比例以及包括硝化和反硝化阶段的有效污泥龄 $\theta_{S \cdot R}$。

SBR 系统的运行可包括厌氧、缺氧、好氧、沉淀和排水等过程，沉淀和排水等过程所需的设计时间较为固定，故当系统的有效污泥龄确定后，系统的总污泥龄即可求得：

$$\theta_{S \cdot T} = \theta_{S \cdot R} \times t_c / t_R \tag{4-43}$$

式中　$\theta_{S \cdot T}$——SBR 总污泥龄，d；

t_R——有效反应时间，h，$t_R = t_a + t_{anox}$；

t_c——周期时间，h，一般根据经验或试验确定，且满足

$$t_c = t_{bio-p} + t_{anox} + t_a + t_s + t_d \tag{4-44}$$

t_{bio-p} 为用于生物除磷的厌氧阶段所需时间，一段为 0.5～1.0h 左右；t_s 为沉淀时间，一般为 1.0h 左右；t_d 为排水时间，一般为 0.5～1.0h 左右；其他符号同上。

周期时间的确定对系统的设计具有重要影响。由于在一次循环过程中，沉淀和排水时间较为固定，故周期时间 t_c 长，则有效反应时间也长；其比值 t_c / t_R 一般减小，故系统所需的总污泥龄可降低，但周期时间长，则一次循环中进入 SBR 的水量增加，亦即池子的贮水容量需提高，因此周期时间 t_c 必须仔细研究。

根据所求定的有效污泥龄可求得系统的剩余污泥量，剩余污泥主要由活性污泥利用进水中的 BOD$_5$ 而增殖以及微生物内源呼吸的残留物质、进水中的惰性部分固体物质等组成。如系统为除磷尚需加入化学药剂，则需计入所产生的化学污泥量。若以干固体计的剩余污泥量 ΔX（kg/d）可用下式计算：

$$\Delta X = QS_o \left(Y_H - \frac{0.9 b_H Y_H f_{T \cdot H}}{\frac{1}{\theta_{S \cdot R}} + b_H \cdot f_{T \cdot H}} \right) + Y_{SS} Q (SS_i - SS_e) + \Delta X_{P, chem} \tag{4-45}$$

式中　　Q——进水设计流量，m^3/d；

　　　S_o——进水有机物浓度，mg/L；

SS_i、SS_e——反应器进出水 SS 浓度，kg/m^3；

　　　Y_H——异养型微生物的增殖率，$kgDS/kgBOD_5$，一般取 $0.5\sim0.6kgDS/kgBOD_5$；

　　　Y_{SS}——不能溶解的惰性悬浮固体部分，$Y_{SS}=0.5\sim0.6$；

　　$\theta_{S\cdot R}$——有效污泥龄，d；

　　　b_H——异养型微生物自身氧化率，d^{-1}，一般取 $0.08d^{-1}$；

　　$f_{T\cdot H}$——异养型微生物生长温度修正系数，$f_{T\cdot H}=1.072^{(T-15)}$，其中 T 为温度（℃）；

$\Delta X_{P,\text{chem}}$——加药所产生的污泥量（以干固体计），kg/d。

根据所求得的剩余污泥量 ΔX 和系统的总污泥龄，即可求得每个 SBR 反应器的污泥总量：

$$S_{T\cdot P}=\Delta X\cdot\theta_{S\cdot T}/n \tag{4-46}$$

式中　　$\theta_{S\cdot T}$——SBR 反应器污泥龄，d；

　　　$S_{T\cdot P}$——SBR 反应器中的 MLSS 总量，kg；

　　　ΔX——剩余污泥量，kg；

　　　n——SBR 反应器个数。

（2）SBR 反应池贮水容积的确定

每个 SBR 反应池贮水容积 ΔV 是指池子最低水位至最高水位之间的容积，贮水容积的大小主要取决于池子个数、每一周期所经历的时间以及在此循环时间内的可能出现的最大进水量等因素。在已知进水流量变化曲线后，贮水容积 ΔV 可用下式计算：

$$\Delta V=\int_0^t Q_{\max}(t)\,\mathrm{d}t \tag{4-47}$$

式中　　$Q_{\max}(t)$——进水时间内的最大进水量，m^3/h；

　　　　　t——进水时间，h。

实际在污水处理厂运行之前往往缺乏流量变化规律曲线，为安全起见，可设定在整个进水时间段内持续出现最大设计流量计算 SBR 反应器的贮水容积：

$$\Delta V=Q_{\max}\times t=Q_{\max}\times t_c/n \tag{4-48}$$

式中　　n——SBR 反应器个数；

　　　$Q_{\max}$——污水处理厂设计最大进水流量，m^3/h。

在确定贮水容积 ΔV 后，则每个 SBR 反应器的总容积 V 为：

$$V=V_{\min}+\Delta V \tag{4-49}$$

式中　　$V_{\min}$——SBR 反应器最低水位以下的池子容积，m^3。

SBR 池子贮水容积 ΔV 所占整个池子的容积 V 的比例取决于池子形状、污泥沉降性能、撇水器的构造等，一般 $\Delta V/V$ 的比例以不超过 40% 为宜。

（3）污泥沉降速度的计算和池子尺寸的确定

在 SBR 系统中，生物过程和泥水分离过程在同一个池子中进行，在曝气等生物处理过程结束后，即进入沉淀分离过程。在沉淀过程初期，曝气结束后的残余混合能量可用于生物絮凝过程，至池子趋于平静时正式开始沉淀，一般持续 10min 左右；沉淀过程从沉淀开始后一直延续至撇水阶段结束，故沉淀时间应为沉淀阶段和撇水阶段的时间总和。为避免在撇水过程中将活性污泥随处理出水夹带出系统，需要在撇水水位和污泥泥面之间保持一最小的安全距离 H_s。污泥泥面的位置则主要取决于污泥的沉降速度，污泥沉速主要与污泥浓度、

SVI 等因素有关。在 SBR 系统中，污泥的沉降速度 V_S 可用下式计算：

$$V_S = 650/(\text{MLSS}_{\text{TWL}} \times \text{SVI}) \tag{4-50}$$

式中 V_S——污泥沉速，m/h；

MLSS_{TWL}——在最高水位 H_{TWL} 时 MLSS 浓度，kg/m^3；

$\quad\quad$ SVI——污泥体积指数，ml/g。

为保持撇水水位和污泥泥面之间的最小安全距离，污泥经沉淀和撇水阶段后，其污泥沉降距离应 $\geqslant \Delta H + H_S$，期间所经历的实际沉淀时间为 $(t_S + t_d - 10/60)$ h，故可得下式：

$$V_S \times (t_S + t_d - 10/60) = \Delta H + H_S \tag{4-51}$$

式中 ΔH——最高水位和最低水位之间的高度差，也称撇水高度，m，ΔH 一般不超过池子总高的 40%，与撇水装置的构造有关，一般其值最多在 2.0～2.2m 左右。

将式(4-50) 代入式(4-51) 得：

$$\frac{650}{\text{MLSS}_{\text{TWL}} \times \text{SVI}}(t_S + t_d - 10/60) = \Delta H + H_S \tag{4-52}$$

MLSS_{TWL} 可由式(4-45)、式(4-46) 求得：

$$\text{MLSS}_{\text{TWL}} = S_{T \cdot P}/V = S_{T \cdot P}/(A \times H_{\text{TWL}}) \tag{4-53}$$

式中 $S_{T \cdot P}$——反应器中的 MLSS 总量，kg/池；

$\quad V$——反应器容积，m^3；

$\quad A$——反应器面积，m^2；

$\quad H_{\text{TWL}}$——最高水位，m。

将式(4-53) 代入式(4-52) 可得：

$$\frac{650 \times A \times H_{\text{TWL}}}{S_{T \cdot P} \times \text{SVI}} \times (t_S + t_d - 10/60) = \Delta V/A + H_S \tag{4-54}$$

式中，沉淀时间 t_S、撇水时间 t_d 可预先设定，根据水质条件和设计经验可选择一定的 SVI 值；安全高度 H_S 一般在 0.6～0.9m 左右；ΔV 可由式(4-47) 或式(4-48) 求得，这样式(4-54) 中只有池子高度 H_{TWL} 和面积 A 未定。根据边界条件用试算法即可求得式(4-54) 中的池子高度和面积。具体过程为可先假定池子高度为 H_{TWL}，用式(4-54) 求得面积 A，从而可求得撇水高度 ΔH；如撇水高度超过允许的范围，则重新设定池子高度，重复上述过程。

在求得 H_{TWL} 和池子面积 A 后，即可求得最低水位 H_{BWL}：

$$H_{\text{BWL}} = H_{\text{TWL}} - \Delta H = H_{\text{TWL}} - \Delta V/A \tag{4-55}$$

最高水位时的 MLSS 浓度 MLSS_{TWL} 可根据式(4-53) 求得，最低水位时的 MLSS_{BWL} 浓度则可由式(4-56) 求得：

$$\text{MLSS}_{\text{BWL}} = \frac{H_{\text{TWL}}}{H_{\text{BWL}}} \times \text{MLSS}_{\text{TWL}} \ (\text{kg/m}^3) \tag{4-56}$$

最低水位时的设计 MLSS 浓度一般不大于 6.0kg/m^3。

(4) 曝气系统和撇水系统的设计

SBR 系统所需供氧量可按连续流活性污泥法去除有机物、硝化与反硝化所需氧量计算，所不同的是，SBR 系统为间歇曝气，其鼓风机和曝气头的设计能力应在所设定的曝气时间内向系统提供足够的氧量。另外，尚需特别注意鼓风机的运行和各个 SBR 反应器运行的相互配合，使曝气系统既能灵活运行，又能最大程度地降低风机台数。

SBR 系统处理出水由撇水系统排出，对撇水系统要求其在撇水过程中避免将沉淀污泥和表面浮渣随水排出。撇水器设计和选择一般需与专业咨询公司或生产厂家联合进行。

（5）进水贮水池的设计

对于设置进水贮水池的 SBR 系统，其进水贮水池的容积设计同一般调节池，可按贮水池的进出水量平衡求得。在缺乏进水流量过程曲线的条件下，如 SBR 池子为在每一周期开始时一次性进水，则进水贮水池的容积设计可按贮存 1 个 SBR 池子在一次循环过程中的最大进水量计算，见式(4-48)。

如 SBR 池子在 1 周期中分批多次进水，且在沉淀和撇水阶段不安排进水，则进水贮水池的水力停留时间 t_R 和池子容积可设计为

$$t_R = (t_c - t_s - t_d)/(n+Z) + t_S + t_d \tag{4-57}$$

贮水池容积：

$$V_S = Q_{max} \times t_R \tag{4-58}$$

式中　Z——1 个周期内的进水次数。

4.9.5.4　动态模拟设计法

（1）SBR 设计基本关系式的推导

基本思路是，首先建立反映底物在 SBR 反应器中变化的基本关系式，根据原水情况和处理要求即可计算出运行各阶段的时间分配，从而求得反应器的有效容积和确立运行模式。

a. 理论基础　Braha 等人认为 Monod 公式能够较好地反映 SBR 中有机物的降解规律，通过试验可以精确地确定有机物降解的几个动力学参数。因此，理论推导也是以 Monod 公式为基础进行的。

为了应用动力学模式和简化计算，有必要引入以下假设。

假设 1　在 1 个周期内，合成的微生物量与总的生物量相比可以忽略不计，即反应器中微生物总量近似不变。

假设 2　1 个周期开始前，反应器中底物浓度（即上 1 周期出水浓度）与原水浓度相比可以忽略不计。

假设 3　在进水期，进水底物浓度积累占主导地位，Monod 公式中 $K_S \ll S$；反应期中 $K_S \gg S$。

假设 4　进水流量不变。

SBR 按基本运行模式（分进水、反应、沉淀、排水、闲置等 5 个阶段）操作时，废水中底物的降解主要发生在进水期和反应期。为了计算这两个阶段的时间分配，需要确定联系两阶段的中间变量——进水期末或反应期始的底物浓度（以 S_F 表示），这是建立基本关系式的关键。

b. 进水期底物的变化　SBR 反应器在 1 个周期内底物浓度随时间变化规律曲线见图 4-22。

根据物料平衡和 Monod 模式，进水过程反应器中底物的变化符合以下关系式：

$$\frac{d(VS)}{dt} = q_o S_o - \frac{KXSV}{K_S + S} \tag{4-59}$$

式中　V——反应器中混合液体积；

　　　S——反应器中底物浓度；

　　　t——时间；

　　　X——反应器中微生物浓度；

q_o——进水流量；

S_o——进水底物浓度；

K——反应速度常数；

K_S——半速度常数。

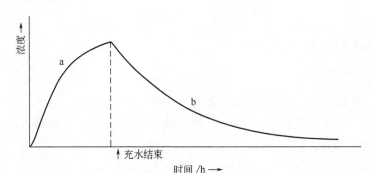

图 4-22　SBR 活性污泥法混合液中污染物浓度的变化规律

假设 1 表明，生物总量 $XV=$ 定值，或者

$$XV=X_v \cdot V_o \tag{4-60}$$

式中　X_v——混合液体积最大时污泥浓度，以 MLVSS 计；

V_o——混合液最大体积或反应器有效容积。

由假设 3，$K_S \ll S$，则 $K_S+S \approx S$，那么，由式(4-59)、式(4-60) 得：

$$\frac{\mathrm{d}(VS)}{\mathrm{d}t}=q_oS_o-KX_vV_o \tag{4-61}$$

当进水开始时（$t=0$），根据假设 2，有

$$VS=(V_o-V_F)S_e \approx 0 \tag{4-62}$$

式中　V_F——进水体积；

S_e——出水底物浓度。

当进水结束时（$t=t_F$），$VS=V_oS_F$ \hfill (4-63)

式中　S_F——进水期结束或反应期开始时底物浓度；

t_F——进水时间。

在以上边界条件下，对式(4-61) 积分求得：

$$S_F=(q_oS_o-KX_vV_o)t_F/v_o \tag{4-64}$$

由流量　$q_o=V_F/t_F$ \hfill (4-65)

充水比　$\lambda=V_F/V_o$ \hfill (4-66)

可以将式(4-64)变化为

$$S_F=\lambda S_o-KX_vt_F \tag{4-67}$$

在此，引入"进水期污泥负荷"的概念，它的含义为"进水期单位活性污泥微生物量在单位时间内所承受的有机物数量"。用公式表示为

$$L_F=\frac{V_FS_o}{t_FX_vV_o}=\lambda \frac{S_o}{t_F \cdot X_v} \tag{4-68}$$

并定义底物降解度 $\alpha=S_F/S_o$，则

$$\alpha=\lambda-(K\lambda)/L_F \tag{4-69}$$

c. 反应期时间 t_R 的确定　　Monod 模式在反应期中应用可表示为

$$-V_o \frac{dS}{dt} = \frac{KS}{K_S + S} V_o \qquad (4\text{-}70)$$

用反应期始、末浓度表示上式可近似为

$$\frac{S_F - S_e}{t_R} = k_1 X_v S_e \qquad (4\text{-}71)$$

式中　t_R——反应期时间；

$$k_1 = \frac{K}{K_S + S} = 常数。$$

这是因为，根据假设 3，在反应期，$K_S \gg S$，则 $K_S + S \approx K_S$。

一般情况下，污水处理的要求是，S_e 等于某一数值很小的目标值，因而不妨设 $S_e \ll S_F$，且 S_e 为定值。则式(4-71)可近似表达为

$$\frac{S_F}{t_R X_v} = k_1 S_e = 定值 \qquad (4\text{-}72)$$

将这一定值定义为"反应期污泥负荷"，其含义是"反应期单位活性污泥微生物量在单位时间内所承受的有机物数量。"用公式表示为：

$$L_R = \frac{S_F V_o}{t_R X_v v_o} = k_1 S_e \qquad (4\text{-}73)$$

式(4-73)的意义是，对于不同的运行条件，如果处理要求一样，那么选择的反应期污泥负荷是一样的。因此，可以通过选定反应期污泥负荷经验值的方法设计反应时间 t_R。

（2）设计计算步骤

以"进水期污泥负荷 L_F"和"反应期污泥负荷 L_R"的概念设计 SBR 的池容积和操作方式。

a. 确定某些参数

① 明确原水情况，如进水流量 q_o、进水水质 S_o 等；

② 设定运行条件，如充水比 λ、污泥浓度 X_v、进水时间 t_F 等；

③ 根据原水和处理目标确定参数，如反应期污泥负荷、反应速度常数 k 等。

b. 计算进水期污泥负荷 L_F，利用式(4-68)。

c. 计算进水期末（或反应期始）的底物浓度 S_F，利用式(4-71)。该公式表示一条直线，可以计算或作图求得。

（3）确定反应时间 t_R

$$t_R = \frac{S_F}{L_R X_v}$$

（4）确定沉淀时间 t_S

沉淀时间 t_S 一般取 0.5～2.0h，可根据试验或经验确定；

（5）排水时间

$$t_D = (q_o / q_D) t_F$$

式中　q_D——排水流量。

（6）闲置时间 t_I

可根据实际情况调整。

（7）计算周期 T

$$T = t_F + t_R + t_S + t_D + t_I$$

（8）确定 SBR 池数

$$N = T/t_F$$

（9）每池有效容积 V_o。

$$V_o = q_o t_F/\lambda$$

4.9.5.5 其他设计法

根据开始曝气的时间与充水过程时序的不同，可分为三种不同的曝气方式，即

① 非限量曝气，一边充水一边曝气；

② 限量曝气，充水完毕后再开始曝气；

③ 半限量曝气，在充水阶段的后期开始曝气。

工艺设计可按确定运行周期（T）、反应器容积、污水贮水池最小容积以及进水流量的设计等。

（1）运行周期（T）的确定

SBR 的运行周期由充水时间、反应时间、沉淀时间、排水排泥时间和闲置时间来确定。充水时间（t_F）应有一个最优值。如上所述，充水时间应根据具体的水质及运行过程中所采用的曝气方式来确定。当采用限量曝气方式及进水中污染物的浓度较高时，充水时间应适当取长一些；当采用非限量曝气方式及进水中污染物的浓度较低时，充水时间可适当取短一些。充水时间一般取 1～4h。反应时间（t_R）是确定 SBR 反应器容积的一个非常主要的工艺设计参数，其数值的确定同样取决于运行过程中污水的性质、反应器中污泥的浓度及曝气方式等因素。对于像生活污水这样的易处理废水，反应时间可取短一些；反之对那些含有难降解物质或有毒有害物质的废水，反应时间应适当取长一些，一般在 2～8h 之间。沉淀排水时间（t_{S+D}）一般按 2～4h 设计，闲置时间（t_E）一般按 0～2h 设计。因此，SBR 工艺的运行周期一般为 4～16h。

（2）反应器容积的设计

SBR 为序列间歇式活性污泥处理过程，其运行周期依次由充水（F）——反应（R）——沉淀（S）——排水排泥（D）——闲置（E）5 个工序。按充水和曝气反应时间的分配，可将其运行过程演化为如图 4-23 所示的 4 种基本运行方式。

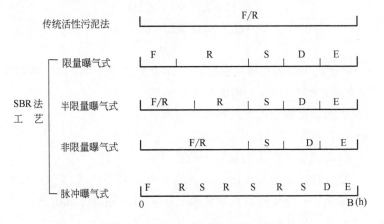

图 4-23　SBR 工艺的基本运行方式

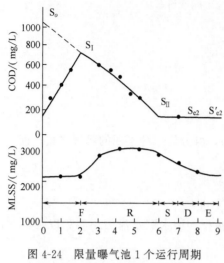

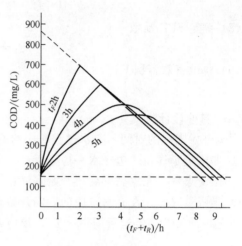

图 4-24　限量曝气池 1 个运行周期
内污泥浓度和基质浓度的变化情况

图 4-25　t_F 与 $(t_F + t_R)$
间的关系（限量曝气）

a. 限量曝气方式　按限量曝气方式运行时，充水流量最大。按此方式设计的 SBR 系统可灵活地按其他方式运行，因而大多情况下按此方式设计 SBR 系统。图 4-24 是限量曝气方式运行的池 1 个周期内污泥浓度和基质浓度的变化情况。由图 4-24 可知，充水期内污泥浓度 MLSS 的增长甚少，充水期结束时基质浓度达到最大值。反应期开始时混合液中的营养丰富，污泥呈现对数增长，曝气结束时基质浓度达到设计出水浓度值，迫使污泥逐步进入内源呼吸阶段。因此，SBR 生物降解所需的时间主要由充水时间和反应时间决定。图 4-25 反映了 t_F 与 $(t_F + t_R)$ 间的关系。当进水和出水有机物浓度保持不变时，$(t_F + t_R)$ 随 t_F 的增长而延长；若保持运行周期 T 不变时，t_F 超过一定限度，则出水有机物浓度将增加，所以 $t_F/(t_F + t_R)$ 应由试验确定。SBR 反应器的容积可由式（4-74）～式（4-79）确定。

$$V_o = q S_o t_F / [X(k_0 + k_1 t_R S_e)] (\text{m}^3/\text{池}) \tag{4-74}$$

$$L_m = S_o m / (e\lambda X)(\text{kgBOD})/(\text{kgMLSS} \cdot \text{d}) \tag{4-75}$$

$$V = V_o/\lambda (\text{m}^3/\text{池}) \tag{4-76}$$

$$n = 24 Q_o / (m V_o)(\text{个}) \tag{4-77}$$

$$q = Q_o / (n m V_o t_F)(\text{m}^3/\text{h}) \tag{4-78}$$

$$m = 24/T(\text{次}) \tag{4-79}$$

式中　V_o、V——单池充水容积和单池总容积，其中 V 为充水容积 V_o 和存留沉淀污泥容积 V_m 之和 $[V_o/V_m$ 一般为 $(1:1) \sim (1:4)]$；

$\quad S_o$、S_e——进水和反应结束时的污染物浓度；

$\quad Q_o$、q——原污水和 SBR 池充水流量；

$\quad n$、m——SBR 池数和每天的运行周期数；

$\quad e$、λ——曝气时间比和充水比，且满足 $e = t_R/T$，$\lambda = V_o/V$（一般取 $0.2 \sim 0.5$）；

$\quad k_0$、k_1——零级、一级反应动力学常数，$\text{mol}/(\text{L} \cdot \text{min})$、$\text{min}^{-1}$；

$\quad t_F$、t_R——充水、反应时间，h；

$\quad X$、L_m——SBR 反应器中的污泥浓度和污泥负荷。

b. 非限量曝气方式　非限量曝气方式运行时充水和曝气同时进行。由于进水速度远大于进水过程中反应器内污染物的降解速度，从而使 SBR 反应器内出现污染物的积累。在充水结束时，池内污染物浓度达到最大；反应期结束时，池内污染物浓度恢复至充水前的水平。每个曝气池的总有效容积 V 应为充水容积 V_o 和存留沉淀污泥容积 V_S 之和。曝气池的充水容积应保证系统停止充水时贮存入调节池的污水量和该充水时间内进入系统的污水量进入曝气池，故非限量曝气方式运行时 SBR 的容积可由式(4-80) ～式(4-83)确定：

$$V_o = (T - nt_F)q/n + qt_F \approx qT/n \ (\mathrm{m}^3/\text{池}) \tag{4-80}$$

$$V = V_o/\lambda = Tq/(n\lambda) \ (\mathrm{m}^3/\text{池}) \tag{4-81}$$

$$X = (1 - \lambda - h_2/H)X' \ (\mathrm{mg/L}) \tag{4-82}$$

$$(\lambda = 1 - X/X' - h_2/H)$$

$$L_m = [\lambda/(1-\lambda)]S_o/(t_F X_o) \tag{4-83}$$

式中　h_2、H——SBR 反应器中沉淀污泥层上的保护层高度和总有效高度，m，h_2 一般为

0.5m，主要考虑在排水的过程中为了不排走污泥而设置的一个保护高度；

X'——SBR 中沉淀后污泥的浓度（一般在 10～12g/L 左右）；

其余符号同前。

由以上各表达式可见，当污水水质、水量确定后，只要控制好活性污泥特性，就能控制 X'、X；只要选定适宜的充水时间 t_F 及充水比 λ，即可控制 $S_{\max}$、X 及 t_R，也控制了 SBR 反应器的运行周期 T。因此，充水时间 t_F 和充水比 λ 将成为 SBR 工艺设计的主要参数。

（3）污水贮存池最小容积的设计

由于 SBR 法反应器能将若干小时的污水在池内混合，对原水有一定的均化作用，如果多个曝气池顺序进水，能将较长时间的高负荷污水进行分割，让几个池子来承担高负荷，使曝气池有较好的工作稳定性，从而减小了调节池的容积。但是，由于 SBR 法由几个池子顺序进水，在安排各池运行周期及进水时间时，可能出现各池不处在充水阶段，这样进水系统的原污水就应贮存起来，待下一个曝气池充水开始时再抽入曝气池。这部分贮存容积视运行周期的具体安排而定。

假定 SBR 的运行周期为 T，充水时间为 t_F。SBR 反应器的池数为 n（见图 4-26）。各曝气池都不处于充水阶段的时间（t_P）及最小贮存容积（V_p）应为：

$$t_P = (T - nt_F)/n \tag{4-84}$$

$$V_p = qt_P = q(T - nt_F)/n \tag{4-85}$$

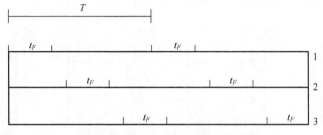

图 4-26　SBR 系统各池的运行周期

（4）SBR 反应器进水流量的设计

SBR 曝气池可采用重力自流进水，但若需要进行污水贮存时一般只能用水泵供水。此时水泵的输水流量应按如式(4-86)计算，所得的 Q_o 值应保证大于 q_o；如果采用的充水时间 t_F 值不适宜

或反应器数 n 过多，Q_o 小于 q，说明可能出现 2 个以上的曝气池同时充水，这是不正常的。

$$Q_o = V_o/t_F = qT/(nt_F) \tag{4-86}$$

（5）排水系统的设计

排水系统是 SBR 处理工艺设计的重要内容，也是其设计中最具特色和关系到该系统运行成败的关键部分。目前，国内外报道的 SBR 排水装置大致可归纳为以下几种：(a)潜水泵单点或多点排水，这种方式电耗大且容易吸出沉淀污泥；(b)池端（侧）多点固定阀门排水，由上自下开启阀门，但其操作不方便，排水容易带泥；(c)浮子式软管排水，但这种方式易在排水初期带泥。理想的排水装置应满足以下几个条件：(a)单位时间内出水量大，流速小，不会使沉淀污泥重新翻起；(b)集水口随水位下降，排水期间始终保持反应池当中的静止沉淀状态；(c)排水设备坚固耐用且排水量可无级调控，自动化程度高。

由于多种形式的 SBR 工艺均是周期排水，且排水时池中水位是不断变化的。为了保证排水时不扰动池中各层清水，且排出的总是上层清液，同时为了防止水面上的浮渣外排，则要求排水堰口处于淹没流状态。因此，SBR 工艺要求使用浮动式排水堰，即滗水器。

滗水器浮在反应池内水面上，排水时要迅速、稳定、均匀地将处理后的上层清液排出池外。从滗水器堰口到池外连有一段特殊的输水管道，它要保证随堰体的升降而自由变化，需要排水时堰口下降至液面以下，池内上清液不断涌入堰口，通过上述管道排出池外。此时，堰体自重与浮力形成平衡，堰口满足一定的水力负荷，并保持水流均衡。池内水面下降时，堰口亦不断下降，堰体的连接管道也应以同样的速率变化，无论其变化的轨迹如何，最终应实现同样的目的。

随着 SBR 工艺在国外的广泛应用，滗水器形式也有多种。目前在工程上已被采用的滗水器形式有虹吸式、旋转式、套筒式和软管式 4 种。

4.9.6 改良 SBR 工艺简介与比较

传统或经典的 SBR 工艺形式在工程应用中存在一定的局限性。首先是在进水流量较大的情况下，对反应系统需要进行调节，但这会相应增大投资；而对出水水质有特殊要求，如脱氮、除磷等工艺，则需对 SBR 工艺进行适当的改进。因而在工程应用实践中，SBR 传统工艺逐渐发展成了各种新的形式，以下分别介绍几种主要的 SBR 最新形式。

4.9.6.1 间歇式循环延时曝气活性污泥法

间歇式循环延时曝气活性污泥法（ICEAS）于 20 世纪 80 年代初在澳大利亚兴起，是变形的 SBR 工艺，其基本的工艺流程如图 4-27 所示。

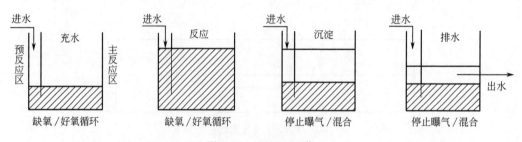

图 4-27 ICEAS 工艺

ICEAS 与传统的 SBR 相比，最大的特点是：在反应器的进水端增加了一个预反应区（生物选择器），运行方式为连续进水（沉淀期和排水期仍保持进水），间歇排水，没有明显的反应阶段和闲置阶段。这种系统在处理市政污水和工业废水方面比传统的 SBR 系统费用更省、管理更方便。但是，由于进水贯穿于整个运行周期的每个阶段，沉淀期进水在主反应区底部造成水力紊动而影响泥水分离时间，因此，进水量受到了一定限制。通常水力停留时间较长。由于 ICEAS 工艺设施简单，管理方便，国内外均得到广泛应用。

ICEAS 最大的特点是在 SBR 反应器前部增加了 1 个生物选择器，实现了连续进水（沉淀期、排水期间仍保持进水），间歇排水。设置生物选择器的主要目的是使系统选择出适应废水中有机物降解、絮凝能力更强的微生物，生物选择器容积约占整个池子的 10%。生物选择器的工艺过程遵循活性污泥的基质积累-再生理论，使活性污泥在选择器中经历一个高负荷的吸附阶段（基质积累），随后在主反应区经历一个较低负荷的基质降解阶段，以完成整个基质降解的全过程。

污泥膨胀的主要原因是丝状菌的过量繁殖。生物选择器是根据活性污泥反应动力学原理而设置的。Chadoba 等人于 20 世纪 70 年代中期提出的选择性原则，是基于不同种群的微生物的生长动力学参数不同而提出的。Chadoba 提出，具有低半饱和常数（K_S）和最大比生长速率的丝状菌，在低基质浓度下具有较高的生长速率，从而具有竞争优势。这样利用基质作为推动力选择性地培养菌胶团细菌，使其成为曝气池中的优势菌。所以，在 ICEAS 池进水端合理设计的生物选择器，可以有效地抑制丝状菌的生长和繁殖，防止污泥膨胀，提高系统的运行稳定性。

ICEAS 工艺集反应、沉淀、排水于一体，使污水在好氧-缺氧-厌氧不断交替的条件下完成对有机污染物的降解，同时达到脱氮除磷的目的。

综上所述，ICEAS 工艺流程简单，具有 SBR 的优点，实现了连续进水，使其在大中型污水处理厂中的应用成为现实。但该工艺强调延时曝气，污泥负荷很低［0.04～0.05kgBOD$_5$/(kgMLSS·d)］，这样使 ICEAS 工艺投资低（无初沉池、二沉池、污泥回流设备等）的优点在实际工程中没有得到充分体现，因此，影响了该工艺在我国的广泛应用。

4.9.6.2　循环式活性污泥系统（CAST/CASS/CASP）

循环式活性污泥法（CAST）是 SBR 工艺的一种新的形式。CAST 方法在 20 世纪 70 年代开始得到研究和应用。与 ICEAS 相比，其预反应区容积较小，是设计更加优化合理的生物选择器。该工艺将主反应区中部分剩余污泥回流至选择器中，在运作方式上沉淀阶段不进水，使排水的稳定性得到保障。通行的 CAST 一般分为三个反应区：一区为生物选择器；二区为缺氧区；三区为好氧区。各区容积之比一般为 1:5:30。图 4-28 为 CAST 的运行工序示意。

CAST 预反应区（生物选择器）的设置和污泥回流的措施保证了活性污泥不断地在选择器中经历一个高絮体负荷（S_0/X_0）阶段，从而有利于系统中絮凝性细菌的生长，并可以提高污泥活性，使其快速地去除废水中溶解性易降解基质，进一步有效地抑制丝状菌的生长和繁殖；同时沉淀阶段不进水，保证了污泥沉降无水力干扰，在静止环境中进行，可以进一步保证系统有良好的分离效果。以上这些特点使 CAST 系统的运行不取决于水处理厂的进水情况，可以在任意进水速率并且反应器在完全混合条件下运行而不发生污泥膨胀。

CAST 方法的主要优点：

① 工艺流程非常简单，土建和设备投资低（无初沉池和二沉池以及规模较大的回流污泥泵站）；

② 能很好地缓冲进水水质、水量的波动，运行灵活；

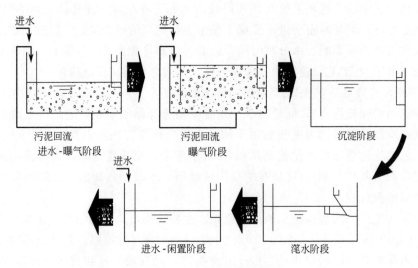

图 4-28　CAST 的运行工序

③ 在进行生物除磷脱氮操作时，整个工艺的运行得到良好的控制，处理出水水质尤其是除磷脱氮的效果显著优于传统活性污泥法；

④ 运行简单，无需进行大量的污泥回流和内回流。

由于上述优点，近几年 CAST 在全世界范围内得到了广泛的推广。目前，在美国、加拿大、澳大利亚等国已有 270 多家污水处理厂应用此法，其中 70 多家用于处理工业废水，其日处理规模从几千立方米到几十万立方米，均运行良好。

CAST 不同于 SBR 和 ICEAS，在沉淀阶段不进水，并增加了污泥回流，因此，系统较为复杂，但其优点是脱氮除磷效果较好。

CASS（cyclic activated sludge system）工艺与 ICEAS 在工艺流程上差别不大，只是污泥负荷不同。ICEAS 属周期循环延时曝气范畴，污泥负荷通常控制在 $0.04\sim0.05\text{kgBOD}_5/$（kgMLSS·d）之间。实践证明，如果以此负荷进行设计，其工程投资与其他生物处理方法相比几乎没有优势。先进技术失去经济优势后，推广应用自然受到很大限制，这正是 ICEAS 工艺在我国推广有一定难度的原因所在。而 CASS 工艺是结合研究成果和实际工作经验总结出来的，与其他参考资料提到的 CASS 工艺有所不同；它没有污泥回流，污泥负荷有时在延时曝气范围内，有时则较高，而参数选择的依据是实现污水的达标排放。研究和应用表明，在负荷为 $0.1\sim0.2\text{kgBOD}_5/$（kgMLSS·d）或再高一些，CASS 工艺仍能达到与 ICEAS 工艺相当的去除效果，而且有利于形成絮凝性能好的污泥；而负荷的提高使 CASS 工艺的工程投资比 ICEAS 节省 25% 以上。

（1）CASS 工艺与传统活性污泥法的比较

① 建设费用低，由于省去了初次沉淀池、二次沉淀池及污泥回流设备，建设费用可节省 20%～30%。工艺流程简洁，污水厂主要构筑物为集水池、沉砂池、CASS 曝气池、污泥池，布局紧凑，占地面积可减少 35%。

② 运行费用省，由于曝气是周期性的，池内溶解氧的浓度也是变化的，沉淀阶段和排水阶段溶解氧降低，重新开始曝气时，氧浓度梯度大，传递效率高，节能效果显著，运行费用可节省 10%～25%。

③ 有机物去除率高，出水水质好，不仅能有效去除污水中有机碳源污染物，而且具有

良好的脱氮除磷功能。

④ 管理简单，运行可靠，不易发生污泥膨胀，污水处理厂设备种类和数量较少，控制系统简单，运行安全可靠。

⑤ 污泥产量低，性质稳定，便于进一步处理与处置。

（2）CASS 工艺与间歇进水的 SBR 或 CAST 的比较

① CASS 反应池由预反应区和主反应区组成，预反应区控制在缺氧状态，因此，提高了对难降解有机物的去除效果。

② CASS 进水是连续的，因此进水管道上无电磁阀等控制元件，单个池子可独立运行，而 SBR 或 CAST 进水过程是间歇的，应用中一般要 2 个或 2 个以上池子交替使用，增加了控制系统的复杂程度。

③ CASS 每个周期的排水量一般不超过池内总水量的 1/3，而 SBR 则为 1/4～1/2；CASS 抗冲击能力较好。

④ CASS 比 CAST 系统简单，但脱氮除磷效果不如后者。

4.9.6.3 DAT-IAT 工艺

DAT-IAT 工艺主体构筑物由需氧池（DAT）和间歇曝气池（IAT）组成，一般情况下 DAT 连续进水，连续曝气，其出水进入 IAT，在此可完成曝气、沉淀、滗水和排出剩余污泥工序，是 SBR 的又一种变型，工艺流程见图 4-29。

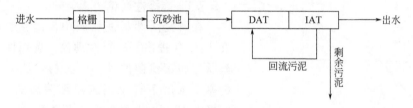

图 4-29　DAT-IAT 工艺流程

处理水首先经 DAT 的初步生化后再进入 IAT，由于连续曝气起到了水力均衡作用，提高了整个工艺的稳定性；进水工序只发生在 DAT，排水工序只发生 IAT，使整个生化系统的可调节性进一步增强，有利于去除难降解有机物。一部分剩余污泥由 IAT 回流到 DAT。与 CAST 和 ICEAS 相比，DAT 是一种更加灵活、完备的预反应区，从而使 DAT 与 IAT 能够保持较长的污泥龄和很高的 MLSS 浓度，对有机负荷及毒物有较强的抗冲击能力。

4.9.6.4　间歇排水延时曝气工艺（IDEA）

间歇排水延时曝气工艺（IDEA）基本保持了 CAST 工艺的优点，运行方式采用连续进水、间歇曝气、周期排水的形式。与 CAST 相比，预反应区（生物选择器）改为与 SBR 主体构筑物分立的预混合池，部分剩余污泥回流入预混合池，且采用反应器中部进水。预混合池的设

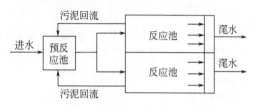

图 4-30　IDEA 工艺流程运行

立可以使污水在高絮体负荷下有较长的停留时间，保证高絮凝性细菌的选择。如图 4-30 所示。目前，在澳大利亚吉朗市建成的 IDEA 污水处理厂，其规模达 70000m³/d。

4.9.6.5　UNITANK 系统

典型的 UNITANK 系统，其主体为三格池结构，三池之间为连通形式，每池设有曝气

系统，即可采用鼓风曝气；也可采用机械表面曝气，并配有搅拌，外侧两池设出水堰（或滗水器）以及污泥排放装置，两池交替作为曝气和沉淀池，污水可进入三池中的任意一个。UNITANK 的工作原理如图 4-31 所示。在 1 个周期内，原水连续不断进入反应器，通过时间和空间的控制，形成好氧、厌氧或缺氧的状态。UNITANK 系统除保持原有 SBR 的自控以外，还具有滗水简单、池子构造简化、出水稳定、不需回流等特点，而通过进水点的变化可达到回流和脱氮除磷目的。

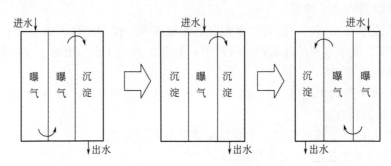

图 4-31　UNITANK 系统流程示意

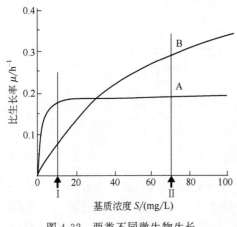

图 4-32　两类不同微生物生长
速率与废物浓度关系

4.9.7　生物选择器

4.9.7.1　选择性理论

在研究活性污泥膨胀中，捷克学者 Chudoba 在 1973 年提出了选择性理论。选择性理论根据对丝状菌和絮状菌的动力学分析，认为丝状菌在低的基质浓度下有比菌胶团细菌高的比增长速率。选择性理论可以用图 4-32 来说明。

活性污泥是菌胶团细菌和丝状菌的共生系统。丝状菌的菌胶团细菌平衡生长时不会产生膨胀问题；当丝状菌生长超过菌胶团细菌时，就会出现膨胀问题。如图 4-32 所示，当废物浓度低时，丝状菌的生长速率超过菌胶团细菌的生长速率；废物浓度高时，菌胶团细菌的生长速率超过丝状菌的生长速率。丝状菌和菌胶团细菌性质对比归纳于表 4-32。

表 4-32　丝状菌与菌胶团细菌性质对比

性　质	菌胶团细菌	参考值	丝状菌	参考值
基质亲和力	低		高	
最大增长比速率	高		低	
溶解氧亲和力	低		高	
内源代谢率	高		低	
硝酸盐还原率	高	20	低	0.05～0.25
多聚磷酸盐解释速率	高		低	
积累能力(Ac)	高		低	
耐饥饿能力	高		非常低	
最大基质利用率及贮存物质能力	非常高		非常低	

在 Chudoba 的选择性理论的指导下，开发了用生物选择器控制污泥膨胀技术。所谓生物选择器，是使选择器内的生态环境有利于选择性地发展菌胶团细菌，应用生物竞争机制抑制丝状菌的过度生长和繁殖，从而控制污泥的发生和发展。生物选择器即在完全混合或推流式曝气池前增加 1 个小的反应池，利用两类细菌不同的生长速率选择性地培养和发展菌胶团细菌，使其成为曝气池中的优势菌。

4.9.7.2　生物选择器的类型与设计原则

前已述及，在低负荷和低基质浓度条件下丝状菌的生长超过菌胶团细菌的生长。选择器的出发点就是造成曝气池中有利于选择性地发展菌胶团细菌的生态环境，应用生物竞争机制抑制。

丝状菌的过度增殖从而达到控制丝状菌过度繁殖引起的污泥膨胀。其具体做法是在曝气池前加 1 个停留时间与曝气池相比短得多的小反应池，称为生物选择器。在生物选择器内，起始基质浓度很高，局部地提高 F/M 值，按照图 4-32 所说明的选择性理论，菌胶团细菌迅速在选择器中增殖，这样利用基质作为推动力选择性地培养和发展了菌胶团细菌，使菌胶团细菌成为曝气池中的优势菌种。

根据选择器内部的运转条件不同将选择器分为好氧选择器、缺氧选择器和厌氧选择器。

（1）好氧生物选择器

好氧生物选择器实质上是一个推流式的预曝气池。选择器中初始 F/M 很高，菌胶团可以迅速地摄取、转化并贮存污水中大部分可溶性有机物，夺取丝状菌的营养源。在后续的曝气池中，丝状菌因缺乏营养而受到抑制。

设计好氧选择器的关键是确定水力停留时间，停留时间过长，初始 F/M 不高，进水的溶解性基质被稀释到很低浓度，反而形成有利于丝状菌生长的环境条件；停留时间过短，进水中的大部分溶解性基质依然会进入主曝气池中，从而造成适于丝状菌生长的条件。好氧选择器的水力停留时间为 5～30min。

（2）缺氧选择器

在缺氧条件下（有硝态氮，没有溶解氧），菌胶团细菌可以利用硝酸盐作为最终电子受体，实现有机物的吸收、贮存和降解利用，而丝状菌则缺乏这种能力。在主曝气池中，菌胶团细菌可以氧化内源贮存物质得到增殖，而丝状菌则由于缺少食料而受到抑制；从而在缺氧选择器中菌胶团细菌占优势，抑制了丝状菌生长。在缺氧选择器的设计方面，除了要在反应器中保持基质浓度梯度外，还应使实际溶解氧浓度尽可能接近零值，反应器的水力停留时间取值尽可能保证反硝化的完成。

（3）厌氧选择器

在厌氧条件下（没有溶解氧和硝态氮存在），在厌氧/好氧交替循环的工艺过程中，部分菌胶团细菌具有较高的存储和分解多聚磷酸盐的能力，因此这些菌胶团细菌可以通过聚磷的分解获得能量，从而得以在厌氧条件下吸收、转化溶解性有机物并以聚 β 羟丁酸的形式存储起来，获得基质竞争的优势，而丝状菌则缺乏这种能力；在随后的好氧过程中，菌胶团细菌通过聚 β 羟丁酸的降解获得能量而继续增殖，而丝状菌由于厌氧条件下存储有机物的能力非常低，在后续曝气池中受到抑制。

目前，对好氧选择器的设计研究较多，而对缺氧、厌氧反应器研究较少。关于选择器设计的原则如下：

① 选择器内应具有明显的可溶性有机物浓度梯度；

② 选择器出水的溶解性基质浓度应尽可能降低，在选择器中应去除 90% 以上的可溶性有机物；

③ 在整个选择器内，由基质利用速率所确定的微生物活性应尽可能保持较高水平。

4.9.8 ICEAS 出水水质及设计实例简介

ICEAS 工艺出水水质如表 4-33 所列。

表 4-33 ICEAS 工艺出水水质

项　　目	进　水	出　　水	去除率/%
BOD_5/(mg/L)	250	<10	94
SS/(mg/L)	152	<10	93
TN/(mg/L)	45	<10	78
NH_4^+-N/(mg/L)	15	<1	96
NO_3-N/(mg/L)	11	<5	55
TP/(mg/L)	7	<2	71

昆明市第三污水处理厂采用 ICEAS 工艺，污水处理厂设计规模旱季平均为 150000m^3/d，旱季高峰 200000m^3/d，雨季高峰 300000m^3/d；出水水质标准为 $BOD_5 \leqslant 15mg/L$（力争 $\leqslant 10mg/L$），$SS \leqslant 15mg/L$（力争 $\leqslant 10mg/L$），$TN \leqslant 7 \sim 8mg/L$（$NH_4^+$-N$\leqslant 2mg/L$）；$TP \leqslant 1.0mg/L$（力争 $0.5 \sim 1.0mg/L$）。目前该污水厂是世界上采用 ICEAS 工艺规模最大的污水处理厂。主要设计参数如下（以近期 $BOD_5 = 100mg/L$ 计算）。

ICEAS 池数目：14 座并联运行，每池尺寸 44m×32m×5m

污泥负荷（F/M）：0.06kgBOD_5/(kgMLSS·d)

MLSS：4600/2980mg/L

水力停留时间：13.7h

正常周期：4.8h（暴雨期 2.5h）

工艺部分装机功率：3013.6kW（共 96 台设备）

工艺部分单位耗电：0.19kW·h/m^3 污水（远期 $BOD_5 = 180mg/L$ 时为 0.30kW·h/m^3）

工艺部分占地面积：0.24m^2/m^3 污水。

沉淀和排水阶段仍保持连续进水。

4.9.9 CASS 工艺设计

4.9.9.1 设计参数及规定

CASS 工艺设计参数如表 4-34 所列。

表 4-34 CASS 工艺设计参数表

项　　目	数　值
污泥负荷率/[kgBOD_5/(kgMLSS·d)]	0.05~0.5
污泥浓度/(kg/m^3)	2.5~4.0
主预反应区容积比	9:1
池内最大水深/m	3~5

4.9.9.2 计算公式

计算公式见表 4-35。

表 4-35　CASS 工艺计算公式表

项　目	公　式	符　号　说　明
污泥负荷率/[kgBOD₅/(kgMLSS·d)]	$N_s=\dfrac{K_2 S_e f}{\eta}$	N_s——BOD -SS 负荷率,kgBOD₅/(kgMLSS·d); S_e——混合液残存 BOD₅ 浓度,mg/L; η——有机物去除率,%; $f=\dfrac{MLVSS}{MLSS}$,一般为 0.7～0.8
CASS 池容积/m³	$V=\dfrac{Q(S_o-S_e)}{N_s X}$	Q——设计流量,m³/d; S_o——进入 CASS 池的污水有机物浓度,mg/L; S_e——CASS 池排放有机物浓度,mg/L; X——混合液污泥浓度,mg/L
CASS 池各部分容积组成/m³,最高水位/m	$V=n_1(V_1+V_2+V_3)$ $H=H_1+H_2+H_3$	n_1——CASS 池子个数; V_1、H_1——变动容积,是指池内设计最高水位至滗水后最低水位之间的容积和水深; V_2、H_2——撇水水位和泥面之间容积和水深; V_3、H_3——活性污泥最高泥面至池底之间容积和水深
H_1 水深/m	$H_1=\dfrac{Q}{n_1 n_2 A}$	n_2——1 日内循环周期数; A——单格 CASS 池平面面积,m²
H_3 水深/m	$H_3=H\cdot X\cdot SVI\times10^{-3}$	SVI——污泥体积指数
H_2 水深/m	$H_2=H-(H_1+H_3)$	
CASS 池外形尺寸	$L\times B\times H=\dfrac{V}{n_1}$	L——池长,m,$L:B=4\sim6$; B——池宽,m,$B:H=1\sim2$
CASS 池总高/m	$H_0=H+0.5$	0.5m 为超高
预反应区长度/m	$L_1=(0.16\sim0.25)L$	L_1——预反应区长度,m
隔墙底部连通孔口尺寸	$A_1=\dfrac{Q}{24n_1 n_3 u^2}+\dfrac{BL_1 H_1}{u}$	n_3——连通孔个数,个,可取 1～5 个; u——孔口流速,m/h,一般为 20～50m/h
需氧量/(kgO₂/d)	$O_2=a'Q(S_o-S_e)+b'VX$	a'——活性污泥微生物每代谢 1kgBOD 需氧量,生活污水为 0.42～0.53; b'——1kg 活性污泥每天自身氧化所需要的氧量,生活污水为 0.11～0.188
标准条件下,脱氧清水充氧量 R_o	$R_o=\dfrac{RC_{S(20)}}{\alpha[\beta\rho C_{S(T)}-C_L]1.024^{T-20}}$	R_o——标准条件下,转移到曝气池混合液的总氧量,kg/h; $C_{S(20)}$——20℃时水的饱和溶解氧量,mg/L; α——污水中杂质影响修正系数,一般为 0.78～0.99; β——污水中含盐量影响修正系数; C_L——混合液 DO 浓度,mg/L; T——水温,℃; R——实际条件下,转移到曝气池混合液的总氧量,kg/h; ρ——气压修正系数; $C_{S(T)}$——T℃时曝气池内 DO 饱和度的平均值,mg/L
供气量/(m³/h)	$G=\dfrac{R_o}{0.28E_A}$	G——供风量,m³/h; E_A——曝气头氧转移效率,%

表 4-36 为隔离墙底部连通孔数量设置参考表。

表 4-36 连通孔数量设置参考表

池宽 B/m	连通孔个数 n_3/个	池宽 B/m	连通孔个数 n_3/个
≤4	1	10	4
6	2	12	5
8	3		

孔口间距单孔时设在隔墙中央,多孔时沿墙均匀分布。孔口宽度 0.4~0.6m,孔口高度不宜大于 1.0m。

4.9.9.3 设计实例 I

(1) 设计水量

近期 $Q=7200\mathrm{m^3/d}$　远期 $Q=14400\mathrm{m^3/d}$

(2) 设计水质

污水处理厂设计进水、出水水质及排放标准如表 4-37 所列。

表 4-37 污水处理厂设计进水、出水水质及排放标准

项 目	COD/(mg/L)	BOD_5/(mg/L)	SS/(mg/L)	pH 值	矿物油/(mg/L)
进水	350	250	220	6.5~8.5	5.8
出水	<50	<15	<30	6.0~8.5	<3
排放标准	60	20	50	6.0~8.5	4

(3) 处理工艺流程

处理工艺流程如下所示:

进水 → 格栅 → 集水池 → 提升泵 → 沉砂池 → CASS 池 → 出水

(4) 主要处理单元及设备的设计参数

a. 格栅　选用旋转式格栅除污机 SGS-1000 型 2 台,栅条间隙 15mm,栅条间设有 1 台电动葫芦,以方便格栅检修。

b. 集水池　集水池位于泵房下部,具有调节水质水量的作用,避免负荷冲击对生化处理系统造成不良影响。集水池设计兼顾一期和二期建设需要,设计尺寸为 9.80m×7.40m×5.30m(最大水深),有效容积 384.4m³。

集水池内设立式潜污泵 3 台,2 用 1 备,$Q=150\sim240\mathrm{m^3/h}$,$H=15\sim20\mathrm{m}$,$N=30\mathrm{kW}$。在污水提升干管上设有超声波流量计,直接指示瞬时流量,还可记录累积流量。

c. 平流式沉砂池　考虑到污水处理厂的规模不大,设计采用管理简单的平流式沉砂池,沉砂定期从池底排入晒砂池,晒干后定期清理。平流式沉砂池设计尺寸为 16.70m×4.20m×3.20m(H)。

d. CASS 池　CASS 池是本工艺的关键构筑物,设计有效容积 2880m³,池体沿宽度方向分 4 格,每格可独立运行,主反应区和预反应区长度分别为 19.25m 和 3.75m;池深 5m,有效水深 4.5m(污泥区高 1.3m,缓冲区高 1.7m);周期排水比 1/3。污泥负荷设计为 0.11kgBOD₅/(kgMLSS·d)。

CASS 池运行周期 4h,其中曝气 2.0h,沉淀 1.0h,撇水 0.5h,延时 0.5h。

e. 水下曝气机 处理厂分两期建设，一期工程选用水下曝气机 24 台，每台功率 5.5kW，设计服务面积 $24m^2$，向 CASS 池中污水充氧。该曝气机具有充氧效率高，无噪声的优点，克服了鼓风曝气机噪声大、占地面积大、管道布置复杂的缺点，而且安装维修方便，一台发生故障，单独维修，其他仍可正常运行。此外，还可以根据进水水质的变化调整泵的开启台数，在不影响处理效率的情况下达到经济运行的目的。

f. 滗水器 CASS 工艺的特点是程度工作制，它可依据进水及出水水质变化来调整工作程序，保证出水效果。滗水器是 CASS 工艺中的关键设备，本工程采用的滗水器是总装备部工程设计研究院环保中心和北京四达水处理工程公司联合研制的，克服了过去关键设备依靠进口的困难，降低了成本，为 CASS 工艺在我国推广应用创造了条件。每次滗水阶段开始时，滗水器以事先设定的速度由原始位置降到水面，然后随水面缓慢下降，下降过程为下降 10s，静止滗水 30s，再下降 10s，静止撇水 30s······，如此循环运行，直至到达设计最低排水位，上清液通过滗水器排出。滗水器排水均匀，不会扰动已沉淀的污泥层。滗水器上升过程是由最低排水位连续升至最高位置，即原始位置。滗水器在运行过程中设有线位开关，保证滗水器在安全行程内工作。

g. 污泥浓缩罐 根据实验结果，去除 $1kgCOD_{Cr}$ 产生的剩余污泥约 0.2kg，污水处理厂每天排放的污泥量约 417.6kg（干污泥），含水率以 99％计，其体积为 $42m^3$，污泥浓缩罐选用 $\phi2600mm \times 3000mm$，2 台。

h. 污泥脱水机 选用上海宝山化工厂生产的 GGT-1000 型转鼓辊压式污泥脱水机 2 台，脱水能力 1.5～$2.0m^3/h$，含水率约 80％，体积 $2m^3$。

i. 污水厂自动控制系统 CASS 工艺之所以在国外得到广泛应用，得益于自动化技术发展及在污水处理工程中的应用。CASS 工艺的特点是程序工作制，可根据进水水质及出水水质变化来调整工作程序，保证出水效果。污水厂根据工艺流程和厂区设备分布情况，采用集散式分布系统。整套控制系统采用现场可编程控制（PLC）与微机集中控制，在中心监控室设有 1 台工控机和模拟显示屏。现场控制机可独立完成相应的参数设置（可自动或手动控制），中央控制机通过总线向现场控制机传输指令和进行数据采集，发现问题及时报警。

j. 污水处理厂直接运行成本 0.2 元/m^3。污水处理厂平面布置见图 4-33。

（5）工程投资估算

a. 设备部分投资估算 设备部分投资估算如表 4-38 所列。

表 4-38 设备部分投资估算

序号	名称	数量	单价/万元	一期价/万元	序号	名称	数量	单价/万元	一期价/万元
1	格栅	1	8.0	8.0	7	反应罐	2	4.5	9.0
2	提升泵	3	2.4	7.2	8	脱水机	2	6.5	13.0
3	撇水器	4	10.0	40.0	9	电控部分			30.0
4	污泥泵	6	1.0	6.0	10	管道及附件			40.0
5	水下曝气机	24	2.0	48.0	11	其他			20.0
6	污泥浓缩罐	2	5.0	10.0		合计			231.2

b. 土建部分投资估算 土建部分投资估算如表 4-39 所列。

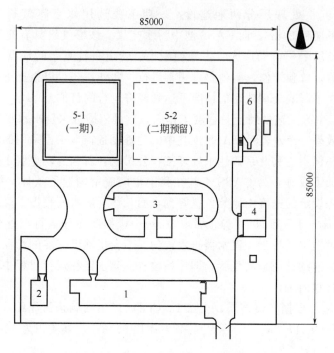

图 4-33　污水处理厂平面布置图

1—办公、化验室；2—锅炉房；3—配电、值班室、污泥脱水机房；

4—格栅间、污水提升泵房；5—CASS 池；6—曝气沉砂池

表 4-39　土建部分投资估算

序号	名称	数量	单价/万元	一期价/万元	序号	名称	数量	单价/万元	一期价/万元
1	集水池及泵房			45.0	5	辅助用房	500m²	1000	50.0
2	曝气池	2880m³	400	86.4	6	其他			20.0
3	沉砂池	200m³	400	8.0		合计			216.4
4	闸门井			7.0					

c. 工程总投资估算　工程总投资估算如表 4-40 所列。

表 4-40　工程总投资估算

项　目	一期价/万元	项　目	一期价/万元	项　目	一期价/万元
设备部分	231.2	设计费	24.5	不可预见费	20.0
土建部分	216.4	安装费	30.0	合计	587.1
调试费	15.0	综合取费	50.0		

由表 4-40 可知，工程一期投资 587.1 万元，这里指污水处理厂围墙以内所有必备项目所需的费用；此外，需要征地费 150 万元。

4.9.9.4　设计实例 II

（1）设计处理污水流量为 $Q = 10000 \text{m}^3/\text{d}$。

（2）污水处理工艺确定。

为适应小城镇的功能特点，确保出水水质，污水处理工艺必须考虑除磷脱氮且总体布置合理美观。在以活性污泥法为基础的二级处理流程中，可供选择的具有明显脱氮除磷效果的

流程有：A²/O 工艺、VIP 工艺、UCT 工艺、Bardenpho 工艺和 A/O＋Phostrip 工艺、CASS 工艺等。经过审慎地比较本工程最终选择了 CASS 工艺作本工程污水处理工艺。

CASS（cyclic actiavated sludge system）工艺作为 SBR 处理技术的一个改进，不仅具备 SBR 法工艺简单可靠、运行方式灵活、自动化程度高的特点，而且具有明显的除磷脱氮功能，这一功能的实现在于 CASS 池通过隔墙将反应区分为功能不同的几个区域，因在各分格中溶解氧、污泥浓度和有机负荷不同，各池中占优化的生物相亦不同。尽管单池为间隙操作运行，但使整个过程达到连续进水、连续出水。同时，在传统 SBR 池前或池中设选择器及厌氧区，相当于厌氧、缺氧、好氧阶段串联起来，提高了除磷脱氮效果。

CASS 工艺主要优点如下所述。

① 生化池中由于曝气和静止沉淀间歇运行，使基质 BOD_5 和生物体 MLVSS 浓度随时间的变化梯度加大，保持较高的活性污泥浓度，增加了生化反应推动力，提高了处理效率。静止沉淀时，活性污泥处于缺氧状态，氧化合成大为减弱，但生物体内源呼吸在进行，保证了出水水质。

② 工艺流程简单，运行方式灵活，无二次沉淀池，取消了大型贵重的刮泥机械和污泥回流设备，扩建方便。

③ 生化池分生物选择器、厌氧区和主曝气区，利用生物选择器及厌氧区对磷的释放、反硝化作用以及对进水中有机底物的快速吸附及吸收作用，增强了系统的稳定性；同时，曝气区和静止沉淀的过程中都同时进行着硝化和反硝化反应，因而具有除磷脱氮的作用。

④ 生物选择器的作用，是集中接纳含有高浓度有机物的来水和处于"饥饿"状态的回流活性污泥。具有抑制专性好氧丝状菌生长的作用，可有效地防止污泥膨胀。

⑤ 进水水量、水质的波动可用改变曝气时间的简单方法予以缓冲，具有较强的适应性。

⑥ 自动化程度高，保证出水水质。

⑦ 半静止状态沉淀，表面水力和固体负荷低，沉淀效果好。

⑧ 特别适合于中小城市污水处理厂的建设。

CASS 法主要缺点为：设备闲置率较高，因采用降堰排水，水头损失大；由于自动化程度高，故对操作人员的素质要求也高。

（3）工艺设计特点

该污水处理厂在设计中紧紧围绕着居住小区内建设的特殊情况，力求占地小、美观、同周围景观相协调、运行管理方便、运行费用低和保证除磷脱氮的原则进行设计。经过周密严谨的设计，采用以下多种手段以期达到上述效果。

a. 构筑物高度设计　考虑到本污水处理厂在生活小区之内，对环境不能造成不利的影响，因此，在进水泵房后设置了调节池。由潜污泵将调节池内的污水提升到 CASS 池。设计时必须考虑 CASS 法在排水时最低水位高出河床的最高水位时，整个厂区的构筑物就可以全部降低了，调节池采用地下式，CASS 池采用半地下式。

b. 降低噪声设计　为了最大限度地降低噪声，CASS 池的曝气采用台湾产 TR 型水下曝气机，极大地降低了污水处理的噪声。

c. 除臭设计　除 CASS 池为半地下式外，其余均设为地下式，并尽可能加盖，因此，污水处理过程中产生的臭味，可得到有效控制。

d. CASS 生化池设计　本工程另外一个有特色和创新之处是 CASS 池设计为圆形利浦罐结构。CASS 池沿塘布置，具有一定的视觉冲击效果，施工周期明显缩短。为了达到相同的脱氮除磷效果，将圆形池设计成 3 个同心圆；从内到外分别为选择器、厌氧区、主曝气区，它们的容积比为 1∶5∶30。选择器设在内环，其最基本的功能是防止污泥膨胀。在选择器，污水中溶解性有机物质能通过生物吸附作用得到迅速去除。回流污泥中的硝酸盐也可在此选择器中得以反硝化反应。厌氧区设置在池子的中环，主要是创造生物反硝化的条件，同时在此区内污泥中的嗜磷菌充分地释放出已吸收的磷，为在好氧区内再吸磷创造条件。池子的外环为曝气区，主要进行 BOD_5 降解和同时进行硝化过程；同时，嗜磷菌在此区内大量吸收污水中的磷而进入污泥中，通过剩余污泥的外排而实现除磷。为保证污水经处理后总磷小于 0.5mg/L，设计中增加了在生化系统中投加化学混凝剂的系统，使化学法除磷与生化法除磷同时进行。污泥回流、剩余污泥排放系统设在池子的外环；采用潜污泵，污泥不断地从主曝气区抽送至生物选择器中。污泥回流约为进水量的 20%。滗水器设于后应池的外环。

e. 污泥处理工艺设计

为防止随污泥排出系统的磷的复漏，污泥处理采用带式浓缩脱水一体机。脱水后的污泥根据其污水的特性，采用脱水后加工制成花卉肥料进行消化，这样既解决污泥出路，也可取得一些经济效益。

f. 自动控制设计

污水处理厂具有较高的自动化水平，PLC 和仪表全部选用进口品牌，并且在进出水口的必要位置设置在线检测仪表，将检测结果信号送至中控室，操作人员在中控室即可观测到每个构筑物内的水质状况，了解每个步骤的运行情况，并可在中控室操作，当然也可在现场操作。改善了操作人员的工作环境。

g. 构筑物及建筑物设计

该厂的建筑物主要包括综合楼、配电间和机修车库，在建筑结构和风格上充分与碧浪小区建筑物特点协调一致。关键构筑物 CASS 池采用德国 LIPP 筒仓技术，其制作方法简单，工期较短，美观，占地少。

4.10 氧化沟（OD）工艺

4.10.1 工艺流程、工艺特点及类型

4.10.1.1 工艺流程

氧化沟又称"循环曝气池"，污水和活性污泥的混合液在环状曝气渠道中循环流动，属于活性污泥法的一种变形，氧化沟的水力停留时间可达 10～30h，污泥龄 20～30d，有机负荷很低 [0.05～0.15kgBOD₅/(kgMLSS·d)]，实质上相当于延时曝气活性污泥系统。由于它运行成本低，构造简单，易于维护管理，出水水质好、耐冲击负荷、运行稳定、并可脱氮除磷，可用于处理水量为（72～200）×10⁴m³/d。

氧化沟的基本工艺流程如图 4-34 所示。

氧化沟出水水质好，一般情况下，BOD_5 去除率可达 95%～99%，脱氮率达 90% 左右，除磷效率达 50% 左右；如在处理过程中，适量投加铁盐，则除磷效率可达 95%。一般的出水水质为 BOD_5＝0～15mg/L；SS＝10～20mg/L；NH_4^+-N＝1～3mg/L；P＜1mg/L。运行费用较常规活性污泥法低 30%～50%，基建费用较常规活性污泥法低 40%～60%。

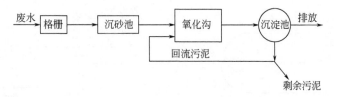

图 4-34　氧化沟的工艺流程

4.10.1.2　工艺特征

氧化沟是常规活性污泥法的一种改型和发展。它的基本特征是曝气池呈封闭的沟渠形，污水和活性污泥的混合液在其中做不停地循环流动，其水力停留时间长达 $10\sim40h$；污泥龄一般大于 $20d$；有机负荷则很低，仅为 $0.05\sim0.15kgBOD_5/(kgMLSS \cdot d)$（故其本质上属于延时曝气法）；容积负荷 $0.2\sim0.4kgBOD_5/(m^3 \cdot d)$；活性污泥浓度为 $2000\sim6000mg/L$；出水 BOD_5 为 $10\sim15mg/L$；SS 为 $10\sim20mg/L$；$NH_3\text{-}N$ 为 $1\sim3mg/L$。

采用氧化沟处理污水时，可不设初次沉淀池。二次沉淀池可与曝气部分分设，此时需设污泥回流系统；可与曝气部分合建在同一沟渠中，如侧渠式氧化沟、交替工作氧化沟（见下述），此时可省去二次沉淀池及污泥回流系统。氧化沟中的水流速度一般为 $0.3\sim0.5m/s$，水流在环形沟渠中完成一个循环约需 $10\sim30min$。由于此工艺的水力停留时间为 $10\sim40h$，因而可知污水在其整个停留时间内要完成 $20\sim120$ 个循环不等；这就赋予了氧化沟一种独特的水流特征，即氧化沟兼有完全混合式和推流式的特点，在控制适宜的条件下，沟内同时具有好氧区和缺氧区，从而使得这一技术具有净化深度高、耐冲击和能耗低的特点。此外，氧化沟还具有良好的脱氮效果。

如果着眼于整个氧化沟，并以较长的时间间隔为观察基础，可以认为氧化沟是一个完全混合曝气池，其中的浓度变化极小，甚至可以忽略不计，进水将迅速得到稀释，因此它具有很强的抗冲击负荷能力。如果着眼于氧化沟中的一段，即以较短的时间间隔为观察基础，就可以发现沿沟长存在着溶解氧浓度的变化，在曝气器下游溶解氧浓度较高，但随着与曝气器距离的增加，溶解氧浓度将不断降低，呈现出由好氧区→缺氧区→好氧区→缺氧区→……的交替变化。氧化沟的这种特征，使沟渠中相继进行硝化和反硝化的过程，达到脱氮的效果；同时，使出水中活性污泥具有良好的沉降性能。

由于氧化沟采用的污泥龄很长，剩余污泥量较一般的活性污泥法少得多，而且已经得到好氧硝化的稳定，因而不再需要消化处理，可在浓缩、脱水后加以利用或最后处置。

4.10.1.3　氧化沟的类型

（1）基本型氧化沟

基本型氧化沟如图 4-35 所示。

基本型氧化沟处理规模小，一般采用卧式转刷曝气；水深为 $1\sim1.5m$；氧化沟内污水水平流速 $0.3\sim0.4m/s$。为了保持流速，其循环量约为设计流量的 $30\sim60$ 倍。此种池结构简单，往往不设二沉池。

（2）卡鲁塞尔（Carrousel）式氧化沟

Carrousel 原指游艺场中的循环转椅，如图 4-36 所示。它是卡鲁塞尔氧化沟的典型布置，为一个多沟串联系统，进水与活性污泥混合后沿箭头方向在沟内不停地循环流动；采用表面机械曝气器，每沟渠的一端各安装 1 个，靠近曝气器下游的区段为好氧区，处于曝气器

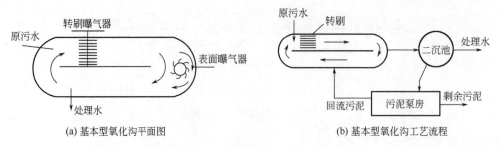

(a) 基本型氧化沟平面图　　　　　　　　　(b) 基本型氧化沟工艺流程

图 4-35　基本型氧化沟及其工艺流程

上游和外环的区段为缺氧区，混合液交替进行好氧和缺氧，这不仅提供了良好的生物脱氧条件，而且有利于生物絮凝，使活性污泥易于沉淀。

此类氧化沟由于采用了表面曝气器，其水深可采用 4～4.5m，沟内水流速度为 0.3～0.4m/s。如果有机负荷较低时，可停止某些曝气器的运行，在保证水流搅拌混合循环流动的前提下，减少能量消耗。

除此典型布置之外，卡鲁塞尔还有许多其他布置形式。

（3）交替工作式氧化沟

交替工作式氧化沟由丹麦 Kruger 公司发明，有双沟交替（DE）型和三沟交替（T）型两种类型。

双沟交替工作氧化沟脱氮系统由 2 个串联的氧化沟组成。通过改变进水出水顺序和曝气转刷转速使两沟交替在缺氧和好氧条件下运行。由于两沟交替工作，避免了 A/O 生物脱氮系统中的混合液内回流。DE 型氧化沟系统及工作过程分别见图 4-37 和图 4-38。

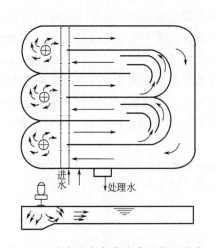

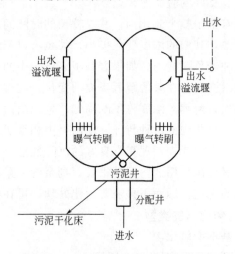

图 4-36　卡鲁塞尔氧化沟典型布置形式　　图 4-37　二池交替运行的氧化沟系统

三沟式氧化沟属于交替工作式氧化沟，由丹麦 Kruger 公司创建，如图 4-39 所示。由 3 条同容积的沟槽串联组成，两侧的 A、C 池交替作为曝气池和沉淀池，中间的 B 池一直为曝气池。原污水交替地进入 A 池或 C 池，处理出水则相应地从作为沉淀池的 C 池或 A 池流出，这样提高了曝气转刷的利用率（达 59%左右），另外也有利于生物脱氮。

三沟式氧化沟的水深为 3.5m 左右。一般采用水平轴转刷曝气，两侧沟的转刷是间歇曝气，以使污水处于缺氧状态，中间沟的转刷是连续曝气。

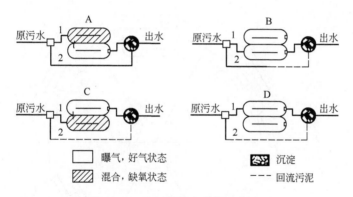

图 4-38　DE 型氧化沟脱氮工作过程

　　三沟式氧化沟基本运行方式大体分为 6 个阶段，工作周期为 8h，如图 4-40 所示。它由自动控制系统根据其运行程序自动控制进、出水的方向、溢流堰的升降以及曝气转刷的开动和停止。

　　（4）Orbal（奥贝尔）型氧化沟

　　Orbal 型氧化沟是由多个同心的椭圆形或圆形沟渠组成，污水与回流污泥均进入最外一条沟渠，在不断循环的同时，依次进入下一个沟渠；它相当于一系列完全混合反应池串联而成，最后混合液从内沟渠排出。

　　Orbal 型氧化沟常分为 3 条沟渠，外沟渠的容积约为总容积的 60%～70%；中沟渠容积约为总容积的 20%～30%；内沟渠容积仅占总容积的 10%。如图 4-41 所示。

　　Orbal 型氧化沟曝气设备一般采用曝气转盘，水深可采用 2～3.6m，并应保持沟底流速为 0.3～0.9m/s，在运行时，外、中、内沟渠的溶解氧分别为厌氧、缺氧、好氧状态，使溶解氧保持较大的梯度，有利于提高充氧效率，同时有利于有机物的去除和脱氮除磷。

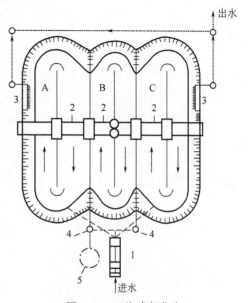

图 4-39　三沟式氧化沟
1—沉砂池；2—曝气转刷；
3—出水堰；4—排泥井；5—污泥井

4.10.1.4　氧化沟工艺设施（备）及构造

　　氧化沟工艺设施（备）由氧化沟沟体、曝气设备、进出口设施、系统设施等组成，各部要求分述如下。

　　（1）沟体

　　氧化沟主要分两种布置形式，即单沟式和多沟式。氧化沟一般呈环状沟渠形，也可呈长方形、椭圆形、马蹄形、同心圆形、平行多渠道和以侧渠作二沉池的合建形等。其四周池壁可以钢筋混凝土建造，也可以原土挖沟，衬素混凝土或三合土砌成。

　　氧化沟的断面形式如图 4-42 所示，有梯形和矩形等。

　　氧化沟的单廊道宽度 C 一般为水深 D 的 2 倍，水深一般为 3.5～5.2m，主要取决于采用的曝气设备。

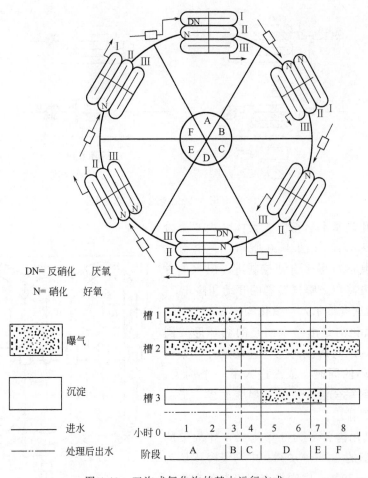

DN= 反硝化 厌氧

N= 硝化 好氧

图 4-40 三沟式氧化沟的基本运行方式

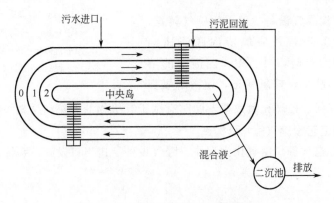

图 4-41 Orbal（奥贝尔）型氧化沟

（2）曝气设备

它具有供氧、充分混合、推动混合液不停地循环流动和防止活性污泥沉淀的功能，常用的有水平轴曝气转刷（或转盘）和垂直表面曝气器，均有定型产品。

a. 水平轴曝气设备 水平轴曝气设备旋转方向与沟中水流方向同向，并安装在直道上，在其下游一定距离内，在水面下应设置导流板；有的还设置淹没式搅拌器，增加水下流速强

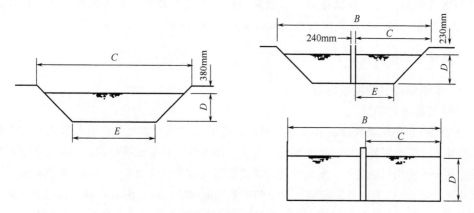

图 4-42　氧化沟的断面形式

度，防止沟底积泥。水平轴曝气设备在基本型、Orbal 型、一体化氧化沟中被普遍采用。

b. 曝气转刷　曝气转刷充氧能力约为 2kg/(kW·h)，调节转速和淹没深度，可改变其充氧量。因转刷的提升能力小，所以氧化沟水深应不超过 2.5～3.0m。

c. 曝气转盘　曝气转盘充氧能力约为 1.8～2.0kg/(kW·h)，氧化沟内水深可为 3.5m 左右。

d. 垂直轴表面曝气器　垂直轴表面曝气器具有较大的提升能力，故一般氧化沟水深为 4～4.5m，垂直轴表面曝气叶轮一般安装在弯道上，它在卡鲁塞尔型氧化沟中得到普遍采用。

（3）进出水位置

如图 4-43 所示，污水和回流污泥流入氧化沟的位置应与沟内混合液流出位置分开，其中污水流入位置应设在缺氧区的始端附近，以使硝化反应利用其污水中的碳源。回流污泥流入位置应设置在曝气设备后面的好氧部位，以防止沉淀池污泥厌氧，确保处理水中的溶解氧。

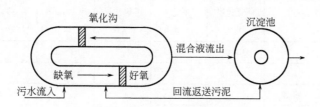

图 4-43　氧化沟进、出水位置

（4）配水井

两个以上氧化沟并行工作时，应设配水井以保证均匀配水。三沟式氧化沟则应在进水配水井内设自动控制阀门，按原设计好的程序用定时器自动启闭各自的进水孔，以变换氧化沟内的水流方向。

（5）出水堰

氧化沟的出水处应设出水堰，该溢流堰应设计成可升降的，从而起着调节沟内水深的作用。

（6）导流墙

为保持氧化沟内具有不淤流速，减少水头损失，需在氧化沟转折处设置薄壁结构导流墙，使水流平稳转弯，维持一定流速。

（7）溶解氧探头

为经济有效地运行，在氧化沟内好氧区和缺氧区应分别设置溶解氧探头，以在好氧区内维持＞2mg/L 的 DO，在缺氧区内维持＜0.5mg/L 的 DO。

4.10.2 氧化沟设备和装置

4.10.2.1 水平轴曝气转刷或转盘

（1）曝气设备的功能

水平轴曝气机包括曝气转刷和曝气转盘，是应用最广的一类氧化沟充氧设备。它充氧效率高、结构简单、安装维修方便。整个系统由电机、调速装置和主轴等组成，主轴上装有放射状的叶片或由两个半圆组成的盘片。采用曝气转刷时，曝气沟渠水深 2.5～3.5m。采用转盘时，曝气沟渠水深可达 3.5m 以上。氧化沟曝气设备的主要功能包括：（a）供氧；（b）推动水流做不停的循环流动；（c）防止活性污泥沉淀；（d）使有机物、微生物及氧三者充分混合、接触。

（2）曝气转刷

曝气转刷主要有可森尔转刷、笼型转刷和 Manmmoth 转刷三种，其他产品均是这三种的派生型。可森尔转刷的水平轴上装有许多放射性的钢片，动力效率可达 2.0kgO$_2$/(kW·h)。笼形转刷沿中心轴周围装有径向分布的 T 形钢或角钢，动力效率可达 2.5kgO$_2$/(kW·h)。采用上述两种转刷氧化沟设计水深一般在 1.5m 以下。

（3）转刷的布置和混合效果的校核

Manmmoth 转刷是为增加单位长度的推动力和充氧能力而开发的。叶片通过彼此连接直接紧箍在水平轴上，沿圆周均布成一组，每组叶片之间有间隔，叶片沿轴长呈螺旋状分布。转刷直径主要有 0.7m 和 1.0m 两种，转速为 70～80r/min，浸没深度为 0.3m，目前最大有效长度可达 9.0m，充氧能力可达 8.0kgO$_2$/(m·h)，动力效率在 1.5～2.5kgO$_2$/(kW·h) 之间。氧化沟水深为 3.5m。表 4-41 是国内外一些生产厂家曝气转刷的参数，可供设计参考。

表 4-41 曝气转刷技术参数

转刷直径 /mm	规格		有效长度 /mm	转速 /(r/min)	电机功率 /kW	叶片浸深 /mm	动力效率 /[kgO$_2$/(kW·h)]	充氧能力 /(kgO$_2$/h)
700			1500	70	5.5	15～25	1.8	6
700			2500	70		15～25	1.8	10
700	双速	高速	3000	83～85	7.5	150～200	1.8	12
		低速		83～85			1.8	
	单 速			83～85	7.5		1.8	12
700	双速	高速	4500	83～85	11	150～200	1.8	17.5
		低速		83～85			1.8	
	单 速			83～85	11		1.8	17.5
700	双速	高速	6000	83～85	15	150～200	1.8	23
		低速		83～85			1.8	
	单 速			83～85	15		1.8	23
1000	双速	高速	3000	72～74	13/16	200～300	1.8	24
		低速		48～50			1.8	10
	单 速			72～74	15		1.8	24

转刷直径 /mm	规 格		有效长度 /mm	转速 /(r/min)	电机功率 /kW	叶片浸深 /mm	动力效率 /[kgO₂/(kW·h)]	充氧能力 /(kgO₂/h)
1000	双速	高速	4500	72~74	18.5/22	200~300	1.8	35
		低速		48~50			1.8	15
	单 速			72~74	22		1.8	35
1000	双速	高速	6000	72~74	22/28	200~300	1.8	46
		低速		48~50			1.8	21
	单 速			72~74	30		1.8	46
1000	双速	高速	7500	72~74	26/32	200~300	1.8	56
		低速		48~50			1.8	28
	单 速			72~74	37.5		1.8	56
1000	双速	高速	9000	72~74	30/45	200~300	1.8	74
		低速		48~50			1.8	35
	单 速			72~74	45		1.8	74

为提高转刷的充氧能力，转刷的上下游应根据具体情况设置导流板，如不设挡水板或压水板，转刷之间的距离宜为 40~50m。对于反硝化混合，通常用设置数台可调转速的转刷来完成。此时应校核低速转动时能否满足混合的功率要求，一般混合液功率输入应大于 $10W/m^3$；如果不满足，可以设置一定数量的水下搅拌器来加强混合。

（4）曝气转盘

曝气转盘上有大量的曝气孔和三角形凸出物，用以充氧和推进混合液。盘片尽管很薄（盘厚 12.5mm），但具备良好的混合功能。两个盘片之间间距最少为 25mm。直径约 1400mm，厚 12.5mm，曝气孔直径 12.5mm。为了使盘片便于从轴上卸脱或重新组装，盘片由两个半圆断面构成。转盘的标准转速为 45~60r/min。如同转刷一样，转盘具有良好的氧传输效率，在标准条件下，可以达到 1.86~2.10kg/(kW·h)。曝气转盘的一个优点是可以借助配置在各槽中曝气盘数目的不同，变化输入每个槽的供氧量。

（5）曝气转盘的参数

表 4-42 是美国 Envirex 公司和国内厂家生产的单个曝气转盘的充氧特性，表 4-43 是国外生产厂家曝气转盘参数，可供设计参考。

表 4-42 美国 Envirex 公司和国内厂家生产的单个曝气转盘的充氧特性

Envirex 公司数据						
转速 /(r/min)	下 转①			上 转②		
	kgO₂/(盘·h)	制动/(kW·盘)	kgO₂/(kW·h)	kgO₂/(盘·h)	制动/(kW·盘)	kgO₂/(kW·h)
43	0.753	0.353	2.13	0.567	0.265	2.14
46	0.848	0.412	2.06	0.635	0.301	2.11
49	0.943	0.478	1.97	0.703	0.345	2.02

续表

Envirex公司数据						
转速/(r/min)	下　转①			上　转②		
	kgO_2/(盘·h)	制动/(kW/盘)	kgO_2/(kW·h)	kgO_2/(盘·h)	制动/(kW/盘)	kgO_2/(kW·h)
52	1.04	0.544	1.91	0.771	0.382	2.02
55	1.13	0.610	1.85	0.839	0.426	1.97

国内公司技术参数

浸没深度/mm	轴功率/(kW/盘)	输入功率/(kW/盘)	配用功率/(kW·h/盘)
350	0.365	0.507	0.530
400	0.414	0.575	0.590
460	0.467	0.648	0.678
500	0.500	0.694	0.733
530	0.518	0.719	0.763

① 指旋转过程中三角块的面先与水接触，因而充氧能力最大。

② 指旋转过程中三角块的角先与水接触，因而动力效率最大。

表 4-43　国外公司氧化沟转盘技术参数

水平轴跨度/m	转盘数	充氧能力/(kg/h)		轴功率/(kW/盘)
		浸没深度 400～530mm	浸没深度 500mm	
3.0	12	12.6～19.56	18.96	7.5
4.0	17	17.85～27.71	26.86	11
5.0	21	22.05～34.23	33.18	15
6.0	25	26.65～40.75	39.50	18.5
7.0	33	34.65～53.79	52.14	22

曝气转盘技术性能：

曝气转盘直径	1400mm；
适用转速	50～55r/min，经济转速　50r/min；
适用浸没深度	400～530mm，经济浸没深度　500mm；
单盘标准清水充氧能力	0.82～1.63kg/(h·盘)；
充氧效率（动力效率）	2.54～3.16kg/(kW·h)（以轴功率计）；
适用工作水深	≤5.2m；
水平轴跨度	单轴≤9m，双轴在 9～14m 之间；
曝气盘安装密度	<5 盘/m；
设计功率密度	10～12.5W/m^3。

4.10.2.2　立式低速表曝机

立式低速表面曝气叶轮与活性污泥法中表曝机的原理是一样的。一般每条沟安装 1 台，置于池的一端。它的充氧能力随叶轮直径增加而增大，动力效率一般为 1.8～2.3kgO_2/(kW·h)。其主要特点是具有较大的提升能力，因此氧化沟水深可达到 4～5m，减少占地面积。

采用立式表曝机的氧化沟存在两种混合状态：一种是与曝气或混合装置有关的高能区；

另一种是沿沟流动的低能区。高能区的平均速度梯度（G）一般超过 $100/s$，经验表明，高 G 值区有利于传氧效率。低能区的平均速度梯度一般低于 $30/s$，低的 G 值适于混合液的生物絮凝。与传统的氧化沟不同，表曝系统氧化沟采用立式低速表曝机作为主要设备，尽管分散到整个曝气池后的动力密度比较低，但表曝机实际上是在局部区域内工作，其局部动力密度非常高（约为 $96\sim192W/100m^3$）；而一般氧化沟的动力密度为 $18\sim24W/100m^3$。卡鲁塞尔工艺最大限度地利用了这一原理，它的表曝机传氧效率在标准状态下达到平均至少 $2.1\,kgO_2/(kW \cdot h)$。

立式低速表曝机单机功率大（可达 $150kW$），设备数量少，在不使用任何辅助推进器的情况下氧化沟沟深可达到 $5m$ 以上。较传统的氧化沟节省占地 $10\%\sim30\%$，土建费用相应减少。由于采用立式低速表曝机有很强的输入动力调节能力，而且在调节过程中不损失其混合搅拌的功能，节能效果明显。一般情况下，表曝机的输出功率可以在 $25\%\sim100\%$ 的范围内调节，而不影响混合搅拌功能和氧化沟渠道流速。DHV 公司新开发的双叶轮卡鲁塞尔曝气机，上部为曝气叶轮，下部为水下推进叶轮，采用同一电机和减速机驱动。其动力调节范围为 $15\%\sim100\%$，调节范围较标准表曝机扩大 10%。双叶轮曝气机可使氧化沟的沟深加大到 $6m$ 以上。对表曝系统，表 4-44 是国内某生产厂家立式低速表面曝气叶轮的参数，可供设计参考。

表 4-44 立式低速表面曝气机产品规格及技术参数

型号	叶轮直径 /mm	转速 /(r/min)	清水充氧量 /(kg/h)	提升力 /kgf	电机功率 /kW	叶轮升降动程 /mm	质量/t
普通	400	$167\sim252$	$2.5\sim8.0$	$42\sim142$	2.2	$+120$ -80	0.6
调速		216	5	68	1.5	$+120$ -80	0.6
普通	760	$88\sim126$	$8.4\sim23$	$153\sim453$	7.5	±140	2.0
调速		110	15.5	301	5.5	±140	2.0
普通	1000	$67\sim95$	$14\sim39$	$269\sim782$	15	±140	2.2
调速		85	27	556	11	±140	2.2
普通	1240	$54\sim79.5$	$21\sim62.5$	$418\sim1347$	22	±140	2.4
调速		70	43.5	916	18.5	±140	2.4
普通	1500	$44.2\sim53.9$	$30\sim82.5$	$618\sim1828$	30	±140	2.6
调速		55	54.5	1168	22	±140	2.6
普通	1720	$39\sim54.8$	$38\sim102$	$819\sim2299$	45	±140	2.8
调速		49	74	1626	30	$+180$ -100	2.8
普通	1930	$34.5\sim49.3$	$48\sim130$	$1037\sim2993$	55	$+180$ -100	3.0
调速		45	96	2247	45	$+180$ -100	3.0

注：$1kgf=9.8N$。

4.10.2.3 射流曝气器

射流曝气机一般设在氧化沟的底部，吸入的压缩空气与加压水充分混合，沿水平方向喷射，推动沟中液体并达到曝气充氧的目的。射流器形成的水流冲力造成了水平方向的混合，然后又由于水流上升而形成了垂直方向的混合，因而沟宽和沟深彼此无关，可采用较深的沟，水深可至8m。射流过程中产生很小的气泡，因此氧的转移效率较高。Lecompte根据试验认为射流器存在最佳气-液流量比，并且试验表明在每个射流器 $0.60m^3/min$ 的流量下，充氧能力最高。可以根据标准需氧量（SOR，kg/d）、单个射流器的流量（Q，m^3/min）和氧的利用率（E,%）计算射流器的数量（n）。显然，不同的射流器的参数是不相同的，需要根据射流器厂家提供的参数计算相关的参数。

4.10.2.4 其他曝气装置

导管式曝气机和混合曝气系统

导管式曝气机又是表曝机和上吸式鼓风管，也称U型鼓风曝气系统。在氧化沟中提高叶轮转速调节沟内流速，调节空气压缩机供气量则可控制供氧量。氧化沟沟深可达 $4\sim5m$，占地面积较传统氧化沟少。由于所有废水都经过导管，废水、循环液、氧化微生物充分混合，传质效果好，有利于废水处理。缺点是动力效率较低 $[0.67\sim0.73kgO_2/(kW \cdot h)]$，设备系统较复杂，氧化沟施工也较复杂。混合曝气系统原理，是用置于沟底的固定式曝气器（如微孔曝气器）和淹没式水平叶轮或射流以及利用抽吸和表面射流来分别进行充氧和推进液体。这种系统不常用，原因是设备复杂，动力消耗也较大。

4.10.2.5 导流和混合装置

导流和混合装置包括导流墙和导流板。在弯道设置导流墙可以减少水头损失，防止弯道停滞区的产生和防止弯道过度冲刷。通常在曝气转刷上下游设置导流板，主要是为了使表面的较高流速转入池底，同时降低混合液表面流速，提高传氧速率。为了保持沟内的流速可以根据需要设置水下推进器。

4.10.3 氧化沟设计要点

4.10.3.1 总则

氧化沟一般由沟体、曝气设备、进水分配井、出水溢流堰和导流装置等部分组成。氧化沟进水水温宜为 $10\sim25℃$，pH值宜为 $6\sim9$，有害物质严禁超过规定的允许浓度。

4.10.3.2 预处理及一级处理

原则上氧化沟所需要的预处理设施与其他处理系统相同，即进水应该有粗格栅、沉砂池和提升泵房。粗格栅去除对设备或管道可能产生损害或堵塞大的颗粒物质。氧化沟之前是否设置沉砂池去除粗砂，要依情况而定。

4.10.3.3 选择器

由于低负荷（或高负荷）状态下的氧化沟容易产生污泥膨胀，所以在氧化沟的体内或体外需要设置选择器。选择器的类型有好氧选择器、缺氧选择器和厌氧选择器。

4.10.3.4 氧化沟详细设计要求

（1）氧化沟沟体

氧化沟一般建为环状沟渠形，其平面可为圆形和椭圆形或与长方形的组合形。其四周池壁可为钢筋混凝土直墙，也可根据土质情况挖成斜坡并衬砌。二次沉淀池、厌氧区与缺氧区、好氧区可合建，也可分建。选择器可以与氧化沟合建，也可分建。

（2）氧化沟的几何尺寸

氧化沟的渠宽、有效水深视占地、氧化沟的分组和曝气设备性能等情况而定。当采用曝气转刷时，有效水深为2.6~3.5m；当采用曝气转碟时，有效水深为3.0~4.5m；当采用表面曝气机时，有效水深为4.0~5.0m；当同时配备搅拌措施时，水深尚可加大。氧化渠直线段的长度最小12m或最少是水面处渠宽的2倍（不包括奥贝尔氧化沟）。

所有的氧化沟超高不应小于0.5m。氧化沟的超高与选用的曝气设备性能有关，当采用曝气转刷、曝气转盘时，超高可为0.5m；当采用表面曝气机时，其设备平台宜高出设计水面1.0~1.2m。同时应该设置控制泡沫的喷嘴或其他控制泡沫的有效方法。

（3）进、出水管

当两组以上氧化沟并联运行时，或采用交替式氧化沟时，应设进水配水井，其中可设（自动控制）配水堰或配水闸，以保证均匀（自动）配水和控制流量。

氧化沟的进水和回流污泥进入点应该在曝气器的上游，使得与沟内混合液立即相混合。氧化沟的出水应该在曝气器的上游，并且与进水点和回流活性污泥点足够远，以避免短流。

（4）污泥龄（θ_c）

根据去除对象不同而不同：

① 只要求去除BOD_5时，θ_c采用5~8d；污泥产率系数Y为0.6；

② 要求有机碳氧化和氨的硝化时，θ_c取10~20d，污泥产率系数$Y=0.5~0.55$；

③ 要求去除BOD_5加脱氮时，$\theta_c=30d$，$Y=0.48$。

（5）进、出水可调堰

氧化沟的水位由可调堰控制，以改变曝气设备的浸没深度，适应不同需氧量的运行要求。堰的长度采用设计流量加上最大回流量计算，以防曝气器浸没过深。当采用交替工作氧化沟时，配水井中的配水堰或配水闸宜采用自动控制装置，以便控制流量和变换进水方向。根据多沟氧化沟工作状态的转换，其溢流堰应采用自动控制装置，以使出水方向随之变换。

（6）导流墙和导流板

在氧化沟所有曝气器的上、下游应设置横向的水平挡板。上游导流板高1.0~2.0m，垂直安装于曝气转刷上游2.0~5.0m处。在曝气器下游2.0~3.0m应该设置水平挡板，与水平呈60°角倾斜放置，顶部在水面下150mm，挡板要超过1.8m水深，以保证在整个池深适当的混合。

为了保持氧化沟内具有污泥不沉积的流速，减少能量损失，需设置导流墙与导流板。一般在氧化沟转折处设置导流墙，使水流平稳转弯并维持一定流速。由于氧化沟中分隔内侧沟的弧度半径变化较快，其阻力系数也较高，为了平衡各分隔弯道间的流量，

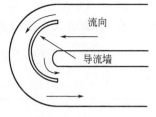

图4-44 导流墙设置

导流板可在弯道内偏置。导流墙应设于偏向弯道的内侧，以使较多的水流向内汇集，避免弯道出口靠中心隔墙一侧流速过低，造成回水，引起污泥下沉。设置导流墙则有利于水流平稳转弯，减少回水产生，防止由于内圈流速小而使污泥沉淀和减少有效容积（见图4-44）。

在弯道处应设置导流墙，导流墙应设于偏向弯道的内侧，以使较多的水流向内汇集。可根据沟宽确定导流墙的数量，在只有一道导流墙时可设在内壁1/3处（两道导流墙时外侧渠道宽为$W/2$）。为了避免弯道出口靠中心隔墙一侧流速过低造成回水，引起污泥下沉，导流墙在下游方向需延伸一个沟宽（W）的长度。

(7) 曝气器的位置

曝气转刷（或转盘）应该正好位于弯道下游直线段氧化沟4～5m处。立式表曝机应该设在弯道处。转刷（或转盘）的淹没深度应该在100～300mm之间，转刷（转盘）应该在整个沟宽度方向满布，并且有足够安装轴承的位置。

(8) 走道板和防飞溅控制

氧化沟的走道以能够进行曝气器的维修为原则，一般是在曝气器之上。应该采用防飞溅挡板，以免曝气器溅水到走道上。

(9) 测量装置

应该设置对原废水和回流污泥的流量测量装置。测量装置应该可以有累计流量并有记录。当设计中所有回流污泥与原废水在一点混合，那么应该测量各个氧化沟的混合液流量。

4.10.4 设计参数及规定

氧化沟工艺设计参数及规定见表4-45。

表4-45 氧化沟工艺设计参数表

名　　称		数　　值
污泥负荷 N_s/[kgBOD$_5$·(kgMLSS·d)$^{-1}$]		0.03～0.15
水力停留时间 T/h		10～48
污泥龄 θ_c/d		去除 BOD$_5$ 时,5～8；去除 BOD$_5$ 并硝化时,10～20；去除 BOD$_5$ 并反硝化时,30
污泥回流比 R/%		50～200
污泥浓度 X/(mg·L^{-1})		2000～6000
容积负荷/[kgBOD$_5$·(m^3·d)$^{-1}$]		0.2～0.4
出水水质/(mg·L^{-1})	BOD$_5$	10～15
	SS	10～20
	NH$_3$-N	1～3
必要需氧量/(kgO$_2$/kgBOD)		1.4～2.2

4.10.5 计算公式

氧化沟工艺计算公式见表4-46。

表4-46 氧化沟工艺计算公式表

名　称	公　式	符合说明
碳氧化氮硝化容积（好氧区容积）	$V_1 = \dfrac{YQ(L_0-L_e)\theta_c}{X(1+K_d\theta_c)}$ $= \dfrac{YQL_r\theta_c}{X(1+K_d\theta_c)}$ 或 $V_1 = \dfrac{Q(L_0-L_e)}{N_sX}$	V_1——碳氧化氮硝化容积,m^3; Q——污水设计流量,m^3/d; X——污泥浓度,kg/m^3; L_0、L_e——进、出水 BOD$_5$ 浓度,mg/L; $L_r=L_0-L_e$,去除的 BOD$_5$ 浓度,mg/L; θ_c——污泥龄,d; Y——污泥净产率系数,kgMLSS/kgBOD$_5$; K_d——污泥自身氧化率,d^{-1},对于城市污水,一般为0.05～0.1d^{-1} N_s——污泥负荷率,kgBOD$_5$/(kgMLVSS·d)

名　　称	公　　式	符　合　说　明
污泥龄确定	$\theta_c=\dfrac{X}{YL_r}=\dfrac{0.77}{K_d f_b}$	f_b——可生物降解的VSS占总VSS的比例
Y与污泥龄的关系		
最大需氧量	$O_2=a'QL_r+b'N_r-b'N_D-c'X_W$	O_2——需氧量，kg/d； $a'=1.47,b'=4.6,c'=1.42$； N_r——氨氮的去除量，kg/m³； N_D——硝态氮去除量，kg/m³； X_W——剩余活性污泥量，kg/d
剩余活性污泥量	$X_W=\dfrac{Q_平 L_r}{1+K_d\theta_c}$	$Q_平$——污水平均日流量，m³/d
水力停留时间	$t=\dfrac{24V}{Q}$	V——氧化沟容积，m³； t——水力停留时间，h
污泥回流比	$R=\dfrac{X}{X_R-X}\times100\%$	R——污泥回流比，%； X_R——二沉池底污泥浓度，mg/L
污泥负荷	$N_s=\dfrac{Q(L_0-L_e)}{VX_V}$	N_s——污泥负荷，kgBOD₅·(kgMLSS·d)⁻¹； X_V——MLVSS浓度，mg/L
反硝化区脱氮量	$W=Q_平 N_{L_r}-0.124YQ_平 L_r=$ $Q_平(N_0-N_e)-0.124YQ_平 L_r$	W——反硝化区脱氮量，kg/d； N_{L_r}——去除的总氮浓度，mg/L； N_0——进水总氮浓度，mg/L； N_e——出水总氮浓度，mg/L
反硝化区所需污泥量	$G=\dfrac{W}{V_{DN}}$	G——反硝化区所需污泥量，kg； V_{DN}——反硝化速率，kgNO₃⁻-N/(kgMLSS·d)
反硝化区容积	$V_2=\dfrac{G}{X}$	V_2——反硝化区容积，m³
氧化沟容积	$V=\dfrac{V_1+V_2}{K}$	K——具有活性作用的污泥占总污泥量的比例，$K=0.55$

4.10.6　单沟式氧化沟设计算例

【例题 4.13】 已知条件：最大日污水量 $Q=5000$m³/d，进水 BOD 浓度 $L_0=200$mg/L
回流污泥浓度为 $X_R=7000$mg/L，污泥回流比 $R=100\%$。
BOD-SS 负荷 $N_s=0.04$kgBOD/(kgSS·d)　　池数 $n=4$
曝气方式为间歇式。
试求定氧化沟的容积及工艺尺寸。

【解】（1）采用 BOD-SS 负荷法求定池容积
首先确定氧化沟内混合液平均污泥浓度 X，即

$$X = \frac{\text{进水 SS 浓度} + \text{回流污泥浓度} \times \text{污泥回流比}}{1 + \text{污泥回流比}}$$

$$= \frac{200 + 7000 \times 1.0}{1 + 1} = 3600 \text{mg/L}$$

因此，氧化沟池容积为 $V = \dfrac{QL_0}{N_s X} = \dfrac{5000 \times 200}{0.04 \times 3600} = 6944 \text{m}^3$

（2）采用停留时间确定池容积

氧池沟水力停留时间为 $\text{HRT} = 24 \sim 48 \text{h}$ 时，对应池容积为

$$V = QT = 208.33 \times (24 \sim 48) = 5000 \sim 10000 \text{m}^3$$

（3）采用硝化、反硝化法计算池容积

硝化区容积 $\qquad V_N = \dfrac{m C_{kin} \cdot Q \times 10^3}{24 K_N X}$

反硝化区容积 $\qquad V_{DN} = \dfrac{n C_N Q \times 10^3}{24 K_{DN} X}$

式中　K_N——硝化速率，$\text{mgN/(gMLSS} \cdot \text{h)}$，一般为 $0.2 \sim 0.7 \text{mgN/(gMLSS} \cdot \text{h)}$，本例取 $0.7 \text{mgN/(gMLSS} \cdot \text{h)}$；

　　C_{kin}——进水中 TKN 浓度，mg/L，取 35mg/L；

　　X——池内 MLSS 浓度，mg/L，取 3600mg/L；

　　K_{DN}——反硝化（脱氮）速率，$\text{mgN/(gMLSS} \cdot \text{h)}$，一般为 $0.1 \sim 0.4 \text{mgN/(gMLSS} \cdot \text{h)}$，本例取 $0.4 \text{mgN/(gMLSS} \cdot \text{h)}$；

　　C_N——硝化 TKN，mg/L，$C_N = m \cdot C_{kin}$，本例中 $m = 0.9$，$C_{kin} = 35 \text{mg/L}$；

　　m——硝化率，$0 < m \leqslant 1$，取 0.9；

　　n——脱氮率，$0 < n \leqslant 1$，取 0.7。

因此，$V_N = \dfrac{0.9 \times 35 \times 5000 \times 10^3}{24 \times 0.7 \times 3600} = 2604 \text{m}^3$

$$V_{DN} = \frac{0.7 \times 0.9 \times 35 \times 5000 \times 10^3}{24 \times 0.4 \times 3600} = 3194 \text{m}^3$$

池总容积为 $V = V_N + V_{DN} = 5794 \text{m}^3$

以上计算结果表明，池总容积最小为 $V = 6944 \text{m}^3$。

（4）池平面尺寸确定

池数为 4 个，则每池容积为 $V_1 = V/4 = 6944/4 = 1736 \text{m}^3$。

池长 L 计算公式为：$\qquad L = \dfrac{V_1 - \pi W^2 D}{2WD} + 2W$

式中　V_1——单池容积，m^3；

　　W——池宽，m，一般为 $4 \sim 5.5 \text{m}$，本例取 4.5m；

　　D——水深，m，一般为 $2 \sim 3 \text{m}$，本例取 2m。

因此，$L = \dfrac{1736 - 3.14 \times 4.5^2 \times 2}{2 \times 4.5 \times 2} + 2 \times 4.5 = 98.4 \text{m}$，取 100m。

工艺尺寸为：4.5m（宽）$\times 100 \text{m}$（长）$\times 2 \text{m}$（深）$\times 4$ 池

（5）校核

池容积：$[(2 \times 4.5 \times 2 \times 91) + \pi \times 4.5^2 \times 2] \text{m}^3/\text{池} \times 4$ 池 $= 7060 \text{m}^3 > 6944 \text{m}^3$

BOD-SS 负荷：$\dfrac{5000 \times 200}{3600 \times 7060} = 0.04 \text{kgBOD/(kgMLSS} \cdot \text{d)}$

曝气时间：$T=\dfrac{V}{Q}=\dfrac{7060}{5000}\times24=33.9\mathrm{h}$（在 24~48h 之间）

污泥回流比：$R=\dfrac{\mathrm{MLSS-进水\ SS}}{X_R-X}=\dfrac{3600-200}{7000-3600}=1.0$

污泥龄：$\theta_c=\dfrac{VX}{\mathrm{进水\ SS}\times Q}=\dfrac{7060\times3600}{200\times5000}=25.4\mathrm{d}$

BOD-容积负荷：$\dfrac{QL_0}{V}=\dfrac{5000\times200\times10^{-3}}{7060}=0.14\mathrm{kgBOD/(m^3\cdot d)}$

（6）曝气设备必要的需氧量

按去除 1kgBOD 需氧 2kg 计算，则每日实际需氧量（AOR）为

$$\mathrm{AOR}=200\times5000\times2\times10^{-3}=2000\mathrm{kg/d}$$

硝化时间每日按 12h

标准条件下必要的供氧量（SOR）为

$$\mathrm{SOR}=\frac{(\mathrm{AOR})C_{SW}}{1.024^{T-20}\cdot\alpha(\beta C_S-C_A)}\times\frac{760}{P}\times\frac{1}{24}$$

式中　C_{SW}——20℃时清水饱和溶解氧量，mg/L，为 8.84mg/L；

$\quad\ C_S$——T℃时清水饱和溶解氧量，mg/L，为 8.84mg/L；

$\quad\ T$——混合液水温（一般为 7 月和 8 月的平均水温），本例为 20℃；

$\quad\ C_A$——混合液的 DO 浓度，一般可取 1.5mg/L；

$\quad\ \alpha$——K_{L_a} 的修正系数，对于延时曝气法、OD 法可取 0.93；

$\quad\ \beta$——饱和溶解氧浓度修正系数，对于延时曝气法可取 0.97；

$\quad\ P$——处理厂地域的大气压强，mmHg，本例为 760。

因此，$\mathrm{SOR}=\dfrac{2000\times8.84\times2}{1.024^{20-20}\times0.93\times(0.97\times8.84-1.5)}\times\dfrac{760}{760}\times\dfrac{1}{24}=224\mathrm{kg/h}$

4.10.7　DE 型氧化沟设计算例

西安市北石桥污水处理厂采用 DE 型氧化沟工艺，污泥不经消化直接脱水，第一期工程设计规模为 $14\times10^4\mathrm{m^3/d}$；高峰流量为 $7700\mathrm{m^3/h}$，远期规模为 $30\times10^4\mathrm{m^3/d}$。污水中工业污水占 30%，生活污水占 70%。规划人口 60 万人，流域面积 $53.5\mathrm{km^2}$。设计进水水质指标为：$\mathrm{BOD_5}=180\mathrm{mg/L}$，$\mathrm{SS}=255\mathrm{mg/L}$，$\mathrm{COD}=400\mathrm{mg/L}$，$\mathrm{NH_3\text{-}N}=32\mathrm{mg/L}$，$\mathrm{TN}=40\sim50\mathrm{mg/L}$。排放标准为：$\mathrm{BOD_5}\leqslant20\mathrm{mg/L}$，$\mathrm{SS}\leqslant20\mathrm{mg/L}$，$\mathrm{COD}\leqslant100\mathrm{mg/L}$，$\mathrm{NH_3\text{-}N}\leqslant15\mathrm{mg/L}$（温度大于 12℃）。

4.10.7.1　厌氧混合池（生物选择池）容积计算

$V_{AN}=Qt_{AN}$　取 $t_{AN}=0.25\mathrm{h}$，1 座 2 格，则单池容积为

$$V_{AN}=\frac{140000}{2\times24}\times0.25=729\mathrm{m^3}$$

工艺尺寸为：12m×12m×5m（水深）×2 格

实际单池容积为　$12\times12\times5=720\mathrm{m^3}$

$$\mathrm{HRT}\ 为\ t_{AN}=\frac{720}{2916.7}=0.25\mathrm{h}$$

生物选择池采用高负荷完全混合式，其污泥负荷（F/M）为

$$F/M=\frac{QL_a}{VX}$$

式中 L_a——进水 BOD 浓度，mg/L，取 180mg/L；

　　X——污泥浓度，mg/L，取 4500mg/L。

　　则 $F/M = \dfrac{7 \times 10^4 \times 180}{720 \times 4500} = 3.9 \text{kgBOD/(kgMLSS} \cdot \text{d)}$

4.10.7.2 DE 型氧化沟工艺设计计算

污泥负荷 F/M 采用 $0.05 \sim 0.10 \text{kgBOD/(kgMLSS} \cdot \text{d)}$，污泥龄为 $12 \sim 30\text{d}$，MLSS 浓度为 $3500 \sim 5500 \text{mg/L}$。

采用污泥负荷法进行工艺计算，取 $F/M = 0.085 \text{kg/(kg} \cdot \text{d)}$，$X = 4500 \text{mg/L}$，池数为 3 组 6 池。则每池容积为

$$V = \frac{QL_a}{(F/M)Xn} = \frac{14 \times 10^4 \times 180}{0.085 \times 4500 \times 6} = 10980 \text{m}^3$$

工艺尺寸为：22m（池宽）×116.5m（池长）×4.5m（水深）×6 池

DE 型氧化沟平面尺寸如图 4-45 所示。

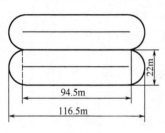

图 4-45　DE 型氧化沟平面尺寸

每池实际容积为：$45 \times (11^2 \times 3.14 + 22 \times 94.5) = 11066 \text{m}^3$

DE 氧化沟设有 Maxi 9 型转刷共 60 套，直径 $\phi 1000\text{mm}$，长度 9.0m，转速 73r/min，电机功率 45kW，标准状态充氧能力 $67 \text{kgO}_2/\text{h}$。氧化沟还设有 SK4430 淹没式搅拌器 18 台，功率 4.0kW，以保证氧化沟在缺氧状态下（转刷停止运转）混合液将不致发生沉淀。氧化沟出水设有 DC35 型可调节堰板 12 套，宽 5.0m。

整个 DE 型氧化沟系统设备包括厌氧混合池搅拌器 2 套，出水调节堰 6 套，氧化沟转刷 60 套，搅拌器 18 套，还有二沉池回流污泥泵 6 台；全部由中心控制室按预定程序集中控制，以保证氧化沟系统始终处于良好的工作状况。

4.10.8 三沟式（T 形）氧化沟的设计

4.10.8.1 三沟式氧化沟生物脱氮运行方式

三沟式氧化沟生物脱氮运行方式如表 4-47 所列。

表 4-47　三沟式氧化沟生物脱氮运行方式

运行阶段	A			B			C			D			E			F		
沟别	Ⅰ沟	Ⅱ沟	Ⅲ沟	Ⅰ沟	Ⅱ沟	Ⅲ沟	Ⅰ沟	Ⅱ沟	Ⅲ沟	Ⅰ沟	Ⅱ沟	Ⅲ沟	Ⅰ沟	Ⅱ沟	Ⅲ沟	Ⅰ沟	Ⅱ沟	Ⅲ沟
各沟状态	反硝化	硝化	沉淀	硝化	硝化	沉淀	沉淀	硝化	沉淀	沉淀	硝化	反硝化	沉淀	硝化	硝化	沉淀	硝化	沉淀
延续时间/h	2.5			0.5			1			2.5			0.5			1		

4.10.8.2 三沟式氧化沟的设计

考虑到三沟式氧化沟有一条边沟总是作为沉淀池来使用，需要引进三沟式氧化沟参与工艺反应（硝化、反硝化）的有效性系数（f_a）。f_a 为一个周期内以参与反应时间为权的污泥浓度与以 1 个周期各个停留时间为权数的污泥之比，并且假设三沟是等体积的，则

$$f_a = \frac{X_{s1}t_{s1} + X_m t_m + X_{s2}t_{s1}}{X_{s1}t_s + X_m t_m + X_{s2}t_s} \tag{4-87}$$

式中　X_{s1}、X_{s2}——边沟的平均 MLSS 浓度；

　　X_m——中沟的平均 MLSS 浓度；

　　t_s——边沟 1 个周期的时间；

　　t_{s1}——边沟 1 个周期内的工作时间；

　　t_m——中沟在 0.5 个周期内的工作时间。

假设污泥在氧化沟内分布均匀，则 f_a 如下所示：

$$f_a = \frac{Xt_{s1} + Xt_m + Xt_{s1}}{Xt} = \frac{2t_{s1} + t_m}{t} \tag{4-88}$$

式中　X——系统内平均 MLSS 浓度；

　　t——3 个沟在 1 个周期的总停留时间（包括沉淀）之和。

所以根据选择的运行周期确定有效性系数（f_a），由 f_a 计算氧化沟的总污泥量 $(VX)_T$：

$$(VX)_T = [(XV) + (VX)_{dn}]/f_a$$

由选择的污泥浓度确定三沟式氧化沟的总容积：

$$V_T = (XV)_T/(f_a X)$$

三沟式氧化沟一条边沟总处于沉淀期，沉淀前应用 1h 的静止澄清过程。根据硝化和反硝化时间比确定具体的操作模式，可计算得 $f_a = 0.58$；这是三沟式氧化沟的设备利用率只有 58% 的原因。另外，在实际的氧化沟中，因活性污泥浓度在三沟中的分布不同，f_a 数值与上述的理想状态相差很大。在邯郸污水处理厂测得 MLSS 在三沟中的浓度分布为 5.3 kg/m³、2.0kg/m³、5.0kg/m³，按公式计算 $f_a = 0.40$。因此，f_a 值的大小与运行及设计密切相关。

提高容积和设备利用率的方法是在三沟式氧化沟的设计中扩大中沟的比例，中沟的容积可占 50%～70% 或更多，单个边沟的容积占 30%～50%。在边沟较小时，需要校核其沉淀功能可否满足。中沟可采用加大的池子或做成等体积的 2 个沟。这时公式可采用下面的修正式：

$$f_a = \frac{X_{s1}V_{s1}f + X_mV_m + X_{s2}V_{s1}f}{X_{s1}V_s + X_mV_m + X_{s2}V_s} \tag{4-89}$$

式中　f——边沟反应时间与 1 个周期时间比值；

　　V_s——边沟的体积；

　　V_m——中沟的体积。

如果采用 50% 和 70% 的数据，则可以得出 f_a 分别为 0.69 和 0.80，从而使设备的利用率和污泥分布均匀性可以提高。

4.10.8.3　T 形沟设计实例

(1) 设计条件及参数

$Q = 100000m^3/d$（按三个系列，一个系列设计 $Q_1 = 33000m^3/d$）；碱度 = 280mg/L（以 $CaCO_3$ 计）；$BOD_5 = 130mg/L$；氨氮 = 22mg/L（$T = 10℃$）；$TN = 42mg/L$；$SS = 160mg/L$；最低温度 = 10℃；最高温度 = 25℃。

出水要求：

$BOD_5 < 15mg/L$；$TSS < 20mg/L$；氨氮 < 3mg/L（$T = 10℃$）；$TN < 12mg/L$（$T = 10℃$）；$TN = 6～8mg/L$（$T = 25℃$）。处理后的污泥要求适合于直接脱水，做到完全消化。

(2) 确定设计采用的有关参数

$Y = 0.6$；$K_d = 0.05$；假设 $f_b = 0.63$；$f = 0.7$；$MLSS = 4000mg/L$；曝气器型式为曝气

转刷；曝气器动力效率 $2.0 kgO_2/(kW \cdot h)$；$DO=2.0 mg/L$；$\alpha=0.90$；$\beta=0.98$；$q_{dn}=0.02 kgNO_3\text{-}N/(kgMLVSS \cdot d)$；残留碱度 $100 mg/L$（以 $CaCO_3$ 计），保持 $pH \geqslant 7.2$；脱氮温度修正系数 $\theta=1.08$。

（3）去除 BOD_5 的设计计算

a. 计算污泥龄

$$\theta_c = \frac{0.77}{K_d f_b} = \frac{0.77}{0.05 \times 0.63} = 24.6 (d)（取 25d）$$

b. 计算出水 BOD_5 和去除率

$$S = \frac{1}{k'Y}\left(\frac{1}{\theta_c} + K_d\right) = \frac{1}{0.038 \times 0.6}\left(\frac{1}{25} + 0.05\right) = 3.95 (mgBOD/L)$$

假设出水　　　　　　　　$SS=20mg/L$，$VSS/SS=0.7$

则　　　　　　　　　　VSS 的 $BOD_5 = 0.63 \times 0.7 \times 20 = 8.82$（mg/L）

总出水 $BOD_5 = 13mg/L$（达到排放标准），BOD_5 的去除率 $= 100\%(130-13)/130 = 90\%$

则　　　　　　　　BOD_5 去除量 $= (130-4) \times 33000 \times 10^{-3} = 4158$（kg/d）

c. 计算曝气池体积

$$(X_V) = \frac{Y\theta_c Q(S_0 - S)}{1 + K_d \theta_c} = \frac{0.6 \times 25 \times 33000(0.130 - 0.004)}{1 + 0.05 \times 25} = 27720 （kg/d）$$

取 $MLSS = 4000mg/L$

$$V = (X_V)/Xf = 27720/(4 \times 0.7) = 9900 （m^3）$$

d. 校核停留时间和污泥负荷

$$t = 7.2h$$
$$F/M = 0.15 kgBOD_5/kgMLVSS$$

e. 计算剩余污泥量　每天产生的剩余污泥按下式计算：

$$\Delta X = Q\Delta S\left(\frac{Y}{1 + K_d\theta_c}\right) + X_1 Q - X_e Q$$

$$= 33000 \times 0.126\left(\frac{0.6}{1 + 0.05 \times 25}\right) + 0.3 \times 0.16 \times 33000 - 0.02 \times 33000$$

$$= 1108.8 + 1584 - 660 = 2032.8(kg/d)$$

如果沉淀部分污泥浓度为 1%，每天排泥 $Q_W = 203m^3/d$。

f. 校核 VSS 产率

$$VSS 产率 = \frac{4435}{4158} = 1.07 (kgVSS/kgBOD_5)$$

g. 复核可生物降解 VSS 比例（f_b）

$$f_b = \frac{YS_r + K_d X - \sqrt{(YS_r + K_d X)^2 - 4K_d X(0.77YS_r)}}{2K_d X} = 0.64$$

其中　　　　　　　$YS_r + K_d X = 0.6 \times 4158 + 0.05 \times 27720 = 3881$

如果 f_b 值与最初的假设值相差较大，则 a～g 步需要重新试算。

（4）脱氮的设计计算

a. 氧化的氨氮量　假设总氮中非氨态氮没有硝酸盐，而是大分子中的化合态氮，其在生物氧化过程中需要经过氨态氮这一形态。所以氧化的氨氮 $= 42 - 12 - 3 = 27$（mg/L）。

b. 需要脱氮量　需扣除生物合成的氮量，生物中的含氮量为 7%，总计为 $310.5 kg/d$。

脱氮量＝27－310450/33000＝17.5（mg/L）

c. 碱度平衡　每去除 1mgBOD$_5$ 所产生的碱度大约是 0.3mg。

残留碱度＝280－7.14×27＋3.5×17.5＋0.3×126＝186.25（mg/L）（以 CaCO$_3$ 计）＞100mg/L

d. 计算脱氮所需的体积（停留时间）

在 T＝20℃时取脱氮率为 0.03kgNO$_3$-N/(kgVSS・d)

在 T＝10℃时：N_{dn}＝0.03×1.08^{-10}＝0.024kgNO$_3$-N/(kgVSS・d)

则　　　　　$$V_2=\frac{Q(N_0-N_W-N)}{N_{dn}X}=\frac{33000(42-15-9.5)}{0.024\times4000}=6015（m^3）$$

脱氮水力停留时间$(\theta)=\frac{6015}{33000}\times24=4.4（h）$

e. 计算总体积（停留时间）

$$V_T=(V+V_2)/f_a=(9900+6015)/0.58=27440（m^3）$$

（5）曝气设备的设计计算

a. 需氧量计算

① 碳源需氧量 $(D_1)=a'Q(S_0-S)+b'VX=0.52\times33000\times(0.13-0.004)\times10^{-3}$
$$+0.12\times76832=11382(kg/d)=474kg/h$$

② 硝化需氧量 $(D_2)=4.6(42-12-3)\times33000\times10^{-3}=4098.6(kg/d)=170.8kg/h$

③ 脱氮产生的需氧量 $(D_3)=2.86(42-12-3-9.5)\times33000\times10^{-3}=1651(kg/d)$
$$=68.8kg/h$$

④ 总需氧量 $D=D_1+D_2-D_3=13830kg/d=576kg/h$

b. 标准需氧量（SOR）计算

$$SOR=\frac{AORC_{s(20℃)}}{\alpha(\beta\rho C_{s(T)}-C)\times1.024^{(T-20)}}=\frac{576\times8.4}{0.9(0.98\times1-2)\times1.024^{2.5}}=812（kg/h）$$

c. 配置曝气设备

需要配置的功率数$(N)=\frac{812}{2.1}=384kW$

需要选用电机功率为 32kW、直径 1000mm 的轴长 9.0m 的曝气转刷 12 台。

4.10.8.4　T 形沟设计计算案题

【例题 4.14】　城市污水设计流量 12×10^{4}m^3/d，K_z＝1.3，进水水质 BOD$_5$＝130mg/L，COD＝210mg/L，SS＝120mg/L，TN＝38mg/L，TP＝8.0mg/L，NH$_3$-N＝22mg/L。设计三沟式氧化沟，要求脱氮。处理出水水质为 BOD$_5$≤15mg/L，SS≤20mg/L，NH$_3$-N＝0，TN≤6mg/L。

【解】

（1）设计参数

污泥龄 θ_c＝15d；污泥浓度 X＝4000mg/L；K_d＝0.05，查图知当 θ_c＝15d 时，Y＝0.56

（2）氧化沟总容积（V）计算

① 碳氧化、氮硝化区容积 V_1 计算

$$V_1=\frac{YQL_r\theta_c}{X(1+K_d\theta_c)}=\frac{0.56\times12\times10^4\times(130-15)\times15}{4000\times(1+0.05\times15)}=16560m^3$$

② 反硝化区脱氮量 W 计算

W = 进水总氮量－(剩余污泥排放的氮量＋随水带走的氮量)

$$= Q_{平}(N_0 - N_e) - 0.124YQ_{平}L_r$$

$$= \frac{12 \times 10^4}{1.3}\left(\frac{38-6}{1000} - 0.124 \times 0.56 \times \frac{130-15}{1000}\right)$$

$$= 2217\text{kg/d}$$

③ 反硝化区所需污泥量

$$G = \frac{W}{V_{DN}} = \frac{2217}{0.026} = 85269\text{kg}$$

④ 反硝化区容积

$$V_2 = \frac{G}{X} = \frac{85269}{4} = 21317\text{m}^3$$

⑤ 澄清沉淀区容积

T形沟二条边沟可以轮换作澄清沉淀用

⑥ 氧化沟总容积 V

$$V = \frac{V_1 + V_2}{K} = \frac{16560 + 21317}{0.55} = 68867\text{m}^3$$

氧化沟分三组，则每组容积为$\dfrac{V}{3}$，即

$$V' = \frac{V}{3} = 22956\text{m}^3$$

氧化沟水深取 $H = 3\text{m}$，则每组氧化沟平面面积为

$$A_1 = V'/H = 22956/3 = 7652\text{m}^2$$

三条沟中每条沟的平面面积为

$$A_{11} = A_1/3 = 2550\text{m}^2$$

取氧化沟为矩形断面，且单沟宽 $B = 22\text{m}$，则单沟直线段长度为

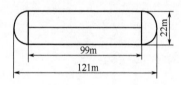

$$L_1 = \frac{2550 - 121 \times 3.14}{22} = 98.6\text{m}，取 99\text{m}。$$

平面尺寸如左图所示。

（3）剩余污泥量计算

$$\Delta X = \frac{YQ_{平}L_r}{1 + K_d\theta_c} = \frac{0.56 \times 12 \times 10^4 \times (0.13 - 0.015)}{1.3 \times (1 + 0.05 \times 15)} = 3397\text{kg/d}$$

湿污泥量 $\quad Q_s = \dfrac{\Delta X}{(1-P) \times 1000} = \dfrac{3397}{(1-0.992) \times 1000} = 425\text{m}^3/\text{d}$

（3）校核

水力停留时间 $\quad t = \dfrac{24V}{Q} = \dfrac{24 \times 68867}{12 \times 10^4} = 13.8\text{h}$（在 10～48h 之间）

污泥负荷 $\quad N_s = \dfrac{Q(L_0 - L_e)}{VX} = \dfrac{12 \times 10^4 \times (130-15)}{68867 \times 4000} = 0.05\text{kgBOD/(kgMLSS·d)}$ ［在

0.03～0.15kgBOD/(kgMLSS·d) 之间］。

（4）最大需氧量计算

$$O_2 = a'Q(L_0 - L_e) + b'[Q(NK_0 - NK_e) - 0.12\Delta X] -$$

$$b'[Q(NK_0 - NK_e - NO_e) - 0.12\Delta X] \times 0.56 - c'\Delta X$$

$$= 1 \times 12 \times 10^4(0.130 - 0.015) + 4.6[12 \times 10^4 \times (0.038 - 0) - 0.12 \times 3397] -$$

$$4.6[12 \times 10^4 \times (0.038 - 0.006 - 0) - 0.12 \times 3397] \times 0.56 - 1.42 \times 3397$$
$$= 36919 \text{kgO}_2/\text{d}$$

4.10.9 卡鲁塞尔（Carrousel）式氧化沟的设计与计算

4.10.9.1 延时曝气设计计算法

（1）氧化沟的设计

氧化沟的设计可用延时曝气池的设计方法进行，即从污泥产量 $W_v = 0$ 出发，导出曝气池体积，然后按氧化沟工艺条件布置成环状循环混合式或 Carrousel 式。氧化沟中循环流速为 $0.3 \sim 0.6 \text{m/s}$，有效深度 $1 \sim 5 \text{m}$。

【例题 4.15】 氧化沟的计算

已知条件：某工业废水日处理流量 $Q = 2000 \text{m}^3/\text{d}$；进入氧化沟的 $\text{BOD}_5 = 1200 \text{mg/L}$；氧化沟出水的 $\text{BOD}_5 = 20 \text{mg/L}$；氧化沟中挥发固体浓度 $x = 4000 \text{mg/(L} \cdot \text{VSS)}$；二沉池底流挥发固体浓度 $x_r = 12370 \text{mg/(L} \cdot \text{VSS)}$；产率系数 $y = 0.4$；微生物自身衰减系数 $K_d = 0.1 \text{d}^{-1}$；反应速度常数 $K = 0.1 \text{L/(mg} \cdot \text{d)}$；$\text{BOD}_5/\text{BOD}_u = 0.7$。

【解】 设计计算

a. 氧化沟所需容积 $V(W_v = 0)$

$$V = \frac{yQ(L_0 - L_e)}{xK_d}$$

$$V = \frac{0.4 \times 2000 \times (1200 - 20)}{4000 \times 0.1} = 2360 \text{m}^3$$

b. 曝气时间 T_b

$$T_b = \frac{V}{Q} = \frac{2360}{2000} = 1.18 \text{d} = 28.32 \text{h}$$

c. 回流比 R

$$R = \frac{x}{x_r - x} = \frac{4000}{12370 - 4000} = 0.48$$

d. 需氧量 G

在延时曝气氧化沟中，由微生物去除的全部底物都作为能源被氧化而 $W_v = 0$，故系统中每天的需氧量为：

$$G = Q(L_a - L_e)$$

$$G = 2000 \times (1200 - 20) \times 10^{-3} = 2360 \text{kg/d}$$

折合最终生化需氧量为 L_T

$$L_T = 2360 \div 0.7 = 3771 \text{kg/d} = 157.13 \text{kg/h}$$

去除单位质量 BOD_5 的需氧量为 L_T/G

$$L_T/G = 3771 \div 2360 = 1.43 \text{kgO}_2/\text{kgBOD}_5$$

e. 复合污泥负荷 N_s

$$N_s = \frac{Q(L_s - L_e)}{xV} = \frac{2000 \times (1200 - 20)}{4000 \times 2360} = 0.25 \text{ kgBOD}_5/(\text{kgMLSS} \cdot \text{d})$$

f. 氧化沟的主要尺寸

① 已知氧化沟的容积为 2360m^3，取水深为 $H = 2.0 \text{m}$，沟宽为 $B = 4.0 \text{m}$，则氧化沟的长度为：

$$L=\frac{V}{HB}=\frac{2360}{2\times 4}=295\text{m}$$

② 选直径为 700mm 的转刷，浸深为 240mm 转速为 80r/min 时，充氧能力为 5.6kgO₂/（h·m）。

③ 已知每小时的需氧量为 157.13kg，则转刷的总长度为 157.13÷5.6＝28m。

④ 每个转刷的长度与沟同宽，则需转刷个数为 28÷4＝7 个。

⑤ 转刷的间距为 295÷7＝42m。

g. 氧化沟的平面布置见图 4-46。

h. 转刷功率

转刷所需功率为 28×1.6＝44.8kW。每个转刷所需功率为 4×1.6＝6.4kW。

i. 处理污水功率

处理 1.0m³ 污水所需功率为 44.8÷2000＝0.022kW。

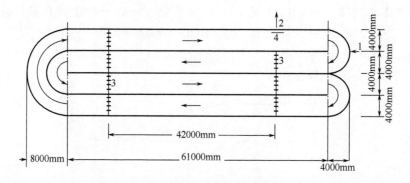

图 4-46　氧化沟平面布置草图

1—进水；2—出水；3—转刷；4—出水堰

（2）氧化沟尺寸

采用倒伞叶轮曝气机时，氧化沟尺寸参见表 4-48。

表 4-48　氧化沟系统处理城市污水时设计计算确定的氧化沟尺寸及曝气机尺寸

人口当量	曝 气 机			氧 化 沟				
	数量	尺寸/m	功率/kW	单宽/m	总宽/m	水深/m	池长/m	容积/m³
4000	1	2.00	7.4	4.5	9.0	2.25	27.0	500
8000	1	2.286	14.8	5.0	10.0	2.50	42.0	1000
12000	1	2.50	22.1	5.5	11.0	2.75	52.0	1500
20000	2	2.50	18.4	5.5	22.0	2.75	56.0	2500
30000	2	2.80	22.1	6.0	24.0	3.00	56.0	3750
40000	2	2.80	29.4	6.0	24.0	3.00	74.0	5000
60000	2	3.20	44.1	7.0	28.0	3.5	84.0	7600
100000	2	3.60	73.6	8.0	32.0	4.0	103.0	12500
140000	3	3.60	73.6	8.0	48.0	4.0	103.0	18750
200000	4	3.60	73.6	8.0	64.0	4.0	102.0	25000

注：人口当量按每人每天产出 BOD₅ 35g 计，污水量按 150L/（人·d）计；曝气机采用倒伞型叶轮表面曝气机。

（3）氧化沟曝气设备的选择

氧化沟的沟形与曝气设备的发展，反映了氧化沟工艺的发展。目前曝气设备的种类有：

① 机械曝气机，分为水平轴曝气机、垂直轴表面曝气机轮、自吸螺旋曝气机等；

② 射流曝气机；

③ 导管式曝气机；

④ 混合曝气系统。

常见的水平轴曝气机有曝气转刷和盘式曝气机，垂直轴表面曝气叶轮有倒伞形曝气机。曝气机的性能和特点见表4-49。

表 4-49　曝气机的性能和特点

名　　称	适应条件	技 术 性 能		备　　注
		充氧能力	动力效率	
转刷曝气机	$D=400\sim1000mm$ $h=0.1\sim0.3m$ $n=50\sim80r/min$	$4\sim8kgO_2/(m\cdot h)$	$1.5\sim2.5kgO_2/(kW\cdot h)$	
盘式曝气机	$D=1000\sim1300mm$ $h=0.2\sim0.4m$ $n=43\sim75r/min$	$0.26\sim0.86kgO_2/(盘\cdot h)$	$0.9\sim1.5kgO_2/(kW\cdot h)$	D——转刷直径，mm； h——浸没深度，m； n——转速，r/min
垂直轴表面曝气机			$1.8\sim2.3kgO_2/(kW\cdot h)$	
自吸螺旋曝气机			$1.8\sim2.0kgO_2/(kW\cdot h)$	
射流曝气机			$0.6\sim0.8kgO_2/(kW\cdot h)$	
导管式曝气机				

4.10.9.2　动力学法计算法之一

（1）污水处理厂处理规模及处理程度

该污水处理厂的主要构筑物拟分为3组，每组处理规模为20000m³/d；近期建2组，远期再建1组。设计流量拟定为最高日最大时近期为700m³/h，远期为1050m³/h，最高日平均时为560m³/h。

污水处理厂的实测水质和设计进水水质及所要达到的标准见表4-50。

表 4-50　污水的实测水质、设计进水水质，出水标准

项　　目	实测水质/(mg·L⁻¹)	设计进水水质/(mg·L⁻¹)	出水标准/(mg·L⁻¹)	去除率/%
BOD_5	$150\sim250$	220	$\leqslant20$	>95
COD_{Cr}	$230\sim370$	340	$\leqslant60$	>80
SS	$200\sim350$	320	$\leqslant20$	>90
TN	$45\sim55$	55	$\leqslant15$	>70
磷酸盐（以P计）	$6.8\sim9.9$	9.4	$\leqslant0.5$	>70

注：出水水质标准执行 GB 8978—96《污水综合排放标准》中的城市二级污水处理厂的一级标准。

（2）设计参数

氧化沟设计为3组，近期为2组，远期为1组，总处理规模为60000m³/d。考虑到氧化沟是和厌氧池合建为一个处理单元，因此按最大日平均流量设计，每个氧化沟设计流量为280L/s，即

$24912m^3/d$；总污泥龄一般为 $10\sim30d$ 左右，取 $18d$；曝气池溶解氧浓度 $DO=2mg/L$。

（3）设计计算

a. 碱度平衡计算

① 由于设计的出水 BOD_5 为 $20mg/L$，处理水中非溶解性 BOD_5 值可用下列公式求得，此公式仅适用于氧化沟。

$$BOD_{5f}=0.7\times C_e\times1.42(1-e^{-0.23\times5})$$
$$=0.7\times20\times1.42(1-e^{-0.23\times5})$$
$$=13.6mg/L$$

式中　C_e——出水中 BOD_5 的浓度，mg/L。

因此，处理水中溶解性 BOD_5 为 $20-13.6=6.4mg/L$

② 采用污泥龄 $18d$，则日产泥量据公式

$$\frac{aQL_r}{1+bt_m}=\frac{0.6\times24912\times(220-6.4)}{1000\times(1+0.05\times18)}=1680.4kg/d$$

式中　Q——氧化沟设计流量，m^3/d；

a——污泥增长系数，kg/kg，一般为 $0.5\sim0.7kg/kg$，这里取 $0.6kg/kg$；

b——污泥自身氧化率，d^{-1}一般为 $0.04\sim0.1d^{-1}$，这里取 $0.05d^{-1}$；

L_r——（L_0-L_e）去除的 BOD_5 浓度，mg/L；

t_m——污泥龄，d；

L_0——进水 BOD_5 浓度，mg/L；

L_e——出水溶解性 BOD_5 浓度，mg/L。

一般情况下，其中有 12.4% 为氮，近似等于总凯式氮（TKN）中用合成部分为

$$0.124\times1680.4=208.37kg/d$$

TKN 中有 $\frac{208.37\times1000}{24192}=8.6mg/L$ 用于合成；需用于还原的 $NO_3\text{-}N=29.6-11.1=18.5mg/L$；需用于氧化的 $NH_3\text{-}N=40-8.6-2=29.4mg/L$。

③ 一般去除 BOD_5 所产生的碱度（以 $CaCO_3$ 计）约为 $1mg$ 碱度/去除 $1mg$ BOD_5，进水中碱度为 $280mg/L$。所需碱度一般为 $7.1mg$ 碱度/mg $NH_3\text{-}N$ 氧化，还原为硝酸盐；氮所产生碱度 $3.0mg$ 碱度/mg $NO_3\text{-}N$ 还原。

剩余碱度 $=280-7.1\times29.6+3.0\times18.5+0.1\times2.14=146.74mg/L$

b. 硝化区容积计算　硝化所需的氧量 $NOD=4.6mg/mg$ $NH_3\text{-}N$ 氧化，可利用氧 $2.6mg/mg$ $NO_3\text{-}N$ 还原。

脱氮速率：$q_{DN}=0.0312kgNO_3\text{-}N/(kgMLVSS\cdot d)$。

硝化速率为

$$\mu_N=[0.47e^{0.098(T-15)}]\times\left[\frac{2}{2+10^{0.05\times15-1.158}}\right]\times\left[\frac{2}{2+1.3}\right]=0.204L/d$$

故　$t_\infty=\frac{1}{0.204}=4.9d$

采用安全系数为 3.5，故设计污泥龄 $=3.5\times4.9=17.15d$。

原假定污泥龄为 $18d$，则硝化速率 $\mu_N=\frac{1}{18}=0.056L/d$。

单位基质利用率

$$\mu = \frac{\mu_N + b}{a} = \frac{0.056 + 0.05}{0.6} = 0.177 \text{kg/(kg} \cdot \text{d)}$$

式中　μ_N——硝化速率，1/d；

a——污泥增长系数，一般为 0.5～0.7，取 0.6；

b——污泥自身氧化率，d^{-1}，一般为 $0.04～0.1 d^{-1}$，取 $0.05 d^{-1}$。

活性污泥浓度 MLSS 一般为 20000～40000mg/L（也可采用高达 60000mg/L），这里取 MLSS＝40000mg/L。在一般情况下，MLVSS（混合液可挥发性悬浮固体浓度）与 MLSS 的比值是比较固定的，在 0.75 左右，在这里取 0.7。

故 MLVSS＝0.7×4000＝2800mg/L；

所需 MLVSS 总量 $= \frac{214 \times 24192}{0.177 \times 1000} = 29249.1$ kg；

硝化容积 $V_N = \frac{29249.1}{2800} \times 1000 = 10446.1$ m³；

水力停留时间 $t_N = \left(\frac{10446.1}{24192}\right) \times 24 = 10.36$ h。

c. 反硝化区容积　12℃时，反硝化速率为

$$q_{DN} = \left[0.03\left(\frac{F}{M}\right) + 0.029\right]\theta^{(T-20)} = \left[0.03\left(\frac{220}{4 \times 10^3 \times \frac{16}{24}}\right) + 0.029\right]1.08^{(12-20)}$$

$$= 0.017 \text{kg/(kg} \cdot \text{d)}$$

式中　F——有机物降解量，即 BOD_5 的浓度，mg/L；

M——微生物量，mg/L；

θ——脱硝温度修正系数，取 1.08。

还原 NO_3-N 的总量 $= \frac{18.5}{1000} \times 24192 = 447.55$ kg；

脱氮所需 MLSS $= \frac{447.55}{0.017} = 26326.59$ kg；

脱氮所需池容 $V_{DN} = \frac{26326.59}{2.8} = 9402.35$ m³；

水力停留时间 $t_{DN} = \frac{9402.35}{24192} \times 24 = 9.33$ h。

d. 氧化沟总容积　总水力停留时间为 $t = t_N + t_{DN} = 9.33 + 10.36 = 19.7$ h，与一般取值在 10～24h 之间相一致。

总池容为 $V = V_N + V_{DN} = 10446.1 + 9402.35 = 19848.45$ m³。

e. 氧化沟的尺寸　采用 6 廊道式卡鲁塞尔氧化沟，根据所采用曝气设备，池深为 2.5～8m，氧化沟由于采用表面曝气器，故取池深 4m，宽 8m。

则总沟长为 $= \frac{19848.45}{4 \times 8} = 620.26$ m，其中好氧段长度 326.44m，缺氧段长度 293.82m，弯道处长度 $5 \times \pi \times 4 + 16 + \pi \times 2 = 163$ m，则单个直道长 $\frac{620.26 - 163}{6} = 76$ m，故氧化沟总池长 76＋8＋16＝100m。总宽度 6×8＝48m。

f. 需氧量计算　采用如下经验公式计算。

$$\text{氧量} = A \times L_r + B \times \text{MLSS} + 4.6 \times N_r - 2.6 \times NO_3$$

式中　A——经验系数取 0.5；

　　　L_r——去除的 BOD_5 浓度，mg/L；

　　　B——经验系数取 0.1；

　MLSS——混合液悬浮固体浓度，mg/L；

　　　N_r——需要硝化的氧量为 $29.6 \times 24192 \times 10^{-3} = 716.08$。

其中第 1 项为合成污泥需氧量，第 2 项为活性污泥内源呼吸需氧量，第 3 项为硝化污泥需氧量，第 4 项为反硝化污泥需氧量。

$$R_{O_2} = 0.5 \times 24192(0.22 - 0.0064) + 0.1 \times 10\,446.1 \times 4 + 4.6 \times 716.08 - 2.6 \times 447.55$$
$$= 8892.48 \text{kg/d} = 370.523 \text{kg/h}$$

20℃时脱氮的充氧量为：

$$R_0 = \frac{RC_{s(20)}}{\alpha[\beta\rho C_{s(30)} - C] \times 1.024^{(T-20)}} = \frac{370.52 \times 9.17}{0.8(0.9 \times 7.63 - 2) \times 1.024^{(T-20)}}$$
$$= 687.74 \text{kg/h}$$

式中　α——经验系数，取 0.8；

　　　β——经验系数，取 0.9；

　　　ρ——相对密度，取 1.0；

　$C_{s(20)}$——20℃时水中溶解氧饱和度 9.17mg/L；

　$C_{s(30)}$——30℃时水中溶解氧饱和度 7.63mg/L；

　　　C——混合液中溶解氧浓度，取 2mg/L；

　　　T——温度，取 30℃。

g. 回流污泥量　可由下式求得：

$$240 \times 24192 + 10000 \times R \times 24192 = (1 + R) \times 24192 \times 4000$$
$$R = 62.7\%$$

考虑到回流至厌氧池的污泥回流液浓度　$X_R = 10 \text{g/L}$，则回流比计算为：

$$R = \frac{X}{X_R - X} = \frac{3}{10 - 3} = 0.42$$

式中　X——氧化沟中混合液污泥浓度，mg/L；

　　　X_R——二沉池回流液污泥浓度，mg/L。

回流污泥量

$$Q_R = RQ = 0.42 \times 280 \times 10^{-3} \times 86400 = 10160 \text{m}^3/\text{d}$$

则回流到氧化沟的污泥总量为 51.7%Q。

h. 剩余污泥量

$$Q_\omega^- = \frac{1680.4}{0.7} + \frac{240 \times 0.25}{1000} \times 24192 = 3852.09 \text{kg/d}$$

若由池底排除，二沉池排泥浓度为 10g/L，则每个氧化沟产泥量 $\frac{3852.09}{10} =$ 385.21m³/d。

(4) 其他

① 为了考虑平面布置的紧凑，氧化沟和厌氧池合建为一个处理单元。

② 因为采用的是 A^2/O 方法，对溶解氧的控制要求很高，处理构筑物之间用暗管连接。

③ 计算过程中采用的参数所依据的标准为 GB 3838—2002《地面水环境质量标准》；

GB 8978—2002《污水综合排放标准》；GB 50014—2006《室外排水设计规范》。

4.10.9.3　动力学法计算法之二

污水平均旱天流量 $10000m^3/d$，$BOD_5=240mg/L$，$SS=240mg/L$，$VSS=180mg/L$，$TKN=35mg/L$，碱度 $240mg/L$（以 $CaCO_3$ 计），高峰流量/平均流量=1.5，月平均最低水温 15℃。处理要求为最终出水 $BOD_5<20mg/L$，$SS<20mg/L$，$NH_4^+\text{-}N<0.5mg/L$，$NO_3\text{-}N<10mg/L$。

污水厂不设污泥硝化池，污泥在氧化沟中进行稳定处理。采用 Carrousel 氧化沟。

（1）计算出水溶解性 BOD_5 浓度

出水中 BOD_5 包括溶解性 BOD_5 和微生物形式 BOD_5。假定微生物的经验式为 $C_5H_7NO_2$，则每克微生物（VSS）相当于 $142gBOD_5$。假定出水 VSS/TSS=0.7，出水 VSS 产生的 BOD_5 可用下式计算：

$$VSS \text{ 的 } BOD_5=\frac{VSS}{TSS}\times TSS\times 1.42(1-e^{kt})$$

式中　k——BOD 速度常数，可取 $k=0.23$；

t——BOD 反应时间，d。

对于本例，VSS 的 $BOD_5=0.7\times20\times1.42\times(1-e^{-0.23\times5})=13.6mg/L$

出水溶解性 $BOD_5=20-13.6=6.4mg/L$

（2）计算氧化沟好氧部分水力停留时间和容积

按下式计算 DO 和 pH 值条件不影响生物硝化反应对硝化菌的最大比增长速率：

$$\mu_{N,max}=0.47[e^{0.098(T-15)}]$$

$T=15℃$ 时，由上式计算完成硝化所需最小泥龄 θ_c^m，假定 $b_N=0$

$$\theta_c^m=\frac{1}{\mu_N}=\frac{1}{0.47}=2.13d$$

取安全系数 $S_F=2$，峰值系数 $P_F=1.5$，设计泥龄 $\theta_c^d=2\times1.5\times2.13=6.39d$。

本例中污水厂不进行污泥硝化，要求污泥在氧化沟内达到稳定，根据污泥稳定的要求设计泥龄 θ_c^d 取 30d，在该泥龄下，氧化沟好氧部分硝化菌与异养菌的比增长速率相等，为：

$$\mu_N=\mu_b=\frac{1}{\theta_c^d}=\frac{1}{30}=0.033d^{-1}$$

用下式计算有机物好氧部分 BOD_5 去除速率 q_{OBS}，当泥龄 $\theta_c=30d$ 时，取 $Y_{NET}=0.25gVSS/gBOD_5$：

$$q_{OBS}=\frac{1}{\theta_c^d Y_{NET}}$$

$$q_{OBS}=\frac{1}{30\times0.25}=0.133gBOD_5/(gVSS\cdot d)$$

用下式计算氧化沟内好氧部分与水力停留时间 t，MLSS 取 $3600mg/L$，MLVSS=0.75MLSS=$2700mg/L$

$$t=\frac{S_0-S_e}{Xq_{OBS}}$$

$$t=\frac{240-6.4}{2700\times0.133}=0.65d=15.6h$$

氧化沟好氧部分容积 $V=Qt=10000\times0.65=6500m^3$

（3）计算氧化沟好氧部分活性污泥微生物净增长量

用下式计算氧化沟好氧部分活性污泥微生物净增长量 ΔX：

$$\Delta X = Y_{NET} Q(S_0 - S_c)$$

$$\Delta X = 0.25 \times 10000 \times \frac{(240 - 6.4)}{1000} \times 1000 = 584 kgVSS/d$$

（4）计算用于氧化的总氮和用于合成的总氮

假定活性污泥微生物干重中氮的含量为 12.5%，则用于合成的总氮量为：

$$0.125 \times 584 = 73 kg/d$$

即进水中用于合成的总氮浓度为 73mg/L。

按下式计算稳定运行状态下出水 NH_4-N 浓度 N，即 $K_N = 1.0$：

$$\mu_N = \mu_{N,max} \frac{N}{K_N + N}$$

计算得 $\qquad\qquad N = 0.15 mg/L$

氧化沟好氧部分氧化的总氮浓度 $TKN_{OX} = 35 - 7.3 - 0.15 = 27.6 mg/L$。

出水 NO_3-N $= 10mg/L$，所需反硝化去除 NO_3-N 浓度 $= 27.6 - 10 = 17.6 mg/L$。

（5）碱度标准

校核氧化沟混合液的碱度，以确定 pH 值是否符合要求（pH>7.2）。当泥龄长时，碳源有机物氧化会产生碱度，本例中泥龄 $\theta_c = 30d$，可以假定去除 BOD_5 产生的碱度（以 $CaCO_3$ 计，下同）为 $0.1mg/mgBOD_5$。氧化 NH_4^+-N 消耗的碱度为 $7.14mg/mgNH_4^+$-N，NO_3-N 反硝化产生的碱度理论值为 $3.57mg/mg\ NO_3$-N，设计计算时可取 $3.0mg/mg\ NO_3$-N，因此可根据原水碱度和前述计算结果计算剩余碱度。

$$剩余碱度 = 240 - 7.14 \times 27.6 + 3.0 \times 17.6 + 0.1 \times (240 - 6.4) = 119mg/L$$

可以满足氧化沟内混合液 pH 值大于 7.2 的要求。

（6）计算氧化沟缺氧区水力停留时间和容积

在延时完全混合式反应器的氧化沟中，碳源有机物浓度很低，大约与出水碳源有机物浓度相当。取 15℃时反硝化速率 $q_D = 0.013g\ NO_3$-N/(gVSS·d)。

由下式计算氧化沟缺氧区水力停留时间 t'：

$$t' = \frac{D_0 - D_1}{X q_D}$$

式中　D_0——污水中氧化为 NO_3-N 的 TKN_{OX} 浓度，mg/L；

　　　D_1——出水中 NO_3-N 浓度，mg/L；

　　　X——MLVSS，mg/L；

　　　q_D——反硝化速率，$mgNO_3$-N/(mgVSS·d)。

$$t' = \frac{27.6 - 10}{2700 \times 0.013} = 0.5d = 12h$$

缺氧区容积 $V' = Q t' = 10000 \times 0.5 = 5000 m^3$

（7）计算氧化沟的总体积及其尺寸

氧化沟总体积为好氧部分体积与缺氧部分体积之和，即 $6500 + 5000 = 11500 m^3$

氧化沟深度取 3.44m，宽度取 7.31m，所需氧化沟长度为 457m。

（8）计算实际需氧量、标准需氧量和选择曝气设备

在计算氧化沟实际需氧量时假定除了用于合成的 BOD_5 以外，所有的 BOD_5 完全氧化。

同样，除了用于合成的 NH_4^+-N 以外，所有的 NH_4^+-N 也都被氧化，NO_3-N 反硝化过程中也可获得氧。因此实际需氧量 AOR 可以表示为：

$$AOR = BOD_{5去除} - BOD_{5剩余污泥} + NH_4^+\text{-}N_{氧化需氧量} - NH_4^+\text{-}N_{剩余污泥需氧量} - NO_3\text{-}N_{反硝化中所获得的氧}$$

假定活性污泥微生物氮含量为 12.5%，NH_4^+-N 氧化需氧量为 4.6mg O_2/mg NH_4^+-N，NO_3-N 反硝化获得氧量为 2.9mg O_2/mg NO_3-N。上式可以改写为：

$$AOR = \frac{Q(S_0 - S_e)}{1 - e^{-kt}} - 1.42\Delta X + 4.6Q\Delta NH_4^+\text{-}N - 0.125 \times 4.6\Delta X - 2.9Q\Delta NO_3\text{-}N$$

式中　ΔNH_4^+-N——氧化沟中 NH_4^+-N 去除量，mg/L；

$\quad\quad\Delta NO_3$-N——氧化沟中 NO_3-N 去除量，mg/L。

$$AOR = \frac{10000 \times (240 - 6.4)}{1000 \times (1 - e^{-0.23 \times 5})} - 1.42 \times 584 + 4.6 \times 10000 \times \frac{27.6}{1000} - 0.125 \times 4.6 \times 584$$

$$- 2.9 \times 10000 \times \frac{17.6}{1000} = 3012 kgO_2/d = 125.5 kgO_2/h$$

采用机械表面曝气，按下式将实际需氧量 AOR 转变为标准需氧量 SOR：

$$SOR = \frac{AORC_s}{\alpha(\beta\rho C_{s(25)} - C_L)1.02^{(T-20)}}$$

式中　C_s——20℃、1 大气压下氧的饱和度，9.07mg/L；

$\quad\quad\alpha$——污水中传氧速度与清水中传氧速度之比，取 $\alpha = 0.9$；

$\quad\quad\beta$——污水中饱和溶解氧与清水中饱和溶解氧之比，取 $\beta = 0.98$；

$\quad\quad\rho$——所在地区实际气压与标准大气压比值，为简化计算，本例中设 $\rho = 0.85$；

$\quad\quad C_L$——氧化沟中好氧部分 DO 值，取 DO $= 2$mg/L；

$\quad\quad T$——设计最不利水温，℃；

$\quad\quad C_{s(25)}$——20℃时 1 大气压下氧的饱和度，8.24mg/L。

$$SOR = \frac{125.5 \times 9.07}{0.9[0.98 \times 0.85 \times 8.24 - 2] \times 1.02^{(25-20)}} = 235.4 kgO_2/h$$

当表面曝气机动力效率为 1.85kgO₂/(kW·h) 时，所需功率为 127kW，选择 2 台 75kW 低速机械曝气器即可满足要求。

4.10.9.4　日本式计算方法（通过实例计算介绍）

（1）设计条件

已知某污水处理厂规划处理人口 13100 人，服务面积约 588ha，日平均污水量 $Q_平 = 6800m^3/d$，最大日污水量 $Q_日 = 8200m^3/d$，最大时污水量 12700m^3/d。原水水质 BOD = 200mg/L，SS = 200mg/L，排放标准 BOD≤20mg/L，SS≤30mg/L。污水处理采用 Carrousel 氧化沟，污泥处理采用浓缩＋脱水法。

（2）氧化沟设计参数及取值

OD 设计参数及采用值见表 4-51。

（3）池容积

$$V = Qt = 8200 \times \frac{24}{24} = 8200m^3$$

（4）池数 $n = 4$，则每池容积 $V_1 = \frac{V}{4} = 2050m^3$，取 2100$m^3$。

（5）采用 Carrousel 马蹄形氧化沟，有效水深为 2.5m，池宽 5.0m，水流长度 169.2m；

有效容积为 $2128 \times 4 = 8512 \mathrm{m}^3$；曝气时间为 $\frac{8512}{8200} \times 24 = 24.9 \mathrm{h}$。

表 4-51 OD 工艺设计参数及采用值

项目	下水道设施设计指针(1994 年版)	事业团施工基准(1992 年修订)	立项批准采用值	本次设计采用值
BOD-SS 负荷/[kg/(kg·d)]	0.03～0.05	0.03～0.07	0.05	0.05
曝气时间/h	24～48	24～36	24	24
MLSS/(mg/L)	3000～4000	2500～5000	4000	4000
污泥回流比/%	100～200	100～200	100～200	100～200
有效水深/m	1.0～3.0	1.0～3.0	2.5	2.5
水流宽度/m	2.0～6.0	2.0～5.5	5.0	5.0
必要需氧量/[kgO₂/kgBOD]	1.4～2.2	1.8～2.2(按去除 BOD 计算)	2.0	1.6
硝化速率/[mgN/(g·MLSS)]		0.2～0.5	0.45	0.5
脱氮速率/[mgN/(g·MLSS)]		0.1～0.5	0.30	0.4

（6）池长的计算

池宽 $W = 5.0 \mathrm{m}$，有效水深 $D = 2.5 \mathrm{m}$，单池容积 $V_1 = 2100 \mathrm{m}^3$，则池断面积 $A = WD - \frac{1}{2} \times 0.3 \times 0.3 \times 2 = 5 \times 2.5 - \frac{1}{2} \times 0.3 \times 0.3 \times 2 = 12.41 \mathrm{m}^2$

池长计算值 $L = \dfrac{V_1 - \pi(3.0W + 0.75)A}{4A} + 3W + 0.5$

$= \dfrac{2100 - \pi \times (3.0 \times 5.0 + 0.75) \times 12.41}{4 \times 12.41} + 3 \times 5.0 + 0.5$

$= 45.4 \mathrm{m}$，取 $46 \mathrm{m}$

水流长度计算值 $I = \dfrac{V_1}{A} = \dfrac{2100}{12.41} = 169.2 \mathrm{m}$

水流实际长度 $I' = 4(L - 3W - 0.5) + (3.0W + 0.75)\pi$

$= 4(46 - 3 \times 5 - 0.5) + (3 \times 5 + 0.75) \times 3.14$

$= 171.5 \mathrm{m}$

实际单池容积 $V_1' = A \times I' = 12.41 \times 171.5 = 2128 \mathrm{m}^3$

（7）曝气装置确定

必要需氧量（AOR），按进水 1kgBOD 需氧 1.6kg 计算，则

$$\mathrm{AOR} = 1.6 \times 8200 \times 200 \times 10^{-3} = 2624 \mathrm{kgO_2/d}$$

标准条件下供氧量 $\mathrm{SOR} = \mathrm{AOR} \times \dfrac{8.84}{1.024^{(20-20)} \times 0.93 \times (0.97 \times 8.84 - 0.5)}$

$$= 3089 \mathrm{kgO_2/d}$$

曝气装置的氧转移速率（SOTR）

$$\mathrm{SOTR} = (\mathrm{SOR}/24) \times (24/运行时间)$$

$$= (3089/24) \times (24/24) = 129 \mathrm{kgO_2/h}$$

按每池装 2 台，1 台用于好氧区，1 台用于缺氧区，则

$$\mathrm{SOTR} = \frac{129}{4} = 32.25 \mathrm{kgO_2/(h \cdot 台)}$$

曝气装置电动机轴功率计算，即

$$P_s = \text{SOTR}/E \cdot \rho$$

式中　P_s——轴功率，kW；

　　　E——供氧效率（2.0kgO$_2$/kW）；

　　　ρ——减速率效率，取0.85～0.967。

电动机功率

$$P = P_s \cdot \frac{1}{\eta}(1+\alpha)$$

式中　P——电动机功率，kW；

　　　η——马达效率，取0.9；

　　　α——余量率，取0.15。

因此，$P_s = 32.25/(2.0\times0.967) = 16.7\text{kW}$

$$P = 16.7\times\frac{1}{0.9}\times(1+0.15) = 21.3\text{kW，取}22.1\text{kW}$$

表曝机叶轮直径为 $d=2.5\text{m}$。

（8）氧化沟断面校核（或确定）

水深 $D=(1.0\sim1.3)d=2.5\sim3.25\text{m}$，取2.5m（与上述吻合）

水流宽 $W=(1.5\sim2.6)d=3.75\sim6.5\text{m}$，取5.0m（与上述吻合）

4.10.9.5　设计实例简介

我国昆明市兰花沟污水处理厂采用的氧化沟池型类似Carrousel系统。该厂旱季污水流量55000m^3/d，雨季部分处理构筑物最大处理量达165000m^3/d，生物处理构筑物最大处理量89500m^3/d，污水中生活污水和工业废水各半。

兰花沟污水厂按脱氮除磷目标进行设计。该厂1991年建成投产。表4-52所列为设计的进出水水质。实际运行后进水各项水质指标低于设计值。

表 4-52　昆明兰花沟污水厂设计进出水水质

水质指标		pH 值	温度/℃	BOD$_5$/(mg/L)	COD/(mg/L)	TN/(mg/L)	TP/(mg/L)	SS/(mg/L)
进水	旱季	6.5～9.0	20	180	350～400	30	2～4	200
	雨季			120	250～300	20		150
出水				<15	<50	<10①	<1.0	<15

① 出水 NH$_4^+$-H<1.0mg/L，TKN<6.0mg/L；出水水质均能达到设计要求。

氧化沟主要设计参数如下：

BOD$_5$污泥负荷　　　　　　　　0.05kg BOD$_5$/(kgMLSS·d)

BOD$_5$容积负荷　　　　　　　　0.2kg BOD$_5$/(m^3·d)

MLSS　　　　　　　　　　　　4g/L

泥龄　　　　　　　　　　　　　>30d

污泥回流比　　　　　　　　　　>100%

氧化沟溶解氧值　厌氧池　　　　0mg/L

　　　　　　　　氧化沟Ⅰ　　　0.5～1.0mg/L

　　　　　　　　氧化沟Ⅱ　　　0～0.5mg/L

　　　　　　　　氧化沟Ⅲ　　　>2.0mg/L

污水厂处理构筑物工艺特征如下所述。

厌氧池，每组 3 池串联，总容积 1695m³。每池直径 $D=12m$，有效水深 $H_0=5.0m$，水力停留时间旱季为 2.2h，雨季为 1.4h。主要功能为释放回流污泥中的磷。

氧化沟 I，每组 1 座，6 条渠道，每条宽 7.0m，深 3.5m，总长 515.6m；每条渠道总容积 12700m³，水力停留时间旱季为 16.7h，雨季为 10.4h。曝气装置为 5 台倒伞形叶轮，其中 3 台直径为 3.25m，功率为 55kW；2 台直径为 2.25m，功率为 22kW；每 m³ 污水装机功率为 16.5W。

氧化沟 II，每组 1 座，4 条渠道，每条宽 5.0m，有效水深 2.5m，总长 151.6m；每条渠道有效容积 2000m³，水力停留时间旱季 2.6h，雨季 1.6h。曝气装置为 2 台倒伞形叶轮，其直径为 2.25m，功率为 22kW，装机功率为 22W/m³ 污水。

富氧池，每组 1 座，直径 14m，有效水深 4.5m，有效容积 692m³，装直径 3.25m，功率 55kW 倒伞形曝气机 1 台，水力停留时间旱季为 0.91h。

污水通过厌氧/好氧生物处理构筑物全程水力停留时间旱季为 22h，雨季为 14h。

二沉池，为直径 40m 周边进水辐流沉淀池，设计固体负荷为 140kgMLSS/(m² · d)，水力停留时间旱季 5.0h，雨季 1.7h。

兰花沟污水厂运行后发现由于氧化沟单位容积污水装机功率小等原因，对氧化沟混合液的搅拌推动力不够，使沟中出现污泥沉淀现象，最大积泥高度超过 1.0m，并有污泥成团上翻。

4.10.10 奥贝尔（Orbal）氧化沟

4.10.10.1 Orbal 型氧化沟

Orbal 型氧化沟是美国 Envirex 公司的专有技术。Orbal 型氧化沟是由若干同心渠道组成的多渠道氧化沟系统，渠道呈圆形或椭圆形。污水先引入最里面或最外的沟渠，在其中不断循环流动的同时可以通过淹没式输水口从一条渠道顺序流入下一条渠道。每一条渠道都是一个完全混合的反应池，整个系统相当于若干个完全混合反应池串联在一起。污水最后从最外面或中心的渠道流出。

Orbal 型氧化沟多采用曝气转盘，水深 3～3.6m，需要时也可达到 4.5m，渠道中污水流速 0.3～0.9m/s，具有脱氮功能的 Orbal 型氧化沟由三条渠道组成，按延时曝气模式运行。污水从第 1 渠道进入氧化沟系统，从第 3 渠道流出混合液进入二沉池。氧化沟系统包括从第 3 渠道至第 1 渠道的内回流。第 1 渠道由于有机物浓度高，供氧量小于需氧量，在曝气设备的上游出现缺氧区，因此在第 1 渠道内同时有硝化和反硝化作用。这种氧化沟的脱氮功能可以用图 4-47 来说明。

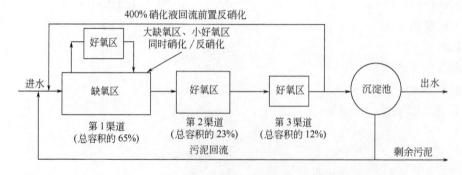

图 4-47　三渠道 Orbal 型氧化沟脱氮功能图示

4.10.10.2 奥贝尔氧化沟的特点

奥贝尔氧化沟的主要特点是：

① 圆形或椭圆形的平面形状，渠道较长的氧化沟更能利用水流惯性，可节省推动水流的能耗；

② 多渠串联的形式可减少水流短路现象；

③ 用曝气转盘，氧利用率高，水深可达 3.5～4.5m，沟底流速为 0.3～0.9m/s。

4.10.10.3 奥贝尔氧化沟的设计

奥贝尔典型设计参数是：MLSS＝3000～6000mg/L，沟深为 2.0～3.6m，为简化曝气设备，各沟沟深不超过沟宽。直线段尽可能短为宜，使沟宽处于最佳。弯曲部分约占总体积的 80%～90%，甚至相等；有做成圆形的氧化沟。在三条沟的系统中：

体积分配　　50：33：17，一般第一沟占 50%～70%；

溶解氧的控制比例　　(0～0.5)：(1.0～1.5)：(1.5～3.0)；

充氧量的分配　　　65：25：10

曝气量与转速、浸没深度和转动方向有关。每个曝气盘的曝气能力是一定的，曝气盘的间距至少 250mm。确定了沟宽与每条沟的需氧量之后，就可以计算每台转盘的盘数，从而可以确定每条沟需要的台数。电机的型号和规格可由每台安装的盘数和盘转动效率计算。从混合角度讲，1.0kW 能混合 250～500m³ 的混合液，并使固体保持悬浮。

4.10.10.4 国内应用情况

Orbal 型氧化沟系统在我国也得到应用，处理对象有城镇污水和石油化工废水，表 4-53 所列举的是采用本氧化沟系统的一部分城镇和工厂。

表 4-53　我国采用 Orbal 型氧化沟系统的部分城镇及厂家

厂（站）名	处理对象	规模/(m³/d)
四川成都市天彭镇污水处理厂	城镇污水	4000
辽宁抚顺石油二厂废水处理站	石化废水	28800
广州石化厂废水处理站	石化废水	20000

4.10.10.5 工程应用实例简介

Orbal 型氧化沟是一种多渠道的氧化沟系统，20 世纪 60 年代在美国已开始应用，至今已建有 200 多座。在我国燕山石化污水厂、抚顺石油厂都已采用并投产，效果良好；在黄村污水厂采用 Orbal 型氧化沟，作为大型城市污水处理厂，在国内尚属首例。

（1）北京大兴县黄村污水厂概况

大兴县是国务院批准的第一批北京卫星城，城市人口 12 万；建成区面积 18km²，是全国综合实力百强县之一。黄村污水厂处理规模第一期为 8×10^4 m³/d。

进水水质：　　COD_{Cr}＝300mg/L　　BOD_5＝150mg/L　　SS＝160mg/L

　　　　　　　TKN＝35mg/L　　NH_4^+-H＝25mg/L

污水经处理后排入碱河。北京市环保局规划该段水体功能为农业灌溉及景观用水，并从保护地下水源考虑，要求处理后水质为：

COD_{Cr}＝60mg/L　　BOD_5＝20mg/L　　SS＝30mg/L　　NH_4^+-H＝15mg/L

（2）方案选择

根据出水水质要求，必须采用二级生化处理工艺，并具有部分脱氮的功能，因此在可行性研究中提出了 3 个处理工艺进行比较：

① Orbal 型氧化沟工艺；

② 合建式三沟氧化沟工艺；

③ A/O 缺氧好氧工艺。

经工艺论证及经济比较，归纳如表 4-54 所列。

表 4-54　方案技术经济比较表

项　目	Orbal 方案	三沟式方案	A/O 方案
基建投资/万元	8600	9400	11100
处理成本/(元/m³)	0.45	0.50	0.58
总装机容量/kW	1340	1920	2100
总实耗功率/kW	1005	1100	—
占地/ha	5.30	7.04	6.94
运行管理	设备少，管理简单，不需要复杂控制，计算机故障时，用手动操作，仍可维持正常运行	设备多，闲置量大，管理简单，但必须由计算机控制。由于周期性地变换进出水位置及启闭转刷，一旦控制失灵，无法由人工操作	工艺复杂，配置设备多，运行管理复杂，抗冲击负荷能力较差

通过上述论证，Orbal 型氧化沟具有节省投资、运行费、能耗、占地等优点并操作管理简单，决定采用 Orbal 型氧化沟工艺。

（3）Orbal 型氧化沟工艺简介

① Orbal 型氧化沟由 3 个椭圆形沟道组成，来自沉砂池的污水与回流污泥混合后首先进入外沟道，又分别进入中沟道和内沟道，最后经中心岛的出水堰排至二次沉淀池。在各沟道上安装有转碟曝气盘数套，其控制溶解氧：外沟为 0mg/L；中沟为 1mg/L；内沟为 2mg/L。

转碟曝气盘由聚乙烯（或玻璃钢）制成，盘面密布凸起齿结，在盘面与水体接触时，可将污水打碎成细密水花，具有较高的混合和充氧能力。

② 供氧量的调解，可通过改变转盘的旋转方向、转速、浸水深度和转盘安装个数等，以调节整个供氧能力和电耗水平。黄村污水处理厂采用的是调节转盘旋转速度和浸水深度，使池内 DO 量维持在最佳工况。

③ 根据停留时间的长短，污水在外沟道内流动 150～250 圈才能进入中间沟道；经过有氧无氧区的交换达 500～1000 次，从而完成了有氧无氧的快速交替。由于外沟道 DO 很低，接近于 0，氧的传递作用在亏氧条件下进行，细菌呼吸作用加速，故提高了氧的传递效率，达到了节能的目的。外沟道容积为整个氧化沟容积的 50%～60%，主要的生物氧化和 80% 的脱氮在外沟完成。

由于原污水中的初沉污泥作为核心，经外沟快速的有氧-无氧循环交换，增强了聚凝吸附作用，使污泥增多，颗粒直径变大；在颗粒中心有形成缺氧或厌氧区的可能。当颗粒外部硝化菌完成氨氮氧化后，而颗粒内部反硝化菌就可能把扩散进来的 NO_x-N 还成氮气，排入大气，达到了脱氮的目的。因此在 Orbal 型氧化沟的外沟道具有同时硝化和反硝化的作用。

（4）Orbal 型氧化沟的特点

综上所述，Orbal 型氧化沟的特点如下。

① 沟内流速大（一般为 0.6～0.7m/s），沟内不发生沉淀，其有氧-无氧高频率地交替是其他生化处理系统难以达到的；污泥成颗粒状，沉降性能好，不发生丝状菌膨胀。

② 池内 DO 以外、中、内沟形成 0mg/L、1mg/L、2mg/L 的梯度，既提高了氧的利用率，也保证高质量的出水。根据资料介绍，实际运行表明，与其他氧化沟相比，可节能 20% 以上。

③ 池深大（水深可达 4.2m），混合液浓度高（一般 4～6kg/m³），可大幅度节省用地和减少池容，在大、中型污水厂选择处理工艺时颇有吸引力。

（5）主要设计参数

污泥负荷　0.08kg/(kgMLSS·d)

混合液浓度　5000mg/L

泥龄　19d

污泥产率　0.74kg/kgBOD₅

Orbal 型氧化沟用于大型城市污水处理厂在国内较少，有些技术理论问题有待进一步探讨和深化。

4.10.10.6　奥贝尔氧化沟工艺计算实例

【例题 4.16】　奥贝尔氧化沟计算实例

已知条件：设计水量 $Q = 100000 \text{m}^3/\text{d}$，污泥产率系数 $Y = 0.55$，污泥浓度 $X = 4000 \text{mg/L}$，挥发性污泥浓度 $X_V = 2680 \text{mg/L}$，污泥龄 $\theta_c = 25\text{d}$，$K_d = 0.055$，设计进出水水质如表 4-55 所列，$q_{dn} = 0.035 \text{kg}（NO_3^- - N）/(\text{kgMLVSS·d})$　总变化系数 $K_d = 1.1$，试计算奥贝尔氧化沟主要尺寸。

表 4-55　设计进出水水质　　　　　　　　　　　单位：mg/L

项目	COD$_{Cr}$	BOD₅	NH₃-N	SS	TP	TN
设计进水水质	500	250	40	400	4	55
设计出水水质	60	20	8(15)	20	0.5	20

【解】　工艺计算

（1）奥贝尔氧化沟容积计算

① 去除 BOD 计算（好氧容积计算）　氧化沟出水溶解性 BOD₅ 浓度 S。为了保证二级出水 BOD₅ 浓度 $S_e \leqslant 20 \text{mg/L}$，必须控制氧化沟出水所含溶解性 BOD₅ 浓度。

$$S = S_e - 1.42 \times \left(\frac{\text{VSS}}{\text{TSS}}\right) \times \text{TSS} \times (1 - e^{-0.23 \times 5})$$

$$= 20 - 1.42 \times 0.7 \times 20 \times (1 - e^{-0.23 \times 5})$$

$$= 6.41 (\text{mg/L})$$

② 好氧区容积 V_1

$$V_1 = \frac{Y\theta_c Q(S_0 - S)}{X_V(1 + K_d\theta_c)} = \frac{0.55 \times 20 \times 100000 \times 1.1 \times (0.25 - 0.00641)}{2.86 \times (1 + 0.055 \times 20)}$$

$$= 50126.51 (\text{m}^3)$$

③ 好氧区水力停留时间 t_1

$$t_1 = \frac{V}{Q} = \frac{50126.51}{100000} = 0.60 (\text{d}) = 12 (\text{h})$$

④ 剩余污泥量△X

$$\Delta X = Q(S_0 - S)\frac{Y}{1 + K_d\theta_c} + Q(X_1 - X_e)$$

式中　X_1——进水悬浮固体惰性部分（进水 TSS－进水 VSS）的浓度；

　　　X_e——TSS 的浓度，本式中 $X_e = 20\text{mg/L} = 0.02\text{kg/m}^3$；

其余参数见已知条件。

$$\Delta X = Q(S_0 - S)\frac{Y}{1 + K_d\theta_c} + Q(X_1 - X_e)$$

$$= 1.1 \times 100000 \times (0.25 - 0.00641) \times \frac{0.55}{1 + 0.055 \times 20} + 1.1 \times 100000 \times (0.12 - 0.02)$$

$$= 18017.71(\text{kg/d})$$

去除每 1kgBOD_5 产生的干污泥量

$$\frac{\Delta X}{Q(S_0 - S_e)} = \frac{18017.71}{100000 \times (0.25 - 0.02)} = 0.78(\text{kgDs/kgBOD}_5)$$

（2）脱氮计算

① 氧化的氨氮量　假设总氮中非氨氮没有硝酸盐的存在形式，而是大分子中的化合态氮，其在生物氧化过程中需要经过氨态氮这一形式。另外，氧化沟产生的剩余生物污泥中含氮率为 12.4%。则用于生物合成的总氮为：

$$N_0 = 0.124 \times \frac{Y(S_0 - S)}{1 + K_d\theta_c}$$

$$= 0.124 \times \frac{0.55 \times (0.25 - 0.00641)}{1 + 0.055 \times 20}$$

$$= 7.91(\text{mg/L})$$

需要氧化的氨氮量 N_1＝进水 TKN－出水 NH_3-N－生物合成所需氮量 N_0

即：　　　　　　$N_1 = 55 - 8 - 7.91 = 39.09(\text{mg/L})$

② 脱氮量 N_r　需要的脱氮量 N_r＝进水总氮量－出水总氮量－生物合成所需的氮量

即：　　　　　　$N_r = 55 - 20 - 7.91 = 27.09(\text{mg/L})$

③ 碱度平衡　氧化 1mgNH_3-N 需消耗 7.14mg/L 碱度；每氧化 1mgBOD_5 产生 0.1mg/L 碱度，每还原 1mgNO_3^--N 产生 3.57mg/L 碱度。剩余碱度为：

$$S_{ALK1} = 原水碱度 - 硝化消耗碱度 + 反硝化产生碱度 + 氧化 BOD_5 产生碱度$$

$$= 280 - 7.14 \times 39.09 + 3.57 \times 27.09 + 0.1 \times (250 - 6.41)$$

$$= 121.97$$

④ 计算脱氮所需池容 V_2 及停留时间 T_2

脱硝率 $q_{dn(t)} = q_{dn} = q_{dn(20)} \times 1.08^{(T-20)}$

　　　14℃时 $q_{dn(14)} = 0.035 \times 1.08^{(14-20)} = 0.022(\text{kgNO}_3^-\text{-N/kgMLVSS})$

脱氮所需的容积

$$V_2 = \frac{QN_r}{X_v q_{dn}} = \frac{100000 \times 1.1 \times 27.09}{2800 \times 0.022} = 48375(\text{m}^3)$$

停留时间　$t_2 = \frac{V_2}{Q} = \frac{48375}{100000} = 0.48(\text{d}) = 11.5(\text{h})$

（3）氧化沟总容积 V 及停留时间 t

$$V = V_1 + V_2 = 50126.51 + 48375 = 98501.51(\text{m}^3)$$

$$t = t_1 + t_2 = 12 + 11.5 = 23.5(\text{h})$$

校核污泥负荷 $N = \dfrac{QS_0}{X_v V} = \dfrac{100000 \times 0.25}{2.8 \times 98501.51} = 0.0906[\text{kgBOD}_5/(\text{kgVSS} \cdot \text{d})]$

设计规程规定氧化沟污泥负荷应为 $0.05 \sim 0.1\,\text{kgBOD}_5/(\text{kgVSS} \cdot \text{d})$，该值在范围内。

（4）需氧量计算

① 设计需氧量 AOR　氧化沟设计需氧量由 5 部分组成，分别是 D_1（去除 BOD_5 需氧量）、D_2（剩余污泥中 BOD_5 的需氧量）、D_3（去除 $\text{NH}_3\text{-N}$ 耗氧量）、D_4（剩余污泥中 $\text{NH}_3\text{-N}$ 的耗氧量）、D_5（脱氮产氧量）。即：$AOR = D_1 + D_2 - D_3$。

1）去除 BOD_5 需氧量 D_1

$$D_1 = aQ(S_0 - S) + bVX$$

式中　a——微生物对有机底物氧化分解的需氧量，取 0.52。

$\qquad b$——活性污泥微生物自身氧化的需氧率，取 0.12。

$D_1 = aQ(S_0 - S) + bVX = 0.52 \times 100000 \times (0.25 - 0.00641) + 0.12 \times 98501.51 \times 2.8$

$\quad = 45763.19(\text{kg/d})$

2）去除氨氮的需氧量 D_2。每 $1\text{kgNH}_3\text{-N}$ 消化需要消耗 4.6kgO_2。

$\qquad D_2 = 4.6 \times (\text{进水 } KTN - \text{出水 } NH_3\text{-N}) = 4.6 \times (0.055 - 0.008) \times 100000$

$\qquad\quad = 21620(\text{kg/d})$

3）脱氮产氧量 D_3。每还原 $1\text{kgNO}_3^-\text{-N}$ 产生 2.86kgO_2。

$$D_3 = 2.86 \times \frac{N_r Q}{1000} = 2.86 \times \frac{27.09 \times 100000}{1000} = 7747.74(\text{kg/d})$$

总需氧量为 $AOR = D_1 + D_2 - D_3 = 45763.19 + 21620 - 7747.74 = 59635.45$（kg/d）

考虑安全系数 1.1，则

$$AOR = 1.1 \times 59635.45 = 65711.37 \text{（kg/d）}$$

校核去除每 1kgBOD_5 的需氧量

$$\frac{65711.37}{100000 \times (0.25 - 0.00641)} = 2.70(\text{kgO}_2/\text{kgBOD}_5)$$

② 标准状态下需氧量 SOR

$$SOR = \frac{AOR \times C_{s(20)}}{\alpha(\beta\rho C_{s(T)} - C) \times 1.024^{(T-20)}} = 2.35(\text{kg/d})$$

式中　$C_s(20)$——$20℃$时氧的饱和度，取 $C_s(20) = 9.17\text{mg/L}$；

$\qquad C_s(25)$——$25℃$时氧的饱和度，取 $C_s(20) = 8.38\text{mg/L}$；

$\qquad C$——溶解氧浓度；

$\qquad \alpha$——清污氧传递速率修正系数，对生活污水 $\alpha = 0.5 \sim 0.95$，取 0.85；

$\qquad \beta$——清污氧饱和度修正系数，对生活污水 $\beta = 0.90 \sim 0.957$，取 0.95；

$\qquad T$——进水最高温度，$℃$；

$$\rho = \frac{\text{所在地区实际气压}}{1.013 \times 10^5} = \frac{0.921 \times 10^5}{1.031 \times 10^5} = 0.909$$

氧化沟采用三沟通道系统，计算溶解氧浓度 C 按照外沟：中沟：内沟 $= 0.2 : 1 : 2$；充氧量分配按照外沟：中沟：内沟 $= 65 : 25 : 10$ 来考虑，则供氧量分别为：

$\qquad$ 外沟道 $AOR_1 = 0.65 AOR = 0.65 \times 65711.37 = 42712.39(\text{kg/d})$

$\qquad$ 中沟道 $AOR_2 = 0.25 AOR = 0.25 \times 65711.37 = 16427.84(\text{kg/d})$

内沟道 $AOR_3 = 0.1AOR = 0.1 \times 65711.37 = 6571.14(kg/d)$

各沟道标准需氧量分别为:

$$SOR_1 = \frac{42712.39 \times 9.17}{0.85 \times (0.95 \times 0.909 \times 8.38 - 0.2) \times 1.024^{(25-20)}}$$

$$= 58162.73(kgO_2/d) = 2423.45(kgO_2/h)$$

$$SOR_2 = \frac{16427.84 \times 9.17}{0.85 \times (0.95 \times 0.909 \times 8.38 - 1) \times 1.024^{(25-20)}}$$

$$= 25239.85(kgO_2/d) = 1051.66(kgO_2/h)$$

$$SOR_3 = \frac{6571.14 \times 9.17}{0.85 \times (0.95 \times 0.909 \times 8.38 - 2) \times 1.024^{(25-20)}}$$

$$= 12023.92(kgO_2/d) = 501(kgO_2/h)$$

总标准需氧量:

$$SOR = SOR_1 + SOR_2 + SOR_3 = 58162.73 + 25239.85 + 12023.92$$

$$= 95426.5(kgO_2/d) = 3976.10(kgO_2/h)$$

校核去除每 $1kgBOD_5$ 的标准需氧量为

$$\frac{95426.5}{100000 \times (0.25 - 0.00641)} = 3.92(kgO_2/kgBOD_5)$$

(5) 氧化沟尺寸计算

设置氧化沟 4 座

单座氧化沟容积 $V = \dfrac{V_总}{4} = \dfrac{98501.51}{4} = 24625.38(m^3)$

氧化沟弯道部分按占总容积的 35% 考虑,直线部分按占总容积的 65% 考虑。

$$V_弯 = V_总 \times 0.26 = 24625.38 \times 0.35 = 8618.88(m^3)$$

$$V_直 = V_总 \times 0.74 = 24625.38 \times 0.65 = 16006.50(m^3)$$

氧化沟有效水深 h 取 4.5m,超高 0.5m;外、中、内三沟道之间隔墙厚度为 0.3m。则:

$$A_弯 = \frac{V_弯}{h} = \frac{8618.88}{4.5} = 1915.31(m^2)$$

$$A_直 = \frac{V_直}{h} = \frac{16006.50}{4.5} = 3557(m^2)$$

① 设直线段长度 L 取内沟、中沟、外沟宽度分别为 5.8m、7.5m、9.2m。则

$$L = \frac{A_直}{2 \times (B_外 + B_中 + B_内)} = \frac{3556.94}{2 \times (5.8 + 7.5 + 9.2)} = 79.04(m^2)$$

② 设在中心岛半径 $r = 2m$。

③ 校核各沟道的比例

$$V_内 = [2 \times B_内 \times L + 3.14 \times (B_内^2 - r^2)] \times 4.5 = 4929.27(m^3)$$

$$V_中 = \{2 \times B_中 \times L + 3.14 \times [(B_中 + 0.3 + B_内 + r)^2 - (0.3 + B_内 + r)^2]\} \times 4.5$$

$$= 7847.11(m^3)$$

$$V_外 = \left\{2 \times B_外 \times L + 3.14 \times \left[\begin{array}{l}(B_外 + 0.3 + B_中 + 0.3 + B_内 + r)^2 - \\ (0.3 + B_中 + 0.3 + B_内 + r)^2\end{array}\right]\right\} \times 4.5$$

$$= 11874.71(m^3)$$

$$V_总 = V_外 + V_中 + V_内 = 24651.09(m^3) > 24625.38 \ (m^3)$$

$V_外 : V_中 : V_内 = 48.2 : 31.8 : 20.0$,基本符合要求。

（6）进出水管及调节堰计算

① 进出水管　污泥回流比 $R=100\%$，进出水管流量 $Q=5\times25000$（m^3/s）；进出水管控制流速 $v\leqslant1m/s$。

进出水管直径 $d=\sqrt{\dfrac{4Q}{\pi v}}=\sqrt{\dfrac{4\times0.579}{3.14\times1.0}}=0.86(m)$，取 $0.9m$（900mm）。

校核进出水管流速 $v=\dfrac{Q}{A}=\dfrac{0.579}{0.45^2\times3.14}=0.90(m/s)$（满足要求）

② 出水堰计算　为了能够调节曝气转碟的淹没深度，氧化沟出水处设置出水竖井，竖井内安装电动可调节堰。初步估计为 $v=\delta/H<0.67(m/s)$，

因此按照薄壁堰来计算。$Q=1.86bH^{3/2}$

取堰上水头高 $H=0.2m$。则堰 $b=\dfrac{Q}{1.86H^{3/2}}=\dfrac{0.579}{1.86\times0.2^{3/2}}=3.48(m/s)$，取 $b=3.5m$。

考虑可调节堰的安装要求（每边留 $0.3m$），则出水竖井长度

$$L=0.3\times2+b=0.6+3.5=4.1\ (m)$$

出水竖井宽度 B 取 $1.2m$（考虑安装高度），则出水竖井平面尺寸为 $L\times B=4.1m\times1.2m$。

出水井出水孔尺寸为 $b\times h=3.5m\times0.5m$。正常运行时，堰顶高出孔口底边 $0.1m$，调节堰上下调节范围为 $0.3m$。出水竖井位于中心岛，曝气转碟上游。

（7）曝气设备选择

曝气设备选用转碟式氧化沟曝气机，转碟直径 $D=1400mm$，单碟充氧能力为 $2.36kgO_2/(h\cdot ds)$，每米轴安装转碟片不大于 5 片。

① 外沟道

外沟道标准需氧量 $SOR_1=\dfrac{2423.45}{4}=605.86(kgO_2/d)$

所需碟片数量 $n=\dfrac{SOR_1}{2.36}=256.72$（片），取 257 片。

每米轴安装碟片数为 4 个（最外侧碟片距池内壁 $0.25m$）。

则所需要曝气转碟组数 $=\dfrac{257}{9.2\times4-1}=7.18$（组），取 8 组。

每组转碟安装的碟片数 $=\dfrac{257}{8}=32.1$（片），取 33 片。

校核每米轴安装碟片数 $=\dfrac{33}{9.2-0.254\times2}=3.80$（片）$<5$ 片，满足要求。

故外沟道共安装 8 组曝气转碟，每组上共有碟片 33 片。单机功率为 37kW。

总充氧能力为 $606kgO_2/d$ 满足要求。

② 中沟道

中沟道标准需氧量 $SOR_2=\dfrac{1051.66}{4}=262.92(kgO_2/d)$

所需碟片数量 $n=\dfrac{SOR_2}{2.36}=111.41$（片），取 112 片。

每米轴安装碟片数为 2 个（最外侧碟片距池内壁 $0.25m$）。

则所需要曝气转碟组数 $=\dfrac{112}{7.5\times2-1}=8$（组），取 8 组。

每组转碟安装的碟片数 $= \dfrac{112}{8} = 14$（片），取 14 片。

校核每米轴安装碟片数 $= \dfrac{14}{7.5 - 0.254 \times 2} = 2.00$（片）$< 5$ 片，满足要求。

故中沟道共安装 8 组曝气转碟，每组上共有碟片 14 片，单机功率为 18.7kW。总充氧能力为 264.32kgO$_2$/d 满足要求。

③ 内沟道

内沟道标准需氧量 $SOR_1 = \dfrac{501}{4} = 125.25$（kgO$_2$/d）

所需碟片数量 $n = \dfrac{SOR_1}{2.36} = 53.07$（片），取 54 片。

每米轴安装碟片数为 2 个（最外侧碟片距池内壁 0.25m）。

则所需要曝气转碟组数 $= \dfrac{54}{5.8 \times 2 - 1} = 5.09$（组），取 6 组。

每组转碟安装的碟片数 $= \dfrac{54}{6} = 9$（片），取 9 片。

校核每米轴安装碟片数 $= \dfrac{9}{5.8 - 0.254 \times 2} = 1.7$（片）$< 5$ 片，满足要求。

故内沟道共安装 6 组曝气转碟，每组上共有碟片 9 片，电机功率为 30kW。总充氧能力为 127.44kgO$_2$/d，满足要求。

设置水下推进器共 6 台，每沟道设置 2 台，叶轮直径 1800mm，电机功率 4.0kW。结合转碟曝气机运行，节省运行能耗，正常运行不需要开启水下推进器，在进水水质比设计水质低时，停开部分转碟曝气机，开启水下推进器，减少运行能耗。

4.10.11 OCO 工艺

4.10.11.1 OCO 工艺技术原理

OCO 工艺得名于生物处理装置的几何形状。OCO 池呈圆形，内圈、外圈隔墙为圆形、中圈为半圆形。典型的 OCO 工艺流程如图 4-48 所示，原污水经预处理系统（格栅、沉砂池）后进水和二沉池回流污泥均由 1 区（厌氧区）流入，在此与沉淀池回流进入的活性污泥混合，1 区具有有机物水解与吸附、磷的释放、反硝化的功能；随后与循环的硝态液在 2 区（缺氧区）混合，进行反硝化和部分有机物质的降解；3 区为好氧区，在这里进行磷的吸收、有机物氧化降解和硝化反应。在工艺过程中，混合液在缺氧和好氧状态下可循环 20～30 次。潜水搅拌推流装置使水流在好氧区及缺氧区间同向流动，以形成一定水平流速而不发生污泥沉淀。在紊流作用下与硝化液在 4 区（混合区）混合，实现自动回流至缺氧区进行反硝化。

OCO 工艺较强的脱氮除磷功能在于污水在反应池内连续并交替进行混合、好氧、缺氧反应；从工艺流程上，其原理相当于 A/A/O 与一系列 A/O 或 O/A 生化装置的串联，类似氧化沟呈推流式（见图 4-49）；从池形结构上，环状结构和混合区使其在流态上又具完全混合式特征，因此实现有机物去除率可达 95%～99%，完全硝化和 90%～95% 的反硝化。

4.10.11.2 OCO 工艺的特点

OCO 工艺的主要特点是：圆形池相对于矩形池在土建造价、水下推流的动力方面均具有较好的条件，可节省投资及电耗；好氧区与缺氧区之间的污水交换，即内回流不需泵送，以上两个区域之间有一段是相通的。两者之间的交换形式及量的大小是依靠搅拌器的控制来

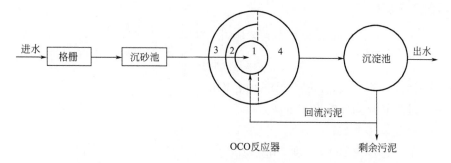

图 4-48　OCO 工艺流程（图中虚线为分区线）

1—厌氧区；2—缺氧区；3—好氧区；4—混合区

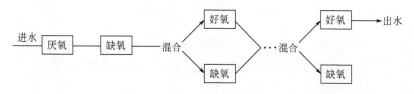

图 4-49　OCO 工艺原理

实施，因此节省能耗。好氧区与缺氧区的区分明显，OCO 反应池的构造和搅拌器的循环工作可保证好氧区和缺氧区之间有很高的回流比，这种频繁的变化是该工艺有效脱氮的关键之一；回流的控制还可以改变好氧区与缺氧区的容积。当夏季暴雨造成冲击负荷，可将 2、3 区均调为好氧区；夜间低负荷，可将 3 区用来脱氮。因此 OCO 工艺中好氧区与缺氧区容积的分配是动态的。可以在特定的时间和污水组分进行调节，以适应不同进水水质与水量的要求。因此，OCO 工艺具有节能、高效、运行灵活等特点。

4.10.11.3　OCO 工艺设计计算

水力停留时间法、负荷法和生化反应动力学法等是污水处理工艺设计中常用的计算方法。结合 OCO 工艺的特点，采用以硝化菌和反硝化菌的泥龄为依据的动力学设计计算法。

由于 OCO 池型的特殊性，在计算各区的体积前，对各区的界线应先说明：如图 4-48 所示，3 区为好氧区（硝化区）；1 区为厌氧区；对于缺氧区（反硝化区）划分应是 2 区和 4 区之和，有资料表明在 4 区溶解氧量下降，2 区（反硝化区）污水的流入保持了 4 区的低氧环境也为反硝化提供了充足的碳源。

（1）好氧区体积 V_1 计算

① 硝化菌比生长速率 μ_o

$$\mu_o = 0.47 \times 1.103^{(t-15)} \tag{4-90}$$

式中　μ_o——硝化菌比生长速率，d^{-1}；

t——设计污水温度，℃，北方地区通常取 10℃，南方地区可取 11～12 ℃。

② 硝化菌泥龄 θ_{dcN}

$$\theta_{dcN} = F \frac{1}{\mu_O} \tag{4-91}$$

式中　θ_{dcN}——硝化菌设计泥龄，d；

F——设计安全系数，取值范围为 1.5～2.5，一般设计中取值为 2.3；

$1/\mu_o$——硝化菌世代周期，d。

③ 污泥产率系数 Y

$$Y = K \times 0.6\left(\frac{N_j}{L_j} + 1\right) - \frac{0.072 \times 0.6\theta_{dcN}F_T}{1 + 0.08\theta_{dcN}F_T} \qquad (4\text{-}92)$$

$$F_T = 1.072^{(t-15)} \qquad (4\text{-}93)$$

式中 Y——污泥产率系数，mgMLVSS/mgBOD；

   N_j——进水悬浮固体浓度，mg/ L；

   F_T——温度修正系数；

   L_j——硝化进水中 BOD 浓度，mg/ L；

   t——设计水温，与前面的计算取相同数值，一般取 $K=0.8\sim0.9$。

④ 硝化过程所需要的水力停留时间 HRT_1

$$HRT_1 = \frac{\theta_{dcN}Y(L_j - L_c)}{X_v} \qquad (4\text{-}94)$$

式中 HRT_1——硝化过程所需要的水力停留时间，d；

   X_v——好氧区内中污泥的浓度，mg/ L，一般反应器内的污泥浓度为 3000～
   5000mg/L；

   L_c——好氧区出水中 BOD 浓度，mg/ L。

⑤ 好氧区体积 V_1

$$V_1 = HRT_1 \cdot Q \qquad (4\text{-}95)$$

式中 V_1——好氧区体积，m³；

   Q——设计污水流量，m³/d。

(2) 缺氧区体积 V_2 计算

① 考虑温度校正时的反硝化速率 q_{DT}

$$q_{DT} = q_{D20} \times \theta^{(t-20)} \qquad (4\text{-}96)$$

式中 q_{DT}——t℃时反硝化速率，mgNO$_3^-$-N/（MLVSS·d）；

   q_{D20}——以污水为碳源时反硝化速率，mgNO$_3^-$-N/（MLVSS·d），取值范围为0.03～
   0.11mgNO$_3^-$-N/（MLVSS·d），一般设计中取 0.05mgNO$_3^-$-N/（MLVSS·d）；

   t——取值与前同；

   θ——温度系数，可取 $\theta=1.09$。

② 反硝化率 f_{DN}

$$f_{DN} = \frac{R+r}{R+r+1} \qquad (4\text{-}97)$$

污泥回流比 R 一般为50％～100％，内回流比 r 工程上通常采用100％～400％。由此可得反硝化率 f_{DN} 最小值为 0.6，最大值为 0.85。

③ 反硝化过程所需要的水力停留时间 HRT_2

$$HRT_2 = \frac{N_D - N_2}{q_{DT}X_{DN}} \qquad (4\text{-}98)$$

式中 HRT_2——反硝化过程所需要的水力停留时间，d；

   N_D——缺氧区进水中 NO$_3^-$-N 浓度，由 OCO 工艺流程可知，进入缺氧池的
   NO$_3^-$-N 为硝化后未排出系统的，即 N_D 为脱氮率乘总氮；

   N_2——缺氧区出水中 NO$_3^-$-N 浓度，mg/L，为（1-脱氮率）倍的总氮；

X_{DN}——反硝化池中污泥浓度，mg MLVSS/ L。

④ 缺氧区体积 V_2

$$V_2 = HRT_2 \cdot Q \tag{4-99}$$

式中 V_2——反硝化池体积，m^3；

其余符号意义同前。

（3）厌氧区体积 V_3 计算

厌氧区不仅有生物除磷的功能，也具脱氮的功能，因此，其体积应由两部分组成：用于生物除磷的体积 V'_A 和用于脱氮的体积 V_{AD}。厌氧区需满足的 2 个条件：a. 实际停留时间 $T_A \geqslant 0.75h$（0.03d）；b. 厌氧污泥量占反应池总污泥量的比值不小于 10%。由于厌氧池在缺氧池之前，其含碳有机物浓度特别是易降解含碳有机物浓度高于缺氧池，因而其反硝化速率高于缺氧池，据有关文献报道，厌氧池的反硝化速率约为缺氧池反硝化速率的 2～3 倍。反硝化池的池容与氮负荷成正比，与反硝化速率成反比，厌氧池与缺氧池反硝化速率的比值按 2.5:1 考虑。

$$V_{AD} : V_2 = [(1 - f_{DN})\ \text{TN}] : (2.5 \times f_{DN}\ \text{TN}) \tag{4-100}$$

$$V'_A = 0.03Q\ (1+R) \tag{4-101}$$

$$V_3 = V'_A + V_{AD} \tag{4-102}$$

式中 V'_A——用于生物除磷的体积，m^3；

V_{AD}——用于去除回流污泥中硝态氮的体积，m^3；

V_3——厌氧池总体积，m^3。

（4）各区体积比计算与分析

由公式（4-90）～式（4-95）可看出好氧区体积与进水悬浮固体浓度 N_j、进出水 BOD、设计污水温度 t、好氧区内中污泥的浓度 X_v 有关，对于城市污水这些参数是可确定的；由式（4-96）～式（4-102）可看出缺氧区和厌氧区体积与进出水总氮、反硝化率 f_{DN}、反硝化池中污泥浓度 X_{DN}、设计污水温度 t 有关，除反硝化率 f_{DN} 需根据具体工艺特征确定外，其余参数也是可根据处理污水性质确定的。因此对于某城市污水厂的而言，OCO 工艺的体积是由反硝化率来确定的。某城市污水处理厂进水 BOD_5 为 200mg/L，TN 为 40mg/L，水温为 10℃，进水悬浮固体浓度 N_j 为 200mg/L；出水 BOD_5 要求为 20mg/L，Q 为设计流量，由硝化率 f_{DN} 最小值为 0.6，最大值为 0.85，可得出各区的体积比。

① 各区体积比计算 当硝化率 f_{DN} 取最小值 0.6 时，即污泥回流比 R 为 50%，内回流比 r 为 100%：

好氧区体积 V_1：缺氧区体积 V_2：厌氧区体积 V_3 $\tag{4-103}$

$= (0.41 \times Q) : (0.13 \times Q) : (0.045 \times Q + 0.13 \times Q \times 0.27)$

$= 1 : 0.32 : 0.19$

当硝化率 f_{DN} 取最大值 0.85 时，即污泥回流比 R 为 100%，内回流比 r 为 400%：

好氧区体积 V_1：缺氧区体积 V_2：厌氧区体积 V_3 $\tag{4-104}$

$= (0.41 \times Q) : (0.44 \times Q) : (0.06 \times Q + 0.44 \times Q \times 0.07)$

$= 1 : 1.07 : 0.22$

式（4-104）、式（4-103）中：V_1 计算见式（4-90）～式（4-95）；V_2 计算见式（4-96）～式（4-98）；V_3 计算见式（4-99）～式（4-102）。

② 各区体积比的分析 上述计算中得出：$V_1 : V_2 : V_3 = 1 : (0.32 \sim 1.07) : (0.19 \sim$

0.22），并且厌氧区的体积保持为好氧区的 1/5 左右。从 $V_2 \leqslant V_1$ 可知，θ 取值不宜大于 180°，也不宜过小以免破坏缺氧环境，取值应根据体积比合理确定。

【例题 4.17】 OCO 工艺尺寸计算实例

已知条件：某城市污水处理厂设计水量 $Q=5000\mathrm{m^3/d}$，进水水质 $\mathrm{BOD_5}=200\mathrm{mg/L}$，$\mathrm{TN}=40\mathrm{mg/L}$，进水悬浮固体浓度 $N_j=200\mathrm{mg/L}$，水温为 10℃，硝化率 f_{DN} 为 0.85；出水 $\mathrm{BOD_5}$ 要求为 20mg/L，试计算 OCO 反应池主要尺寸。

【解】 圆形池型具有良好的水力特性，又节约工程造价，一般工程中圆形池的径高比为 5：1。如图 4-50 所示，体积比（见式 4-103）和半径比计算如下：

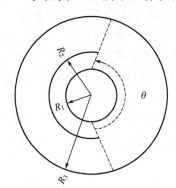

$$V_1 : V_2 : V_3 = (0.41 \times 5000) : (0.44 \times 5000) : (0.06 \times 5000 + 0.44 \times 5000 \times 0.07)$$

$$= 2050 : 2200 : 454 = 1 : 1.07 : 0.22$$

本例中 θ 取 120°，不难算出：

$$R_3 = 15.8\mathrm{m} \quad R_2 = 8.7\mathrm{m} \quad R_1 = 4.8\mathrm{m}$$

$$R_3 : R_2 : R_1 = 3.3 : 1.8 : 1$$

【例题 4.18】 OCO 工艺设计计算

已知条件：某城市污水处理厂雨季流量 $Q=3840\mathrm{m^3/d}$（160$\mathrm{m^3/h}$），旱季流量 $Q=1200\mathrm{m^3/d}$，进水水质 $\mathrm{BOD_5}=200\mathrm{mg/L}$，$\mathrm{TN}=53\mathrm{mg/L}$，$\mathrm{TP}=16\mathrm{mg/L}$，$\mathrm{SS}=200\mathrm{mg/L}$；出水 $\mathrm{BOD_5} \leqslant 15\mathrm{mg/L}$，$\mathrm{TN} \leqslant 8\mathrm{mg/L}$，$\mathrm{NH_3}$（冬季）$\leqslant 4\mathrm{mg/L}$，

图 4-50 OCO 反应池主要尺寸

$\mathrm{NH_3}$（夏季）$\leqslant 2\mathrm{mg/L}$，$\mathrm{TP} \leqslant 1.2\mathrm{mg/L}$，$\mathrm{SS} \leqslant 30\mathrm{mg/L}$。试计算 OCO 反应池主要尺寸。

【解】 （1）OCO 工艺设计参数

① 水力停留时间 $HRT=7.5\sim12.5\mathrm{h}$，本实例计算定取 7.5h，停留时间分布为，厌氧区：好氧区：缺氧区=1：2.3：3

② 回流污泥浓度：$X_r=10000\mathrm{mg/L}$

③ 污泥回流比 50%

④ 求内回流比 R_N

TN 去除率：

$$\eta_{\mathrm{TN}} = \frac{TN_o - TN_e}{TN_o} = \frac{53-8}{53} \times 100\% = 84.9\% \approx 85\%$$

$$R_\mathrm{N} = \frac{\eta_{\mathrm{TN}}}{1-\eta_{\mathrm{TN}}} = \frac{0.85}{1-0.85} \times 100\% = 567\%$$

⑤ 混合液污泥浓度

$$X = \frac{R}{R+1} \times X_r = \frac{0.56}{1+0.56} \times 10000 = 3600\mathrm{mg/L} \approx 3.6\mathrm{kg/m^3}$$

（2）OCO 反应池子尺寸计算

① 有效容积

$$V = Qt = 160 \times 7.5 = 1200\mathrm{m^3}$$

② 池子有效深度

$$H = 3.6\mathrm{m}$$

③ 池子有效面积

$$S = \frac{V}{H} = \frac{1200}{3.6} = 333.3 \text{m}^2$$

④ 各段停留时间（h）

厌氧区：好氧区：缺氧区＝1：2.3：3

$$T_厌 = 1.19 ; T_好 = 2.74 ; T_缺 = 3.57$$

⑤ 池子各区容积及半径

$$V_厌 = Qt = 160 \times 1.19 = 190.4 \text{m}^3 \approx 191 \text{m}^3$$

$$V_好 = Qt = 160 \times 2.74 = 438.4 \text{m}^3 \approx 438 \text{m}^3$$

$$V_缺 = Qt = 160 \times 3.57 = 571.2 \text{m}^3 \approx 571 \text{m}^3$$

$$r_厌 = \sqrt{\frac{191}{3.6\pi}} = 4.1 \text{m} \qquad r_厌 + r_好 = \sqrt{\frac{191 + 438}{3.6\pi}} = 7.5 \text{m}$$

$$r_总 = \sqrt{\frac{1200}{3.6\pi}} = 10.3 \text{m}$$

（3）剩余污泥量 W 计算

$$W = a(L_o - L_e)Q - bVX_v + (S_o - S_e)Q \times 0.5$$

① 降解 BOD 生成污泥量

$$W_1 = a(L_o - L_e)Q = 0.55 \times (0.2 - 0.015) \times 160 \times 24 = 390.72 \text{mg/L}$$

② 内源呼吸分解泥量

$$X_v = f \cdot x = 0.75 \times 3600 = 2.77 \text{kg/m}^3$$

$$W_2 = bVX_V = 0.05 \times 1200 \times 2.77 = 166.2 \text{kg/d}$$

③ 不可生物降解和惰性悬浮物量（NVSS）. 该部分占总 TSS 的约 50%

$$W_3 = (S_o - S_e)Q \times 0.5 = (0.13 - 0.03) \times 160 \times 24 \times 0.5 = 192 \text{kg/d}$$

④ 剩余污泥量

$$W = W_1 - W_2 + W_3 = 390.72 - 166.2 + 192 = 416.52 \text{kg/d}$$

每日生成活性污泥量

$$X_w = W_1 - W_2 = 390.72 - 166.2 = 224.52 \text{kg/d}$$

⑤ 泥龄 θ_c

$$\theta_c = \frac{XV}{W} = \frac{3.6 \times 1200}{416.52} = 10.37 \text{d}$$

由设计计算可知：原水水质为 $BOD_5 = 200 \text{mg/L}$，处理后出水水质达到 15mg/L 以下，符合处理要求，此时污水的处理效率为 93%。

4.10.12　分点进水倒置 A^2/O 工艺

4.10.12.1　分点进水倒置 A^2/O 工艺脱氮除磷原理

为了克服传统 A^2/O 工艺过程的缺点，提出了分点进水倒置 A^2/O 工艺。如图 4-51 所示。分点进水倒置 A^2/O 工艺，即将缺氧池置于厌氧池前面，厌氧池后设置好氧池。进入生化反应系统的污水和回流污泥一起进入缺氧区，污泥中的硝酸盐在反硝化菌的作用下进行反硝化反应，将硝酸盐氮转化为氮气，实现了系统的前置脱氮。在不同进水方式下，系统进水全部或大部分直接进入缺氧区，优先满足了反硝化的碳源要求，故提高了处理系统的脱氮效率。

回流污泥和混合液在缺氧池内进行反硝化之后，再进入厌氧段，避免了硝酸盐对厌氧环

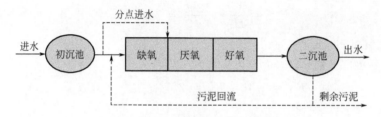

图 4-51　分点进水倒置 A^2/O 工艺流程

境的不利影响，保证了厌氧池的厌氧状态以强化除磷效果。在厌氧区，聚磷菌将污水中的碳源转化为 PHB 等储能物质积聚吸磷动力。在好氧区，有机污染物进一步被降解，硝化菌将污水中存在的氨氮转化为硝酸氮，微生物厌氧释磷后直接进入生化效率较高的好氧环境，其在厌氧条件下形成的吸磷动力得到更有效的利用。活性污泥混合液在二沉池进行泥水分离，一部分污泥回流到系统前端，另一部分富含磷的剩余污泥从系统中排出，从而实现生物除磷的目的。再根据不同进水水质，不同季节情况下，生物脱氮和生物除磷所需碳源的变化，调节分配至缺氧段和厌氧段的进水比例，使反硝化作用和除磷效果均得到有效保证。

4.10.12.2　分点进水倒置 A^2/O 工艺的主要特点

① 系统优先满足微生物脱氮的碳源要求，反硝化容量充分，系统脱氮能力得到显著加强，同时也避免了回流污泥中携带的硝酸盐对厌氧区的不利影响。

② 聚磷微生物经历厌氧环境之后直接进入生化效率较高的好氧段，其在厌氧环境下形成的吸磷动力得到了更有效率的利用，具有"饥饿效应"优势。

③ 参与回流的所有污泥全部经历完整的释磷、吸磷过程，具有一种"群体效应"优势，故其排放的剩余污泥含磷更高，系统的除磷效果也更好。

④ 将常规 A^2/O 工艺的污泥回流系统与混合液内循环系统合二为一，流程简捷，便于管理，节约了基建投资与运行费用。

⑤ 采用分点进水方式，在满足反硝化碳源需求的同时，部分污水直接进入厌氧区，增强厌氧压抑状态，聚磷菌的过渡吸磷动力得到加强，可以进一步强化系统除磷功能。

4.10.12.3　分点进水倒置 A^2/O 工艺计算实例

【例题 4.19】　某城市污水厂设计规模为 $250000\mathrm{m}^3/\mathrm{d}$，进水 $COD_{CR}=304\mathrm{mg/L}$，$BOD_5=190\mathrm{mg/L}$，$SS=260\mathrm{mg/L}$，$NH_4^+-N=34\mathrm{mg/L}$，$TN=45\mathrm{mg/L}$，$TP=4.2\mathrm{mg/L}$，要求二级出水达到 $BOD_5\leqslant20\mathrm{mg/L}$，$SS\leqslant20\mathrm{mg/L}$，$NH_4^+-N\leqslant8\mathrm{mg/L}$，$TN\leqslant15\mathrm{mg/L}$，$TP\leqslant1.5\mathrm{mg/L}$ 的情况下，设计计算倒置 A^2/O 生物反应池。

【解】　根据该项目工艺参数模型试验，一级处理各污染物去除率情况为：BOD_5 和 COD_{cr} 均为 20%，SS 为 50%，NH_4^+-N 及 TN 均为 7%，TP 为 8%。经计算，一级处理后 $COD_{CR}=304\mathrm{mg/L}$，$BOD_5=152\mathrm{mg/L}$，$SS=130\mathrm{mg/L}$，$NH_4^+-N=32\mathrm{mg/L}$，$TN=42\mathrm{mg/L}$，$TP=3.9\mathrm{mg/L}$。

判断水质是否可采用 A^2/O 法：

$$\frac{BOD_5}{TN}=\frac{152}{42}=3.62>2.85（A^2/O 法碳氮比理论值），\frac{BOD_5}{TP}=\frac{152}{3.9}=39>17，$$

可采用 A^2/O 法。

（1）进生化池水量：$Q_{设}=1.1Q=275000\mathrm{m}^3/\mathrm{d}=11458\mathrm{m}^3/\mathrm{h}=3.18\mathrm{m}^3/\mathrm{s}$

（2）生化池总容积 $V_{总}$

BOD 负荷 N_s 取 0.11，混合液污泥浓度 X 取 3040mg/L，

则 $V_{\text{总}} = \dfrac{Q_{\text{设}} L_0}{N_s X} = \dfrac{275000 \times 152}{0.11 \times 3040} = 125000 \text{m}^3$

（3）生化池总停留时间 $t_{\text{总}}$

$$t_{\text{总}} = \frac{V_{\text{总}}}{Q_{\text{设}}} = \frac{125000}{11458} = 10.9(\text{h})$$

（4）各反应区容确定

① 硝化菌生长速率　生物反应池中氨氮浓度 N_a 取 8mg/L，硝化作用中氮的半速率常数 KN 取 1mg/L，15℃硝化菌最大生长速率取 0.47（d^{-1}），设计最低水温 t 取 13℃，则：

$$\mu = \frac{0.47 N_a}{KN + N_a} \text{e}^{0.098(t-15)} = \frac{0.47 \times 8}{1 + 8} \text{e}^{0.098(13-15)} = 0.343$$

② 好氧区设计泥龄 $\theta_{\text{好}}$

安全系数 F 取 3.55，则：

$$\theta_{\text{好}} = F \frac{1}{\mu} = 3.55 \times \frac{1}{0.343} = 10.35 \text{d}$$

③ 好氧区容积　污泥产率系数 Y_t：模型试验数值为 0.4573 kgVSS/kgBOD$_5$，由于 $\dfrac{MLVSS}{MLSS} = 0.6$，取 $Y_t = 0.73$ kgSS/kgBOD$_5$，则：

$$V_{\text{好}} = \frac{Q(L_0 - L_e)Q_{\text{好}}Y_t}{X} = \frac{275000 \times (152 - 20) \times 10.35 \times 0.73}{3040} = 90217 \text{m}^3$$

④ 缺氧、厌氧区容积确定

a. 厌氧区容积 $V_{\text{厌}}$

设厌氧区停留时间 1.0h，则厌氧区容积 $V_{\text{厌}} = 11458 \text{m}^3/\text{h} \times 1.0\text{h} = 11458 \text{m}^3$

b. 缺氧区容积 $V_{\text{缺}}$

$$V_{\text{缺}} = V_{\text{总}} - V_{\text{厌}} - V_{\text{好}} = 12500 - 11458 - 90217 = 23325 \text{m}^3$$

（5）生物反应池尺寸设计

设有效水深 6m，共分 4 池

① 好氧区每池分 5 廊道，廊道长 84.2m，宽 9m，则：

每池好氧区容积：$V_{\text{好1}} = n \times l \times b \times h_{\text{有效}} = 5 \times 84.2 \times 9 \times 6 = 22734 \text{m}^3$

实际好氧区总容积：$V_{\text{好}} = 22734 \times 4 = 90936 \text{m}^3$

$$t_{\text{好}} = 7.94\text{h}$$

② 每池缺氧区容积：$V_{\text{缺1}} = L_{\text{缺}} \cdot B_{\text{缺}} \cdot h_{\text{有效}}$

$$= 46.6 \times 20.3 \times 6$$
$$= 5676 \text{m}^3$$

实际缺氧区容积：$V_{\text{缺}} = 5676 \times 4 = 22704 \text{m}^3$

$$t_{\text{缺}} = 1.98\text{h}$$

③ 每池厌氧区容积：$V_{\text{厌1}} = L_{\text{厌}} \cdot B_{\text{厌}} \cdot h_{\text{有效}}$

$$= 46.6 \times 10.2 \times 6$$
$$= 2852 \text{m}^3$$

实际厌氧区容积：$V_{\text{厌}} = 2852 \times 4 = 11408 \text{m}^3$

$$t_{\text{厌}} = 1\text{h}$$

④ 生化池实际总容积及总停留时间

$$V_总 = V_厌 + V_缺 + V_好$$
$$= 11408 + 22704 + 90936$$
$$= 125046 m^3$$
$$T_总 = 7.94 + 1.98 + 1 = 10.92h$$

⑤生化池总泥龄 $\theta_总$ 确定

$$\theta_好 = 10.2d$$
$$\theta_总 = \theta_好 \times \frac{10.92}{7.94} = 14.03d$$

(6) 回流污泥量 Q_r 确定

污泥回流比 $R_{max} = 100\%$，$X = 3040mg/L$，

$$X = \frac{R}{1+R} X_r \text{ 即 } 3040 = \frac{1}{1+1} X_r$$

回流污泥浓度 $X_r = 6080mg/L$

回流污泥量：按物料平衡计算：

$$QX_0 + Q_r X_{r0} = (Q + Q_r) X_r$$

式中　X_0——进入生化池的 VSS 浓度，mg/L；

　　　X_{r0}——回流污泥中 VSS 浓度，mg/L；

　　　X_r——生化池中混合液挥发悬浮固体浓度，mg/L；

　　　Q_r——回流污泥量，m^3/d。其中 $\frac{MLVSS}{MLSS} = 0.6$。

$$275000 \times (130 \times 0.6) + Q_r \times 6080 \times 0.6 = (275000 + Q_r) \times 3040 \times 0.6$$
$$Q_r = 263240 m^3/d = 10968 m^3/h$$

(7) 剩余污泥量确定

剩余污泥干重 $W = aQ_设 L_r - bVX_r + S_r Q_平 \cdot 50\%$
$$= 降解 BOD 生成污泥量 - 内源呼吸分解泥量$$
$$+ 不可降解和惰性悬浮物量$$

污泥产率 a，模型试验数值为 0.4573 kgVSS/kgBOD₅，衰减系数 b 为 $0.0125d^{-1}$。结合其他城市污水厂经验数值和规范、手册取值，取 $a = 0.6$（kgVSS/kgBOD₅），$b = 0.05d^{-1}$

$$W = 0.6 \times 275000 \times \frac{152-20}{1000} - \frac{0.05 \times 125046 \times 3040 \times 0.6}{1000} + \frac{(130-20) \times 250000 \times 0.5}{1000}$$
$$= 21780 - 11404 + 13750$$
$$= 24126 kg/d$$

污泥含水率为 99.4%，则 $Q_{剩余} = \frac{24126}{1000(1-0.994)} = 4021 m^3/d = 168 m^3/h$

(8) 内回流量确定

生化池总氮去除率　$\eta = \frac{T_{N0} - T_{Ne}}{T_{N0}} = \frac{42-15}{42} = 0.64 = 64\%$

① 内回流比 $R_内 = \frac{0.64}{1-0.64} \times 100\% = 1.79 \approx 200\%$

② 内回流量 $Q_内 = Q_设 \times 200\% = 11458 \times 2 = 22916 m^3/h$

每池 $Q_{内1} = Q_内/4 = 5729 m^3/h = 1591 L/s$

每池设内回流泵 3 台，每台 $Q=1591/3=530\text{L/s}$

每池选 PP4660.410 泵 4 台，3 用 1 备，$Q=532\text{L/s}$　$H=0.7\text{m}$　$N=10\text{kW}$。

4.10.13　分段进水 A/O 脱氮工艺

4.10.13.1　分段进水 A/O 工艺技术原理

在各种城市污水处理的 A/O 工艺中，脱氮效率与混合液回流比成正比关系。但是，回流比增加势必增大能耗，而且混合液回流会给缺氧区带入大量的溶解氧，导致大量消耗污水中的易降解有机基质，从而影响脱氮效率。为了克服传统 A/O 工艺的缺点，Carrio 等提出分段进水 A/O 工艺（step-feed anoxic-oxic activated sludge process，SAOASP）。分段进水 A/O 工艺流程如图 4-52 所示。

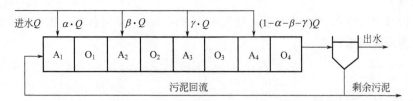

图 4-52　分段进水 A/O 脱氮工艺流程

原污水按设定的进水分配比例分流进入各级缺氧池，在各缺氧池内以进水中的有机物为碳源进行反硝化，未降解的有机物进入后续好氧池进行硝化反应，各级好氧池的硝化液直接进入下一级的缺氧池进行反硝化，整个系统没有混合液内回流，污泥回流至反应器第一级缺氧池。分段进水 A/O 脱氮工艺属于单级活性污泥脱氮系统，由于进水沿反应器投配，而污泥回流至第一级首端，系统的 SRT 比相同池容的推流系统长，可见分段进水系统在不增加反应器出流 MLSS 浓度的情况下使污泥龄得以增加，而终沉池的水力负荷和固体负荷均没有变化，因此这一工艺对污水厂的新建和改建都甚为适用。工程实际应用中多采用 2~4 段，污泥回流比一般取 50% 左右。

4.10.13.2　分段进水 A/O 脱氮工艺主要特点

（1）为生物脱氮过程提供足够的碳源

该工艺采用分段进水至各级缺氧区，为各级反硝化提供足够的碳源，不需提供外加碳源，提高了生化系统的脱氮效率。

（2）脱氮效率高

分段进水 A/O 生物脱氮工艺中的氮经过多级硝化及反硝化而被去除，下面对四级分段进水 A/O 脱氮工艺进行物料平衡，分析该工艺的理论脱氮效率。对于图 4-52 所示的四级分段进水 A/O 脱氮工艺，其理论脱氮效率为：

$$\eta=\frac{\alpha+\beta+\gamma+r}{1+r}\times100\%\qquad(4\text{-}105)$$

式中　　η——脱氮效率，%；

　　　　α——第一级进水的比例，%；

　　　　β——第二级进水的比例，%；

　　　　γ——第三级进水的比例，%；

　　　　r——污泥回流比，%。

理论上，当分段进水 A/O 工艺分为 n 段时，假设每一段反应过程都能达到完全硝化和反硝化，根据硝酸盐氮物料平衡关系，总氮的最高理论去除率为：

$$\eta = \frac{\sum\limits_{i=1}^{n-1} \alpha_i + r}{1+r} \times 100\%\qquad(4\text{-}106)$$

式中　η——脱氮效率，%；

$\quad\alpha_i$——第 i 级进水比，%；

$\quad r$——污泥回流比，%；

$\quad n$——反应器级数。

式(4-105) 和式(4-106) 表明，反应器级数越多，污泥回流比越大，脱氮效率越高；与常规活性污泥脱氮工艺相比，分段进水 A/O 脱氮工艺可以在常规活性污泥回流比下，获得较高的脱氮效率。

为了分析脱氮效率与级数的关系，我们根据式(4-106) 得出各级等比例进水流量分配情况下的最大理论脱氮关系式：

$$\eta = \left(1 - \frac{1}{n} \times \frac{1}{1+r}\right) \times 100\%\qquad(4\text{-}107)$$

式中　η——最高理论脱氮率，%；

$\quad n$——反应器级数；

$\quad r$——污泥回流比，%。

由式(4-107) 可见，反应器级数越多，脱氮效率越高。因此，分段进水 A/O 工艺可以在常规活性污泥回流比下获得较高的脱氮效率。

(3) 污泥平均浓度高、泥龄长、池容小、基建投资省

由于采用分段进水，使混合液在系统中形成了一个浓度梯度，整个反应器在不增加容积的情况下，活性污泥浓度增加，而终沉池的水力负荷与固体负荷没有变化，不影响终沉池运行的稳定性。

对分段进水 A/O 工艺反应器进行 MLSS 质量平衡计算，最后一段的污泥浓度由下式表达：

$$X_n = \frac{r}{1+r} \cdot X_r\qquad(4\text{-}108)$$

同理，反应器其余段混合液浓度的表达式如下：

$$X_i = \frac{r}{r + \sum\limits_{m=1}^{i} \dfrac{Q_m}{Q}} \cdot X_r\qquad(4\text{-}109)$$

式中　n——反应器段数；

$\quad X_n$——最后一段好氧池的 MLSS 浓度，即进入终沉池的 MLSS 浓度，mg/L；

$\quad X_r$——回流污泥 MLSS 浓度，mg/L；

$\quad X_i$——第 i 段好氧池的 MLSS 浓度，mg/L；

$\quad r$——污泥回流比，%；

$\quad Q$——流入反应器的水量，$\mathrm{m^3/d}$；

$\quad Q_m$——流入第 m 段反应器的水量，$\mathrm{m^3/d}$。

由式(4-108) 和式(4-109) 可知，在最后一段反应器 MLSS 不变的情况下，分段进水 A/O 工艺比一般前置反硝化工艺的污泥平均浓度要高，在其他条件不变时，反应器容积可减小，因而节省基建投资。

（4）节省能耗，减少运行费用

由于好氧区硝化液直接进入下一级缺氧区，不需要设置混合液回流设施。但对于单级 A/O 工艺，除了 50%～100%污泥回流外，还需 200%～300%的混合液内回流。由于分段进水 A/O 工艺不需混合液内回流，仅需 50%左右的污泥回流即可达到较高的污染物去除效率，因此，可大大降低反应器回流系统能耗，节省运行费用。

（5）承受冲击负荷能力强

由于分段进水反应器中液体的流态接近完全混合，因此可承受水质变化和避免冲击负荷的影响。另外，由于系统固体存储量的大部分是在分段进水的前几段，故在暴雨季节可将后几段的进水比例提高以减少活性污泥的流失。

（6）易于操作运行

分段进水 A/O 脱氮工艺提高了系统的可控性，可以根据进水水质和环境条件的变化，灵活调整运行方式，得到稳定的出水效果。

4.10.13.3 工艺设计中几个重要参数的确定

（1）反应器段数

反应器段数对系统运行的稳定性、脱氮效率有着非常重要的作用，反应器段数越多，脱氮效率越高，系统越稳定，但是工艺设计与运行也会随之变复杂。根据进水水质和出水要求，运用式(4-107)可估测分段进水生物脱氮工艺的最大理论脱氮率以及能否达到预期的脱氮目标。工程实际应用中多采用 2～4 段。

（2）进水流量分配

进水流量分配可采用等比例进水方式，主要受进水水质和温度的影响。由于各地区城市污水的性质及温度存在较大的差异，流量分配的控制还取决于系统运行的限制因素。例如，冬季硝化受限制时，可以调整流量分配比，减小最后 1 段或 2 段的进水量，延长硝化时间，从而达到较好的硝化效果。

（3）反应器各段容积比

对于新建污水厂，可根据水力停留时间来确定反应器各段的容积。n 级反应器串联所需总的水力停留时间为：

$$T = \frac{n}{K} \left[\left(\frac{C_0}{C_n} \right)^{\frac{1}{n}} - 1 \right] \tag{4-110}$$

式中　T——总水力停留时间，h；

　　　K——反应速率常数（与水温、水的 pH 值及细菌种类等有关，通过试验确定），mg/（g·h）；

　　　C_0——进水有机物浓度，mg/L；

　　　C_n——出水有机物浓度，mg/L。

随着反应器段数的增加，单个反应器内的流态接近完全混合式，整个反应器系统的流态接近推流式。第 1 级反应器在高浓度下进行反应，反应推动力较大，反应速度最快，而后浓度逐渐降低，反应推动力减小，反应速度也逐渐降低。因此水力停留时间沿反应器逐级增加。对于城市生活污水，反硝化 K_{DN} 速率一般为 0.27 mg/（g·h）左右，硝化速率 K_N 一般为 0.4 mg/（g·h）左右。对于新建污水厂，可根据水力停留时间来确定各段容积，各级缺氧段与好氧段的比值可采用 1:1.5，后 1 级缺氧段与前 1 级好氧段可采用相同的水力停留时间。

（4）污泥回流比

分段进水 A/O 生物脱氮工艺中，回流污泥通常回流到系统首端。污泥回流比的大小对 TN 去除率及系统平均 MLSS 具有一定的影响。由于污泥回流比对脱氮效率的影响比对传统的前置反硝化系统要小，且回流比增大会使反应器中沿程的 MLSS 的质量浓度梯度降低，所以工艺中不宜采用过大的污泥回流比，一般取 50 ％左右。

4. 10. 13. 4 分段进水 A/O 脱氮工艺计算实例

【例题 4. 20】 分段进水 A/O 工艺设计计算

某污水处理厂设计水量为 $3 \times 10^4 \, m^3/d$，设计进、出水水质见表 4-56，污泥回流比为 50％，温度 20 ℃，试计算分段进水 A/O 反应池主要尺寸。

【解】 根据表 4-56 中有关设计进水水质值，可知：

要求脱氮率达到 $\dfrac{35-10}{35} = 71.4\%$

由式(4-107)估测其分级数为 3。

表 4-56 设计进、出水水质   单位：mg/L

项目	BOD$_5$	COD$_{Cr}$	SS	TN	TP
进水水质	200	350	200	35	4
出水水质	≤20	≤60	≤20	≤10	≤1

采用 3 级进水 A/O 生物脱氮工艺，2 组。6 池总水力停留时间为 10 h，等比例进水。各池水力停留时间之比为 $T(A_1) : T(O_1) : T(A_2) : T(O_2) : T(A_3) : T(O_3) =$ 1：1.5：1.5：2.3：2.3：3.4，每组反应池总容积为 $V = \dfrac{15000 \times 10}{24} = 6250 \, m^3$。

分段进水各池的设计计算尺寸见表 4-57。

表 4-57 分段进水各池的设计计算尺寸

项目	15000m^3/d（一组）			
	有效长/m	有效宽/m	有效深/m	容积/m^3
A$_1$	5.8	15	6	522
O$_1$	8.7	15	6	783
A$_2$	8.7	15	6	783
O$_2$	13.3	15	6	1197
A$_3$	13.3	15	6	1197
O$_3$	20	15	6	1800
合计				6282

5 处理厂物料平衡计算

5.1 污泥量计算

5.1.1 初沉池污泥量

初沉池污泥量可根据污水中 SS 浓度、流量、SS 去除率和污泥含水率计算，即

$$V = \frac{Q_{\max}(c_1 - c_2)T}{K_z\gamma(1-P)} \tag{5-1}$$

式中 V——初沉污泥体积，m^3；

$Q_{\max}$——最大时设计流量，m^3/d；

c_1——进水 SS 浓度，t/m^3；

c_2——出水 SS 浓度，t/m^3；

K_z——总变化系数；

γ——污泥密度，t/m^3，一般为 $1.0t/m^3$；

P——污泥含水率，$\%$；

T——两次排泥时间间隔，d。

初沉池污泥量也可按下列公式计算：

$$V = \frac{Q_{\Psi}(c_1 - c_2)\eta_{ss}}{X_0} \tag{5-2}$$

式中 V——初沉池污泥量，m^3；

Q_{Ψ}——平均日污水量，m^3/d；

η_{ss}——初沉池 SS 去除率，$\%$，一般为 $40\% \sim 60\%$；

X_0——初沉污泥浓度，t/m^3，一般为 $0.02 \sim 0.05t/m^3$。

5.1.2 二沉池污泥量

二沉池排泥量可根据生物反应器系统内每日增加生物量计算，即

$$\Delta X_V = aQL_r - bVX_V \tag{5-3}$$

式中 ΔX_V——二沉池每日排泥量，kg/d；

a——污泥增殖系数，一般为 $0.5 \sim 0.7$；

b——污泥自身氧化率，即衰减系数，d^{-1}，一般为 $0.04 \sim 0.10d^{-1}$；

Q——平均日污水量，m^3/d；

L_r——去除的 BOD 浓度，kg/m^3；

V——曝气池容积，m^3；

X_V——MLVSS 浓度，kg/m^3。

也可按式(5-4) 计算，即

$$\Delta X = Y_{ob}QL_r \tag{5-4}$$

式中 ΔX——二沉池每日排泥量，kg/d；

Y_{ob}——污泥净产率系数，kgMLSS/kgBOD$_5$。

也可按式(5-5) 计算，即

$$\Delta X = \frac{Q_平 L_r}{1+K_d Q_c} \tag{5-5}$$

式中 K_d——衰减系数，d^{-1}，一般为 0.05～0.1d^{-1}；

Q_c——污泥龄，d。

湿污泥体积为

$$Q_s = \frac{\Delta X}{1000(1-P)} \tag{5-6}$$

5.1.3　日本指针推荐方法

5.1.3.1　每日产泥量

每日产泥量可按式(5-7) 计算，即

$$S = Q_i \times \left\{ SS_i \times \frac{R_1}{100} + \left[SS_i \times \left(1 - \frac{R_1}{100} \right) - SS_e \right] \times \frac{R_2}{100} \right\} \times \frac{1}{10^3} \tag{5-7}$$

式中 S——每日产泥量，kg/d；

Q_i——最大日污水量，m^3/d；

SS_i——进水 SS 浓度，mg/L；

SS_e——出水 SS 浓度，mg/L；一般按 10～30mg/L 考虑；

R_1——初沉池 SS 去除率，%；

R_2——反应池内去除单位 SS 量的产泥率，%。

不同水处理工艺的初沉池 SS 去除率、反应池内去除单位 SS 量的产泥率与污泥浓度见表 5-1。

表 5-1　初沉池 SS 去除率、反应池去除单位 SS 量产泥率与污泥浓度

水处理工艺	初沉池 SS 去除率/%	反应池内去除单位 SS 产泥率/%	污泥浓度/%		
			初沉污泥	剩余活性污泥	混合污泥
氧化沟		75		0.5～1.0	
延时曝气法		75		0.5～1.0	
SBR 法		75		0.5～1.0	
好氧生物滤池	40～60	100	2		
接触氧化法	40～60	85	2	0.8	1.0
生物转盘法	40～60	85	2	0.8	1.0

湿污泥体积：
$$Q_s = S \times \frac{100(\%)}{污泥浓度(\%)} \times \frac{1(m^3)}{1000(kg)} \quad (m^3/d) \tag{5-8}$$

5.1.3.2　固体物物料平衡计算

各设施的固体物回收率见表 5-2。

固体物物料平衡分两种情况：一是设有初沉池；二是没有初沉池。现分开讨论。

表 5-2　各设施的固体物回收率

设施	混合污泥时/%	仅为剩余活性污泥/%
重力浓缩池	80	90
污泥脱水设备	90～95	90～95

（1）设有初沉池工艺的污泥固体物料平衡

设有初沉池工艺的污泥固体物料平衡（接触氧化法等工艺）如图 5-1 所示。

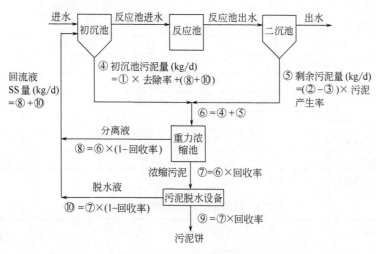

图 5-1　设有初沉池工艺的污泥固体物料平衡（接触氧化法等工艺）

（2）无初沉池工艺的污泥固体物料平衡

无初沉池工艺的污泥固体物料平衡（氧化沟等工艺）如图 5-2 所示。

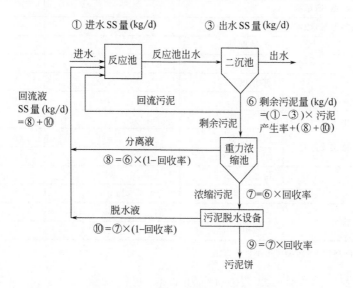

图 5-2　无初沉池工艺的污泥固体物料平衡（氧化沟等工艺）

（3）固体物料平衡计算顺序

固体物料平衡计算顺序见表 5-3。

（4）污泥生成量计算例

按表 5-3 计算顺序，以图 5-1、图 5-2 为依据，计算氧化沟和接触氧化法两种代表工艺的污泥量，计算条件及结果见表 5-4。

表 5-3 固体物料平衡计算顺序

项　目		计　算　式	
		有初沉池场合	无初沉池场合
计算顺序	(1)污泥饼	⑨＝污泥干质量	
	(2)浓缩污泥	⑦＝⑨÷脱水工艺回收率	
	(3)脱水液	⑩＝⑦－⑨	
	(4)浓缩池进泥	⑥＝⑦÷浓缩工艺回收率	
	(5)浓缩池分离液	⑧＝⑥－⑦	
	(6)回流液 SS 量	⑧＋⑩	
	(7)反应池进入 SS 量	②＝①×(1－初沉池 SS 去除率)	
	(8)出水 SS 量	③＝SS_e	
	(9)初沉池污泥量	④＝①×去除率＋(⑧＋⑩)	
	(10)剩余污泥量	⑤＝(②－③)×污泥产生率	⑥

注：表中○内数字与图 5-1、图 5-2 对应一致。

表 5-4 不同工艺污泥生成量计算比较

处理工艺项目			OD 法	接触氧化法
计算条件	进水流量/(m³/d)		1000	1000
	进水 SS 浓度/(mg/L)		200	200
	初沉池 SS 去除率/%			50
	反应池内去除单位 SS 污泥产生率/%		75	85
	初沉污泥 SS 浓度/%			2.0
	剩余污泥 SS 浓度/%		1.0	0.8
	浓缩污泥	SS 浓度/%	1.5	2.5
		回收率/%	90	80
	污泥饼	SS 浓度/%	16	16
		回收率/%	90	90
计算值	去除单位 SS 污泥产生率/%		75	93①
	进入浓缩池污泥	污泥量/(m³/d)	18	18
		固体物量/(kg/d)	175.9	245.2
	浓缩污泥	污泥量/(m³/d)	8	8
		固体物量/(kg/d)	158.3	196.1
	污泥饼	污泥量/(m³/d)	0.89	1.10
		固体物量/(kg/d)	142.5	176.5

① 接触氧化法去除单位 SS 污泥产生率计算方法。
计算条件如下：
水处理设施对 SS 的总去除率 95%(200mg/L→10mg/L)；
初沉池 SS 去除率 50%；
反应池去除单位 SS 产泥率 85%
计算结果：

$$\left[\frac{\frac{50}{100}}{\frac{95}{100}} + \frac{\left(1-\frac{50}{100}\right)-\left(1-\frac{95}{100}\right)}{\frac{95}{100}} \times \frac{85}{100} \right] \times 100 = \left[\frac{50}{95} + \frac{(95-50)}{95} \times 0.85 \right] \times 100$$

初沉池污泥　　　剩余污泥

$$=92.9\% = 93\%$$

5.2 物料平衡算例

【例题 5.1】 已知条件如下，试计算处理厂内 SS 物料平衡。

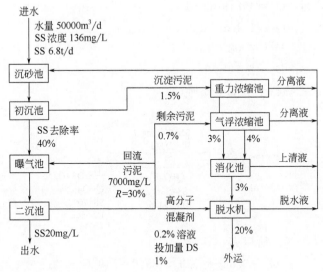

① 污泥设施 SS 的回收率

重力浓缩　80%

气浮浓缩　90%

消化　80%

脱水　90%

② 消化池

投加污泥有机成分含量　70%

消化率　50%

③ 高分子混凝剂投加量

消化污泥（DS）的 1%

溶液浓度　0.2%

【解】

由于来自于各污泥处理设施的回流水的水量、水质未知，因此在计算 SS 物料衡算时，先假设回流水为 0，水量按 2% 增加，SS 浓度按 36% 增加，反复试算，直到试算结果较为接近为止。

（1）当回流水为 0 时各池平衡计算

a. 初沉池物料平衡

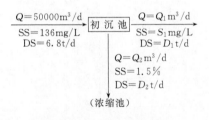

$$S_1 = 136 \times 0.6 = 82\text{mg/L}$$

$$\begin{cases} Q_1 + Q_2 = 50000 \text{ m}^3/\text{d} \\ D_1 + D_2 = 6.8 \text{ t/d} \\ D_1 = 82 \times 10^{-6} Q_1 \\ D_2 = 0.015 Q_2 \end{cases}$$

解上述方程组，得　　$Q_1 = 49819 \text{ m}^3/\text{d}$

$\qquad\qquad Q_2 = 181 \text{ m}^3/\text{d}$

$\qquad\qquad D_1 = 4.08 \text{ t/d}$

$\qquad\qquad D_2 = 2.72 \text{ t/d}$

b. 曝气池和二沉池物料平衡如下图所示：

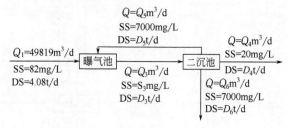

因为回流污泥为30%，所以有：

$$Q_5 = 0.3 Q_1 = 0.3 \times 48919 = 14946 \text{ m}^3/\text{d}$$

$$D_5 = 7000 \times 10^{-6} \times Q_5 = 104.62 \text{ t/d}$$

因此　　　　　　$Q_3 = Q_1 + Q_5 = 49819 + 14946 = 64765 \text{m}^3/\text{d}$

$$D_3 = D_1 + D_5 = 4.08 + 104.62 = 108.7 \text{ t/d}$$

$$S_3 = \frac{D_3}{Q_3} \times 10^6 = \frac{108.7}{64765} \times 10^6 = 1678 \text{mg/L}$$

二沉池物料平衡

$$\begin{cases} Q_4 + Q_6 = Q_3 - Q_5 = 64765 - 14946 = 49819 \text{ m}^3/\text{d} \\ D_4 + D_6 = D_3 - D_5 = 108.7 - 104.62 = 4.08 \text{ t/d} \\ D_4 = 20 \times 10^{-6} Q_4 \\ D_6 = 7000 \times 10^{-6} Q_6 \end{cases}$$

解得　　$Q_4 = 49377 \text{m}^3/\text{d}$

$\qquad Q_6 = 442 \text{m}^3/\text{d}$

$\qquad D_4 = 0.99 \text{t/d}$

$\qquad D_6 = 3.09 \text{t/d}$

c. 浓缩池物料平衡

$$D_7 = 0.8 \times 2.72 = 2.18 \text{ t/d}$$

294

$$D_8 = 0.2 \times 2.72 = 0.54 \text{ t/d}$$

$$\begin{cases} Q_7 + Q_8 = 18 \text{m}^3/\text{d} \\ D_7 = 0.03 Q_7 \\ D_8 = 10^{-6} S_8 Q_8 \end{cases}$$

解得　$Q_7 = 73 \text{m}^3/\text{d}$

$\qquad Q_8 = 108 \text{m}^3/\text{d}$

$\qquad S_8 = 5000 \text{mg/L}$

d. 气浮池物料平衡

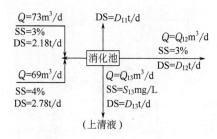

$$D_9 = 0.9 \times 3.09 = 2.78 \text{t/d}$$

$$D_{10} = 0.1 \times 3.09 = 0.31 \text{t/d}$$

$$\begin{cases} Q_9 + Q_{10} = 442 \text{m}^3/\text{d} \\ D_9 = 0.04 Q_9 \\ D_{10} = 10^{-6} S_{10} Q_{10} \end{cases}$$

解得　$Q_9 = 69 \text{m}^3/\text{d}$

$\qquad Q_{10} = 373 \text{m}^3/\text{d}$

$\qquad S_{10} = 831 \text{mg/L}$

e. 消化池物料平衡如下图所示：

$$D_{11} = (2.18 + 2.78) \times 0.7 \times 0.5 = 1.74 \text{t/d}$$

因此，物料平衡方程有：

$$\begin{cases} Q_{12} + Q_{13} = 73 + 69 = 142 \text{m}^3/\text{d} \\ D_{12} = 0.8 \times 3.22 = 0.03 Q_{12} \\ D_{13} = 0.2 \times 3.22 = 10^{-6} S_{13} Q_{13} \end{cases}$$

解得　$Q_{12} = 86 \text{m}^3/\text{d}$

$\qquad Q_{13} = 56 \text{m}^3/\text{d}$

$\qquad S_{13} = 11428 \text{mg/L}$

f. 脱水机物料平衡如下图所示：

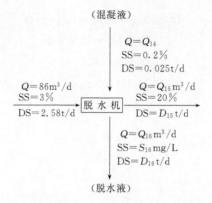

(混凝液)

$$Q_{14} = 0.025 \times 10^2 \div 0.2 = 12.5 \text{m}^3/\text{d}$$
$$D_{15} = (2.58 + 0.025) \times 0.9 = 2.34 \text{t/d}$$
$$D_{16} = (2.58 + 0.025) \times 0.1 = 0.26 \text{t/d}$$
$$\begin{cases} Q_{15} + Q_{16} = 86 + 12.5 = 98.5 \text{m}^3/\text{d} \\ D_{15} = 2.34 = 0.2Q_{15} \\ D_{16} = 0.26 = 10^{-6} S_{16} Q_{16} \end{cases}$$

解得 $Q_{15} = 12 \text{m}^3/\text{d}$

$Q_{16} = 86 \text{m}^3/\text{d}$

$S_{16} = 3023 \text{mg/L}$

以上计算结果汇总于图 5-3。

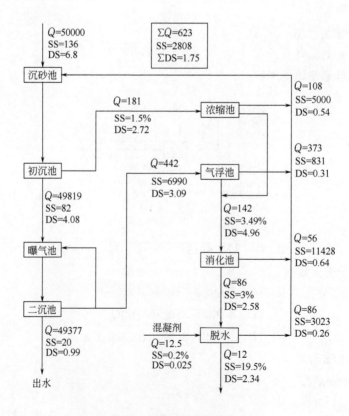

图 5-3 第一次试算结果

296

（2）反复试算最终结果

物料平衡计算结果如图 5-4 所示。

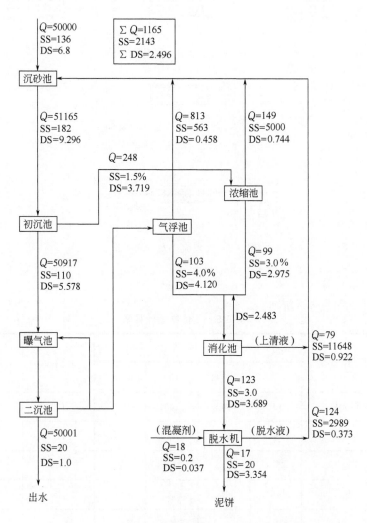

流入：污水＋混凝剂＝50000+18=50018m³/d

流出：出水＋污泥＝50001+17=50018m³/d

图 5-4　物料平衡计算结果

5.3　物料平衡计算实例

【例题 5.2】　已知条件：某污水处理厂最大日污水量 $Q=5700m^3/d$，$BOD_5=220mg/L$，$SS=170mg/L$，排放标准 $BOD_5 \leqslant 20mg/L$，$SS \leqslant 20mg/L$。污水处理采用 OD 法，污泥处理采用重力浓缩＋机械脱水方式。试对全厂污泥固体物（SS）进行物料平衡计算。

【解】

（1）处理流程

处理工艺流程及物料平衡见图 5-5。

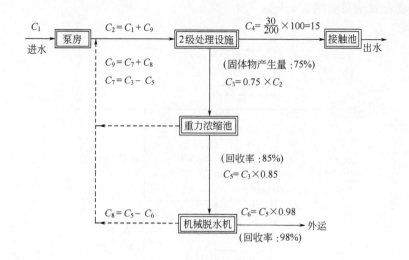

图 5-5 处理流程及物料平衡

（2）固体物量计算

固体物量计算如表 5-5 所列。

表 5-5 固体物量计算表

记 号	计 算 式	计 算 值				最 终 值	固体物量/(t/d)
		1	2	3	4		
C_1	（100）	100	100	100	100	100	0.969
C_2	C_1+C_9	100	112.5	114.1	114.3	114.3	1.108
C_3	$0.75\times C_2$	75.0	84.4	85.6	85.7	85.7	0.830
C_4	15	15	15	15	15	15	0.145
C_5	$C_3\times 0.85$	63.8	71.7	72.8	72.8	72.8	0.705
C_6	$C_5\times 0.98$	62.5	70.3	71.3	71.3	71.3	0.691
C_7	C_3-C_5	11.2	12.7	12.8	12.8	12.8	0.124
C_8	C_5-C_6	1.3	1.4	1.5	1.5	1.5	0.015
C_9	C_7+C_8	12.5	14.1	14.3	14.3	14.3	0.139

注：固体物量计算式 $5700\text{m}^3/\text{d}\times 170\text{mg/L}\times 10^{-6}\times \dfrac{\text{指数}}{100}(\text{t/d})$。

【例题 5.3】 已知条件：某污水处理厂最大日污水量 $Q=7000\text{m}^3/\text{d}$，原水水质 $\text{BOD}_5=200\text{mg/L}$，$\text{SS}=150\text{mg/L}$，排放标准 $\text{BOD}\leqslant 20\text{mg/L}$，$\text{SS}\leqslant 30\text{mg/L}$。水处理采用氧化沟法，污泥处理采用造粒浓缩设备＋机械脱水工艺。试对全厂 SS 进行物料平衡计算。

【解】

（1）处理工艺流程

处理流程及物料平衡如图 5-6 所示。

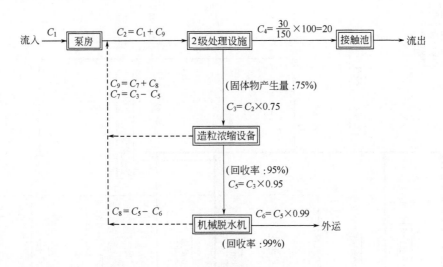

图 5-6　处理流程及物料平衡

（2）固体物（SS）物料平衡计算

固体物（SS）物料平衡计算如表 5-6 所列。

表 5-6　固体物（SS）物料平衡计算表

记 号	计 算 式	计 算 值			最 终 值	固体物/(t/d)
		1	2	3		
C_1	(100)	100	100	100	100	1.050
C_2	$C_1 + C_9$	100	104.4	104.6	104.6	1.098
C_3	$C_2 \times 0.75$	75.0	78.3	78.5	78.5	0.824
C_4	20.0	20.0	20.0	20.0	20.0	0.210
C_5	$C_3 \times 0.95$	71.3	74.4	74.6	74.6	0.783
C_6	$C_5 \times 0.99$	70.6	73.7	73.9	73.9	0.776
C_7	$C_3 - C_5$	3.7	3.9	3.9	3.9	0.041
C_8	$C_5 - C_6$	0.7	0.7	0.7	0.7	0.007
C_9	$C_7 + C_8$	4.4	4.6	4.6	4.6	0.048

注：固体物计算式　$7000 \text{m}^3/\text{d} \times 150 \text{mg/L} \times 10^{-6} \times \dfrac{\text{指数}}{100} (\text{t/d})$。

（3）水量平衡计算

水量平衡计算如图 5-7 所示。

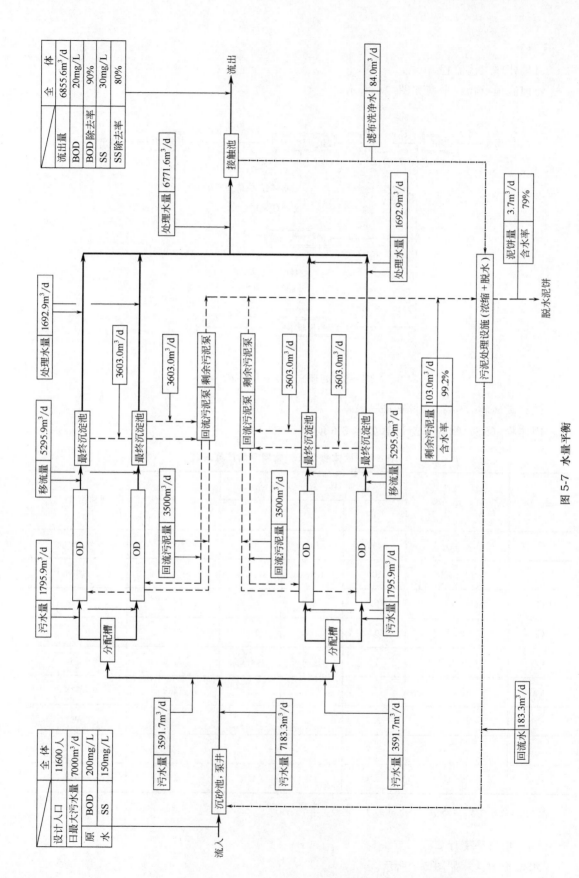

图 5-7 水量平衡

6 污水处理厂的总体布置与高程水力计算

6.1 污水处理厂的平面布置

在污水处理厂厂区内有：各处理单元构筑物；连通各处理构筑物之间的管、渠及其他管线；辅助性建筑物；道路以及绿地等。现就在进行处理厂厂区平面规划、布置时，应考虑的一般原则阐述如下。

6.1.1 污水厂平面布置原则

（1）按功能分区，配置得当

主要是指对生产、辅助生产、生产管理、生活福利等各部分布置，要做到分区明确、配置得当而又不过分独立分散。既有利于生产，又避免非生产人员在生产区通行或逗留，确保安全生产。在有条件时（尤其建新厂时），最好把生产区和生活区分开，但两者之间不必设置围墙。

（2）功能明确、布置紧凑

首先应保证生产的需要，结合地形、地质、土方、结构和施工等因素全面考虑。布置时力求减少占地面积，减少连接管（渠）的长度，便于操作管理。

（3）顺流排列，流程简捷

指处理构（建）筑物尽量按流程方向布置，避免与进（出）水方向相反安排；各构筑物之间的连接管（渠）应以最短路线布置，尽量避免不必要的转弯和用水泵提升，严禁将管线埋在构（建）筑物下面。目的在于减少能量（水头）损失、节省管材、便于施工和检修。

（4）充分利用地形，平衡土方，降低工程费用

某些构筑物放在较高处，便于减少土方，便于放空、排泥，又减少了工程量，而另一些构筑物放在较低处，使水按流程按重力顺畅输送。

（5）必要时应预留适当余地，考虑扩建和施工可能（尤其是对大中型污水处理厂）。

（6）构（建）筑物布置应注意风向和朝向

将排放异味、有害气体的构（建）筑物布置在居住与办公场所的下风向；为保证良好的自然通风条件，建筑物布置应考虑主导风向。

6.1.2 污水厂的平面布置

污水厂的平面布置是在工艺设计计算之后进行的，根据工艺流程、单体功能要求及单体平面图形进行，污水厂总平面图上应有风向玫瑰图、构（建）筑物一览表、占地面积指标表及必要的说明，比例尺一般为1：（200～500），图上应有坐标轴线或方格控制网。

a. 首先对处理构筑物和建筑物进行组合安排（可按比例剪成硬纸块）　布置时对其平面位置、方位、操作条件、走向、面积等通盘考虑；安排时应对高程、管线和道路等进行协调。

为了便于管理和节省用地、避免平面上的分散和零乱，往往可以考虑把几个构筑物和建

筑物在平面、高程上组合起来，进行组合布置。构筑物的组合原则如下。

① 对工艺过程有利或无害，同时从结构、施工角度看也是允许的，可以组合，如曝气池与沉淀池的组合、反应池与沉淀池的组合、调节池与浓缩池的组合。

② 从生产上看，关系密切的构筑物可以组合成一座构筑物，如调节池和泵房、变配电室与鼓风机房、投药间与药剂仓库等。

③ 为了集中管理和控制，有时对小型污水厂还可以进一步扩大组合范围。

构筑物间的净距离，按它们中间的道路宽度和铺设管线所需要的宽度，或者按其他特殊要求来定，一般为 5～20m。

布置管线时，管线之间及其他构（建）筑物之间，应留出适当的距离，给水管或排水管距构（建）筑物不小于 3m；给水管和排水管的水平距离，当 $d \leqslant 200mm$ 时，不应小于 1.5m，当 $d > 200mm$ 时不小于 3m。管道离建（构）筑物最小距离如表 6-1 所列。

表 6-1 管道离建（构）筑物最小距离   单位：m

项　目	建筑物	围墙和篱栅	公路边缘	高压电线杆支座	照明电讯杆柱	上水干管>300m	污水管	雨水管
上水干管>（300mm）	3～5	2.5	1.5～2	2	3	2～3	2～3	2～3
污水管	3	1.5	1.5～2	3	1.5	2～3	1.5	1.5
雨水管	3	1.5	1.5～2	3	1.5	2～3	1.5	0.8

b. 生产辅助建筑物的布置　应尽量考虑组合布置，如机修间与材料库的组合，控制室、值班室、化验室、办公室的组合等。

c. 预留面积的考虑　必要时预留生产设施的扩建用地。

d. 生活附属建筑物的布置　宜尽量与处理构筑物分开单独设置，可能时应尽量放在厂前区。应避免处理构（建）筑物与附属生活设施的风向干扰。

e. 道路、围墙及绿化带的布置　通向一般构（建）筑物应设置人行道，宽度 1.5～2.0m；通向仓库、检修间等应设车行道，其路面宽为 3～4m，转弯半径为 6m，厂区主要车行道宽 5～6m；车行道边缘至房屋或构筑物外墙面的最小距离为 1.5m。道路纵坡一般为 1%～2%，不大于 3%。

污水厂布置除应保证生产安全和整洁卫生外，还应注意美观、充分绿化，在构（建）筑物处理上，应因地制宜，与周围情况相称；在色调上做到活泼、明朗和清洁。应合理规划花坛、草坪、林荫等，使厂区景色园林化，但曝气池、沉淀池等露天水池周围不宜种植乔木，以免落叶入池。

f. 污泥区的布置　由于污泥的处理和处置一般与污水处理相互独立，且污泥处理过程卫生条件比污水处理差，一般将污泥处理放在厂区后部；若污泥处理过程中产生沼气，则应按消防要求设置防火间距。由于污泥来自污水处理部分，而污泥处理脱出的水分又要送到调节池或初沉池中，必要时，可考虑某些污泥处理设施与污水处理设施的组合。

g. 管（渠）的平面布置　在各处理构筑物之间应有连通管（渠），还应有使各处理构筑物独立运行的管（渠）。当某一处理构筑物因故停止工作时，使其后接处理构筑物，仍能够保持正常的运行，污水厂应设超越全部或部分处理构筑物的、直接排放水体的超越管。此外，还应设有给水管、空气管、消化气管、蒸汽管及输配电线路等，这些管线有的敷设在地下，但大部分在地上，对它们的安排，既要便于施工和维护管理，也要紧凑，少占用地。

A 市污水处理厂总平面图如图 6-1 所示，B 市第一污水处理厂总平面图如图 6-2 所示。

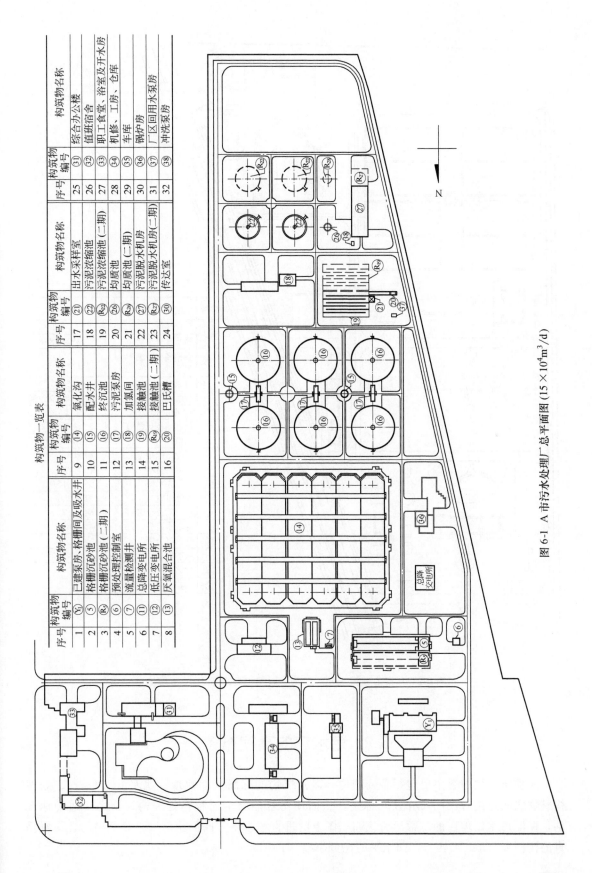

构筑物一览表

序号	构筑物编号	构筑物名称	序号	构筑物编号	构筑物名称	序号	构筑物编号	构筑物名称	序号	构筑物编号	构筑物名称
1	Y₁	已建泵房、格栅同及吸水井	9	⑭	氧化沟	17	㉑	出水采样室	25	㉛	综合办公楼
2	⑤	格栅沉砂池	10	⑮	配水井	18	㉒	污泥浓缩池	26	㉜	值班宿舍
3	R₂	格栅沉砂池（二期）	11	⑯	终沉池	19	R₂₂	污泥浓缩池（二期）	27	㉝	职工食堂、浴室及开水房
4	⑥	预处理控制室	12	⑰	污泥泵房	20	㉖	均质池	28	㉞	机修、工房、仓库
5	⑦	流量检测井	13	⑱	加氯间	21	R₂₆	均质池（二期）	29	㉟	车库
6	⑪	总降变电所	14	⑲	接触池	22	㉗	污泥脱水机房	30	㊱	锅炉房
7	⑫	低压变电所	15	R₁₉	接触池（二期）	23	R₂₇	污泥脱水机房（二期）	31	㊲	厂区回用水泵房
8	⑬	厌氧混合池	16	⑳	巴氏槽	24	㉚	传达室	32	㊳	冲洗泵房

图 6-1　A 市污水处理厂总平面图（15×10⁴m³/d）

N

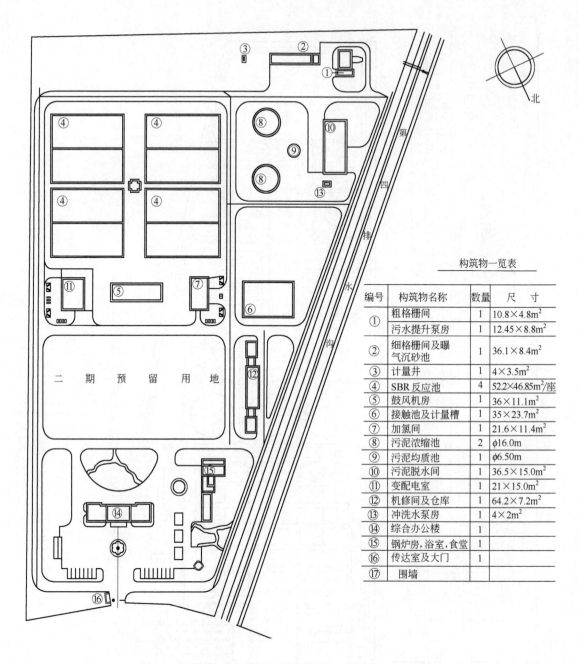

構筑物一览表

编号	构筑物名称	数量	尺　寸
①	粗格栅间	1	$10.8 \times 4.8 m^2$
	污水提升泵房	1	$12.45 \times 8.8 m^2$
②	细格栅间及曝气沉砂池	1	$36.1 \times 8.4 m^2$
③	计量井	1	$4 \times 3.5 m^2$
④	SBR反应池	4	$52.2 \times 46.85 m^2$/座
⑤	鼓风机房	1	$36 \times 11.1 m^2$
⑥	接触池及计量槽	1	$35 \times 23.7 m^2$
⑦	加氯间	1	$21.6 \times 11.4 m^2$
⑧	污泥浓缩池	2	$\phi 16.0 m$
⑨	污泥均质池	1	$\phi 6.50 m$
⑩	污泥脱水间	1	$36.5 \times 15.0 m^2$
⑪	变配电室	1	$21 \times 15.0 m^2$
⑫	机修间及仓库	1	$64.2 \times 7.2 m^2$
⑬	冲洗水泵房	1	$4 \times 2 m^2$
⑭	综合办公楼	1	
⑮	锅炉房,浴室,食堂	1	
⑯	传达室及大门	1	
⑰	围墙		

图 6-2　B市第一污水处理厂总平面图（处理量 $10 \times ^4 m^3/d$）

6.2　污水厂的高程布置

　　高程布置的内容主要包括各处理构（建）筑物的标高（如池顶、池底、水面等）、处理构筑物之间连接管渠的尺寸及其标高，从而使污水能够沿流程在处理构筑物之间通畅地流动，保证污水处理厂的正常运行。高程图上的垂直和水平方向的比例尺一般不相同，一般垂直的比例大（取 1：100），而水平的比例小些（1：500）。

6.2.1 污水厂高程布置原则

① 污水厂高程布置时，所依据的主要技术参数是构筑物高度和水头损失。在处理流程中，相邻构筑物的相对高差取决于两个构筑物之间的水面高差，这个水面高差的数值就是流程中的水头损失；它主要由三部分组成，即构筑物本身的、连接管（渠）的及计量设备的水头损失等。因此进行高程布置时，应首先计算这些水头损失，而且计算所得的数值应考虑一些安全因素，以便留有余地。

初步设计时，可按表 6-2 所列数据估算。污水流经处理构筑物的水头损失，主要产生在进口、出口和需要的跌水处，而流经处理构筑物本身的水头损失则较小。

表 6-2　污水流经各处理构筑物的水头损失

构筑物名称	水头损失/m	构筑物名称	水头损失/m
格栅	0.1～0.25	污水潜流入池	0.25～0.5
沉砂池	0.1～0.25	污水跌水入池	0.5～1.5
沉淀池		生物滤池(工作高度为2m时)	
平流	0.2～0.4	装有旋转式布水器	2.7～2.8
竖流	0.4～0.5	装有固定喷洒布水器	4.5～4.75
辐流	0.5～0.6	混合池或接触池	0.1～0.3
双层沉淀池	0.1～0.2	污泥干化场	2～3.5
曝气池			

② 考虑远期发展，水量增加的预留水头。

③ 避免处理构筑物之间跌水等浪费水头的现象，充分利用地形高差，实现自流。

④ 在计算并留有余量的前提下，力求缩小全程水头损失及提升泵站的流程，以降低运行费用。

⑤ 需要排放的处理水，常年大多数时间里能够自流排放水体。注意排放水位一定不选取每年最高水位，因为其出现时间较短，易造成常年水头浪费，而应选取经常出现的高水位作为排放水位。

⑥ 应尽可能使污水处理工程的出水管渠高程不受洪水顶托，并能自流。

⑦ 构筑物连接管（渠）的水头损失，包括沿程与局部水头损失，可按下列公式计算确定：

$$h = h_1 + h_2 = \sum iL + \sum \xi \frac{v^2}{2g} \ (\text{m}) \tag{6-1}$$

式中　h_1——沿程水头损失，m；

　　　h_2——局部水头损失，m；

　　　i——单位管长的水头损失（水力坡度），根据流量、管径和流速等查阅《给水排水设计手册》获得；

　　　L——连接管段长度，m；

　　　ξ——局部阻力系数，查阅《给水排水设计手册》获得；

　　　g——重力加速度，m/s²；

　　　v——连接管中流速，m/s。

连接管中流速一般取 0.7～1.5m/s；进入沉淀池时流速可以低些；进入曝气池或反应池时，流速可以高些。流速太低时，会使管径过大，相应管件及附属构筑物规格亦增大；流速太高时，则要求管（渠）坡度较大，水头损失增大，会增加填、挖土方量等。在确定连接管

（渠）时，可考虑留有水量发展的余地。

⑧ 计量设施的水头损失。污水处理厂中计量槽、薄壁计量堰、流量计的水头损失应通过计量设施有关计算公式、图表或者设备说明书来确定。一般污水厂进、出水管上计量仪表中水头损失可按 0.2m 计算。

6.2.2　高程布置时的注意事项

在对污水处理厂污水处理流程的高程布置时，应考虑下列事项。

① 选择一条距离最长、水头损失最大的流程进行水力计算，并应适当留有余地，以保证在任何情况下处理系统能够正常运行。

② 污水尽量经一次提升就应能靠重力通过处理构筑物，而中间不应再经加压提升。

③ 计算水头损失时，一般应以近期最大流量作为处理构筑物和管（渠）的设计流量。

④ 污水处理后应能自流排入下水道或者水体，包括洪水季节（一般按 25 年 1 遇防洪标准考虑）。

⑤ 高程的布置既要考虑某些处理构筑物（如沉淀池、调节池、沉砂池等）的排空，但构筑物的挖土深度又不宜过大，以免土建投资过大和增加施工的困难。

⑥ 高程布置时应注意污水流程和污泥流程的结合，尽量减少需提升的污泥量。污泥浓缩池、消化池等构筑物高程的确定，应注意它们的污泥能排入污水井或者其他构筑物的可能性。

⑦ 进行构筑物高程布置时，应与厂区的地形、地质条件相联系。当地形有自然坡度时，有利于高程布置；当地形平坦时，既要避免二沉池埋入地下过深，又应避免沉砂池在地面上架得很高，这样会导致构筑物造价的增加，尤其是地质条件较差、地下水位较高时。

6.3　污水厂高程流程中水力计算

为了使污水和污泥能在各处理构筑物之间通畅流动，以保证处理厂正常运行，必须进行高程布置，以确保各处理构筑物、泵房以及各连接管渠的高程；同时计算确定各部分水面标高。

污水厂高程水力计算时，应选择一条距离最长、损失最大的流程，并按最大设计流量计算。水力计算常以接受处理后污水水体的最高水位作为起点，逆污水流程向上倒推计算，以使处理后的污水在洪水季节也能自流排出，而水泵需要的扬程则较小，运行费用也较低。但同时应考虑土方平衡，并考虑有利排水。

污水厂污水的水头损失主要包括：水流经过各处理构筑物的水头损失；水流经过连接前后两构筑物的管渠的水头损失，包括沿程损失与局部损失；水流经过量水设备的损失。

6.3.1　污水高程水力计算

6.3.1.1　各处理构筑物的水头损失计算

（1）格栅水头损失计算

$$h_f = k h_0 \tag{6-2}$$

$$h_0 = \xi \frac{v^2}{2g} \sin\alpha \tag{6-3}$$

式中　h_f——过栅水头损失，m；

　　　　h_0——计算水头损失，m；

g——重力加速度，$9.81\mathrm{m/s}^2$；

k——系数，格栅受污物堵塞后，水头损失增大的倍数，一般 $k=3$；

ξ——阻力系数，与栅条断面形状有关，$\xi=\beta\,(s/e)^{4/3}$，其中，当为矩形断面时，$\beta=2.42$；s 为格条宽度，mm；e 为栅条净间隙，粗格栅 $e=50\sim100\mathrm{mm}$，中格栅 $e=10\sim40\mathrm{mm}$，细格栅 $e=3\sim10\mathrm{mm}$；

v——过栅流速，m/s，最大设计流量时为 $0.8\sim1.0\mathrm{m/s}$，平均设计流量时为 $0.3\mathrm{m/s}$。

（2）集水槽水头损失计算

集水槽系平底，且为均匀集水、自由跌落水流，故按下列公式计算：

$$B=0.9Q^{0.4} \tag{6-4}$$

$$h_0=1.25B \tag{6-5}$$

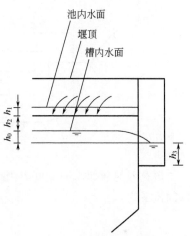

式中　Q——集水槽设计流量，为确保安全常对设计流量乘以 $1.2\sim1.5$ 的安全系数，m^3/s；

B——集水槽宽，m；

h_0——集水槽起端水深（m），则集水槽水头损失为：

$$h_f=h_1+h_2+h_0 \tag{6-6}$$

式中　h_f——集水槽水头损失，m；

h_1——堰上水头，m；

h_2——自由跌落水头，m；

h_0——集水槽起端水深，m，如图 6-3 所示。

图 6-3　集水槽水头损失计算示意

h_1—F 堰上水头；

h_2—自由跌落；

h_0—集水槽起端水深；

h_3—总渠起端水深

（3）堰流损失计算

堰是一种流量计量工具，在污水处理工程中，常采用的堰有薄壁三角堰、矩形堰及可调节堰。在水处理构筑物中，出流堰还具有控制出水流量和出水水质稳定的作用。堰的使用和计算因用途、堰上水深不同而 R 不同。

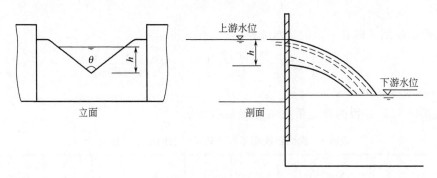

图 6-4　薄壁三角堰

a. 三角堰　堰的缺口为三角形的称为三角堰，图 6-4 为三角堰，当 $\theta=90°$ 时，称为直角三角薄壁堰。污水厂通常采用自由出流的非淹没薄壁堰，其流量公式为：

当 $h=0.021\sim0.200\mathrm{m}$ 时

$$Q=1.4h^{5/2}(\mathrm{m}^3/\mathrm{s}) \tag{6-7}$$

当 $h=0.301\sim0.350$ m 时

$$Q=1.343h^{2.47}(\text{m}^3/\text{s}) \tag{6-8}$$

当 $h=0.201\sim0.300$ m 时

$$Q=\frac{1}{2}(1.4h^{2.5}+1.343h^{2.47})(\text{m}^3/\text{s}) \tag{6-9}$$

式中　h——堰上水头，m;

　　　Q——过堰流量，m^3/s。

b. 矩形堰

① 不淹没式矩形堰（即当堰后水深 H_0 小于堰壁高度 P 时）如图 6-5 所示。

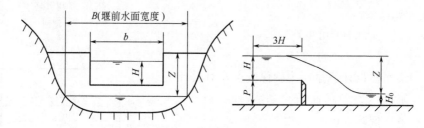

图 6-5　不淹没式矩形堰

堰宽 b 与堰前水面宽度 B 相等，则称无侧面收缩；若 $b<B$，称为有侧面收缩。通过堰口的流量为：

$$Q=mb\sqrt{2g}H^{3/2}(\text{m}^3/\text{s}) \tag{6-10}$$

式中　b——堰宽，m;

　　　H——堰上水头，m;

　　　g——重力加速度，$9.81\text{m}^2/\text{s}$;

　　　m——流量系数。m 可按下列三种情况计算。

当无侧面收缩，且来水流速小得可忽略不计时：

$$m=0.405+\frac{0.0027}{H} \tag{6-11}$$

式中　H——堰上水头，m。

当无侧面收缩，但有显著的来水流速时：

$$m=\left[0.405+\frac{0.0027}{H}\right]\left[1+0.55\frac{H^2}{(H+P)^2}\right] \tag{6-12}$$

式中　P——堰壁高度，m。

根据式(6-12)算得的流量系数 m 值做成表 6-3。

表 6-3　无侧面收缩不淹没式矩形堰的流量系数 m 值

堰上水头 H/m ＼ 堰高	0.2	0.3	0.4	0.5	0.6	0.8	1.0	1.5	2.0	∞
0.05	0.469	0.464	0.462	0.461	0.461	0.460	0.460	0.459	0.459	0.459
0.06	0.463	0.457	0.454	0.453	0.452	0.451	0.451	0.450	0.450	0.450
0.08	0.458	0.449	0.446	0.443	0.442	0.441	0.440	0.439	0.439	0.439
0.10	0.458	0.447	0.442	0.439	0.437	0.435	0.434	0.433	0.433	0.432
0.12	0.461	0.447	0.440	0.436	0.434	0.432	0.430	0.429	0.428	0.428

堰高 堰上水头 H/m	0.2	0.3	0.4	0.5	0.6	0.8	1.0	1.5	2.0	∞
0.14	0.464	0.448	0.440	0.436	0.433	0.430	0.428	0.426	0.425	0.424
0.16	0.468	0.450	0.441	0.436	0.432	0.428	0.426	0.424	0.423	0.422
0.18	0.472	0.453	0.442	0.436	0.432	0.428	0.425	0.423	0.422	0.420
0.20	0.476	0.455	0.444	0.437	0.433	0.428	0.425	0.422	0.420	0.419
0.22	0.480	0.459	0.446	0.439	0.434	0.428	0.425	0.421	0.420	0.417
0.24	0.484	0.462	0.443	0.440	0.435	0.428	0.425	0.421	0.419	0.416
0.26	0.488	0.467	0.451	0.442	0.436	0.429	0.425	0.420	0.418	0.415
0.28	0.492	0.468	0.453	0.444	0.438	0.430	0.426	0.420	0.418	0.415
0.30	0.496	0.471	0.456	0.446	0.439	0.431	0.426	0.420	0.418	0.414
0.35		0.479	0.462	0.451	0.444	0.434	0.428	0.421	0.418	0.413
0.40		0.486	0.468	0.457	0.448	0.437	0.430	0.422	0.418	0.412
0.45		0.492	0.474	0.462	0.452	0.440	0.433	0.423	0.419	0.411
0.50		0.499	0.480	0.467	0.457	0.444	0.436	0.425	0.419	0.410
0.60			0.491	0.472	0.466	0.451	0.441	0.428	0.421	0.410
0.70			0.500	0.485	0.474	0.458	0.447	0.432	0.421	0.409

当有侧面收缩时：

$$m=\left[0.405+\frac{0.0027}{H}-0.03\frac{(B-b)}{B}\right]\times\left[1+0.55\left(\frac{b}{B}\right)^2\frac{H^2}{(H+P)^2}\right] \tag{6-13}$$

式中 b——堰宽，m；

B——堰前水面宽度，m；

其余符号意义同前。

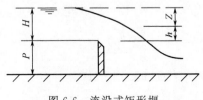

图 6-6　淹没式矩形堰

② 淹没式矩形堰，如图 6-6 所示。

无侧面收缩不淹没式矩形堰的流量系数 m 值，如表 6-3 所列。

同时满足下列两条件即为淹没堰：

落差小于堰上水头，即 $Z<H$；

相对落差小于其临界值，即 $Z/P<(Z/P)_e$。

相对落差的临界值 $(Z/P)_e$ 取决于相对水头 H/P 值，见表 6-4。

表 6-4　$(Z/P)_e$ 与 H/P 的关系

H/P	0.00	0.25	0.5	0.75	1.00	1.25	1.50	1.75	2.00	2.25	2.50	2.75	3.00
$(Z/P)_e$	1.00	0.80	0.72	0.68	0.66	0.66	0.67	0.69	0.70	0.73	0.76	0.80	0.85

通过堰口的流量为：

$$Q=m\delta b\sqrt{2g}H^{3/2}\,(\text{m}^3/\text{s}) \tag{6-14}$$

$$\delta=1.05\left(1+0.2\frac{h}{P}\right)\sqrt[3]{\frac{Z}{P}} \tag{6-15}$$

式中 δ——淹没系数；

Z——落差（堰前后的水头差），m；

P——堰壁高度，m；

m、b、g——见式(6-10)；

H、h——见图6-6。

c. 可调节堰

$$Q=C\times\sqrt{2g}\times b\times H^{3/2}(\text{m}^3/\text{s})\tag{6-16}$$

式中　Q——过堰流量，m³/s；

b——堰长，m；

H——堰上水头，m；

C——自由出流流量系数，可按下列不同情况分别取值。当调节堰位于低位时（见图6-7）：$C\times\sqrt{2g}=1.69$

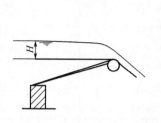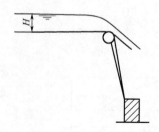

图 6-7　调节堰位于低位　　图 6-8　调节堰位于高位

当调节堰位于高位时（见图6-8）：$C\times\sqrt{2g}=2.00$

当调节堰转到"相反"方向，位于低位时（见图6-9）：$C\times\sqrt{2g}=1.55$

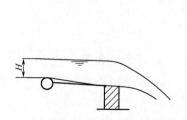

图 6-9　调节堰转到相反方向（低位）　　图 6-10　调节堰转到相反方向(高位)

当调节堰转到"相反"方向，位于高位时（见图6-10）：$C\times\sqrt{2g}=1.77$

（4）处理构筑物中集、配水渠道的水头损失计算

在污水处理工程中，为配合各处理构筑物的正常运行，需要修建一些集水、配水渠道以及集配水设备，它们的水头损失主要为局部水头损失。这些设施的种类有多种，但损失主要包括堰流损失、进口损失及出口损失。

a. 堰流损失

$$h_f=H+h\tag{6-17}$$

式中　h_f——堰流局部水头损失，m；

H——堰前水头，m；

h——跌落水头，m。

b. 进口损失

$$h_f = \xi \frac{v^2}{2g} \qquad (6\text{-}18)$$

式中 h_f——局部水头损失，m；

ξ——局部阻力系数；

v——水流流速，m/s；

g——重力加速度，m/s²。

对于不同的连接方式，局部阻力系数也不尽相同。如图 6-11 所示。

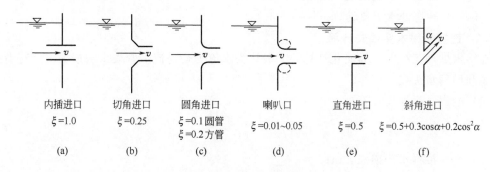

| 内插进口 | 切角进口 | 圆角进口 | 喇叭口 | 直角进口 | 斜角进口 |

$\xi=1.0$ $\qquad$ $\xi=0.25$ $\qquad$ $\xi=0.1$圆管 $\quad$ $\xi=0.01\sim0.05$ $\quad$ $\xi=0.5$ $\quad$ $\xi=0.5+0.3\cos\alpha+0.2\cos^2\alpha$
$\xi=0.2$方管

(a) $\qquad$ (b) $\qquad$ (c) $\qquad$ (d) $\qquad$ (e) $\qquad$ (f)

图 6-11 局部阻力系数

c. 出口损失

$$h_f = \frac{v^2}{2g} \qquad (6\text{-}19)$$

式中 符号意义同前。

（5）沉淀池整流配水花墙水头损失计算

沉淀池是污水处理厂主要构筑物之一，通常在沉淀池入口设置多孔整流墙，使污水均匀分布，有孔整流墙上的开孔总面积为池横断面积的 6%～20%，污水流经整流配水花墙会产生水头损失。

沉淀池进水设计流量为 Q，沉淀池横断面为 ω，有孔整流墙的开孔率 a，则孔内流速为：

$$v = \frac{Q}{\omega a} \qquad (6\text{-}20)$$

那么整流配水花墙水头损失为：

$$h_f = mn\xi \cdot \frac{v^2}{2g} \qquad (6\text{-}21)$$

式中 h_f——局部水头损失，m；

m——孔口收缩值，在 2.52～2.44 间取值；

n——孔的个数；

ξ——局部阻力系数；

v——孔内流速，m/s；

g——重力加速度，m/s²。

（6）消毒池水头损失计算

消毒池内水头损失包括沿程水头损失及弯管水头损失，其计算水头公式可采用：

$$h_f = n\xi \frac{v_0^2}{2g} + \frac{v_n^2}{C^2 R_n} L_n \qquad (6\text{-}22)$$

式中 h_f——总水头损失，m；

ξ——隔板转弯处的局部阻力系数，往复式隔板取 3，回转式隔板取 1（与转弯角度有关）；

n——水流转弯次数；

L_n——该段廊道总长度，m；

C——谢才系数，其值计算见式(6-24)；

R_n——该廊道过水断面水力半径，m；

v_n——廊道中水流流速，m/s；

v_0——转弯处水流流速，m/s。

6.3.1.2 连接管渠水头损失计算

在污水处理工程中，为简化计算，一般认为水流为均匀流。管渠水头损失主要有沿程水头损失和局部水头损失。

（1）沿程水头损失计算

$$h_f = \frac{v^2}{C^2 R} \cdot L \tag{6-23}$$

式中 h_f——沿程水头损失，m；

L——管段长，m；

R——水力半径，m；

v——管内流速，m/s；

C——谢才系数。

C 值一般按曼宁公式来计算：

$$C = \left(\frac{1}{n}\right) R^{1/6} \tag{6-24}$$

式中 n——管壁粗糙系数，该值根据管渠材料而定，见表 6-5。

表 6-5 排水管渠管壁粗糙系数表

管 渠 种 类	n 值	管 渠 种 类	n 值
陶土管、铸铁管	0.013	浆砌砖渠道	0.015
混凝土和钢筋混凝土管水泥砂浆抹面渠道	0.013~0.014	浆砌块石渠道	0.017
塑料管		干砌块石渠道	0.020~0.025
石棉水泥管、钢管	0.012	土明渠(带或不带草皮)	0.020~0.030

对于不同材质的绝对粗糙系数 k，谢才系数 C 亦可按下式计算。

$$C = \frac{25.4}{k^{1/6}} \ (\text{m}^{1/3}/\text{s}) \tag{6-25}$$

常用材料计算结果如表 6-6 所列。

表 6-6 排水管渠谢才系数 C 值

管 渠 种 类	绝对粗糙系数 k/m	谢才系数 C/(m$^{1/3}$/s)	管 渠 种 类	绝对粗糙系数 k/m	谢才系数 C/(m$^{1/3}$/s)
混凝土渠道	0.0025	70	离心法铸造的混凝土管道	0.0005	90
普通混凝土管道	0.0015	75	镀锌钢管	0.00035	95
表面光滑混凝土管道	0.0010	80	PVC-管道	0.00025	100

（2）局部水头损失计算

局部水头损失主要包括不同管径的连接处的水头损失、闸门水头损失以及弯管的水头损失，其计算公式为：

$$h_f = \xi \frac{v^2}{2g} \tag{6-26}$$

式中　h_f——局部水头损失，m；

　　　ξ——局部阻力系数可参考《给水排水设计手册》取值；

　　　v——管内流速，m/s；

　　　g——重力加速度，m/s^2。

（3）连接管渠设计参数规定

a. 明渠连接设计流速规定　为防止污水中悬浮物及活性污泥在渠道内沉淀，污水在明渠内必须保持一定的流速。在最大流量时，流速为 1.0~1.5m/s；在最小流量时，流速为 0.4~0.6m/s。

b. 连接管道设计规定

① 连接管道设计采用污水量标准见表 6-7。

表 6-7　连接管道设计污水量

连 接 管 道	设 计 污 水 量
提升泵出口～初沉池	分流到下水道：最大时污水量 合流到下水道：雨天设计污水量
初沉池～反应池	最大时污水量
反应池～二沉池	最大时污水量＋回流污泥量
二沉池～排放口	最大时污水量

② 平均流速为 0.6~1.0m/s。流速过小，易沉淀；流速过大，水头损失增大，增加水泵扬程，不经济。需要注意的是，从反应池到二沉池之间的连接管道，为防止活性污泥沉淀以及破碎，流速宜为 0.6m/s 左右。

③ 连接管道可采用钢筋混凝土管或铸铁管道等。

④ 连接管道尽可能短，且不能迂回。初沉池、反应池、二沉池等主要处理单元之间的连接管道尽可能设置成复数，以保证安全运行。

6.3.1.3　计量设备的水头损失计算

大污水处理厂中，测量进、出水水量的设备是必不可少的。计量设备一般安装在沉砂池与初次沉淀池之间的渠道上或者处理厂总出水管渠上。常见的计量设备有电磁流量计、巴式计量槽和淹没式薄壁堰装置。

非淹没式薄壁堰流量计算可参考本章前述。巴式计量槽在自由流的条件下，计量槽的流量按下列公式计算：

$$Q = 0.372b(3.28H_1)^{1.569b^{0.026}} \tag{6-27}$$

式中　Q——过堰流量，m^3/s；

　　　b——喉宽，m；

　　　H_1——上游水深，m。

对于巴式计量槽只考虑跌落水头。

巴式计量槽的精确度可达 $95\%\sim98\%$，其优点是水头损失小，底部洗刷力大，不易沉积杂物。但对施工技术要求高，施工质量不好会影响量测精度。为保证施工质量，国外通常采用预制好的搪瓷或不锈钢衬里，在现场埋置于钢筋混凝土槽内，使用效果良好。计量槽颈部有一较大坡底的底（$i=0.375$），颈部后的扩大部分则具有较大的反坡；当水流至颈部时产生临界水深的急流，而当流至后面的扩大部分时，便产生水跃。因此，在所有其他条件相同时，水深仅随流量而变化。量得水深后，便可按有关公式求得其流量。如图6-12所示，巴氏计量槽主要部位尺寸：

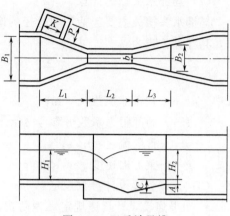

图 6-12　巴氏计量槽

$$L_1=0.5b+1.2\ \text{（m）}$$
$$L_2=0.6\ \text{（m）}$$
$$L_3=0.9\ \text{（m）}$$
$$B_1=1.2b+0.48\ \text{（m）}$$
$$B_2=b+0.3\ \text{（m）}$$

式中　b——喉宽，m；

　　　H_1——上游水深，m。

不同喉宽（b值）的流量计算公式列于表6-8。

表 6-8　不同喉宽 b 的流量计算公式

喉宽 b/m	计算公式/(m^3/s)	喉宽 b/m	计算公式/(m^3/s)
0.15	$Q=0.329H_1^{1.494}$	0.60	$Q=1.406H_1^{1.549}$
0.20	$Q=0.445H_1^{1.505}$	0.75	$Q=1.777H_1^{1.558}$
0.25	$Q=0.562H_1^{1.514}$	0.90	$Q=2.152H_1^{1.566}$
0.30	$Q=0.680H_1^{1.522}$	1.00	$Q=2.402H_1^{1.570}$
0.40	$Q=0.920H_1^{1.533}$	1.25	$Q=3.036H_1^{1.579}$
0.50	$Q=1.162H_1^{1.542}$	1.50	$Q=3.676H_1^{1.587}$

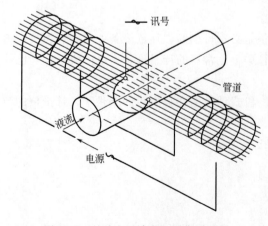

图 6-13　电磁流量计变送器作用原理

电磁流量计是根据法拉第电磁感应原理量测流量的仪表，由电磁流量变送器和电磁流量转换器组成；前者安装于需量测的管道上（见图6-13），当导电液体流过变送器时，切割磁力线而产生感应电势，并以电讯号输至交换器进行放大、输出。由于感应电势的大小仅与流体的平均流速有关，因而可测得管中的流量。电磁流量计可与其他仪表配套，进行记录、指示、计算、调节控制等。其优点为：(a)变送器结构简单可靠，内部无活动部件，维护清洗方便；(b)压力损失小，不易堵塞；(c)量测精度不受被测污水各项物理参数的影响；(d)无机械惯性，反应灵敏，可量测脉动流量；(e)安装方便，无严格的前置直管段的要求。

计量流体通过电磁流量计的水头损失时，可参见图6-14所示的曲线图。计算时，可先计算出 d/D 的直径化，然后从图上找出对应于流速（从缩径的下游）和 d/D 比的压力损失。

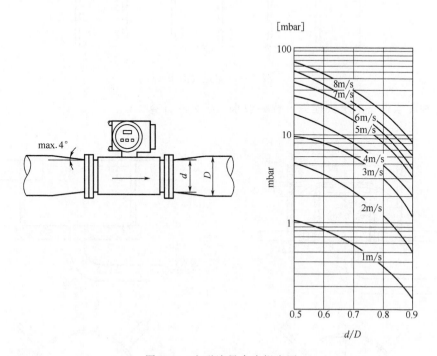

图 6-14　电磁流量水头损失图

6.3.1.4　配水设施形式及水头损失计算

污水处理厂各处理单元设施的均匀配水（泥）是工艺设计的重要内容之一。只有配水（泥）均匀，才能使处理单元达到理想的处理效果，也是保证污水处理厂正常运行的基本条件之一。配水设施有以下几种形式。

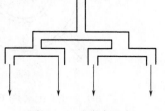

① 图6-15所示配水方式可用于明渠或暗管，构筑物数目不超过4座，否则，层次过多，管线占地过大。这种配水形式必须完全对称。

图 6-15　对称式配水

② 当污水厂的规模较大时，构筑物的数目较多，往往采用配水渠道向一侧进行配水的方式。如图6-16所示。

在这种情况下，由于配水渠道很长，渠中水面坡降可能很大，而渠道终端又可能出现壅水，故配水很难均匀。解决的办法是适当加大配水渠道断面，使其中水流流速小于0.3m/s，以降低沿程水头损失，这样，渠中水面坡降极小，较易达到均匀配水的目的。为了避免渠中出现沉淀，可在渠底设曝气管搅动。对于大中型污水厂，此种配水方式更为适用。

③ 为了均匀配水，辐流沉淀池一般采用如图6-17及图6-18所示中心配水井，前者水头损失较大，但配水均匀度较高。

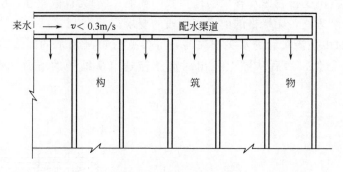

图 6-16　渠道式配水

④ 各种配水设备的水头损失可按一般水力学公式计算。

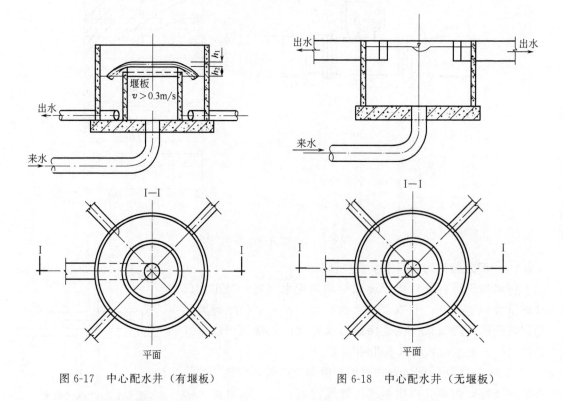

图 6-17　中心配水井（有堰板）　　　图 6-18　中心配水井（无堰板）

6.3.2　污泥处理流程高程计算

在污水处理厂中，经沉淀或处理后的污泥经污泥管道流动，所以应计算污泥流动中水头损失，进而计算污泥处理流程高程。污泥高程计算顺序与污水相同，即从控制性标高点开始。

污泥在管道中水头损失包括沿程水头损失和局部水头损失。由于目前有关污泥水力特征研究还不够，因此污泥管道水力计算主要是采用经验公式或实验资料。

（1）污泥的水力特性

通常污泥都用管道输送。污泥的水力特性与含水率有直接关系，当含水率为 99%～99.5% 时，污泥在管道中的水力特性与污水相似；当含水率为 90%～92% 时，与污水相比水头损失增加很多；当污泥管径为 100mm 和 150mm 时，污泥管道的水头损失是污水管的 6～8 倍。在污泥含水率一定的情况下，污泥中固体的相对密度越小，则污泥的黏度越大。污泥的黏度与污泥浓度以及挥发物的含量成正比，与温度成反比。而它与流速的关系比较复杂：当污泥在管道内以低流速（1.0～1.5m/s）流动时，处于层流状态，污泥黏度大，流动阻力比水大；当流速增至 1.5m/s 以上时，处于紊流状态，流动阻力比水小。在设计输泥管道时，应采用较大流速，使污泥处于紊流状态。

（2）污泥管道水力计算

a. 重力输泥管道　设计坡度采用 0.01～0.02。

b. 压力流管道　根据污泥含水率以及管径的不同，一般采用如表 6-9 所列的最小设计流速。

表 6-9　压力输泥管道最小设计流速

污泥含水率 /%	最小设计流速		污泥含水率 /%	最小设计流速	
	管径 150～200mm	管径 300～400mm		管径 150～200mm	管径 300～400mm
90	1.5	1.6	95	1.0	1.1
91	1.4	1.5	96	0.9	1.0
92	1.3	1.4	97	0.8	0.9
93	1.2	1.3	98	0.7	0.8
94	1.1	1.2			

当污泥在紊流流动时沿程水头损失按下式计算：

$$h_f = 6.82 \left(\frac{L}{D^{1.17}} \right) \left(\frac{v}{C_H} \right)^{1.85} \tag{6-28}$$

式中　C_H——海森-威廉系数，其值与污泥浓度有关，见表 6-10。

表 6-10　污泥浓度与 C_H 值的关系

污泥浓度/%	C_H	污泥浓度/%	C_H	污泥浓度/%	C_H
0	100	4	61	8.5	32
2	81	6	45	10.1	25

污泥管道的局部水头损失用下式计算：

$$h_f = \xi \frac{v^2}{2g} \tag{6-29}$$

式中　h_f——局部水头损失，m；

ξ——局部阻力系数，见表 6-11 及表 6-12。

表 6-11　各种管件局部阻力系数

管件名称	局部阻力系数 ξ 值		
	水	含水率 98% 污泥	含水率 96% 污泥
承插接头	0.4	0.27	0.43
三通	0.8	0.60	0.73
90°弯头	1.46($r/R=0.9$)	0.85($r/R=0.7$)	1.14($r/R=0.8$)
四通		2.5	

表 6-12　各种阀门的局部阻力系数

h/d	局部阻力系数 ξ 值		h/d	局部阻力系数 ξ 值	
	水	含水率96%污泥		水	含水率96%污泥
0.9	0.93	0.04	0.5	2.03	2.57
0.8	0.05	0.12	0.4	5.27	6.30
0.7	0.20	0.32	0.3	11.42	13.0
0.6	0.70	0.90	0.2	28.70	27.7

【例题 6.1】　已知初次沉淀污泥含水率为 96%，污泥管径 $D=0.2m$，输送距离 $L=50m$，管内污泥流速 $v=2.5m/s$。试求污泥输送管道中的水头损失。

【解】　污泥在管中流速 $v=2.5m/s>1.5/s$，故污泥在管道中流动状态为紊流。由含水率 $P=96\%$，查表 6-10 得 $C_H=61$，则

$$h_f=6.82\left(\frac{L}{D^{1.17}}\right)\left(\frac{V}{C_H}\right)^{1.85}=6.82\left(\frac{50}{0.2^{1.17}}\right)\left(\frac{2.5}{61}\right)^{1.85}=6.08m$$

（3）污泥提升设备

污泥提升应根据污泥种类不同选择不同的泵型。各种污泥应用的提升设备见表 6-13。

表 6-13　污泥泵的选择

污　泥　种　类	优先选择的泵型
初沉污泥	隔膜泵，柱塞泵，螺杆泵，无堵塞离心泵
活性污泥	离心泵，螺旋泵，潜污泵，混流泵，空气提升泵
浓缩污泥	隔膜泵，柱塞泵，无堵塞离心泵
消化污泥	柱塞泵，无堵塞离心泵，螺杆泵
浮渣	隔膜泵，柱塞泵，带破碎装置的潜污泵
脱水滤饼	带破碎装置的隔膜泵，皮带运输机

另外，污泥倒虹吸管水头损失采用下列公式：

$$h=\left(h_f+\sum\xi\frac{v^2}{2g}\right)e \tag{6-30}$$

式中　h——倒虹吸管水头损失，m；

　　　h_f——倒虹吸管沿程水头损失，m；

　　　$\sum\xi$——所有管件的局部阻力系数之和；

　　　v——管内流速，m/s；

　　　e——安全系数，一般为 1.05～1.15。

污泥管道的水头损失也按清水计算，乘以比例系数。这种方法最为简便，按照污泥流量及选用的设计流速，即可计算水头损失、选定管径，设计流速一般为 1～1.5m/s；当污泥管道较长时，为了不使水头损失过大，一般采用 1.0m/s。污泥含水率大于 98% 时，其污泥流速均大于临界流速，污泥管道的水头损失可定为清水的 2～4 倍。丹麦 kruger 公司设计指南中对污泥管道的计算是这样规定的：污泥管道的水头损失，可按输水管道水头损失计算，再依不同类型的污泥和干物质含量增加一定的百分数，对于干物质含量为 1%～4% 的初沉池污泥，水失损失增加 100%～150%；对于干物质含量为 0.1%～0.4% 的活性污泥，水头损失增加 50%～100%。

6.4 污水厂高程布置设计实例

6.4.1 实例 1 某城市污水处理高程水力计算

某城市污水处理厂工程为国外贷款项目，主要设备及工艺技术为引进，污水处理采用 DE 型氧化沟工艺，污泥采用重力浓缩后进行机械脱水。工程建设分两期进行，处理厂的设计负荷如下。

6.4.1.1 污水系统高程水力计算

一期工程

日流量（旱季 dwf）：150000m³/d

小时流量（高峰值 Pf）：8250m³/h（2.292m³/s）

污泥回流量（最大值）

即 100% 的小时流量（8250m³/h）=2.292m³/s

二期工程

日流量（旱季 dwf）：300000m³/d

小时流量（旱季高峰值 pdwf）：16500m³/h（4.584m³/s）

雨季高峰流量（PWWf）：22500m³/h

格栅、沉砂池前溢流水量：22500－16500=6000m³/h

污泥回流量（最大值）

即 100% 的小时流量（16500m³/h）：4.584m³/s

一期工程各构筑物的水位标高，根据水力计算确定，计算时考虑二期工程的水力负荷。

一、二期工程建造的构筑物，其高峰流量均为 8250m³/s。

依据远期扩建计划，选择池和氧化沟按二期工程最大负荷 16500m³/h＋100% 污泥回流量确定。

巴氏计量槽和出水管道按二期工程最大负荷 16500m³/h 设计。

一期工程、二期工程建造的终沉池、配水井均按同一标高设计，这意味着按最远（水流线最长）的终沉池进行水力计算。

一期工程各构筑物和管线的水力高程（水力负荷条件也与二期工程相匹配）按倒推计算，即起点为接纳水体——浍河。

（1）接纳水体 浍河—巴氏计算槽

WL_0（浍河最高洪水位）：396.87m

出水管：$DN1800$，钢筋混凝土管道

管底坡度：$i=0.003$

管长度：约 30m

流量：$Q_1=16500m³/h=4.584m³/s$

$L_1=$排出管出口管底标高：396.87m

$L_2=$排出管进口管底标高：396.96m

可编程序控制器计算（PLC）如表 6-14 所列。

表 6-14　可编程序控制器计算（PLC）

名　　称		污水处理厂			命 令 号
Node	说明	底标高/m	水力坡度高/m	流量/(m³/s)	流体分类：水
1		0.090	1.219	4.583	温度：10℃
2		0.000	1.196	4.583	固体量(%)：0.0
					因素：1.0

管长/m			表面粗糙度/mm		0.500
管型：1＝圆管		30000	底坡/‰		3.000
2＝矩形		1	深度 1/m		1.129
3＝V形管		1800,0	深度 2/m		1.196
管径/宽度/mm		0,0	水力坡度线变化值/m		－0.023
高度(矩形管)/mm					

　　计算工况点：正常深度＝1.185m，而临界水深＝1.087m，管中水为非满流，自由出流至 浥河。虽然正常水深 1.185m＞临界水深，但已非常接近于水跃发生极限点。

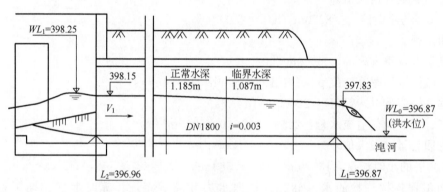

图 6-19　浥河-巴氏计量槽水力高程

　　流速 V_1 计算：

$$A＝\pi/4×1.8^2＝2.55\text{m}^2$$

$$R＝1.8/4＝0.45\text{m}$$

$$I＝0.003＝(V_{满流}/80×0.45^{0.687})2→V_{满流}＝2.57\text{m/s}$$

　　正常水深/管径＝1.185/1.8＝0.658→$V_1/V_{满流}＝V_1/2.57＝0.97$（见图 6-19）

$$V_1＝2.49\text{m/s}$$

$WL_1＝$巴氏计量槽下游水面标高(L_2)396.96＋(正常水深)1.185＋(管道进口)0.30×$V_1/2g$
　　＝398.25m

　　（2）巴氏计量槽→加氯接触池

$$V_2＝渠道下游端流速＝4.584/3.25＝1.4\text{m/s}$$

　　巴氏喉管是由不锈钢制作，并浇铸于巴氏计量槽中。巴氏计量槽水力高程如图 6-20 所示。

$$L_3（根据巴氏槽几何尺寸）＝L_5－0.076＝397.374\text{m}$$

$$L_4（根据巴氏槽几何尺寸）＝L_5－0.0229＝397.221\text{m}$$

$$L_5（固定值）＝397.450\text{m}$$

$$渠道宽度＝2700\text{mm}$$

$$B＝巴氏槽喉管宽度＝50英寸＝1270\text{mm}$$

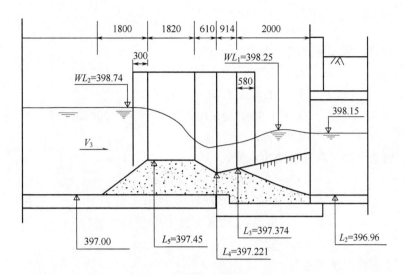

图 6-20　巴氏计量槽水力高程

$$Q_1(\text{L/s}) = 371.6 \times B(\text{m}) \times (3.28 \cdot H)^{1.57} \times B^{0.026}(\text{m})$$

$$4587 = 371.6 \times 1.27 \times (3.281 \times H) \times 1.57 \times 1.27^{0.026}$$

则 $\qquad\qquad\qquad H = 1.2853 \approx 1.29\text{m}$

（一期工程：$Q = 2.292\text{m/s}$，$H = 0.80\text{m}$）

$$\text{淹没度} = H_b/H = (398.25 - 397.45)/1.29 = 0.62 < 0.7$$

则可以满足自由出流。

$$WL_2 = \text{巴氏计量槽上游水面标高} = L_5 + H = 397.45 + 1.29 = 398.74\text{m}$$

$$V_3 = \text{巴氏槽上游渠中流速} = 4.584/[(398.74 - 397.00) \times 2.70] = 0.98\text{m/s}$$

$$WL_3 = \text{加氯接触池出水堰下游水面标高}$$

能量方程式：

$$WL_3 + 0.0^2/2g = WL_2 + 0.98^2/2g + \Delta H(\text{渠道等约为}0.10\text{m})$$

$$WL_3 = 398.74 + 0.05 + 0.10 = 398.89\text{m}$$

$$L_5 = \text{加氯接触池出水堰堰顶标高} = WL_3 + \text{自由落水到}WL_3 = 398.89 + 0.05 = 398.94\text{m}$$

堰长 $= 7.3\text{m}$

流量　$Q_2 = Q_1/2 = 4.584/2 = 2.292\text{m}^3/\text{s} = 1.82 \times 7.3 \times h^{1.5}$

则 $\qquad\qquad\qquad h = 0.31\text{m}$

$$WL_4 = \text{出口处最高水位} = L_5 + h = 398.91 + 0.31 = 399.25$$

（3）加氯接触池→终沉池（按二期工程最远沉淀池计算）

$$WL_5 = \text{加氯接触池进口处最大水位标高}$$

$$= WL_4 + \Delta H \text{渠道} + \Delta H \text{转弯}$$

$$= 399.25 + (\sim 0.01) + (\sim 0.01) = 399.27\text{m}$$

二期工程 6 座终沉池出水到接触池集水管道

$DN1600$ 管道，集 6 座终沉池出水：

$$Q_3 = 16.000/(12 \times 3.6) \times 6 = 2292\text{L/s}$$

$$V_4 = 2.292/2.01 = 1.14\text{m/s}$$

$$I=(1.14/80\times0.40^{0.667})^2=0.0007$$
$$L=130\text{m}$$

DN1400 管道，集 4 座终沉池出水，

$$Q_4=2292/6\times4=1528\text{L/s}$$
$$V_5=1.528/1.54=1.0\text{m/s}$$
$$I=[1.10/(80\times0.35^{0.667})]^2=0.00065$$
$$L=50\text{m}$$

DN1000 管道，集 2 座终沉池出水管，

$$Q_5=2292/6\times2=764\text{L/s}$$
$$V_6=0.764/0.785=0.98\text{m/s}$$
$$I=[0.98/(80\times0.25^{0.667})]^2=0.0010$$
$$L=32\text{m}$$

DN800，1 座终沉池出水管

$$Q_6=2292/6\times4=382\text{L/s}$$
$$V_7=0.382/0.503=0.76\text{m/s}$$
$$I=[0.76/(80\times0.20^{0.667})]^2=0.0008$$
$$L=35\text{m}$$

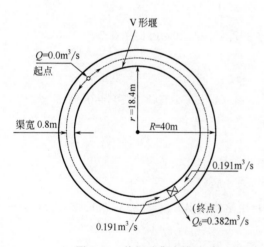

图 6-21 终沉池集水槽

$WL_6=$ 终沉池出水井最大水位标高

$=WL_5+$ 出水进接触池$[1.1\times(1-2.01/9.75)^2\times1.14^2/2g]+2$个$45°$进入口$(2\times0.5\times1.14^2/2g)+130\text{m}\times0.007+$汇流入口$(1.5\times1.14^2/2g)+50\text{m}\times0.00065+$汇流入口$(1.5\times1.0^2/2g)+32\text{m}\times0.0010+$汇流入口$(1.5\times0.98^2/2g)+35\text{m}\times0.0008+$转弯和进入管道$(0.5\times0.76^2/2g)$

$=399.27+0.46+0.066+0.091+0.099+0.033+0.077+0.032+0.074+0.028+0.015$

$=399.84\text{m}$

$L_6=$ 终沉池周边集水槽末端渠底标高

$=WL_6+$ 自由落水至 WL_6

$=399.84+0.11=399.95\text{m}$

$L_7=$ 集水槽始端标高$=400.00\text{m}$

集水槽宽度$=0.8\text{m}$(见图6-21)

三角堰周长$=\pi\times(40-2\times1.6)=116\text{m}$

$Q_8=$ 三角堰过堰流量$=0.382\text{m}^3/\text{s}$

集水槽为矩形断面，半边渠道中流量由 0 增加到 $Q=0.191\text{m}^3/\text{s}$，I. Kruger-HYDPAC q00115 PLC 计算结果如图 6-22 所示及表 6-15 所列。

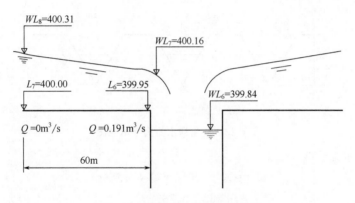

图 6-22 集水槽水力高程示意图

表 6-15 PLC 计算结果表

HYDPACK 5.0			I. Kruger 明渠管流量		MENE3.0	
			名称:污水处理厂		命令号	
Node	说明	底标高/m	水力坡度高/m	流量/(m³/s)	流体分类:水	
1	上游	400.000	WL8400.303	0.001	温度:10℃	
2	下游	399.950	WL7400.154	0.191	固体量(%):0.0 因素:1.0	
出水槽尺寸			宽度/mm		800.000	
出水槽长度/m		60.000	普通混凝土			
/(°)		90.000	粗糙度/mm		1.000	
/(°)		90.000				
出水槽转弯尺寸			底坡度/‰		0.833	
转弯角度/(°)		0.000	深度1/m		0.303	
转弯半径/mm		0.000	深度2/m		0.204	
转糟长度/m		0.000	高程弯化量/m		0.149	

$WL_7 =$ 出水槽末端水面标高 $= 400.16\text{m}$

$WL_8 =$ 出水槽起始端最大水面标高 $= 400.31\text{m}$

周边三角形出水堰长度为116m

每米有8个三角形(90°)出水堰

流量 $= Q_6/(116 \times 8) = 0.382/(116 \times 8) = 0.00042\text{m}^3/\text{s}$

$0.00042 = 1.341 \times h^{2.48}$

则 $h =$ 过堰水头 $= 0.0379 \approx 0.04\text{m}$

$L_8 =$ 三角堰堰底标高 $= WL_8 +$ 自由出流至标高 WL_8

$= 400.31 + 0.10$

$= 400.41\text{m}$(见图6-23)

$L_9 =$ 终沉池最大水位标高 $= L_8 + h$

$= 400.41 + 0.04$

$= 400.45\text{m}$

（4）终沉池→配水井

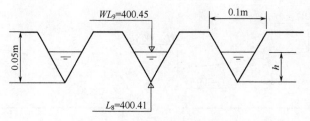

图 6-23　三角堰水力高程示意图

终沉池到配水井管线

$$Q_7 = Q_6 + 100\% \times Q_6（回流量）$$
$$= 0.382 + 0.382$$
$$= 0.764 \mathrm{m}^3/\mathrm{s}$$

$DN1000$ 镀锌钢管长 $7\mathrm{m}$，混凝土管长约 $95\mathrm{m}$（最长管线）

$$A = 0.785^2$$
$$R = 1.0/4 = 0.25\mathrm{m}$$
$$V_8 = 0.764/0.785 = 0.98\mathrm{m/s}$$
$$I_{钢管} = [0.98/(95 \times 0.25^{0.667})]^2 = 0.007$$
$$I_{混凝土管} = [0.98/(80 \times 0.25^{0.667})^2] = 0.00095$$

终沉池出水钢管加工成变径管，使管径由 $DN1000$ 变至 $DN1400$。

终沉池配水　水水力高程如图 6-24 所示。

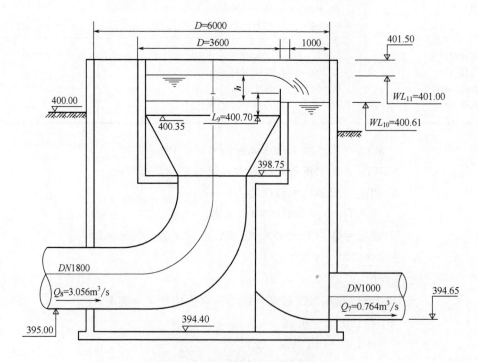

图 6-24　终沉池配水井水力高程

$$V_9 = (0.76 \times 4)/(\pi \times 1.4^2) = 0.50\mathrm{m/s}$$

$$WL_{10} = 配水井出水口 = WL_9 + 流速水头 + 变径管损失$$

$0.5 \times (0.98 - 0.50)^2/2g + 90°弯头(0.4 \times 0.98/2g) + 7\mathrm{m} \times 0.0007 + 95\mathrm{m} \times 0.00095 + 配$

水井配水进水管道和弯头$(0.5 \times 0.98^2/2g) = 400.45 + 0.014 + 0.006 + 0.020 + 0.005 + 0.090 + 0.025 = 400.61m$

$$L_9 = 配水井溢流堰顶标高$$
$$= WL_{10} + 自由出流至 WL_{10} 标高$$
$$= 400.61 + 0.09$$
$$= 400.70m$$
$$每个终沉池配水堰堰长 = (\pi \times 3.6 - 4 \times 0.25)/4$$
$$= 2.58m$$
$$流量 Q_7 = 0.764m^3/s = 1.82 \times 2.58 \times h^{1.5}$$

则 $h = 0.298 \approx 0.30m$

$$WL_{11} = 配水井堰上水面标高 = L_9 + h$$
$$= 400.70 + 0.30$$
$$= 401.00m$$

（5）配水井→曝气池（氧化沟）

配水井到曝气池管线

流量 Q_8（至 4 座终沉池，包括回流污泥量）$= 4 \times Q_7 = 4 \times 0.764 = 3.056m^3/s$

$DN1800$ 钢筋混凝土管道，$L = 225m$（最大管线长），$A = 2.55m^2$
$$R = 1.8/4 = 0.45m$$
$$V_{10} = 3.056/2.55 = 1.20m/s$$
$$I = (1.10/80 \times 0.45^{0.667})^2 = 0.00065$$

出水渠道 $B = 0.80m$，$H = 3.25m$，$L = 45m$，$A = 2.6m^2$
$$R = 2.6/(2 \times 3.25 + 0.8) = 0.356m$$
$$V_{11} = 3.056/2.6 = 1.18m/s$$
$$I = [1.18/(70 \times 0.356^{0.667})]^2 = 0.0012$$

$WL_{12} = $ 曝气池下游出水渠道最末出水调节堰末端水面标高
$$= WL_{11} + 渐扩 1.2(\beta = 30°) \times [(1.2 - 0.3)^2/2g] + (1 \times 90°弯头 0.4 + 5 \times 45°入口或$$
$$转弯 0.5)2.9 \times (1.2^2/2g) + 225m \times 0.00065 + 弯头和出水渠道进入管道[0.4 \times$$
$$(1.2^2/2g)] + 45m \times 0.0012 + (6个45°弯头)6 \times 1.1 \times (45°/90°)^2 \times (1.18^2/2g)$$
$$= 401.00 + 0.050 + 0.213 + 0.147 + 0.030 + 0.054 + 0.117 = 401.62m（见图6-25）$$

$$L_{10} = 出水调节堰堰顶标高$$
$$= WL_{12} + 自由落水至 WL_{12} 标高$$
$$= 401.62 + 0.16$$
$$= 401.78m$$

调节堰长：$4 \times 5 = 20m$
$$Q_3 = 3.056 = 1.69 \times 20 \times h^{1.5}$$

则 $h = 0.202 \approx 0.21m$

$$WL_{13} = 2号曝气池水面标高$$
$$= L_{10} + h$$
$$= 401.78 + 0.21$$
$$= 401.99m$$

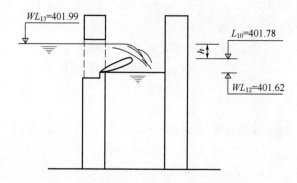

图 6-25　氧化沟出水调节堰水力高程示意

1 号曝气池（进口）和 2 号曝气池（出口）之间隔墙连接孔

$$4 \times 1.6 \times 1.6 = 10.24 \text{m}^2$$

$$V_{12} = 3.056/10.24 = 0.30 \text{m/s}$$

$WL_{14} =$ 1 号曝气池水面标高

$$= WL_{13} + 2.23 \times 0.30^2/2g$$

$$= 401.99 + 0.010$$

$$= 402.00 \text{mm}$$

（6）曝气池→选择池

从选择池到曝气池之间连接管道如下（见图 6-26）。

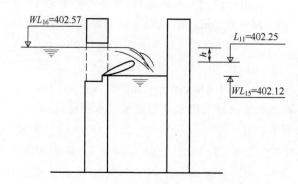

图 6-26　选择池出水调节堰水力高程示意

一期工程 6 根 $DN1400$ 管道，二期工程再增加 1 倍，即 2×6 根 $DN1400$ 管道；一期工程管道按二期工程流量的 50% 计算。

二期工程污水量：16500m³/h

二期工程回流量：16500m³/h

$$33000 \text{m}^3/\text{h} \times 50\% = 16500 \text{m}^3/\text{h}$$

一期工程，3 根管道，每根管中流量：

$$Q_9 = 16500/(3 \times 3.6 \times 1000) = 1.528 \text{m}^3/\text{s}$$

$DN14000$ 钢筋砼管，管长 $L = 55$m（最长管线）

$$A = 1.54 \text{m}^2$$

$$R = 0.35 \text{m}^2$$

$$V_{13}=1.528/1.54=1.0\text{m/s}$$
$$I=[1.0/(80\times0.35^{0.667})]^2=0.00064$$

$WL_{15}=$ 选择池出水渠道调节堰末端水面标高

$\qquad=WL_{14}+$ 出水至曝气池$(1.1\times1.0^2/2g)+55\times0.00065+$

$\qquad$ 转弯和从渠道进入管道$(0.5\times1.0^2/2g)$

$\qquad=402.00+0.056+0.036+0.26$

$\qquad\approx402.12\text{m}$

$\qquad L_{11}=$ 出水调节堰堰顶标高

$\qquad\qquad=WL_{12}+$ 自由落水至WL_{12}标高

$\qquad\qquad=402.12+0.13$

$\qquad\qquad=402.25\text{m}$

调节堰长$=5\text{m}$

流量 $Q_9=1.528=1.69\times5\times h^{1.5}$

则 $h=0.32\text{m}$

$\qquad WL_{16}=$ 选择池第二格水面标高$=L_{11}+h$

$\qquad\qquad=402.25+0.32$

$\qquad\qquad=402.57\text{m}$

$\qquad WL_{17}=$ 选择池第一格水面标高

$\qquad\qquad=WL_{16}+$ 选择池底部隔墙孔损失

开孔面积：$12\times0.8=9.6\text{m}^2$

$\qquad\qquad Q_{10}=3\times Q_9=4.584\text{m}^3/\text{s}$

$\qquad V_{14}=4.584/9.6=0.48\text{m/s}$

$\qquad\qquad=402.57+0.024$

$\qquad\qquad=402.6\text{m}$

(7) 选择池→沉砂撇油池

选择池→流量检测室→沉砂撇油池为管线连接。

流量 $\qquad\qquad Q_{10}=$ 二期工程流量的50%

$\qquad\qquad=16500/(2\times3.6\times1000)=2.292\text{m}^3/\text{s}$

$DN1600$ 砼管，$L=50\text{m}$

$\qquad\qquad A=2.01\text{m}^2$

$\qquad\qquad R=0.40\text{m}$

$\qquad\qquad V_{15}=2.292/2.01=1.14\text{m/s}$

$\qquad\qquad I=(1.14\times80\times0.4^{0.667})^2=0.0007$

$DN1000$ 电磁流量计，$d/D=1000/1600=0.625$（见图 6-27）

$\qquad\qquad A=\pi/4\times1.0^2=0.785\text{m}^2$

$\qquad\qquad V_{16}=2.292/0.785=2.92\text{m/s}$

由图 6-27 可知，$\phi1000$ 电磁流量计和渐缩管段（1600/1000，锥角 $\alpha=8°$）的水头损失 $\Delta H=0.07\text{mH}_2\text{O}$。

$WL_{18}=$ 沉砂池出水堰下端出水井水面标高

$\qquad=WL_{17}+$ 出口$(1.1\times1.14^2/2g)+4$个$45°$弯头或入口$(2\times1.14^2/2g)+$流量计损失

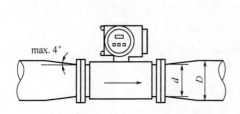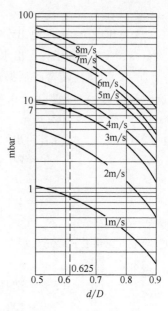

图 6-27　电磁流量计水头损失计算

ΔH(包括管道损失)$0.07 + 50\text{m} \times 0.0007 + $ 转弯和出水井入管道($0.5 \times 1.14^2/2g$)

$$= 402.60 + 0.073 + 0.133 + 0.07 + 0.035 + 0.033 = 402.95\text{m}$$

$$L_{12} = \text{沉砂池出水溢流堰堰顶标高}$$
$$= WL_{18} + \text{自由落水至} WL_{18}$$
$$= 402.95 + 0.15$$
$$= 403.10\text{m}$$

堰长 $= 2 \times 2.5 = 5\text{m}$

$$Q_{10} = 2.292 = 1.82 \times 5 \times h^{1.5}$$

则 $h = 0.399 \approx 0.40\text{m}$

$$WL_{19} = \text{沉砂池最高水位标高}$$
$$= L_{12} + h$$
$$= 403.10 + 0.40 = 403.50\text{m}$$

（8）沉砂撇油池→格栅

$$WL_{20} = \text{格栅后最高水位标高}$$
$$= WL_{19} + 2\text{个沉砂池闸板孔损失，其中：}$$
2个闸板孔面积 $= 2 \times 1.2 \times 1.2 = 2.88\text{m}^2$
$$V_{17} = 2.292/2.88 = 0.80\text{m/s}$$

过闸板孔损失 $= 2.23 \times 0.80^2/2g + $ 水流减速转弯和格栅后涡流等大约0.02m
$$= 0.073 + 0.02$$
$$= 0.093$$

则，$WL_{20} = WL_{19} + 0.093 = 403.50 + 0.093 = 403.60\text{m}$

$L_{13} = $ 格栅处渠道底标高 $= 403.00\text{m}$

6 套 I. K501 型弧型格栅

通过每个格栅流量：$Q_{11}=Q_{10}/6=2.292/6=0.382\text{m}^3/\text{s}$

格栅渠道宽＝1100mm

格栅宽＝1050mm

栅条宽＝8mm

栅距＝12mm

通过格栅的水头损失取决于格栅清除之前的筛余物量，通过格栅的水头损失

$\quad\Delta H_{格栅}<K(格栅常数)\times(Q_{11}/格栅净栅距之和)^{0.667}$

$\quad\Delta H_{格栅}<0.32\times(0.382/0.60)^{0.667}=0.237\text{m}$

$\quad\Delta H_{格栅}$ 定值为0.20m

$\quad V_{18}=$格栅后渠道中水流速$=0.382/(1.1\times0.60)=0.58\text{m/s}$

$\quad V_{19}=$过栅流速$=0.382/(0.60\times0.80)=0.80\text{m/s}$

$\quad V_{20}=$格栅前渠道中水流速$=0.382/(1.1\times0.80)=0.44\text{m/s}$

$\quad WL_{21}=$栅前最高水位标高$=WL_{20}+\Delta H_{格栅}+$进入格栅的水头损失

$\quad\quad=403.60+0.20+0.02=403.82\text{m}$（见图6-28）。

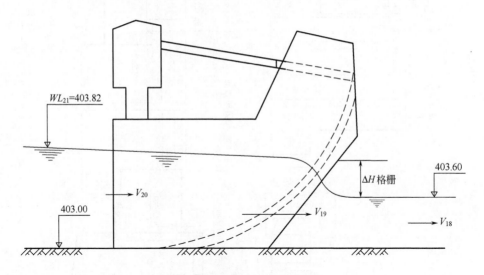

图 6-28　细格栅水力高程示意

本实例最终污水系统高程水力计算结果如图 6-29 所示。

6.4.1.2 污泥回流系统水力计算

（1）污泥回流量和污泥泵

一期工程：8250m³/h，要求 100％回流

$\quad\quad$（8250m³/h）/6台泵＝1375m³/(h·台)

二期工程：16500/2＝8250m³/h，要求 100％回流

$\quad\quad$（8250m³/h）/6台泵＝1375m³/(h·台)

安装的 6 台污泥泵，流量为 1500m³/h （约 416L/s）

（2）从终沉池中部到污泥泵站之间的污泥管线 （见图 6-29）

DN800mm 污泥管 $R=0.8/4=0.2\text{m}$，$A=0.503\text{m}^2$

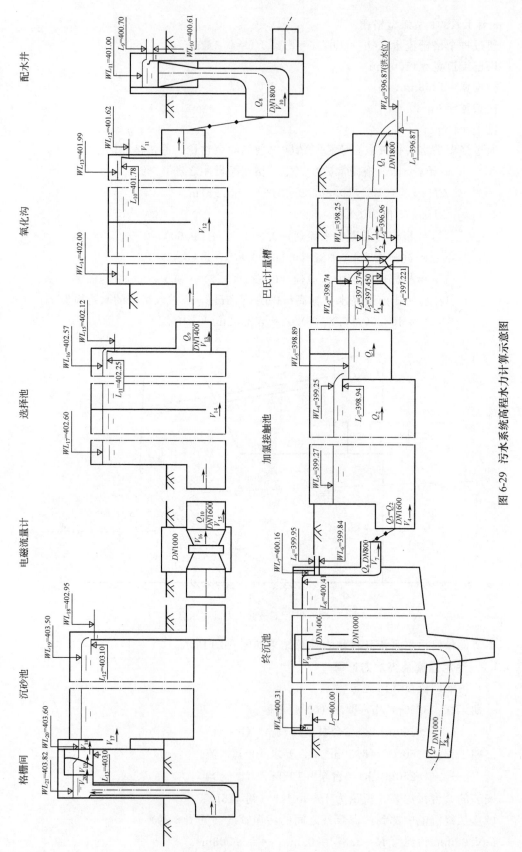

图 6-29 污水系统高程水力计算示意图

污泥量$=1500\text{m}^3/\text{h}$（回流量）$+63\text{m}^3/\text{h}$（剩余污泥量）$=1563\text{m}^3/\text{h}\approx0.434\text{L/s}$

$V=0.434/0.503=0.86\text{m/s}$

$I=[0.86/(80\times0.20^{0.667})]^2=0.00099\approx0.001$

$WLS_1=$污泥泵站中污泥液面

$\quad=400.45(WL_9)-[$进口$0.5\times(0.86^2/2g)+$弯头$0.2\times(0.86^2/2g)+$

$\quad\quad$出口$1.1\times(0.86^2/2g)+22\text{m}\times0.001]\times1.04$（约1%活性污泥）

$\quad=400.45-0.094$

$\quad=400.35\text{m}$

（3）回流污泥泵和从污泥泵站到选择池之间的污泥管线（见图6-30）污泥泵出口管径$DN350\text{mm}$

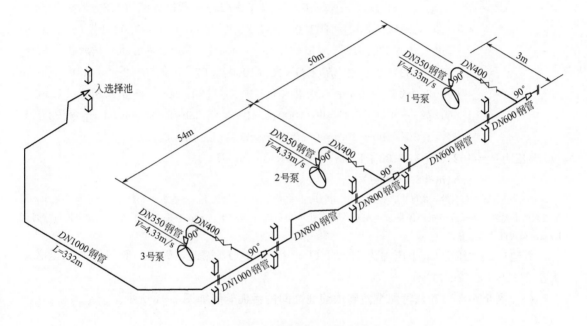

图 6-30　回流污泥管线示意

(注：选择池水面标高 402.60m；1～3 号污泥泵集泥池水面标高 400.35m。)

$$A=0.096\text{m}^2$$
$$流量=0.416\text{m}^3/\text{s}$$
$$V=0.416/0.096=4.33\text{m/s}$$

$DN400$ 钢管，$R=0.10\text{m}$，$A=0.126\text{m}^2$，$L=6\text{m}$
$$流量=0.416\text{m}^3/\text{s}$$
$$V=0.416/0.126=3.3\text{m/s}$$
$$I=[3.3/(96\times0.10^{0.667})]^2=0.0261$$

$DN600$ 钢管，$R=0.15\text{m}$，$A=0.283\text{m}^2$，$L=50\text{m}$
$$流量=0.416\text{m}^3/\text{s}$$
$$V=0.416/0.283=1.47\text{m/s}$$
$$I=[1.47/(95\times0.15^{0.667})]^2=0.0030$$

$DN800$ 钢管，$R=0.20\text{m}$，$A=0.503\text{m}^2$，$L=50\text{m}$

$$流量=2台污泥泵×0.416=0.832m^3/s$$
$$V=0.832/0.503=1.66m/s$$
$$I=[1.66/(95×0.20^{0.667})]^2=0.0026$$

$DN1000$ 钢管，$R=0.25m$，$A=0.785m^2$，$L≈332m$

$$流量=3台泵×0.416=1.248m^3/s$$
$$V=1.248/0.785=1.59m/s$$
$$I=[1.59/(95×0.25^{0.667})]^2=0.0018$$

污泥泵扬程：

（计算从最远1台泵开始，主管管线为 $DN400/600/800/1000$，末端为选择池见图 6-30）

$H_{泵压力计}=H_{几何高差}+\sum\Delta H_{管线+局部损失}$

$=WL_{17(选择池)}-WLS_1+[弯头0.3×(4.33^2/2g)+渐扩0.85(4.33-3.3)^2/2g+$
（弯头0.3，闸阀0.2，止回阀1.0）$1.5×(3.3^2/2g)+6m×0.0261+DN400\ 90°$
急弯进入 $DN600:4.5^{①}×1.47^2/2g]×1.04+[50m×0.003+渐扩0.85×$
$(1.47-0.83)^2/2g+汇流点 DN400/1000:0.67^{①}×1.66^2/2g]×1.04+[54m$
$×0.0026+45°弯头4个×0.2×1.66^2/2g]×1.04+[渐扩0.85×(1.66-$
$1.06)^2/2g+汇流点 DN400/1000:0.49^{①}×(1.59^2/2g)]×1.04+[弯头4个×$
$0.3×(1.59^2/2g)+300m×0.0018+出口1.1×(1.59^2/2g)]×1.04$

$H_{泵压力计}=402.60-400.35+1.85+0.28+0.35+0.87$

$=5.64m≈5.7mH_2O$

注：本计算为近似计算，实际中，3台泵同时运行时，并不会有同样的流量；平衡发生在最远的泵出流量最少，而最近泵的出泥量最大；由于泵出泥量差别很小，因而并不会影响计算结果；上式中①表示水头损失数字摘自"丹麦Kruger公司设计指导书。"

管道中最大压力/最小压力为 $18mH_2O/-1.5mH_2O$，因此，管道、阀门等的承压必须大于 $2×10^5Pa$（2bar）。

（4）剩余污泥泵和从污泥泵站到浓缩池之间的污泥管线如图 6-31 所示。

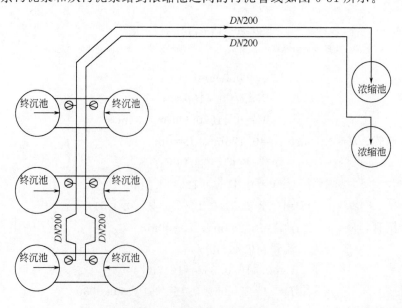

图 6-31　剩余污泥管线示意

（5）剩余污泥量和污泥泵

剩余污泥产量＝26000kgSS/d

剩余污泥浓度假定为 9kgSS/m³

剩余污泥量＝26000/9≈3000m³/d

剩余污泥泵数量＝6 台

每台污泥泵的输送量＝3000/6＝500m³/d

污泥浓缩池 2 座，每座浓缩池是由单独的管线与 3 台剩余污泥泵相连。每次 1 座池仅 1 台污泥泵运行。

运行时间＝24/3＝8h/（d·台）

每台泵能力＝（500m³/d）/（8h/d）＝62.5m³/h≈0.018m³/s

（6）污泥管线

$DN100$ 钢管，$A＝0.0079m^2$

$$流量＝0.018m^3/s$$

$$V＝0.018/0.0079＝2.28m/s$$

$DN150$ 钢管，$R＝0.0375m$，$A＝0.0177m^2$，$L＝5m$

$$流量＝0.018m^3/s$$

$$V＝0.018/0.0177＝1.0m/s$$

$$I＝[1.0/(95×0.0375^{0.667})]^2＝0.0089$$

$DN200$ 钢管，$R＝0.05m$，$A＝0.031m^2$，$L≈200m$

$$流量＝0.018m^3/s$$

$$V＝0.018/0.031＝0.58m/s$$

$$I＝[0.58/(95×0.05^{0.667})]^2＝0.0020$$

（7）剩余污泥泵扬程

$H_{剩余污泥泵压力计}＝H_{几何高差}＋\sum\Delta H_{管线＋局部损失}$

$$＝(WL_{浓缩池}－WLS_2400.60－WLS_1400.35)＋\{弯头0.3×(2.28^2/2g)＋渐扩0.85×[(2.28-1)^2/2g]＋弯头0.3,闸阀0.2,止回阀1.0:1.5×(1.0^2/2g)＋5m×0.009＋DN150 90°急弯进入 DN200:2.9×(0.58^2/2g)＋45°弯头6个×0.2,90°弯头4个×0.2出口1.1:3.5×(0.58^2/2g)＋350m×0.002\}×1.04$$

$$＝(400.60-400.35)＋(0.080＋0.071＋0.077＋0.045＋0.050＋0.060＋0.700)×1.04$$

$$＝0.25＋1.13＝1.13≈1.4m \ H_2O$$

（8）浓缩后污泥泵和从浓缩池到均质池之间的管线

① 浓缩后的污泥量和污泥泵

剩余后污泥产量＝26000kg SS/d，浓缩后污泥浓度假定为 3～3.5%（SS）。

浓缩后污泥量（按 3% 计）　26000/30＝870m³/d

共有 2 座浓缩池，每座池配有 1 台污泥泵

污泥量＝870/2＝435m³/（d·台）

每次仅 1 台泵运行

按 25％时间运行，（每小时运行 15min），每台泵容量为：

$$(435m^3/d)/(25\% \times 24h/d) = 73m^3/h \approx 0.020m^3/s$$

② 从浓缩池中部到池边污泥泵站的污泥管线

$DN200$ 钢管，$R=0.2/4=0.05m$，$A=0.031m^2$，$L=11m$

$$浓缩后污泥量 = 0.020m^3/s$$

$$V = 0.020/0.031 = 0.65m/s$$

$$I = (0.65/95 \times 0.05^{0.667})^2 = 0.0025$$

$WLS_3 =$ 泵站中污泥液面

$$= 400.60(WLS_2) - (进口0.5, 弯头0.2, 出口1.1; 1.8 \times 0.65^2/2g + 11m \times 0.0025) \times$$

$$1.I35(约3.5\%活性污泥)$$

$$= 400.60 - 0.090$$

$$= 400.51m$$

③ 从浓缩池到均质池之间的污泥管线，如图 6-32 所示。

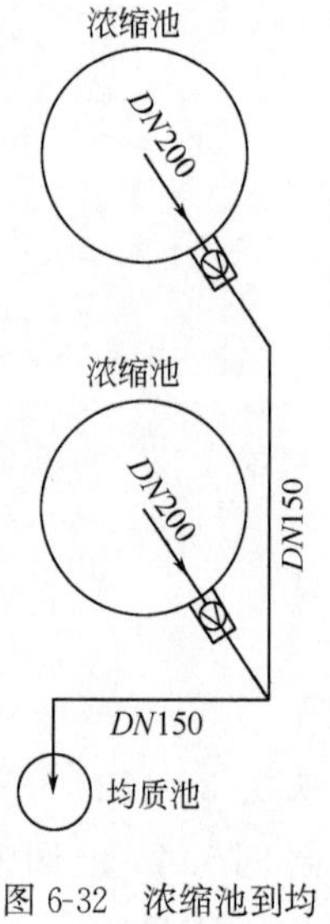

图 6-32 浓缩池到均
质池之间管线示意图

$DN100$ 钢管（污泥泵出口）

$$流量 = 0.020m^3/s$$

$$V = \frac{0.020}{0.008} = 2.5m/s$$

$DN150$ 钢管，$R=0.0375$，$A=0.0177m^2$，$L=85m$

$$浓缩后污泥量 = 0.020m^3/s$$

$$V = \frac{0.020}{0.0177} = 1.13m/s$$

$$I = \left(\frac{1.13}{95 \times 0.0375^{0.667}}\right)^2 = 0.012$$

（9）污泥泵扬程（压力）

$H_{污泥泵压力计} = H_{几何高差} + \sum \Delta H_{管线} + 局部水头损失$

$$= 402.90(管道顶端) - 400.45WLS_3 + [弯头0.3 \times \frac{2.52^2}{2g} +$$

$$渐扩0.85 \times \frac{(2.5-1.13)^2}{2g} + 90°弯头6个 \times 0.3, 45°弯头$$

$$0.2, 止回阀1.0, 闸阀:0.2; 3.2 \times \frac{1.13^2}{2g} + 85m \times 0.012 \times$$

$$1.35(约3.5\%活性污泥)]$$

$$= 3.45 + (0.096 + 0.082 + 0.209 + 1.02) \times 1.35$$

$$= 3.45 + 1.90$$

$$= 5.35mH_2O$$

污泥系统高程水力计算示意如图 6-33 所示。

6.4.2 日本某城市污水处理厂污水系统高程水力计算

（1）设计污水量

日平均污水量 $Q_1 = 6800m^3/d = 283.3m^3/h = 0.079m^3/s$

日最大污水量 $Q_2 = 8200m^3/d = 341.7m^3/h = 0.095m^3/s$

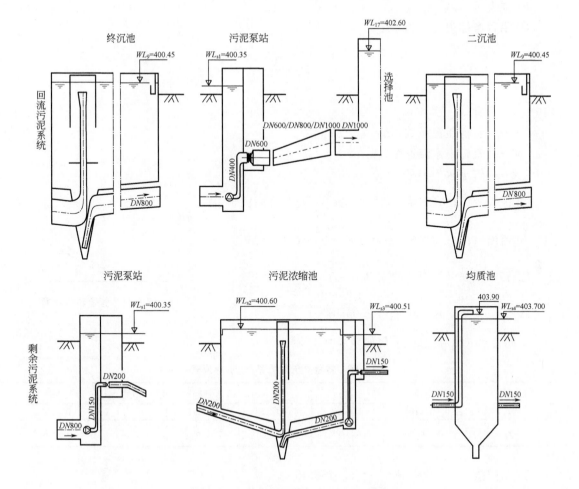

图 6-33 污泥系统高程水力计算示意

时最大污水量 $Q_3 = 12700 \text{m}^3/\text{d} = 529.2 \text{m}^3/\text{h} = 0.147 \text{m}^3/\text{s}$

（2）接纳水体及水位

接纳水体：守江湾

最高水位（HHWL）：2.08m

（3）设计水厂地面高程。

水厂地面高程：3.0m。

（4）设计污水厂进水管

管径：$D = 600 \text{mm}$

管底坡度：$i = 2.0\text{‰}$

管底高程：-8.300m

（5）水力计算主要参数及符号

a. 流量与接纳水体水位

QHW—时间最大污水量。

QDW—日最大污水量。

HHWL—最高水位。

b. 损失

① 沿程摩擦损失：$h_f = il$

$$i = \frac{n^2 V^2}{R^{4/3}}$$

式中　l——管线长度，m；

　　　n——管道粗糙系数，$n=0.013$；

　　　V——管道中水流速度，m/s；

　　　R——管道水力半径，m。

② 流入（入口）损失：$h_e = 0.5 \times \dfrac{V^2}{2g} = 0.02551 V^2$

③ 流出（出口）损失：$h_0 = 1.0 \times \dfrac{V^2}{2g} = 0.05102 V^2$

④ 转弯损失（见图 6-34）：$h_{be} = f_{be} \cdot \dfrac{V^2}{2g}$

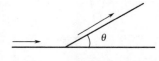

图 6-34　管道转弯示意

式中　$f_{be} = 0.946\sin^2 \dfrac{\theta}{2} + 2.05\sin^4 \dfrac{\theta}{2}$

不同转角 θ 相对应的 f_{be} 值如表 6-16 所示。

表 6-16　转角 θ 与阻力系数 f_{be} 对应表

转角(θ)/(°)	15	30	45	60	75	90
f_{be}	0.0167	0.0726	0.1825	0.3646	0.6321	0.9855
$h_{be} = f_{be} \cdot \dfrac{V^2}{2g}$	$0.00085V^2$	$0.00370V^2$	$0.00931V^2$	$0.01860V^2$	$0.03225V^2$	$0.05028V^2$

⑤ 闸门损失：$h_g = 1.5 \times \dfrac{V^2}{2g} = 0.07653 V^2$

⑥ 渐扩管段损失：$h_{ge} = f_{ge} f_{se} \cdot \dfrac{V_1^2}{2g}$

式中　f_{ge}——渐扩损失系数；

　　　f_{se}——急扩损失系数；

　　　V_1——渐扩前平均水流速，m/s。

渐扩损失系数如图 6-35 所示。急扩损失系数如表 6-17 所列。

表 6-17　急扩损失系数表

D_1/D_2	0	0.1	0.2	0.3	0.4	0.5	0.6	0.7	0.8	0.9	(1.0)
f_{se}	1.00	0.98	0.92	0.82	0.70	0.56	0.41	0.26	0.13	0.04	(0)

⑦ 渐缩管段损失：

$$h_{gc} = f_{gc} f_{se} \cdot \frac{V_2^2}{2g}$$

式中　f_{gc}——渐缩损失系数；

　　　V_2——渐缩后的平均流速。

渐缩损失系数 f_{gc} 如图 6-36 所示。

c. 越流水深

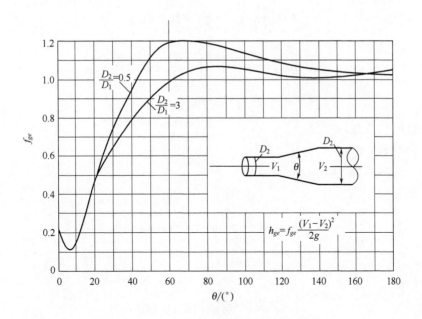

图 6-35　渐扩损失系数

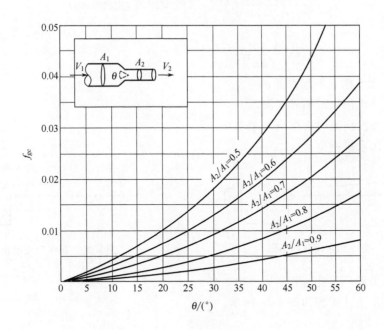

图 6-36　渐缩损失系数

① 矩形堰（见图 6-37、图 6-38）

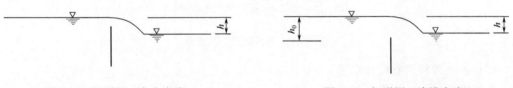

图 6-37　矩形堰（自由出流）　　　　　　图 6-38　矩形堰（淹没出流）

$$h = \left(\frac{1}{CB}\right)^{2/3} \cdot q^{2/3} \text{（自由出流）}$$

$$q = q_0 \left[1 - \left(\frac{h}{h_0}\right)^{3/2}\right]^{0.385} \text{（淹没出流）}$$

$$q_0 = CBh_0^{3/2}$$

式中　$C = 1.84$（常数）；

　　　B——堰长，m；

　　　q——过堰流量，m^3/s。

② 三角堰

$$h = \left(\frac{1}{C}\right)^{2/5} q^{2/5} \quad (C = 1.42)$$

$$= 0.86913 q^{2/5}$$

③ 出水槽

$$h_0 = \sqrt{3} \cdot h_c \text{（自由出流，见图6-39）}$$

$$h_0 = \left(\frac{2 \times h_c^3}{h_e} + h_e^2\right)^{1/2} \text{（淹没出流，见图6-40）}$$

$$h_c = \left(\frac{1.1 \times q^2}{gB^2}\right)^{1/3}$$

式中　h_0——出水槽起始端水深；

　　　h_c——出水槽末端临界水深；

　　　h_e——淹没出流时出水槽末端水深；

　　　B——出水槽槽宽，m。

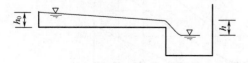

图6-39　出水槽自由出流

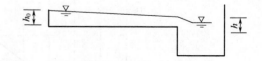

图6-40　出水槽淹没出流

（6）污水处理厂工艺流程

污水处理厂工艺流程如图6-41所示。

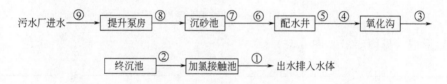

图6-41　污水处理工艺流程

（7）各处理构筑物设计水量

各处理构筑物计算水量如表6-18所列。

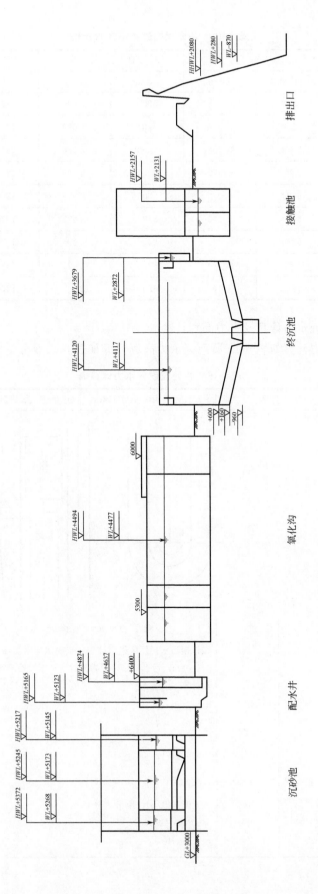

图 6-42 污水系统高程水力计算示意

沉砂池　　　配水井　　　氧化沟　　　终沉池　　　接触池　　　排出口

表 6-18　各处理构筑物设计水量表

项　目	日　平　均		日　最　大		小　时　最　大	
	m³/d	m³/s	m³/d	m³/s	m³/d	m³/s
①加氯接触池出水	6800	0.079	8200	0.095	12700	0.147
②终沉池出水	6800	0.079	8200	0.095	12700	0.147
③氧化沟出水	20400	0.236	24600	0.285	38100	0.441
④氧化沟进水	6800	0.079	8200	0.095	12700	0.147
⑤配水井出水	6800	0.079	8200	0.095	12700	0.147
⑥配水井进水	6800	0.079	8200	0.095	12700	0.147
⑦沉砂池出水	6800	0.079	8200	0.095	12700	0.147
⑧沉砂池进水	6800	0.079	8200	0.095	12700	0.147
⑨提升泵房进水	6800	0.079	8200	0.095	12700	0.147

（8）各处理设施水力计算及水力高程计算

各处理设施水力计算如表 6-19 所列。水力高程计算如图 6-42 所示。

表 6-19　各处理设施水力计算表

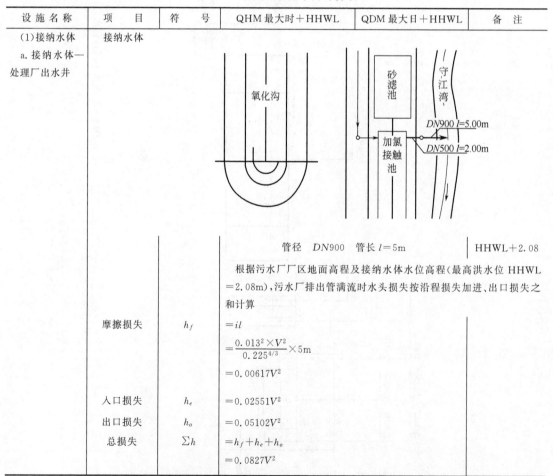

设施名称	项　目	符　号	QHM 最大时＋HHWL	QDM 最大日＋HHWL	备　注
（1）接纳水体 　a.接纳水体— 处理厂出水井	接纳水体				
			管径　DN900　管长 l=5m		HHWL＋2.08
			根据污水厂厂区地面高程及接纳水体水位高程（最高洪水位 HHWL =2.08m），污水厂排出管满流时水头损失按沿程损失加进、出口损失之 和计算		
	摩擦损失	h_f	$=il$ $=\dfrac{0.013^2 \times V^2}{0.225^{4/3}} \times 5\text{m}$ $=0.00617V^2$		
	入口损失	h_e	$=0.02551V^2$		
	出口损失	h_o	$=0.05102V^2$		
	总损失	Σh	$=h_f+h_e+h_o$ $=0.0827V^2$		

设 施 名 称	项　　目	符　　号	QHM 最大时＋HHWL	QDM 最大日＋HHWL	备　注
		Q	0.446	0.394	
		W_A	0.636	0.636	雨水量
		V	0.701	0.619	$q_1 = 0.299 m^3/s$
		h	0.041	0.032	
		处理水出口	＋2.121	＋2.112	
b.处理后水出口—加氯接触池出水井	摩擦损失	h_f	管径　$DN500$　管长 $l=2m$		
			$= il$		
			$= \dfrac{0.013^2 \times V^2}{0.125^{4/3}} \times 2m$		
			$= 0.0054V^2$		
	入口损失	h_e	$= 0.02551V^2 \times$（1 个入口）		
			$= 0.02551V^2$		
	出口损失	h_o	$= 0.05102V^2 \times$（1 个出口）		
			$= 0.05102V^2$		
	总损失	$\sum h$	$= h_f + h_e + h_o$		
			$= 0.08193V^2$		
		Q	0.147	0.095	
		W_A	0.196	0.196	
		V	0.750	0.485	
		h	0.046	0.019	
		接触池出水井	＋2.167	＋2.131	
			流量计　$\phi200 \times 4$		
			中心高　＋2.200		
（2）接触混合池					

	流量计损失		$q = \dfrac{1}{4}Q$		
	（a）入口损失	h_e	$= 0.02551V^2$		
	（b）出口损失	h_o	$= 0.05102V^2$		
	（c）转弯损失（45°)	h_{be}	$= 0.18250V^2$		
	（d）总损失	$\sum h$	$= h_e \times h_o \times h_{be}$		
			$= 0.25903V^2$		

设 施 名 称	项　　目	符　　号	QHM 最大时＋HHWL	QDM 最大日＋HHWL	备　注
（2）接触混合池		Q	0.147	0.095	
		$q=Q/4$	0.037	0.024	
		W_A	0.0314	0.0314	
		V	1.178	0.764	
		$\sum h$	0.359	0.151	
		出口 Δh	0.130	0.130	
		混合池	＋2.689	＋2.481	
		底高		$+2.481-1.000=+1.481 \rightarrow +1.400$	

	接触混合池～终沉池(No.4)管渠损失		管径 $DN500$　管长 $l=74.0$m (90° 1 个) (45° 2 个)		
（3）接触混合池～终沉池	(a)摩擦损失	h_f	$=il$ $=\dfrac{0.013^2\times V^2}{0.125^{4/3}}\times74.0$m $=0.200V^2$		
	(b)转弯损失	h_{b1}	$=f_{b1}f_{b2}\dfrac{V^2}{2g}$ $=0.01532V^2\times1$ 个(90°) $=0.01532V^2$		
		h_{b2}	$=f_{b1}f_{b2}\dfrac{V^2}{2g}$ $=0.01083V^2\times2$ 个(45°) $=0.02166V^2$		
	(c)入口损失	h_e	$=0.02551V^2\times3$ 个 $=0.07653V^2$		
	(d)出口损失	h_o	$=0.05102V^2\times4$ 个 $=0.20408V^2$		

设 施 名 称	项 目	符 号	QHM 最大时＋HHWL	QDM 最大日＋HHWL	备 注
（3）接触混合池～终沉池	(e)总损失	$\sum h$	$=h_f+h_b+h_e+h_o$ $=0.51759 \cdot V^2$		
		Q	0.147	0.095	
		W_A	0.196	0.196	
		V	0.750	0.485	
		$\sum h$	0.291	0.122	
		终沉池出水井 （No.4）	＋2.980	＋2.603	
（4）终沉池	终沉池 a.No.4 终沉池 ～ No.3 终沉池		 管径 $DN450$　管长 l＝30.0m		
	(a)摩擦损失	h_f	$=il$ $=\dfrac{0.013^2 \times V^2}{0.1125^{4/3}} \times 30\text{m}$ $=0.09335V^2$		
	(b)入口损失	h_e	$=0.02551V^2 \times 1\text{ 个}$ $=0.02551V^2$		
	(c)出口损失	h_o	$=0.05102V^2 \times 1\text{ 个}$ $=0.05102V^2$		
	(d)总损失	$\sum h$	$=h_f+h_e+h_o$ $=0.16988V^2$		
		Q	0.147	0.095	
		$q=Q3/4$	0.110	0.071	
		W_A	0.159	0.159	
		V	0.692	0.447	
		$\sum h$	0.081	0.034	
		终沉池出水井 （No.3）	＋3.061	＋2.637	
	b.No.3 终沉池 ～ No.2 终沉池		 管径 $DN350$　　管长 l＝109.0m		

设施名称	项 目	符 号	QHM 最大时＋HHWL	QDM 最大日＋HHWL	备 注
	(a)摩擦损失	h_f	$=il$ $=\dfrac{0.013^2 \times V^2}{0.0874^{4/3}} \times 109\mathrm{m}$ $=0.47455V^2$		
	(b)入口损失	h_e	$=0.02551V^2 \times 2$ 个 $=0.05102V^2$		
	(c)出口损失	h_o	$=0.05102V^2 \times 2$ 个 $=0.10204V^2$		
	(d)总损失	$\sum h$	$=h_f+h_e+h_o$ $=0.62761V^2$		
		Q	0.147	0.095	
		$q=Q2/4$	0.074	0.048	
		W_A	0.096	0.096	
		V	0.771	0.500	
		$\sum h$	0.373	0.157	
		终沉池出水井 (No.2)	＋3.434	＋2.794	
(4)终沉池	c.No.2 终沉池 ～ No.1 终沉池		$DN250$ $l=34.00\mathrm{m}$ 终沉池　　终沉池 管径 $DN250$　　管长 $l=34.0\mathrm{m}$		
	(a)摩擦损失	h_f	$=il$ $=\dfrac{0.013^2 \times V^2}{0.0624^{4/3}} \times 34\mathrm{m}$ $=0.23194V^2$		
	(b)转弯损失	h_b	$=f_{b1}f_{b2} \cdot \dfrac{V^2}{2g}$ (90° 1 个) $=0.01532V^2$		
	(c)入口损失	h_e	$=0.02551V^2 \times 1$ 个 $=0.02551V^2$		
	(d)出口损失	h_o	$=0.05102V^2 \times 1$ 个 $=0.05102V^2$		
	(e)总损失	$\sum h$	$=h_f+h_e+h_o$ $=0.32379V^2$		

设 施 名 称	项　目	符　号	QHM 最大时＋HHWL	QDM 最大日＋HHWL	备　注
(4)终沉池		Q	0.147	0.095	
		$q=Q/4$	0.037	0.024	
		W_A	0.049	0.049	
		V	0.755	0.490	
		Σh	0.185	0.078	
		终沉池出水井 (No.1)	＋3.619	＋2.872	
(5)出水槽	出水槽				

出水槽长　$l=18.2\times\pi=57.5\mathrm{m}$

出水槽宽　$B=0.30\mathrm{m}$

出水槽底高　＋3.750

流量　$q=1/4\times1/2\times Q=1/8\cdot Q$

	a 点的临界水深	h_c	$=[1.1\times q^2/(g\cdot B^2)]^{1/3}$		
			$=\left(\dfrac{1.1\times q^2}{9.8\times0.30^2}\right)^{1/3}$		
			$=1.07640q^{2/3}$		
	b 点的临界水深	h_o	$=\sqrt{3}\cdot h_c$(自由出流)		
		Q	0.147	0.095	
		$q=Q/8$	0.018	0.012	
		$q^{2/3}$	0.0686	0.0523	
		h_c	0.074	0.056	
		h_o	0.128	0.097	
		a 点	＋3.824	＋3.806	
		b 点	＋3.878	＋3.847	
(6)三角堰	三角堰				

三角堰数量:$57.5\mathrm{m}\times8$个$/\mathrm{m}=460$个

设施名称	项目	符号	QHM 最大时＋HHWL	QDM 最大日＋HHWL	备注
（6）三角堰	单位堰上水量	q	$=1/4\times\dfrac{1}{460}\times Q$ $=\dfrac{1}{1840}Q$		
	堰上水头	h	$=\left(\dfrac{1}{C}\right)^{2/5}\cdot q^{2/5}$ $=0.86913q^{2/5}$		
		Q	0.147	0.095	
		$q=Q/1840$	7.99×10^{-5}	5.16×10^{-5}	
		$q^{2/5}$	0.0230	0.0193	
		h	0.020	0.017	
		终沉池	＋4.120	＋4.117	
（7）终沉池～氧化沟	终沉池～氧化沟出水管				

终沉池 底高 +4.117-3.50
=+0.617→ +0.600

终沉池

终沉池

DN400 l=6.00m

流量 $q=\dfrac{1}{4}Q$

管径 $DN400$　管长 $l=6\mathrm{m}$

（90°弯头 1 个，垂直安装）

（45°弯头 1 个，水平安装）

	项目	符号	内容		
	（a）摩擦损失	h_f	$=il$ $=\dfrac{0.013^2\times V^2}{0.10^{4/3}}\times6$ $=0.02183V^2$		
	（b）转弯损失	h_b	$=f_{b1}f_{b2}\cdot\dfrac{V^2}{2g}$（90°1 个、45°1 个） $=0.01532\times1+0.01083\times1$ $=0.02615V^2$		
	（c）入口损失	h_e	$=0.02551V^2\times1$ 个 $=0.02551V^2$		
	（d）出口损失	h_o	$=0.05102V^2\times1$ 个 $=0.05102V^2$		
	（e）总损失	$\sum h$	$=h_f+h_b+h_e+h_o$ $=0.12451V^2$		

设施名称	项目	符号	QHM 最大时＋HHWL	QDM 最大日＋HHWL	备注
（7）终沉池～氧化沟	出水可调节堰	Q	0.380	0.285	
		$q=Q/4$	0.095	0.071	
		W_A	0.126	0.126	
		V	0.754	0.563	
		$\sum h$	0.071	0.039	
		氧化沟出水井（No.1）	＋4.191	＋4.156	
			最大时设计水量为污水厂进水量＋回流污泥量（4Q）； 最大日设计水量（3Q）； 注：Q为最大日污水量 堰宽 $B=1.80\text{m}$（调节范围 40cm） 堰顶高　＋4.250		
	堰上水头	h	$=(1/C \cdot B)^{2/3} \cdot q^{2/3}$ $=\left(\dfrac{1}{1.84 \times 1.80}\right)^{2/3} \cdot q^{2/3}$ $=0.44988 q^{2/3}$		
		Q	0.380	0.285	
		$q=Q/4$	0.095	0.071	
		$q^{2/3}$	0.208	0.171	
		h	0.094	0.077	
		氧化沟	＋4.494	＋4.477	
（8）氧化沟	氧化沟	底高	$+4.477-2.50=+1.977 \rightarrow +1.900$		
（9）氧化沟～配水井	氧化沟至配水井		流量　$q=1/4 \cdot Q$ 管径 $DN300$　管长 $l=235.00\text{m}$ （90°转弯 1 个，水平安装） （45°转弯 5 个，水平安装）		

设施名称	项目	符号	QHM 最大时＋HHWL	QDM 最大日＋HHWL	备注
（9）氧化沟～ 配水井	(a)摩擦损失	h_f	$=il$ $=\dfrac{0.013^2 \times V^2}{0.0751^{4/3}} \times 235$ $=1.2528V^2$		
	(b)转弯损失	h_{b1}	$=f_{b1}f_{b2} \cdot \dfrac{V^2}{2g}(90°,1个)$ $=0.01532V^2 \times 1个$ $=0.01532V^2$		
		h_{b2}	$=f_{b1}f_{b2} \cdot \dfrac{V^2}{2g}(45°,5个)$ $=0.01083V^2 \times 5个$ $=0.05415V^2$		
	(c)入口损失	h_e	$=0.02551V^2 \times 1个$ $=0.02551V^2$		
	(d)出口损失	h_o	$=0.05102V^2 \times 1个$ $=0.05102V^2$		
	(e)总损失	$\sum h$	$=h_f+h_{b1}+h_{b2}+h_e+h_o$ $=1.3988V^2$		
		Q	0.147	0.095	
		$q=Q/4$	0.037	0.024	
		W_A	0.071	0.071	
		V	0.521	0.338	
		$\sum h$	0.380	0.160	
		配水井出口	＋4.874	＋4.637	
（10）配水井	出水可调 节堰 堰上水头	h	堰长 $B=0.3m$(调节范围 30cm) 堰顶高 ＋5.000 $=(1/C \cdot B)^{2/3} \cdot q^{2/3}$ $=\left(\dfrac{1}{1.84 \times 0.3}\right)^{2/3} \cdot q^{2/3}$ $=1.4861q^{2/3}$		
		Q	0.147	0.095	
		$q=Q/4$	0.037	0.024	
		$q^{2/3}$	0.111	0.083	
		h	0.165	0.123	
		配水井入口	＋5.165	＋5.123	
	(a)摩擦损失	h_f	管径 $DN500$,管长 $l=29m$ $=il$ $=\dfrac{0.013^2 \times V^2}{0.1963^{4/3}} \times 29m$ $=0.0429V^2$		
	(b)入口损失	h_e	$=0.02551V^2 \times 1个$ $=0.02551V^2$		

设施名称	项目	符号	QHM最大时＋HHWL	QDM最大日＋HHWL	备注
(10)配水井	(c)出口损失	h_o	$=0.05102V^2 \times 1$ 个 $=0.05102V^2$		
	(d)转弯损失	h_{b1}	$=f_{b1}f_{b2} \cdot \dfrac{V^2}{2g}(90°, 3$ 个) $=0.01532V^2 \times 5$ 个 $=0.0766V^2$		
	(e)总损失	$\sum h$	$=h_f+h_e+h_{b1}+h_o$ $=0.1960V^2$		
		Q	0.147	0.095	
		W_A	0.1963	0.1963	
		V	0.749	0.484	
		$\sum h$	0.110	0.046	
		沉砂池出水	＋5.275	＋5.169	
(11)沉砂池	沉沙池		长　宽 闸门尺寸:0.8×0.5 闸门数量:2个 通过流速 $V=\dfrac{\text{设计污水量(m}^3/\text{s)}}{\text{通过水深×闸门长×个数}}$ $=\dfrac{0.147}{0.153 \times 0.8 \times 2}$ $=0.6\text{m/s}$		
	(a)沉砂池前闸门损失	h_{g1}	$1.5 \cdot \dfrac{V^2}{2g}=0.0765V^2$		
	(b)格栅损失	h_i	0.10m		
	(c)沉砂池后闸门损失	h_{g2}	$1.5 \cdot \dfrac{V^2}{2g}=0.0765V^2$		
	(d)总损失	$\sum h$	$=h_{g1}+h_i+h_{g2}$ $=0.0765V^2+0.10+0.0765V^2$ $=0.153V^2+0.10$		
		Q	0.147	0.095	
		V	0.60	0.388	
		$\sum h$	0.155	0.123	
		沉砂池入水	＋5.430	＋5.292	
(12)提升泵房	提升泵房 流入管径 流入管底高 满管流量 $(n=0.013)$ 流入水位		 $DN600$　2.0‰ －8.300 $Q=0.275\text{m}^3/\text{s}$		

设 施 名 称	项　　目	符　号	QHM 最大时＋HHWL		QDM 最大日＋HHWL	备　注
	项　目	单位	日平均	日最大	时间最大	
	流入水量	m³/s	0.079	0.095	0.147	
	流量比		0.287	0.345	0.535	
	水深比		0.366	0.408	0.520	
	水深	m	0.220	0.245	0.312	
	水位	m	−8.080	−8.055	−7.988	
(12)提升泵房	圆形管特性曲线（Manning式）					

7 消毒设施工艺设计计算

消毒是水处理工艺的重要组成部分。随着城市的发展和人居环境质量要求的提高，城市供水的安全性、供水系统的优化以及污水处理厂出水的安全问题引起了人们的广泛关注。特别是2003年非典性肺炎的突然爆发，使人们充分认识到控制城市生活污水中致病性传染微生物是污水处理的重要内容。城市污水经过二级处理后，水质改善，细菌含量大幅度减少，但细菌的绝对值仍很客观，并存在病原菌的可能，为防止对人类健康产生危害和对生态造成污染，在污水排入水体前应进行消毒处理。

目前，城市污水处理厂中最常用的消毒剂仍为液氯、次氯酸钠、二氧化氯和臭氧，而紫外线消毒应用于大中型污水处理厂是近年刚刚兴起的。

污水消毒程度应根据污水性质、排放标准或再生水要求确定。正确选择消毒剂是影响工程投资和运行成本的重要因素，也是保证出水水质的关键。几种常用消毒剂的性能比较见表7-1。

表 7-1   常用消毒剂的性能

项目	液氯	次氯酸钠	二氧化氯	臭氧	紫外线
杀菌有效性	较强	中	强	最强	强
效能:对细菌	有效	有效	有效	有效	有效
对病毒	部分有效	部分有效	部分有效	有效	部分有效
对芽孢	无效	无效	无效	无效	无效
一般投加量/(mg/L)	5～10	5～10	5～10	10	
接触时间	10～30min	10～30min	10～30min	5～10min	10～100s
一次投资	低	较高	较高	高	高
运行成本	便宜	贵	贵	最贵	较便宜
优点	技术成熟,效果可靠,设备简单,价格便宜,有后续消毒作用	可现场制备,也可购买商品次氯酸钠,使用方便,投量容易控制	杀菌效果好,无气味,使用安全可靠,有定型产品	除色、除臭效果好,不产生残留的有害物质,增加溶解氧	快速,无化学药剂、杀菌效果好、无残留有害物质
缺点	有臭味、残毒,余氯对水生生物有害,可能产生致癌物质,安全措施要求高	现场制备设备复杂,维修管理要求高,需要次氯酸钠发生器和投配设备	需现场制备,维修管理要求较高	需现场制备,投资大,成本高,设备管理复杂,剩余臭氧需作消除处理	耗能较大,对浊度要求高,消毒效果受出水水质影响较大
运行条件	使用于大、中型污水处理厂	适用于中、小型污水处理厂	适用于中、小型污水处理厂	要求出水水质较好、排入水体的卫生条件高的污水厂	下游水体要求较高的污水处理厂

7.1　液氯消毒

7.1.1　液氯消毒原理与工艺流程

液氯消毒是国内外最主要的消毒技术，也是历史上最早采用的消毒技术。直到今天，液氯消毒仍因其投资省、运行成本低、设计和运行管理方便而广受青睐。液氯的消毒效果与水温、pH 值、接触时间、混合程度、污水浊度、所含干扰物质及有效氯浓度有关。氯气消毒主要是氯气水解生成的次氯酸的作用，当 HOCl 分子到达细菌内部时，与有机体发生氧化作用而使细菌死亡。

但在长期使用液氯消毒过程中，自 20 世纪 70 年代人们发现氯与水中有机物反应产生大量氯代消毒副产物，如三卤甲烷、卤乙酸、卤代腈、卤代醛等在消毒过程中被发现。这些副产物对人体健康有较大影响。越来越多的消毒副产物三卤甲烷和卤乙酸由于其强致癌性已成为控制的主要目标，而且也分别代表了挥发性和非挥发性的两类消毒副产物。同时，水中不断发现新型的抗氯致病性微生物，如兰伯氏贾第虫、隐孢子虫。这些致病性微生物对氯有较强的抵抗作用，而且会直接导致人群大面积获传染性疾病，因此，必须采用很高的消毒剂量或是新型的消毒技术才能有效控制。

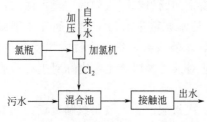

图 7-1 液氯消毒工艺流程

液氯消毒工艺流程如图 7-1 所示。

7.1.2 设计参数及规定

（1）投加量

对于城市污水，一级处理后投加量为 15～25mg/L；不完全二级处理后为 10～15mg/L。二级处理出水的加氯量应根据实验资料或类似运行经验确定。无试验资料时，二级处理出水可采用 6～15mg/L，再生水的加氯量按卫生学指标和余氯量确定。

（2）接触时间

对于城市污水液氯消毒接触时间为 30min。水和氯应充分混合，保证余氯量不小于 0.5mg/L。混合方式可采用机械混合、管道混合、静态混合器混合、跌水混合、鼓风混合、隔板混合。

（3）加氯量 Q 计算

$$Q = 0.001aQ_1 \quad (\text{kg/h})$$

式中 a——最大投氯量，mg/L；

Q_1——需消毒的水量，m^3/h。

7.1.3 平流式接触消毒池设计

（1）单池流量

$$Q = \frac{Q_0}{n} \tag{7-1}$$

式中 Q_0——设计流量，m^3/s；

Q——单池设计流量，m^3/s；

n——消毒池个数。

（2）消毒接触池容积

$$V = Q \times T \tag{7-2}$$

式中 V——接触池单池容积，m^3；

Q——单池污水设计流量，m^3/s；

T——消毒接触时间，h。

（3）消毒接触池表面积

$$F=\frac{V}{h_2} \tag{7-3}$$

式中　F——接触消毒池单池表面积，m^2；

　　　h_2——消毒接触池有效水深，m。

（4）消毒接触池池长

$$L'=\frac{F}{B} \tag{7-4}$$

式中　L'——消毒接触池廊道总长，m；

　　　B——消毒接触池廊道单宽，m。

消毒接触池采用 n 廊道，则消毒接触池池长：

$$L=\frac{L'}{n} \tag{7-5}$$

（5）池高

$$H=h_1+h_2 \tag{7-6}$$

式中　h_1——超高，m，一般采用 0.5m；

　　　h_2——有效水深，m。

（6）出水部分

$$H=\left[\frac{Q}{mb\times\sqrt{2g}}\right]^{\frac{2}{3}} \tag{7-7}$$

式中　H——堰上水头，m；

　　　m——流量系数，一般采用 0.42；

　　　g——重力加速度；

　　　b——堰宽，数值等于池宽，m。

平流式消毒接触池示意如图 7-2 所示。

7.1.4　液氯消毒设计算例

【例题 7.1】　某城市污水处理厂设计处理水量为 250000m^3/d，综合变化系数为 1.1，拟采用液氯消毒，试计算接触消毒池工艺设计主要尺寸。

【解】　采用矩形接触消毒池，分两座（合建），出水巴氏计量设在两座池中间。

（1）设计计算水量：$25\times10^4 m^3/d\times1.1=27.5\times10^4 m^3/d=3.183 m^3/s$

（2）设计接触时间：$T=30min$

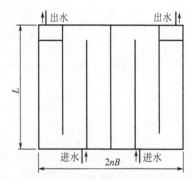

图 7-2　平流式消毒接触池示意

（3）有效池容：$V_\text{总}=\dfrac{27.5\times10000\times0.5}{24}=5729.17$（$\text{m}^3$）

单池池容：$V=2864.59$（m^3）

采用钢筋混凝土结构，每池分 6 个廊道，每廊道宽 4.5m，水深 3.3m。

单池净尺寸：$L\times B\times H=32.5\text{m}\times27\text{m}\times3.3\text{m}$

（4）接触池进口流速：

$$a=\frac{Q/2}{vH} \quad Q=3.183\text{m}^3/\text{s} \quad H=3.3\text{m} \quad a=0.8\text{m} \quad v=0.6\text{m/s}$$

孔口过水断面：$A=\dfrac{Q/2}{v}=2.653\text{m}^2$

孔口尺寸：1.7m×1.56m，取 1.7m×1.7m

选用 SFZ 型钢制水闸门及启闭机　1700mm×1700mm，2 套。

（5）出水采用矩形薄壁溢流堰，数量为 2 个；

堰上水头 $H=0.25\text{m}$

$$Q=mbH\sqrt{2gH}$$

$$m=0.405+\frac{0.0027}{H}=0.405+\frac{0.0027}{0.25}=0.4158$$

$$Q=3.183\text{m}^3/\text{s}/2=1.592\text{m}^3/\text{s}$$

得出：$b=6.918\text{m}$，取 $b=7.0\text{m}$

（6）巴氏计量槽计算：$Q=3.183\text{m}^3/\text{s}$

喉宽 $b=2.1\text{m}$ $\qquad Q=5.222h^{1.599}$

h 取 0.75　则 $Q=3.296>3.183$

（7）出水明渠计算：设计坡度 $i=0.001$

上游：$B=3\text{m} \quad H=0.75\text{m}$

$$A=WH=3\times0.75=2.25$$

$$X=W+2H=4.5$$

$$R=A/X=0.5$$

$$v=\frac{1}{n}R^{2/3}i^{1/2}=1.53\text{m/s}$$

$$Q=Av=2.25\times1.53=3.447\text{m}^3/\text{s}>3.183\text{m}^3/\text{s}$$

下游：$B=2.4\text{m} \quad H=0.9\text{m}$

$$A=WH=2.4\times0.9=2.16$$

$$X=W+2H=4.2$$

$$R=A/X=0.514$$

$$v=\frac{1}{n}R^{2/3}i^{1/2}=1.56\text{m/s}$$

$Q=Av=2.16\times1.56=3.72\text{m}^3/\text{s}>3.183\text{m}^3/\text{s}$，满足要求。

7.2 二氧化氯消毒

7.2.1 二氧化氯消毒原理与工艺流程

二氧化氯是一种随浓度升高颜色由黄绿色到橙色的气体，具有与氯气相似的刺激性气味。纯二氧化氯的液体与气体性质极不稳定，在空气中二氧化氯的浓度超过 10％时就有很高的爆炸性，故不易贮存，应进行现场制备和使用，其氧化能力仅次于臭氧，可氧化水中多种无机物和有机物。

二氧化氯的消毒机理为：二氧化氯与微生物接触时，对细胞壁有很强的吸附与穿透能力，能有效地氧化细胞内含硫基的酶，使微生物蛋白质中的氨基酸氧化分解，导致氨基酸链断裂、蛋白质失去功能，致使微生物死亡。它的作用既不是蛋白质变性也不是氯化作用，而是很强的氧化作用的结果。它的主要优点就是，具有较好的广谱消毒效果，用量少、作用快、消毒作用持续时间长，受 pH 值影响不敏感，可除臭、去色，能同时控制水中铁、锰，不产生三卤甲烷和卤乙酸等副产物，不产生致突变物质。但是其缺点也很明显，二氧化氯消毒产生无机消毒副产物（亚氯酸根离子和氯酸根离子），其本身也有毒害，特别是在高浓度时；并且，由于二氧化氯不能贮存，需现场制备，其在制备、使用上还存在一些技术问题，操作过程复杂，试剂价格偏高，运输、储藏安全性较差。

化学制备二氧化氯的工艺流程如图 7-3 所示。

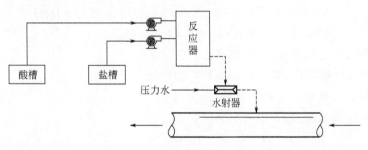

图 7-3　二氧化氯消毒工艺流程

7.2.2 设计参数及规定

（1）投加量

采用投加二氧化氯消毒，根据《室外排水设计规范》GB 50014—2006 中 6.13.8 条"二级出水的加氯量应根据试验资料或类似运行经验确定。无试验资料时，二级处理出水可采用 6～15mg/L，再生水的加氯量按卫生学指标和余氯量确定。"

加氯量 Q 计算：

$$Q = 0.001 A Q_1 \ (\mathrm{kg/h}) \tag{7-8}$$

式中　a——最大投量，mg/L；

　　　Q_1——需消毒的水量，$\mathrm{m^3/h}$。

（2）消毒接触时间

根据《室外排水设计规范》GB 50014—2006 中 6.13.9 条规定，"二氧化氯或氯消毒后应进行混合和接触，接触时间不应小于 30min。"

（3）投加方式

在水池中投加，采用扩散器或扩散管。

（4）投加二氧化氯特别注意事项

二氧化氯化学性质活泼，易分解，生产后不便贮存，必须在使用地点就地制取，因此，制取及投加往往是连续的。在二氧化氯设备的建设和运转过程中，必须有特殊的安全防护措施，因为盐酸和亚氯酸钠等药剂如果使用不当，或二氧化氯水溶液浓度超过规定值，会引起爆炸。因而其水溶液的质量浓度应不大于 $6\sim8mg/L$，并避免与空气接触。

7.2.3 二氧化氯消毒设计算例

【例题7.2】 某城市污水处理厂设计处理水量为 $100000m^3/d$，综合变化系数为 1.3，拟采用二氧化氯消毒，试计算接触消毒池工艺设计主要尺寸。

【解】 设计采用加氯量：$a=14g/m^3$ 水，消毒接触时间取 30min。

（1）设计计算水量：$10\times10^4m^3/d=1.157m^3/s$

（2）加氯量 $Q=100000m^3/d\div24h/d\times14g$（有效氯）$/g=58333g$（有效氯）/h。

（3）加氯设备选型：采用四台二氧化氯发生器（三用一备）；单台有效氯产量 20000g/h，$P=5.0kW$；电源，220V，50Hz。

实际有效氯产量 $=20000\times3=60000g$（有效氯）/h$>58333g$（有效氯）/h。

（4）原料消耗计算

化学法复合二氧化氯发生器工作原理：

$$NaClO_3+2HCl\ =\ NaCl+ClO_2+1/2Cl_2+H_2O$$

$$106.44\quad 2\times36.46\quad 58.44\quad 67.45\quad 35.45\quad 18$$

从杀菌消毒能力上 $1g\ ClO_2=2.63gCl_2$

二氧化氯产生有效氯 $67.45\times2.63=177.394$

合计有效氯 $177.394+35.45=212.844$

纯氯酸钠 $=1g$ 有效氯$/212.844\times106.44=0.50g$

纯 $HCl=1g$ 有效氯$/212.844\times72.92=0.3426g$

依上述方程式每产生 1g 有效氯需 0.50g 纯氯酸钠和 0.3426g 纯 HCl。

氯酸钠的纯度为 99%，HCl 为 31%水溶液，故每克有效氯理论上需 0.505g 氯酸钠和 1.105g 盐酸。

考虑到正常运行时原料转化率≥85%，故每生成 1g 有效氯消耗 99%氯酸钠 0.60g（33%氯酸钠 1.783g）和 31%盐酸 1.3g。

故 3 台二氧化氯发生器 24h 运行时，每天消耗 33%氯酸钠用量为 $60000\times1.783\times24=2566845g=2567kg$，每天需消耗 99%氯酸钠用量为 $60000\times0.60\times24=864000g=864kg$，每天需消耗 31%盐酸用量为 $60000\times1.3\times24=1872000g=1872kg$。

（5）原料设备选型

① 盐酸设备：盐酸储罐容积按贮存 10d 的 31%盐酸用量考虑，31%盐酸的密度为 1.154kg/L，则：

10d 的 31%盐酸用量 $=1872\div1.154\times10=16222L=16.22m^3$。采用两台 $10m^3$ 盐酸储罐。

考虑卸酸，同时配备盐酸卸料泵一台，流量 10t/h，扬程 20m，电机功率 $P=3.0kW$。

每台二氧化氯发生器需配备盐酸计量泵一台，盐酸计量泵投加量为 17L/h，最大压力

0.20MPa，电机功率 P＝0.048kW。

② 氯酸钠设备：正常运行时投加的氯酸钠为 33％的氯酸钠，33％氯酸钠的密度为 1.26kg/L，33％的氯酸钠储罐储量按贮存 5d 的 33％氯酸钠用量考虑。

5d 33％氯酸钠用量＝2567÷1.26×5＝10187L＝10.19m³。采用一台 10m³ 氯酸钠储罐。

考虑 33％氯酸钠的制备，配备氯酸钠化料器一台及化料泵两台（一用一备），化料器容积为 2m³，化料泵流量 15t/h，扬程 20m，电机功率 P＝3.0kW。

每台二氧化氯发生器需配备氯酸钠计量泵各一台，氯酸钠计量泵投加量为 28L/h。最大压力 0.20MPa，电机功率 P＝0.048kW。

（6）氯酸钠库房：氯酸钠库房储量按贮存 10d 的 99％氯酸钠用量考虑，氯酸钠的密度为 2.49kg m³。

10d 99％氯酸钠用量＝864×10＝8640kg。氯酸钠包装储运用内衬聚乙烯塑料袋的铁桶包装，桶口密封牢固，每桶净重 50kg，共需储放 8640÷50＝173 桶。

（7）原料成本核算

99％工业级氯酸钠固体最高为 6500 元/吨；31％工业级盐酸液体最高为 800 元/吨。

经济上核算为：

0.505g÷10^6g/t×6500 元/g＋1.105g÷10^6g/t×800 元/g＝0.004160 元/g 有效氯

另外化学反应实际得率以 85％计，即运行成本为 0.004894 元/g 有效氯，

投加二氧化氯时，每立方米污水消耗有效氯在 12g 左右，则消毒药耗成本为每立方水 0.05872 元人民币。

图 7-4 为二氧化氯制备与投加工艺设备布置。

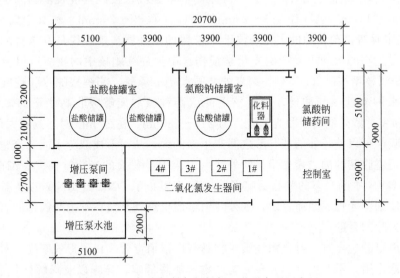

图 7-4　二氧化氯制备与投加工艺设备平面布置

（8）消毒接触池计算

消毒接触池有效容积按接触时间不小于 30min 计算，则：

有效容积：V＝100000×1.3÷24÷60×30＝2708.33m³。

消毒接触池有效水深 h＝3.50m，渠道宽采用 4.60m，

则需接触消毒渠道长＝2708.33÷3.5÷4.60＝168.22m。

考虑隔墙结构厚度，接触消毒池尺寸为 L×B×h＝42.0m×19.3m×3.5（四廊道）。

消毒接触池工艺平面布置如图 7-5 所示。

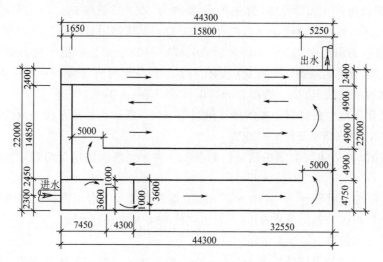

图 7-5　二氧化氯消毒接触池平面布置示意

7.3　紫外线消毒

7.3.1　紫外线消毒原理与工艺流程

紫外线（UV）是波长在 100～400nm 之间的电磁波，按照其波长范围的不同又可以分为 UVA(400～315nm)、UVB(315～280nm)、UVC(280～200nm) 和真空紫外线（200～100nm），其中具有杀菌作用的主要是位于 C 波段的紫外线。紫外线具有杀菌能力主要是因为紫外线对微生物的核酸可以产生光化学损伤。微生物细胞核中的核酸可以分为核糖核酸（RNA）和脱氧核糖核酸（DNA），两者的共同点是由磷酸二酯键按嘌呤和嘧啶碱基配对原则而连接起来的多糖核苷酸链，细胞核中的这两种核酸能够吸收高能量的短波紫外辐射（DNA 和 RNA 对紫外线的吸收光谱范围为 240～280nm，在 260nm 时达到最大值），对紫外光能的这种吸收可以使相邻的核苷酸之间产生新的键，从而形成双分子或二聚物。相邻嘧啶分子，尤其是胸腺嘧啶的二聚作用是紫外线所引起的最普遍的光化学损害。细菌中的 DNA 和病毒中的 RNA 中的众多的胸腺嘧啶形成二聚物阻止了 DNA 或 RNA 的复制和蛋白质的合成，从而使细胞死亡。简而言之，紫外线消毒的机理就是破坏细菌和病毒的繁衍能力，从而最终达到去除的目的。

紫外线消毒的优点有：对致病性微生物具有广谱消毒效果，消毒效率高；对隐孢子虫卵囊有特效消毒作用；不产生有毒、有害副产物；能降低嗅、异味以及降解微量有机污染物；占地面积小、消毒效果受水温、pH 值影响小。缺点有：消毒效果受水中 SS 和浊度影响较大；没有持续消毒效果；管壁易结垢，降低消毒效果；存在光复活、暗复活现象。随着对紫外线消毒机理的深入研究、技术的不断发展以及消毒装置设备设计上的日益完善，紫外线消毒法有望成为代替传统氯化消毒的主要方法。

7.3.2　紫外线消毒系统

紫外线消毒系统主要组成部分为紫外灯、放置紫外灯的石英套管、系统支撑结构、为紫外灯提供稳定电源的镇流器和为镇流器提供能量的电源。紫外线消毒器按水流边界的不同分为敞开式和封闭式。

（1）敞开式系统

在敞开式紫外线消毒器中，水体在重力作用下流经紫外消毒器从而达到灭活水中微生物的目的。敞开式系统分为浸没式和水面式两种，其中浸没式应用最为广泛。

浸没式又称为水中照射法，其典型构造如图7-6所示。浸没式紫外线消毒器是将装有石英套管的紫外灯置入水中，水体从石英套管的周围流过并接受紫外线照射，当紫外灯管需要更换时，可将其抬高从而进行操作。该模式构造比较复杂，但紫外辐射能的利用率高、灭菌效果好且易于管理维修。要使系统能够正常运行，维持消毒器中恒定的水位是至关重要的。若水位太高，则紫外线难以照射到灯管上方的部分进水，有可能造成消毒不彻底；若水位太低，则上排灯管会暴露在空气之中，造成灯管过热，而且还减少了紫外线对水体的辐射，浪费了部分紫外线剂量。为了克服这一缺点，在图7-6中采用了自动水位控制器（滑动闸门）来控制水位。

（2）封闭式系统

封闭式紫外线消毒器属于承压型，被消毒的水体流经由金属筒体和带石英套管的紫外线灯包裹的空间，接受紫外线照射，从而达到消毒目的。其具体结构形式如图7-7所示。

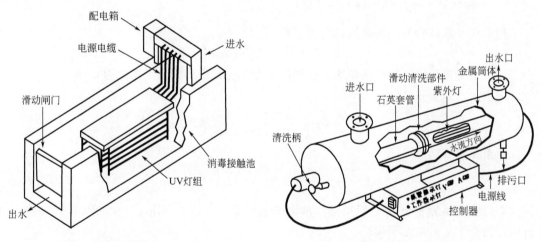

图7-6　敞开式UV消毒器构造　　　　图7-7　封闭式UV消毒器构造

封闭式紫外线消毒器筒体常用不锈钢或铝合金制造。为了提高对紫外线的反射能力和增强辐射强度，其内壁多做抛光处理，筒体内安装带有石英套管的紫外灯，根据处理水量的大小调整紫外灯的数量。有的紫外线消毒器在筒体内壁加装了螺旋形叶片，其优点主要有：可以改变水流的运动状态，从而避免出现死水区域，并且其所产生的紊流以及叶片的边缘会打碎悬浮固体，使附着在其表面的微生物暴露于紫外线的辐射下，从而提高了消毒效率。

敞开式紫外线消毒器适用于大、中水量的处理，因此多用于污水处理厂。封闭式紫外线消毒器一般适用于中、小水量的处理或需要施加压力的消毒器。

7.3.3　设计参数及规定

① 紫外线消毒剂量　紫外线消毒剂量是所有紫外线辐射强度和曝光时间的乘积。紫外线消毒剂量的大小与出水水质、水中所含物质种类、灯管的结垢系数等多种因素有关，可根

据试验资料或类似运行经验确定；也可按以下标准确定，即二级处理的出水为 $15\sim22$ mJ/ cm^2；再生水为 $24\sim30$ mJ/cm^2。

② 光照接触时间　$10\sim100$ s。

③ 紫外线照射渠的设计　紫外线照射渠的设计应符合以下要求：照射渠水流均布，灯管前后的渠长度不宜小于 1m；水深应满足灯管的淹没要求；紫外线照射渠不宜少于 2 条，当采用 1 条时宜设置超越渠。

④ 消毒器中水流流速最好不小于 0.3m/s，以减少套管结垢，可采用串联运行，以保证所需接触时间。

7.3.4　紫外线消毒设计算例

【例题 7.3】　某污水处理厂日处理水量 5000m^3/d，$K=1.3$，二级处理出水拟采用紫外线消毒，试设计计算紫外线消毒系统主要工艺尺寸。

【解】（1）峰值流量：$Q_{峰}=5000\times1.3=6500$（m^3/d）

（2）灯管数：选用 UV3000PLUS 紫外线消毒设备，每 3800m^3/d 需 14 根灯管，

$$故：n_{平}=\frac{5000}{3800}=1.32\times14=19（根）$$

$$n_{峰}=\frac{6500}{3800}=1.71\times14=24（根）$$

拟选用 6 根灯管为一个模块，则模块数 N

$$3.07（个）<N<4（个）$$

（3）消毒渠设计：按设备要求渠道深度为 129cm，设渠中水流速度为 0.3m/s。

渠道过水断面积 A：

$$A=\frac{Q}{v}=\frac{6500}{0.3\times24\times3600}=0.25（m^2）$$

渠道宽度 B：

$$B=\frac{A}{H}=\frac{0.25}{1.29}=0.19（m），取0.2m$$

若灯管间距为 8.89cm，沿渠道宽度可安装 3 个模块，故选用 UV3000PLUS，两个 UV 灯组，每个 UV 灯组 2 个模块。

渠道长度：每个模块长度为 2.46m，两个灯组间距为 1.0m，渠道出水设堰板调节。调节堰与灯组间距 1.5m，则渠道总长 L 为：$L=2\times2.46+1.0+1.5=7.42$（m）

$$复核辐射时间\ t=\frac{2\times2.46}{0.3}=16.4（s）\qquad（符合要求）$$

紫外线消毒渠道布置如图 7-8 所示。

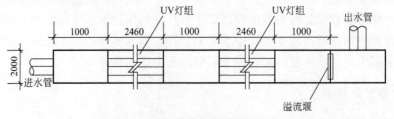

图 7-8　紫外线消毒渠道工艺布置

8 污水处理厂的技术经济分析

8.1 工程投资估算的编制

8.1.1 投资估算编制的基本要求

① 污水处理工程建设项目可行性研究投资估算的编制，现阶段应遵照建标［2007］164号文发布实行的《市政工程投资估算编制办法》（以下简称《编制办法》）的要求进行编制。利用国际金融机构、外国政府和政府金融机构贷款的工程建设项目，还应根据贷款方的评估要求，补充必要的编制内容。

② 建设项目可行性研究报告中的投资估算，应对总造价起控制作用，作为工程造价的最高限额，不得任意突破。在投资估算编制工作中，必须严格执行国家的方针、政策和有关法规制度，在调查研究的基础上，如实反映工程项目建设规模、标准、工期、建设条件和所需投资，既不能高估冒算，也不能故意压低、留有缺口。

③ 建设项目的投资估算是可行性研究报告的重要组成部分，也是项目决策的基本依据之一，为此，可行性研究报告的编制单位要对技术方案和投资估算全面负责，将以此考核编制单位的技术资质级别和经济责任。当由几个单位共同编制可行性研究报告时，主管部门应指定主体编制单位负责统一制定估算编制原则，并汇编总估算，其他单位负责编制各自所承担部分的工程估算。

④ 可行性研究报告的编制单位和参加人员必须树立经济核算的观念，克服重技术轻经济的倾向；各专业之间应密切配合，做好多方案的技术经济比较，努力降低工程造价，提高投资效益。

⑤ 估算编制人员应深入现场，搜集工程所在地有关的基础资料，包括人工工资、材料供应和价格、运输和施工条件、各项费用标准等，并全面了解建设项目的资金筹措、实施计划、水电供应、配套工程、征地拆迁赔偿等安排落实情况。对于引进技术和设备、中外合作经营的建设项目，估算编制人员应参加对外洽商，要求外商提供能满足编制投资估算的有关资料，以提高投资估算的质量。

⑥ 预可行性研究的投资估算，可按照《编制办法》要求的编制深度，在满足投资决策需要的前提下适当简化。

8.1.2 投资估算文件的组成

① 估算编制说明。主要包括工程概况、编制依据、征地拆迁、供电供水、考察咨询及其他有关问题的说明。

② 建设项目总投资估算及使用外汇额度。

③ 主要技术经济指标分析，包括投资、用地、主要材料用量和劳动定员指标等。各项

技术经济指标计算方法按建设部《市政工程设计技术管理标准》中"市政工程技术经济指标计算规定"的要求计算。

④ 钢材、水泥（或商品混凝土）、木料总需要量、管材等主要材料总需用量，道路工程还应计算沥青及其沥青制品等的需要量。

⑤ 如果采用引进设备，应计算主要引进设备的内容数量和费用。

⑥ 费用组成及投资比例分析，包括各单项工程费用占第一部分工程总费用的比例；工程费用、工程建设其他费用、预备费用，占固定资产投资的比例；建筑工程费、安装工程费、设备购置费、其他费用占建设项目总投资的比例。

⑦ 资金筹措、资金总额组成及年度用款安排。

8.1.3 投资估算的编制办法

基本建设投资估算的精确度在不同的设计阶段有不同的要求，大致可分为两类：一是粗估，或称可研性估算，一般是根据概念性设计编制，在已确定的初步流程图、主要处理设备、配管长度和建设工程的地理位置的基础上进行，投资估算的可能误差范围为±（20%～30%），估算一般适用于城市或区域性规划的筹划或优化；二是依据概念性设计和将来可能建设的技术条件，其可能的误差范围为±（10%～20%）。常用的估算方法有以下几种。

8.1.3.1 指标估算法

采用国家或部门、地区制定的技术经济指标为估算依据，或以已经建设的同类工程的造价指标为基础，结合工程的具体条件，考虑时间、地点、材料差价等可变因素做必要的调整。

参照 2007 年建设部颁发的《市政工程投资估算指标》和 2000 年《给水排水设计手册·第 10 册·技术经济》，并结合近年来各地市政设施建设项目的实际施工工程投资结算情况，对基本建设投资进行估算，综合列于表 8-1，供项目建议书或预可研阶段估算时参考。

8.1.3.2 费用模型估算法

费用模型是通过数学关系式来描述工程费用特征及其内在联系。目前国内外污水处理费用模型通式为 $C=aQ^b$；其中 b 值通常范围为 0.7～0.9，主要与机械化和自控程度有关。土建工程的 b 值较高，约为 0.9；机械设备为 0.75 左右；电气设备为 0.5～0.6。国内城市污水处理厂的建设费用中，在 20 世纪 70～80 年代，建筑安装工程费用比例较高，约占 75%～80%，设备购置费用仅占 20%～25%；20 世纪 90 年代随着机械化和自动化控制水平的提高，设备购置费用的比例已提高到工程费用的 1/3 左右。而在西方国家污水厂的费用构成中，土建工程仅占 25%～30%，机械和电气设备费用却高达 60% 左右。因此，国内污水处理厂的 b 值较西方国家的高，大致为 0.80。国内外研究的模型参数 b 值如表 8-2 所列。

表 8-1　污水处理厂单位水量投资估算和主要材料消耗的综合指标

规模 /(10⁴m³/d)	单位投资 /(元/m³)	主 要 材 料				
		钢材/kg	水泥/kg	木材/m³	金属管/kg	非金属管/kg
一级污水处理厂						
20 以上	719～811	13～15	95～100	0.01～0.02	3.15～5.25	5.25～7.35
10～20	811～916	15～17	100～110	0.02～0.02	5.25～6.30	7.35～8.40
5～10	916～1067	17～19	110～121	0.02～0.02	6.30～8.40	8.40～10.50
2～5	1067～1222	19～21	121～137	0.02～0.03	8.40～9.45	10.50～11.55
1～2	1222～1382	21～26	137～168	0.03～0.03	9.45～11.55	11.55～12.60

规模 /$(10^4 m^3/d)$	单位投资 /(元/m^3)	主 要 材 料				
		钢材/kg	水泥/kg	木材/m^3	金属管/kg	非金属管/kg
二级污水处理厂（一）						
20 以上	1077～1231	17～20	100～121	0.01～0.02	8.93～11.55	10.50～14.70
10～20	1231～1389	20～23	121～147	0.02～0.02	11.55～13.13	14.70～15.75
5～10	1389～1603	23～25	147～168	0.02～0.02	13.13～16.28	15.75～18.90
2～5	1603～1958	25～29	168～189	0.02～0.03	16.28～19.95	18.90～21.00
1～2	1958～2224	29～34	189～252	0.03～0.03	19.95～24.15	21.00～26.25
二级污水处理厂（二）						
20 以上	1489～1691	25～29	116～147	0.02～0.02	10.50～13.65	9.45～10.50
10～20	1691～1826	29～38	147～179	0.02～0.02	13.65～15.75	10.50～11.55
5～10	1826～2075	38～44	179～210	0.03～0.03	15.75～19.43	11.55～12.60
2～5	2075～2504	44～55	210～273	0.03～0.03	19.43～22.68	12.60～13.65
1～2	2504～2934	55～65	273～326	0.03～0.03	22.68～26.46	13.65～14.70

注：1. 一级处理工艺流程大体为提升、沉砂、初次沉淀、污泥浓缩及脱水；二级处理（一）工艺流程大体为提升、沉砂、初次沉淀、曝气、二次沉淀及污泥浓缩干化处理等；二级处理（二）工艺流程大体为提升、沉砂、初次沉淀、曝气、二次沉淀、消毒及污泥提升、浓缩、消化、脱水、沼气利用等；其中污泥处理工艺流程大体为污泥提升、浓缩、消化、脱水、沼气利用等。

2. 综合指标不包括征地拆迁、外部供电、供水、供气、供热、厂外管道等费用。

3. 综合指标未考虑湿陷性黄土区、地震设防、永外性冻土和地质情况十分复杂等地区的特殊要求；设备均按国产设备考虑，未考虑进口设备。

4. 结合指标的上限一般适用于工程地质条件复杂，技术要求较高，施工条件差等情况；下限适用于工程地质条件较好，技术要求一般，施工条件较好等情况。

5. 综合指标按 2007 年材料价格计算，应用时可按建设当年与 2007 年的材料价格指数进行调整。

表 8-2　国内外研究的模型参数 b 值

资 料 来 源	b 值	资 料 来 源	b 值
上海市政工程设计院（20 世纪 80 年代）	0.90	Fraas 和 Munleg	0.89
上海市政工程设计院（20 世纪 90 年代）	0.80	威拉米特河（美）	0.771
上海市环境保护局	0.788	流总指南（日本）	0.718
龟田大武、明石哲也	0.727	土研（日本）	0.772
Smith（一级处理）	0.67	琵琶湖调查	0.742
Smith（二级处理）	0.69		

根据 2007 年《市政工程投资估算指标》污水处理厂综合指标，结合西安市近年来人工和材料价格计算得出。

（1）污水处理厂总造价公式

一级污水处理厂：　　　　　　　　$C = 1200 \sim 1800 Q^{0.80}$

二级污水处理厂（污泥浓缩干化）：　$C = 1800 \sim 2600 Q^{0.79}$

二级污水处理厂（污泥消化脱水）：　$C = 2600 \sim 3500 Q^{0.78}$

式中　C——污水处理厂总造价，万元，但不包括征地拆迁费、涨价预备费和建设期贷款利息，设备采用国产设备；

Q——设计平均日处理污水量，$10^4 m^3/d$。

（2）主要处理单元构筑物造价估算模型

本文仅对传统处理工艺中的单元处理构筑物建立费用函数，包括污水泵房、沉砂地、一次沉淀池、曝气池、二次沉淀池、接触池、浓缩池和消化池等。统计分析了处理水量在

（0.07～50）万 m^3/d 范围内部分污水厂实际造价数据，并进行回归分析，得到费用模型表达式为（C表示造价，Q表示流量）如表 8-3 所列。

表 8-3 污水处理厂单元构筑物费用模型

构筑物	费用模型/万元	主要特点	规模/$10^4 m^3/d$
粗格栅及污水提升泵房	$C=61.458Q^{0.819}$	污水提升泵房与粗格栅和集水井合建，矩形半地下式钢筋混凝土结构	0.5～50
沉砂池（平流）	$C=16.02Q^{0.722}$	矩形钢筋混凝土结构	0.08～6
细格栅与曝气沉砂池	$C=22.211Q^{0.823}$	矩形钢筋混凝土结构	0.5～50
一沉池（平流）	$C=92.78Q^{0.7304}$	矩形钢筋混凝土结构	0.07～6
一沉池（辐流）	$C=39.936Q^{1.083}$	圆形钢筋混凝土结构	0.5～50
曝气池	$C=400.222Q^{0.824}$	矩形钢筋混凝土结构	0.5～50
二沉池（辐流）	$C=186.647Q^{0.800}$	圆形钢筋混凝土结构	0.5～50
二沉池配水井及污泥泵房（合建）	$C=4.501Q^{1.352}$	圆形钢筋混凝土结构	0.5～50
接触池	$C=52.717Q^{0.442}$	矩形钢筋混凝土结构	0.5～50
污泥泵房	$C=48.37Q^{1.1777}$	矩形半地下式混合结构，地下为钢筋混凝土结构	0.4～5.5
污泥浓缩池	$C=0.67Q^2+6.37Q+18.44$	圆形钢筋混凝土结构	0.08～6
污泥消化池	$C=440.241Q^{0.637}$	圆形钢筋混凝土结构，配有污泥搅拌机	0.5～50
污泥脱水机房	$C=40.773Q^{0.362}$	矩形半地下式混合结构	0.5～50

（3）污水处理厂年运行（经营成本）估算模型

二级污水处理厂：$C_0=180-350Q^{0.79}$

式中 C_0——污水处理厂年运行费用，万元；

Q——设计平均日处理污水量，$10^4 m^3/d$，设备采用国产设备。

指标估算法和费用模型估算法具有快速实用优点，但由于工艺设计标准、结构形式、水文地质条件等种种因素对工程投资的影响难以在其中得到反映，其精确度较差，一般只能用来粗估投资或作为确定指导性的投资控制数的粗略估算。

8.1.3.3 主要造价构成估算法

估算时着重于造价构成的主要方面，次要方面则按主、次两者的比例关系进行估算。利用污水处理厂的造价分析结果见表 8-4，着重估算初沉池、曝气池、二沉池、消化池、脱水机房及厂区平面布置等 6 项费用，在得出这 6 项工程费用的基础上增加 30%～35%，就能估算出整个污水处理厂的工程费用。

表 8-4 污水处理厂的造价构成

构 筑 物 名 称	各构筑物占污水处理厂总造价的比例/%		构 筑 物 名 称	各构筑物占污水处理厂总造价的比例/%	
	幅度范围	通常比例		幅度范围	通常比例
进水泵房及格栅房	5～12	6～9	沼气柜	2～5	2～4
沉砂池	1～2	1～2	脱水机房	4～10	4～8
初次沉淀池	5～11	6～10	其他构筑物	3～5	3～5
曝气池及鼓风机房	17～25	19～23	综合楼及辅助建筑	3～8	4～6
二次沉淀池	8～16	9～14	总平面布置	11～17	12～16
消化池及控制室	7～11	8～10	机修、化验、通讯及运输设备	4～8	5～7
污泥浓缩池	2～4	2～3	家属宿舍	3～6	4～5

在进行单项构筑物造价估算时，同样可以利用造价构成的比例关系，重点估算比重较大的方面。如在估算辐流式二沉池的造价时，首先认真估算土建工程费用，因为土建费用占沉淀池总造价的80%左右。

8.1.3.4 参照同类工程的造价或根据概算定额进行估算

利用过去已建成的同类工程或同一类型构筑物的造价资料作为估算基础，分析两个工程项目的不同特征对造价可能产生的影响。根据工程环境的具体条件、主体工程量、施工条件、材料价格等因素的差异，对造价做出必要的调整。如按各单项构筑物造价分析估算，就能使造价比较和调整工作更为细致，估算精确性亦随之提高。

在缺乏同类工程造价资料的情况下，必须按概算指标或概算定额的分项要求，计算出主要工程数量，然后按概算定额单价进行估算。

8.1.3.5 分项详细估算法

(1) 工程费用的估算

a. 建筑工程费估算的编制

① 主要构筑物或单项工程可套用估算指标或类似工程造价指标进行编制。按照可行性研究报告所确定的主要构筑物或单项工程的设计规模、工艺参数、建设标准和主要尺寸套用2007年《市政工程投资估算指标》中相适应的构筑物估算指标或类似工程的造价指标和经济分析资料，并应结合工程的具体条件、考虑时间、地点、材料价格等可变因素进行调整。

② 室外管道铺设工程估算的编制应首先采用当地的管道铺设概（估）算指标或综合定额；当地无此类定额或指标时，则可采用《市政工程投资估算指标》内相应的管道铺设指标，但应根据工程所在地的水文地质和施工机具设备条件，对沟槽支撑、排水、管道基础等费用项目做必要的调整，并考虑增列临时便道、建成区的路面修复、土方暂存等项费用。

③ 辅助构筑物和生活设施的房屋建筑工程，可参照估算指标或类似工程容积指标及"平方米造价指标"进行编制。

b. 安装工程费估算的编制

① 管配件安装工程可套用估算指标或类似工程技术经济指标进行估算，也可按照概（预）算定额进行编制。

② 工艺设备、机械设备、工艺管道、变配电设备、动力设备和自控仪表的安装费用可按不同工程性质，以主要设备和主要材料费用的百分比进行估算。百分比可根据有关指标或同类工程的测算资料取定。

c. 设备购置费的估算

① 主要设备费用采用制造厂现行出厂价格（含设备包装费）。

② 备品备件购置费可按主要设备费用的1%估算。设备原价内如包含备品备件时，则不应重复计算。

③ 次要设备费用可按主要设备总价的百分比计算，一般应掌握在10%以内。

④ 成套设备服务费：设备由设备成套公司承包供应时，可计列此项费用，按设备总价（包括主要设备、次要设备和备品备件费用）的1%估算。

⑤ 设备运杂费：根据工程所在的地区以设备价格为计算基础，按表8-5设备运杂费费率估算。

表 8-5 设备运杂费费率

序　号	工　程　所　在　地　区	费率/%
1	辽宁、吉林、河北、北京、天津、山西、上海、江苏、浙江、山东、安徽	6～7
2	河南、陕西、湖北、湖南、江西、黑龙江、海南、广东、四川、重庆、福建	7～8
3	内蒙古、甘肃、宁夏、广西、海南	8～10
4	贵州、云南、青海、新疆	10～11

注：西藏边远地区和厂址距离铁路或水运码头超过 50km 时，可适当提高运杂费费率。

⑥ 超限设备运输措施费：按预计情况计入运杂费用内。

⑦ 备品备件购置费：可暂按设备原价的 1% 估算。

d. 工器具及生产家具购置费的估算　可按第一部分工程费用内设备购置费总值的 1%～2% 估算。

（2）工程建设其他费用（第二部分费用）的估算内容

① 建设用地费，指按照《中华人民共和国土地管理法》等规定，建设项目征用土地或租用地地应支付的费用和管线搬迁及补偿费。

② 建设管理费，指建设单位从项目筹建开始直至办理竣工决算为止发生的项目建设管理费用，包括建设单位管理费、建设工程监理费、工程质量监督费等三部分，应分别按相应标准计算。

③ 建设项目前期工作咨询费。

④ 研究实验费。

⑤ 勘察设计费，包括工程勘察费、工程设计费、施工图预算编制费、竣工图编制费等。

⑥环境影响咨询服务费。

⑦ 劳动安全卫生评审费。

⑧ 场地准备及临时设施费，包括场地平整及建设单位临时设施费两部分。

⑨ 工程保险费。

⑩ 特殊设备安全监督检费。

⑪ 生产准备费及开办费，包括生产职工培训费及提前进厂费、办公和生活家具购置费等。

⑫ 联合试运转费。

⑬ 专利及专有技术使用费。

⑭招标代理服务费。

⑮施工图审查费。

⑯市政公用设施费，不发生或按规定免征项目不计取。

⑰引进技术和进口设备项目的其他费用。

（3）预备费的计算

① 基本预备费。应以第一部分工程费用与第二部分工程建设其他费用的总值之和为基数，乘以基本预备费费率 8%～10%。

② 涨价预备费。国家［1999］1340 号文规定，自即日起，投资价格指数按零计算。

（4）固定资产投资方向调节税

根据《中华人民共和国固定资产投资方向调节税暂行条例》及其实施细则、补充规定等文件，污水处理厂工程投资方向调节税为零。

（5）建设期贷款利息

应根据资金来源、建设期年限和借款利率分别计算。目前污水处理厂工程中长期国内贷款年利率为 6.12％。借款除利息支付外，借款的其他费用（管理费、代理费、承诺费等）按贷款条件如实计算。

（6）铺底流动资金

铺底流动资金即自由流动资金，按流动资金总额的 30％估算。

8.2 工程概、预算的编制

8.2.1 概、预算编制依据及主要基础资料

① 批准的建设项目可行性研究报告和主管部门的有关规定。

② 设计文件（初步设计或施工图设计及施工组织设计文件）。

③ 各省、市、地区或国家现行的市政工程、建筑安装工程概预算定额、工程量清单定额间接费定额及其取费标准等有关费用的规定等文件。

④ 现行有关的设备原价及运杂费率。

⑤ 现行的有关其他工程费用定额和指标。

⑥ 建设地点的地质资料、土壤类别、地下水位、一般性气象资料等。

⑦ 类似工程的概、预算及技术经济指标资料。

8.2.2 一般资料调查收集内容

① 定额。当地现行的市政工程和建筑安装工程概算定额、综合预算定额或工程量清单定额以及单位估价表、类似工程的概、预算及技术经济指标，如附属建（构）筑物造价指标等。

② 人工及材料价格，包括土建材料预算价格、机械台班、人工工资、设备原价和运杂费费率等。

③ 费率标准。施工管理费和各项工程费用的费率，工程所在地的土地征购、租用、青苗赔偿等拆迁价格和费用，建设单位管理费、培训费、办公和生产家具购置费、预备费等其他费用费率规定。当地"三通一平"的费用标准，冬雨季施工、郊区补贴、远征费等方面的规定。

④ 当地的施工条件及习惯做法。施工组织设计文件，挖、运土方式和运距，基坑或沟槽开挖边坡支撑方式，降水方法。

⑤ 供电、电费及外部条件等，供电外线每公里的费用情况，电费单价。外部条件主要包括厂外道路、自来水、天然气、供热等接入情况。

⑥ 资金情况。投资来源（自筹资金、国家拨款或贷款、国外贷款）；贷款利率（单利还是复利，月息还是年息）、偿还期、偿还方式；预计建设年限；建设期间利息的支付方法；现有污水处理厂成本分析（包括平均年工资、药剂的单耗及单价，折旧计算等）。

总之，要深入调查研究、收集、鉴定并正确采用概、预算基础资料，做到正确反映设计内容、施工条件和方法，使收集的有关概、预算资料符合工程所在地的实际情况，从而保证概、预算的质量，使其起到控制投资的作用。

8.2.3 概、预算文件的组成

① 编制说明，包括工程概况、编制依据、资金来源等。
② 由各单项工程综合概、预算及工程建设其他费用组成的建设项目概、预算汇总表。
③ 由各专业的单位工程概、预算书组成的单项工程综合概、预算书。
④ 单位工程概、预算书。
⑤ 主要材料用量计算，包括钢材、木材、水泥、管材等。
⑥ 技术经济指标计算。应按各枢纽工程分别计算投资、用地及主要材料用量和劳动定员等各项指标。

8.3　污水处理成本的计算

污水处理成本的计算，通常包括污泥处理部分。构成成本计算的费用项目有以下几项。

8.3.1　能源消耗费

包括在污水处理过程中所消耗的电力、自来水、汽油费、煤或天然气等能源消耗。电耗计算依据处理厂实际用电负荷（kW），不包括备用设备。

8.3.2　其他费用

药剂费、职工工资福利费、固定资产折旧费、无形及递延资产推销费、大修理基金提存、行政管理费和间接费用的计算，一般按日平均处理量（m^3/d）计算。

8.3.3　日常检修维护费

日常检修维护费对一般生活污水可参照类似工程的比率按固定资产总值的1‰提取，但工业污水由于对设备及构筑物的腐蚀较严重，应按污水性质及维修要求分别提取。

8.3.4　污水、污泥综合利用的收入

在市场经济的形势下，污水处理已逐步过渡到收费制，污水排出要收排污费，而污水作为一种资源也将收费。例如，处理后的污水用于农业灌溉，污水深度处理后用于工业冷却，以节省资源，都应收取一定的费用作为补偿，这样污水处理有望作为产品销售，收取一定的费用，减去成本后作为盈利收入。另外，像污泥处理产生的沼气，可以用来作为动力机械的能源，也可以发电以减少处理厂的动力消耗，污泥进一步加工作为农业肥料可在处理成本中抵消部分成本，这就使得污水处理成本得以下降。

8.3.5　年成本费用与单位处理成本的计算

所谓成本是指污水处理厂的运行费用，包括污水处理厂运行的电费、资源费、药剂费、职工工资及福利、大修理基金、日常检修维护费、折旧费、摊销费、管理费等总和被处理水量除，即得出年成本和单位处理成本。举例说明如下。

某城市污水处理厂，平均日处理水量100000m^3，年总用电量为1404×10^4kW·h，电费单价0.503元，污水量总变化系数为1.3，年用药聚丙烯酰胺（PAM）19.86t，单价为

40000元/t，年用药液氯262.8t，单价为2200元/t，职工定员45人，人均年工资及福利10000元，基建总投资14654万元，其中固定资产投资13334万元，无形及递延资产投资为1320万元，年综合基本折旧率为4.8%，大修基金提存率为2.2%，无形及递延资产摊销率为8%。计算年处理总成本、年经营成本、单位水处理总成本及单位水处理经营成本。

电费： $E_1 = 1404 \times 0.503/1.3 = 543.24$（万元）

药剂费： $E_2 = 19.86 \times 4.00 + 262.80 \times 0.22 = 137.26$（万元）

工资及福利费： $E_3 = 45 \times 1.00 = 45.00$（万元）

固定资产折旧费： $E_4 = 13334 \times 0.048 = 640.03$（万元）

无形及递延资产摊销： $E_5 = 1320 \times 0.08 = 105.60$（万元）

大修理基金： $E_6 = 13334 \times 0.022 = 293.35$（万元）

日常检修维护费： $E_7 = 13334 \times 0.01 = 133.34$（万元）

行政管理费及其他费用： $E_8 = (E_1 + E_2 + E_3 + E_4 + E_5 + E_6 + E_7) \times 0.15$
$$= (543.24 + 137.26 + 45.00 + 640.03 + 105.60 + 293.35 + 133.34) \times 0.15$$
$$= 284.67 \text{（万元）}$$

年总成本费用： $YC_{总} = E_1 + E_2 + E_3 + E_4 + E_5 + E_6 + E_7 + E_8 = 2182.49$（万元）

年经营成本费用： $YC_{经营} = E_1 + E_2 + E_3 + E_6 + E_7 + E_8 = 1436.86$（万元）

单位水处理总成本费用： $AC_{总} = 2182.49/(365 \times 10) = 0.60$元$/m^3$

单位水处理经营成本费用： $AC_{经营} = 1436.86/(365 \times 10) = 0.39$元$/m^3$

8.4 污水处理厂项目经济评价

建设项目经济评价是可行性研究的有机组成部分和重要内容，是项目和方案决策科学化的重要手段。

经济评价的目的是根据国民经济发展规划的要求，在做好需求预测及厂址选择、工艺流程选择等工程技术研究的基础上，计算项目的投入费用和产生的效益；通过各种方案比较，对拟建项目的经济可行性和合理性进行论证分析，做出全面的经济评价，经比较后推荐最佳方案，为项目决策提供科学依据。

污水处理厂建设项目经济评价依据国家发改委、建设部《建设项目经济评价方法与参数》第三版（2006）和建设部《市政公用设施建设项目经济评价方法与参数》（2008）。包括财务评价和国民经济评价两部分。污水处理厂企业化后，项目方案的取舍应综合考虑财务评价和国民经济评价的结果。

8.4.1 财务评价

财务评价是根据现行的财税制度，从财税角度来分析计算项目的费用、效益、盈利状况及借款偿还能力。财务评价只计算项目本身的直接费用和直接效益，即项目的内部效果，以考察项目本身的财务可行性。

财务评价一般是通过财务现金流量计算表、损益表、资产负债表和借款偿还平衡表等进行计算。在国家发改委、建设部《建设项目经济评价方法与参数》第三版（2006）；建设部《市政公用设施建设项目经济评价方法与参数》（2008）及中国勘察设计协会《给水排水建设项目经济评价细则》书中，对现金流量表和损益表等基本表式已做了统一规定。

污水处理厂财务评价的主要内容通常包括以下方面。

① 投资成本及资金来源。

② 投资分年度用款计划。

③ 污水处理成本的计算。

④ 单位水量成本及理论污水排污费的测算（实际污水排放收费标准由地区主管部门根据当地经济水平和有关政策确定）。

⑤ 编制基本财务报表，包括财务现金流量表、损益表、资金来源与运用表、资产负债表及借款偿还平衡表等。

⑥ 计算财务评价的主要评价指标。以财务内部收益率、投资回收期和固定资产投资借款偿还期作为主要评价指标。根据项目的特点及实际需要，也可计算财务净现值、财务净现值率、投资利润率等辅助指标。

⑦ 污水项目财务分析参数：是按现行财税价格条件，根据近几年来各地排水项目的统计数据及行业的综合统计资料，按统一方法估计测算，在取值时考虑国家产业政策、行业技术进步、资源配置、价格结构、银行利率等因素后综合研究测定。使用时应注意财税、价格等条件，当条件发生较大变化时，应做相应调整。

参考基准参数：税前财务基准内部收益率 $IRR=5\%$；

财务净现值 $NPV \geqslant 0$；

基准投资回收期 $P_t=15\sim18$ 年；

平均投资利润率 $=2.5\%$。

8.4.2 不确定性分析与风险分析

项目评价所采用的数据，大部分来自预测和估算，有一定程度的不确定性。为了分析不确定性因素对经济评价指标的影响，需进行不确定性分析，估算项目可能承担的风险，确定项目在经济上的可靠性。

不确定性分析包括盈亏平衡分析和敏感性分析。盈亏平衡分析只用于财务评价，敏感性分析可同时用于财务评价和国民经济评价。

（1）盈亏平衡分析

盈亏平衡分析是通过盈亏平衡点（BEP，即项目的盈利与亏损的转折点，在该点处销售收入等于生产成本，项目刚好盈亏平衡），分析拟建项目对市场需求变化的适应能力。盈亏平衡点越低，表明项目盈利的可能性越大，抗风险能力越强。

① 盈亏平衡点可根据正常生产年份的处理水量、可变成本、固定成本、排水收费标准和销售税金等数据计算。

盈亏平衡点可以用生产能力利用率或产量等表示，其计算公式为：

BEP（生产能力利用率）＝年固定总成本/（年销售收入－年可变总成本－年销售税金及附加）×100%

BEP（产量）＝年固定总成本/（单位水量价格－单位水量可变成本－单位水量销售税金及附加）

BEP（产量）＝设计生产能力×BEP（生产能力利用率）

② 盈亏平衡图的绘制。盈亏平衡分析也可通过绘制盈亏平衡图求得。以年产水量（或

年处理水量）为横坐标，成本与收入金额为纵坐标，将销售总成本方程式和税后销售总收入方程式作图，两线交点对应的坐标值，即表示相应的盈亏平衡点。如图 8-1 所示。

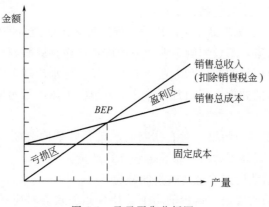

图 8-1　盈亏平衡分析图

敏感性分析是通过分析、预测项目主要因素发生变化对经济评价指标的影响，从中找出敏感因素，并确定其影响程度。

在敏感性分析中通常设定的变化因素是总投资、经营成本、排污收费价格和生产能力等，也可根据项目特点和实际需要确定。

敏感性分析各主要参数或指标的浮动幅度，应根据各项工程的具体情况确定，也可参照以下数据选定：a. 固定资产投资±（10％～20％）；b. 排污费收费单价±（10％～20％）；c. 年经营成本±（10％～20％）。

（2）风险分析是不确定分析的补充和延伸，是指由于不确定性的存在导致项目实施。

（3）后偏离预期教务和经济效益目标的可能性。

经济风险分析通过识别风险因素，采用定性与定量相结合的方法估计各风险因素发生变化的可能性，以及这些变化对项目的影响程度，提示影响项目的关键风险因素，提出项目风险的预警、预报和相应的对策。通过风险分析的信息反馈，改进或优化设计方案，降低项目风险。

污水处理厂项目的风险因素主要应考虑污水量、进水水质、收费价格、工期、建设内容变化、投资增加、质量降低、汇率变化、成本变化有自然灾害风险等。

8.4.3　国民经济评价

国民经济评价是项目经济评价的核心部分，是从国民经济综合平衡的角度分析计算项目需要国家付出的代价和对国家的贡献。国民经济评价除了计算项目本身的直接费用和直接效益外，还应计算间接费用和间接效益，即项目的全部效果，据此判别项目的经济合理性。

城市污水处理厂的经济效益。除部分可以定量计算外，大部分效益表现为难以用货币量化的社会效益和环境效益。有些以外在形式表现的效益，如污水治理对工农业生产发展的影响，对城市河湖水系、旅游事业创造的收益等，究竟有多少比例可归属于该项目，也很难确定。此外，排污收费标准，往往采取政府补贴政策，并不能反映其真实价值，只能用假设的计算价格（或影子价格）来估算其收益。因此，污水处理厂的国民经济评价比一般工业企业项目难度更大，目前通常仅进行工程效益分析，来做各项国民经济报表的编制和评价指标的计算。

污水处理项目的效益可按工程项目实施后，对促进地区经济发展、改善环境、减少国民经济损失、改善人民生活卫生条件、提高人民健康水平、提高社会劳动生产率等方面实现国民经济净增效益来计算。主要包括以下内容。

① 减轻水质污染对工业产品质量的影响，促进地区工业经济的发展。

河道水质的严重污染，不仅影响工业产品的质量，而且威胁到某些工厂的生存，并可改变投资环境，促进工业项目的建设和工业产值的增长。污水治理工程在这方面的效益，可按最优等效替代工程所需的处理、折旧费用计算，或用因水体严重污染使工业生产遭受的损失计算。

② 农业灌溉用水水体的污染，对农作物的产量和质量均造成不良的影响，通过污水治理，改善了耕植条件，提高了蔬菜、粮食等农作物产量。

③ 水质污染对养殖业所造成经济损失的减免。

④ 由于环境条件的改善而使地价的增值。计算此项效益时应只限于实施本项目后所产生的增量效益。

⑤ 自来水厂药剂等运营费用的减少和水源改造工程费用的减免。

⑥ 减少疾病，增进健康，提高城市卫生水平，提高社会劳动生产率，降低医疗费用。

⑦ 对于旅游城市，洁净的河道可改善城市环境，增添自然风光，提高旅游收入。

⑧ 工业污水处理过程中综合利用所产生的国民经济净增值。

附录1 城镇污水处理厂污染物排放标准（GB 18918—2002）

1.1 范围

本标准规定了城镇污水处理厂出水、废气排放和污泥处置（控制）的污染物限值。

本标准适用于城镇污水处理厂出水、废气排放和污泥处置（控制）的管理。

居民小区和工业企业内独立的生活污水处理设施污染物的排放管理，也按本标准执行。

1.2 规范性引用文件

下列标准中的条文通过本标准的引用即成为本标准的条文，与本标准同效。

GB 3838 地表水环境质量标准

GB 3097 海水水质标准

GB 3095 环境空气质量标准

GB 4284 农用污泥中污染物控制标准

GB 8978 污水综合排放标准

GB 12348 工业企业厂界噪声标准

GB 16297 大气污染物综合排放标准

HJ/T 55 大气污染物无组织排放监测技术导则

当上述标准被修订时，应使用其最新版本。

1.3 术语和定义

1.3.1 城镇污水（municipal wastewater）

指城镇居民生活污水，机关、学校、医院、商业服务机构及各种公共设施排水，以及允许排入城镇污水收集系统的工业废水和初期雨水等。

1.3.2 城镇污水处理厂（municipal wastewater treatment plant）

指对进入城镇污水收集系统的污水进行净化处理的污水处理厂。

1.3.3 一级强化处理（enhanced primary treatment）

在常规一级处理（重力沉降）基础上，增加化学混凝处理、机械过滤或不完全生物处理等，以提高一级处理效果的处理工艺。

1.4 技术内容

1.4.1 水污染物排放标准

（1）控制项目及分类

① 根据污染物的来源及性质，将污染物控制项目分为基本控制项目和选择控制项目两类：基本控制项目主要包括影响水环境和城镇污水处理厂一般处理工艺可以去除的常规污染物，以及部分一类污染物，共19项；选择控制项目包括对环境有较长期影响或毒性较大的

污染物，共计 43 项。

② 基本控制项目必须执行。选择控制项目，由地方环境保护行政主管部门根据污水处理厂接纳的工业污染物的类别和水环境质量要求选择控制。

（2）标准分级

根据城镇污水处理厂排入地表水域环境功能和保护目标，以及污水处理厂的处理工艺，将基本控制项目的常规污染物标准值分为一级标准、二级标准、三级标准。一级标准分为 A 标准和 B 标准。一类重金属污染物和选择控制项目不分级。

① 一级标准的 A 标准是城镇污水处理厂出水作为回用水的基本要求。当污水处理厂出水引入稀释能力较小的河湖作为城镇景观用水和一般回用水等用途时，执行一级标准的 A 标准。

② 城镇污水处理厂出水排入 GB 3838 地表水 Ⅲ 类功能水域（划定的饮用水水源保护区和游泳区除外）、GB 3097 海水二类功能水域和湖、库等封闭水域或半封闭水域时，执行一级标准的 B 标准。

③ 城镇污水处理厂出水排入 GB 3838 地表水 Ⅳ、Ⅴ 类功能水域或 GB3097 海水三、四类功能海域，执行二级标准。

④ 非重点控制流域和非水源保护区的建制镇的污水处理厂，根据当地经济条件和水污染控制要求，采用一级强化处理工艺时，执行三级标准，但必须预留二级处理设施的位置，分期达到二级标准。

（3）标准值

① 城镇污水处理厂水污染物排放基本控制项目，执行表 1 和表 2 的规定。

② 选择控制项目按表 3 的规定执行。

表 1　基本控制项目最高允许排放浓度（日均值）　　　　　　　　单位：mg/L

序　号	基 本 控 制 项 目		一级标准		二级标准	三级标准
			A 标准	B 标准		
1	化学需氧量（COD）		50	60	100	120①
2	生化需氧量（BOD₅）		10	20	30	60①
3	悬浮物（SS）		10	20	30	50
4	动植物油		1	3	5	20
5	石油类		1	3	5	15
6	阴离子表面活性剂		0.5	1	2	5
7	总氮（以 N 计）		15	20		
8	氨氮（以 N 计）②		5(8)	8(15)	25(30)	
9	总磷（以 P 计）	2005 年 12 月 31 日前建设的	1	1.5	3	5
		2006 年 1 月 1 日起建设的	0.5	1	3	5
10	色度（稀释倍数）		30	30	40	50
11	pH 值		6～9			
12	粪大肠菌群数/（个/L）		10³	10⁴	10⁴	

① 下列情况下按去除率指标执行：当进水 COD 大于 350mg/L 时，去除率应大于 60%；BOD 大于 160mg/L 时，去除率应大于 50%。

② 括号外数值为水温＞12℃时的控制指标，括号内数值为水温≤12℃时的控制指标。

表 2　部分一类污染物最高允许排放浓度（日均值）　　　　　　　单位：mg/L

序　号	项　目	标准值	序　号	项　目	标准值
1	总汞	0.001	5	六价铬	0.05
2	烷基汞	不得检出	6	总砷	0.1
3	总镉	0.01	7	总铅	0.1
4	总铬	0.1			

表 3　选择控制项目最高允许排放浓度（日均值）　　　　单位：mg/L

序号	选择控制项目	标准值	序号	选择控制项目	标准值
1	总镍	0.05	23	三氯乙烯	0.3
2	总铍	0.002	24	四氯乙烯	0.1
3	总银	0.1	25	苯	0.1
4	总铜	0.5	26	甲苯	0.1
5	总锌	1.0	27	邻二甲苯	0.4
6	总锰	2.0	28	对二甲苯	0.4
7	总硒	0.1	29	间二甲苯	0.4
8	苯并[a]芘	0.00003	30	乙苯	0.4
9	挥发酚	0.5	31	氯苯	0.3
10	总氰化物	0.5	32	1,4-二氯苯	0.4
11	硫化物	1.0	33	1,2-二氯苯	1.0
12	甲醛	1.0	34	对硝基氯苯	0.5
13	苯胺类	0.5	35	2,4-二硝基氯苯	0.5
14	总硝基化合物	2.0	36	苯酚	0.3
15	有机磷农药（以 P 计）	0.5	37	间甲酚	0.1
16	马拉硫磷	1.0	38	2,4-二氯酚	0.6
17	乐果	0.5	39	2,4,6-三氯酚	0.6
18	对硫磷	0.05	40	邻苯二甲酸二丁酯	0.1
19	甲基对硫磷	0.2	41	邻苯二甲酸二辛酯	0.1
20	五氯酚	0.5	42	丙烯腈	2.0
21	三氯甲烷	0.3	43	可吸附有机卤化物（AOX 以 Cl⁻ 计）	1.0
22	四氯化碳	0.03			

（4）取样与监测

① 水质取样在污水处理厂处理工艺末端排放口。在排放口应设污水水量自动计量装置、自动比例采样装置，pH 值、水温、COD 等主要水质指标应安装在线监测装置。

② 取样频率至少为 1 次/2h，取 24h 混合样，以日均值计。

③ 监测分析方法按表 7 或国家环境保护总局认定的替代方法、等效方法执行。

1.4.2　大气污染物排放标准

（1）标准分级

根据城镇污水处理厂所在地区的大气环境质量要求和大气污染物治理技术和设施条件，将标准分为三级。

① 位于 GB 3095 一类区的所有（包括现有和新建、改建、扩建）城镇污水处理厂，自本标准实施之日起，执行一级标准。

② 位于 GB 3095 二类区和三类区的城镇污水处理厂，分别执行二级标准和三级标准。其中 2003 年 6 月 30 日之前建设（包括改、扩建）的城镇污水处理厂，实施标准的时间为 2006 年 1 月 1 日；2003 年 7 月 1 日起新建（包括改、扩建）的城镇污水处理厂，自本标准实施之日起开始执行。

③ 新建（包括改、扩建）城镇污水处理厂周围应建设绿化带，并设有一定的防护距离，防护距离的大小由环境影响评价确定。

（2）标准值

城镇污水处理厂废气的排放标准值按表 4 的规定执行。

表 4　厂界（防护带边缘）废气排放最高允许浓度　　　　单位：mg/m³

序　号	控　制　项　目	一级标准	二级标准	三级标准
1	氨	1.0	1.5	4.0
2	硫化氢	0.03	0.06	0.32
3	臭气浓度（无量纲）	10	20	60
4	甲烷（厂区最高体积浓度）/%	0.5	1	1

（3）取样与监测

① 氨、硫化氢、臭气浓度监测点设于城镇污水处理厂厂界或防护带边缘的浓度最高点；甲烷监测点设于厂区内浓度最高点。

② 监测点的布置方法与采样方法按 GB 16297 中附录 C 和 HJ/T55 的有关规定执行。

③ 采样频率，每 2h 采样 1 次，共采集 4 次，取其最大测定值。

④ 监测分析方法按表 8 执行。

1.4.3　污泥控制标准

（1）城镇污水处理厂的污泥应进行稳定化处理，稳定化处理后应达到表 5 的规定。

表 5　污泥稳定化控制指标

稳 定 化 方 法	控 制 项 目	控 制 指 标
厌氧消化	有机物降解率/%	＞40
好氧消化	有机物降解率/%	＞40
好氧堆肥	含水率/%	＜65
	有机物降解率/%	＞50
	蛔虫卵死亡率/%	＞95
	粪大肠菌群菌值	＞0.01

（2）城镇污水处理厂的污泥应进行污泥脱水处理，脱水后污泥含水率应小于 80%。

（3）处理后的污泥进行填埋处理时应达到安全填埋的相关环境保护要求。

（4）处理后的污泥农用时，其污染物含量应满足表 6 的要求。其施用条件须符合 GB 4284 的有关规定。

表 6　污泥农用时污染物控制标准限值

序　号	控 制 项 目	最高允许含量/（mg/kg 干污泥）	
		在酸性土壤上（pH＜6.5）	在中性和碱性土壤上（pH≥6.5）
1	总镉	5	20
2	总汞	5	15
3	总铅	300	1000

序 号	控 制 项 目	最高允许含量/(mg/kg 干污泥)	
		在酸性土壤上(pH<6.5)	在中性和碱性土壤上(pH≥6.5)
4	总铬	600	1000
5	总砷	75	75
6	总镍	100	200
7	总锌	2000	3000
8	总铜	800	1500
9	硼	150	150
10	石油类	3000	3000
11	苯并[a]芘	3	3
12	多氯代二苯并二 英/多氯代二苯并呋喃(PCDD/PCDF 单位:ng 毒性单位/kg 干污泥)	100	100
13	可吸附有机卤化物(AOX)(以 Cl⁻ 计)	500	500
14	多氯联苯(PCB)	0.2	0.2

（5）取样与监测

① 取样方法，采用多点取样，样品应有代表性，样品质量不小于 1kg。

② 监测分析方法按表 9 执行。

1.4.4 城镇污水处理厂噪声控制按 GB 12348 执行。

1.4.5 城镇污水处理厂的建设（包括改、扩建）时间以环境影响评价报告书批准的时间为准。

1.5 其他规定

城镇污水处理厂出水作为水资源用于农业、工业、市政、地下水回灌等方面不同用途时，还应达到相应的用水水质要求，不得对人体健康和生态环境造成不利影响。

1.6 标准的实施与监督

① 本标准由县级以上人民政府环境保护行政主管部门负责监督实施。

② 省、自治区、直辖市人民政府对执行国家污染物排放标准不能达到本地区环境功能要求时，可以根据总量控制要求和环境影响评价结果制定严于本标准的地方污染物排放标准，并报国家环境保护行政主管部门备案。

表 7 水污染物监测分析方法[①]

序号	控 制 项 目	测 定 方 法	测定下限/(mg/L)	方 法 来 源
1	化学需氧量(COD)	重铬酸盐法	30	GB 11914—89
2	生化需氧量(BOD)	稀释与接种法	2	GB 7488—87
3	悬浮物(SS)	重量法		GB 11901—89
4	动植物油	红外光度法	0.1	GB/T 16488—1996
5	石油类	红外光度法	0.1	GB/T 16488—1996
6	阴离子表面活性剂	亚甲蓝分光光度法	0.05	GB 7497—87

序号	控制项目	测定方法	测定下限 /(mg/L)	方法来源
7	总氮	碱性过硫酸钾-消解紫外分光光度法	0.05	GB 11894—89
8	氨氮	蒸馏和滴定法	0.2	GB 7478—87
9	总磷	钼酸铵分光光度法	0.01	GB 11893—89
10	色度	稀释倍数法		GB 11903—89
11	pH 值	玻璃电极法		GB 6920—86
12	粪大肠菌群数	多管发酵法		②
13	总汞	冷原子吸收分光光度法	0.0001	GB 7468—87
		双硫腙分光光度法	0.002	GB 7469—87
14	烷基汞	气相色谱法	10ng/L	GB/T 14204—93
15	总镉	原子吸收分光光度法(螯合萃取法)	0.001	GB 7475—87
		双硫腙分光光度法	0.001	GB 7471—87
16	总铬	高锰酸钾氧化-二苯碳酰二肼分光光度法	0.004	GB 7466—87
17	六价铬	二苯碳酰二肼分光光度法	0.004	GB 7467—87
18	总砷	二乙基二硫代氨基甲酸银分光光度法	0.007	GB 7485—87
19	总铅	原子吸收分光光度法(螯合萃取法)	0.01	GB 7475—87
		双硫腙分光光度法	0.01	GB 7470—87
20	总镍	火焰原子吸收分光光度法	0.05	GB 11912—89
		丁二酮肟分光光度法	0.25	GB 11910—89
21	总铍	活性炭吸附-铬天菁 S 光度法		②
22	总银	火焰原子吸收分光光度法	0.03	GB 11907—89
		镉试剂 2B 分光光度法	0.01	GB 11908—89
23	总铜	原子吸收分光光度法	0.01	GB 7475—87
		二乙基二硫氨基甲酸钠分光光度法	0.01	GB 7474—87
24	总锌	原子吸收分光光度法	0.05	GB 7475—87
		双硫腙分光光度法	0.005	GB 7472—87
25	总锰	火焰原子吸收分光光度法	0.01	GB 11911—89
		高碘酸钾分光光度法	0.02	GB 11906—89
26	总硒	2,3-二氨基萘荧光法	0.25μg/L	GB 11902—89
27	苯并[a]芘	高压液相色谱法	0.001μg/L	GB 13198—91
		乙酰化滤纸层析荧光分光光度法	0.004μg/L	GB 11895—89
28	挥发酚	蒸馏后 4-氨基安替比林分光光度法	0.02	GB 7490—87
29	总氰化物	硝酸银滴定法	0.25	GB 7486—87
		异烟酸-吡唑啉酮比色法	0.004	GB 7486—87
		吡啶-巴比妥酸比色法	0.002	GB 7486—87
30	硫化物	亚甲基蓝分光光度法	0.005	GB/T 16789—1996
		直接显色分光光度法	0.004	GB/T 17133—1997

序号	控 制 项 目	测 定 方 法	测定下限 /(mg/L)	方 法 来 源
31	甲醛	乙酰丙酮分光光度法	0.05	GB 13197—91
32	苯胺类	N-(1-萘基)乙二胺偶氮分光光度法	0.03	GB 11889—89
33	总硝基化合物	气相色谱法	5μg/L	GB 4919—85
34	有机磷农药(以 P 计)	气相色谱法	0.5μg/L	GB 13192—91
35	马拉硫磷	气相色谱法	0.64μg/L	GB 13192—91
36	乐果	气相色谱法	0.57μg/L	GB 13192—91
37	对硫磷	气相色谱法	0.54μg/L	GB 13192—91
38	甲基对硫磷	气相色谱法	0.42μg/L	GB 13192—91
39	五氯酚	气相色谱法	0.04μg/L	GB 8972—88
		藏红 T 分光光度法	0.01	GB 9803—88
40	三氯甲烷	顶空气相色谱法	0.30μg/L	GB/T 17130—1997
41	四氯化碳	顶空气相色谱法	0.05μg/L	GB/T 17130—1997
42	三氯乙烯	顶空气相色谱法	0.50μg/L	GB/T 17130—1997
43	四氯乙烯	顶空气相色谱法	0.2μg/L	GB/T 17130—1997
44	苯	气相色谱法	0.05	GB 11890—89
45	甲苯	气相色谱法	0.05	GB 11890—89
46	邻二甲苯	气相色谱法	0.05	GB 11890—89
47	对二甲苯	气相色谱法	0.05	GB 11890—89
48	间二甲苯	气相色谱法	0.05	GB 11890—89
49	乙苯	气相色谱法	0.05	GB 11890—89
50	氯苯	气相色谱法		HJ/T 74—2001
51	1,4 二氯苯	气相色谱法	0.005	GB/T 17131—1997
52	1,2 二氯苯	气相色谱法	0.002	GB/T 17131—1997
53	对硝基氯苯	气相色谱法		GB 13194—91
54	2,4-二硝基氯苯	气相色谱法		GB 13194—91
55	苯酚	液相色谱法	1.0μg/L	②
56	间甲酚	液相色谱法	0.8μg/L	②
57	2,4-二氯酚	液相色谱法	1.1μg/L	②
58	2,4,6-三氯酚	液相色谱法	0.8μg/L	②
59	邻苯二甲酸二丁酯	气相、液相色谱法		HJ/T 72—2001
60	邻苯二甲酸二辛酯	气相、液相色谱法		HJ/T 72—2001
61	丙烯腈	气相色谱法		HJ/T 73—2001
62	可吸附有机卤化物	微库仑法	10μg/L	GB/T 15959—1995
	(AOX)(以 Cl⁻计)	离子色谱法		HJ/T 83—2001

① 暂采用下列方法,待国家方法标准发布后,执行国家标准;

② 资料来源于水和废水监测分析方法(第三版、第四版),中国环境科学出版社。

表 8　大气污染物监测分析方法

序号	控制项目	测定方法	方法来源
1	氨	次氯酸钠-水杨酸分光光度法	GB/T 14679—93
2	硫化氢	气相色谱法	GB/T 14678—93
3	臭气浓度	三点比较式臭袋法	GB/T 14675—93
4	甲烷	气相色谱法	CJ/T 3037—95

表 9　污泥特性及污染物监测分析方法①

序号	控制项目	测定方法	方法来源
1	污泥含水率	烘干法	②
2	有机质	重铬酸钾法	②
3	蛔虫卵死亡率	显微镜法	GB 7959—87
4	粪大肠菌群菌值	发酵法	GB 7959—87
5	总镉	石墨炉原子吸收分光光度法	GB/T 17141—1997
6	总汞	冷原子吸收分光光度法	GB/T 17136—1997
7	总铅	石墨炉原子吸收分光光度法	GB/T 17141—1997
8	总铬	火焰原子吸收分光光度法	GB/T 17137—1997
9	总砷	硼氢化钾-硝酸银分光光度法	GB/T 17135—1997
10	硼	姜黄素比色法	③
11	矿物油	红外分光光度法	③
12	苯并[a]芘	气相色谱法	③
13	总铜	火焰原子吸收分光光度法	GB/T 17138—1997
14	总锌	火焰原子吸收分光光度法	GB/T 17138—1997
15	总镍	火焰原子吸收分光光度法	GB/T 17139—1997
16	多氯代二苯并二　英/多氯代二苯并呋喃(PCDD/PCDF)	同位素稀释高分辨毛细管气相色谱/高分辨质谱法	HJ/T 77—2001
17	可吸附有机卤化物(AOX)		待定
18	多氯联苯(PCB)	气相色谱法	待定

① 暂采用下列方法,待国家方法标准发布后,执行国家标准。
② 资料来源于城镇垃圾农用监测分析方法;
③ 资料来源于农用污泥监测分析方法。

附录2 城镇污水处理厂附属建筑和附属设备设计标准(GJ 31—89)

第一章 总 则

第1.0.1条 为了使城镇污水处理厂（以下简称污水厂）附属建筑和附属设备的设计做到基本统一，严格控制建设规模，正确掌握建设标准，特制定本标准。

第1.0.2条 本标准适用于新建、扩建和改建的污水厂的附属建筑和附属设备的设计，不适用于污水厂主管部门（公司或管理处、所）的附属建筑和附属设备设计。

注：厂外污水泵站和管渠，可参照本标准有关条文执行；类似城镇污水水质的工业污水处理厂的附属建筑和附属设备可参照本标准执行。

第1.0.3条 设计污水厂附属建筑和附属设备时，除应遵守本标准的规定外，还必须遵守国家现行的《中华人民共和国环境保护法（试行）》、《城市规划条例》和《室外排水设计规范》（GBJ14）的规定。

第1.0.4条 污水厂规模按污水流量（单位以 $10^4 m^3/d$ 计）可分为六档：小于0.5、0.5～2、2～5、5～10、10～50 和大于 50（第二至第四档的下限值含该值，上限值不含该值）。污水厂分为一级处理和二级处理（包括污泥消化和脱水处理）两种级别。

注：一级污水处理厂简称一级厂；二级污水处理厂简称二级厂。

第1.0.5条 本标准中有变化范围的数据，应以内插法确定。

第二章 附属建筑面积
第一节 一般规定

第2.1.1条 污水厂的附属建筑应根据总体布局，结合厂址环境、地形、气象和地质等条件进行布置，布置方案应达到经济合理、安全适用、方便施工和方便管理等要求。

第2.1.2条 本标准所规定的附属建筑面积应指使用面积。

第2.1.3条 生产管理用房、行政办公用房、化验室和宿舍等组建成的综合楼，其建筑系数可按 55%～65% 选用。

第二节 生产管理用房

第2.2.1条 生产管理用房包括计划室、技术室、调度室、劳动工资室、财会室、技术资料室、电话总机室和活动室等，其总面积应按表1采用。

表1 生产管理用房面积表

污水厂规模/(×$10^4 m^3/d$)	二级厂生产管理用房总面积/m^2
0.5～2	80～170
2～5	170～220
5～10	220～300
10～50	300～480

第 2.2.2 条　一级厂的生产管理用房面积宜按表1的下限值采用。

第三节　行政办公用房

第 2.3.1 条　行政办公用房包括办公室、打字室、资料室和接待室等。它宜跟生产管理用房等联建，并应跟污水厂区环境相协调。

第 2.3.2 条　行政办公用房，每人（即每一编制定员）平均面积为 $5.8 \sim 6.5 m^2$。

第四节　化　验　室

第 2.4.1 条　化验室一般由水分析室、泥分析室、BOD分析室、气体分析室、生物室、天平室、仪器室、贮藏室（包括毒品室）、办公室和更衣间等组成。

第 2.4.2 条　化验室面积和定员应根据污水厂规模和污水处理级别等因素确定，其面积和定员应按表2采用。

表 2　化验室面积和定员表

污水厂规模/($\times 10^4 m^3/d$)	面　积/m^2		定员/人
	一级厂	二级厂	二级厂
0.5～2	70～100	85～140	2～3
2～5	100～120	140～200	3～5
5～10	120～180	200～280	5～7
10～50	180～250	280～380	7～15

第 2.4.3 条　一级厂定员可按表2的下限值采用。

第五节　维　修　间

第 2.5.1 条　维修间一般包括机修间、电修间和泥木工间。

第 2.5.2 条　机修间面积和定员，应根据污水厂规模、处理级别等因素确定，宜按表3采用。

表 3　机修间面积与定员表

规模/($\times 10^4 m^3/d$)		0.5～2	2～5	5～10	10～50
一级厂	车间面积/m^2	50～70	70～90	90～120	120～150
	辅助面积/m^2	30～40	30～40	40～60	60～70
	定员/人	3～4	4～6	6～8	8～10
二级厂	车间面积/m^2	60～90	90～120	120～150	150～180
	辅助面积/m^2	30～40	40～60	60～70	70～80
	定员/人	4～6	6～8	8～12	12～18

第 2.5.3 条　辅助面积指工具间、备品库、男女更衣室、卫生间和办公室的总面积。规模小于 $5 \times 10^4 m^3/d$ 时，可不设置办公室。

第 2.5.4 条　机修间可设置冷工作棚，其面积可按车间面积的 $30\% \sim 50\%$ 计算。

第 2.5.5 条　小修的机修间面积可按表3的下限值酌减。

第 2.5.6 条　电修间面积和定员应按表4采用。

表 4　电修间面积与定员表

污水厂规模/(×10⁴m³/d)	一　级　厂		二　级　厂	
	面积/m²	定员/人	面积/m²	定员/人
0.5～2	15	2	20～30	2～3
2～5	15	2～3	30～40	3～5
5～10	20	3～5	40～50	5～8
10～50	20	5～8	50～70	8～14

第2.5.7条　设有控制系统的污水厂宜设置仪表维修间。

第2.5.8条　泥木工间包括木工、泥工和漆工等的工作场所和工具堆放等场地，其面积和定员应按表5采用。

表 5　泥木工间的面积和定员表

污水厂规模/(×10⁴m³/d)	一　级　厂		二　级　厂	
	面积/m²	定员/人	面积/m²	定员/人
5～10	30～40	2～3	40～50	3～5
10～15	40～70	3～5	50～100	5～8

注：如有污泥消化池和机械脱水等工艺，其面积和定员还应酌情增加。

第六节　车　　库

第2.6.1条　车库一般由停车间、检修坑、工具间和休息室等组成。其面积应根据车辆配备确定。

第七节　仓　　库

第2.7.1条　仓库可集中或分散设置，其总面积应按表6采用。

表 6　仓库面积表

污水厂规模/(×10⁴m³/d)	二级厂仓库总面积/m²	污水厂规模/(×10⁴m³/d)	二级厂仓库总面积/m²
0.5～2	60～100	5～10	150～200
2～5	100～150	10～50	200～400

第2.7.2条　一级厂的仓库面积可按表6的下限值采用。

第八节　食　　堂

第2.8.1条　食堂包括餐厅和厨房（烧火、操作、储藏、冷藏、烘烤、办公和更衣用房等），其面积定额应按表7采用。

表 7　食堂就餐人员面积定额表

污水厂规模/(×10⁴m³/d)	面积定额/(m²/人)	污水厂规模/(×10⁴m³/d)	面积定额/(m²/人)
0.5～2	2.6～2.4	5～10	2.2～2.0
2～5	2.4～2.2	10～50	2.0～1.6

注：就餐人员宜按最大班人数计（即当班的生产人员加上白班的生产辅助人员和管理人员）。

第2.8.2条 如食堂兼作会场时，餐厅面积可适当增加。

第2.8.3条 寒冷地区可增设菜窖。

第九节 浴室和锅炉房

第2.9.1条 男女浴室的总面积（包括淋浴间、盥洗间、更衣室、厕所等）应按表8采用。

表8 浴室面积表

污水厂规模/($\times 10^4 \text{m}^3$/d)	二级厂浴室总面积/m²	污水厂规模/($\times 10^4 \text{m}^3$/d)	二级厂浴室总面积/m²
0.5～2	25～50	5～10	120～140
2～5	50～120	10～50	140～150

第2.9.2条 一级厂的浴室面积可按表8的下限值采用。

第2.9.3条 锅炉房的面积宜根据需要确定。

第十节 堆 棚

第2.10.1条 污水厂应设堆棚，其面积应按表9采用。

表9 管配件堆棚面积表

污水厂规模/($\times 10^4 \text{m}^3$/d)	面 积/m²	污水厂规模/($\times 10^4 \text{m}^3$/d)	面 积/m²
0.5～2	30～50	5～10	80～100
2～5	50～80	10～50	100～250

第十一节 绿 化 用 房

第2.11.1条 绿化用房面积应根据绿化工定员和面积定额确定。绿化面积在7000m²或7000m²以下时绿化工定员为2人；绿化面积在7000m²以上时，每增加7000～10000m²增配1人。绿化用房面积定额可按5～10m²/人采用。暖房面积可根据实际需要确定。

注：绿化面积，新建或扩建厂不宜少于厂面积的30%，现有厂不宜少于厂面积的20%。

第十二节 传 达 室

第2.12.1条 传达室可根据需要分为1～3间（收发和休息等），其面积应按表10采用。

表10 传达室面积表

污水厂规模/($\times 10^4 \text{m}^3$/d)	面 积/m²	污水厂规模/($\times 10^4 \text{m}^3$/d)	面 积/m²
0.5～2	15～20	5～10	20～25
2～5	15～20	10～50	25～35

第十三节 宿 舍

第2.13.1条 宿舍包括值班宿舍和单身宿舍。

第 2.13.2 条 值班宿舍是中、夜班工人临时休息用房。其面积宜按 $4m^2$／人考虑，宿舍人数可按值班总人数的 45％～55％采用。

第 2.13.3 条 单身宿舍是指常住在厂内的单身男女职工住房，其面积可按 $5m^2$／人考虑。宿舍人数宜按污水厂定员人数的 35％～45％考虑。

第十四节 其　他

第 2.14.1 条 污水厂应设置露天操作工的休息室（带卫生间），其面积定额可按 $5m^2$／人采用，总面积应不少于 $25m^2$。

第 2.14.2 条 污水厂宜设置球类等活动场地，其面积可按 30m×20m 考虑。

第 2.14.3 条 厂内可设自行车车棚，车棚面积应由存放车辆数及其面积定额确定。存放车辆数可按污水厂定员的 30％～60％采用，面积定额可按 $0.8m^2$／辆考虑。

第 2.14.4 条 跟污水厂有关的生活福利设施（如家属宿舍、托儿所等）应按国家有关规定执行。

第三章　附属建筑装修
第一节　一般规定

第 3.1.1 条 污水厂附属建筑装修，包括室内外装修和门窗装修，但不包括有特殊要求的装修工程。

第 3.1.2 条 附属建筑装修应力求简洁、明朗、美观大方，并考虑与厂内其他生产性建筑物和构筑物以及周围环境相协调。

第 3.1.3 条 附属建筑装修标准，应根据污水厂建筑类别标准而定。污水厂建筑类别按污水厂规模及要求分为Ⅰ类、Ⅱ类、Ⅲ类（见表 11）。

表 11　污水厂建筑类别

类　别	污 水 厂 特 征
Ⅰ	大城市的大型污水厂 对环境设计有特殊要求的污水厂
Ⅱ	中等城市的中型污水厂 大城市的小型污水厂
Ⅲ	Ⅰ类、Ⅱ类以外的污水厂

注：大型污水厂指规模大于 $10×10^4 m^3/d$，中型污水厂规模为 $(2～10)×10^4 m^3/d$。

第 3.1.4 条 附属建筑按其功能重要性，可分为主要建筑和次要建筑。本标准规定的建筑装修标准，是指主要建筑的主要部位。对次要部位和次要建筑的装修标准可酌情降低。

第 3.1.5 条 位于城区附近的污水厂建筑，在城市规划中有一定要求时，其外装修面可按下列表（见表 12 和表 13）中规定的装修等级标准适当地提高。

第 3.1.6 条 室外装修，可按其效果、施工操作工序及所用的材料，分成 1～3 级。

第 3.1.7 条 室外装修应考虑建筑总体的装饰效果。

第 3.1.8 条 本标准未列入新型装饰材料，可根据当地实际情况，按其材料的相应等级选用。

第二节 室 外 装 修

第3.2.1条 室外装修系指建筑外立面，包括墙面、勒脚、腰线、壁柱、台阶、雨篷、檐口、门罩、门窗套等基层以上的各种贴面或涂料、抹面等。

室外装修分类及其等级分别见表12和表13。

表12 室外装修分类

建筑物分类	等级	污水厂类别 I	II	III
1	生产管理用房、行政办公用房、化验室、接待室、传达室、厂大门	外墙1	外墙2	外墙2
2	食堂、浴室、宿舍	外墙2	外墙2	外墙3
3	维修车间、仓库、车库、电修间、泥木工间、绿化用房、围墙	外墙2	外墙3	外墙3

表13 室外装修等级

等级	选用材料及做法
外墙1	高级贴面材料、高级涂料等
外墙2	普通贴面材料、中级涂料、刹假石、水刷石等
外墙3	干黏石、水泥砂浆抹面、混合砂浆抹面、弹涂抹灰等

第三节 室 内 装 修

第3.3.1条 室内装修系指室内楼面、地面、墙面、顶棚等装修。

第3.3.2条 室内楼地面系指地面基层以上的面层所选用的各种装修材料及做法，其装修分类及其等级见表14和表15。

表14 室内地面装修分类

建筑物分类	等级	污水厂类别 I	II	III
1	接待室、会议室	地面1	地面2	地面2
2	化验室、活动室、门厅	地面1～2	地面2	地面2
3	餐厅、浴室、厕所	地面2	地面2	地面2
4	生产管理用房、行政办公用房、传达室、楼梯间、走廊	地面2	地面2	地面2～3
5	电话总机室	地面1	地面1	地面1
6	维修车间、仓库、车间、电修间、泥木工间、暖房、绿化用房	地面3	地面3	地面3

表15 室内地面装修等级

等级	选用材料及做法
地面1	高级贴面材料、彩色水磨石、高级涂料、木地板等
地面2	普通贴面材料、普通水磨石、中级涂料等
地面3	水泥泥面、水泥砂浆、混凝土压光、涂料等

第 3.3.3 条　内墙装修指室内墙面基层以上的贴面或抹灰。其装修分类及其等级见表16 和表17。

表 16　内墙面装修分类

建筑物分类	等级　　污水厂类别	Ⅰ	Ⅱ	Ⅲ
1	接待室、会议室、化验室	内墙面1	内墙面1	内墙面2
2	食堂、浴室、厕所	内墙面3	内墙面3	内墙面3
3	生产管理用房、行政办公用房、走廊、楼梯间、门厅、活动室	内墙面2	内墙面2	内墙面3
4	传达室、宿舍、绿化用房	内墙面3	内墙面3	内墙面3
5	维修车间、仓库、车库、电修间、泥木工间	内墙面4	内墙面4	内墙面4

表 17　内墙面装修等级

等　级	选用材料及做法
内墙面1	化纤墙布、塑料墙纸、高级涂料、高级贴面墙裙、高级涂料墙裙等
内墙面2	中级涂料、中级抹灰、普通贴面墙裙、中级涂料墙裙等
内墙面3	普通涂料、普通抹灰、水磨石墙裙、普通涂料墙裙等
内墙面4	普通抹灰、水泥砂浆嵌缝压光喷白、水泥砂浆墙裙等

第 3.3.4 条　室内顶棚装修系指平顶或吊顶外层所选用不同面层材料及做法，其装修分类及其等级分别见表18 和表19。

表 18　顶棚装修分类

建筑物分类	等级　　污水厂类别	Ⅰ	Ⅱ	Ⅲ
1	接待室、议会室、门厅	顶棚1	顶棚1	顶棚2
2	化验室、餐厅、门厅	顶棚1	顶棚2	顶棚2
3	生产管理用房、行政办公用房、活动室、厨房、浴室、厕所、传达室、宿舍	顶棚2	顶棚2	顶棚2
4	维修车间、仓库、车库、泥木工间、绿化用房	顶棚3	顶棚3	顶棚3

表 19　顶棚装修等级

等　级	选用材料及做法
顶棚1	钙塑、石膏、高级抹灰、高级涂料等
顶棚2	纤维板装饰品顶　普通抹灰、普通涂料等
顶棚3	水泥砂浆嵌缝压光喷白等

第四节　门窗装修

第 3.4.1 条　门窗装修指建筑内外门窗的选用材料及做法，包括窗帘盒、窗台板等附属装饰，其装修分类及等级分别见表20 和表21。

表 20　门窗装修分类

等级　污水厂类别 建筑物分类		Ⅰ	Ⅱ	Ⅲ
1	接待室、会议室、门厅	门窗 1	门窗 2	门窗 2
2	生产管理用房、行政办公用房、化验室、活动室、餐厅、传达室	门窗 2	门窗 2	门窗 2
3	浴室、厕所、维修车间、仓库、车库、泥木工间、绿化用房	门窗 3	门窗 3	门窗 3

表 21　门窗装修等级

等　级	装修选材及做法
门窗 1	钢窗、硬木弹簧门、铝合金门窗、木窗帘合、中级贴面材窗合板、木窗台板等
门窗 2	钢门、钢窗、木门、木窗、水磨石窗台板、普通贴面窗台板等
门窗 3	钢门、钢窗、木门、木窗、普通砂浆窗台板等

第 3.4.2 条　厂区内的食堂、接待室及主要建筑物应设纱门窗。

第四章　附属设备
第一节　一般规定

第 4.1.1 条　选用附属设备，应满足工艺要求，做到设置合理、使用可靠，以不断提高污水厂的管理水平。对于大型先进仪表设备，要充分发挥其使用效益。

第二节　化验设备

第 4.2.1 条　化验设备的配置，应根据常规化验项目、污水厂的规模和处理级别等决定。污水厂不宜考虑全分析项目化验。

污水厂的常规化验主要设备应按表 22 选用。

表 22　污水厂的常规化验主要设备数量表

序号	处理厂级别 规模 设备名称	一级厂/(×10⁴m³/d)				二级厂/(×10⁴m³/d)			
		0.5～2	2～5	5～10	10～50	0.5～2	2～5	5～10	10～50
1	高温炉	1	1	1	2	1	1	1	2
2	电热恒温干燥箱	1	1	1～2	2	1	1～2	2～3	3～4
3	电热恒温培养箱	1	1	1	1～2	1	1	1	2
4	BOD 培养箱	1	1	1～2	2	1	1	2	2～3
5	电热恒温水浴锅	1	1	1～2	2～3	1	1～2	2～3	3～5
6	分光光度计	1	1	1～2	2	1	1	1～2	2～3
7	酸度计	1	1	1～2	2	1	1	1～2	2
8	溶解氧测定仪					2	2	2～3	3～4
9	水分测定仪	1	1	1～2	2	1	1	1～2	2～3
10	气体分析仪			2	2			3	3
11	精密天平	2	2	2	2～3	2	2	2～3	3～4

序号	设备名称	处理厂级别/一级厂/(×10⁴m³/d)				二级厂/(×10⁴m³/d)			
	规模	0.5~2	2~5	5~10	10~50	0.5~2	2~5	5~10	10~50
12	物理天平	2	2	2	2	1	1	1~2	2~3
13	生物显微镜					1	1	1	1~2
14	离子交换纯水器	1	1	1	1~2	1	1	1	2
15	电冰箱	1	1	2	2~3	1	1~2	2~3	3~4
16	电动离心机	1	1	1	1	1	1	1	1
17	真空泵	1	1	1	1	1	1	1~2	2~3
18	灭菌器	1	1	1	1	1	1	1	1
19	磁力搅拌器	1	1	2	2	1	1	2	2
20	微型电子计算机							1	1
21	COD测定仪	1	1	1	2	1	1	1	2
22	空调器	1	1	1	2	1	1	1	2

第4.2.2条 承担监测工业废水水质或独立性较强的污水厂的化验室,化验设备可相应增加如气相色谱仪、原子吸收分光光度仪等。

第三节 维 修 设 备

第4.3.1条 机修间常用主要设备的配置,应按污水厂规模和处理级别等因素确定。设备种类和数量应按表23选用。

表23 机修间常用主要设备数量表

设备类型	技术规格		数量 规模及处理厂级别	(0.5~2)×10⁴m³/d		(2~5)×10⁴m³/d		(5~10)×10⁴m³/d		(10~50)×10⁴m³/d	
				一级厂	二级厂	一级厂	二级厂	一级厂	二级厂	一级厂	二级厂
车床	最大加工直径/mm	300	最大加工长度/mm 750				1		1	1	
		410	750								1
		410	1500	1	1	1	1	1			
		615	2800						1	1	1
牛头刨床	最大刨削长度650mm			1	1	1	1	1	1	1	1
钻床	台钻	最大钻孔直径12mm		1	1	1	1	1	1	1	1
	立钻	最大钻孔直径25mm				1	1				
		最大钻孔直径35mm						1	1		
	摇臂钻床	最大钻孔直径25mm								1	1
		最大钻孔直径50mm									1
铣床	最大宽度320mm×1250mm										1
砂轮	台式	最大直径200mm		1							1
	落地	最大直径300mm				1	1	1	1	1	1

数量 设备类型	技术规格	规模及处理厂级别	$(0.5\sim2)\times$ $10^4\,m^3/d$		$(2\sim5)\times$ $10^4\,m^3/d$		$(5\sim10)\times$ $10^4\,m^3/d$		$(10\sim50)\times$ $10^4\,m^3/d$	
			一级厂	二级厂	一级厂	二级厂	一级厂	二级厂	一级厂	二级厂
弓锯床	最大锯料直径 220mm		1	1	1	1	1	1	1	1
空压机	0.5m³/7kg							1	1	1
台钳			2～3	2～4	3～4	4～5	4～5	5～6	5～6	5～6
起重设备	手拉葫芦 1～2t		1	2	2	2				
	电动葫芦 2～5t						1	1	1	1
电焊机 交流	额定电流量大 330A		1	1	1	1	1	1	1	
	额定电流最大 500A								1	
电焊机 直流	额定电流最大 375A							1		1
乙炔发生器	发气量 1m³/h		1	1	1	1	1	1	1	1
氧气瓶	40kg		1～2	2	2～3	2～3	3～4	4～5	4～5	5～6
卷扬机								1	1	1

注：1. 规模小于 $0.5\times10^4\,m^3/d$ 和大于 $50\times10^4\,m^3/d$ 时，机修间常用设备可酌情确定；

2. 台钳和卷扬机的技术规格可酌情确定。

第 4.3.2 条 电修间、仪修间和泥木工间的设备种类及数量可根据具体情况自行选用。

附录 3 污水排入城市下水道水质标准 (CJ 3082—99)

1 范围

本标准规定了排入城市下水道污水中 35 种有害物质的最高允许浓度。

本标准适用于向城市下水道排放污水的排水户。

2 引用标准

下列标准所包含的条文，通过在本标准中引用而构成为本标准的条文。本标准出版时所示版本均为有效。所有标准都会被修订，使用本标准的各方应探讨使用下列标准最新版本的可能性。

GB 5084—1992　农田灌溉水质标准

GB/T 6920—1986　水质　pH 值的测定　玻璃电极法

GB/T 7466—1987　水质　总铬的测定

GB/T 7467—1987　水质　六价铬的测定　二苯碳酰二肼分光光度法

GB/T 7468—1987　水质　总汞的测定　冷原子吸收分光光度法

GB/T 7469—1987　水质　总汞的测定　高锰酸钾-过硫酸钾消解法　双硫腙分光光度法

GB/T 7470—1987　水质　铅的测定　双硫腙分光光度法

GB/T 7471—1987　水质　镉的测定　双硫腙分光光度法

GB/T 7472—1987　水质　锌的测定　双硫腙分光光度法

GB/T 7474—1987　水质　铜的测定　二乙基二硫代氨基甲酸钠分光光度法

GB/T 7475—1987　水质　铜、锌、铅、镉的测定　原子吸收分光光度法

GB/T 7478—1987　水质　铵的测定　蒸馏和滴定法

GB/T 7479—1987　水质　铵的测定　纳氏试剂比色法

GB/T 7484—1987　水质　氟化物的测定　离子选择电极法

GB/T 7485—1987　水质　总砷的测定　二乙基二硫代氨基甲酸银分光光度法

GB/T 7487—1987　水质　氰化物的测定　第二部分：氰化物的测定

GB/T 7488—1987　水质　五日生化需氧量（BOD_5）稀释与接种法的测定

GB/T 7490—1987　水质　挥发酚的测定　蒸馏后 4-氨基安替比林分光光度法

GB/T 7491—1987　水质　挥发酚的测定　蒸馏后溴化容量法

GB/T 7494—1987　水质　阴离子表面活性剂的测定　亚甲蓝分光光度法

GB 8703—1988　辐射防护规定

GB 8978—1996　污水综合排放标准

GB/T 11889—1989　水质　苯胺类化合物的测定　N-(1-萘基) 乙二胺偶氮分光光度法

GB/T 11890—1989　水质　苯系物的测定　气相色谱法

GB/T 11893—1989　水质　总磷的测定　钼酸铵分光光度法

GB/T 11899—1989　水质　硫酸盐的测定　重量法

GB/T 11901—1989　水质　悬浮物的测定　重量法

GB/T 11902—1989　水质　硒的测定　2,3-二氨基萘荧光法

GB/T 11903—1989　水质　色度的测定

GB/T 11906—1989　水质　锰的测定　高碘酸钾分光光度法

GB/T 11910—1989　水质　镍的测定　丁二酮肟分光光度法

GB/T 11911—1989　水质　铁、锰的测定　火焰原子吸收分光光度法

GB/T 11912—1989　水质　镍的测定　火焰原子吸收分光光度法

GB/T 11914—1989　水质　化学需氧量的测定　重铬酸盐法

GB/T 13192—1991　水质　有机磷农药的测定　气相色谱法

GB/T 13194—1991　水质　硝基苯、硝基甲苯、硝基氯苯、二硝基甲苯的测定气相色谱法

GB/T 13195—1991　水质　水温的测定　温度计或颠倒温度计测定法

GB/T 13196—1991　水质　硫酸盐的测定　火焰原子吸收分光光度法

GB/T 13199—1991　水质　阴离子洗涤剂的测定　电位滴定法

GB/T 15505—1995　水质　硒的测定　石墨炉原子吸收分光光度法

GB/T 16488—1996　水质　石油类和动植物油的测定　红外光度法

GB/T 16489—1996　水质　硫化物的测定　亚甲基蓝分光光度法

CJ 26.3—1991　城市污水　易沉固体的测定　体积法

CJ 26.7—1991　城市污水　油的测定　重量法

CJ 26.10—1991　城市污水　硫化物的测定

CJ 26.25—1991　城市污水　氨氮的测定

CJ 3025—1993　城市污水处理厂污水污泥排放标准

3　定义

3.1　污水：受一定污染的来自生活和生产的排出水。

3.2　城市下水道：指输送污水的管道和沟道。它包含排污渠道、沟渠等。

3.3　排水户：指向城市下水道排放污水的单位或个人。

4　技术内容

4.1　一般规定

4.1.1　严禁排入腐蚀城市下水道设施的污水。

4.1.2　严禁向城市下水道倾倒垃圾、积雪、粪便、工业废渣和排入易于凝集，造成下水道堵塞的物质。

4.1.3　严禁向城市下水道排放剧毒物质、易燃、易爆物质和有害气体。

4.1.4　医疗卫生、生物制品、科学研究、肉类加工等含有病原体的污水必须经过严格消毒处理，

除遵守本标准外，还必须按有关专业标准执行。

4.1.5　放射性污水向城市下水道排放，除遵守本标准外，还必须按 GB 8703 执行。

4.1.6　水质超过本标准的污水，按有关规定和要求进行预处理。不得用稀释法降低其浓度，排入城市下水道。

4.2　水质标准

排入城市下水道的污水水质，其最高允许浓度必须符合表1的规定。

表1　污水排入城市下水道水质标准

序号	项目名称	单位	最高允许浓度	序号	项目名称	单位	最高允许浓度
1	pH值	mg/L	6.0～9.0	19	总铅	mg/L	1
2	悬浮物	mg/(L·15min)	150(400)	20	总铜	mg/L	2
3	易沉固体	mg/L	10	21	总锌	mg/L	5
4	油脂	mg/L	100	22	总镍	mg/L	1
5	矿物油类	mg/L	20	23	总锰	mg/L	2.0(5.0)
6	苯系物	mg/L	2.5	24	总铁	mg/L	10
7	氰化物	mg/L	0.5	25	总锑	mg/L	1
8	硫化物	mg/L	1	26	六价铬	mg/L	0.5
9	挥发性酚	mg/L	1	27	总铬	mg/L	1.5
10	温度	mL/L	35	28	总硒	mg/L	2
11	生化需氧量(BOD_5)	mg/L	100(300)	29	总砷	mg/L	0.5
12	化学需氧量(COD_{Cr})	mg/L	150(500)	30	硝基苯类	mg/L	600
13	溶解性固体	mg/L	2000	31	阴离子表面活性剂(LAS)	mg/L	5
14	有机磷	mg/L	0.5	32	阴离子表面活性剂(LAS)	mg/L	10.0(20.0)
15	苯胺	mg/L	5	33	氨氮	mg/L	25.0(35.0)
16	氟化物	mg/L	20	34	磷酸盐(以P计)	mg/L	1.0(8.0)
17	总汞	mg/L	0.05	35	色度	倍	80
18	总镉	mg/L	0.1				

注：括号内数值适用于有城市污水处理厂的城市下水道系统

5　水质监测

5.1　总汞、总镉、六价铬、总砷、总铅，以车间或处理设备排水口抽检浓度为准。其他控制项目，以排水户排水口的抽检浓度为准。

5.2　所有排水单位的排水口应设有检测井，以便于采样，并在井内设置污水水量计量装置。

5.3　水质数据，以城市排水监测部门的检验数据为准。

5.4　水质检验方法见表2。

表2　检验方法

序号	项目名称	检验方法	方法来源
1	pH值	玻璃电极法	GB/T 69
2	悬浮物	重量法	GB/T 11901
3	易沉固体	体积法	CJ 26.3
4	油脂	重量法 红外光度法	CJ 26.7 GB/T 16488
5	矿物油类	红外光度法	GB/T 16488
6	氰化物	氰化物的测定	GB/T 748
7	硫化物	亚甲基蓝分光光度法 硫化物的测定	GB/T 16489 CJ 26.10
8	挥发性酚	蒸馏后4-氨基安替比林分光光度法 蒸馏后溴化容量法	GB/T 7490 GB/T 7491
9	温度	温度计或颠倒温度计测定法	GB/T 13195
10	生化需氧量(BOD_5)	稀释与接种法	GB/T 7488

序号	项 目 名 称	检 验 方 法	方 法 来 源
11	化学需氧量（COD$_{Cr}$）	重铬酸钾法	GB/T 11914
12	溶解性固体	重量法	附录 A（标准的附录）
13	有机磷	气相色谱法	GB/T 13192
14	苯胺	N-(1-萘基)乙二胺偶氮分光光度法	GB/T 11889
15	氟化物	离子选择电极法	GB/T 7484
16	总汞	冷原子吸收分光光度法 高锰酸钾-过硫酸钾消解法双硫腙分光光度法	GB/T 7468 GB/T 7469
17	总镉	原子吸收分光光度法 双硫腙分光光度法	GB/T 7475 GB/T 7471
18	总铅	原子吸收分光光度法 双硫腙分光光度法	GB/T 7475 GB/T 7470
19	总铜	原子吸收分光光度法 二乙基二硫代氨基甲酸钠分光光度法	GB/T 7475 GB/T 7474
20	总锌	原子吸收分光光度法 双硫腙分光光度法	GB/T 7475 GB/T 7472
21	总镍	丁二酮肟分光光度法 火焰原子吸收分光光度法	GB/T 11910 GB/T 11912
22	总锰	火焰原子吸收分光光度法	GB/T 11911
23	总铁	火焰原子吸收分光光度法	GB/T 11911
24	总锑	5-Br-PADAP 光度法 火焰原子吸收分光光度法	附录 B（标准的附录）
25	六价铬	二苯碳酰二肼分光光度法	GB/T 7467
26	总铬	总铬的测定	GB/T 7466
27	总硒	2,3-二氨基萘荧光法 石墨炉原子吸收分光光度法	GB/T 11902 GB/T 15505
28	总砷	二乙基二硫代氨基甲酸银分光光度法	GB/T 7485
29	硫酸盐	重量法 火焰原子吸收分光光度法	GB/T11899 GB13196
30	氨氮	蒸馏和滴定法 纳氏试剂比色法氨氮的测定	GB/T 7478 GB/T 7479
31	阴离子表面活性剂（LAS）	亚甲蓝分光光度法 电位滴定法	GB/T 7479 GB 13199
32	硝基苯类	气相色谱法	GB/T 13194
33	磷酸盐（以 P 计）	钼酸铵分光光度法	GB/T 11893
34	色度	色度的测定	GB/T 11903

附录 A （略）

附录 B （略）

附录 4 QW 系列潜水排污泵设备

1. 设备简介

QW 系列潜水排污泵高效、防缠绕、无堵塞、自动耦合、高可靠、自动控制、并设置了各种状态显示保护装置等优点。泵的性能覆盖面大，泵与电机共轴，结构紧凑，便于维修。

2. 型号说明

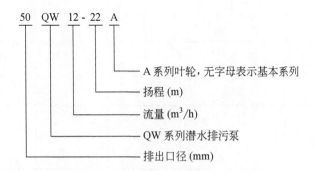

3. QW 系列潜水排污泵型谱图

QW 系列潜水排污泵型谱如图 1 所示。

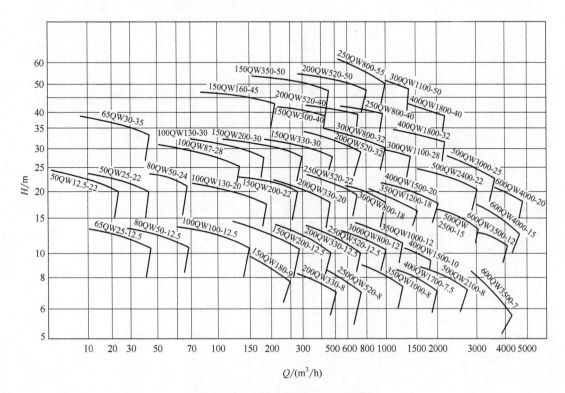

图 1 QW 系列潜水排污泵型谱图

4. 潜水排污泵主要参数表

潜水排污泵主要参数如表1所列。

表1　潜水排污泵主要参数表

型号	排出口径/mm	流量/(m³/h)	扬程/m	转速/(r/min)	电机功率/kW	泵重/kg
50QW 12.5-22	50	7.8 12.5 16.2	23.8 22 19.8	2900	2.2	70
50QW 12.5-22A		6.9 11.1 14.5	18.9 17.5 15.8		1.5	60
50QW 25-22	50	15.7 25 32.5	24 22 19.5	2900	4	90
50QW 20-22A		14 22.3 28.9	19 17.4 15.5		3	80
65QW 25-12.5	65	16.1 25 32.5	14.2 12.5 10.2	2900	2.2	75
65QW 25-12.5A		14.1 21.9 28.5	10.9 9.6 7.9		1.5	65
65QW 30-35	65	18.7 30 39	38.3 35 31.2	2900	7.5	160
65QW 30-35A		17 27.4 35.6	31.9 29.1 26		5.5	130
80QW 50-12.5	80	33.1 50 65	14.9 12.5 85	2900	4	125
80QW 50-12.5A		29.7 44.8 58.3	12 10.1 6.9		3	121
80QW 50-24	80	31.9 50 65	27 24 20	2900	7.5	230
80QW 50-24A		29 45.5 59.2	22.4 19.9 16.9		5.5	190

型号	排出口径/mm	流量/(m³/h)	扬程/m	转速/(r/min)	电机功率/kW	泵重/kg
100QW 100-12.5	100	64.4	14.2	1450	7.5	208
		100	12.5			
		130	10.2			
100QW 100-12.5A		57.7	11.4		5.5	188
		89.5	10			
		116.4	8.2			
100QW 130-20	100	82.6	22.3	1450	15	340
		130	20			
		169	16.7			
100QW 130-20A		70.2	16.1		11	260
		110.5	14.4			
		143.6	12.1			
100QW 87-28	100	54.2	30.6	1450	15	360
		87	28			
		113.1	25			
100QW 87-28A		50.1	26.3		11	293
		80.5	24			
		104.7	21.4			
100QW 130-30	100	81.4	32.7	1450	22	700
		130	30			
		169	26.9			
100QW 130-30A		74.9	27.7		18.5	600
		119.6	25.4			
		155.5	22.8			
150QW 180-9	150	121.7	11	1450	7.5	190
		180	9			
		233.9	5.9			
150QW 180-9A		103.7	8		5.5	180
		153.5	6.5			
		199.4	4.3			
150QW 200-12.5	150	132.5	14.9	1450	15	360
		200	12.5			
		260	8.5			
150QW 200-12.5A		124.6	13.2		11	280
		188	11			
		244.4	7.5			

型号	排出口径/mm	流量/(m³/h)	扬程/m	转速/(r/min)	电机功率/kW	泵重/kg
150QW 200-22		128.2	24.9		22	720
		200	22			
		260	18.3			
150QW 200-22A	150	117.2	20.8	1450	18.5	620
		182.9	18.4			
		237.8	15.3			
150QW 200-30		126.5	33.3		30	860
		200	30			
		260	25.2			
150QW 200-30A	150	117	28.5	1450	30	820
		185	25.7			
		240.5	21.6			
150QW 330-30		211.8	34		45	1330
		330	30			
		429	24.9			
150QW 330-30A	150	195	28.8	1450	37	1080
		303.9	25.4			
		395	21.1			
150QW 300-40		189.6	44.4		55	1330
		300	40			
		390	33.6			
150QW 300-40A	150	177.3	38.8	1450	45	1210
		280.5	35			
		364.7	29.4			
150QW 160-45		99.4	48.9		37	970
		160	45			
		208	40.3			
150QW 160-45A	150	92.8	42.6	1450	30	860
		149.3	39.2			
		194.1	35.1			
150QW 350-50	150	220.2	54.7	1450	75	1350
		350	50			
		455	43.9			

型号	排出口径/mm	流量/(m³/h)	扬程/m	转速/(r/min)	电机功率/kW	泵重/kg
200QW 330-8	200	235.1 330 427.4	10.1 8 5.2	1450	15	410
200QW 330-8A		218 306.1 396.4	8.7 6.9 4.5		11	400
200QW 330-12.5	200	224.5 330 428.8	15.3 12.5 8.2	1450	22	710
200QW 330-12.5A		215.5 316.8 411.6	14.1 11.5 7.6		18.5	680
200QW 330-20	200	216.6 330 429	23.5 20 14.6	1450	30	780
200QW 330-20A		195.9 298.4 387.9	19.2 16.4 11.9		22	680
200QW 520-32	200	337.9 520 676	37 32 24.9	1450	75	1400
200QW 520-40	200	333.9 520 676	45.3 40 33.2	1450	90	1700
200QW 520-50	200	330.5 520 676	55.9 50 41.8	1450	110	1850
200QW 520-50A		308.8 485.8 631.5	48.8 43.6 36.5		90	1700
250QW 520-8	250	361.5 520 675	10 8 5.2	980	22	710
250QW 520-8A		347.1 499.2 648	9.2 7.4 4.8		18.5	680
250QW 520-12.5	250	347.4 520 675.9	15.1 12.5 8.3	980	30	930

型号	排出口径/mm	流量/(m³/h)	扬程/m	转速/(r/min)	电机功率/kW	泵重/kg
250QW 520-22	250	335.2	25.1	980	55	1396
		520	22			
		676	18			
250QW 520-22A		303.1	20.5		45	1280
		470.2	18			
		611.2	14.7			
250QW 800-40	250	508.3	44.7	980	160	2000
		800	40			
		1040	33.5			
250QW 800-55	250	512.9	62.2	1450	185	2100
		800	55			
		1040	45.7			
250QW 800-55A		483.8	55.3		160	1900
		754.6	48.9			
		980.9	40.6			
300QW 800-12	300	549.7	14.8	980	45	1120
		800	12			
		1039.1	7.9			
300QW 800-12A		512.9	12.9		37	1070
		746.4	10.4			
		969.4	6.8			
300QW 800-18	300	531.5	21.5	980	55	1200
		800	18			
		1039.8	12.1			
300QW 800-18A		499.6	19		45	1120
		752	15.9			
		977.4	10.6			
300QW 1100-28	300	719.6	32.7	980	132	1900
		1100	28			
		1429.9	20.9			
300QW 1100-28A		676.8	28.9		110	1800
		1034.6	24.8			
		1344.9	18.5			
300QW 800-32	300	513.4	36.2	980	110	1890
		800	32			
		1040	26.5			
300QW 800-32A		480.2	31.7		90	1800
		748.3	28			
		972.7	23.2			

型号	排出口径/mm	流量/(m³/h)	扬程/m	转速/(r/min)	电机功率/kW	泵重/kg
300QW 1100-50	300	698.6	55.8	980	220	2900
		1100	50			
		1429.9	41.9			
300QW 1100-50A		657.7	49.5		200	2700
		1035.7	44.3			
		1346.4	37.1			
350QW 1000-8	350	732.1	10.4	980	37	1100
		1000	8			
		1287	4.2			
350QW 1000-12	350	397.5	15	980	55	1300
		1000	12			
		1297.9	7.8			
350QW 1000-12A		646.1	12.9		45	1200
		926.3	10.3			
		1202.3	6.7			
350QW 1200-18	350	814.5	22	980	90	1910
		1200	18			
		1559.3	11.8			
400QW 1700-7.5	400	1252.1	9.7	740	55	2080
		1700	7.5			
		2183.2	3.7			
400QW 1500-10	400	1105.3	12.9	980	75	1910
		1500	10			
		1926	4.9			
400QW 1500-20	400	1022.1	24.5	980	110	2500
		1500	20			
		1948.9	13.1			
400QW 1500-20A		981.2	22.6		110	2450
		1440	18.4			
		1870.9	12.1			
400QW 1800-32	400	1192.8	38.2	980	250	3400
		1800	32			
		2339.7	21.8			
400QW 1800-32A		1147.9	35.3		200	3200
		1732.2	29.6			
		2251.6	20.2			
400QW 1800-40	400	1175.4	46.6	980	280	3800
		1800	40			
		2339.8	30.2			
400QW 1800-40A		1106.4	41.3		250	3600
		1694.2	35.4			
		2202.4	26.7			

型号	排出口径/mm	流量/(m³/h)	扬程/m	转速/(r/min)	电机功率/kW	泵重/kg
500QW 2100-8	500	1563.6	10.3	740	75	2400
		2100	8			
		2683.3	3.8			
500QW 2600-15	500	1821	18.8	740	160	3600
		2600	15			
		3373.4	9.8			
500QW 2600-15A		1601.7	14.5		110	3400
		2286.8	11.6			
		2967.1	7.6			
500QW 2400-22	500	1613.7	26.7	740	220	4280
		2400	22			
		3119.1	14.5			
500QW 2400-22A		1485	22.6		185	3800
		2208.6	18.6			
		2870.3	12.3			
500QW 3000-25	500	2020.5	30.3	740	315	5200
		3000	25			
		3898.7	16.5			
500QW 3000-25A		1874.3	26.1		250	4200
		2782.9	21.5			
		3616.6	14.2			
600QW 3500-7	600	2822	8.7	740	110	3600
		3500	7			
		3894.1	5.3			
600QW 3500-12	600	2581.9	15.4	740	185	3900
		3500	12			
		4491.9	5.8			
600QW 3500-12A		2434.7	13.7		160	3700
		3300.5	10.7			
		4235.8	5.2			
600QW 4000-15	600	2898.1	19.1	740	250	4200
		4000	15			
		5163.6	9.7			
600QW 4000-22	600	2801.4	25	740	315	5500
		4000	20			
		5189.9	13			
600QW 4000-20A		2613.6	21.8		280	4750
		3731.8	17.4			
		4841.9	11.3			

5.QW 系列潜水排污泵安装形式及尺寸

（1）自动耦合式安装

在这种安装形式中，泵与耦合装置相连，耦合底座固定于泵坑底部（在建设污水坑时，先预埋好地脚螺栓，使用时将耦合底座固定即可），泵可在导轨（导杆）中上下移动；当泵放下时，耦合装置自动地与耦合底座耦合，而提升时泵与耦合底座自动脱落。

这种方式可根据用户要求配备液位开关、中间端子箱及自动保护控制柜。

（2）QW 系列潜水排污泵安装形式图及其耦合式安装尺寸表

潜水排污泵安装形式如图 2 所示，QW 系列潜水排污泵耦合式安装尺寸如表 2 所列。

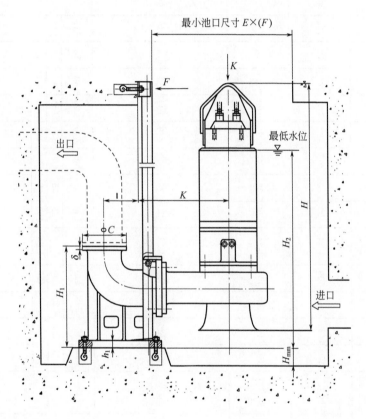

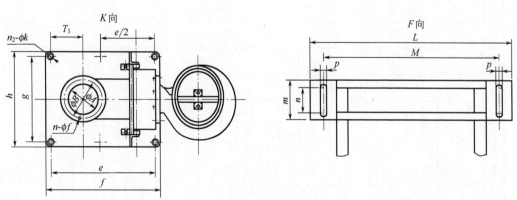

图 2 潜水排污泵安装形式

403

表 2 QW 系列潜水排污泵耦合式安装尺寸表

序号	型号	φA	φB	φC	δ	n₁-φf	e	f	g	h	n₂-φk	H₁	h₁	L	M	m	n	p	l	H₃min	K	H	H₂	T₁	E×(F)
1	50QW12.5-22	50	125	165	25	4-17.5	320	390	320	390	4-20	400	25	472	407	100	60	18	112	0	248	583	600	90	550×550
	50QW12.5-22A	50	125	165	25	4-17.5	320	390	320	390	4-20	400	25	472	407	100	60	18	112	0	248	583	600	90	550×550
2	50QW25-22	50	125	165	25	4-17.5	320	390	320	390	4-20	400	25	472	407	100	60	18	112	0	263	710	750	90	550×550
	50QW25-22A	50	125	165	25	4-17.5	320	390	320	390	4-20	400	25	472	407	100	60	18	112	0	263	710	750	90	550×550
3	65QW25-12.5	65	145	185	25	4-17.5	350	420	360	400	4-24	480	25	472	407	100	60	18	112	0	248	588	600	105	650×650
	65QW25-12.5A	65	145	185	25	4-17.5	350	420	360	400	4-24	480	25	472	407	100	60	18	112	0	248	588	600	105	650×650
4	65QW30-35	65	145	185	25	4-17.5	350	420	360	400	4-24	480	25	472	407	100	60	18	112	0	283	681	700	105	650×650
	65QW30-35A	65	145	185	25	4-17.5	350	420	360	400	4-24	480	25	472	407	100	60	18	112	0	283	681	700	105	650×650
5	80QW50-12.5	80	160	200	25	8-17.5	350	420	360	400	4-24	480	25	472	407	100	60	18	112	0	263	725	750	105	750×650
	80QW50-12.5A	80	160	200	25	8-17.5	350	420	360	400	4-24	480	25	472	407	100	60	18	112	0	263	725	750	105	750×650
6	80QW50-24	80	160	200	25	8-17.5	350	420	360	400	4-24	480	25	472	407	100	60	18	112	0	278	703	750	105	750×650
	80QW50-24A	80	160	200	25	8-17.5	350	420	360	400	4-24	480	25	472	407	100	60	18	112	0	278	703	750	105	750×650
7	100QW100-12.5	100	180	220	25	8-17.5	350	420	360	425	4-24	480	25	505	440	100	60	18	132	50	368	711	750	105	900×750
	100QW100-12.5A	100	180	220	25	8-17.5	350	420	360	425	4-24	480	25	505	440	100	60	18	132	50	368	711	750	105	900×750
8	100QW130-20	100	180	220	25	8-17.5	350	420	360	425	4-24	480	25	505	440	100	60	18	132	50	458	1064	1100	105	900×750
	100QW130-20A	100	180	220	25	8-17.5	350	420	360	425	4-24	480	25	505	440	100	60	18	132	50	458	1064	1100	105	900×750
9	100QW87-28	100	180	220	25	8-17.5	350	420	360	425	4-24	480	25	505	440	100	60	18	132	50	408	1060	1100	105	900×750
	100QW87-28A	100	180	220	25	8-17.5	350	420	360	425	4-24	480	25	505	440	100	60	18	132	50	408	1015	1100	105	900×750
10	100QW130-30	100	180	220	25	8-17.5	350	420	360	425	4-24	480	25	505	440	100	60	18	132	50	478	1492	1500	105	900×750
	100QW130-30A	100	180	220	25	8-17.5	350	420	360	425	4-24	480	25	505	440	100	60	18	132	50	478	1342	1400	105	900×750
11	150QW180-9	150	240	285	26	8-22	350	420	360	425	4-24	480	25	505	440	100	60	18	132	50	400	780	800	125	1200×850
	150QW180-9A	150	240	285	26	8-22	350	420	360	425	4-24	480	25	505	440	100	60	18	132	50	400	780	800	125	1200×850
12	150QW200-12.5	150	240	285	26	8-22	480	560	520	600	4-33	525	35	640	560	100	60	22	215	50	415	1064	1100	150	1200×850
	150QW200-12.5A	150	240	285	26	8-22	350	420	360	425	4-24	480	25	505	440	100	60	18	32	50	380	1064	1100	125	1200×850
13	150QW200-22	150	240	285	26	8-22	480	560	520	600	4-33	525	35	640	560	100	60	22	215	50	460	1646	1650	150	1200×850
	150QW200-22A	150	240	285	26	8-22	480	560	520	600	4-33	525	35	640	560	100	60	22	215	50	460	1600	1650	150	1200×850
14	150QW200-30	150	240	285	26	8-22	480	560	520	600	4-33	525	35	640	560	100	60	22	215	50	515	1422	1550	150	1200×850
	150QW200-30A	150	240	285	26	8-22	480	560	520	600	4-33	525	35	640	560	100	60	22	215	50	515	1422	1550	150	1200×850
15	150QW330-30	150	240	285	26	8-22	480	560	520	600	4-33	525	35	640	560	100	60	22	215	50	535	1700	1700	150	1200×850
	150QW330-30A	150	240	285	26	8-22	480	560	520	600	4-33	525	35	640	560	100	60	22	215	50	535	1550	1600	150	1200×850

续表

序号	型号	ϕA	ϕB	ϕC	δ	$n_1-\phi f$	e	f	g	h	$n_2-\phi k$	H_1	h_1	L	M	m	n	p	l	H_{3min}	K	H	H_2	T_1	$E\times(F)$
16	150QW300-40	150	240	285	26	8-22	480	560	520	600	4-33	525	35	640	560	100	60	22	215	50	555	1845	1850	150	1200×850
	150QW300-40A																								
17	150QW160-45																				695	1874	1900		
	150QW160-45A																								
18	150QW350-50																				775	2156	2200		
19	200QW330-8	200	295	340	28	8-22	560	640	550	640	4-33	615	30	700	605	100	60	22	278	100	494	1089	1100	180	1300×900
	200QW330-8A																								
20	200QW330-12.5																				534	1562	1600		
	200QW330-12.5A																					1480	1500		
21	200QW330-20																				584	1550	1600		
	200QW330-20A																					1500	1600		
22	200QW520-32																				564	1975	2000		
23	200QW520-40																				614	2352	2360		
24	200QW520-50																				654	2300	2300		
	200QW520-50A																					2150	2200		
25	250QW520-8	250	350	395	28	12-22	650	750	700	800	4-40	720	42	798	710	150	90	27	316	200	594	1576	1600	185	1400×1000
	250QW520-8A																					1490	1500		
26	250QW520-12.5																				594	1640	1700		
27	250QW520-22																				714	2007	2010		
	250QW520-22A																								
28	250QW800-40																				764	2500	2500		1600×1300
29	250QW800-55																				764	2900	2900		
	250QW800-55A																								
30	300QW800-12	300	400	445	30	12-22	770	870	780	880	4-40	720	42	798	710	150	90	27	316	200	714	1954	2000	250	1600×1300
	300QW800-12A																								
31	300QW800-18																				714	2364	2400		
	300QW800-18A																								
32	300QW1100-28																				764	2518	2550		
	300QW1100-28A																					2460	2500		

序号	型号	φA	φB	φC	δ	n₁-φf	e	f	g	h	n₂-φk	H₁	h₁	L	M	m	n	p	l	H₃min	K	H	H₂	T₁	E×(F)
33	300QW800-32	300	400	445	30	12-22	770	870	780	880	4-40	720	42	798	710	150	90	27	316	200	764	2336	2400	250	1600×1300
	300QW800-32A																								
34	300QW1100-50																				964	3063	3100		
	300QW1100-50A																					2900	3000		
35	350QW1000-8	350	460	505	30	16-22	770	870	780	880	4-40	765	45	880	800	150	90	27	396	250	724	1936	2000	250	1600×1300
36	350QW1000-12																				744	1964	2000		
	350QW1000-12A																								
37	350QW1200-18																				784	2393	2400		
38	400QW1700-7.5	400	515	565	32	16-26	850	950	780	880	6-40	800	50	630	542	150	90	27	403	300	962	2546	2600	246	2100×1700
39	400QW1500-10																				902	2432	2500		
40	400QW1500-20																				862	2393	2400		
	400QW1500-20A																								
41	400QW1800-32																				912	3339	3400		
	400QW1800-32A																					3212	3250		
42	400QW1800-40																				962	3045	3100		
	400QW1800-40A																					2915	3000		
43	500QW2100-8	500	620	670	34	20-26	1140	1260	880	950	6-48	1350	50	798	710	150	90	27	608	350	967	2546	2600	300	2100×1800
44	500QW2600-15																				1017	2780	2800		
	500QW2600-15A																					2660	2700		
45	500QW2400-22																				1267	3078	3100		
	500QW2400-22A																								
46	500QW3000-25																				1117	3200	3200		
	500QW3000-25A																					3030	3100		
47	600QW3500-7	600	725	780	36	20-30	1180	1300	1090	1210	6-48	1400	55	880	800	150	90	27	648	450	1167	2938	3000	320	2100×1800
48	600QW3500-12																				1267	3115	3200		
	600QW3500-12A																					3040	3100		
49	600QW4000-15																				1307				
	600QW4000-20																					3298	3300		
50	600QW4000-20A																				1117	3100	3200		

附录5 拦污设备

1. FH 型旋转式格栅除污机

（1）设备简介

FH 型旋转式格栅除污机由机架、驱动、传动、筛网、清污机构、电气控制等部分构成。其结构新颖、占地面积小、运行平稳、安全可靠、能耗低、安装维护方便。广泛应用于各类泵站进水口处和城市污水处理厂拦截并清除漂浮污物，以及在工业废水处理工艺中进行固液分离等。

（2）型号说明及技术参数

① 型号说明

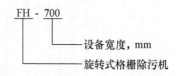

FH - 700

设备宽度，mm
旋转式格栅除污机

② 技术参数如表1所列

表1　FH 型旋转式格栅除污机技术参数表

	设备型号	500	600	700	800	900	1000	1100	1200	1300	1400	1500	1800	2000	2500	3000
技术参数	有效栅宽/mm	340	440	540	640	740	840	940	1040	1140	1240	1340	1640	1840	2340	2840
	设备宽度/mm	500	600	700	800	900	1000	1100	1200	1300	1400	1500	1800	2000	2500	3000
	耙污速度/(m/min)	<3														
	栅前流速/(m/s)	0.8～1.2														
	电机功率/kW	0.75～3														
	耙齿间隙/mm	1、3、5、8、10、15、20、25、30、40、50（或根据用户需要）														
安装尺寸	安装角度 α/(°)	60、65、70、75、80（或根据用户需要）														
	适用槽宽/mm	600	700	800	900	1000	1100	1200	1300	1400	1500	1600	1900	2100	2600	3100
	适用槽深/mm	≤9000														
	水槽长度/mm	≥300+550/sinα+槽深×cotα														
	排渣高度/mm	1000（或根据用户需要）														

注：1. 可根据用户实际参数定型设计；

2. 槽深不大于9m，槽宽不大于3m内，均可设计供货；

3. 电机功率根据用户格栅宽度，槽深确定；

4. 常规产品为全碳钢结构、链条不锈钢。

（3）安装示意图

FH 型旋转格栅除污机安装示意如图1所示。

2. GH 型回转式格栅除污机

（1）设备简介

GH 型回转式格栅除污机主要由驱动、机架（含栅条）、传动装置、齿耙、齿耙牵引、撇渣、电气控制等部分构成。该产品结构紧凑、外形美观、占地面积小、安装维护方便；全自动电气控制和机械双重过载保护、工作安全、运行可靠；全封闭式传动链、无缠绕，以及污物去除率高，广泛应用于给排水泵站、雨水提升泵站、污水处理厂及水质净化厂进水口，各类工矿企业的废水处理工程中清除污水中的粗大漂浮物。如图 2 所示。

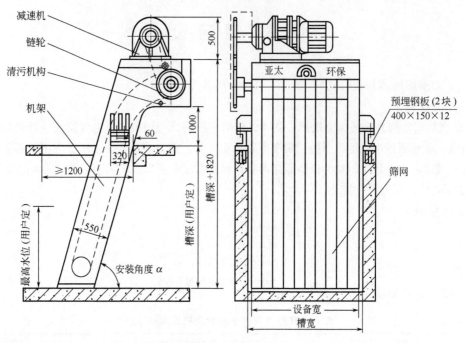

图 1 FH 型旋转格栅除污机安装示意

（2）型号说明及技术参数

① 型号说明

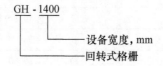

设备宽度，mm
回转式格栅

② 技术参数如表 2 所列

表 2 FH 型旋转格栅除污机安装技术参数表

	设 备 型 号	1000	1200	1400	1600	1800	2000	2200	2400	2600	2800	3000	3200	3400	3600
技术参数	有效栅宽/mm	830	1030	1230	1430	1630	1830	2030	2230	2430	2630	2830	3030	3230	3430
	设备宽度/mm	1000	1200	1400	1600	1800	2000	2200	2400	2600	2800	3000	3200	3400	3600
	耙污速度/(m/min)	<3													
	栅前流速/(m/s)	0.8～1.2													
	电机功率/kW	1.1～2.2					1.5～3					2.2～4			
	耙齿间隙/mm	15、20、25、30、40、50、60、70、80、90、100													
安装尺寸	安装角度 α/(°)	60、65、70、75、80（推荐使用 70、75）													
	水槽宽度/mm	1100	1300	1500	1700	1900	2100	2300	2500	2700	2900	3100	3300	3400	3700
	水槽长度/mm	≥300＋槽深×cotα＋700/sinα													
	排渣高度/mm	1000													

注：1. 可根据用户实际参数定型设计；

2. 槽深不大于 12m，槽宽不大于 3700mm 内均可设计供货；

3. 电机功率根据用户格栅宽度，槽深确定；

4. 常规产品为全碳钢结构、链条不锈钢。

（3）安装示意图

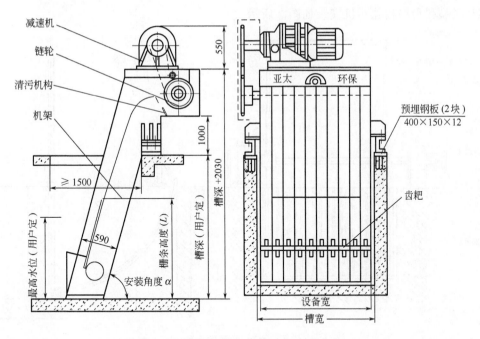

图 2　GH 型回转式格栅除污机安装示意

3. HGZ 型弧形格栅除污机

（1）设备简介

HGZ 型弧形格栅除污机，由机架、驱动装置、圆弧形栅条、卸料机构、齿耙、电气控制等部分构成，该产品能耗低、噪声小、运行平稳可靠，结构紧凑，占地小、安装维护方便，易于集中控制，被广泛应用于中小型污水处理厂或泵站水位较浅的水槽，拦截和清除污水中较小的垃圾和漂浮物。

（2）型号说明及技术参数

① 型号说明

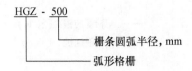

② 技术参数如表 3 所列。

表 3　HGZ 型弧形格栅除污机技术参数表

参　数 ＼ 型　号	HGZ-300	HGZ-500	HGZ-1000	HGZ-1500	HGZ-2000
栅条圆弧半径/mm	300	500	1000	1500	2000
水槽宽度/m	<2				
设备宽度/m	<2				
电机功率/kW	0.37～0.75				
栅条净间距/mm	10～30				
运转速度/(r/min)	2				
栅前流速/(m/s)	0.8～1.0				

（3）安装示意图

HGZ 型弧形格栅除污机安装如图 3 所示。

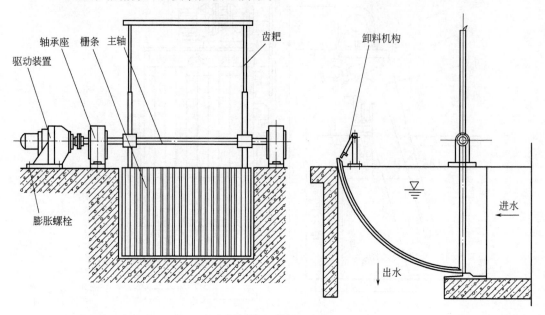

图 3　HGZ 型弧形格栅除污机安装示意

4．LS 型螺旋输送机

（1）设备简介

LS 型螺旋输送机由驱动装置、无轴螺旋、U 形槽、耐磨衬、盖板、电气控制等部分组成，物料由进料斗输入，经旋转的无轴螺旋推动至出料口输出，被广泛应用于城市污水处理厂，水质净化厂输送格栅除污机打捞上来的栅渣，压榨脱水处理后的泥饼等物料。

（2）型号说明及技术参数

① 型号说明

LS - 320

└─── 无轴螺旋槽直径，mm

└─── 螺旋输送机

② 技术参数如表 4 所列。

表 4　LS 型螺旋输送机技术参数表

型号规格	输送量/(m³/h)			推荐输送长度/m	安装角度/(°)	转速/(r/min)
	0°	15°	30°			
LS-260	3	2.1	1.35	≤10	≤30	20
LS-320	8	5.6	3.6	≤15		
LS-355	9.5	6.7	4.3	≤20		
LS-420	12.8	9	5.7			

注：1. LS 型无轴螺旋输送机，可配置多个进料斗，可根据用户需要定型设计；

2. 安装方式灵活多样，水平或倾斜安装，倾斜角度可达 30°。

（3）安装

① 安装示意如图 4 所示。

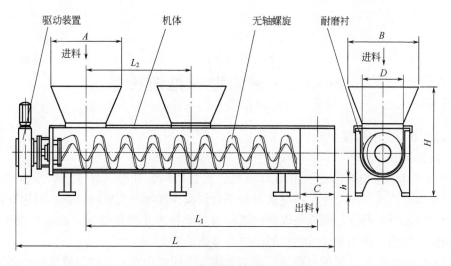

图 4　LS 型螺旋输送机安装示意

② 安装尺寸如表 5 所列。

表 5　LS 型螺旋输送机安装尺寸表　　　　　　　单位：mm

型　号	B	D	H	h	C	$L、L_1、L_2、A$
LS-260	370	260	580	300	350	
LS-320	430	320	640	300	300	根据用户要求确定
LS-355	465	355	730	350	350	
LS-420	530	420	900	450	400	

附录6 潜水搅拌推流设备

1. QJG 型高速潜水搅拌机

（1）设备简介

QJG 型高速潜水搅拌机主要由潜水电机、密封机构、叶轮、导流罩、手摇卷扬机构、电气控制等部分构成。搅拌叶轮在电机驱动下旋转搅拌液体产生旋向射流，利用沿着射流表面的剪切应力来进行混合，使流场以外的液体通过摩擦产生搅拌作用，在极度混合的同时，形成体积流，应用大体积流动模式得到受控流体的输送。

该设备广泛应用于各种污水处理厂和工业流程中搅拌含有悬浮物的液体、稀泥浆、工业液体等，也可用于鱼塘增氧、河流防冻等。

（2）主要规格及技术参数

① 型号说明

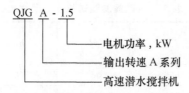

② 技术参数如表1所列。

表1 QJG 型高速潜水搅拌机技术参数

型号 参数	搅拌叶轮直径/mm	电机功率/kW	转速/(r/min)	型号 参数	搅拌叶轮直径/mm	电机功率/kW	转速/(r/min)
QJGA-1.5	260	1.5	960	QJGB-1.5	320	1.5	720
QJGA-2.2	280	2.2	960	QJGB-2.2	350	2.2	720
QJGA-3	300	3	960	QJGB-3	370	3	720
QJGA-4	320	4	960	QJGB-4	390	4	720
QJGA-5.5	340	5.5	960	QJGB-5.5	420	5.5	720
QJGA-7.5	370	7.5	960	QJGB-7.5	450	7.5	720
QJGA-11	400	11	960	QJGB-11	480	11	720
QJGA-15	430	15	960	QJGB-15	520	15	720

（3）安装示意图

QJG 型高速潜水搅拌机安装示意如图1所示。

2. QJZ 型中速潜水搅拌机

（1）设备简介

QJZ 型中速潜水搅拌机主要由潜水电机、减速箱、叶轮、导流罩、密封机构、手动卷扬机构、电气控制等部分组成。搅拌叶轮搅拌液体产生旋向射流，利用沿着射流表面的剪切应力来进行混合，使流场和流场以外的液体摩擦产生搅拌作用。在极度混合的同时，形成体积流，应用大体积流动模式得到受控流体的输送如图2所示。

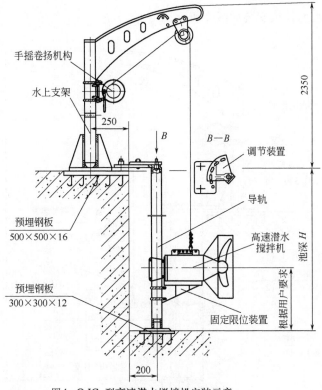

图1　QJG 型高速潜水搅拌机安装示意

(预埋钢板的中心应尽量保证在同一垂直面内,两中心的位移量不得大于50mm)

该设备广泛应用于各种污水处理厂和工业流程中搅拌含有悬浮物的污水、稀泥浆、工业液体等,也可作鱼塘增氧、河流防冻等。

（2）型号说明及技术参数

① 型号说明

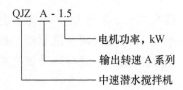

② 技术参数如表 2 所列。

表 2　QJZ 型高速潜水搅拌机安装技术参数

参　数 型　号	搅拌叶轮直径/mm	电机功率/kW	转速/(r/min)	参　数 型　号	搅拌叶轮直径/mm	电机功率/kW	转速/(r/min)
QJZA-1.5	480	1.5	380	QJZB-1.5	650	1.5	230
QJZA-2.2	520	2.2	380	QJZB-2.2	700	2.2	230
QJZA-3	550	3	380	QJZB-3	740	3	230
QJZA-4	580	4	380	QJZB-4	790	4	230
QJZA-5.5	620	5.5	380	QJZB-5.5	840	5.5	230
QJZA-7.5	660	7.5	380	QJZB-7.5	890	7.5	230
QJZA-11	710	11	380	QJZB-11	960	11	230
QJZA-15	760	15	380	QJZB-15	1000	15	230

（3）安装示意图

QJZ 型中速潜水搅拌机安装如图 2 所示。

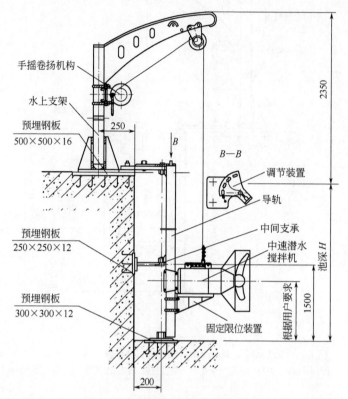

图2 QJZ 型中速潜水搅拌机安装示意图

（预埋钢板的中心应尽量保证在同一垂直面内，两中心的位移量不得大于50mm）

3. QD 型低速潜水推流器

（1）设备简介

QD 型低速潜水推流器，由潜水电机、减速机、螺旋推进叶轮、密封机构、手摇卷扬机构、电气控制等部分组成。螺旋叶轮在电机和减速机驱动下低速旋转，产生大体积流场，应用大体积流动模式得到快速的受控流体输送，同时环形流动模式确保了全部容池内的液体都能反复通过极度混合区。

该设备广泛应用于氧化沟推流，各类水处理工艺的水解池逆向搅拌，同时也用于河流防冻、泻湖、水产养殖等搅拌推流。

（2）型号说明及技术参数

① 型号说明

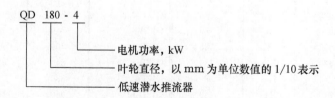

② 技术参数如表 3 所列

表3　QD型低速潜水推流器技术参数

参数 型号	搅拌叶轮直径/mm	电机功率/kW	转速/(r/min)	参数 型号	搅拌叶轮直径/mm	电机功率/kW	转速/(r/min)
QD180-1.5	1800	1.5	35～40	QD250-4	2500	4	30～40
QD180-2.2	1800	2.2	35～40	QD250-5.5	2500	5.5	35～45
QD180-3	1800	3	35～45	QD250-7.5	2500	7.5	45～60
QD180-4	1800	4	40～50	QD250-11	2500	11	60～75
QD180-5.5	1800	5.5	45～55	QD300-15	3000	15	40～50
QD180-7.5	1800	7.5	55～70				

（3）安装示意图

QD型低速潜水推流器安装示意如图3所示。

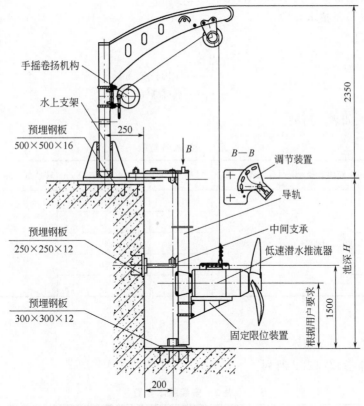

图3　QD型低速潜水推流器安装示意

（预埋钢板的中心应尽量保证在同一垂直面内，两中心的位移量不得大于50mm）

415

附录 7 曝气设备

1. ZD 型转碟（盘）曝气机

（1）设备简介

ZD 型转碟（盘）曝气机是水平轴式曝气设备，主要由立式户外驱动装置、主轴、曝气转碟（盘）、轴承座、挡水板、电控系统等部分构成。主轴上安装的转碟（盘）在电机、减速机的驱动下旋转，对水体产生切向水跃推动力，促进污水和活性污泥的混合液在渠道中连续循环流动，进行充氧与混合。

该设备主要用于城市污水处理氧化沟工艺。

（2）型号说明及技术参数

① 型号说明

ZD - 9
├── 主轴长度，m
└── 转碟曝气机

② 技术参数如表 1 所列。

表 1　技术参数表

型号	主轴长度/m	转碟直径/mm	浸没深度/mm	转碟数/盘	充氧能力/(kgO₂/h)	转速/(r/min)	电机功率/kW
ZD-3	3			13	20		11
ZD-5	5			21	32		18.5
ZD-7	7	1400	500	29	45	50～60	22
ZD-9	9			37	58		30
ZD-12	12			49	76		37

（3）安装

① 安装示意如图 1 所示。

② 安装基本参数如表 2 所列。

表 2　安装基本参数

尺寸 型号	L	L_1	m	n	预埋件尺寸($\delta=12$)		
					预埋件 1	预埋件 2	预埋件 3
ZD-3	3000	450	200	80			
ZD-5	5000		210	90		2-450×140	2-500×220
ZD-7	7000	480	245	105	2-1500×250		
ZD-9	9000	500	275	115		2-480×140	2-700×140
ZD-12	12000	550					

注：根据用户要求可设计预留孔。

416

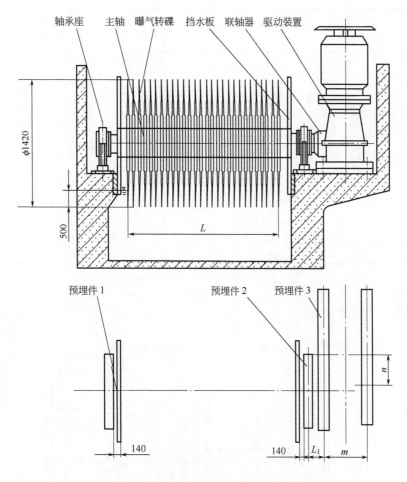

图 1　ZD 型转碟（盘）曝气机安装示意

2. ZS 型转刷曝气机

（1）设备简介

ZS 型转刷曝气机主要由户外立式驱动装置、联轴器、主轴、转刷片、轴承座、挡水板、电气控制等部分构成。该设备主要适用于城市污水处理的氧化沟工艺。

转刷曝气机在电机、减速机的驱动下产生旋转，水在不断旋转的转刷叶片作用下，切向呈水滴飞溅状抛出水面与裹入空气强烈混合完成空气中的氧向水中转移；同时，推动混合液以一定的流速在氧化沟中循环流动使混合液中的固体在氧化沟的任何位置均保持悬浮状态。

（2）型号说明及技术参数

① 型号说明

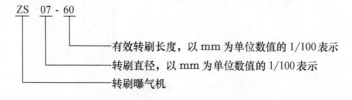

② 技术参数如表 3 所列。

表 3 安装技术参数表

尺 寸 型 号	有效转刷长度/mm	功率/kW	浸没深度/mm	转速/(r/min)	氧化沟有效水深/m	充氧能力/(kgO₂/h)
ZS07-15	1500	4	150~250			4.5~5
ZS07-30	3000	7.5				10~12
ZS07-45	4500	11				15~18
ZS07-60	6000	15				20~23
ZS10-15	1500	7.5	250~300	75	2~2.5	15~18
ZS10-30	3000	15				25~27
ZS10-45	4500	22				35~37
ZS10-60	6000	30				46~50
ZS10-75	7500	37				56~60
ZS10-90	9000	45				72~75

（3）安装

① 安装示意如图 2 所示。

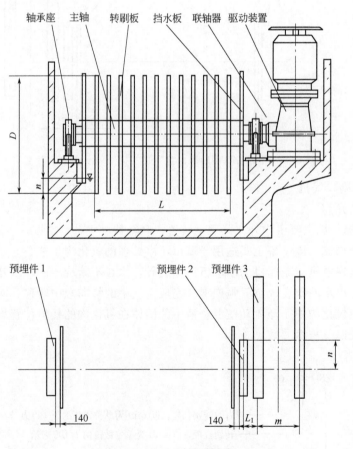

图 2　ZS 型转刷曝气机安装示意

② 安装基本参数如表 4 所列。

418

尺 寸型 号	L	L_1	m	n	预埋件尺寸($\delta=12$)		
					预埋件1	预埋件2	预埋件3
ZS07-60	6000	450	200	80	2-1500×250	2-450×140	2-500×220
ZS10-30	3000		210	87.5			
ZS10-45	4500	480	245	105			
ZS10-60	6000	500	275	115		2-480×140	2-700×140
ZS10-75	7500	550					

表4 安装基本参数表　　　　单位：mm

3. DB 型倒伞曝气机

（1）设备简介

DB 型倒伞曝气机为立轴表面平推曝气机，该设备主要由电机、联轴器、减速机、叶轮、机座、电气控制等部分构成。主轴带动叶轮，在电机、减速机的驱动下旋转，污水在叶轮强力推进作用下，从叶轮边缘甩出，形成水跃，裹进大量空气，使空气中的氧分子迅速溶入污水中。充氧的同时在曝气机转动的推流作用下，将池底层含氧量少的水体提升向上环流，起到对活性污泥混合液曝气供氧的作用。

该设备主要用于城市生活污水的处理和各行业工业废水治理的氧化沟曝气。

（2）型号说明及技术参数

① 型号说明

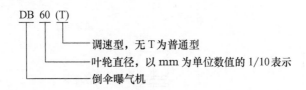

DB 60 (T)

　　　　　调速型，无 T 为普通型
　　　　　叶轮直径，以 mm 为单位数值的 1/10 表示
　　　　　倒伞曝气机

② 技术参数如表5所列

表5 技术参数表

参 数型 号	叶轮直径/mm	电机功率/kW	充氧量/(kgO₂/h)	叶轮升降行程/mm
DB60T	600	1.5	0.5～2.7	±100
DB80T	800	3	2～9	±100
DB100T	1000	5.5	2～11	±140
DB120T	1200	7.5	3～14	±140
DB160T	1600	15	4～22	±140
DB200T	2000	18.5	9～42	±140
DB250T	2500	30	11～56	±140
DB300T	3000	45	16～81	+180 -100
DB330T	3300	55	22～110	+180 -100
DB360T	3600	75	30～150	+180 -100
DB400T	4000	110	50～200	+180 -100

参 数 型 号	叶轮直径/mm	电机功率/kW	充氧量/(kgO₂/h)	叶轮升降行程/mm
DB60	600	1.5	1.8～2.7	±100
DB80	800	3	4～9	±100
DB100	1000	5.5	4～11	±140
DB120	1200	7.5	6～14	±140
DB160	1600	15	14～22	±140
DB200	2000	22	26～42	±140
DB250	2500	30	37～56	±140
DB300	3000	45	54～81	＋180 －100
DB330	3300	55	71～110	＋180 －100
DB360	3600	75	100～150	＋180 －100
DB400	4000	110	160～200	＋180 －100

（3）安装

① 安装示意如图 3 所示。

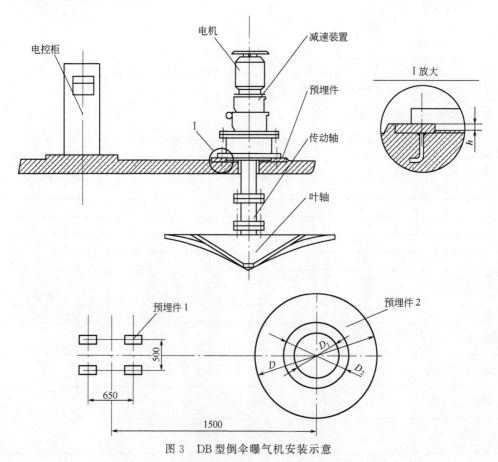

图 3　DB 型倒伞曝气机安装示意

② 安装基本参数如表 6 所列。

表 6　安装基本参数表　　　　　　单位：mm

尺寸 型　号	h	D_2	预埋件尺寸($\delta=12$)	
			预埋件 1	预埋件 2($D_1 \times D$)
DB60(T)	5	145	4-160×140	$\phi120\times\phi190$
DB80(T)	5	175	4-160×140	$\phi150\times\phi230$
DB100(T)	5	205	4-160×140	$\phi180\times\phi260$
DB120(T)	5	275	4-160×140	$\phi250\times\phi340$
DB160(T)	6	320	4-160×140	$\phi300\times\phi400$
DB200(T)	7	405	4-160×140	$\phi380\times\phi490$
DB250(T)	9	460	4-160×140	$\phi435\times\phi580$
DB300(T)	11	525	4-160×140	$\phi500\times\phi650$
DB330(T)	11	525	4-160×140	$\phi500\times\phi650$
DB360(T)	11	685	4-160×140	$\phi660\times\phi880$
DB400(T)	11	685	4-160×140	$\phi660\times\phi880$

4. WB 型微孔曝气装置

（1）设备简介

微孔曝气是生物方法处理城市污水和工业废水的主要设备之一，这种曝气装置结构简单，水中无转动部件，安装使用方便，抗老化，耐高温，使用寿命长。

（2）微孔曝气装置主要技术参数

微孔曝气装置主要技术参数如表 7 所列。

表 7　微孔曝气装置主要技术参数表

曝气头直径	$\phi200$	氧利用率/%	20～30
曝气量/[m³/(只·h)]	1～3	动力效率/[kgO₂/(kW·h)]	3～6
服务面积/(m²/只)	0.3～0.5	孔隙率/%	40～50
平均孔径/μm	150	阻力/(mmH₂O)	136～280

（3）安装示意图

WB 型微孔曝气装置安装示意如图 4 所示。

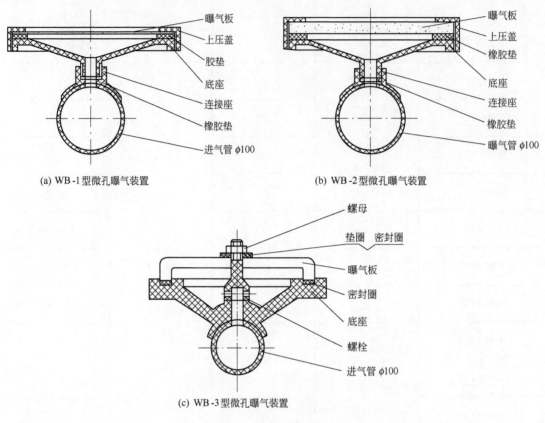

(a) WB-1型微孔曝气装置

(b) WB-2型微孔曝气装置

(c) WB-3型微孔曝气装置

图 4　WB 型微孔曝气装置安装示意

附录 8　滗 水 设 备

1. BSF 型浮筒式旋摆滗水器

（1）设备简介

BSF 型浮筒式旋摆滗水器是 SBR 法处理城市污水和工业废水的关键设备。该设备安装在水池中，随着浮筒与导流管夹筒位置的变化，使导流管的进水口处于滗水和非滗水状态。

（2）型号说明

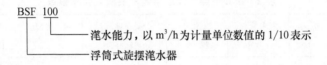

（3）技术参数

技术参数如表 1 所列。

表 1　技术参数表

参　数 型　号	滗水能力 /(m³/h)	出水管直 径/mm	滗水高 度/m	参　数 型　号	滗水能力 /(m³/h)	出水管直 径/mm	滗水高 度/m
BSF10	100	250	2～3	BSF80	800	600	2～3
BSF20	200	350	2～3	BSF100	1000	600	2～3
BSF40	400	450	2～3	BSF150	1500	800	2～3
BSF60	600	500	2～3	BSF200	2000	800	2～3

（4）安装示意图

BSF 型浮筒式旋摆滗水器安装示意如图 1 所示。

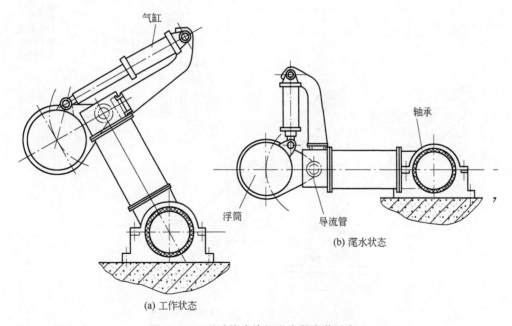

(a) 工作状态

(b) 滗水状态

图 1　BSF 型浮筒式旋摆滗水器安装示意

2. BSL 型连杆式旋摆滗水器

（1）设备简介

序批式工艺 SBR 法处理城市污水，滗水器是其中的关键设备，它能随着水位的升降变化而自动进行排水。

（2）型号说明

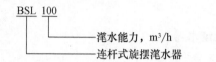

BSL 100

滗水能力，m³/h

连杆式旋摆滗水器

（3）技术参数

BSL 型连杆式旋摆滗水器安装技术参数如表 2 所列。

表 2　BSL 型连杆式旋摆滗水器安装技术参数

型　号 参　数	滗水能力 /(m³/h)	出水管直径/mm	滗水高度/m	型　号 参　数	滗水能力 /(m³/h)	出水管直径/mm	滗水高度/m
BSL100	100	250	2～5	BSL800	800	600	2～5
BSL200	200	350	2～5	BSL1000	1000	600	2～5
BSL400	400	450	2～5	BSL1500	1500	800	2～5
BSL600	600	500	2～5	BSL2000	2000	800	2～5

（4）安装示意图

BSL 型连杆式旋摆滗水器安装如图 2 所示。

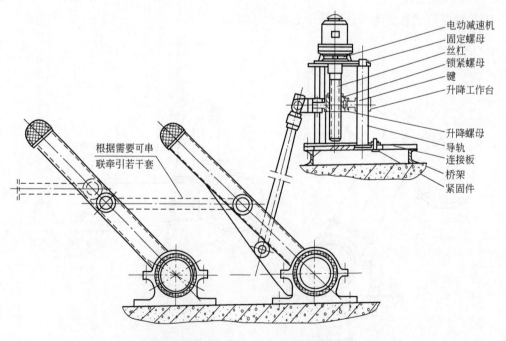

图 2　BSL 型连杆式旋摆滗水器安装示意

附录9 除砂设备

1. LSJ 型链条式除砂机

（1）结构及适用范围

LSJ 型链条式除砂机用于污水处理厂沉砂池或曝气沉砂池，去除沉积的砂泥，也可用于冶金、化工等工业废水中的砂水分离。该设备主要由电控柜、传动装置、传动支架、导砂槽、导砂筒、链条及刮板、导向轮、张紧装置等部件组成。

（2）型号说明

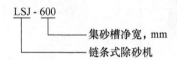

（3）技术性能参数

LSJ 型链条式除砂机技术性能参数如表1所列。

表1 LSJ 型链条式除砂机技术性能参数表

参 数\\规格型号	集砂槽净宽/mm	刮板线速/(m/min)	功率/kW	排砂能力/(m³/h)
LSJ-600	600	≤3	0.37	2.5
LSJ-1000~1200	1000~1200	≤3	0.75	约4.5

（4）安装

① 预埋件如表2所列。

表2 预埋件表

预埋件号\\型号规格	1	2	3	5	6
LSJ-600	700×50×10 上下共2块	150×150×12 共6块	300×300×12 共2块	970×150×12 共2块	100×100×10 共2(m+n+2)块
LSJ-1000~1200	1300×50×10 上下共2块	150×150×12 共6块	300×350×12 共2块	970×150×12 共2块	150×150×10 共2(m+n+2)块

② 结构示意如图1所示。

③ 安装尺寸如表3所列

表3 安装尺寸表 单位：mm

尺 寸\\型 号	B	F_1	H	b	L_1	L_2	B_1	B_2	B_3	F
LSJ-600	600	700	≤1500	750	$H/\text{tg}30°$	≤10000	300	1000	720	675
LSJ-1000	1000	1200	≤1500	1530	$H/\text{tg}30°$	≤10000	700	1400	1120	1075
LSJ-1200	1200	1400	≤1500	1530	$H/\text{tg}30°$	≤10000	900	1600	1320	1275

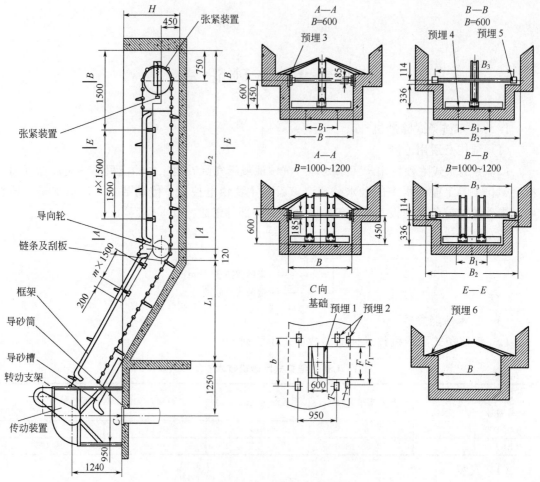

图 1　LSJ 型链条式除砂机结构示意

2. BXS 型桁架式泵吸砂机

（1）结构及适用范围

BXS 型桁架式泵吸砂机主要由工作桥、驱动装置、吸砂泵、传动轴、吸排砂管、吸砂吊架、电气控制柜等部件组成。该设备采用液下泵排砂，主要适用于平流式曝气沉砂池沉砂的排除。动力线和信号线采用电缆卷筒或滑轴线。

（2）型号说明

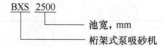

（3）主要技术参数

BXS 型桁架式泵吸砂机主要尺寸如表 4 所列。

表 4　BXS 型桁架式泵吸砂机主要技术参数

型　号 \ 参　数	池宽 B/mm	轮距 L/mm	行走功率/kW	吸砂泵功率/kW	行走速度/(m/min)	池深 H/m
BXS2500	2500	$B+b$	0.75	1.5×2	<1.5	<2
BXS3500	3500	$B+b$	0.75	1.5×2	<1.5	<2
BXS4500	4500	$B+b$	1.1	1.5×2	<1.5	<2.5

参数 型 号	池宽 B/mm	轮距 L/mm	行走功率/kW	吸砂泵功率/kW	行走速度/(m/min)	池深 H/m
BXS5500	5500	$B+b$	1.1	1.5×3	<1.5	<2.5
BXS6500	6500	$B+b$	1.5	1.5×4	<1.5	<3
BXS7500	7500	$B+b$	1.5	1.5×4	<1.5	<3
BXS8500	8500	$B+b$	1.5	1.5×4	<1.5	<3

（4）结构示意图

BXS 型桁架式泵吸砂机结构示意如图 2 所示。

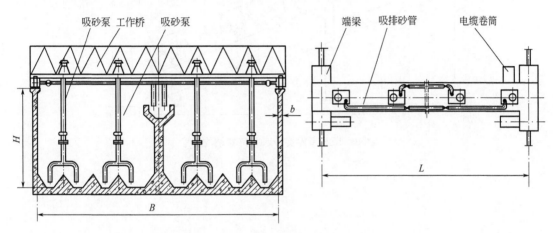

图 2　BXS 型桁架式泵吸砂机结构示意

3. LSF 型螺旋砂水分离器

（1）结构及适用范围

LSF 型螺旋砂水分离器主要适用于对污水处理厂沉砂池排出的砂水混合液进行砂水分离，该设备主要由无轴螺旋、U 形槽、水箱、附壁效应器及驱动装置等部件组成。

（2）型号说明

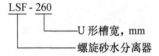

（3）主要技术参数

LSF 型螺旋砂水分离器主要技术参数如表 5 所列。

表 5　LSF 型螺旋砂水分离器主要技术参数表

型 号 参 数	LSF-260	LSF-320	LSF-355	LSF-420
处理量/(L/s)	12	20	27	35
电机功率/kW	0.25	0.37	0.55	0.75
L/mm	3840	4380	5890	6290
机体最大宽度/mm	1170	1420	1420	1720
H/mm	1500	1700	2150	2150
H_1/mm	1550	1750	2400	2550
H_2/mm	2100	2350	3050	3250
L_1/mm	3000	3000	4000	4000
L_2/mm	1000	1500	2000	2500

（4）结构示意图

LSF 型螺旋砂水分离器结构示意如图 3 所示。

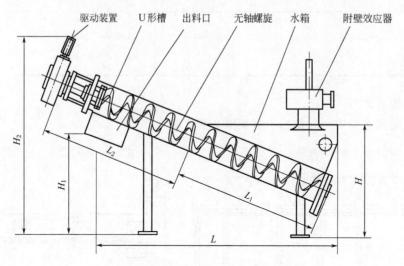

图 3　LSF 型螺旋砂水分离器结构示意

附录10 排泥设备

1. PTG 型平流式撇渣刮泥机

（1）结构及适用范围

PTG 型平流式撇渣刮泥机主要由桁架、驱动机构、刮板升降机构、撇渣板、刮泥板、行走机构等组成，主要适用于水处理过程中对敞口的隔油池液面的浮油或平流式沉淀池、沉砂池中的浮渣及污泥的刮集，并可用于钢铁厂中的轧钢及炼钢连铸浊环水系统刮除氧化铁皮和污油。

（2）特点

① 刮板的移动速度适中，对污水扰动小，有利于污物和砂粒沉淀。

② 刮泥能力强，特别适用于相对密度大沉淀物（如钢铁氧化皮、矿渣）。

③ 根据刮砂阻力自动调节刮砂厚度，避免因泥砂层厚阻力大引起桁架受扭、刮板歪曲。

④ 全自动电气保护控制，操作管理方便、安全可靠。

（3）型号说明及技术参数

① 型号说明

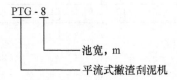

② 技术参数如表1所列。

表1 PTG 型平流式撇渣刮泥机技术参数表

参数\型号	池宽 B/m	轨距 L/m	池深 H/m	行走功率/kW	卷扬功率/kW	行走速度/(m/min)	轨道型号/(kg/m)
PTG-6	6	6.25	2.5～3.5	0.55	0.37	≈1	15
PTG-8	8	8.25	3.5～4	0.75	0.55	≈1	15
PTG-10	10	10.25	4～4.5	1.1	0.75	≈1	22
PTG-12	12	12.25	4～4.5	1.5	1.1	≈1	22
PTG-14	14	14.25	4～4.5	2.2	1.1	≈1	22

（4）结构示意图

PTG 型平流式撇渣刮泥机结构示意如图1所示。

2. DZG 型单周边传动刮泥机

（1）结构及适用范围

DZG 型单周边传动刮泥机主要由工作桥、中心支座、刮板桁架、驱动装置、稳流筒、撇渣板、浮渣斗、刮泥板、集电装置等部件组成。该设备广泛适用于中型辐流式沉淀池污泥的刮集和排除。结构为中心支墩单臂周边传动，设有浮渣排除装置。

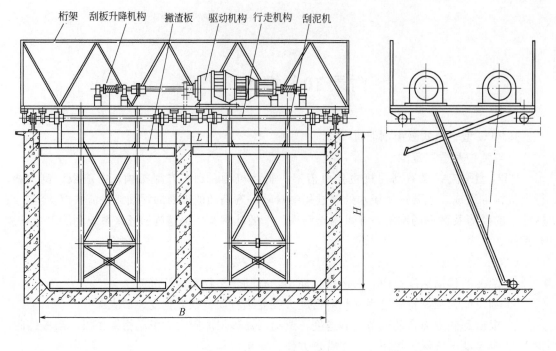

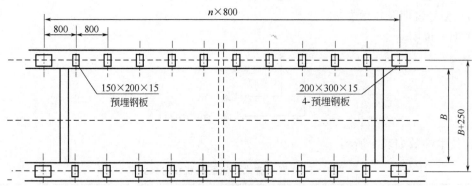

图 1　PTG 型平流式撇渣刮泥机结构示意

（2）型号说明及技术参数

① 型号说明

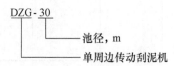

② 技术参数如表 2 所列。

表 2　技术参数表

参数 型号	池径 D/m	池深 H/m	周边线速度/(m/min)	功率/kW
DZG-20	20	2.5～4.5	2～3	0.75
DZG-25	25	2.5～4.5	2～3	0.75
DZG-30	30	2.5～4.5	2～3	1.1

参 数 型 号	池径 D/m	池深 H/m	周边线速度/(m/min)	功率/kW
DZG-35	35	2.5～4.5	2～3	1.1
DZG-40	40	2.5～4.5	2～3	1.5
DZG-45	45	2.5～4.5	2～3	1.5
DZG-50	50	2.5～4.5	2～3	2.2
DZG-55	55	2.5～4.5	2～3	2.2
DZG-60	60	2.5～4.5	2～3	3

（3）结构示意图

DZG 型单周边传动刮泥机结构如图 2 所示。

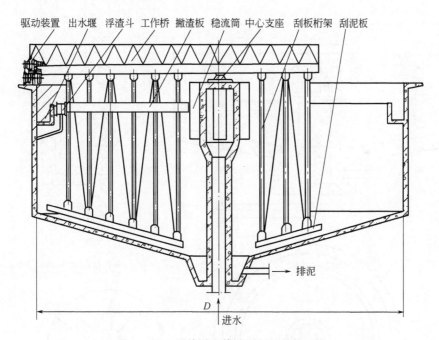

图 2　DZG 型单周边传动刮泥机结构示意

（4）土建条件

① 土建尺寸如表 3 所列。

表 3　土建尺寸表

型 号 尺寸/ m	DZG-20	DZG-25	DZG-30	DZG-35	DZG-40	DZG-45	DZG-50	DZG-55	DZG-60
D	20	25	30	35	40	45	50	55	60
D_1	2.00	2.10	2.20	2.40	2.60	2.60	2.80	3.00	3.20
D_2	1.45	1.50	1.60	1.70	1.80	2.00	2.20	2.40	2.60
D_3	0.50	0.60	0.70	0.70	0.75	0.80	0.90	1.00	1.10
D_4	1.30	1.35	1.45	1.55	1.65	1.85	2.05	2.25	2.35
D_5	0.15	0.15	0.15	0.20	0.20	0.20	0.20	0.20	0.20

尺寸／m \ 型号	DZG-20	DZG-25	DZG-30	DZG-35	DZG-40	DZG-45	DZG-50	DZG-55	DZG-60
H_1	2.5~3.5	2.5~3.5	3~4	3~4	3.5~4.5	3.5~4.5	3.5~4.5	4~5	4~5.5
H_2	0.30	0.30	0.35	0.40	0.40	0.40	0.40	0.40	0.40
H_4	1.80	1.80	1.80	2.00	2.20	2.20	2.40	2.40	2.40
H_5	1.40	1.40	1.40	1.60	1.60	1.60	1.60	1.60	1.60

② 土建尺寸如图 3 所示。

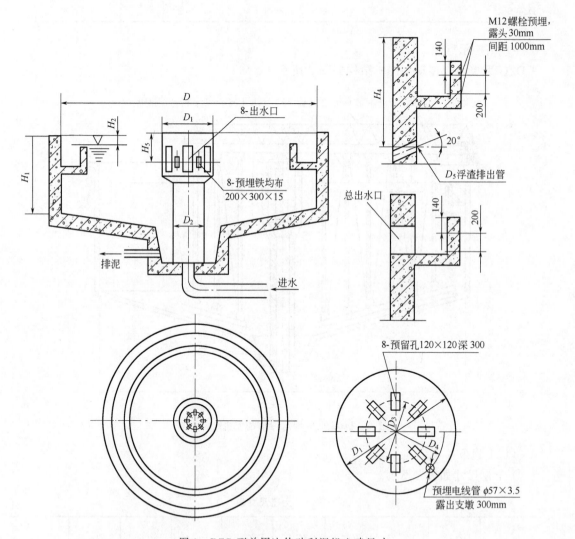

图 3　DZG 型单周边传动刮泥机土建尺寸

3. XG 型悬挂式中心传动刮泥机

(1) 结构及适用范围

XG 型悬挂式中心传动刮泥机主要由工作桥、驱动装置、回转支承、刮板架、稳流筒、搅拌部件、刮泥板、水下轴承、电控系统等部件组成。该设备主要适用于小型辐流式沉淀池的机械排泥。

432

（2）型号说明及技术参数

① 型号说明

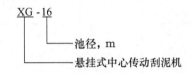

② 技术参数如表 4 所列。

表 4 技术参数表

型 号 \ 参 数	池径 D/m	池深 H/m	周边线速度/(m/min)	功率/kW
XG-8	8	3～3.5	2～3	0.37
XG-10	10	3～3.5	2～3	0.55
XG-12	12	3.5～4	2～3	0.55
XG-14	14	3.5～4	2～3	0.75
XG-16	16	3.5～4	2～3	1.1
XG-18	18	4～4.8	2～3	1.5
XG-20	20	4～4.8	2～3	2.2

（3）结构示意如图 4 所示。

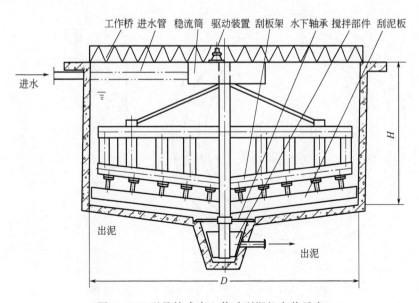

图 4 XG 型悬挂式中心传动刮泥机安装示意

（4）土建条件

① 土建尺寸如表 5 所列。

表 5 土建尺寸表

尺寸/m \ 型 号	XG-8	XG-10	XG-12	XG-14	XG-16	XG-18	XG-20
D	8	10	12	14	16	18	20
D_1	0.15	0.15	0.15	0.15	0.20	0.20	0.20
H_1	3～3.5	3～3.5	3.5～4	3.5～4	3.5～4	4～4.8	4～4.8

型号 尺寸／m	XG-8	XG-10	XG-12	XG-14	XG-16	XG-18	XG-20
H_2	0.30	0.30	0.35	0.35	0.40	0.40	0.40
H_3	1.60	1.60	1.60	1.60	1.80	1.80	1.80
H_4	0.35	0.35	0.40	0.40	0.45	0.45	0.45

② 土建尺寸如图 5 所示。

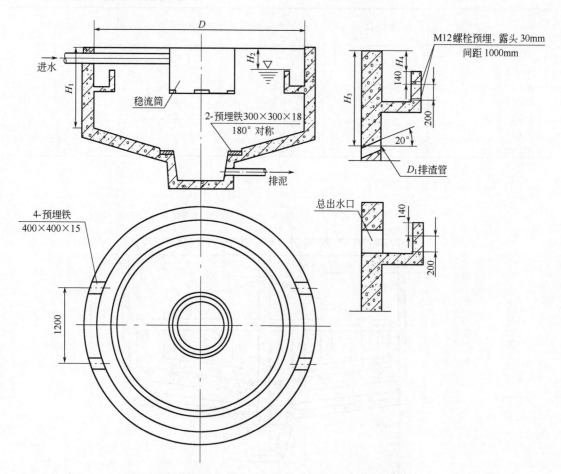

图 5　XG 型悬挂式中心传动刮泥机土建尺寸图

附录 11　NYTJ 型浓缩压榨一体化污泥脱水机

（1）概述

NYTJ 型浓缩压榨一体化污泥脱水机是一种污水处理厂污泥浓缩高效脱水机械。传统污泥浓缩采用长时间污泥沉降法进行污泥浓缩，由于污泥长时间在浓缩池内滞留，污泥易发生腐化变质（尤其是有机污泥），稠黏，这给传统带式污泥脱水机带来困难。

NYTJ 型浓缩压榨一体化污泥脱水机采用滚筒式或带式两种污泥浓缩模块与带式压榨脱水模块组合而成，不仅操作方便、占地面积小、浓缩脱水效果高，而且节省了传统的污泥浓缩池，缩短了污泥处理周期，提高了带式压滤机的污泥处理能力。

（2）结构分布图

NYTJ 型浓缩压榨一体化污泥脱水机结构如图 1 所示。

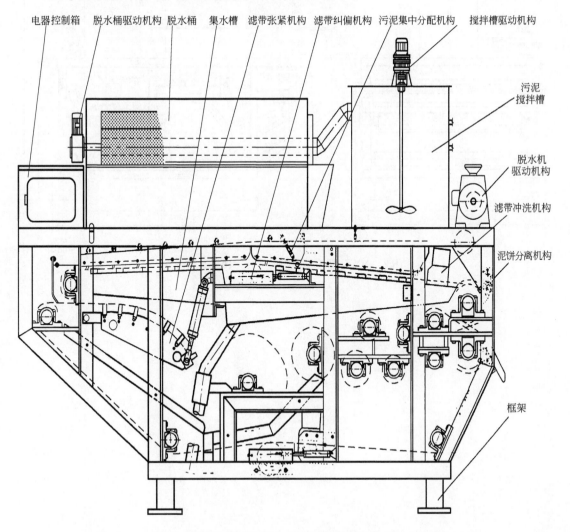

图 1　NYTJ 型浓缩压榨一体化污泥脱水机结构分布

435

（3）外观尺寸图表

NYTJ 型浓缩压榨一体化污泥脱水机外观尺寸如表 1 所列及图 2 所示。

表 1　外观尺寸表

机　　型	尺　寸　参　数/mm					
	L	W	H	L_1	W_1	H_1
NYTJ-500	2900	960	2680	1780	700	1580
NYTJ-1000	2900	1460	2680	1780	1200	1580
NYTJ-1500	2900	1960	2880	1780	1700	1580
NYTJ-2000	2900	2460	2880	1780	2200	1580
NYTJ-2500	2900	2960	2880	1780	2700	1580
NYTJ-3000	2900	3460	3080	1780	3200	1580

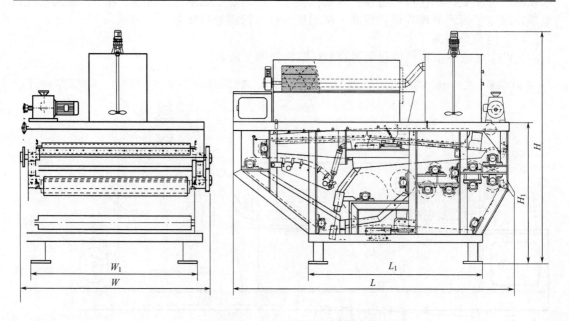

图 2　NYTJ 型浓缩压榨一体化污泥脱水机外观

附录 12 污水处理专用离心鼓风机系列

产品型号	进口工况 流量/(m³/min)	压力/(kgf/cm²)	压力/kPa	温度/℃	介质密度/(kg/m³)	出口压力/(kgf/cm²)	出口压力/kPa	所需功率/kW	主轴转数/(r/min)	电动机 型号	功率/kW	电压/V	质量（不包括电动机）/kg
C15-1.5	15	1	98.07	20	1.16	1.5	147.10	18	2950	Y200L$_1$-2	30	380	2200
C20-1.5	20	1	98.07	20	1.16	1.5	147.10	18	2950	Y200L$_1$-2	30	380	2200
C40-1.5-1	40	1	98.07	20	1.16	1.5	147.10	40	2970	Y250M-2	55	380	2000
C60-1.5	60	1	98.07	20	1.16	1.5	147.10	60	2970	Y280S-2	75	380	6340
C80-1.5	80	1	98.07	20	1.16	1.5	147.10	80	2950	YK355S$_1$-2	100	380	6985
C80-1.65	80	0.98	96.10	20	1.138	1.65	161.80	103	2960	YK355S$_3$-2	132	380	7330
C125-1.5	125	1	98.07	25	1.141	1.5	147.10	140	2950	YK355M-2	185	380	11572
C125-1.65	125	1	98.07	20	1.16	1.65	161.80	151	2950	JK123-2	220	380	10175
C125-1.65-1	125	1	98.07	25	1.141	1.65	161.80	180	2950	YK355M-2	220	380	12073
C150-1.5	150	1	98.07	25	1.141	1.5	147.10	165	2950	YK355M-2	185	380	11966
C150-1.5-1	150	1	98.07	20	1.16	1.5	147.10	158	2950	JK122-2	185	380	8160
C150-1.7	150	1	98.07	25	1.141	1.7	166.71	220	2950	YK400M-2	290	6000	11922
C250-1.5	250	1	98.07	25	1.141	1.5	147.10	243	2960	YK400L$_1$-2	350	6000	10703
C250-1.5-1	250	1	98.07	20	1.16	1.5	147.10	245	2950	JK124-2	275	380	10500
C250-1.7	250	1	98.07	20	1.16	1.7	166.71	342	2960	JK134-2	440	6000	13000
C250-1.7-1	250	1	98.07	25	1.141	1.7	166.71	326	2960	YK400L$_2$-2	440	6000	12000
C260-1.8	260	1	98.07	20	1.16	1.8	176.52	420	2975	JK500-2	500	6000	10145
C400-1.5	400	1	98.07	25	1.141	1.5	147.10	378	2960	YK400L$_2$-2	440	6000	13063
C400-1.7	400	1	98.07	25	1.141	1.7	166.71	51	2960	YK400L$_3$-2	560	6000	15300
C400-2	400	1	98.07	20	1.16	2.0	196.13	720	2975	JK800-2	800	6000	18356
C400-2.15-1	400	1	98.07	20	1.16	2.15	210.84	790	2975	YK1000-2	1000	6000	18800

注：1kgf/cm²＝98.0665Pa。

附录 13 空气管沿程阻力损失值

空气管沿程阻力损失值 [流速 $U(m/s)$, 阻力损失 $i(mmH_2O/m)$]

Q		DN/mm					
		25		40		50	
m³/h	m³/s	v	i	v	i	v	i
5.76	0.0016	3.26	1.038				
6.48	0.0018	3.67	1.300				
7.20	0.0020	4.08	1.600				
8.10	0.00225	4.59	1.980				
9.00	0.00250	5.10	2.450				
9.90	0.00275	5.61	2.930				
10.80	0.00300	6.12	3.460				
12.60	0.00350	7.14	4.680				
14.40	0.0040	8.16	6.070	3.18	0.5420		
16.20	0.0045	9.18	7.650	3.58	0.7000		
18.00	0.0050	10.20	9.300	3.97	0.8400		
21.60	0.0060	12.24	13.100	4.76	1.1900	3.06	0.3760
25.20	0.0070	14.28	17.800	5.57	1.6000	3.57	0.5080
28.80	0.0080	16.30	22.700	6.38	2.0600	4.08	0.6560
32.40	0.0090	18.35	29.000	7.18	2.7100	4.59	0.8230
36.00	0.0100	20.40	35.300	7.96	3.1700	5.10	1.0070

Q		DN/mm									
		40		50		75		100		150	
m³/h	m³/s	v	i	v	i	v	i	v	i	v	i
43.20	0.0120	9.54	4.4200	6.12	1.4260						
50.40	0.0140	11.20	6.3000	7.14	1.9250	3.17	0.2400				
57.60	0.0160	12.80	8.130	8.16	2.480	3.62	0.3080				
64.80	0.0180	14.30	10.000	9.18	3.110	4.08	0.3920				
72.00	0.0200	15.96	12.100	10.20	3.810	4.53	0.4770				
81.00	0.0225	17.90	15.300	11.50	4.770	5.09	0.5950				
90.00	0.0250	19.90	18.800	12.75	5.910	5.66	0.7330	3.18	0.1680		
99.00	0.0275			14.04	7.05	6.23	0.875	3.50	0.202		
108.00	0.0300			15.30	8.32	6.80	1.045	3.82	0.239		
126.00	0.0350			17.85	11.25	7.93	1.405	4.45	0.320		
144.00	0.0400			20.40	14.45	9.06	1.830	5.09	0.414		

续表

Q		DN/mm									
		40		50		75		100		150	
m³/h	m³/s	v	i	v	i	v	i	v	i	v	i
162.00	0.0450			22.95	18.10	10.20	2.270	5.72	0.518		
180.00	0.050					11.32	2.790	6.36	0.635		
216.00	0.060					13.60	3.970	7.64	0.905	3.40	0.114
252.00	0.070					15.85	5.270	8.91	1.213	3.96	0.152
288.00	0.080					18.11	6.910	10.18	1.580	4.53	0.197
324.00	0.090					20.35	8.600	11.45	1.955	5.09	0.247

Q		DN/mm													
		100		150		200		250		300		350		400	
m³/h	m³/s	v	i	v	i	v	i	v	i	v	i	v	i	v	i
360.00	0.100	12.72	2.390	5.66	0.301	3.18	0.0692								
482.00	0.120	15.27	3.440	6.79	0.430	3.82	0.0985								
504.00	0.140	17.81	4.600	7.93	0.577	4.46	0.1320								
576.00	0.160	20.35	5.970	9.06	0.741	5.09	0.1700	3.27	0.0544						
648.00	0.180			10.19	0.930	5.73	0.2150	3.68	0.0683						
720.00	0.200			11.32	1.150	6.36	0.262	4.08	0.084						
810.00	0.225			12.75	1.440	7.16	0.328	4.59	0.104	3.19	0.0410				
900.00	0.250			14.15	1.750	7.96	0.404	5.10	0.129	3.54	0.0502				
990.00	0.275			15.55	2.110	8.78	0.488	5.61	0.154	3.90	0.0608				
1080.00	0.300			16.98	2.495	9.55	0.578	6.12	0.179	4.25	0.0714	3.12	0.0327		
1260.00	0.350			19.80	3.520	11.13	0.768	7.14	0.246	4.96	0.0950	3.64	0.0438		
1440.00	0.400					12.73	0.991	8.16	0.317	5.66	0.1235	4.16	0.0570	3.19	0.0286
1620.00	0.450					14.32	1.252	9.18	0.400	6.36	0.1545	4.68	0.0712	3.59	0.0360
1800.00	0.500					15.91	1.530	10.20	0.487	7.08	0.1900	5.20	0.0870	3.99	0.0440
2160.00	0.600					19.10	2.170	12.24	0.688	8.50	0.2720	6.24	0.1237	4.78	0.0628
2520.00	0.700							14.28	0.940	9.91	0.366	7.28	0.1655	5.58	0.0847
2830.00	0.800							16.30	1.193	11.31	0.471	8.32	0.2155	6.38	0.1084

Q		DN/mm													
		250		300		350		400		450		500		600	
m³/h	m³/s	v	i	v	i	v	i	v	i	v	i	v	i	v	i
1800.00	0.500									3.15	0.0240				
2160.00	0.600									3.78	0.0335	3.06	0.0916		
2520.00	0.700									4.40	0.0456	3.57	0.0265		
2880.00	0.800									5.03	0.0591	4.08	0.0342		
3240.00	0.900	18.35	1.53	12.75	0.590	9.35	0.2700	7.18	0.1365	5.66	0.0742	4.59	0.0428	3.19	0.0170
3600.00	1.000	20.40	1.850	14.15	0.719	10.40	0.3320	7.96	0.1670	6.29	0.0910	5.10	0.0524	3.54	0.0209
3960.00	1.100			15.57	0.863	11.42	0.3940	8.77	0.2000	6.92	0.0995	5.61	0.0631	3.89	0.0250

Q		DN/mm												
		250		300		350		400		450		500		600	
m³/h	m³/s	v	i	v	i	v	i	v	i	v	i	v	i	v	i
4320.00	1.200			17.00	1.022	12.47	0.467	9.56	0.237	7.55	0.1295	6.12	0.0743	4.24	0.0296
5040.00	1.400			19.80	1.445	14.55	0.635	11.17	0.317	8.80	0.1730	7.14	0.1002	4.96	0.0395
5760.00	1.600					16.61	0.810	12.75	0.410	10.06	0.2250	8.16	0.1280	5.66	0.0512
6430.00	1.800					18.70	1.020	14.35	0.515	11.32	0.2820	9.18	0.1630	6.37	0.0643
7200.00	2.000					20.80	1.260	15.95	0.638	12.58	0.3460	10.20	0.1980	7.08	0.0789
3100.00	2.250							17.90	0.795	14.15	0.430	11.50	0.248	7.96	0.0988
9000.00	2.500							19.95	0.980	15.71	0.530	12.75	0.303	8.85	0.1220
9900.00	2.750									17.30	0.638	14.04	0.367	9.75	0.1460
10800.00	3.000									18.87	0.755	15.30	0.433	10.61	0.1700
12600.00	3.500											17.85	0.586	12.40	0.2320
14400.00	4.000											20.40	0.752	14.15	0.298

Q		DN/mm									
		600		700		800		900		1000	
m³/h	m³/s	v	i	v	i	v	i	v	i	v	i
4320.00	1.200			3.12	0.014						
5040.00	1.400			3.64	0.0180						
5760.00	1.600			4.16	0.0234	3.19	0.01180				
6480.00	1.800			4.68	0.0292	3.58	0.01485				
7200.00	2.000			5.20	0.0357	3.98	0.01825	3.14	0.00985		
8100.00	2.250			5.85	0.0450	4.48	0.0227	3.64	0.0130		
9000.00	2.500			6.50	0.0550	4.98	0.0279	3.93	0.0153	3.18	0.00873
9900.00	2.750			7.15	0.0660	5.47	0.0336	4.32	0.0182	3.50	0.01055
10800.00	3.000			7.80	0.0780	5.97	0.0395	4.71	0.0213	3.82	0.01240
12600.00	3.500			9.10	0.1050	6.97	0.0530	5.50	0.0288	4.46	0.01670
14400.00	4000			10.40	0.1370	7.97	0.0686	6.28	0.0372	5.09	0.0216
16200.00	4.500	15.93	0.379	11.70	0.1695	8.96	0.0864	7.07	0.0466	5.73	0.0270
18000.00	5.000	17.70	0.461	13.00	0.2080	9.95	0.1055	7.85	0.0569	6.37	0.0331
19600.00	5.500	19.47	0.556	14.30	0.2520	10.45	0.1170	8.64	0.0685	7.00	0.0397
21600.00	6.000			15.59	0.2970	11.95	0.1510	9.42	0.0811	7.64	0.0472

Q		DN/mm							
		700		800		900		1000	
m³/h	m³/s	v	i	v	i	v	i	v	i
25200.00	7.000	18.19	0.397	13.93	0.202	11.00	0.111	8.91	0.0635
28800.00	8.000	20.78	0.517	15.91	0.263	12.57	0.142	10.20	0.0821
32400.00	9.000			17.90	0.328	14.13	0.177	11.45	0.1020
36000.00	10.000			19.90	0.404	15.70	0.216	12.70	0.1250
39600.00	11.000					17.30	0.262	14.00	0.1510
43200.00	12.000					18.85	0.310	15.28	0.180
46800.00	13.000					20.42	0.360	16.53	0.205
50400.00	14.000							17.81	0.240
54000.00	15.000							19.06	0.274
57600.00	16.000							20.35	0.312

注：$1mmH_2O = 9.807Pa$。

附录 14 城市污水处理及污染防治技术政策

1 总则

1.1 为控制城市水污染，促进城市污水处理设施建设及相关产业的发展，根据《中华人民共和国水污染防治法》、《中华人民共和国城市规划法》和《国务院关于环境保护若干问题的决定》，制定本技术政策。

1.2 本技术政策所称"城市污水"，系指纳入和尚未纳入城市污水收集系统的生活污水和工业废水的混合污水。

1.3 本技术政策适用于城市污水处理设施工程建设，指导污水处理工艺及相关技术的选择和发展，并作为水环境管理的技术依据。

1.4 城市污水处理设施建设，应依据城市总体规划和水环境规划、水资源综合利用规划以及城市排水专业规划的要求，做到规划先行，合理确定污水处理设施的布局和设计规模，并优先安排城市污水收集系统的建设。

1.5 城市污水处理，应根据地区差别实行分类指导。根据本地区的经济发展水平和自然环境条件及地理位置等因素，合理选择处理方式。

1.6 城市污水处理应考虑与污水资源化目标相结合。积极发展污水再生利用和污泥综合利用技术。

1.7 鼓励城市污水处理的科学技术进步，积极开发应用新工艺、新材料和新设备。

2 目标与原则

2.1 2010 年全国设市城市和建制镇的污水平均处理率不低于 50%，设市城市的污水处理率不低于 60%，重点城市的污水处理率不低于 70%。

2.2 全国设市城市和建制镇均应规划建设城市污水集中处理设施。达标排放的工业废水应纳入城市污水收集系统和生活污水合并处理。

对排入城市污水收集系统的工业废水应严格控制重金属、有毒有害物质，并在厂内进行预处理，使其达到国家和行业规定的排放标准。

对不能纳入城市污水收集系统的居民区、旅游风景点、度假村、疗养院、机场、铁路车站、经济开发小区等分散的人群聚居地排放的污水和独立工矿区的工业废水，应进行就地处理达标排放。

2.3 设市城市和重点流域及水资源保护区的建制镇，必须建设二级污水处理设施，可分期分批实施。受纳水体为封闭水体或半封闭水体时，为防治富营养化，城市污水应进行二级强化处理，增强除磷脱氮的效果。非重点流域和非水源保护区的建制镇，根据当地经济条件和水污染控制要求，可先行一级强化处理，分期实现二级处理。

2.4 城市污水处理设施建设，应采用成熟可靠的技术。根据污水处理设施的建设规模和对污染物排放控制的特殊要求，可积极稳妥地选用污水处理新技术。城市污水处理设施出水应达到国家或地方规定的水污染物排放控制的要求。对城市污水处理设施出水水质有特殊要求的，需进行深度处理。

2.5 城市污水处理设施建设，应按照远期规划确定最终规模，以现状水量为主要依据确定近期规模。

3 城市污水的收集系统

3.1 在城市排水规划中应明确排水体制和退水出路。

3.2 对于新城区，应优先考虑采用完全分流制；对于改造难度很大的旧城区合流制排水系统，可维持合流制排水系统，合理确定截留倍数。在降雨量很少的城市，可根据实际情况采用合流制。

3.3 在经济发达的城市或受纳水体环境要求较高时，可考虑将初期雨水纳入城市污水收集系统。

3.4 实行城市排水许可制度，严格按照有关标准监督检测排入城市污水收集系统的污水水质和水量。确保城市污水处理设施安全有效运行。

4 污水处理

4.1 工艺选择准则

4.1.1 城市污水处理工艺应根据处理规模、水质特性、受纳水体的环境功能及当地的实际情况和要求，经全面技术经济比较后优选确定。

4.1.2 工艺选择的主要技术经济指标包括处理单位水量投资、削减单位污染物投资、处理单位水量电耗和成本、削减单位污染物电耗和成本、占地面积、运行性能可靠性、管理维护难易程度、总体环境效益等。

4.1.3 应切合实际地确定污水进水水质，优化工艺设计参数。必须对污水的现状水质特性、污染物构成进行详细调查或测定，做出合理的分析预测。在水质构成复杂或特殊时，应进行污水处理工艺的动态试验，必要时应开展中试研究。

4.1.4 积极审慎地采用高效经济的新工艺。对在国内首次应用的新工艺，必须经过中试和生产性试验，提供可靠设计参数后再进行应用。

4.2 处理工艺

4.2.1 一级强化处理工艺

一级强化处理，应根据城市污水处理设施建设的规划要求和建设规模，选用物化强化处理法、AB法前段工艺、水解好氧法前段工艺、高负荷活性污泥法等技术。

4.2.2 二级处理工艺

日处理能力在20万立方米以上（不包括20万吨/日）的污水处理设施，一般采用常规活性污泥法。也可采用其他成熟技术。

日处理能力为10万～20万立方米的污水处理设施，可选用常规活性污泥法、氧化沟法、SBR法和AB法等成熟工艺。

日处理能力在10万立方米以下的污水处理设施，可选用氧化沟法、SBR法、水解好氧法、AB法和生物滤池法等技术，也可选用常规活性污泥法。

4.2.3 二级强化处理

二级强化处理工艺是指除有效去除碳源污染物外，且具备较强的除磷脱氮功能的处理工艺。在对氮、磷污染物有控制要求的地区，日处理能力在10万立方米以上的污水处理设施，一般选用A/O法、A/A/O法等技术；也可审慎选用其他的同效技术。

日处理能力在10万立方米以下的污水处理设施，除采用A/O法、A/A/O法外，也可选用具有除磷脱氮效果的氧化沟法、SBR法、水解好氧法和生物滤池法等。

必要时也可选用物化方法强化除磷效果。

4.3 自然净化处理工艺

4.3.1 在严格进行环境影响评价、满足国家有关标准要求和水体自净能力要求的条件下，可审慎采用城市污水排入大江或深海的处置方法。

4.3.2 在有条件的地区，可利用荒地、闲地等可利用的条件，采用各种类型的土地处理和稳定塘等自然净化技术。

4.3.3 城市污水二级处理出水不能满足水环境要求时，在条件许可的情况下，可采用土地处理系统和稳定塘等自然净化技术进一步处理。

4.3.4 采用土地处理技术，应严格防止地下水污染。

5 污泥处理

5.1 城市污水处理产生的污泥，应采用厌氧、好氧和堆肥等方法进行稳定化处理，也可采用卫生填埋方法予以妥善处置。

5.2 日处理能力在10万立方米以上的污水二级处理设施产生的污泥，宜采取厌氧消化工艺进行处理，产生的沼气应综合利用。

日处理能力在10万立方米以下的污水处理设施产生的污泥，可进行堆肥处理和综合利用。

采用延时曝气的氧化沟法、SBR法等技术的污水处理设施，污泥需达到稳定化。采用物化一级强化处理的污水处理设施，产生的污泥必须进行妥善的处理和处置。

5.3 经过处理后的污泥，达到稳定化和无害化要求的，可农田利用；不能农田利用的污泥，应按有关标准和要求进行卫生填埋处置。

6 污水再生利用

6.1 污水再生利用，可选用混凝、过滤、消毒或自然净化等深度处理技术。

6.2 提倡各类规模的污水处理设施按照经济合理和卫生安全的原则，实行污水再生利用。

附录 15 城市污水处理工程项目建设标准

第一章 总 则

第一条 为适应社会主义市场经济发展的需要，加快城市污水处理工程项目的设备产业化进程，提高城市污水处理工程项目决策和建设的科学管理水平，合理确定和正确掌握建设标准，达到治理水体污染，保护环境，推进技术进步，充分发挥投资效益，促进城市污水处理工程建设的发展，制定本建设标准。

第二条 本建设标准是为项目决策服务和控制项目建设水平的全国统一标准；是编制、评估和审批城市污水处理工程项目可行性研究报告的重要依据；也是有关部门审查城市污水处理工程项目初步设计和监督检查整个建设过程建设标准的尺度。

第三条 本建设标准适用于城市污水处理新建工程；改建、扩建工程和工业废水处理工程可参照执行。

第四条 城市污水处理工程的建设，必须遵守国家有关的法律、法规，执行国家保护环境、节约能源、节约土地、劳动安全、消防等有关政策和排水行业的有关规定。

第五条 城市污水处理工程的建设应统筹规划，以近期为主，适当考虑远期发展，按系统分期配套建设，并与城市发展需要相协调。

城市污水处理工程由污水管渠系统、泵站、污水处理厂（以下简称污水厂）、出水排放系统等构成。工程项目的系统设置，应根据城市地形、受纳水体的条件以及环境要求等，经技术经济比较后合理确定。城市污水厂采用集中或分散建设应在全面的技术经济比较的基础上合理确定，一般宜建设集中的大型污水厂。

根据城市排水规划的要求，城市排水管渠、泵站应与污水厂同步建设。城市污水厂应选择经济技术可行的处理工艺，并根据当地的经济条件一次建成，当条件不具备时，可分期建设，分期投产。

第六条 城市污水处理工程的可行性研究报告应根据城市总体规划和城市排水规划、城市性质、流域环境规划和污染物总量控制标准、环境质量评价和环境影响报告以及水域功能区的要求进行综合论证。

第七条 城市污水处理工程的建设，应采用成熟可靠的技术，并积极稳妥地选用新技术、新工艺、新材料、新设备。对于需要引进的先进技术和关键设备，应以提高城市污水处理项目的综合效益，推进技术进步为原则，在充分的技术经济论证基础上确定。

第八条 建设在城市新区的城市污水处理工程的管渠应优先采用雨污分流的排水系统；旧城区改造、降雨量很小的城市应从实际出发，宜采用合流制，并合理确定截留倍数；在受纳水体环境要求较高时，可考虑将初期雨水纳入城市污水收集系统。工业废水的水质在达到国家和地方排入下水道水质标准时，应优先采用与城市污水集中处理的方案。工业废水排入城市污水管渠系统前，应注重提高水的重复利用率，减少排污量，并在排放日设置水质和水量检测设施。

第九条 城市污水处理工程的建设，应优先考虑污水的资源化，并与城市水资源的开发利用相结合，同时宜配置污泥的资源化设施。

第十条 城市污水处理工程建设应落实工程建设的资金，具备土地、供电、给排水、交通、通信等相关条件，并应采取有效措施确保工程建成后维持上常运行与更新改造所需的费用。

第十一条 城市污水处理工程的建设，除执行本建设标准外，尚应符合国家现行的有关标准、定额和指标的规定。

第二章 建设规模与项目构成

第十二条 城市污水处理工程建设规模类别和污水处理级别划分应符合下列规定。

一、建设规模类别（以污水处理量计）

Ⅰ类：（50～100）×$10^4 m^3/d$；

Ⅱ类：（20～50）×$10^4 m^3/d$；

Ⅲ类：（10～20）×$10^4 m^3/d$；

Ⅳ类：（5～10）×$10^4 m^3/d$；

Ⅴ类：（1～5）×$10^4 m^3/d$。

注：以上规模分类含下限值，不含上限值。

二、污水处理级别

一级处理（包括强化一级处理）：以沉淀为主体的处理工艺。

二级处理：以生物处理为主体的处理工艺。

深度处理：进一步去除二级处理不能完全去除的污染物的处理工艺。

第十三条 城市污水处理工程建设规模的确定应综合城市规模、城市性质、排水规划等因素，在研究排放污水量现状的基础上，通过对近年排水资料的分析论证，并结合技术进步。合理确定近期规模，预测远期规模；当污水量资料不足时，可按城市用水量或者类似地区的城市污水量资料分析确定。

城市污水量包括城市的生活污水量、工业废水量及其他污水量。

第十四条 城市污水处理工程各系统主要建设内容如下。

一、污水管渠系统：主要包括收集污水的管渠及其附属设施。

二、泵站：主要包括泵房及设备、变配电、控制系统、通信及必要的生产管理与生活设施。

三、污水厂：包括污水处理和污泥处理的生产设施、辅助生产配套设施、生产管理与生活设施。

四、出水排放系统：包括排放管渠及附属设施、排放口和水质自动监测设施。

第十五条 污水厂宜包括下列生产设施

一、一级处理污水厂：包括污水一级处理和污泥处理设施。

污水一级处理一般包括除渣、污水提升、沉砂、沉淀、消毒及出水排放设施。强化一级处理时可增加投药等设施。

污泥处理一般可包括污泥贮存和提升、污泥浓缩、污泥厌氧消化系统、污泥脱水和污泥处置等设施。

二、二级处理污水厂：包括污水二级处理和污泥处理设施。

污水二级处理根据工艺的特点，可全部或部分包括污水一级处理所列项目及生物处理系统设施。

污泥处理可与一级污水厂的内容相同，污泥的稳定可采用厌氧消化、好氧消化和堆肥等方法进行处理。

三、污水深度处理厂宜由以下单元技术优化组合而成：絮凝、沉淀（澄清）、过滤、活性炭吸附、离子交换、反渗透、电渗析、氨吹脱、臭氧氧化、消毒等。

四、其他。水质和（或）水量变化大的小型污水厂，可设置调节水质（或）水量的设施。污水厂可设置进厂水水质自动检测设施。

一、二级处理的污水厂有条件时，应设置污水、污泥资源化工程设施。污水资源化应根据使用目的采用适当的深度处理；污泥资源化主要是污泥消化产生的污泥气的利用，以及符合卫生标准的污泥的综合利用。资源化工程设施的内容应根据其目标合理确定。

第十六条 污水厂辅助生产配套设施宜包括变配电、生产控制系统、计量、给排水、维修、交通运输（含车库）、化验及试验、仓库、照明、管配件堆棚、消防和通信等设施。

第十七条 污水厂生产管理与生活设施可包括办公室、食堂、锅炉房、浴室、值班宿舍、绿化、安全保卫等设施。

第十八条 城市污水处理工程项目的建设内容，应坚持专业化协作和社会化服务的原则，根据生产需要和依托条件合理确定，应尽量减少项目建设内容。改、扩建工程应充分利用原有设施的能力。

第三章 工艺与装备

第十九条 污水管渠的系统设置应与城市总体规划相协调，统筹规划，分期建设。污水管渠应按远期水量建设。

管渠的材质和最大埋深应经技术经济论证，并应考虑施工条件和管理的安全性。

第二十条 污水泵站的设置应根据城市排水规划，结合城市的地形、污水管渠系统，经技术经济比较后确定。泵站的土建部分宜按远期规模建设，水泵机组可按近期水量配置，并应选择高效节能、管理方便的泵机。

泵站前应设置事故排出口，其位置应根据水域环境规划和水体的功能区要求合理确定。

第二十一条 城市污水的水质预测应在收集污水服务区内主要排污口现状排水水质资料的基础上，分析城市污水的组成，并结合城市总体规划确定的产业类型和发展目标确定。

第二十二条 污水处理工艺的选择，应根据污水水质与水量、受纳水体的环境功能要求与类别，并结合当地的实际情况，经技术经济比较后确定。应优先选用低能耗、低运行费、低投入及占地少、操作管理方便的成熟处理工艺。为使选择的污水处理工艺符合实际的污水水质和处理程度的要求，可在污水厂建设前进行小型试验，确定有关的工艺参数。

第二十三条 污水处理级别应根据污水水质、受纳水体的污染物总量控制标准以及水体的类别和使用功能等因素，在环境影响评价的基础上，通过技术经济比较后确定。

可根据对污水处理程度的不同要求，选择相适应的污水处理级别。当要求悬浮物和5d生化需氧量的去除率分别达到40%～55%和20%～30%时，可选用污水一级处理；当要求悬浮物和5d生化需氧量的去除率不低于65%时，可选用污水二级处理；污染物的去除率介于污水一级处理和二级处理之间时，应经全面的技术经济比较，可采用投加药剂的强化一级处理；对除磷要求较高，生物除磷不能满足要求时，可辅以化学除磷；污水厂出水进行再利用时，应根据使用的目的进行适当的深度处理。

污水厂出水不允许排入《地表水环境质量标准》（GHZB1）中规定的Ⅰ、Ⅱ类水域和《海水水质标准》（GB 3097）中规定的一类海域。

污水厂出水排入《地表水环境质量标准》（GHZB1）中规定的Ⅲ类水域（划定的保护区和游泳区除外）和排入《海水水质标准》（GB 3097）中规定的二类海域的水质，应符合《污水综合排放标准》（GB 8978）中一级排放标准的规定。

污水厂出水排入《地表水环境质量标准》（GHZB1）中规定的Ⅳ、Ⅴ类水域和排入《海水水质标准》（GB 3097）中规定的三类海域的水质，应符合《污水综合排放标准》（GB 8978）中二级排放标准的规定。

污水厂出水排放的污染物总量，必须小于水体的环境规划或环境影响评价确定的污染物总量控制标准。对排入封闭和半封闭水域、现已富营养化或存在富营养化威胁的水域，应选用具有除磷脱氮功能的污水二级处理工艺。

第二十四条 污水一级处理常规工艺单元包括除渣、沉砂、沉淀和出水消毒；碳化一级处理工艺单元包括一级处理工艺单元和投药系统等设施。污水二级处理可根据工艺特点，全部或部分包括污水一级处理的工艺单元以及生物处理设施和根据工艺要求配套的供氧、污泥回流、二沉等工艺单元；当除磷要求较高时，可包括化学除磷的投药等设施。污水深度处理主要包括絮凝、沉淀、过滤等工艺单元。

第二十五条 污水处理产生的污泥应进行妥善处理与处置。

污泥处理工艺应根据污泥量、污泥性质、最终处置方法及对自然环境的影响等因素综合考虑确定。常规处理工艺宜为浓缩、消化、脱水。污泥的处置方法应结合当地的条件，在技术经济分析的基础上综合确定，可采用与城市垃圾一起处置、卫生填埋、焚烧以及作为农用或绿化用肥料等方法，处置的污泥应符合国家现行的有关标准的规定。

第二十六条 城市污水处理工程的设备配置，应在满足污水处理工艺技术要求的前提下，优先采用优质、低耗、技术先进、性能可靠的设备；主要设备宜从技术性能、造价、能耗、维护管理方面，结合项目所在地的具体条件和运行管理的技术能力，经技术经济比较后合理确定；应注重设备类型的标准化以及设备与设备之间的合理配置，充分发挥设备的功能，提高项目的综合效益。

第二十七条 城市污水二级处理的生物处理工艺可分为活性污泥法和生物膜法两大类。活性污泥法主要包括以下工艺：

一、传统法生物处理；

二、前置缺氧区（生物选择器）普通曝气生物处理；

三、缺氧、好氧法脱氮生物处理；

四、厌氧、好氧法除磷生物处理；

五、厌氧、缺氧、好氧法脱氮除磷生物处理；

六、序批式（SBR）生物处理；

七、氧化沟法生物处理；

八、AB法生物处理。

生物膜法主要包括生物滤池以及生物接触氧化法等工艺形式。

第二十八条 城市污水处理工程的工艺装备宜符合下列规定。

一、除渣。新建污水厂宜设置粗、细两道格栅。水泵前必须设置格栅。格栅除渣可用机械或人工清除，栅渣量大于 $0.2m^3/d$ 则或有条件时，应采用机械清除、皮带输送或螺旋输送器及其他小型运输工具运输，集中处置。

机械格栅除污机及配套的栅渣输送、压榨机等设备，应根据污水水质、工艺、栅渣的处置方式等确定。

二、沉砂。污水厂应设置沉砂设施，并宜有除砂、贮砂设施，应注重对砂的处置。沉砂形式根据污水水质、工艺流程特点可选用平流式、旋流式、曝气沉砂工艺。当沉砂中含有较多有机物时，宜采用曝气沉砂工艺；当采用生物脱氮除磷工艺时，一般不宜采用曝气沉砂工艺；除砂宜采用机械除砂。

三、沉淀。污水厂应根据工艺流程和水质特点设置沉淀设施。沉淀可分为初次沉淀和二次沉淀。沉淀形式应根据规模、工艺特点和地质条件等因素，可选用辐流式、平流式等工艺；沉淀池宜采用机械排泥，并宜有浮渣撇除设施。

四、生物处理

1. 活性污泥法。活性污泥法生物处理的供氧方式可分为机械曝气、鼓风曝气、射流曝气及联合曝气等。供氧方式的选择应根据污水厂规模、能耗、污水水质、管理等技术经济条件，并结合当地自然环境等因素，优先选用低能耗、易于管理、质量可靠的供氧设备。Ⅱ类及以上规模的污水厂宜采用鼓风曝气，并应选用高效的鼓风机和配套的曝气设备。生物处理有厌氧、缺氧区时，可设置水下搅拌器或水下推进器。

鼓风曝气或机械曝气设备应能够根据污水水量与水质调节供氧量，Ⅲ类及以下规模的污水厂应能自动调节供氧量。

2. 生物膜法。Ⅳ类及以下规模的二级污水厂，污水处理可采用生物膜法。生物膜法处理前应经除渣、沉砂、沉淀处理。

生物载体应价格适当，其材质应无毒、耐腐蚀，并应具有 10 年以上的使用寿命。

第二十九条 采用强化一级处理工艺和化学除磷的污水厂应根据污水水质和出水水质标准，合理确定工艺参数，必要时可进行适当的试验研究。

第三十条 污水回用的再生水水质应根据回用目的，符合国家有关的水质标准。再生水的处理工艺流程应通过试验或者参考已经鉴定过并投入实际使用的工艺，经技术经济比较后合理确定。再生水的深度处理一般宜采用絮凝、沉淀（澄清）、过滤、消毒工艺流程，并按照简单可靠原则，进行单元优化组合，通常过滤是必需的。污水厂应设置再生水的水质检测设备，以保证用水的安全，必要时可设置水质自动检测设施。

第三十一条 有条件的城市，可利用荒地、闲地采用自然净化工艺。污水采用自然净化工艺时，应进行环境影响评价，并经技术经济分析后确定。进入自然净化工艺的污水，应根据污水水质和工艺特点设置预处理设施，严禁对环境，特别是地下水造成二次污染。

第三十二条 沿海、沿江城市，在严格进行环境影响评价、满足国家有关标准和水体自净能力要求的条件下，可审慎合理地利用受纳水体的环境容量。污水选择深海排放或排江时，必须经技术经济比较论证及环境影响评价，并对污水水质、水体功能、环境容量和水力条件及初始稀释度进行综合分析后合理确定。污水排放前应根据环境评价的要求进行处理。

第三十三条 为保证公共卫生安全，防治传染性疾病传播，污水厂应设置消毒设施。污水厂出水消毒工艺应根据污水水质与受纳水体功能要求综合考虑确定，宜采用加氯消毒或其他的有效措施。

第三十四条 污泥浓缩可采用重力浓缩和机械浓缩。对密度接近 $1.0t/m^3$ 的污泥，经技术经济分析，可采用气浮浓缩。重力浓缩可配置栅条式浓缩机。

机械浓缩可采用带式浓缩机或离心式浓缩机等浓缩设备。对除磷要求高的污水厂可采用机械浓缩。设备选择应综合能耗、药耗、环境卫生条件、管理以及与脱水设备的衔接等因素综合考虑确定，也可采用浓缩脱水一体化机。

当湿污泥用作肥料时，污泥的浓缩与贮存宜采用湿污泥池。

第三十五条 污水厂宜根据污泥产量、污泥质量、环境要求设置污泥消化设施。消化方式应经技术经济分析后确定，可采用厌氧消化或好氧消化。Ⅲ类及以上规模的污水厂宜采用中温厌氧消化。

第三十六条 污泥脱水宜采用机械脱水。污泥机械脱水设备的类型有真空过滤、压滤脱水（板框压滤及带式压滤）、离心脱水等，应按污泥的性质和脱水污泥含水率要求，经技术经济比较后选择设备的类型。新建污水厂可采用带式压滤机或离心脱水机等成熟可靠的脱水设备。

第三十七条 污水厂的水、气、泥计量设备，应以满足生产正常运行管理的需要合理设置。计量设备的选择与位置确定，应根据被测物质的性质、工艺要求等确定。

第三十八条 污水厂、泵站的机械设备配置，应以节能、高效、方便操作与维护、保证安全生产为原则，并应与生产控制系统相适应。

第三十九条 污水厂的生产管理及控制的自动化水平，应根据建设规模、污水处理级别、城市性质、经济条件等因素合理确定。控制系统应在满足污水厂出水水质、节能、经济、安全和适用的前提下，运行可靠，便于维护和管理。

泵站的运行管理应在保证安全的条件下实现自动控制。

第四十条 新建的Ⅲ类及以上规模污水厂的生产管理与控制。宜采用集中管理和监视、分散控制的计算机控制系统。计算机控制系统应能够监视主要设备的运行工况与工艺参数，提供实时数据传输、图形显示、控制设定调节、趋势显示、超限报警及制作报表等功能，并可配置模拟屏或投影显示设备，对主要生产过程实现自动控制。

新建的Ⅳ类、Ⅴ类规模污水厂的生产管理与控制，宜采用计算机数据采集系统与仪表检测系统，在重要工艺环节应设置检测仪表，对主要工艺单元可采用自动控制。所有自动控制的设备与工艺单元，应具备手动操作条件。

第四章 配套工程

第四十一条 新建城市污水处理工程的配套设施，应充分利用当地提供的专业化协作条件合理确定配套工程项目，并应按国家现行的有关标准和规定进行建设；改建、扩建工程应充分利用原有的设施。

第四十二条 污水厂、泵站供电应采用二级负荷。当地供电条件困难或者负荷较小时，可由一回路10kV及以上专用线路供电。对重要的污水厂或者不能停电的工艺设备、泵站，当地供电条件不能满足要求时，应设置备用动力设施。

第四十三条 污水厂的生活用水宜由城市给水管网供给；辅助生产、厂区绿化等低质用水，应优先采用符合水质标准的再生水。

第四十四条 城市污水处理工程，应对易腐蚀的管渠及其附属设施、材料及设备等采取相应的防腐蚀措施，应根据腐蚀的性质，结合当地情况，因地制宜地选用经济合理、技术可靠的防腐蚀方法，并应达到国家现行的有关标准的规定。有条件的地区可采用耐腐蚀材料。

第四十五条　污水厂维修、运输等设施的装备水平应以满足上常生产需要为原则，合理配置。不经常使用的维修设备和运输设备宜考虑专业化协作，不应全套设置。

第四十六条　污水厂化验设备的配置应以满足生产正常需要为原则，根据常规化验项目、污水厂的规模类别和处理级别等确定。一座城市有多个污水厂时，应设一个中心化验室。承担工业废水水质监测及独立性较强的污水厂的中心化验，化验设备可增加气相色谱仪、原子吸收分光光度仪等。

污水厂化验设备应按国家有关标准的规定配置，充分考虑专业化协作，不宜全套设置。

第四十七条　Ⅱ类及以上规模的污水厂，可设置污水处理水质试验设施，试验应以保证污水厂出水水质、提高管理的科学水平、加强污水净化和污泥资源化或无害化研究为主，试验设备应根据实际需要逐步配置。

第四十八条　污水厂、泵站必须设置消防设施。构筑物、建筑物消防设施的设置应符合国家现行有关标准的规定。

第四十九条　污水厂、泵站的通信设施应充分考虑所在地区现有的通信条件，通信宜采用有线或者有线与无线相结合的方式，保证污水厂、泵站以及厂内各生产岗位之间的通信联系，并能及时与城市排水管理、主要排水单位取得联系。

第五章　建筑与建设用地

第五十条　污水厂、泵站的建筑应根据建设规模、功能等区别对待，应符合经济实用、有利生产的建设原则，建筑物造型应简洁，并应使建筑物和构筑物的建筑效果与周围环境相协调。

第五十一条　污水厂、泵站的附属建筑的建筑标准，应根据城市性质、周围环境及建设规模等条件，按照国家现行标准的有关规定执行。生产建筑物应与附属建筑物的建筑标准相协调，生产构筑物不应进行特殊的装修。

第五十二条　污水厂附属设施用房的建筑面积可参照表1所列指标采用。

表 1　污水厂附属设施建筑面积指标　　　　　　　　　　　　单位：m³

规　模		Ⅰ 类	Ⅱ 类	Ⅲ 类	Ⅳ 类	Ⅴ 类
一级污水厂	辅助生产用房	1420～1645	1155～1420	950～1155	680～950	485～680
	管理用房	1320～1835	1025～1320	815～1025	510～815	385～510
	生活设施用房	890～1035	685～890	545～685	390～545	285～390
	合计	3630～4515	2865～3630	2310～2865	1580～2310	1155～1580
二级污水厂	辅助生产用房	1835～2200	1510～1835	1185～1510	940～1185	495～940
	管理用房	1765～2490	1095～1765	870～1095	695～870	410～695
	生活设施用房	1000～1295	850～1000	610～850	535～610	320～535
	合计	4600～5985	3455～4600	2665～3455	2170～2665	1225～2170

注：1. 辅助生产用房主要包括维修、仓库、车库、化验、控制室、管配件堆栅等；

2. 管理用房主要包括生产管理、行政管理办公室以及传达室等；

3. 生活设施用房主要包括食堂、浴室、锅炉房、自行车棚、值班宿舍等；

4. 有深度处理的污水厂可根据污水回用规模和工艺特点，适当增加附属设施的建筑面积，一般不应超过相应规模二级污水厂附属设施建筑面积的 5%～15%。

第五十三条　城市污水处理工程的建设用地，必须坚持科学合理、节约用地的原则，执行国家土地管理的有关规定，提高土地利用率。土地征用应以近期为主，对远期发展用地严格控制，一般不得先征后用。

第五十四条　污水厂的总平面布置应以节约用地为原则，根据污水厂各建筑物、构筑物的功能和工艺要求，结合厂址地形、气象和地质条件等因素，使总平面布置合理、经济、节约能源，并应便于施工、维护和管理。

生产行政管理和生活设施宜集中布置，其位置和朝向应合理，并应与生产建筑物、构筑物保持一定距离。污水和污泥的处理构筑物宜分别集中布置。

第五十五条　污水厂处理单位水量的建设用地不应超过表2所列指标。生产管理及辅助生产区用地面积宜控制在总用地面积的8%～20%。

表2　污水厂建设用地标准　　　　　　　　　　　单位：$m^2/(m^3 \cdot d)$

建设规模	一级污水厂	二级污水厂	深度处理
Ⅰ类		0.50～0.40	
Ⅱ类	0.30～0.20	0.60～0.50	0.20～0.15
Ⅲ类	0.40～0.30	0.70～0.60	0.25～0.20
Ⅳ类	0.45～0.40	0.85～0.70	0.35～0.25
Ⅴ类	0.55～0.45	1.20～0.85	0.40～0.35

注：1. 建设规模大的取下限，规模小的取上限；

2. 表中深度处理的用地指标是在污水二级处理的基础上增加的用地；深度处理工艺按提升泵房、絮凝、沉淀（澄清）、过滤、消毒、送水泵房等常规流程考虑；当二级污水厂出水满足特定回用要求或仅需某几个净化单元时，深度处理用地应根据实际情况降低。

第五十六条　污水泵站的建设用地应根据规模等条件确定，不应超过表3所列指标。

表3　泵站建设用地指标　　　　　　　　　　　　　单位：m^2

建设规模	Ⅰ类	Ⅱ类	Ⅲ类	Ⅳ类	Ⅴ类
指标	2700～4700	2000～2700	1500～2000	1000～1500	550～1000

注：1. 表中指标为泵站围墙以内，包括整个流程中的构筑物和附属建筑物、附属设施等的用地面积；

2. 小于Ⅴ类规模的泵站用地面积按Ⅴ类规模的指标控制。

第六章　环境保护与安全卫生

第五十七条　污水厂、泵站建设前应对厂（站）址、污水厂出水排放口位置、污泥处置以及其他影响环境的主要方面进行充分论证，并应符合国家环境保护的有关规定。工程建设不得影响周围环境和饮用水水源的水质以及水体的使用功能，避免造成二次污染。

第五十八条　污水厂建设应充分注意环境的绿化与美化，为职工提供良好的工作环境。新建污水厂应充分利用厂区道路两侧的空地和其他空地进行绿化，绿化覆盖率应符合国家现行的有关规定。

第五十九条　城市污水处理排出的臭气应符合国家现行有关标准的规定。对污水厂内易产生恶臭的构筑物应采取有效措施降低其影响，其位置应处于厂内辅助生产区夏季最小频率风向的上风侧。污水厂距厂外居民区的距离应符合国家现行有关标准的规定，不能满足要求或有条件的，宜对臭气进行收集和处理。

第六十条　城市污水处理工程的水泵、电机、鼓风机、锅炉房风机和其他机械产生的噪声的控制，应符合国家及地方现行标准的规定。

第六十一条　污水厂消化池、污泥气系统所属设施的消防设施、电气设备的防爆以及电力设备的选择和保护等，应符合国家现行的有关防火、防爆和电力设计标准的规定。

第六十二条　污水管道、合流管道、污水厂、泵站的建（构）筑物，应根据需要设置通风设施，并应符合国家现行有关标准的规定。

第六十三条　Ⅱ类及以上规模的二级污水厂宜设置危险品仓库，危险品仓库与其他建筑物的距离应符合国家现行有关标准的规定。其他规模的污水厂的危险品仓库应根据实际情况确定。

第六十四条　污水厂的加药、加氯、锅炉房等其他设施的建设与安全防护，应符合国家现行有关标准的规定。

第七章　劳动组织与劳动定员

第六十五条　污水厂、泵站和管渠的劳动组织与劳动定员的确定，应以有利生产、提高经济效益为原则，做到分工合理、职责分明、精简高效。

劳动定员应根据项目的工艺特点、技术水平和自动控制水平，并按照企业经营管理的要求合理确定。

第六十六条　城市污水处理工程项目的劳动定员可参照表4选用。

表4　城市污水处理工程项目劳动定员

项 目 ＼ 规 模	Ⅰ类	Ⅱ类	Ⅲ类	Ⅳ类	Ⅴ类
一级污水厂/[人/（万立方米·日）]		3.0～1.8	5.0～3.0	7.0～5.0	25.0～7.0
二级污水厂/[人/（万立方米·日）]	3.0～2.5	3.5～3.0	5.5～3.5	8.0～5.5	30.0～8.0
深度处理增加的定员/人		24.0～30.0	18.0～24.0	15.0～18.0	10.0～15.0
泵站的定员/人	3.0～3.5	3.0～5.0	3.0～4.0	3.0～4.0	2.0～3.0
污水管渠的定员/人	40.0～48.0	30.0～40.0	25.0～30.0	20.0～25.0	≤20.0

注：1. 表中定员为生产人员及管理人员的总和；

2. 深度处理增加的定员按常规处理工艺考虑，当深度处理工艺有特殊要求或较简单时，应按实际情况适当增减；

3. 泵站的定员指一座厂外泵站的生产人员，泵站数量较多时，可根据实际需要适当增加。泵站应实行自动控制，管理以巡视管理为主，也可采取其他有效的节约人力资源的管理方式；

4. 厂外污水管渠的定员中管理人员不应超过2～5人。

第六十七条　污水厂的劳动定员可分为生产人员、辅助生产人员和管理人员。各类人员的比例可参照表5选用。辅助生产人员可根据当地的社会化协作条件，逐步由社会化服务解决。

表5　污水厂各类人员比例　　　　　　　　　　　单位：%

人 员 分 类	比 例
生产人员	65以上
辅助生产人员	15～18
管理人员	8～12

注：1. 生产人员主要指直接从事生产的人员，包括污水处理工段、污泥处理工段、中心控制、水质化验、动力工段的工人和技术人员；

2. 辅助生产人员包括从事维修、环卫与绿化、交通、材料与污泥的运输、物资贮存与保管、安全保卫等人员；

3. 管理人员包括行政管理与技术管理人员。

第八章　主要技术经济指标

第六十八条　新建城市污水处理工程项目投资估算，应按国家现行的有关规定编制；评估或者审批项目可行性研究报告的投资估算时，可参照本章所列指标，但应根据工程实际内容以及价格变化的情况，进行调整后使用。

第六十九条　一级污水厂和二级污水厂、污水深度处理、污水泵站、污水干管的工程项目投资估算指标可参照表6、表7选用。

表6　城市污水处理工程项目投资估算指标（一）

类　　别	建设规模	投资估算指标/[元/(m³/d)]	
		不含污泥消化	含污泥消化
一级污水厂	Ⅰ类	335～285	
	Ⅱ类	400～335	
	Ⅲ类	480～400	
	Ⅳ类	575～480	
	Ⅴ类	685～575	
二级污水厂	Ⅰ类	700～600	800～690
	Ⅱ类	820～700	935～800
	Ⅲ类	950～820	1085～935
	Ⅳ类	1120～950	1285～1085
	Ⅴ类	1350～1120	1560～1285
污水深度处理	Ⅰ类		
	Ⅱ类	370～320	
	Ⅲ类	425～370	
	Ⅳ类	510～425	
	Ⅴ类	635～510	
污水泵站	Ⅰ类	50～30	
	Ⅱ类	70～50	
	Ⅲ类	90～70	
	Ⅳ类	115～90	
	Ⅴ类	140～115	

表7　城市污水处理工程项目投资估算指标（二）

类　　别	管径/mm	投资估算指标/(元/m)
污水干管	D600	510～690
	D800	720～920
	D1000	940～1165
	D1200	1185～1440
	D1400	1520～1800
	D1600	2120～2430
	D1800	2745～3095
	D2000	370～760

注：1. 表6、表8中指标不包括征地、拆迁、青苗与破路赔偿等费用；

2. 表6、表7中指标采用北京市1999年人工、机械预算价格计算，不同时间、地点、人工、材料价格变动，可调整后使用；

3. 表6、表7中指标未考虑湿陷性黄土区、地震设防、永久性冻土和地质情况十分复杂等因素的特殊要求，厂站设备均按国产设备考虑；

4. 表6中污水厂建设规模大的取指标下限，建设规模小的取指标上限；表8中管道埋深大的取指标上限，管道埋深小的取指标下限；

5. 污水水质按一般情况考虑，即进厂水的 BOD_5 150mg/L，出厂水的 BOD_5 20mg/L；一级污水厂包括一级强化处理；污水干管平均埋深3～5m，无地下水，土方按二、三、四类土平均计算；

6. 二级处理主体工艺按活性污泥考虑。

第七十条 城市污水处理工程各单位工程投资所占比例可参照表8选用。

表8 城市污水处理工程各单位工程投资比例 单位:%

项 目	建筑工程	工艺设备	电气设备	管道及配件	合计
一级污水厂	58	16	10	16	100
二级污水厂	50	26	12	12	100
污水深度处理	55	18	12	15	100
污水泵站	58	25	12	5	100

第七十一条 污水厂建设工期定额可参照表9选用。

表9 污水厂建设工期定额 单位:月

项 目	建设规模	工 期			合 计
		前期工作	设 计	施 工	
一级污水厂	Ⅰ类	5～9	11～15	22～34	38～58
	Ⅱ类	5～9	9～13	19～23	33～45
	Ⅲ类	3～7	7～11	15～19	25～37
	Ⅳ类	3～7	6～10	11～15	20～32
	Ⅴ类	3～7	5～9	7～11	15～27
二级污水厂	Ⅰ类	6～10	14～18	32～36	52～64
	Ⅱ类	6～10	12～16	24～32	46～58
	Ⅲ类	4～8	10～14	24～28	38～50
	Ⅳ类	4～8	9～13	18～24	31～45
	Ⅴ类	4～8	8～12	12～18	24～38
污水深度处理	Ⅰ类				
	Ⅱ类	1	3～5	5～8	9～14
	Ⅲ类	1	2～4	4～7	7～12
	Ⅳ类	1	2～4	3～6	6～11
	Ⅴ类	1	2～4	2～5	5～10

注:1. 表中前期工作包括项目建议书、可行性研究报告;设计阶段包括初步设计和施工图设计;

2. 表中深度处理建设工期是指污水深度处理与二级处理作为同一项目时需增加的工期;

3. 污水泵站、污水管道的建设不另增加工期,应与城市污水处理工程项目的污水厂同步建设;

4. 本建设工期定额不包括因审批拖延、返工、资金不到位、停工待料及自然灾害等影响而延误的工期;

5. 本建设工期定额上限一般适用于工程地质条件复杂、技术要求高、施工条件较差、规模大等情况;下限一般适用于工程地质条件较好、技术要求一般、施工条件较好、规模小等情况。

第七十二条 污水厂电耗不宜超过下列指标:一级污水厂处理每立方米污水 0.04～0.08kW·h;二级污水厂处理每立方米污水 0.15～0.28kW·h,处理每千克五日生化需氧量 1.5～2.0kW·h。

第七十三条 城市污水处理工程项目应按国家现行的有关规定进行经济评价。

附录16 排水工程设计文件编制深度规定

第一章 排水工程可行性研究报告文件编制深度

1 概述

1.1 说明工程项目建设目的和提出的背景，建设的必要性和经济意义并简述可行性研究报告的编制过程及主要结论。

1.2 编制依据

1.2.1 上级主管部门有关立项的主要文件和行业主管部门批准的项目建议书。

1.2.2 有关的方针政策性依据文件。

1.2.3 业主的委托书及有关的合同、协议书。

1.2.4 城市总体规划及专业规划文件。

1.2.5 采用的规范和标准。

1.2.6 工程地质评价报告。

1.3 编制范围

1.3.1 合同（或协议书）中所规定的范围。

1.3.2 经双方商定的有关内容和范围。

1.4 编制原则

2 城市概况

2.1 城市历史特点、地理位置、行政区划。

2.2 城市性质及规模。

2.3 自然条件，包括地形、城市水系、气象、雷电、水文、工程地质、地震、水文地质等。

2.4 城市给水排水现状与规划概况（包括城市总体规划、城市给水排水专业规划和区域给水排水规划）。

2.5 城市水域污染概况。

3 方案论证

3.1 雨、污水排放体制论证（分流制或合流制）。

3.2 排水系统布局论证。

3.3 排放污水水量情况论证。

3.4 排放污水水质情况论证。

3.5 污染环境治理论证。

3.6 污水处理厂。

3.6.1 厂址比选。

3.6.2 污水、污泥处理与处置工艺的论证。

3.6.3 总平面布置论证。

3.6.4 污水和污泥综合利用论证。

3.6.5 污水不经处理或简易处理后向江、河、湖、海排放或回收利用的可行性论证。

3.7 大型或较复杂工程应进行系统工程分析的论证。

4 工程方案内容

4.1 设计原则。

4.2 排水系统方案比较，对各方案进行技术经济比较论证，并提出方案初步选择意见。

4.3 工程规模、规划人数及污水量定额，合流系统截流倍数的确定，干管渠断面、走向位置、长度、倒虹管、泵站及污水处理厂座数等。

4.4 污水水质及处理程度的确定。

4.5 污水处理厂的污水、污泥处理工艺流程，以及污水回用和污泥综合利用的说明。

4.6 供电安全程度、自控仪表、监控系统、自动化管理水平等。

4.7 厂、站的绿化及卫生防护。

4.8 改扩建项目要说明对原有固定资产的利用情况。

4.9 采暖方式、采暖热媒、耗热量、供热来源以及空气调节系统等。

5 管理机构、劳动定员及建设进度设想

5.1 管理机构及定员

5.1.1 厂、站的管理机构设置。

5.1.2 人员编制（附定员表）及生产班次的划分。

5.2 建设进度

5.2.1 建设进度要求和计划安排。

5.2.2 建设阶段的划分（附建设进度表）。

6 环境保护

环境现状、环境保护措施。

7 劳动保护

劳动保护措施。

8 节能

节能措施和效益评估。

9 消防

火灾隐患分析及对策。

10 土地利用

11 投资估算及经济评价见本规定《投资估算经济评价和概预算文件》的相关章节

12 项目招投标内容

13 结论和存在问题

13.1 结论

在技术、经济、效益等方面论证的基础上，提出排水工程项目总评价和推荐方案的意见，新技术应用情况，相应的非工程性措施建议以及分期建设安排的建议。

13.2 存在问题

说明有待进一步研究解决的主要问题。

附1：附图

13.2.1 总体布置图。

13.2.2 方案比较示意图。

13.2.3 工艺流程图。

13.2.4 污水厂或泵站平面图，雨污水管道系统平面图。

附件1：环境影响评价报告书

附件2：各类批件和附件

第二章 排水工程初步设计文件编制深度

1 设计说明书

1.1 概述

1.1.1 设计依据

设计委托书（或设计合同）、批准的可研报告、环境影响评价报告及选厂报告等的批准机关、文号、日期、批准的主要内容，业主的主要要求，采用的规范和标准，初勘资料及工程测量资料。

1.1.2 主要设计资料

资料名称、来源、编制单位及日期，一般包括用水、用电协议，环保部门的批准书，流域或区域环境治理的可行性研究报告等。

1.1.3 城市（或区域）概况及自然条件

建设现状、总体规划分期修建计划及有关情况，概述地表、地貌、工程地质、地下水水位、水文地质、气象、水文等有关情况。

1.1.4 现有排水工程概况及存在问题

现有污水、雨水管渠泵站、处理厂的水量、位置、处理工艺、设施的利用情况，工业废水处理程度，水体及环境污染情况，积水情况以及存在的问题。

1.2 设计概要

1.2.1 总体设计

（1）排水量计算及水质

说明雨水管设计采用的雨量公式、集水时间、重现期、径流系数等设计参数的依据。

汇总各工业企业内部现有和预计发展的生产污水、生产假定净水和生活污水水量、水质，说明住宅区规划发展的生活污水量和确定生活污水量标准和变化系数的理由，并综合说明近、远期总排水量及工程分期建设的确定。如水质有碍生化处理或污水管的运用时，应提出解决措施意见。

（2）工程规模

（3）天然水体

说明排水区域内天然水体的名称、卫生情况、水文情况（包括代表性的流量、流速、水位和河床性质等）。现在使用情况及当地环保部门及其他有关部门对水体的排放要求。

（4）排水系统选择及总体布置

根据城镇总体规划、分期建设、流域环境保护治理的要求，结合排水设施现状，提出几个可能的排水系统方案，进行技术经济比较，论证方案的合理性和先进性，择优推荐方案，列出方案的系统示意图。

1.2.2 雨水管网系统设计

（1）管渠设计：说明雨水管渠系统布置原则，汇水面积，干管（渠）走向、长度、管渠尺寸、采用材料、基础处理、接口形式、采用最小流速、出口排水量和埋置深度、截流倍数、截流设施。

（2）泵站设计：采用中途或出口泵站排除雨水时，说明采用泵站的形式、主要尺寸、埋深、设备选型、台数与性能、运行要求、主要设计数据。

（3）特殊构筑物设计：如倒虹管的布置、管材、直径、长度等的说明。

1.2.3　污水管网系统设计

（1）管渠设计：说明服务面积、人口、布置原则、干管走向、长度、管渠尺寸、埋设深度、管渠材料、基础处理、接口形式，采用的最小流速。

（2）泵站设计：干管上中途泵站站址的选择和位置，紧急排出口措施，采用泵站的形式、主要尺寸、埋深、设备选型、台数与性能、运行要求、主要设计数据。

（3）特殊构筑物设计：如倒虹管等的说明。

1.2.4　污水处理厂设计

（1）说明污水处理厂位置的选择，选定厂址考虑的因素，如地理位置、地形、地质条件、防洪标准、卫生防护距离与城镇布局关系，占地面积等。

（2）根据进厂的污水量和污水水质，说明污水处理和污泥处置采用的方法选择，工艺流程，总平面布置原则，预计处理后达到的标准。

（3）按流程顺序说明各构筑物的方案比较或选型，工艺布置，主要设计数据、尺寸、构造材料及其所需设备选型、台数与性能，采用新技术的工艺原理特点。

（4）说明采用的污水消毒方法或深度处理的工艺及其有关说明。

（5）根据情况说明处理、处置后的污水、污泥的综合利用；对排放水体的卫生环境影响。

（6）简要说明厂内主要辅助建筑物及生活福利设施的建筑面积及其使用功能。

（7）说明厂内给水管及消火栓的布置，排水管布置及雨水排除措施、道路标准、绿化设计。

1.2.5　建筑设计

（1）说明根据生产工艺要求或使用功能确定的建筑平面布置、层数、层高、装修标准、对室内热工、通风、消防、节能所采取的措施。

（2）说明建筑物的立面造型及其周围环境的关系。

（3）辅助建筑物及职工宿舍的建筑面积和标准。

（4）除满足上述要求外，尚需符合建设部《建筑工程设计文件编制深度规定》（2003 年版）的有关规定。

1.2.6　结构设计

（1）工程所在地区的风荷、雪荷、工程地质条件、地下水位、冰冻深度、地震基本烈度。对场地的特殊地质条件（如软弱地基、膨胀土、滑坡、溶洞、冻土、采空区、抗震的不利地段等）应分别予以说明。

（2）根据构（建）筑物使用功能、生产需要所确定的使用荷载、地基土的承载力设计值、抗震设防烈度等，阐述对结构设计的特殊要求（如抗浮、防水、防爆、防震、防蚀等）。

（3）阐述主要构筑物和大型管渠结构设计的方案比较和确定，如结构选型、地基处理及基础形式、伸缩缝、沉降缝和抗震缝的设置、为满足特殊使用要求的结构处理、主要结构材料的选用，新技术、新结构、新材料的采用。

（4）应概述对重要构筑物，管渠穿越河道、倒虹管、复杂的管渠排出口等特殊工程的施工方法。

（5）除满足上述要求外，尚需符合建设部《建筑工程设计文件编制规定》（2003 年版）。

1.2.7 采暖通风与空气调节设计

（1）设计范围及其他专业提供的本工程设计资料等。

（2）设计计算参数：室外主要气象参数，各构（建）筑物的计算温度。

（3）采暖系统：各建（构）筑物热负荷；热源状况与选择及热媒参数；采暖系统的形式及补水与定压；室内外供热管道布置方式和敷设原则；采暖设备、散热器类型、管道材料及保温材料的选择。

（4）通风系统：需要通风的房间或部位；通风系统的形式和换气次数；通风系统设备的选择；降低噪声措施；通风管道材料及保温材料的选择；防火技术措施。

（5）空气调节系统：需要空调的房间及冷负荷；空调（风、水）系统、控制简述及必要的气流组织说明；空气调节系统设备的选择；降低噪声措施；空气调节管道材料及保温材料的选择；防火技术措施。

（6）锅炉房：确定锅炉设备选型（或其他热源）；供热介质及参数的确定；燃料来源与种类；锅炉用水水质软化、降低噪声及消烟除尘措施，简述锅炉房组成及附属设备间设置的布置。锅炉房消防及安全措施。

（7）采暖通风与空调设计节能环保措施和需要说明的问题。

（8）计算书（供内部使用）：对负荷、风量和水量、主要管道水力等应做初步计算，确定主要管道和风道的管径、风道尺寸及主要设备的选择。

（9）对于大型厂站及厂前区综合管理楼和宿舍楼等建筑物的设计要求参见《建筑工程设计文件编制深度规定》中采暖通风与空气调节、热能动力及建筑给排水有关章节的深度要求。

1.2.8 供电设计

（1）说明设计范围及电源资料概况。

（2）电源及电压：说明电源电压，供电来源，备用电源的运行方式，内部电压选择。

（3）负荷计算：说明用电设备种类，并以表格表明设备容量，计算负荷数值和自然功率因数，功率因数补偿方法，补偿设备的数量以及补偿后功率因数结果，补偿方式。

（4）供电系统：说明负荷性质及其对供电电源可靠程度的要求，内部配电方式，变电所容量、位置、变压器容量和数量的选定及其安装方式（室内或室外），备用电源、工作电源及其切换方法。

（5）保护和控制：说明采用继电保护方式。控制的工艺过程，各种遥测仪表的传递方法、信号反映、操作电源类型等，确定防雷保护措施，接地装置，防曝要求。

（6）厂区管缆敷设、主要设备选型、电话及火灾报警装置的设置。

（7）计量：说明计量方式。

1.2.9 仪表、自动控制及通讯设计

（1）说明厂站控制模式、仪表、自动控制设计的原则和标准，全厂控制功能的简单描述，仪表、自动控制测定的内容、各系统的数据采集和调度系统，包括带监控点的流程图（P&1）。

（2）说明通讯设计范围及通讯设计内容，有线及无线通讯。

（3）仪表系统防雷、接地和克服干扰的内容。

1.2.10 机械设计

（1）说明污水厂所需设备的选型、规格、数量及主要结构特点。

（2）机修间说明书、表明机修间维修范围、面积、设备种类、人员安排等。

1.3 环境保护

1.3.1 处理厂所在地点对附近居民点的卫生环境影响。

1.3.2 排放水体的稀释能力，排放水排入水体后的影响以及用于污水灌溉的可能性。

1.3.3 污水回用、污泥综合利用的可能性或出路。

1.3.4 处理厂处理效果的监测手段。

1.3.5 锅炉房消烟除尘措施和预期效果。

1.3.6 降低噪声措施。

1.4 劳动保护

1.4.1 格栅间和泵房地下部分散发有害有毒气体的可能性和防范措施。

1.4.2 消化池等散发易燃易爆气体的可能性和防范措施。

1.4.3 采用减轻劳动强度，电气安全保护，防滑梯、护栏、转动设备防护罩等防护措施。

1.4.4 考虑浴室、厕所、更衣室等卫生设施。

1.4.5 对主要防范措施提出预期效果和综合评价。

1.4.6 安全设施。

1.5 消防

根据构（建）筑物的消防保护等级，考虑必要的安全防火间距，消防道路、安全出口、消防给水等措施。

1.6 节能

结合工程实际情况，叙述能耗情况及主要节能措施，包括建筑物隔热措施、节电、节药和节水措施，余热利用，说明节能效益。

1.7 人员编制及经营管理

1.7.1 提出需要的运行管理机构和人员编制的建议。

1.7.2 提出年总成本费用并计算每一立方米的排水成本费用。

1.7.3 单位水量的投资指标。

1.7.4 分期投资的确定。

1.8 对于阶段设计要求

1.8.1 需提请在设计审批时解决或确定的主要问题。

1.8.2 施工图设计阶段需要的资料和勘测要求。

2 工程概算书

见本规定《投资估算经济评价和概预算文件》的相关章节。

3 主要材料及设备表

提出全部工程及分期建设需要的三材、管材及其他主要设备、材料的名称、规格（型号）、数量等（以表格方式列出清单）。

4 设计图纸

初步设计一般应包括下列图纸，根据工程内容可增加或减少。

4.1　总体布置图（流域面积图）

比例一般采用1：5000～1：25000，图上表示出地形、地物、河流、道路、风玫瑰等，标出座标网，绘出现有和设计的排水工程系统及流域范围，列出主要工程项目表。

4.2　污水处理厂

4.2.1　污水处理厂总平面图：比例一般采用1：200～1：500，图上表示出座标轴线、等高线、风玫瑰（指北针）平面尺寸，标注征地范围坐标绘出现有和设计的建、构筑物及主要管渠、围墙、道路及相关位置，绿化景观示意，竖向设计，列出构筑物和建筑物一览表、工程量表和主要技术经济指标表。

4.2.2　污水、污泥流程断面图：采用比例竖向1：100～1：200表示出生产流程中各构筑物及其水位标高关系，主要规模指标。

4.3　主要排水干管、干渠平面、纵断面图

采用比例一般横向1：500～1：2000，纵向1：100～1：200，图上表示出原地面标高、管渠底标高、埋深、距离、坡度，并注明管径（渠断面）、流量、充盈度、流速、管材、接口型式、基础类型、穿越铁路、公路、交叉管渠的标高，并注明交叉管渠的标高，管径（渠断面）以及倒虹管、检查井等的位置，纵断面图和管道平面图，表示出地形、地物、道路、管渠平面位置、检查井平面位置，转角度数、座标，平面和纵断面相互对应，末页列出主要工程量表。

4.4　主要构筑物工艺图

采用比例一般1：50～1：200，图上表示出工艺布置，设备、仪表及管道等安装尺寸、相关位置、标高（绝对标高）。列出主要设备、材料一览表，并注明主要设计技术数据。

4.5　主要建筑物、构筑物建筑图

应包括平面图、立面图和剖面图，采用比例一般1：50～1：200，图上表示出主要结构和建筑配件的位置，基础做法，建筑材料、室内外主要装修、建筑构造、门窗以及主要构件截面尺寸等。

4.6　供电系统和主要变、配电设备布置图，厂区管缆路由图

表示变电、配电、用电起动保护等设备位置、名称、符号及型号规格，附主要设备材料表。

4.7　自动控制仪表系统布置图

仪表数量多时，绘制系统控制流程图，当采用微机时，绘制微机系统框图。

4.8　通风、锅炉房及供热系统布置图。

4.9　机械设备布置图。

4.9.1　专用机械设备和非标机械设备设计图，表明设备的规格、性能、安装位置及操作方式等设计参数。

4.9.2　机修车间平面图，表明机修间设备型号、数量及布置。

附件：各类批件和附件

第三章　排水工程施工图设计文件编制深度

1　设计说明书

1.1　设计依据

1.1.1　摘要说明初步设计批准的机关、文号、日期及主要审批内容。

1.1.2 施工图设计资料依据。

1.1.3 采用的规范、标准和标准设计。

1.1.4 详细勘测资料。

1.2 设计内容

1.2.1 工艺设计。

1.2.2 建筑结构设计（详见建设部《建筑工程设计文件编制深度规定》2003年版）。

1.2.3 其他专业设计。

1.2.4 对照初步设计变更部分的内容、原因、依据等。

1.3 采用的新技术、新材料的说明。

1.4 施工安装注意事项及质量验收要求

有必要时另编主要工程施工方法设计。

1.5 运转管理注意事项。

1.6 排水下游出路说明。

2 修正概算或工程预算

见本规定《投资估算经济评价和概预算文件》的相关章节。

3 主要材料及设备表

4 设计图纸

4.1 总体布置图

采用比例1：2000～1：10000，图上内容基本同初步设计，而要求更为详细确切。

4.2 污水处理厂

4.2.1 污水处理厂总平面图：比例1：200～1：500，包括风玫瑰图、等高线、座标轴线、构筑物、围墙、绿地、道路等的平面位置，注明厂界四角座标及构筑物四角座标或相对位置，构筑物的主要尺寸和各种管渠及室外地沟尺寸、长度、地质钻孔位置等，并附构筑物一览表、工程量表、厂区主要技术经济指标表、图例及有关说明。

4.2.2 污水、污泥工艺流程图：采用比例竖向1：100～1：200，表示出生产工艺流程中各构筑物及其水位标高关系，主要规模指标。

4.2.3 竖向布置图：对地形复杂的污水厂进行竖向设计，内容包括厂区原地形、设计地面、设计路面、构筑物标高及土方平衡数量图表。

4.2.4 厂内管渠结构示意图：表示管渠长度、管径（渠断面）、材料、闸阀及所有附属构筑物，节点管件、支墩，并附工程量及管件一览表。

4.2.5 厂内主要排水管渠纵断面图：表示各种排水管渠的埋深、管底标高、管径（断面）、坡度、管材、基础类型、接口方式、排水井、检查井、交叉管道的位置、标高、管径（断面）等。

4.2.6 厂内各构筑物和管渠附属设备的建筑安装详图：采用比例1：10～1：50。

4.2.7 管道综合图：当厂内管线布置种类多时，对于干管干线进行平面综合，绘出各管线的平面布置，注明各管线与构筑物、建筑物的距离尺寸和管线间距尺寸，管线交叉密集的部分地点，适当增加断面图，表明各管线间的交叉标高，并注明管线及地沟等的设计标高。

4.2.8 绿化布置图：比例同污水处理厂平面图。表示出植物种类、名称、行距和株距尺寸、种栽位置范围，与构筑物、建筑物、道路的距离尺寸，各类植物数量（列表或旁注），建筑小品和美化构筑物的位置、设计标高，如无绿化投资，可在建筑总平面图上示意，不另出图。

4.3 排水管渠

4.3.1 平纵断面图：一般采用比例横向 1：500～1：2000，纵向 1：100～1：200，图上包括纵断面图与平面图两部分，其他内容同初步设计，末页附主要工程量表。

4.3.2 各种小型附属构筑物详图：包括排水井、跌水井、雨水井、排水口等。

4.3.3 倒虹管涵以及穿越铁路、公路等详图：采用比例 1：100～1：500。

4.4 单体建构筑物设计图

4.4.1 工艺图：比例一般采用 1：50～1：100，分别绘制平面、剖面图及详图，表示出工艺布置，细部构造，设备，管道、阀门、管件等的安装位置和方法，详细标注各部尺寸和标高（绝对标高），引用的详图、标准图，并附设备管件一览表以及必要的说明和主要技术数据。

4.4.2 建筑图：比例一般采用 1：50～1：100，分别绘制平面、立面、剖面图及各部构造详图、节点大样，注明轴线间尺寸、各部分及总尺寸、标高设备或基座位置、尺寸与标高等，留孔位置的尺寸与标高，表明室外用料做法，室内装修做法及有特殊要求的做法，引用的详图、标准图并附门窗表及必要的说明。尚需满足建设部《建筑工程设计文件编制深度规定》2003 年版。

4.4.3 结构图：比例一般采用 1：50～1：100，绘出结构整体及构件详图，配筋情况，各部分及总尺寸与标高，设备或基座等位置、尺寸与标高，留孔、预埋件等位置、尺寸与标高，地基处理、基础平面布置、结构形式、尺寸、标高，墙柱、梁等位置及尺寸，屋面结构布置及详图。引用的详图、标准图。汇总工程量表，主要材料表、钢筋表（根据需要）及必要的说明。尚需满足建设部《建筑工程设计文件编制深度规定》2003 年版。

4.4.4 采暖通风与空气调节、锅炉房（其他动力站）、室内给排水安装图。

（1）包括图纸目录、设计与施工说明、设备表、设计图纸、计算书。

（2）一般建（构）筑物要求表示出图例，各种设备、管道、风道布置与建筑物的相关位置和尺寸绘制的有关安装平面图、剖面图、安装详图、系统（透视）图、立管图。

（3）锅炉房绘出设备平面布置图、剖面图注明设备定位尺寸、设备编号及安装标高，必要时还应注明管道坡度及坡向；系统图应绘出设备、各种管道工艺流程，就地测量仪表设置的位置，按本专业制图规定注明符号、管径及介质、流向，并注明设备名称或编号。

（4）室外管网应绘出管道、管沟平面图，图中表示管线支架、补偿器、检查井等定位尺寸或座标，并注明管线长度及规格、介质代号、设备编号，简单项目或地势平坦处，可不绘管道纵断面图而在管道平面图主要控制点直接标注或列表说明，设计地面标高、管道敷设高度（或深度）、坡度、坡向、地沟断面尺寸等；管道、管沟横断面图，应表示管道直径、保温厚度、两管中心距等，直埋敷设管道应标出填砂层厚度及埋深等；节点详图，应绘制检查井（或管道操作平台）、管道及附件的节点等。

（5）大型厂站以及厂前区综合管理楼和宿舍楼等建筑物其出图深度参见《建筑工程设计文件编制深度规定》中采暖通风与空气调节、热力动力及建筑给排水有关章节的深度要求。

4.5 锅炉房、采暖通风和空气调节布置图及供热系统流程图。

4.5.1 布置图表示锅炉及辅机等设备位置、名称、符号及型号规格，附主要设备材料表。较复杂的通风与空气调节系统及热交换站等参见锅炉房的出图深度。

4.5.2 供热系统流程图标明图例符号、管径，设备编号（与设备表编号一致）。

4.5.3 一般工程采暖通风和空气调节初步设计阶段可不出图，只列出主要设备表。当较大型工程有特殊要求时，其出图深度参见《建筑工程设计文件编制深度规定》中采暖通风与空气调节、热能动力及建筑给排水有关章节的深度要求。

4.6　电气

4.6.1 厂（站）高、低压变配电系统图和一、二次回路接线原理图：包括变电、配电、用电起动和保护等设备型号、规格和编号。附设备材料表，说明工作原理，主要技术数据和要求。

4.6.2 各构筑物平面、剖面图：包括变电所、配电间、操作控制间、电气设备位置，供电控制线路敷设；接地装置，设备材料明细表和施工说明及注意事项。

4.6.3 各种保护和控制原理图、接线图：包括系统布置原理图，引出或引入的接线端子板编号、符号和设备一览表以及动作原理说明。

4.6.4 电气设备安装图：包括材料明细表，制作或安装说明。

4.6.5 厂区室外线路照明平面图：包括各构筑物的布置，架空和电缆配电线路，控制线路及照明布置。

4.6.6 非标准配件加工详图。

4.7　仪表及自动控制

需要表示出有关工艺流程的检测与自控原理图，全厂仪表及控制设备的布置、仪表控制流程图、仪表及自控设备的接线图和安装图，仪表及自控设备的供电、供气系统图和管线图、工业电视监视系统图、控制柜、仪表屏、操作台及有关自控辅助设备的结构布置图和安装图，仪表间、控制室的平面布置图，仪表自控部分的主要设备材料表。

4.8　机械设计

4.8.1 专用机械设备的设备安装图，表明设备与基础的联接，设备的外形尺寸、规格、重量等设计参数。

4.8.2 非标机械设备施工图，包括符合国家标准的机械总图、部件图、零件图。

4.8.3 机修车间平、剖面图、设备一览表，表明设备的种类、型号、数量及布置。

参 考 文 献

1 中华人民共和国国家标准《室外排水设计规范》GB 50014—2006. 北京：中国计划出版社，2006.

2 国家城市给水排水工程技术研究中心译. 污水生物与化学处理技术. 北京：中国建筑工业出版社，1999.

3 沈耀良，王宝贞著. 废水生物处理新技术理论与应用. 北京：中国环境科学出版社，1999.

4 孙力平等编著. 污水处理新工艺与设计计算实例. 北京：科学出版社，2001.

5 韩洪军主编. 污水处理构筑物设计与计算. 哈尔滨：哈尔滨工业大学出版社，2002.

6 姚重华编著. 废水处理计量学导论. 北京：化学工业出版社，2002.

7 于尔捷，张杰主编. 给水排水工程快速设计手册. 排水工程. 北京：中国建筑工业出版社，1996.

8 顾夏声编著. 废水生物处理数学模式. 北京：清华大学出版社，1982.

9 张自杰主编. 排水工程（第四版）. 北京：中国建筑工业出版社，2000.

10 郑兴灿，李亚新编著. 污水除磷脱氮技术. 北京：中国建筑工业出版社，2000.

11 北京水环境技术与设备研究中心等主编. 三废处理工程技术手册（废水卷）. 北京：化学工业出版社，2000.

12 彭党聪主编. 水污染控制工程. 第三版. 北京：冶金工业出版社，2010.

13 日本下水道協會. 下水道施設計 •設計指標と解説. 1994.

14 海老江邦雄，芦立德厚编著. 衛生工學演習. 东京：森北出版株式會社，1997.

15 藤田贤二著. 改訂下水道工學演習. 东京：学献社，1997.

16 松尾友矩编. 水環境工學. 东京：オーム社出版局，1999.

17 张统主编. 间歇式活性污泥法污水处理技术及工程实例. 北京：化学工业出版社，2002.

18 贺永华，沈东升. 卡鲁塞尔氧化沟处理城市污水的设计计算. 环境工程，2002.

19 王晓莲，彭永臻. A^2/O 法污水生物脱氮除磷处理技术与应用. 北京：科学出版社，2009.

20 滋贺县琵琶湖环境部，日本下水道事业团. 琵琶湖流域下水道における超高度处理に关する调查报告书，平成 12 年 3 月.

21 高俊发，田海燕，高伟等. OCO 工艺设计计算研究与分析. 水处理技术，2007，33（5）：85-87.

22 王社平，彭党聪，朱海荣等. 城市污水分段进水 A/O 脱氮工艺试验研究. 环境科学研究，2006.19（3）：75-80.

23 鞠兴化，王社平，彭党聪等. 城市污水处理厂设计进水水质的确定方法. 中国给水排水，2007，23（14）：48-51.

24 高俊发，王骊，关江等. 分段进水多级 A/O 生物脱氮工艺设计研究. 环境工程，2007，25（6）：11-13.

25 高俊发，周艳，吕平海等. 改良倒置 A^2/O 工艺脱氮效率的研究与分析. 应用化工，2005，34（8）：487-489.

26 黄宁俊，王社平，王小林等. 西安市第四污水处理厂工艺设计介绍. 给水排水 2007.33（11）：27-31.

27 中华人民共和国国家环境保护标准《厌氧-缺氧-好氧活性污泥法污水处理工程技术规范》HJ 576-2010. 北京：中国环境科学出版社，2010.

28 中华人民共和国国家环境保护标准《序批式活性污泥法污水处理工程技术规范》HJ 577-2010. 北京：中国环境科学出版社，2010.

29 中华人民共和国国家环境保护标准《氧化沟活性污泥法污水处理工程技术规范》HJ 578-2010. 北京：中国环境科学出版社，2010.

30 中国工程建设标准化协会标准《氧化沟设计规程》CECS 112：2000. 北京：中国工程建设标准化协会，2000.

31 中国工程建设标准化协会标准《城市污水生物脱氮除磷处理设计规程》CECS149：2003. 北京：中国工程建设标准化协会，2003.

欢迎购买　　　水处理技术　　　专业科技图

●专业书目

书名	单价	ISBN 号
专业工具书		
英汉水科学与工程词汇	80	978-7-122-02101-4
汉英水科学与工程词汇	98	978-7-122-06475-2
废水处理工程技术手册	180	978-7-122-07570-3
净水厂、污水厂工艺与设备手册	138	978-7-122-09315-8
水消毒剂和处理剂——二氧化氯	85	978-7-122-08470-5
水分析化学精讲精练	38	978-7-122-06546-9
环境科学与工程丛书——水污染控制工程	68	978-7-122-08996-0
水处理填料与滤料	48	978-7-122-08387-6
水污染控制工程实验教程	20	978-7-122-03988-0
水处理化学品	180	978-7-122-06133-1
环境科学与工程丛书——城市节制用水规划原理与技术(二版)	68	978-7-122-07496-6
环境科学与工程丛书——废水处理生物膜	58	978-7-122-10694-0
微污染水源饮用水处理理论及工程应用	68	978-7-122-10571-4
小城镇给水处理设计及工程实例	38	978-7-122-10666
小城镇污水处理厂的运行管理	48	978-7-122-10516
污水处理厂测量、自动控制与故障诊断	68	978-7122-03401-4
废水处理技术及工程实例丛书——冶金工业废水处理技术及工程实例	68	978-7-122-03587-5
废水处理技术及工程实例丛书——低成本污水处理技术及工程实例	48	978-7-122-02522-7
废水处理技术及工程实例丛书——纺织染整废水处理技术及工程实例	36	978-7-122-02512-8
废水处理技术及工程实例丛书——造纸工业废水处理技术及工程实例	38	978-7-122-02122-9
废水处理技术及工程实例丛书——制药废水处理技术及工程实例	40	978-7-122-01897-7
水消毒剂和处理剂——二氧化氯	85	978-7-122-08470-5
废水处理工程(二版)	38	978-7-5025-5221-3
制革工业废水处理技术及工程实例(二版)	49	978-7-122-08050-9
现代水处理技术	58	978-7-5025-8379-8
污水处理厂运行与设备维护管理	25	978-7-122-09650-0
污水处理厂运行和管理问答	22	978-7-122-00213-6
污水处理设备操作维护问答	26	978-7-5025-8403-0
城市污水处理厂运行管理(二版)	48	978-7-122-07772-1
混凝剂和混凝技术	68	978-7-122-10644-5
水处理填料与滤料	48	978-7-122-08387-6
小城镇给水处理论计与工程实例	38	978-7-122-10666-7
城镇给水工程技术和设计	80	978-7-122-06192-8

如需以上图书的内容简介、详细目录以及更多的科技图书信息，请登录www.cip.com.cn。

邮购地址：(100011) 北京市东城区青年湖南街 13 号　化学工业出版社

服务电话：010-64518888，64518800 (销售中心)

如需出版新著，请与编辑联系。

联系方法：010-64519525　liuxingchun2005@126.com (刘兴春)